Univ.-Prof. Mag. Dr. Hans Humenberger (Hrsg.)

Mag. Johannes Hasibeder
DI Mag. Dr. Michael Himmelsbach, MA
Mag. Johanna Schüller-Reichl

HR Mag. Dr. Dieter Litschauer
OStR Mag. Herbert Groß
LSI Mag. Vera Aue

Die interaktiven Übungen auf www.oebv.at wurden erstellt von:
Dipl.-Päd. Thomas Schroffenegger, BEd MAS MSc

Das ist
Mathematik 3

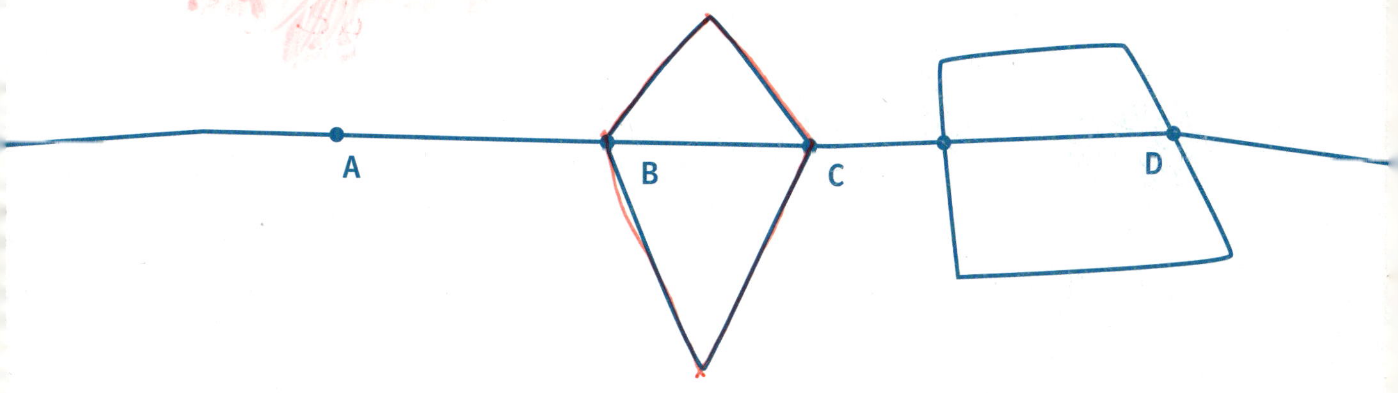

Lösungen sind in jeder Buchhandlung
und auf www.oebv.at erhältlich.

www.oebv.at

Inhaltsverzeichnis

Statistische Darstellungen und Kenngrößen

Geometrische Figuren und Körper

Willkommen zu *Das ist Mathematik*

Liebe Schülerin/lieber Schüler,

wir möchten dich herzlich in der dritten Klasse begrüßen. Das Buch *Das ist Mathematik* wird dich wieder im Mathematikunterricht begleiten. Wir möchten dir zeigen, dass Mathematik mehr als Rechnen ist.

Mathematik ist ...

... eine Sprache.
Deswegen werden dir so genannte **Sprachbausteine** bei der Übersetzung von Mathematik in die Alltagssprache und umgekehrt helfen. Insbesondere unterstützen dich die Sprachbausteine, wenn du Sachverhalte interpretieren und begründen sollst.

Sprachbaustein

... wichtig für die geschichtliche Entwicklung der Menschheit.
Deswegen wirst du einen Teil davon mit Hilfe der **geschichtlichen Einstiegsseiten** am Anfang jedes Abschnitts kennenlernen. Hier findest du auch nette Rätsel und interessante Aufgaben zu den Bildern. Die **Lösungen** dazu findest du mit dem Code ew329t unter **www.oebv.at** im Lehrwerk-Online von *Das ist Mathematik*.

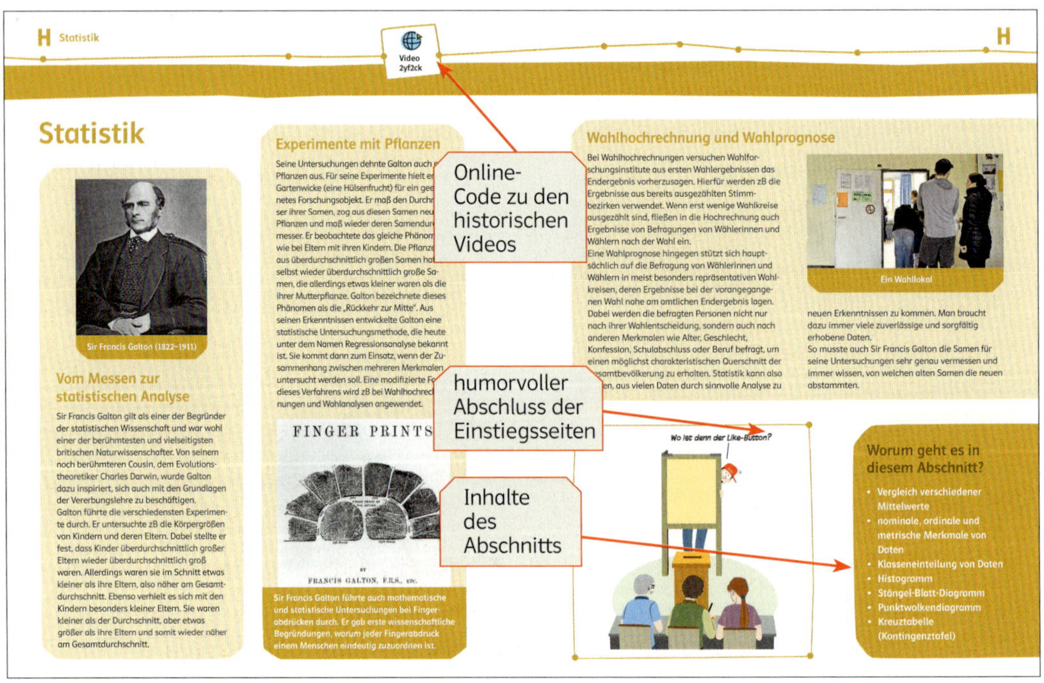

... Entdecken, Probieren und Knobeln.
Deswegen wirst du viele interessante Denksportaufgaben und ein paar harte Nüsse im Buch entdecken. **Denksportaufgaben** sind mit gekennzeichnet und **herausfordernde Aufgaben** mit ⊞.

... ein Werkzeug im Alltag.
Deswegen findest du interessante Aufgabenstellungen in diesem Buch, die sich aus **Informationstexten** ergeben. Da oft im Alltag nicht ganz **eindeutig** ist, welche Information man eigentlich zum Lösen eines Problems braucht, musst du dir den **Text** und die **Fragestellung genau durchlesen**. Aufgaben, die diese Problematik aufgreifen, sind mit gekennzeichnet.

... strukturiertes Denken.
Deswegen ist auch dieses Buch ganz klar aufgebaut. Am Anfang jedes Kapitels erwartet dich ein kurzer **Einstieg**, bei dem du auch selbst **aktiv** werden kannst. Dann wird das grundlegende Wissen dieses Kapitels vermittelt und in einem **Merkkasten** zusammengefasst.

Thema des Merkkastens

Beispiel

Beispiele unterstützen dich beim Anwenden des Wissens und beim Lösen der Aufgaben.

Damit du alle Inhalte eines gesamten Abschnitts nochmals wiederholst, findest du am Ende die Aufgabensammlung **Üben und Sichern**. Die anschließende **Wissensstraße** fasst die **Lernziele** zusammen und bietet Aufgaben, um diese zu erreichen und zu überprüfen.

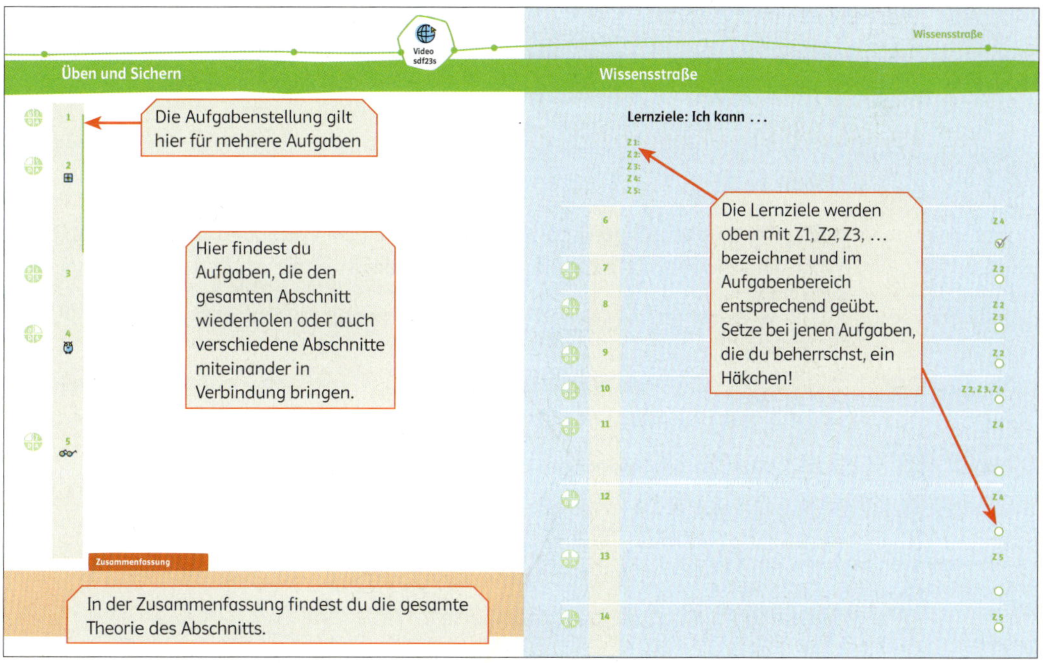

Wir wünschen dir viel Freude an der Mathematik und mit unserem Buch!

Symbole und Zeichen

$\mathbb{N} = \{0, 1, 2, 3, \dots\}$ Menge der natürlichen Zahlen

$\mathbb{N}_u = \{1, 3, 5, \dots\}$ Menge der ungeraden nat. Zahlen

$\mathbb{N}_g = \{0, 2, 4, 6, \dots\}$ Menge der geraden nat. Zahlen

$\mathbb{Z} = \{\dots, -3, -2, -1, 0, 1, 2, 3, \dots\}$ Menge der ganzen Zahlen

$\mathbb{Z}^+ = \{1, 2, 3, \dots\}$ Menge der positiven ganzen Zahlen

$\mathbb{Z}^- = \{\dots, -3, -2, -1\}$ Menge der negativen ganzen Zahlen

$\mathbb{Q}$: Menge der rationalen Zahlen

$\mathbb{Q}^+$: Menge der pos. rationalen Zahlen

$\mathbb{Q}^-$: Menge der neg. rationalen Zahlen

$\{\}$ oder $\emptyset$: leere Menge

$=$	ist gleich	$\mid$	teilt, ist Teiler von …
$\neq$	ist nicht gleich, ungleich	$\nmid$	teilt nicht, ist kein Teiler von …
$<$	kleiner als	%	Prozent
$\leq$	kleiner gleich, höchstens gleich	‰	Promille
$>$	größer als	$\parallel$	parallel
$\geq$	größer gleich, mindestens gleich	$\nparallel$	nicht parallel
$\approx$	angenähert gleich, rund, etwa	⊾	rechter Winkel
$\triangleq$	entspricht	$\perp$	rechtwinklig zu, normal auf
$\Rightarrow$	daraus folgt	AB	Strecke AB
$\Leftrightarrow$	ist gleichbedeutend mit	$\overline{AB}$	Länge der Strecke AB
$\in$	ist Element von, gehört zu	$\sphericalangle ab$	Winkel zwischen a und b
$\notin$	ist kein Element von, gehört nicht zu	$\sphericalangle ABC$	Winkel zwischen AB und BC
$\lvert a \rvert$	Betrag von a	$\cong$	kongruent, deckungsgleich
a^n	a hoch n, a zur n-ten Potenz	$\sim$	ähnlich
$\sqrt{a}$	Quadratwurzel aus a		

Abkürzungen:

Ü	Überschlagsrechnung	f. A.	falsche Aussage
P	Probe	ggT	größter gemeinsamer Teiler
w. A.	wahre Aussage	kgV	kleinstes gemeinsames Vielfaches

Symbole:

Online-Code

Hier gibt es eine Online-Ergänzung. Der Code führt direkt zu den Inhalten. Im Lehrwerk-Online befinden sich Technologieanleitungen, interaktive Übungen und Arbeitsblätter.

www.oebv.at → Suchbegriff / ISBN / SBNr / Online-Code | Suchen

Lies besonders genau bei dieser Aufgabe! Du lernst dabei zu beachten, welche Angaben zur Lösung einer Aufgabe wichtig sind.

schwierige, herausfordernde Aufgabe

Denksportaufgabe zum Knobeln

Hake die Aufgaben ab, die du richtig gelöst hast!

Dieses Symbol gibt die passende Seite im Arbeitsheft an.

O I D A — Der Kompetenzkreis zeigt an, welche der Handlungsbereiche (**O**perieren; **I**nterpretieren; **D**arstellen, Modellbilden; **A**rgumentieren, Begründen) die Aufgabe betrifft (für das Kompetenzmodell vgl. S. 281 f.).

Mathematik macht Spaß

AH S. 4

1 Kann es den Gegenstand geben?
Nimm Buntstifte und male die „oben" liegenden Flächen an!

a)

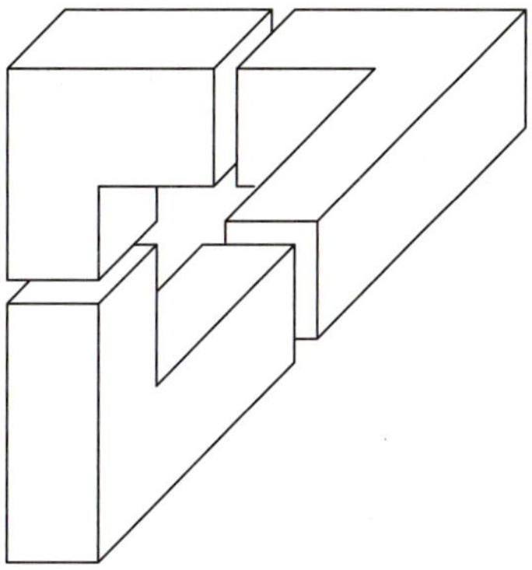

b)

2  Lege fünf Streichhölzer so auf, dass zwei gleich große Dreiecke entstehen, die einander nur in einem Eckpunkt berühren!

3 Aus einem Quadrat mit 5 cm Seitenlänge wird ein Viertel herausgeschnitten.

1) Zerschneide die restliche Figur in vier gleich große und kongruente Teilfiguren!

2) Wie groß ist der Umfang einer solchen Teilfigur?

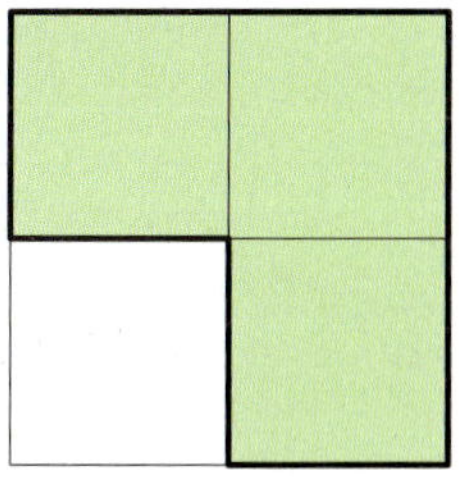

4 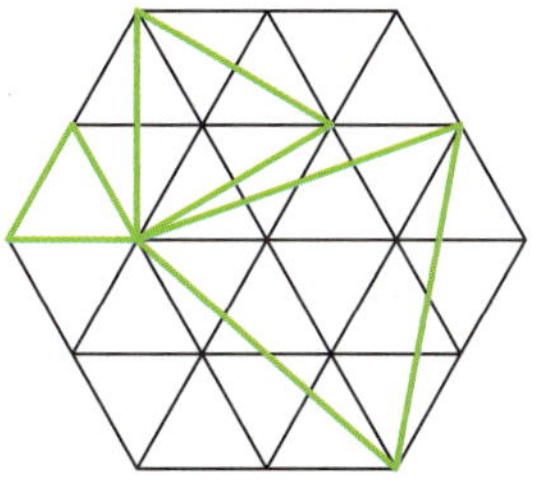

Wie viele gleichseitige Dreiecke sind in der Zeichnung dargestellt?

Bemerkung: Die nebenstehende Figur ist das „Markenzeichen" des Wiener Mathematik- und Denksportwettbewerbes, der jedes Jahr für Schülerinnen und Schüler durchgeführt wird. Die Aufgabe stammt aus dem Bewerb im Jahr 2000.

5 Einige Krähen sitzen auf einigen Bäumen im Garten. Auf jedem Baum sitzt genau eine Krähe, aber für eine Krähe gibt es keinen Baum. Etwas später sitzen dieselben Krähen wieder auf denselben Bäumen. Diesmal sitzen je zwei Krähen auf jedem Baum, wobei allerdings ein Baum frei bleibt.
Wie viele Bäume befinden sich im Garten? Kreuze an!

○ **A** 2 ○ **B** 3 ○ **C** 4 ○ **D** 5 ○ **E** 6

6 Grüne, blaue und orange Aliens fliegen in einem Raumschiff herum. Grüne Aliens haben 2 Tentakeln, orange haben 3 und blaue haben 5. Im Raumschiff gibt es gleich viele grüne und orange Aliens und um 10 blaue mehr als grüne. Zusammen haben sie 250 Tentakeln.
Wie viele blaue Aliens fliegen im Raumschiff mit?

○ **A** 15 ○ **B** 20 ○ **C** 25 ○ **D** 30 ○ **E** 40

7 Welche der folgenden Objekte gehen durch eine räumliche Bewegung aus dem rechts abgebildeten Objekt hervor?

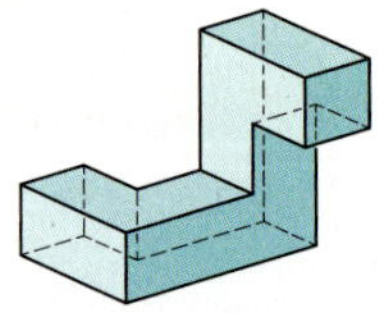

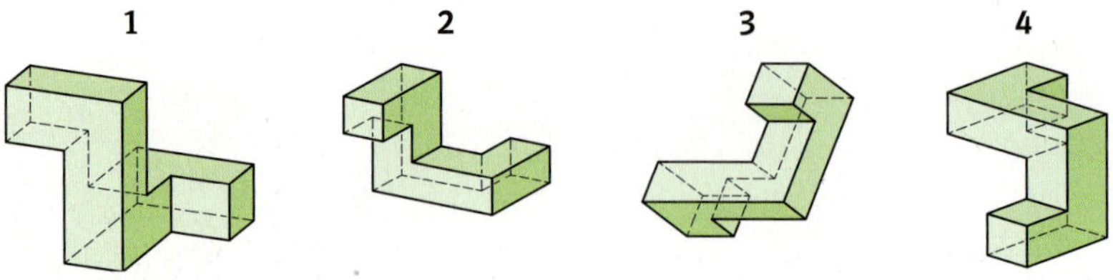

○ **A** 1 und 3 ○ **B** 2 und 4 ○ **C** nur 3 ○ **D** keines ○ **E** 1, 2 und 3

8 Innerhalb eines großen Rechtecks liegen – wie in der Figur rechts zu sehen – 6 gleich große einander berührende Kreise, die alle dieses Rechteck berühren. Die 6 Kreismittelpunkte liegen auf den Seiten eines kleinen Rechtecks, wobei vier dieser Mittelpunkte auch gleichzeitig Eckpunkte dieses Rechtecks sind.
Wie groß ist der Umfang des großen Rechtecks, wenn der Umfang des kleinen 60 cm beträgt?

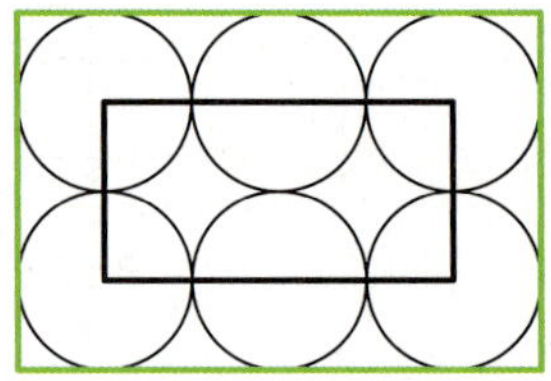

○ **A** 160 cm ○ **B** 140 cm ○ **C** 120 cm ○ **D** 100 cm ○ **E** 80 cm

9 M ist der Mittelpunkt des regelmäßigen Fünfecks (→ **Figur rechts**).
Welcher Anteil des Fünfecks ist gekennzeichnet?

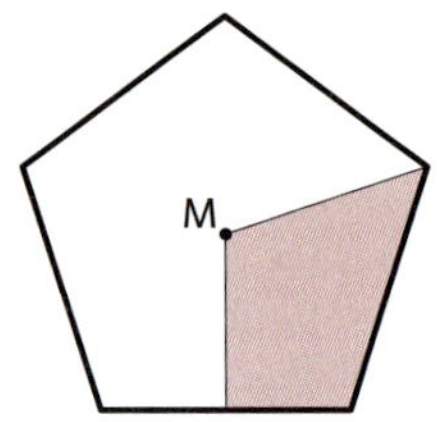

○ **A** 10 % ○ **B** 20 % ○ **C** 25 % ○ **D** 30 % ○ **E** 40 %

10 Der blaue hohle Würfel hat zwei Löcher.
Welches Netz (verkleinert dargestellt) gehört zum Würfel?

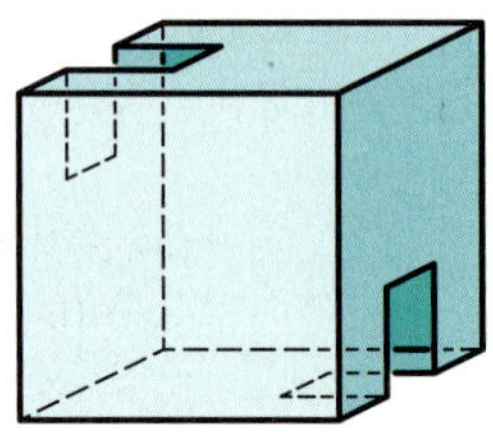

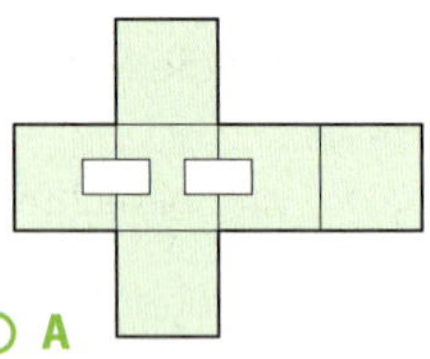
○ **A**

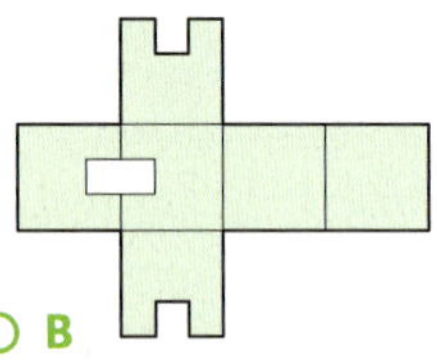
○ **B**

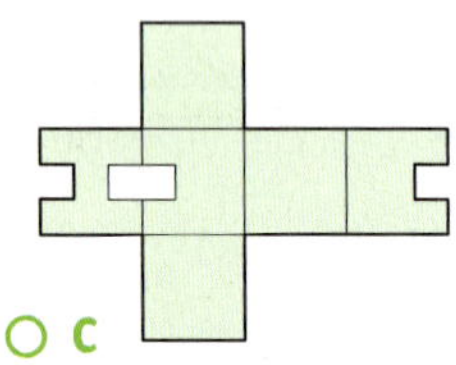
○ **C**

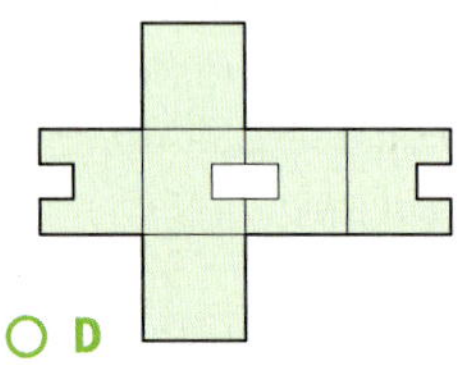
○ **D**

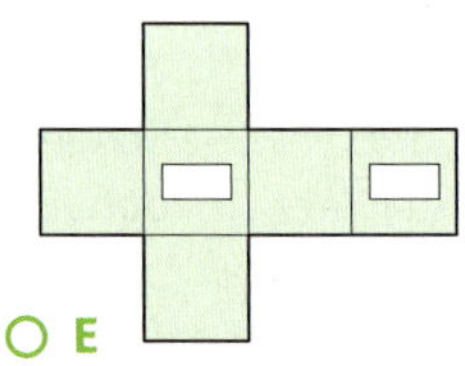
○ **E**

11 Wenn das Känguru Bruce mit dem linken Bein abspringt, hüpft es 2 m weit. Wenn es rechts abspringt, hüpft es 4 m weit und wenn es mit beiden Beinen abspringt, hüpft es 7 m weit.
Wie oft muss es mindestens springen, wenn es genau 1000 m zurücklegen will?

○ **A** 145 ○ **B** 146 ○ **C** 144 ○ **D** 140 ○ **E** 150

12 Mit 9 geraden Linien – 5 waagrechten und 4 senkrechten – lässt sich eine Tabelle mit 12 Feldern zeichnen. Zeichnet man jedoch 6 waagrechte und 3 senkrechte gerade Linien, hätte die Tabelle nur 10 Felder.
Was ist die höchste Anzahl an Feldern, die du in einer Tabelle erhalten kannst, wenn du 15 gerade Linien zum Zeichnen der Tabelle verwendest?

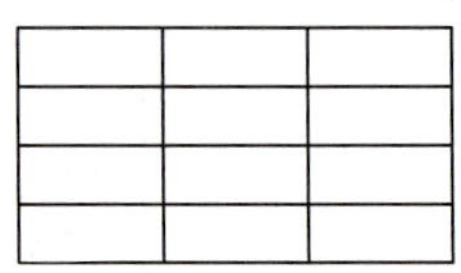

○ **A** 22 ○ **B** 30 ○ **C** 36 ○ **D** 40 ○ **E** 42

Wiederholung

AH S. 6

Paul ist am Ende der Ferien mit seiner Familie in ein neues Haus gezogen.

13 Wohin ist Paul mit seiner Familie gezogen?
Die Buchstaben der Lösungen ergeben in der richtigen Reihenfolge den gesuchten Ort.

1)	$4\frac{2}{3}+1\frac{5}{6}$	**R**	6,5	**L**	8
2)	$1\frac{7}{8}+2\frac{1}{6}$	**U**	$3\frac{1}{24}$	**A**	$4\frac{1}{24}$
3)	$6\frac{5}{9}-2\frac{2}{3}$	**S**	$4\frac{8}{9}$	**N**	$3\frac{8}{9}$
4)	$10\frac{3}{4}-6\frac{5}{8}$	**K**	$4\frac{1}{8}$	**T**	$3\frac{1}{8}$
5)	$7\frac{1}{32}\cdot\frac{4}{5}$	**E**	$7\frac{1}{40}$	**W**	$5\frac{5}{8}$
6)	$5\frac{1}{3}\cdot4\frac{1}{8}$	**E**	22	**N**	$20\frac{1}{24}$
7)	$\frac{4}{3}:\frac{3}{5}$	**I**	$2\frac{2}{9}$	**A**	$\frac{4}{5}$
8)	$\frac{3}{4}:1\frac{11}{16}$	**U**	$\frac{48}{44}$	**L**	$\frac{4}{9}$

Ort:

14 Pauls Mutter ist dreimal so alt wie Paul. Pauls Vater ist um 3 Jahre jünger als die Mutter und Pauls Schwester ist um 2 Jahre jünger als Paul. Insgesamt sind sie 107 Jahre alt.
Wie alt sind die jeweiligen Familienmitglieder? Stelle eine Gleichung auf und berechne!

15 Paul möchte seinen Schulfreunden einen Plan vom Grundstück zeigen. Die Form setzt sich aus einer Raute und einem Drachen zusammen (→ Skizze).

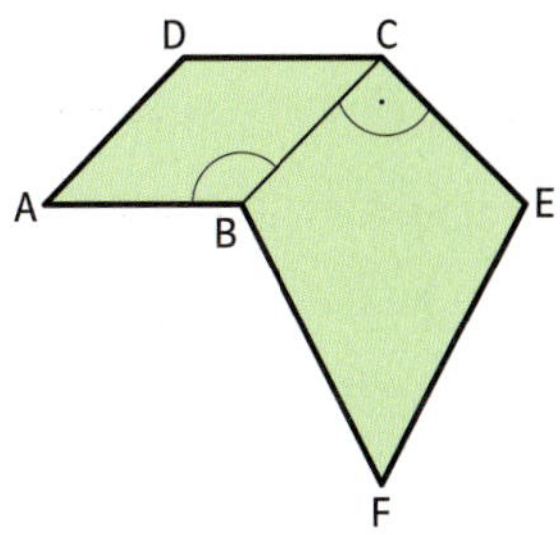

1) Konstruiere einen Plan im Maßstab 1:500!
$\overline{AB}=\overline{BC}=20\,m$, $\overline{BF}=\overline{EF}=30\,m$, ∢ CBA 135°, ∢ BCE = 90°

2) Berechne den Flächeninhalt!
Nimm dazu die notwendigen Längen aus deiner Zeichnung!

3) Im Garten soll ein Biotop angelegt werden. Es soll von den beiden Gründstücksseiten BF und FE gleich weit entfernt sein.
Zeichne in den Plan ein, entlang welcher Linie das Biotop angelegt werden kann!

16 Nachdem das Biotop fertig geworden ist, möchte Paul gerne wissen, wie lang es ist. Dazu misst er zuerst vom Haus die Strecke zum einen Ende des Biotops $\overline{HP}=4\,m$, sowie zum anderen Ende $\overline{HQ}=4{,}5\,m$.
Der Winkel ∢ QHP zwischen den beiden Strecken beträgt 59°.
Er fertigt die Skizze rechts an.
Zeichne einen Plan im Maßstab 1:50! Wie lang ist das Biotop?

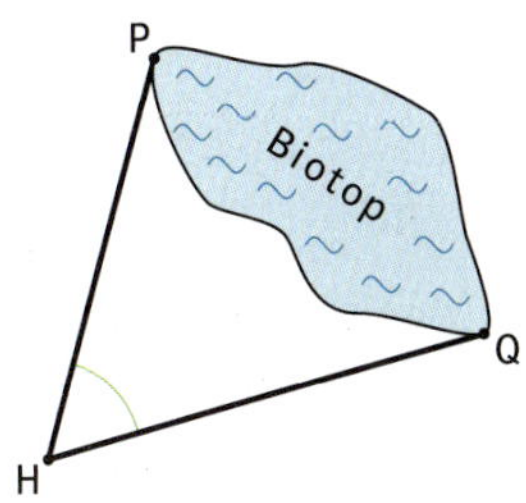

17 Das Grundstück wird an allen Seiten umzäunt (→ Aufgabe 15). Wie viel Euro muss Pauls Familie bezahlen, wenn der Preis für ein 2 m langes Zaunstück 24,90 € beträgt?

18 Der Kaufpreis des Grundstücks betrug 78 000 €.
Wie viel Euro musste die Familie bezahlen, wenn noch 3,5 % vom Kaufpreis für die Grunderwerbsteuer berücksichtigt werden muss?

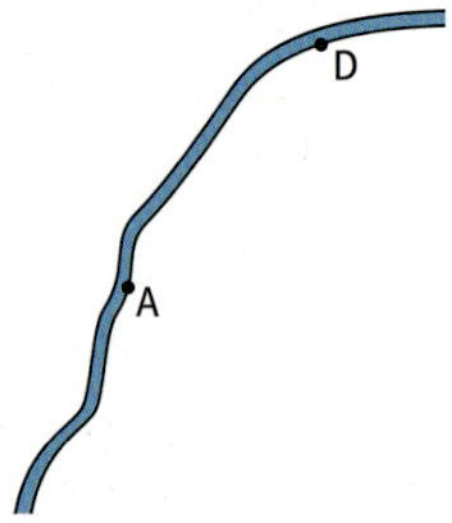

19 Eine Seite des Grundstücks wird annähernd von einem kleinen Bach begrenzt. Die Eltern wollen die Stufen zum Bach genau in die Mitte der Grundstücksgrenze AD legen.
Zeichne in der Skizze rechts ein, wo die Stufen gebaut werden müssen!

20 Das Haus soll unterkellert werden. Der Keller hat eine niedrigere Raumhöhe als die oberen Stockwerke (→ Bild rechts).

1) Welches ist die größtmögliche Stufenhöhe, wenn alle Stufen gleich hoch sein sollen?

2) Welche anderen Stufenhöhen wären möglich? Welche davon sind sinnvoll? Begründe deine Wahl!

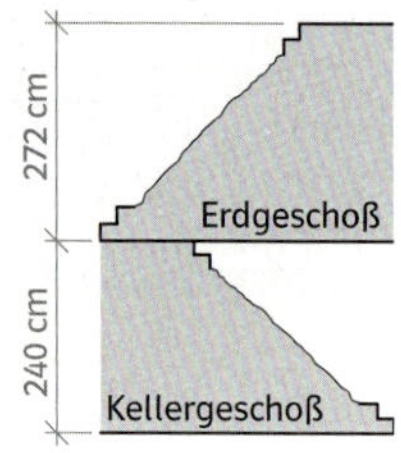

21 Zur Befestigung des Baugerüstes müssen zwei Metallplatten mit Schrauben verbunden werden.
In welchem Abstand voneinander kann man zwei Schrauben stecken, ohne neue Löcher bohren zu müssen?

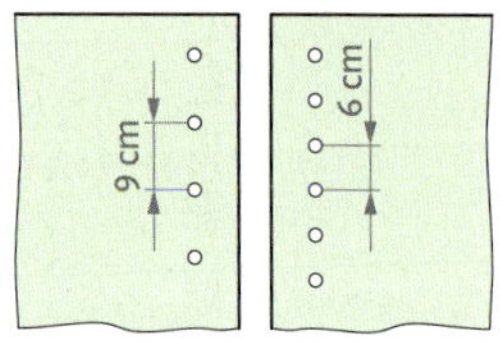

22 Während eines Baus kam es immer wieder zu Abweichungen vom vereinbarten Plan.
Kreuze an, ob die Zusammenhänge direkt proportional (**dp**), indirekt proportional (**ip**) oder keines von beiden sind (**np**)! Die Buchstaben der richtigen Lösungen ergeben von unten nach oben gelesen den Namen von Pauls Schwester.

		dp	ip	np
1)	Dank eines zusätzlichen Handwerkers konnten sie nun zu viert die Arbeiten in der halben Zeit erledigen.	○ H	○ A	○ E
2)	Für einen Bagger hätte die Familie 250 Euro bezahlt. Für zwei Bagger bezahlen sie 500 Euro.	○ I	○ J	○ S
3)	Wegen Krankheit sind an einem Tag nur zwei der drei Elektriker erschienen. Sie haben an diesem Tag doppelt so lange für ihre Arbeit gebraucht.	○ N	○ I	○ R
4)	Für die vierfache Wandfläche haben die Maler die vierfache Zeit benötigt.	○ A	○ U	○ O
5)	Anstelle von sechs Maurern sind nur vier gekommen. Die Arbeiten haben daher um 50 % länger gedauert.	○ L	○ M	○ R

Name von Pauls Schwester:

23 Rechts abgebildet ist eine Skizze des Hauses mit dem gleichschenkligen Dach.

1) Welche Netze passen dazu? Kreuze an!

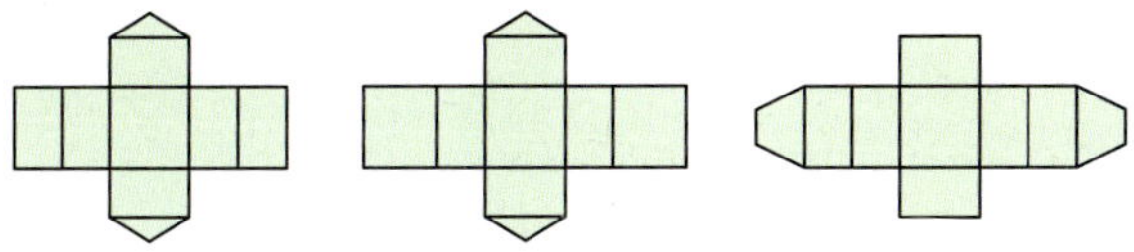

O **A** O **B** O **C** O **D**

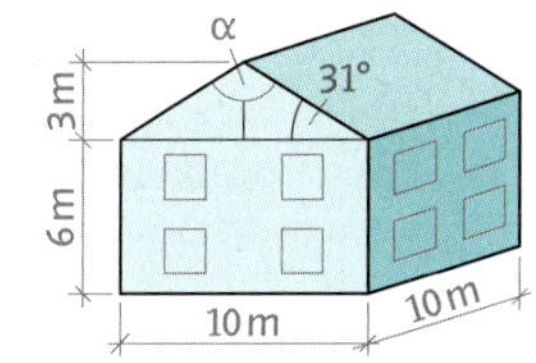

2) Berechne die Größe des Winkels α!

3) Berechne den Rauminhalt des Hauses!

24 Pauls Zimmer und das Zimmer seiner Schwester werden mit den gleichen Möbeln, aber spiegelverkehrt eingerichtet. Spiegle Pauls Zimmer entlang der roten, strichpunktierten Linie, um einen Plan vom Zimmer der Schwester zu erhalten!

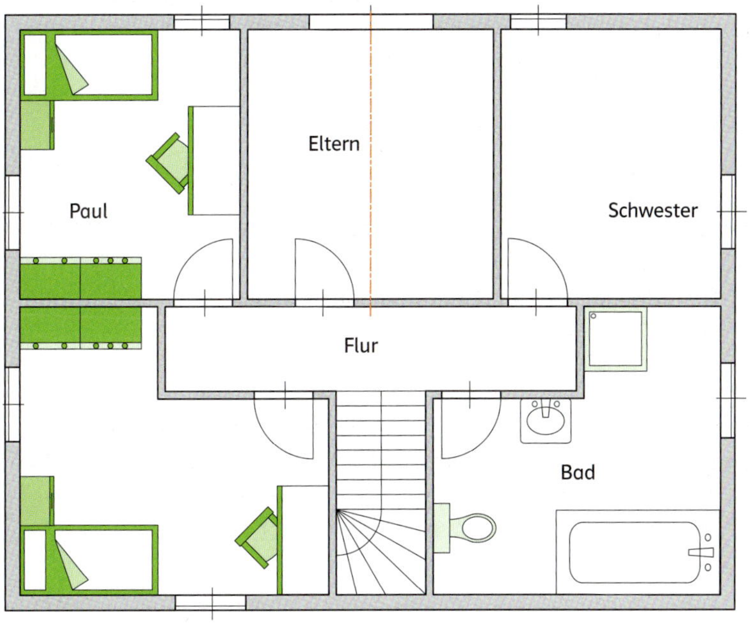

25 Führe die Rechnungen passend zu **1)**–**4)** durch! Rechne die Ergebnisse in Winkelminuten um! Der Betrag der Winkelminuten entspricht genau dem Preis der Möbelstücke in Euro. Die entsprechenden Lösungsbuchstaben ergeben – in die richtige Reihenfolge gebracht – Pauls Lieblingstier.

1) Kasten	$3°34' + 4°26' =$	480€	**U**	800€	**W**
2) Bett	$134°17' + 3°33' - 133°40' =$	400€	**F**	250€	**P**
3) Schreibtisch	$90° - (76°08' + 12°42') =$	66€	**O**	70€	**A**
4) Sessel	$56°15' : 75 =$	45€	**M**	75€	**L**

Lieblingstier:

26 Als Deckenleuchte hat Paul sich eine besondere Lampe ausgesucht. Der Lampenschirm hat die Form eines regelmäßigen, sechseckigen Prismas mit 18 cm Umkreisradius. Er ist von einer sechseckigen Glasplatte abgedeckt.
Fertige eine Zeichnung der Glasplatte an! Wähle einen geeigneten Maßstab!

Zum Glück blieb neben dem Umzug auch noch Zeit für andere nette Unternehmungen während der 9 Wochen Sommerferien.

27 Paul hatte sehr abwechslungsreiche Sommerferien. Er war von den neun Ferienwochen 14 Tage in Italien, eine Woche bei seinen Großeltern, sechs Tage auf Sportcamp und drei Tage bei einem Freund. Die restliche Zeit hat er damit verbracht, seinen Eltern zu helfen.
Fülle die Tabelle aus und stelle Pauls Ferienprogramm in einem Kreisdiagramm dar!

Tipp
1% ≙ 3,6°

Orte	Anzahl der Tage	Relative Häufigkeit	Zentriwinkel
Italien	14	$14:63 \approx 0{,}22 = 22\%$	
Großeltern			
Sportcamp			
Freund			
Zuhause			
Summe			

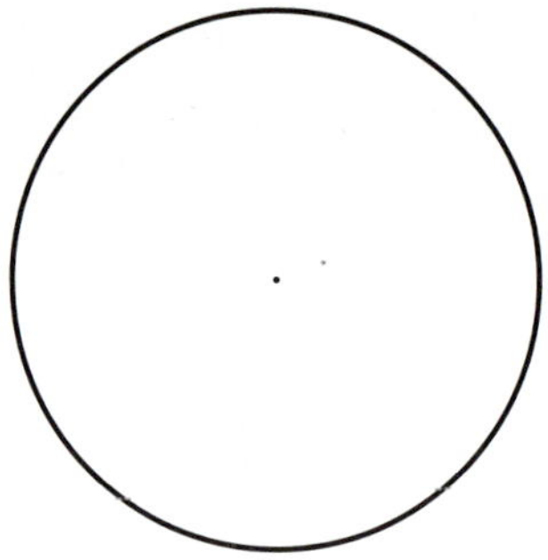

28 Auch Pauls Schwester war nicht die ganzen Ferien in ihrem Zuhause. Entnimm dem Prozentstreifen, wie viele Tage der neun Wochen sie jeweils an den unterschiedlichen Orten war, und ergänze die Tabelle!

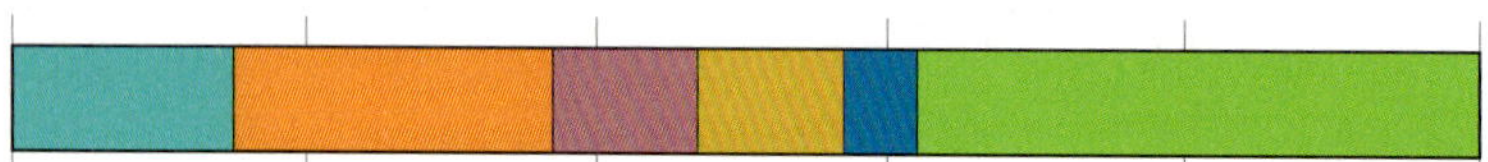

Orte	Tage
Großeltern	
Italien	
Musikcamp	
Freundin	
Kinderuni	
Zuhause	
Summe	

29 Während des Italien-Urlaubs hat Paul genau aufgeschrieben, wie viel Euro er jeden Tag ausgegeben hat (Beträge in Euro):
3; 0; 2,50; 4; 1,50; 6; 3; 0; 2; 1,50; 10; 7; 3; 3
1) Ermittle den Modus, den Median und das arithmetische Mittel!
2) Auch Pauls Schwester hat genaue Aufzeichnungen geführt (Beträge in Euro):
2; 1,50; 9; 0; 0; 12; 1,50; 0; 2,50; 2,50; 5; 3; 6,50; 8
Ermittle ebenfalls den Modus, den Median und das arithmetische Mittel!
3) Welchen Mittelwert wird Paul wählen, welchen seine Schwester, wenn sie den Eltern verdeutlichen möchten, dass sie im Vergleich zum anderen sparsamer waren?

Kurz vor Schulbeginn findet Paul in den Umzugskisten einen Übungszettel, den er von seiner Mathematik-Lehrerin für die Ferien bekommen hat.
Folgende Aufgaben sind zu lösen:

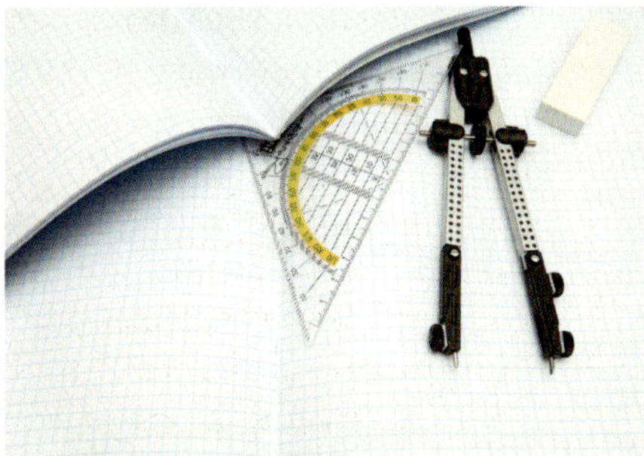

30 Von einem Dreieck sind die Punkte A, B (im Koordinatensystem unten vorgezeichnet), der Winkel $\alpha = 40°$ sowie die Seite $\overline{AC} = 10\,\text{cm}$ gegeben.

1) Konstruiere das Dreieck im gegebenen Koordinatensystem!

2) Lies die Koordinaten der Punkte A und B ab! A = (___ | ___), B = (___ | ___)

3) Welche Koordinaten hat der Punkt C? C = (___ | ___)

4) Konstruiere die merkwürdigen Punkte des Dreiecks H, U, I, S und gib ihre Koordinaten an!
H = (___ | ___), U = (___ | ___), I = (___ | ___), S = (___ | ___)

5) Berechne den Flächeninhalt des Dreiecks! Zerlege dazu in rechtwinklige Dreiecke und entnimm die notwendigen Längen deiner Zeichnung!

___

___

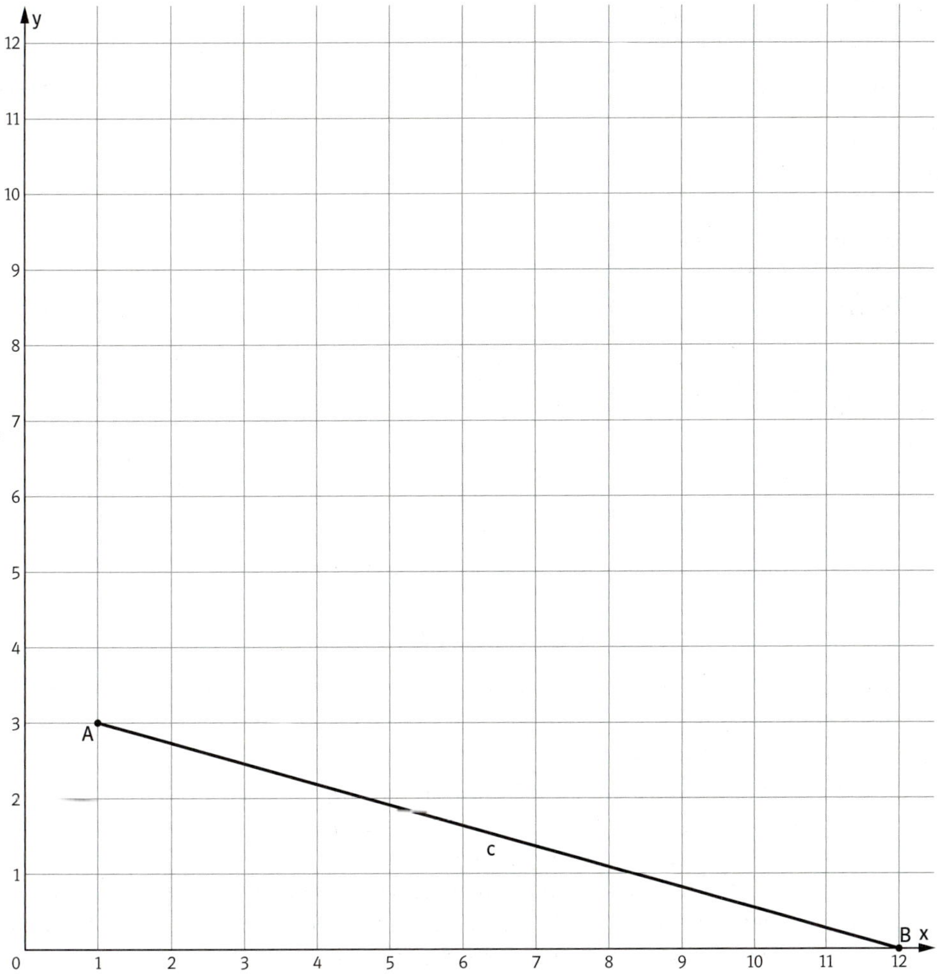

Video f6t363

Ganze Zahlen

Warum negative Zahlen?

Aus heutiger Sicht ist es erstaunlich, dass noch vor weniger als 300 Jahren die negativen Zahlen als verwirrend galten und daher „negative" Zahlen genannt wurden. Heute ist klar, dass man eine geradlinige Skala, auf der von 0 aus die Zahlen 1, 2, 3, … eingetragen sind, in die andere Richtung durch die Zahlen −1, −2, −3, … ergänzen kann – man denke nur an das Thermometer!
Wir dürfen annehmen, dass dem Handel und Gewerbe schon seit der Zeit der frühen Hochkulturen die negativen Zahlen in gewisser Weise vertraut waren. Denn immer gab es Einnahmen und Ausgaben, Guthaben und Schulden. Wenn zB eine Handelsfrau in der Zeit der Renaissance ein Guthaben von 43 Dukaten besaß und einem Gläubiger 12 Dukaten schuldete, hatte sie einen Saldo von $43 - 12 = 31$ Dukaten. Hätte umgekehrt ein Geschäftsmann ein Guthaben von 12 Dukaten und 43 Dukaten Schulden, so hätte er einen negativen Saldo von $12 - 43 = -31$ Dukaten. Im Geschäftsleben sagt man heute, die Handelsfrau schreibt „schwarze" Zahlen, der Geschäftsmann hingegen „rote" Zahlen.

Welche Temperatur zeigt das Thermometer?

Auch heute noch wird die scheinbare „Absurdität" negativer Zahlen manchmal durch Fragestellungen wie die Folgende betont:
In einem Bus befinden sich 25 Personen. In der vorletzten Station vor der Endstation steigen 18 Personen aus und 6 Personen ein. In der letzten Station verlassen 19 Personen den Bus und 3 Personen steigen ein. Wie viele Personen müssen in der Endstation einsteigen, damit der Bus leer ist?

Aus der griechischen Mathematik verbannt

Trotz ihrer erfolgreichen Verwendung in Handel und Geldwesen weigerten sich die Mathematiker der Antike, mit negativen Zahlen zu rechnen. Selbst die Null war für sie keine wirkliche Zahl. Dabei spielt die Zahl Null gerade beim Aufbau unseres Stellenwertsystems eine so wichtige Rolle. Auch die Mathematiker des Mittelalters und der Renaissance verwendeten die negativen Zahlen nicht, denn durch die Zusätze „Guthaben" und „Schulden" war man auf die negativen Zahlen nicht angewiesen. Erst viel später entschied man sich in der Mathematik, die negativen Zahlen als „eigenständige" Objekte anzuerkennen. Man kennzeichnete sie nicht wie im Geschäftsleben durch rote Farbe, sondern durch ein vor die Zahl gesetztes Minuszeichen: −1, −2, −3, …

Sind negative Zahlen wirklich Zahlen oder nicht?

Warum hat es so lange gedauert, die negativen Zahlen neben den positiven Zahlen auch als Zahlen anzuerkennen? Das lag vor allem daran, dass die negativen Zahlen nicht als Anzahl wie die positiven Zahlen gedacht werden konnten. Sie waren ja „weniger als nichts“, wie es der Universalgelehrte Gottfried von Leibniz formulierte. Auch der brillante Schweizer Mathematiker Leonhard Euler (1707–1783) war sich des Wesens der negativen Zahlen nicht gewiss. Er vermutete sogar, dass -1 nicht nur kleiner, sondern auch größer als alle natürlichen Zahlen, also unendlich groß wäre. Er stellte -1 als unendliche Summe natürlicher Zahlen dar und lieferte dazu auch einen durchaus plausiblen Beweis. Carl Friedrich Gauß widersprach ihm. Für Gauß war „Unendlich“ keine Zahl, also kein Objekt, mit dem man so rechnen kann wie mit Zahlen. Die endgültige Anerkennung der negativen Zahlen als echte Zahlen erfolgte erst im 19. Jahrhundert. Euler hatte sich ausnahmsweise einmal geirrt:
-1 ist und bleibt kleiner als jede natürliche Zahl!

Gottfried von Leibniz
(1646–1716)

Seit 1886 befindet sich auf dem Gipfel des Hohen Sonnblick (3106 m) in den Hohen Tauern Europas älteste und lange Zeit höchst gelegene Wetterstation.
Das Sonnblick-Observatorium ist auf **Permafrost** gebaut. Permafrost bezeichnet einen dauerhaft gefrorenen Boden (Fels, Gestein, Sedimente, …). Der Boden weist ständig Temperaturen unter dem Gefrierpunkt auf.
Die globale Erderwärmung führte zum Auftauen des Bodens in den Sommermonaten. Zusätzlich verringerte ein dauernder Wechsel von Tauen und Gefrieren des Wassers die Festigkeit des Felsgesteins („Frostsprengung“).
Die Folge war, dass das Observatorium samt dem Gipfelhaus abzustürzen drohte. Mittels massiver Betonbefestigungen (im Bild unterhalb des Observatoriums zu sehen) konnte dies verhindert werden.

Worum geht es in diesem Abschnitt?

- Schreibweise und Deutung ganzer Zahlen
- Eigenschaften ganzer Zahlen
- Betrag einer ganzen Zahl
- Grundrechnungsarten mit ganzen Zahlen

1 Einführung der ganzen Zahlen

interaktive Vorübung a2zu9h

AH S. 8

1.1 Menge der ganzen Zahlen

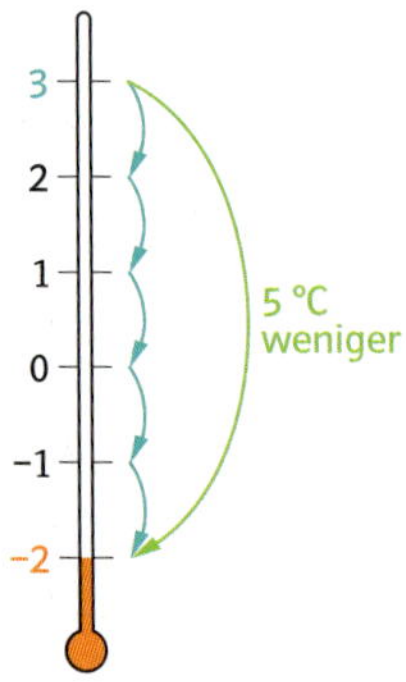

Die Apfelbäume sind in voller Blüte. Ein Obstbauer hört im April den Wetterbericht. „Am Abend hat es +3 °C. Bis zum Morgen sinkt die Temperatur um 5 °C." Der Obstbauer blickt sorgenvoll auf das Thermometer und erkennt, dass die Temperatur morgen früh °C sein wird.

Temperaturen unter null Grad werden als **Minusgrade** angegeben. Diese Minusgrade sind ein Beispiel für **negative Zahlen.** Bisher konnten wir die Rechnung 3 − 5 mit den natürlichen Zahlen nicht ausführen.

Negative und natürliche Zahlen – ganze Zahlen

Die Zahlen **−1, −2, −3, ...** gehören nicht zu den natürlichen Zahlen. Wir nennen sie **negative ganze Zahlen** und schreiben diese mit einem Minuszeichen vor der Zahl. Die natürlichen Zahlen größer null, also 1, 2, 3, … können wir in diesem Sinn als **positive ganze Zahlen** bezeichnen.

Ganze Zahlen

Die negativen ganzen Zahlen, die Zahl 0 und die positiven ganzen Zahlen bilden gemeinsam die **Menge der ganzen Zahlen:** $\mathbb{Z} = \{\dots -3, -2, -1, 0, 1, 2, 3, \dots\}$

Das Minus(zeichen) „–" hat also in der Rechnung 3 − 5 = −2 zwei Funktionen:

1) Minus als Rechenzeichen zum Kennzeichnen der Subtraktion (3 − 5)
2) Minus als Vorzeichen zum Kennzeichnen einer negativen Zahl (−2)

Auch die **positiven Zahlen** haben ein Vorzeichen, das **Plus „+".** Man schreibt zB statt 5 auch +5 oder statt 11 auch +11. Wenn jedoch keine Verwechslungen auftreten können, darf man bei positiven Zahlen das Vorzeichen „+" weglassen.

Ganze Zahlen auf der Zahlengeraden

Durch das Spiegeln des Zahlenstrahls am Nullpunkt erhalten wir eine **Zahlengerade**. Die Zahlen steigen nach rechts hin an. Dies wird mit dem Pfeil rechts gekennzeichnet.

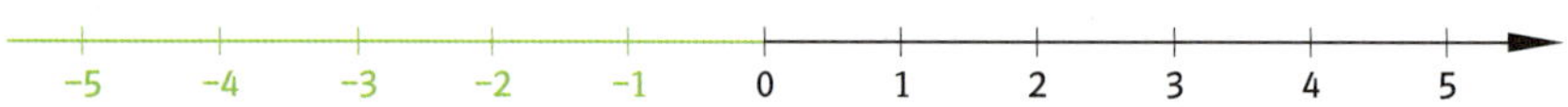

Die **positiven** ganzen Zahlen liegen **rechts** von der Zahl Null, die **negativen** ganzen Zahlen liegen **links** von der Zahl Null auf der Zahlengeraden.
Die Zahl **Null** ist **weder positiv noch negativ** – sie gehört aber auch zu den ganzen Zahlen.

Ganze Zahlen im Alltag

In folgenden Zusammenhängen können negative Zahlen im Alltag auftreten:

- Geldgeschäfte (negative Zahlen sind)
- Seehöhe (negative Zahlen bedeuten)
- Aufzug (negative Zahlen bedeuten)

31 Welche ganzen Zahlen sind durch Kreuze auf der Zahlengeraden markiert?

a) b) c) d)

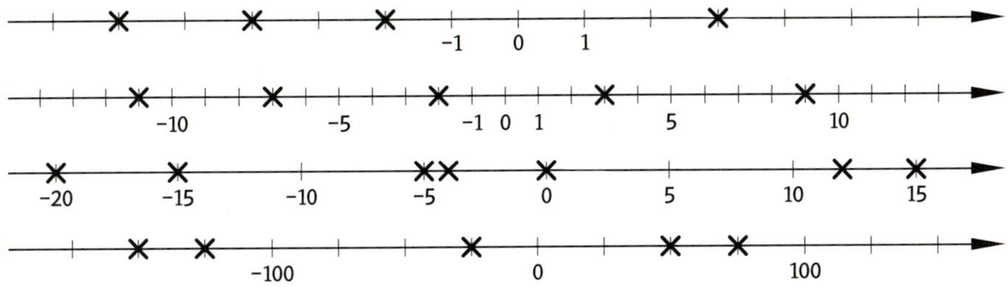

32 Zeichne eine Zahlengerade und kennzeichne auf dieser die folgenden Zahlen durch Kreuze! Wähle eine geeignete Einheitsstrecke!

a) −8, −5, −1, 3, 7
b) −11, −9, −6, −2, 0
c) −9, −4, −2, −1, 0, 8
d) −15, −5, 10, 15, 20
e) −30, −15, −5, 10, 25
f) −70, −50, −40, −30, −25
g) −55, −25, −20, −15, 0, 5
⊞ **h)** −100, −70, −40, −10, 30
⊞ **i)** −100, 500, 700, 1000, 1500

33 Das Thermometer zeigt **a)** +5 °C, **b)** +2 °C, **c)** 0 °C, **d)** −1 °C, **e)** −4 °C. Welche Temperatur zeigt das Thermometer nach einer Temperaturabnahme **1)** um 2 °C, **2)** um 5 °C, **3)** um 8 °C?

34 Das Thermometer zeigt **a)** +3 °C, **b)** 0 °C, **c)** −2 °C, **d)** −6 °C. Welche Temperatur zeigt das Thermometer nach einer Temperaturzunahme **1)** um 2 °C, **2)** um 4 °C, **3)** um 7 °C?

Tipp

Verwende ein Thermometer oder zeichne eine geeignete Zahlengerade!

35 Wie viel Grad Unterschied besteht zwischen den angegebenen Temperaturen? Ordne korrekt zu, indem du die Buchstaben neben die entsprechenden Zahlen schreibst!

1		+15 °C, +8 °C	5		−2 °C, −11 °C
2		+6 °C, −2 °C	6		−10 °C, −4 °C
3		+3 °C, −7 °C	7		−7 °C, +7 °C
4		−3 °C, +2 °C	8		0 °C, −12 °C

A	5°C	**E**	9 °C
B	6° C	**F**	10 °C
C	7°C	**G**	12 °C
D	8°C	**H**	14 °C

36 Ein Flugzeug startet bei einer Außentemperatur von **a)** +12 °C, **b)** −8 °C. Wie groß ist der Temperaturunterschied, wenn die Temperatur in einer Flughöhe von 10 000 m nur mehr −53 °C beträgt?

37 Die höchste Temperatur, die auf der sonnenbeschienenen Seite der Mondoberfläche gemessen wurde, betrug +127 °C, die tiefste Temperatur, gemessen auf der Schattenseite des Mondes, betrug −173 °C. Wie groß ist der Temperaturunterschied?

38 Auf den Gasplaneten unseres Sonnensystem herrschen sehr tiefe Temperaturen. Durchschnittstemperaturen: −108 °C (Jupiter), −139 °C (Saturn), −197 °C (Uranus), −201 °C (Neptun) Gib jeweils den Temperaturunterschied zu **a)** +15° (Erde) **b)** −55° (Mars) **c)** +464 °C (Venus) an!

39 Michaela verfolgt den Wetterbericht: „Die maximale Temperatur in Eisenstadt wird morgen 23 °C betragen. Die Abweichungen zwischen Eisenstadt und Güssing liegen im Bereich von ±3 °C." Erkläre, was damit gemeint ist!

Arbeitsblatt zm9ku6

40 Eine Meteorologin (Meteorologie ist die Wetterkunde) hat die Temperatur zu verschiedenen Zeitpunkten eines Tages gemessen und mit den Temperaturwerten ein Liniendiagramm gezeichnet.
Lies für 0 Uhr, 6 Uhr, 9 Uhr, 12 Uhr, 15 Uhr, 18 Uhr und 24 Uhr die angegebenen Temperaturen ab und lege eine Tabelle an!
Gib auch die jeweilige Temperaturänderung zwischen den Zeitpunkten an!

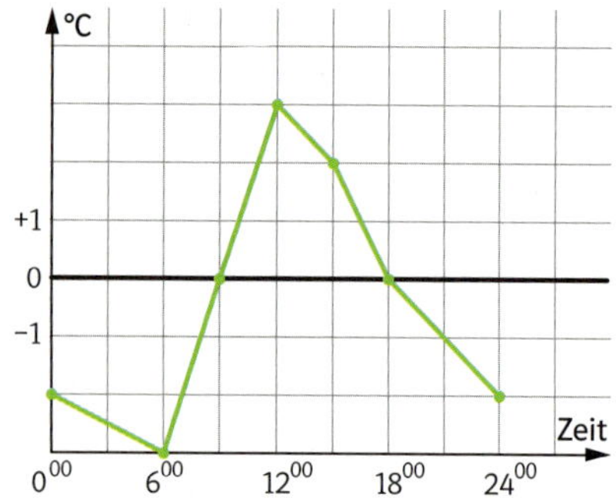

41 An den einzelnen Tagen einer Woche wurde jeweils um 8 Uhr, um 13 Uhr und um 18 Uhr die Temperatur gemessen.
Fertige ein gemeinsames Liniendiagramm für die ganze Woche an!

	Mo	Di	Mi	Do	Fr	Sa	So
8 Uhr	−2 °C	−3 °C	−5 °C	−4 °C	−2 °C	0 °C	+1 °C
13 Uhr	+1 °C	−1 °C	−1 °C	−0 °C	+3 °C	+7 °C	+6 °C
18 Uhr	0 °C	−2 °C	−3 °C	+2 °C	+2 °C	+6 °C	+4 °C

42 Kreuze die richtigen Aussagen an!
- ○ **A** Wenn es 18 °C hat und die Temperatur um 20 °C fällt, dann hat es 2 °C.
- ○ **B** Wenn es −3 °C hat und die Temperatur um 5 °C steigt, hat es 2 °C.
- ○ **C** Wenn es −5 °C hat und die Temperatur auf +5 °C steigt, ist der Temperaturunterschied 5 °C.
- ○ **D** Wenn es −3 °C hat und die Temperatur auf +3 °C steigt, ist der Temperaturunterschied 6 °C.
- ○ **E** Wenn es 8 °C hat und die Temperatur um 8 °C fällt, dann hat es −8 °C.

43 Wie groß ist der Höhenunterschied zwischen **a)** Mt. Everest und Mt. Blanc, **b)** Mt. Blanc und Wien, **c)** Wien und dem Toten Meer (Wasserspiegel), **d)** Totem Meer und Marianen Graben, **e)** Mt. Everest und Marianen Graben?

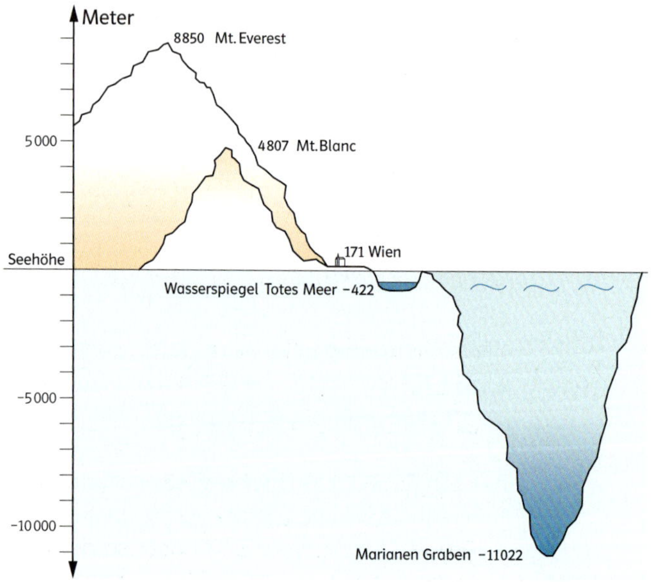

44 In welcher Seehöhe befindet sich die tiefste Stelle des folgenden Gewässers?
a) Der Wasserspiegel des Attersees liegt 469 m über dem Meeresspiegel. Der Attersee ist 170 m tief.
b) Der Wasserspiegel des Kaspischen Meeres liegt 28 m unter dem Meeresspiegel. Das Kaspische Meer ist 995 m tief.
c) Der Wasserspiegel des Baikalsees (Sibirien) liegt 455 m über dem Meeresspiegel. Der Baikalsee ist 1680 m tief.

1.2 Eigenschaften ganzer Zahlen

Leon und Furkan gehen in eine Klasse, wohnen aber an zwei verschiedenen Orten. Furkan meint: „Bei uns war es heute früh sehr kalt – es hatte −5 °C.“ Leon antwortet: „Bei mir zu Hause hatte es −2 °C.“ Bei wem war es kälter?

Wie bei den natürlichen Zahlen gilt auch bei den ganzen Zahlen: Die auf der **Zahlengeraden weiter links** liegende Zahl ist **kleiner** als die rechts davon liegende Zahl. Schließlich liegt −5 °C weiter unter null als −2 °C.

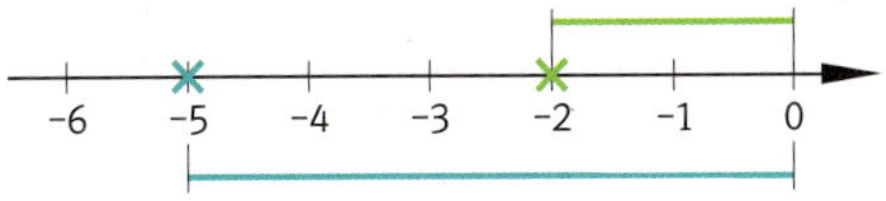

Vorgänger und Nachfolger

Bei den natürlichen Zahlen haben wir festgestellt, dass jede Zahl einen **Nachfolger** hat (zB 5 ist der Nachfolger von) und dass jede Zahl bis auf Null einen **Vorgänger** hat (zB 9 ist der Vorgänger von). Null ist die kleinste natürliche Zahl.

Wie sieht das bei den ganzen Zahlen aus?

Vorgänger und Nachfolger ganzer Zahlen

Jede **ganze Zahl** hat einen **Vorgänger** und einen **Nachfolger**.
Es gibt **weder eine größte noch eine kleinste ganze Zahl**.

Positive ganze Zahlen
Jede positive ganze Zahl ist größer null:
$$\mathbb{Z}^+ = \{x \in \mathbb{Z} \mid x > 0\}$$

Menge der positiven ganzen Zahlen
In Worten: Zur Menge der positiven ganzen Zahlen $\mathbb{Z}^+$ gehören alle Zahlen x aus der Menge der ganzen Zahlen $\mathbb{Z}$, für die gilt: x ist größer als 0.

Negative ganze Zahlen
Jede negative ganze Zahl ist kleiner null:
$$\mathbb{Z}^- = \{x \in \mathbb{Z} \mid x < 0\}$$

Menge der negativen ganzen Zahlen
In Worten: Zur Menge der negativen ganzen Zahlen $\mathbb{Z}^-$ gehören alle Zahlen x aus der Menge der ganzen Zahlen $\mathbb{Z}$, für die gilt: x ist kleiner als 0.

45 Setze das Zeichen „<“ bzw. „>“ so ein, dass die Größenbeziehung stimmt! Begründe!

a) −3 ☐ +5	**d)** 0 ☐ +3	**g)** +8 ☐ −3	**j)** 0 ☐ −8	**m)** −6 ☐ −4
b) −4 ☐ −5	**e)** −7 ☐ 0	**h)** −9 ☐ −6	**k)** +8 ☐ −3	**n)** +9 ☐ 0
c) +2 ☐ −8	**f)** +2 ☐ −2	**i)** −4 ☐ +5	**l)** −5 ☐ +7	**o)** −8 ☐ 0

46 **1)** Ordne die Zahlen der Größe nach so, dass die kleinste Zahl ganz links steht!
2) Stelle die Zahlen auf einer Zahlengeraden dar!

a) +2, −6, +5, −8, 0
b) +1, +3, −4, −9, +6
c) −7, +1, +3, −5, 0
d) −5, −7, −9, −4, −1
e) +9, −6, 0, +8, −9
f) +10, −11, +11, −10, +5
g) −10, −13, +25, −25, −17
h) −14, −37, −27, −8, −21
i) +28, −17, −19, +5, +31

47 Ordne die Haushaltsgeräte nach der angegebenen Betriebstemperatur! Beginne mit dem kältesten!
Heizung: 27 °C, Kühlschrank: 4 °C, Tiefkühlschrank: −18 °C, Backofen: 180 °C, Eismaschine: −30 °C

______, ______, ______, ______, ______

48 Löse die gestellte Aufgabe! Nimm gegebenenfalls eine Zahlengerade zu Hilfe!
a) Gib zwei positive und zwei negative ganze Zahlen an, die zwischen −7 und +3 liegen!
b) Gib zwei ganze Zahlen zwischen −12 und −7 an, die beide näher bei −12 als bei −7 liegen!
c) Gib jene Zahl an, die genau in der Mitte zwischen −18 und −8 liegt!
d) Welche ganze Zahl liegt genau so weit links von 0 wie +7 rechts von 0 liegt?

49 Kreuze die richtigen Aussagen an! Stelle die falschen Aussagen richtig!
- ○ **A** Jede ganze Zahl hat einen Nachfolger in ℤ. Es gibt daher keine größte ganze Zahl.
- ○ **B** Die positiven ganzen Zahlen sind die natürlichen Zahlen.
- ○ **C** Die Zahl Null gehört zu den natürlichen Zahlen und zu den ganzen Zahlen.
- ○ **D** Alle natürlichen Zahlen sind auch ganze Zahlen.
- ○ **E** Alle ganzen Zahlen sind auch natürliche Zahlen.

50 Maxi bleibt vom Taschengeld etwas übrig und er verborgt es. Leoni schuldet ihm 12 €, Amella 21 € und Li 18 €. Wer hat die meisten Schulden bei Maxi?
Stelle die Schulden auf einer Zahlengeraden als negative Zahlen dar!

Ungleichungen

51 **1)** Markiere die Zahlen auf der Zahlengeraden durch Kreuze!
2) Gib für diese Zahlen eine Ungleichungskette an!

Beispiel

Gegeben sind folgende ganze Zahlen: −4, −3, −2, −1, 0, +1, +2

1)
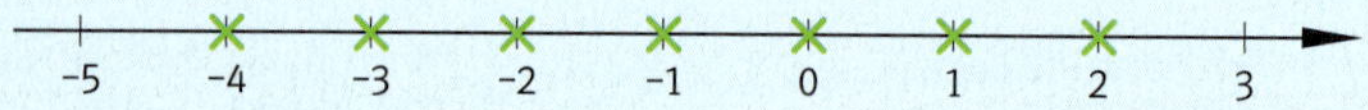

2) $-5 < z < +3$ Oder: $-4 \leq z \leq +2$ oder $-4 \leq z < +3$ oder $-5 < z \leq +2$

a) −3, −2, −1, 0, 1 **b)** −1, 0, 1, 2, 3, 4 **c)** −99, −98, −97, −96, −95, −94

52 Gib für folgende Zahlen eine Ungleichung bzw. eine Ungleichungskette an!
a) −5, −4, −3, −2, −1, 0, 1, 2
b) −2, −1, 0, 1, 2, 3, 4, 5, 6
c) −1, 0, 1, 2, 3, 4, 5, …
d) …, −5, −4, −3, −2
e) −3, −2, −1, 0, 1, 2
f) −2, −1, 0, 1, 2, 3, 4, …

53 Welche ganzen Zahlen sind gemeint? Stelle diese auf einer Zahlengeraden dar!
a) $-5 < a < +2$
b) $-7 \leq b \leq -1$
c) $-3 < c \leq +5$
d) $0 \leq d < +7$
e) $6 > e \geq -2$
f) $-1 < f < +1$
g) $g \geq -3$
h) $h < +3$

54 Wie viele ganze Zahlen umfasst jeweils die Lösungsmenge der Ungleichungskette?
Welche Ungleichungskette hat gar keine ganze Zahl als Lösung?
1) $2 < z < 5$ **2)** $-2 < a < 4$ **3)** $-10 < b < -1$ **4)** $-5 < m < -4$ **5)** $-3 < x < -6$

55 Welche Zahlen sind gemeint?
a) 1) $\{z \in \mathbb{Z} \mid -4 < z \leq +4\}$ **2)** $\{u \in \mathbb{Z} \mid -4 \leq u < +4\}$ **3)** $\{v \in \mathbb{Z} \mid -4 \leq v \leq +4\}$
b) 1) $\{r \in \mathbb{Z} \mid -3 \leq r \leq +3\}$ **2)** $\{s \in \mathbb{Z} \mid -3 < s < +3\}$ **3)** $\{t \in \mathbb{Z} \mid -3 \leq t < +3\}$

1.3 Gegenzahl und Betrag einer ganzen Zahl

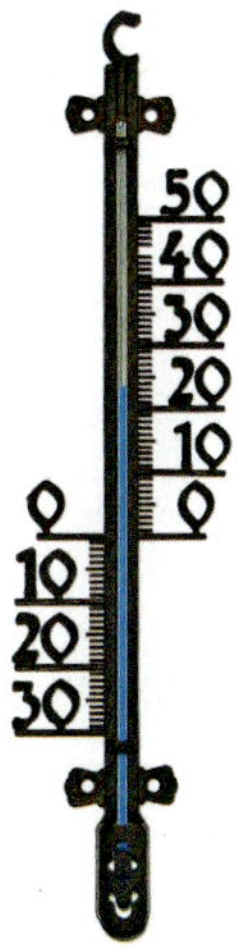

Emma betrachtet das Thermometer auf ihrem Balkon genauer. Sie erkennt, dass −2 °C und +2 °C genau gleich weit 0 Grad Celsius entfernt sind. Ebenso trifft das auf −5 °C und zu. Emma bemerkt, dass jede positive ganze Zahl eine negative „Partnerin" hat, wobei an der Zahl gespiegelt wird. Jede positive Zahl und ihre negative „Partnerin" sind so genannte **„Gegenzahlen"**.

Zahl und Gegenzahl

Zwei **Zahlen,** die sich **nur durch das Vorzeichen unterscheiden**, heißen **Gegenzahlen.**
Die **Gegenzahl** von a ist −a, die **Gegenzahl** von **−a** ist −(−a) = a.

Hier tritt das Minuszeichen in einer **dritten Bedeutung** auf: **−a** … **Gegenzahl von a** (a selbst kann dabei auch negativ sein!).

Emma betrachtet die Zahl +4 und ihre Gegenzahl −4 und zeichnet diese auf einer Zahlengeraden ein. Beide Zahlen haben vom Nullpunkt den gleichen Abstand, nämlich . Jede Zahl a und und ihre Gegenzahl −a haben vom Nullpunkt den gleichen Abstand.

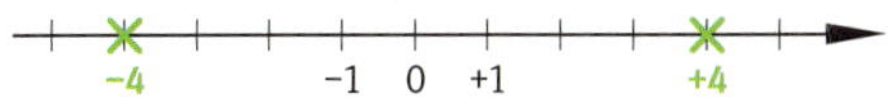

Diesen Abstand nennt man **Betrag einer Zahl**. Den Betrag kennzeichnet man durch zwei senkrechte Striche. ZB der Betrag von +3: |+3| = 3; der Betrag von −5: |−5| = 5. Der **Betrag** einer **ganzen Zahl**, egal ob positiv oder negativ, ist immer eine **positive Zahl** (Ausnahme |0| = 0).

Betrag einer Zahl

Der **Abstand einer Zahl vom Nullpunkt** wird als (absoluter) **Betrag** der Zahl bezeichnet.
Eine Zahl und **ihre Gegenzahl** haben **denselben Betrag:** |+a| = |−a| ≥ 0.

56 Gib zur angegebenen Zahl **1)** die Gegenzahl, **2)** den Betrag an!

Beispiel

−7 **1)** −(−7) = 7 **2)** |−7| = 7

a) −5 **b)** −3 **c)** +8 **d)** +11 **e)** +19 **f)** +115 **g)** −37 **h)** −91 **i)** 0 **j)** −13 **k)** +1059 **l)** −8438 **m)** +a (a ∈ $\mathbb{Z}^+$) **n)** −b (b ∈ $\mathbb{Z}^+$) **o)** −c (c ∈ $\mathbb{Z}^-$)

57 Ergänze die fehlenden Zahlen! Bei manchen Angaben gibt es mehrere Lösungen. Begründe!

	1)	2)	3)	4)	5)	6)	7)	8)	9)	10)	11)	12)
Zahl	−28		+12			−45			0			
Gegenzahl		−56			+74		−100				−77	
Betrag				48				30		91		25

58 Setze die Zeichen „<“, „>“ oder „=“ so ein, dass die Aussage stimmt!

a) $|-8|$ ☐ $|+3|$ **c)** $|+4|$ ☐ $|-6|$ **e)** $|+9|$ ☐ $|-7|$ **g)** $|-7|$ ☐ $|0|$

b) $|+5|$ ☐ $|-5|$ **d)** $|0|$ ☐ $|-4|$ **f)** $|-8|$ ☐ $|-10|$ **h)** $|+8|$ ☐ $|-8|$

59 Stelle die Gegenzahl auf der Zahlengeraden dar! Wähle eine geeignete Einheitsstrecke!

a) 5 **b)** −7 **c)** −3 **d)** 11 **e)** 17 **f)** −80

60 Wo liegt die Gegenzahl von x? Kennzeichne die Stelle mit einem Farbstift!

a)
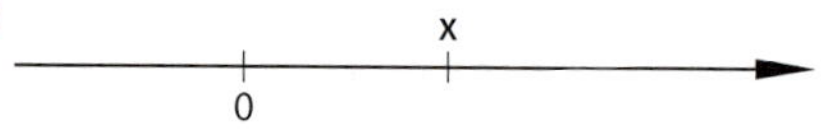

b)
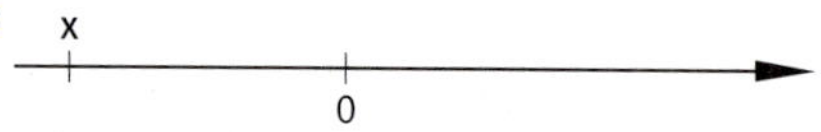

c)

d)
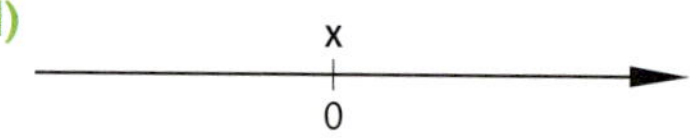

61 Kreuze die richtigen Aussagen an!

- ○ **A** $|a|$ ist nie eine negative Zahl.
- ○ **B** Eine ganze Zahl und ihre Gegenzahl sind immer gleich weit von Null entfernt.
- ○ **C** Der Abstand zwischen einer Zahl und ihrer Gegenzahl ist der Betrag dieser Zahl.
- ○ **D** Der Betrag von $|-a|$ ist sicher negativ.
- ○ **E** Eine Zahl und ihre Gegenzahl sind immer verschieden.
- ○ **F** Der Abstand einer Zahl von ihrer Gegenzahl ist immer das Doppelte des Betrags dieser Zahl.

62 Ordne die Zahlen nach dem Wert ihrer Beträge! Gib dazu für jede Zahl den Betrag an!

a) −3, −7, +8, −1, +5, −10 **b)** +4, −2, −8, +5, 0, −7 **c)** −5, +4, +2, −7, 0, −3

63 Gib alle ganzen Zahlen an, für die die Aussage richtig ist!

Beispiel

1) $|x| \leq 3$ **2)** $|y| > 4$ **1)** −3, −2, −1, 0, 1, 2, 3 **2)** …, −7, −6, −5, 5, 6, 7, …

a) $|a| = 3$ **c)** $|c| > 7$ **e)** $|e| = 0$ **g)** $|g| \geq 3$ **i)** $|i| = i$

b) $|b| < 4$ **d)** $|-d| = 8$ **f)** $|f| > 0$ **h)** $|h| \geq -3$ ⊞ **j)** $|-j| = -j$

64 ⊞ Gib für die folgenden Zahlen eine Ungleichung mit Beträgen an!

Beispiel

1) −4, −3, −2, −1, 0, 1, 2, 3, 4 **2)** …, −9, −8, −7, 7, 8, 9, … **1)** $|x| < 5$ **2)** $|y| \geq 7$

a) −2, −1, 0, 1, 2

b) −3, −2, −1, 0, 1, 2, 3

c) −10, −9, −8, …, 8, 9, 10

d) −20, −19, −18, …, 18, 19, 20

e) …, −8, −7, −6, 6, 7, 8, …

f) …, −5, −4, −3, −2, 2, 3, 4, 5, …

g) …, −11, −10, −9, 9, 10, 11, …

h) …, −45, −44, −43, 43, 44, 45, …

65 ⊞ Kreuze die drei richtigen Aussagen an! Begründe die falschen Aussagen mit Gegenbeispielen!

- ○ **A** Für den Betrag einer ganzen Zahl z gilt: $|z| \geq z$
- ○ **B** Der Betrag einer ganzen Zahl a ist gleich dem Betrag der Gegenzahl −a.
- ○ **C** Für alle ganzen Zahlen gilt: $|z| = z$
- ○ **D** Die Gegenzahl −a kann niemals größer als die Zahl a selbst sein.
- ○ **E** Die Gegenzahl −a kann niemals größer als der Betrag der Zahl a sein.

2 Addieren und Subtrahieren ganzer Zahlen

interaktive Vorübung 2fr58t

AH S. 9

2.1 Addieren ganzer Zahlen

Die neue Fußballsaison hat begonnen. Simons Lieblingsmannschaft startet mit 4 Strafpunkten, weil sich der Verein nicht an alle Regeln und Auflagen halten konnte. Nach den ersten beiden Runden hat Simons Mannschaft zwei Siege geschafft (pro Sieg gibt es 3 Punkte). Welchen Punktestand hat die Mannschaft? Simon schreibt auf: (−4) + (+ 6).

Simon stellt fest, dass hier Rechen- und Vorzeichen auftreten. Daher setzt er die Zahlen und ihre Vorzeichen in Klammern.

Pfeildarstellung ganzer Zahlen

Für die Addition ist es hilfreich, die **Veränderung als Pfeil** auf der Zahlengeraden **darzustellen**:

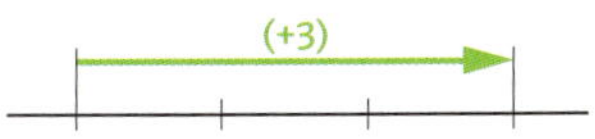

+3 bedeutet: **3 „Schritte" nach rechts**

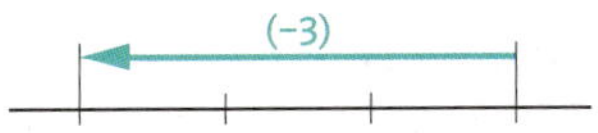

−3 bedeutet: **3 „Schritte" nach links**

Um herauszufinden, was die Summe der Zahlen −4 und +6 ist, hilft diese **Pfeildarstellung:**
Beim **Addieren** wird der **erste Summand** als Punkt (Stelle) auf der Zahlengeraden eingezeichnet (Ausgangspunkt). Der **zweite Summand** wird als **Veränderungspfeil** angehängt.
Das **Ergebnis** (die **Summe**) ist nun der **neue Punkt** (die neue Stelle) auf der Zahlengeraden:
(−4) + (+6) = ______ .

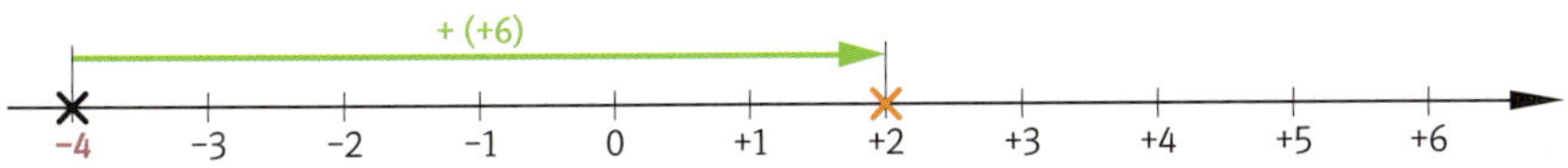

Bei der **Addition** einer **positiven ganzen Zahl** erfolgt die **Veränderung** nach **rechts**.

Simon erinnert sich, dass bei der Addition natürlicher Zahlen das **Kommutativgesetz** gilt. Da die Rechenregeln bei natürlichen Zahlen auch bei den ganzen Zahlen gelten, könnte man also auch (+6) + (−4) rechnen und auf der Zahlengeraden darstellen:

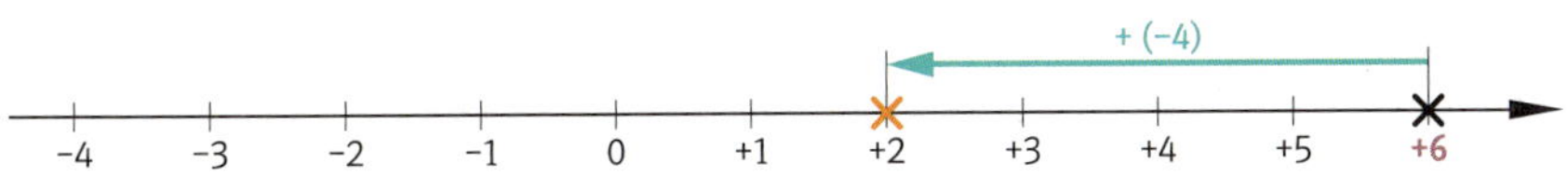

Bei der **Addition** einer **negativen ganzen Zahl** erfolgt die **Veränderung** nach **links**. Das Ergebnis der Addition ist dann kleiner als die Ausgangszahl.

Addieren als Durchführen einer Veränderung

a	+	b	=	c
Stelle	**Anhängen des**	**Veränderungspfeiles**		**Stelle**

Dabei zeigt der Veränderungspfeil für b > 0 nach **rechts** und für b < 0 nach **links**!

66 Zeichne eine Zahlengerade und stelle die beiden Zahlen als Pfeile mit dem Anfangspunkt 0 dar!
a) +4 und −5 **b)** +6 und −7 **c)** −10 und +30 **d)** −200 und +500 **e)** +2 000 und −4 000

67 **1)** Veranschauliche die Addition auf einer Zahlengeraden!
2) Schreibe die Addition mit vertauschten Summanden auf!
a) (+2) + (+5) = **c)** (−6) + (+4) = **e)** 0 + (−8) = **g)** (+4) + (−9) =
b) (−1) + (+6) = **d)** 0 + (+7) = **f)** (+7) + (−5) = **h)** (−8) + (−3) =

68 Veranschauliche die beiden Rechnungen mit Pfeilen auf einer Zahlengeraden!
Vergleiche die beiden Ergebnisse!
a) **1)** (−3) + (+5) **2)** (+5) + (−3)
b) **1)** (−4) + (+7) **2)** (+7) + (−4)
c) **1)** (−1) + (−11) **2)** (−11) + (−1)
d) **1)** (−5) + (−2) **2)** (−2) + (−5)

69 Was erhält man, wenn man die Zahl Null und eine ganze Zahl addiert? Berechne und erkläre!
1) (−3) + 0 = **2)** 0 + (−7) = **3)** 0 + (+5) = **4)** 0 + (+a) = **5)** (−b) + 0 =

70 Trage das richtige Ergebnis ein!

A	(+3) + (−8) + (−2) =	**D**	(+35) + (−56) + (−23) + (+17) =
B	(−4) + (+1) + (+ 3) =	**E**	(−6) + [(+5) + (−12)] =
C	(−9) + (+3) + (−2) + (+5) =	**F**	[(−10) + (+2)] + (+7) =

−13 −5 −27
−1 −7 −11
0 −2 −3

71 Wähle drei beliebige ganze Zahlen! Addiere zu jeder Zahl ihre Gegenzahl!
Fällt dir bei den Ergebnissen etwas auf? Begründe mit eigenen Worten!

72 Für welche Zahl steht die Unbekannte?
a) (+3) + x = 0 **c)** (−2) + z = 0 **e)** (+57) + b = 0 **g)** (−54) + d = 0
b) y + (+7) = 0 **d)** a + (−4) = 0 **f)** c + (−100) = 0 **h)** e + (+99) = 0

73 ⊞ Addiert man (−8) zu einer Zahl a, so erhält man die gegebene Zahl. Wie groß ist a?

Beispiel

5 → a + (−8) = 5 → a = 13 Probe: 13 + (−8) = 5

a) 3 **b)** −3 **c)** 18 **d)** −111 **e)** 67 **f)** −76 **g)** −205

74 Kreuze die richtigen Aussagen an und begründe! Gib ein Beispiel an!
○ **A** Es gibt ganze Zahlen x, y, für die gilt: x + y < x
○ **B** Es gibt natürliche Zahlen x, y, für die gilt x + y < x
○ **C** Zu jeder natürlichen Zahl x gibt es eine natürliche Zahl y, sodass gilt: x + y = 0
○ **D** Zu jeder ganzen Zahl x gibt es eine ganze Zahl y, sodass gilt: x + y = 0

75 Auf ein Konto wurden 330 € eingezahlt.
Berechne den neuen Kontostand, wenn der alte **a)** 230 €, **b)** −20 €, **c)** −365 € betragen hat!

76 Frau Steiner hat auf ihrem Konto 438 € Schulden. Sie zahlt **a)** 135 €, **b)** 615 €, **c)** 1 430 € ein.
Wie viel Euro hat Frau Steiner nach der Einzahlung auf ihrem Konto?

Addition als Gesamtveränderung

Auch eine andere Vorstellung der Addition ganzer Zahlen ist möglich. Mehrere **Veränderungen** führen zu einer **Gesamtveränderung**:
Veränderung 1 + Veränderung 2 + ... = Gesamtveränderung

Hier werden die Veränderungen als Summanden aufgefasst und mit Hilfe von **Pfeilen (= Veränderungen)** dargestellt. Dabei wird der nächste Pfeil (nächste Veränderung) immer an die **Spitze des vorherigen angehängt**. Die Gesamtveränderung lässt sich so leicht ablesen:

zB **1)** (+2) + (+5) = (+7)

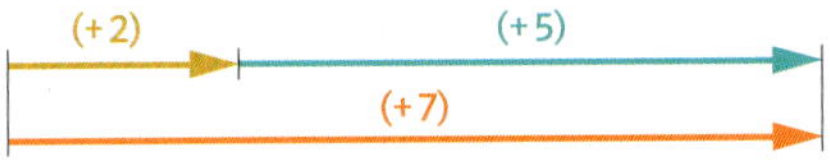

oder **2)** (+2) + (−5) = (−3)

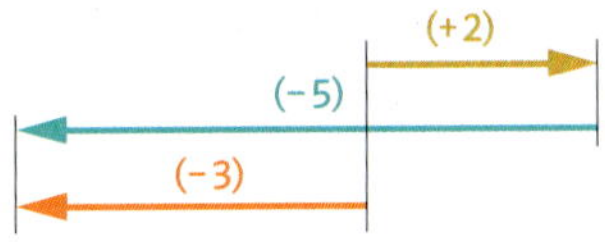

77 Stelle die Rechnung als Gesamtveränderung mit Hilfe von Pfeilen dar!
a) (+2) + (+4) **c)** (+3) + (−8) **e)** (+5) + (−2) + (−3)
b) (+5) + (+3) + (−2) **d)** (+1) + (−2) + (−2) **f)** (−2) + (−1) + (+5)

78 An einem Wintertag betrug die Temperatur um 6 Uhr −12 °C. In den folgenden 4 Stunden nahm die Temperatur um insgesamt 3 °C zu und nach weiteren 6 Stunden hatte die Temperatur nochmals um 8 °C zugenommen. Stelle die Gesamtveränderung der Temperatur mit Hilfe von Pfeilen dar!

79 Carina bekommt 10 € Taschengeld von ihrem Vater, 5 € von ihrer Oma und sie gibt 8 € für ein Buch und 3 € für ein Getränk aus.
1) Gib an, um wie viel Euro sich Carinas Geldbetrag insgesamt verändert hat!
2) Angenommen Carina hatte vorher 12 € in ihrer Geldbörse. Wie viel Euro hat sie nun?

80 An einer Messstation wird alle 6 Stunden die Temperaturveränderung aufgezeichnet (→ Tabelle rechts).
Gib die gesamte Temperaturveränderung an!

Zeitraum	Temperaturveränderung
6–12 Uhr	+5 °C
12–18 Uhr	+8 °C
18–24 Uhr	−2 °C
24–6 Uhr	−6 °C

81 Auf einem Girokonto wurden an einem Tag folgende Kontobewegungen getätigt (→ Tabelle rechts).
1) Um wie viel Euro verändert sich der Kontostand?
2) Angenommen auf diesem Konto waren 250 € Guthaben. Wie viel Euro müssen eingezahlt werden, damit der Kontostand 0 € beträgt?

Buchung	Betrag
Strom	−28,00
Miete	−750,00
Gutschrift	+420,00
Überweisung	−270,00

82 Bei manchen Skigebieten beinhalten die Liftkarten Aufzeichnungen über die zurückgelegten Höhenmeter (hm). Stefanie sieht sich am Abend die Aufzeichnungen an: +250 hm, −180 hm, +440 hm, −230 hm, +50 hm, −50 hm, +450 hm, −630 hm.
1) Was bedeuten hier positive ganze, was negative ganze Zahlen?
2) Kann Stefanie nach diesen Fahrten wieder bei der gleichen Liftstation angelangt sein?
⊞ **3)** Stelle die Angaben in einem geeigneten Maßstab mit Hilfe von Pfeilen (↓, ↑) dar!

2.2 Subtrahieren ganzer Zahlen

Susanne besucht einen Zoo. Beim Gehege der Eisbären liest sie, dass im natürlichen Lebensraum der Eisbären, der Arktis, eine jährliche Durchschnittstemperatur von −15 °C herrscht. An dem Ort des Zoos ist die durchschnittliche Temperatur aber viel höher – sie beträgt ca. +12 °C. Wie groß ist der Unterschied zwischen den mittleren Temperaturen im Gehege und im natürlichen Lebensraum? Susanne schreibt die Rechnung auf: ____.
Doch was ist das Ergebnis?

In der ersten Klasse haben wir bei den natürlichen Zahlen gesehen, dass die Subtraktion die Umkehrung der Addition ist, dh. die Subtraktion einer Zahl bewirkt das „Gegenteil“ der Addition derselben Zahl.

Die Addition einer positiven Zahl führt auf der Zahlengeraden nach rechts.
Daher muss die **Subtraktion einer positiven Zahl nach links** führen.
Die Addition einer negativen Zahl führt auf der Zahlengeraden nach links.
Daher muss die **Subtraktion einer negativen Zahl nach rechts** führen.

Zum Beispiel: **1)** (+1) − (+3) = −2

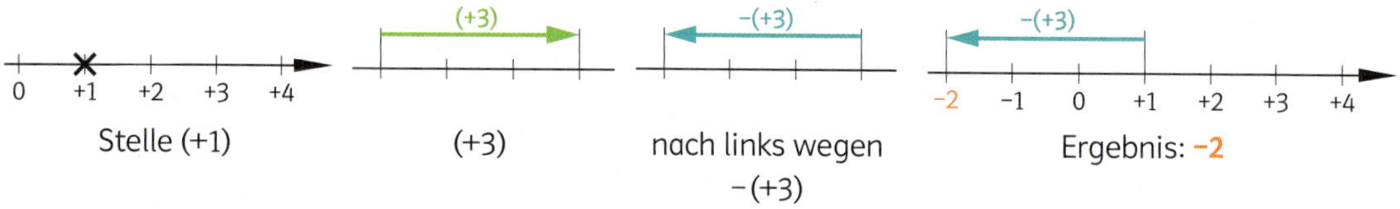

2) (−5) − (−3) = −2

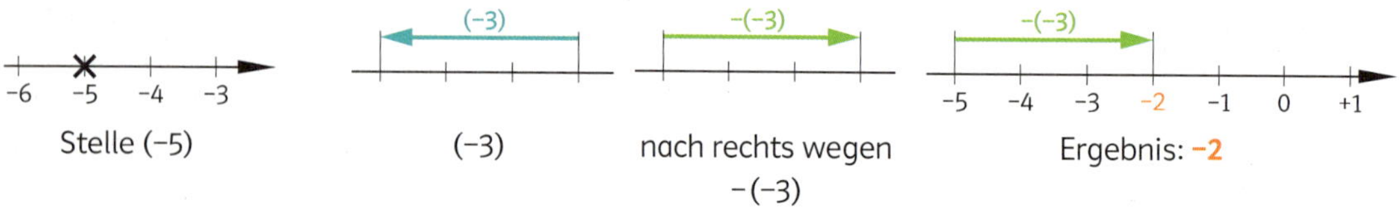

Eine **Subtraktion** kann also auf der **Zahlengeraden auch nach rechts führen**, wenn der Subtrahend negativ ist. Das Ergebnis der Subtraktion ist dann **größer** als die Ausgangszahl.

Der Temperaturunterschied zwischen dem Gehege im Zoo und dem natürlichen Lebensraum des Eisbären macht also ____ °C aus.

Subtrahieren ganzer Zahlen

Die **Subtraktion** kann man als **Addition** der **Gegenzahl** (= des **Gegenpfeiles**) auffassen:
a − b = a + (−b)

a	−	b	=	c
Stelle	**Anhängen des**	**Gegenpfeiles**		**Stelle**

83 Subtrahiere durch Addieren der Gegenzahl!

a) (+8) − (+3) =
b) (+2) − (+7) =
c) (−9) − (+2) =
d) (−3) − (+8) =
e) (+7) − (−5) =
f) (+4) − (−9) =
g) (−8) − (−5) =
h) (−2) − (−9) =

84 Wie lauten die Ergebnisse? Fülle aus!

A	(+5) – (–2) – (–3) =	E	(+16) – (–26) – (+17) =
B	(–7) – (+4) – (–8) =	F	(+25) – (+31) – (–48) =
C	(–11) – (+18) – (–21) =	G	(–2) – [(–5) – (+3)] =
D	[(–3) – (+5)] – (–4) =	H	[(+34) – (–19)] – (+53) =

+6 –1 –4 +19 +1 +42 –3 +10 –8 +2 +3 0

85 Was bewirkt das Subtrahieren der Zahl Null? Was erhält man, wenn man eine ganze Zahl von der Zahl Null subtrahiert? Berechne und begründe!

1) (–5) – 0 = **3)** 0 – (+8) = **5)** (+15) – 0 = **7)** (+a) –0 =
2) (+3) – 0 = **4)** 0 – (–5) = **6)** (–15) – 0 = **8)** 0 – (–b) =

86 Wähle drei beliebige ganze Zahlen! Subtrahiere jeweils die Gegenzahl! Fällt dir bei den Ergebnissen etwas auf? Begründe mit eigenen Worten!

87 Berechne, indem du die Summe der Subtrahenden von der Summe der Summanden abziehst!

Beispiel

(+2) – (–3) – (+5) + (–1) = [(+2) + (–1)] – [(–3) + (+5)] = (+1) – (+2) = –1

a) (+5) – (–2) – (–8) + (–6) = **b)** (+5) – (+2) – (+8) + (+6) = **c)** (–5) – (+2) – (+8) + (+6) =

88 Mathia hatte gestern auf ihrem Konto 320 €. Ihr Kontostand heute beträgt **a)** 100 €, **b)** –80 €, **c)** –320 €, **d)** 500 €. Berechne den Unterschied der Kontostände! Verfasse einen Antworttext und verwende dazu den **Sprachbaustein**!

Hinweis Der Unterschied wird immer mit Hilfe einer Subtraktion berechnet. Dabei wird der „neue" Wert als Minuend und der „alte" Wert als Subtrahend verwendet.

Sprachbaustein

Das Vorzeichen der Differenz zeigt an, ob etwas vermehrt oder vermindert wurde.
In Textaufgaben kann das bedeuten:
Differenz < 0: Geld ausgegeben, Wert gesunken, Temperaturabnahme, …
Differenz > 0: Geld eingenommen, Wert gestiegen, Temperaturzunahme, …

89 Am Morgen hat es eine Temperatur von –5 °C. Mittags steigt die Temperatur auf +2 °C, am Abend hat es 0 °C und in der Nacht –7 °C. Berechne jeweils die Temperaturänderung und verwende den **Sprachbaustein**!

90
1) Überprüfe das Zauberquadrat rechts! Bilde jeweils die Summen aller Zeilen, Spalten und Diagonalen!
2) Ziehe nun von jeder Zahl dieses Zahlenquadrats 6 ab! Trage die jeweiligen Ergebnisse in ein selbstgezeichnetes Quadratschema ein! Ist das so entstandene Zahlenschema ebenfalls ein Zauberquadrat?
3) Subtrahiere von jeder Zahl des ursprünglichen Quadrats die Zahl, die im neuen Zauberquadrat an derselben Stelle steht! Trage die Ergebnisse in einem weiteren Quadratschema ein! Was bemerkst du? Erkläre mit eigenen Worten, warum das so sein muss!
4) Wie erhält man aus den Zahlen des 2. und 3. Quadrats wieder die des ursprünglichen Quadrats?

2	7	6
9	5	1
4	3	8

2.3 Addieren und Subtrahieren in vereinfachter Schreibweise

Wir haben vorübergehend jede ganze Zahl mit ihrem Vorzeichen in Klammern geschrieben, um Vor- und Rechenzeichen deutlich auseinander zu halten. Du weißt, dass bei positiven Zahlen die Addition auf der Zahlengeraden nach rechts und die Subtraktion nach links führt. Bei negativen Zahlen ist es umgekehrt: Die Addition einer negativen Zahl führt auf der Zahlengeraden nach links, die Subtraktion einer negativen Zahl nach rechts. Daraus ergibt sich eine **vereinfachte Schreibweise**. Bei dieser ist nicht mehr erkennbar, ob ursprünglich eine Addition oder eine Subtraktion vorlag, es ist **nur noch wichtig**, ob es auf der **Zahlengeraden nach rechts** oder **links** geht.

Schreibweise mit Vorzeichen	Vereinfachte Schreibweise
Addition	
(+2) + (+7) = (+9) (−2) + (+7) = (+5)	2 + 7 = 9 −2 + 7 = 5
(+2) + (−7) = (−2) + (−7) = (−9)	2 − 7 = −5 −2 − 7 =
Subtraktion (Addition der Gegenzahl)	
(+2) − (+7) = (+2) + (−7) = (−5) (−2) − (+7) = (−2) + (−7) =	2 − 7 = −2 − 7 = −9
(+2) − (−7) = (+2) + (+7) = (+9) (−2) − (−7) = (−2) + (+7) =	2 + 7 = −2 + 7 = 5

Vorzeichenregeln

Wir fassen die Regeln für das Weglassen der Klammern für $a \in \mathbb{Z}, b \in \mathbb{Z}^+$ zusammen:

a + (+b) = a + b	**Kurzsprechweise:**	Plus vor plus gibt plus.
a + (−b) = a − b		Plus vor minus gibt minus.
a − (+b) = a − b		Minus vor plus gibt minus.
a − (−b) = a + b		Minus vor minus gibt plus.

91 Ordne die vereinfachte Schreibweise der rechten Spalte den Additionen der linken Spalte zu! Schreibe dazu den Buchstaben zur entsprechenden Zahl!

1		(+3) + (+11)	3		(+11) + (−3)
2		(−3) + (−11)	4		(−3) + (+11)

A	−3 + 11	C	11 − 3
B	−3 − 11	D	3 + 11

92 Führe die Addition mit vereinfachter Schreibweise durch!

a) (+12) + (−3) =
b) (+8) + (−13) =
c) (−19) + (+12) =
d) (−16) + (+37) =
e) (−23) + (−17) =
f) (−16) + (−35) =
g) (+51) − (−104) =
h) (−107) + (−45) =

93 Führe die Subtraktion vereinfacht durch!

a) (+3) − (−8) =
b) (+4) − (−2) =
c) (−1) − (+5) =
d) (−7) − (−2) =
e) (−12) − (+9) =
f) (−1) − (+7) =
g) (+45) − (−24) =
h) (+35) − (+48) =

Arbeitsblatt Plus
w9f3bh

94 Gegeben ist die Rechnung 15 – 20. Kreuze die beiden richtigen Aussagen an!

○ **A** Von 15 wird +20 subtrahiert. ○ **C** Von 15 wird –20 subtrahiert.
○ **B** Zu 15 wird +20 addiert. ○ **D** Zu 15 wird –20 addiert.

95 Um das Jahr 2600 vor Chr. wurde in Gizeh (Ägypten) die Cheopspyramide erbaut. Der „Mann vom Hauslabjoch", genannt Ötzi, lebte vor rund 5300 Jahren.

1) Lebte Ötzi zum Zeitpunkt des Pyramidenbaus? Lebte er früher oder später?
2) Rund wie viele Jahre liegen etwa zwischen dem Leben von Ötzi und dem Bau der Pyramide?

96 Berechne die Differenz zwischen dem Schmelzpunkt und dem Siedepunkt!

	a)	b)	c)	d)	e)
Chemischer Stoff	Wasser	Alkohol	Benzin	Quecksilber	Wasserstoff
Schmelzpunkt	0 °C	–115 °C	–150 °C	–39 °C	–257 °C
Siedepunkt	+100 °C	+78 °C	+95 °C	+357 °C	–253 °C

97 ⊞ Führe die Berechnungen durch!

a) (–3) + |–3| = b) (+17) + [|–5| – |–3|] = c) |+2| – [(–3) – |–8|] = d) |–2| + [|–5| – (–7)] =

98 Rechne vorteilhaft, indem du geschickt zusammenfasst!

Beispiel

(–12) + (+29) – (+18) + (+41) = –12 + 29 – 18 + 41 = 70 – 30 = 40

a) (+16) + (–27) + (+14) =
b) (+31) – (+36) + (+19) =
c) (–53) + (+10) + (–17) + (+11) =
d) (+17) – (+23) – (–13) + (–7) =
e) (–28) – (–37) + (–52) + (+43) – (–12) =
f) (–51) + (+26) + (–30) + (+64) – (+29) =

99 Schreibe in vereinfachter Schreibweise, bevor du rechnest!

Beispiel

(–6) + [(–3) + (–5) – (–9)] = –6 + [–3 – 5 + 9] = –6 + 1 = –5

a) (–12) + [(–3) – (–9)] =
b) (+8) – [(–5) + (+8)] =
c) [(–7) – (–9)] – (–3) =
d) (–8) – [(+3) – (+18)] =
e) [(–16) + (–18)] + (–25) =
f) [(–27) – (+33)] – (–46) =
g) (+56) – [(–89) – (–49)] =
h) [(–37) – (–59)] + (–25) =
i) [(+123) – (+77)] – (+154) =

100 Familie Huber hat an einem Tag auf ihrem Konto folgende Buchungen (→ Tabelle rechts).

1) Wie hat sich der Kontostand insgesamt verändert?
2) Der alte Kontostand war +358 €. Wie ist der neue Kontostand?
3) Die Miete wurde noch zusätzlich abgebucht. Der neue Kontostand beträgt nun –28 €. Wie hoch war die Miete?

Kleidung	–273 €
Lohn	+1060 €
Essen	–53 €
Rückzahlung	+107 €
Autoreparatur	–520 €

3 Multiplizieren und Dividieren ganzer Zahlen

interaktive Vorübung tp9rw4

AH S. 10

3.1 Multiplizieren ganzer Zahlen

Selma hat bei einer Ausstellung erfahren, dass es Forschungs-U-Boote gibt, die auf dem Meeresgrund Schiffswracks untersuchen. Bei einem speziellen U-Boot ist angegeben, dass es in der Minute eine Tiefenveränderung von (–40) m haben kann. Selma möchte nun wissen, in welcher Tiefe das Boot in einer Viertelstunde sein kann und schreibt folgende Rechnung auf:

____ · ____

Multiplikation mit einer positiven ganzen Zahl

Multiplizieren mit einer positiven ganzen Zahl ist das wiederholte Addieren gleicher Summanden:
zB $(+4) \cdot (+2) = (+4) + (+4) = 8$.
Genauso können wir uns das Produkt einer negativen ganzen Zahl mit einer positiven ganzen Zahl vorstellen:
zB $(-4) \cdot (+2) = (-4) + (-4) = -8$.
Dies lässt sich mit Hilfe der Pfeildarstellung gut veranschaulichen:

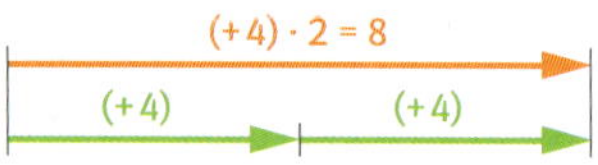

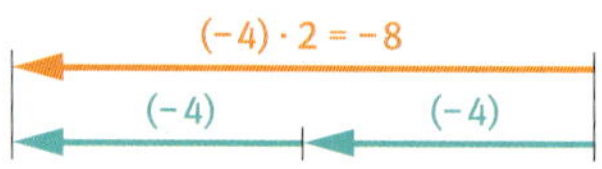

Das **Produkt zweier positiver Zahlen** ist eine **positive Zahl.**
Das **Produkt einer negativen** mit **einer positiven Zahl** ist eine **negative Zahl.**

Das U-Boot kann in einer Viertelstunde also ____ · ____ = ____ m tauchen.

Multiplikation einer positiven ganzen Zahl mit einer negativen ganzen Zahl

Das Kommutativgesetz bei der Multiplikation natürlicher Zahlen $a \cdot b = b \cdot a$ soll auch für ganze Zahlen gelten. Dadurch können wir die Multiplikation einer positiven mit einer negativen ganzen Zahl auf das Multiplizieren mit einer positiven Zahl zurückführen.
ZB: $(+2) \cdot (-5) = (-5) \cdot (+2) = (-5) + (-5) = -10$

Das **Produkt einer positiven** mit einer **negativen Zahl** ist eine **negative Zahl.**

Multiplikation zweier negativer Zahlen

Das Distributivgesetz $a \cdot (b + c) = a \cdot b + a \cdot c$ bzw. $a \cdot (b - c) = a \cdot b - a \cdot c$ soll nicht nur für natürliche, sondern auch für ganze Zahlen gelten. Wir können daher die Multiplikation zweier negativer ganzer Zahlen immer umschreiben.

ZB: $(-4) \cdot (-2) = (-4) \cdot \underbrace{[(+1) - (+3)]}_{=(-2)} = (-4) \cdot (+1) - (-4) \cdot (+3) = -4 - (-12) = -4 + 12 = \mathbf{+8}$

Hinweis Jede andere Schreibweise für (–2), zB [(+3) – (+5)] funktioniert ebenfalls!

Man sieht: Das **Produkt zweier negativer Zahlen** ist eine **positive Zahl.**

Vorzeichenregeln beim Multiplizieren ganzer Zahlen

Das Produkt zweier Zahlen ($\neq 0$) mit **gleichen Vorzeichen** ist eine **positive Zahl**.

$(+a) \cdot (+b) = +(a \cdot b)$ $(a, b \in \mathbb{Z}^+)$ Plus mal Plus ergibt Plus.
$(-a) \cdot (-b) = +(a \cdot b)$ Minus mal Minus ergibt Plus.

Das Produkt zweier Zahlen ($\neq 0$) mit **verschiedenen Vorzeichen** ist eine **negative Zahl**.

$(-a) \cdot (+b) = -(a \cdot b)$ $(a, b \in \mathbb{Z}^+)$ Minus mal Plus ergibt Minus.
$(+a) \cdot (-b) = -(a \cdot b)$ Plus mal Minus ergibt Minus.

Für die **Multiplikation mit der Zahl Null** vereinbaren wir auch bei den ganzen Zahlen:
$a \cdot 0 = 0 \cdot a = 0$ $(a \in \mathbb{Z})$
Es gilt also zB: $(+3) \cdot 0 = 0$; $0 \cdot (-7) = 0$; $(-12) \cdot 0 \cdot (+5) = 0$
Was fällt dir bei folgenden Multiplikationen auf?
$(+5) \cdot (-1) = -5$; $(-1) \cdot (-12) = +12$; $(-7) \cdot (-1) = +7$; $(-1) \cdot (+20) = -20$

Multiplizieren mit der Zahl Null und mit (–1)

Wenn man eine ganze Zahl **mit Null multipliziert**, ist das Produkt **immer null**.
Wenn man eine ganze Zahl **mit (–1) multipliziert**, erhält man ihre **Gegenzahl**.

$a \cdot (-1) = -a$ $(a \in \mathbb{Z})$ $(-a) \cdot (-1) = a$ $(a \in \mathbb{Z})$

101 **1)** Markiere zuerst positive Produkte mit grüner Farbe und negative Produkte mit roter!
2) Berechne anschließend das Ergebnis!

a) $(+2) \cdot (+5) =$ **c)** $(+4) \cdot (-6) =$ **e)** $0 \cdot (-6) =$ **g)** $(-1) \cdot (+6) =$
b) $(-7) \cdot (+3) =$ **d)** $(-8) \cdot (-9) =$ **f)** $(-12) \cdot (+4) =$ **h)** $(-14) \cdot (-1) =$

102 **a)** $(+3) \cdot 0 \cdot (-5) =$ **c)** $(+6) \cdot (+3) \cdot (-7) =$ **e)** $(-6) \cdot (-17) \cdot (+2) =$
b) $(-9) \cdot (+2) \cdot (+3) =$ **d)** $(-1) \cdot (-5) \cdot (-3) =$ **f)** $(-3) \cdot (+8) \cdot (+5) =$

103 **a)** $(-2) \cdot (+5) \cdot (-3) \cdot (-9) =$ **c)** $(+8) \cdot (-11) \cdot (-7) \cdot (-2) =$ **e)** $(-6) \cdot (-5) \cdot (+3) \cdot (-8) =$
b) $(-1) \cdot (-2) \cdot (+3) \cdot (+4) =$ **d)** $(-3) \cdot (+4) \cdot (-2) \cdot (-8) =$ **f)** $(+10) \cdot (-1) \cdot (+8) \cdot (-6) =$

104 **a)** $(+1) \cdot (+1) \cdot (-1) \cdot (+1) \cdot (-1) =$ **c)** $(-3) \cdot (-3) \cdot (-3) \cdot (-3) =$
b) $(+2) \cdot (-2) \cdot (-2) \cdot (+2) =$ **d)** $(-4) \cdot (-4) \cdot (+4) \cdot (-4) \cdot (+4) =$

Tipp
Achte bei der Multiplikation mit mehreren Faktoren auf die **Anzahl der negativen Faktoren**! Diese bestimmt das Vorzeichen des Ergebnisses.

105 Multipliziere **1)** zwei, **2)** drei, **3)** vier negative Zahlen miteinander! Welches Vorzeichen hat jeweils das Produkt?
4) Würde sich das Vorzeichen ändern, wenn du mit einem weiteren Faktor, der positiv ist, multiplizierst?

106 Kannst du dich an KlaPuStri erinnern? Berechne unter dessen Verwendung!

a) $(+11) \cdot (-12) \cdot (-13) + (+2) =$ **c)** $(-7) \cdot |(-3)| \cdot (+2) - 2 =$
b) $(-121) + (-11) \cdot (+11) =$ **d)** $[(-6) \cdot (+12) + (-9) \cdot (-8)] \cdot |(-1)| =$

107 Berechne und vergleiche die Ergebnisse!
Welches Rechengesetz ist gemeint? Schreibe es mit Variablen auf!

a) $[(-2) \cdot (-6)] \cdot (+5) =$
$(-2) \cdot [(-6) \cdot (+5)] =$

b) $(+9) \cdot [(-7) \cdot (-1)] =$
$[(+9) \cdot (-7)] \cdot (-1) =$

c) $[(-3) \cdot (-7)] \cdot (-2) =$
$(-3) \cdot [(-7) \cdot (-2)] =$

108 Gib ohne zu rechnen an, ob die Behauptung richtig oder falsch ist! Begründe deine Entscheidung!

a) $5 \cdot (-6) > 5 \cdot (-8)$
b) $504 \cdot (-17) > 504 \cdot (-16)$
c) $(-5) \cdot (-16) < (-5) \cdot 16$
d) $(-51) \cdot (-9) < (-51) \cdot (-8)$
e) $(-8) \cdot (+12) > (+8) \cdot (-12)$
f) $(+7) \cdot (-9) = (-7) \cdot (+9)$

109 Setze in die Lücken korrekt ein!

a) $(-8) \cdot$ ___ $= +8$
b) $(+5) \cdot$ ___ $= -10$
c) $(-1) \cdot$ ___ $= -10$
d) $(-4) \cdot$ ___ $= 0$
e) $(+2) \cdot$ ___ $= -4$
f) $(-8) \cdot$ ___ $= +64$

110 Bei welchen Rechnungen ist das Ergebnis +10? Kreuze an!

- ○ **A** $(+5) \cdot |(-2)| =$
- ○ **B** $(-5) \cdot (-2) =$
- ○ **C** $|-5| \cdot |-2| =$
- ○ **D** $|+5| \cdot |-2| \cdot (-1) =$
- ○ **E** $(-5) \cdot |+2| =$
- ○ **F** $|(-5) \cdot (-2) \cdot (-1)| =$

111 Kreuze für ① und ② so an, dass ein mathematisch richtiger Satz entsteht!
Das Produkt aus einer positiven Zahl und dem Betrag einer Zahl ist immer ① , weil der Betrag einer Zahl immer ② ist.

	①
○	positiv
○	negativ
○	unbestimmt

	②
○	positiv
○	negativ
○	unbestimmt

112 Thomas behauptet: „Wenn man eine beliebige ganze Zahl mit einer negativen Zahl zu multiplizieren hat, kann man auch so überlegen: Man multipliziert zunächst mit dem Betrag der negativen Zahl und nimmt dann die Gegenzahl des erhaltenen Produkts."

a) Überprüfe anhand von drei selbst gewählten Beispielen, ob Thomas Recht haben könnte!
b) Gib eine Begründung für die Behauptung an!

113 In einem Bergwerk wurden in regelmäßigen Abständen Stollen gegraben. Der erste Stollen ist 55 m unter der Oberfläche gelegen (dh. in einer „Höhe" von −55 m), der zweite Stollen nochmal 55 m tiefer, usw.
In welcher Tiefe liegt der 7. Stollen?

114 Von einem Konto werden monatlich 100 € abgebucht (ansonst gibt es keine Veränderungen). Momentan ist der Kontostand bei 0 €. Der Kontostand nach m Monaten soll K(m) sein.
Der Kontostand nach 3 Monaten ist also $K(3) = (-100\,€) \cdot 3 = -300\,€$ und allgemein nach m Monaten ist er $K(m) = (-100\,€) \cdot m$. Vor 4 Monaten muss daher der Kontostand 400 € betragen haben.
Wenn die Formel auch für zurückliegende Monate richtig sein soll (zB $m = -4$), dann muss gelten: $(-100\,€) \cdot (-4) = 400\,€$.

a) Erkläre diese Überlegungen mit eigenen Worten! Für welches Rechengesetz ist dies eine Bestätigung dafür, dass es auch in der Praxis sinnvoll ist?
b) Beantworte folgende Fragen zuerst in eigenen Worten und dann mit der Formel!
Wie groß ist der Kontostand **1)** nach 10 Monaten, **2)** vor 12 Monaten gewesen?

3.2 Dividieren ganzer Zahlen

In einem Tierlexikon liest Peter, dass männliche Pottwale in 5-mal so große Tiefen vordringen können wie Seehunde. Pottwale sollen −1000 m erreichen können. Wie tief können dann Seehunde tauchen? Peter überlegt, dass er den fünften Teil von −1000 m braucht, also (−1000) : 5 rechnen muss.

Die **Vorzeichenregeln** für das **Dividieren** ganzer Zahlen können wir direkt vom Multiplizieren ableiten, da ja die **Division** die **Umkehrung der Multiplikation** ist. ZB:

$(+12):(+4)=(+3)$	**Probe:** $(+3)\cdot(+4)=(+12)$	$(-12):(+4)=(-3)$	**Probe:** $(-3)\cdot(+4)=(-12)$
$(-12):(-4)=(+3)$	**Probe:** $(+3)\cdot(-4)=(-12)$	$(+12):(-4)=(-3)$	**Probe:** $(-3)\cdot(-4)=(+12)$

Deshalb ist $(-1000):5=$ ____. Die negative Zahl bedeutet hier, dass Seehunde bis zu ____ m in die ____ tauchen können.

Vorzeichenregeln beim Dividieren ganzer Zahlen

Der Quotient zweier Zahlen (≠ 0) mit **gleichen Vorzeichen** ist eine **positive Zahl.**

$(+a):(+b)=+(a:b)$ Plus durch plus gibt plus.
$(-a):(-b)=+(a:b)$ Minus durch minus gibt plus.
$(a, b \in \mathbb{Z}^+)$

Der Quotient zweier Zahlen (≠ 0) mit **verschiedenen Vorzeichen** ist eine **negative Zahl.**

$(+a):(-b)=-(a:b)$ Plus durch minus gibt minus.
$(-a):(+b)=-(a:b)$ Minus durch plus gibt minus.
$(a, b \in \mathbb{Z}^+)$

Es gilt auch bei den ganzen Zahlen: **Durch die Zahl Null kann man nicht dividieren.**
Es gilt jedoch zB: $0:(-7)=0$, weil $0\cdot(-7)=0$ ist.

115 Trage die nebenstehenden Ergebnisse richtig ein!

A	$(+28):(+7)=$	D	$(+39):(-13)=$
B	$(-42):(+6)=$	E	$(-36):(+9)=$
C	$(-39):(-13)=$	F	$(-42):(-6)=$

−3 −7 +7 −4 +3 −5 +4 0 +5

116 Berechne!
a) $(-16):16=$ c) $36:(-9)=$ e) $(-42):(-7)=$ g) $56:(+7)=$
b) $28:(-14)=$ d) $(-39):13=$ f) $51:(-17)=$ h) $0:(-100)=$

117 Wie lautet das Ergebnis?
a) $|-120|:15=$ c) $|+196|:(-7)=$ e) $0:|-4|=$ g) $|-96|:|-12|=$
b) $(-144):|-24|=$ d) $|-225|:(-9)=$ f) $|-5|:|+5|=$ h) $(+121):|-11|=$

118 Gib ohne zu rechnen an, ob die Behauptung richtig oder falsch ist! Begründe!
a) $(+36):(-4)>(+36):(-3)$ c) $(-100):2<(-100):5$ e) $(-30):(+2)>(-30):(+3)$
b) $(-48):(-6)>(-48):(+6)$ d) $45:(-5)<(-45):5$ f) $(-30):(-2)>(-30):(-3)$

119 Setze die korrekte ganze Zahl ein!
a) $(+48):$ ____ $=-8$ b) $(-37):$ ____ $=-1$ c) $(-200):$ ____ $=+25$

4 Verbindung der vier Grundrechnungsarten

interaktive Vorübung u5t5u5

AH S. 10

Für die natürlichen Zahlen muss man folgende Reihenfolge der Rechenarten beachten:
1. ______, 2. ______, 3. ______ (**KlaPuStri**). Dies gilt auch für die ganzen Zahlen.
Betragsstriche wirken dabei wie eine Klammer!

Vorrangregel, Klammerregel

Die **Rechnungsarten zweiter Stufe** (Multiplikation, Division) haben **Vorrang** vor den **Rechnungsarten erster Stufe** (Addition, Subtraktion).
Kurzsprechweise: „**Punktrechnung** vor **Strichrechnung**".

Treten in einer Rechnung Rechnungsarten **erster** und **zweiter Stufe** sowie **Klammern** auf, so gilt:
1) **Zuerst** sind die Rechnungen in den **Klammern** auszuführen.
2) Innerhalb und außerhalb der Klammern sind die Rechnungsarten **zweiter Stufe vor** den Rechnungsarten **erster Stufe** auszuführen.

Wie lauten die Ergebnisse?

Beispiel

$(-3)\cdot(-5)-(+6)\cdot(-9)+(-37)-(+8)=+15-(-54)-37-8=15+54-45=24$

120 a) 1) $(+2)\cdot(-3)+(-5)\cdot(+4)-(-6)\cdot(-7)=$ 2) $(-2)\cdot(-3)-(+5)\cdot(-4)+(+6)\cdot(-7)=$
b) 1) $(+9)\cdot(-11)-(+13)\cdot(-7)-(-12)\cdot(-8)=$ 2) $(-9)\cdot(-11)-(-13)\cdot(-7)-(-12)\cdot(-8)=$
c) 1) $(-4)\cdot(-7)-(+15)\cdot(-3)-(-2)\cdot(-12)=$ 2) $(+4)\cdot(-7)+(+15)\cdot(-3)-(+2)\cdot(-12)=$

121 a) $81:(-9)-(-70):7+(-10)=$ b) $(-120):(-30)-15:5-(-11)=$ c) $108:(-18)+(-12)\cdot(-4)-12=$ d) $14\cdot(-6)+(-144):(-6)-(-55)=$

122 a) $(-6)\cdot5\cdot(-2)-3\cdot4\cdot(-8)=$ b) $2\cdot(-1)\cdot6+(-5)\cdot3\cdot(-9)=$ c) $(+12):(-4)+(-8)-(-20):(-5)=$ d) $(-25):5+2\cdot(-3)-18:(-6)=$

123 Berechne und vergleiche die Ergebnisse!
a) $[(-36):(+6)]:(+3)=$ / $(-36):[(+6):(+3)]=$
b) $64:[(-16):(-4)]=$ / $[64:(-16)]:(-4)=$
c) $(-72):[18:(-2)]=$ / $[(-72):18]:(-2)=$

124 ⊞ Setze Klammern so, dass die Rechnung stimmt!
a) $(-12)-(-96):12+(-7)\cdot(-12)=91$ b) $(-12)-(-96):12+(-7)\cdot(-12)=132$

125 Für welche Zahl steht die Unbekannte?
a) $(-45):x=(+9)$ b) $y:(+8)=(-8)$ c) $56:z=-14$ d) $r:(-12)=6$ ⊞ e) $100:u=u$ ⊞ f) $w:3=w$ ⊞ g) $v=144:v$ ⊞ h) $2\cdot s=s:2$

126 Simon stellt ein Zahlenrätsel: „Wähle eine beliebige ganze Zahl und dividiere diese durch ihre Gegenzahl! Subtrahiere davon die größte negative ganze Zahl!"
Welche Zahl erhält man durch diese Anleitung?

127 Wie lautet das Ergebnis?

Beispiel

[(−7) + (−4)·(−8)]·[(−1)·(+5)·(−11) − (−6)] = [−7 + 32]·[55 + 6] = 25·61 = 1 525

a) [(−4)·(+3) − (+6)·(−2)]·(−8) =

b) [(+2)·(−8) − (+5)·(−3)·(−6)]·(+3) =

c) [(−2)·(+5) + (−6)·(−3)]·[(−1)·(−7) − (+4)·(−8)] =

d) [(−1) + (−3)·(−7)]·[(−4)·(+4) − (−8)·(+2)] =

128 ⊞ Achte bei der Berechnung auf die Betragsstriche!

a) |(−3)·(+2)| − 7 =

b) |−3|·(+2) − 7 =

c) |(−3)·(+2) − 7| =

d) (−3)·|2 − 7| =

e) |(−2) + (−2)| ·(−7) =

f) |(−10)·(−5) + (+8)| =

129 Fülle die Tabelle aus!

a)

	·(−7)	·(+3)	·0
−8			
+11			
+13			

b)

	·(+13)	·0	·(−9)
−7			
+9			
−11			

130 ⊞ Wie lautet das Ergebnis?

Beispiel

|−9|·(+2) + (−3)·|−17| = 9·2 − 3·17 = 18 − 51 = −33

a) |−7|·(−3) − (+5)·|+7| =

b) (+7)·|−4| − |−5|·(−8) =

c) 4·|−8| − 2·(+3) − 7·|−6| =

d) |−9|·|+11| − (−3)·|−27| =

e) (−14)·|+7| + (−5)·|+13| =

f) 5·|−24| − 7·|+9| + 6·(−13) =

131 Gegeben sind zwei Zahlen x und y. Berechne jeweils das Ergebnis!

a) |x| − y b) x − |y| c) |x| − |y| d) |x − y| e) −x + 2·y f) 3·x − 2·y

	1)	2)	3)	4)	5)	6)	7)	8)
x	+3	+8	0	+17	−12	−36	−48	0
y	+4	−3	−11	0	+14	−22	+48	0

132 ⊞ Stelle die Rechnung (−10) − (−5)·(+4) auf einer Zahlengeraden mit Hilfe von Veränderungspfeilen dar!

133 Kreuze so an, dass eine mathematisch sinnvolle Aussage entsteht.

Bei der Rechnung [(−2) − (+3)]·(+10) + (−2) = beginne mit der ①, weil die ② Vorrang hat.

	①
○	Division
○	Subtraktion
○	Multiplikation

	②
○	Strichrechnung
○	Punktrechnung
○	Rechnung in der Klammer

engl. AB
jy2483

Üben und Sichern

134 Begründe, warum man bei den ganzen Zahlen nicht mehr von einem Zahlenstrahl, sondern von einer Zahlengeraden spricht!

135 Gib die Gegenzahl an und markiere für a)–e) beide Zahlen auf der Zahlengeraden! Gib den Betrag der Zahl und ihrer Gegenzahl an! Was fällt dir auf?

a) $+3$ b) -2 c) $+1$ d) 0 e) -3 f) $+a \ (a \in \mathbb{Z}^+)$ g) $-b \ (b \in \mathbb{Z}^+)$

Führe die Rechnungen durch!

136
a) $(+9) - (+3) - (-9) =$
b) $(-17) + (-8) + (+2) =$
c) $(-3) - (-14) + (-3) =$
d) $(+11) - [(-3) - (-7)] =$
e) $(-2) - [(+8) + (-7)] =$
f) $|-11| + [(-1) - (-6)] =$

137
a) $(-3) \cdot (-5) \cdot (+2) =$
b) $(-81) : (+9) : (-1) =$
c) $(+12) \cdot (-1) \cdot (-2) =$
d) $(-36) : [(-9) : (-3)] =$
e) $|-11| \cdot (-3) \cdot (+6) =$
f) $|+25| : |-5| \cdot (-7) =$

138
a) $108 : (-6) + (-2) \cdot 18 =$
b) $[(-16) - (-14)] \cdot (-4) + 4 =$
c) $(-13) + (-15) : 3 - 3 \cdot [(-1) - (+7)] =$
d) $(-121) : |-11| - |-96| : (-12) + (-4) \cdot 0 =$

139 Der Death Valley Nationalpark in Kalifornien liegt zum Großteil unter dem Meeresspiegel. Der tiefste Punkt heißt Badwater und liegt ca. 86 m unter dem Meeresspiegel. In diesem Nationalpark herrschen extreme Wetterbedingungen: Am 12. Juli 2012 wurden ca. 42 °C gemessen. Etwa 150 km entfernt befindet sich der höchste Punkt Kaliforniens, der Mount Whitney, der 4 421 m hoch ist. Im Juli herrschen dort Temperaturen zwischen −10 °C und +10 °C.

1) Bestimme den Höhenunterschied zwischen dem tiefsten und dem höchsten Punkt Kaliforniens!
2) Welche Angaben hast du für die Beantwortung von 1) nicht verwendet?
3) Formuliere eine weitere Aufgabenstellung passend zum Text!

140 Aus dem Wetterbericht: „Am 2. Dezember hat es in Perg (OÖ) eine maximale Tagestemperatur von +12 °C. In der Nacht werden die Temperaturen unter den Gefrierpunkt sinken – in Perg erwarten wir eine Tiefsttemperatur von −2 °C. Am 3. Dezember erwarten wir einen drastischen Temperatursturz um 20 °C im Vergleich zum Vortag. Es wird also sehr kalt. Diese Abkühlung macht sich auch in den Bergen bemerkbar. Auf 2000 m erwarten wir am 3.12. eine Temperatur von −18 °C. Soweit die Aussichten für die kommenden Tage."
1) Berechne den Temperaturunterschied in Perg am 2. Dezember zwischen Tag und Nacht!
2) Gib an, welche Temperatur in Perg am 3. Dezember zu erwarten ist!
3) Die Temperatur nimmt je 300 Höhenmeter um ca. 2 °C ab. Gib eine Formel an, mit der man die Temperatur in 800 m Seehöhe ermitteln kann und berechne diese!

141 Kreuze die richtigen Aussagen an! Gib für die falschen ein Gegenbeispiel an und stelle diese richtig!
- ○ **A** Eine ganze Zahl und ihre Gegenzahl sind immer gleich weit von der Zahl Null entfernt.
- ○ **B** Das Produkt einer Zahl und ihrer Gegenzahl ist immer positiv.
- ○ **C** Die Summe einer Zahl und ihrer Gegenzahl ist immer null.
- ○ **D** Bei den ganzen Zahlen gibt es zwar keine größte, dafür aber eine kleinste Zahl.
- ○ **E** Jede Subtraktion ganzer Zahlen ergibt wieder eine ganze Zahl.
- ○ **F** Jede Division ganzer Zahlen ergibt wieder eine ganze Zahl.

 interaktive Übung zq44ef

142 **a)** In welchen Fällen ist $-a$ eine negative Zahl? Begründe und gib drei Beispiele an!
b) In welchen Fällen ist $-a$ eine positive Zahl? Begründe und gib drei Beispiele an!
c) In welchen Fällen ist $|-a|$ eine positive Zahl? Begründe und gib drei Beispiele an!
d) In welchen Fällen ist $|-a|$ eine negative Zahl? Begründe!

143 Setze die fehlenden Zahlen und Rechenanweisungen ein! In die grünen Kästchen sind Rechenanweisungen, in die roten Kästchen sind Zahlen einzusetzen!

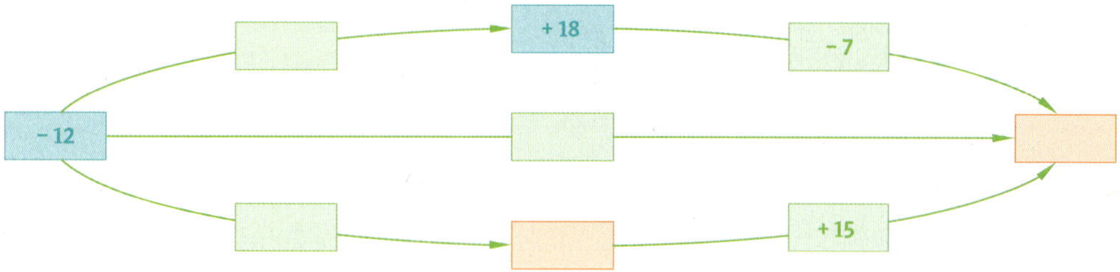

144 Gib drei ganze Zahlen an, für die die Ungleichung gilt!

a) $(+3) - x < (+3)$ **c)** $(-y) - (-3) \geq (-3)$ **e)** $|-3| - z > z$ **g)** $|u - 3| > u$
b) $(+4) - a > (+4)$ **d)** $(-b) - (-3) \leq (-3)$ **f)** $|-3| - c < c$ **h)** $|v - 3| < v$

145 Gegeben sind zwei ganze Zahlen x und y.
Welche ganze Zahl liegt „genau in der Mitte" zwischen x und y?

	a)	b)	c)	d)	e)	f)	g)	h)	i)	j)	k)	l)
x	+6	+5	+3	0	−1	−2	+2	+3	−7	−11	−6	+5
y	+14	+15	+17	+12	−9	−8	−8	−9	+7	−3	+2	−7

146 Die meisten Obstbäume in österreichischen Gärten sind winterhart. Das bedeutet, dass sie Temperaturen von −10 °C oder auch manchmal weniger aushalten. Frau Zeiler möchte einen Apfelbaum kaufen. Ein Verkäufer in der Baumschule erzählt: „Diese Apfelsorte hat bei uns letztes Jahr sogar −22 °C gut ausgehalten, aber auch 35 °C im Sommer verursachen normalerweise keinen Schaden."

a) Welchen Temperaturunterschied hält die Apfelsorte aus? Berechne und stelle die Rechnung auf der Zahlengeraden dar!
b) Im Frühling hat es 11 °C. Um wie viel Grad kann es (theoretisch) kälter bzw. wärmer werden, sodass der Apfelbaum sicher keinen Schaden davon trägt?
c) Olivenbäume bevorzugen eher wärmere Gebiete. Bei weniger als −5 °C können sie Schaden nehmen. Wie viel Grad muss es für einen Olivenbaum wärmer sein als für einen Apfelbaum?

147 Beantworte zunächst die gestellte Frage! Überprüfe dann deine Antwort durch Rechnen!
a) Mit welcher Zahl muss man +7 multiplizieren, um −63 zu erhalten?
b) Mit welcher Zahl muss man −12 multiplizieren, um −72 zu erhalten?
c) Mit welcher Zahl muss man −90 multiplizieren, um +810 zu erhalten?

148 Setze die korrekte ganze Zahl ein!

a) $(-50) : \square = +10$ **c)** $(+18) : \square = -3$ **e)** $(-18) : \square = +18$
b) $(+105) : \square = +15$ **d)** $(+110) : \square = +10$ **f)** $0 : \square = 0$

149 Notiere zunächst die Rechnung und berechne dann das Ergebnis!

a) Addiere −13 zum Produkt der Zahlen −5 und +7!
b) Subtrahiere −8 vom Produkt der Zahlen +9 und −3!
c) Addiere −28 zum Quotienten der Zahlen +128 und −32!
d) Subtrahiere +9 vom Quotienten der Zahlen −96 und +3!
e) Multipliziere die Differenz der Zahlen −23 und −16 mit +4!
f) Dividiere die Summe der Zahlen −18 und −24 durch die Differenz der Zahlen −4 und −10!

150 Rechne und vergleiche die Ergebnisse!
Welches Rechengesetz ist gemeint? Schreibe es mit Variablen auf!

a) $(+7) + (-3) =$
$(-3) + (+7) =$

b) $[(-5) + (-2)] + (-6) =$
$(-5) + [(-2) + (-6)] =$

c) $(-3) \cdot [(+2) + (-4)]$
$(-3) \cdot (+2) + (-3) \cdot (-4)$

151 Familie Mustermann wohnt im 8. Stock eines Hochhauses. Die Etage −1 bezeichnet den Eingang zur Tiefgarage, in der 50 Autos parken können. Die Familie hat auf ihrem Konto 2 148 € und monatlich werden mittels Dauerauftrag 128 € für die Kosten für den Tiefgaragenparkplatz abgebucht. Gleichzeitig legt Familie Mustermann monatlich 200 € auf dieses Konto. (Es finden keine anderen Kontobewegungen statt.)

1) Wie hoch ist der Kontostand der Familie Mustermann nach 10 Monaten?
2) Welche Angaben hast du aus 1) nicht verwendet?
3) Formuliere eine weitere, passende Aufgabenstellung!

152 Beantworte zunächst die gestellte Frage! Schreibe anschließend die entsprechende Gleichung auf!

1) Welche Zahl muss man zu −5 addieren, um −10 zu erhalten?
2) Welche Zahl muss man von −5 subtrahieren, um −10 zu erhalten?
3) Mit welcher Zahl muss man −5 multiplizieren, um −10 zu erhalten?
4) Durch welche Zahl muss man −10 dividieren, um −5 zu erhalten?

153 Vergleiche die Ergebnisse!

a) 1) $|156| : (-13) + (-112) : |16| =$
2) $156 : |-13| + |-112| : 16 =$

b) 1) $121 : |11| + |96| : (-12) =$
2) $(-121) : |-11| - |-96| : (-12) =$

Zusammenfassung

AH S. 11

Mit $\mathbb{Z}$ wird die Menge der **ganzen Zahlen** bezeichnet: $\mathbb{Z} = \{\ldots, -3, -2, -1, 0, 1, 2, 3, \ldots\}$
$\mathbb{Z}^+$ steht für die positiven ganzen Zahlen, $\mathbb{Z}^-$ für die negativen ganzen Zahlen.
Die Gegenzahl von +a ist −a, jene von −a ist +a mit $a \in \mathbb{Z}^+$. Der Betrag einer ganzen Zahl ist immer positiv.

Für die **ganzen Zahlen** gelten **dieselben Rechen-, Vorrang- und Klammerregeln** wie für die **natürlichen Zahlen.** Addition, Subtraktion und Multiplikation sind immer ausführbar.

Vorzeichenregeln:

Addition und Subtraktion	**Multiplikation**	**Division**
$a + (+b) = a + b$	$(+a) \cdot (+b) = +(a \cdot b)$	$(+a) : (+b) = +(a : b)$
$a + (-b) = a - b$	$(+a) \cdot (-b) = -(a \cdot b)$	$(+a) : (-b) = -(a : b)$
$a - (+b) = a - b$	$(-a) \cdot (+b) = -(a \cdot b)$	$(-a) : (+b) = -(a : b)$
$a - (-b) = a + b$	$(-a) \cdot (-b) = +(a \cdot b)$	$(-a) : (-b) = +(a : b)$
$(a \in \mathbb{Z}, b \in \mathbb{Z}^+)$	$(a, b \in \mathbb{Z}^+)$	$(a, b \in \mathbb{Z}^+)$

Wissensstraße

Lernziele: Ich kann ...

Z 1: zwischen Vor- und Rechenzeichen unterscheiden.
Z 2: ganze Zahlen ordnen und auf der Zahlengeraden darstellen.
Z 3: den Betrag einer ganzen Zahl bilden und Ungleichungen (auch mit Beträgen) lösen.
Z 4: ganze Zahlen addieren und subtrahieren.
Z 5: ganze Zahlen multiplizieren und dividieren.
Z 6: Textaufgaben mit ganzen Zahlen lösen und das Vorzeichen richtig interpretieren.

154 Z 1, Z 4
1) Markiere in den Rechnungen alle Vorzeichen mit Farbe!
2) Schreibe in vereinfachter Schreibweise und berechne!
a) $(-23) - (+14) =$ b) $(+21) - (-22) - (+30) =$ c) $(-5) + (-31) + (+22) =$

155 Z 2
1) Ordne folgende ganze Zahlen aufsteigend nach ihrer Größe!
2) Zeichne die Zahlen auf einer geeigneten Zahlengeraden ein!
a) −3, +5, −1, +7, +1 b) −10, −12, −8, −9

156 Z 3
Welche ganze Zahlen erfüllen die angegebene Ungleichung?
a) $|x| < 3$ b) $|y| > 5$ c) $|z| < -1$ d) $|a| > -1$

157 Z 3
1) Gib drei ganze Zahlen an, die kleiner null sind und deren Betrag größer als 3 ist!
2) Gibt es ganze Zahlen, die größer als −4 sind und einen größeren Betrag als die Zahl −4 haben?
3) Richtig oder falsch? Wenn $a < b$, dann ist immer $|a| < |b|$.

158 Z 2, Z 4
Stelle die Rechnungen $(+4) - (+7)$ und $(+4) + (-7)$ jeweils auf der Zahlengeraden dar! Unterscheiden sich die Darstellungen?

159 Z 5
a) Welche Rechnung ist in der Abbildung dargestellt?

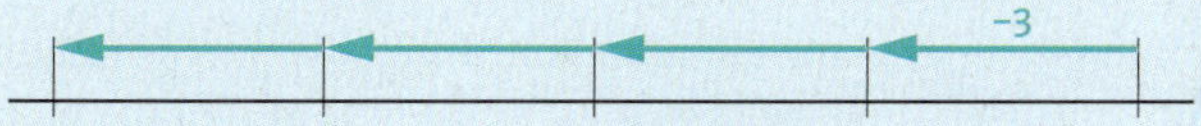

b) Welches Vorzeichen hat das Ergebnis?
Entscheide ohne zu rechnen und begründe deine Entscheidung!
1) $(-2) \cdot [(-2) : (-2)]$ 2) $[(-3) \cdot (+2)] : (-1)$ 3) $5 \cdot (-2) \cdot (-1) \cdot 3$

160 Z 5
Berechne!
a) $[(-225) : (-25)] \cdot (-2) =$ c) $[(-16) \cdot (+12)] : (-8) =$ e) $[(-84) : (-12)] \cdot (-5) =$
b) $[(+35) \cdot (-8)] : (-14) =$ d) $[(-162) : (-18)] \cdot (+5) =$ f) $[(+15) \cdot (-12)] : (-36) =$

161 Z 6
Stefanie, Elias und Cedric haben auf dem Flohmarkt Bastelsachen verkauft. Sie haben insgesamt 41 € eingenommen. Sie mussten aber 30 € Standplatzgebühr bezahlen. Die Materialkosten für die Bastelsachen betrugen 17 €.
1) Haben die drei einen Gewinn oder einen Verlust gemacht?
2) Wie hoch ist der Gewinn/Verlust pro Person?

Rationale Zahlen und Verhältnisse

Das Wandgemälde „Schule von Athen" von Raphael in Rom zeigt viele der berühmten griechischen Gelehrten zB Sokrates, Aristoteles, Pythagoras von Samos, Euklid usw.

Harmonie in Musik und Astronomie

Die Schülerinnen und Schüler des Pythagoras glaubten, die ganze Welt mit Hilfe der Zahlen verstehen zu können. Am deutlichsten sahen sie diese Verbindung in der Musik und in der Astronomie. Die Intervalle Oktave, Quint und Quart entstehen aus dem Grundton, indem man die schwingende Saite in den Verhältnissen 1 : 2, 2 : 3 bzw. 3 : 4 verkürzt. Auch die anderen musikalischen Intervalle entsprechen Verhältnissen kleiner natürlicher Zahlen. Die Pythagoreer glaubten außerdem, dass auch die Planetenbahnen den Gesetzen der Harmonie gehorchen und daher die Verhältnisse der Entfernungen der Planeten von der Sonne ebenfalls mit kleinen ganzen Zahlen ausgedrückt werden können.

Die Idee der Pythagoreer – eine Veranschaulichung

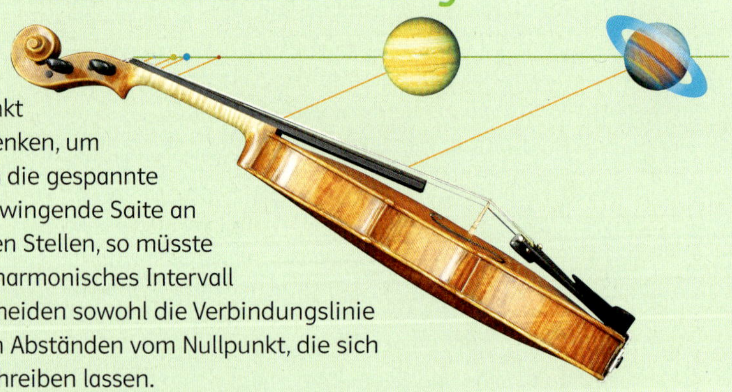

Entlang der grünen Linie sind die Planeten Merkur, Venus, Erde, Mars, Jupiter und Saturn aufgefädelt. Gleichsam vom Nullpunkt der Linie – hier kann man sich die Sonne denken, um die sich alle Planeten bewegen – geht auch die gespannte Saite einer Geige aus. Verkürzt man die schwingende Saite an den durch die orangen Parallelen markierten Stellen, so müsste nach den Pythagoreern ein zum Grundton harmonisches Intervall erklingen. Denn die orangen Parallelen schneiden sowohl die Verbindungslinie der Planeten als auch die Saite der Geige in Abständen vom Nullpunkt, die sich als Verhältnisse kleiner ganzer Zahlen beschreiben lassen.
Die moderne Astronomie bewies, dass die Vorstellung von Himmelssphären nichts mit der Wirklichkeit zu tun hat. Die Idee der Pythagoreer war trotzdem genial. Denn sie sahen die beiden Skalen als Zahlenstrahlen mit dem Nullpunkt als gemeinsamen Punkt. Und die Parallelen führten zu Zahlen, die jeweils im gleichen Verhältnis zueinander standen.

Abstraktion von der Wirklichkeit zum mathematischen Denken

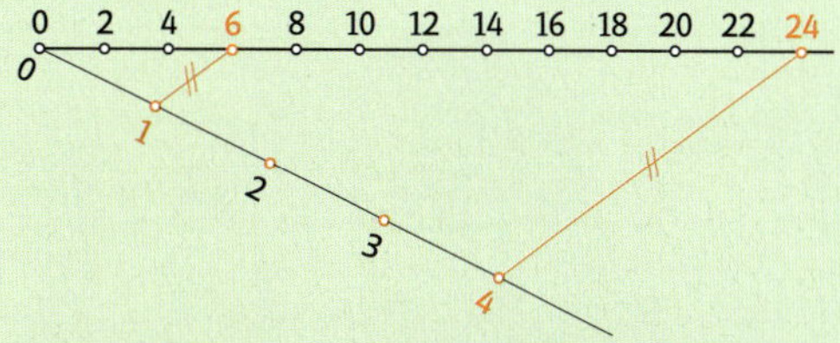

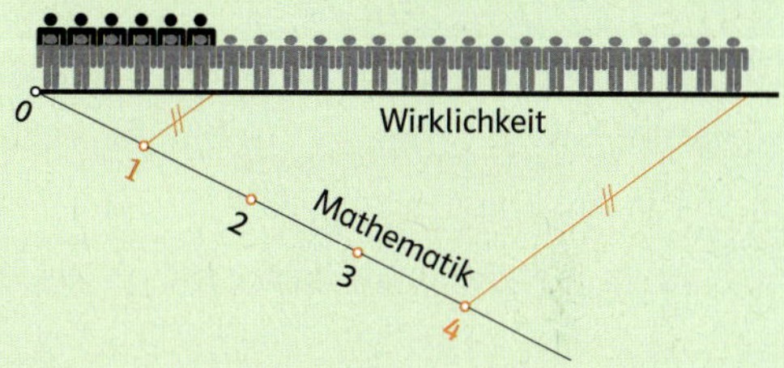

Ein Beispiel zur Verdeutlichung: In der oberen Abbildung sind auf dem waagrechten Zahlenstrahl in gleichen Abständen die geraden Zahlen von 0 bis 24 aufgetragen. Auf dem schrägen Zahlenstrahl sind die Zahlen von 0 bis 4 ebenfalls in gleichen Abständen aufgetragen. Beide Strahlen beginnen beim Punkt 0. Die orangen Verbindungslinien sind parallel. Aus der Darstellung kann geschlossen werden, dass die Divisionen 24 : 6 und 4 : 1 das gleiche Ergebnis haben, weil Dividend und Divisor im gleichen Verhältnis stehen.
In der unteren Abbildung rechts sind auf dem waagrechten „Wirklichkeits"-Strahl keine Zahlen, sondern die Anzahlen von Personen dargestellt (zB 6 Lehrerinnen und Lehrer und 24 Schülerinnen und Schüler einer Musikschule). Offensichtlich kann aus dieser Darstellung geschlossen werden, dass es in dieser Schule viermal so viele Schulkinder wie Lehrkräfte gibt. Das eigentlich Bewundernswerte an dieser Sicht der Dinge ist, dass es mit der Division gelingt, aus einem Sachverhalt dasjenige herauszulesen, was für die Mathematik wichtig ist. Ob die Lehrer gut oder schlecht und die Schüler fleißig oder faul sind, ist belanglos. Es hat mit Mathematik nichts zu tun. Und dieser Weg von der Wirklichkeit weg zur Mathematik heißt Abstraktion. Solches zu bewältigen gehört zu den wichtigsten Fähigkeiten eines mathematisch denkenden Menschen!

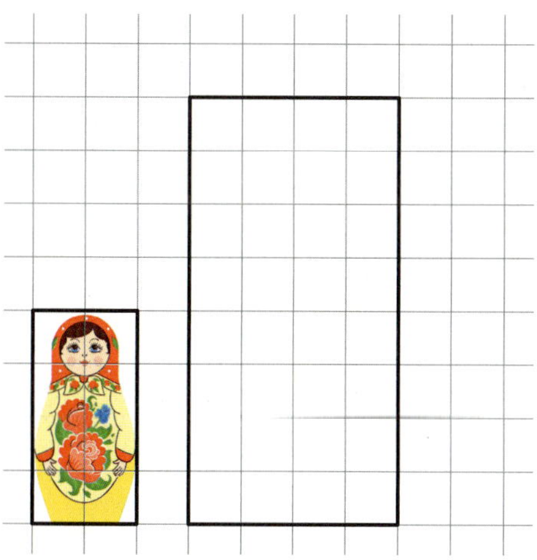

Matroschka heißen die russischen Puppen, bei denen die kleineren Puppen in die etwas größeren passen. Hier siehst du so eine Puppe umgeben von einem Rechteck. Vergrößere den Umriss der Puppe im Verhältnis 1 : 2! Übertrage dazu die Schnittpunkte des Gitternetzes mit dem Umriss der Puppe entsprechend im Verhältnis 1 : 2 in das größere Rechteck rechts! Gestalte die Puppe nach deinem Geschmack!

Worum geht es in diesem Abschnitt?

- Eigenschaften rationaler Zahlen
- Rationale Zahlen als Quotient ganzer Zahlen
- Grundrechnungsarten mit rationalen Zahlen
- Größen- und Zahlenverhältnisse

1 Einführung der rationalen Zahlen

interaktive Vorübung v2ed33

AH S. 12

1.1 Menge der rationalen Zahlen

Johanna und Anjun haben gerade die ganzen Zahlen kennen gelernt und erinnern sich, dass zu jeder positiven ganzen Zahl eine negative Gegenzahl existiert und umgekehrt. „Hat die Dezimalzahl 2,8 auch eine Gegenzahl?“ fragt Anjun. Johanna meint: „Das muss dann −2,8 sein. Ja, es gibt also auch **negative Dezimalzahlen.**“
Die beiden erinnern sich, dass sie bisher **Dezimalzahlen** auch als **Bruch** dargestellt haben. Die Dezimalzahl

$2{,}8 = 2\frac{\quad}{\quad}$; die Gegenzahl davon ist also $-2\frac{\quad}{\quad}$.

Rationale Zahlen

Eine **rationale Zahl** kann immer als **Bruch (Quotient)** dargestellt werden, wobei Zähler und Nenner ganze Zahlen sind: $\frac{a}{b}$ $(a, b \in \mathbb{Z}, b \neq 0)$

Wie Bruchzahlen (sind immer positiv) lassen sich auch **rationale Zahlen** (können auch negativ sein) **als Dezimalzahlen darstellen**, **erweitern** und **kürzen**.

ZB: $-\frac{6}{8} = -\frac{3}{4} = -0,\quad$, $-\frac{1}{2} = -\frac{3}{6} = \quad$

Da sich **natürliche Zahlen** und auch **ganze Zahlen** stets als Bruch darstellen lassen, **gehören** diese ebenfalls **zu den rationalen Zahlen**, zB $5 = \frac{\quad}{\quad}$; $-2 = -\frac{\quad}{\quad}$; $-8 = \frac{\quad}{\quad}$

Die positiven und die negativen rationalen Zahlen bilden zusammen mit der Zahl Null die **Menge der rationalen Zahlen.** Diese Zahlenmenge wird mit dem **Symbol** $\mathbb{Q}$ bezeichnet.

$\mathbb{Q} = \left\{\frac{a}{b} \middle| a, b \in \mathbb{Z}, b \neq 0\right\}$ … Menge der rationalen Zahlen.

Sprechweise: Die **Menge der rationalen Zahlen** sind alle Zahlen, die als **Bruch** $\frac{a}{b}$ geschrieben werden können, wobei der **Zähler a und der Nenner b ganze Zahlen** sind und der **Nenner b nicht null** sein darf.

$\mathbb{Q}^+$: **Menge der positiven rationalen Zahlen:** $\frac{a}{b} > 0 \quad (b \neq 0)$

$\mathbb{Q}^-$: **Menge der negativen rationalen Zahlen:** $\frac{a}{b} < 0 \quad (b \neq 0)$

Merkhilfe für das Symbol $\mathbb{Q}$: Denke an das Wort Quotient (Bruchzahl)!

Betrag einer rationalen Zahl

Ebenso wie bei den ganzen Zahlen kann der **Betrag einer rationalen Zahl** gebildet werden.
Der Betrag entspricht dabei dem Abstand vom Nullpunkt der Zahlengeraden.

ZB: $\left|-\frac{1}{5}\right| = \frac{1}{5} = 0{,}2$; $\left|-\frac{2}{3}\right| = \frac{2}{3} = 0{,}\overline{6}$; $|-2{,}7| = 2{,}7 = \frac{27}{10}$; $\left|\frac{1}{8}\right| = \frac{1}{8} = 0{,}125$

Genau wie bei den ganzen Zahlen heißen **zwei rationale Zahlen,** die sich **nur durch ihr Vorzeichen unterscheiden, Gegenzahlen.**

Rein periodische und gemischt periodische Dezimalzahlen

Jede rationale Zahl kann als Bruch oder auch als Dezimalzahl dargestellt werden.
Manche Bruchzahlen führen zu **rein periodischen Dezimalzahlen**, zB $-\frac{1}{3} = -0,\overline{3}$, $\frac{1}{9} = 0,\overline{1}$

Der Bruch $\frac{1}{6}$ führt zu einer so genannten **gemischt periodischen Dezimalzahl**. Durch Division erhält man $\frac{1}{6} = 1:6 = 0,1\overline{6}$. Die Ziffer 1 wiederholt sich nicht und wird als **Vorperiode** bezeichnet. Die Ziffer 6 ist die **Periode**. Beim Bruch $\frac{1}{12} = 0,08\overline{3}$ bilden die Ziffern 0 und 8 die Vorperiode.

Um **gemischt periodische Dezimalzahlen in Bruchschreibweise** zu verwandeln, muss man zu einem Rechentrick greifen. Wir zeigen dies an dem Beispiel $0,12\overline{5}$.
Multiplikation mit einer geeigneten **dekadischen Einheit** (10, 100, 1000, …), damit eine rein periodische Zahl entsteht: $0,12\overline{5} \cdot 100 = 12,\overline{5}$ ➞ als Bruch angeben: $12,\overline{5} = 12\frac{5}{9} = \frac{113}{9}$ ➞ Division durch dieselbe dekadische Einheit: $\frac{113}{9} : 100 = \frac{113}{900}$. Also: $0,12\overline{5} =$ ______

162 1) Bilde den Betrag der gegebenen Zahl! 2) Schreibe die Gegenzahl auf!
3) Kürze soweit wie möglich! 4) Schreibe als Dezimalzahl!

a) $-\frac{6}{10}$ c) $-\frac{21}{3}$ e) $-\frac{18}{24}$ g) $+\frac{2}{40}$ i) $+\frac{48}{54}$

b) $-\frac{10}{15}$ d) $\frac{12}{24}$ f) $-\frac{54}{9}$ h) $-\frac{30}{100}$ j) $-\frac{150}{75}$

163 Setze eines der Zeichen „<“, „=“ bzw. „>“ so ein, dass die Aussage stimmt!

a) $\left|-\frac{1}{2}\right|$ ☐ $\left|+\frac{1}{2}\right|$ c) $|0|$ ☐ $\left|-\frac{4}{5}\right|$ e) $|-4,8|$ ☐ $\left|-4\frac{3}{7}\right|$

b) $\left|-\frac{3}{4}\right|$ ☐ $\left|-\frac{3}{5}\right|$ d) $\left|+2\frac{1}{2}\right|$ ☐ $|-2,4|$ f) $\left|+\frac{8}{11}\right|$ ☐ $|+0,\overline{12}|$

Anleitung zu f): Erinnere dich $0,\overline{12} = \frac{12}{99}$

164 1) Kreuze alle rationalen Zahlen an, die periodisch sind!

○ A $-\frac{1}{3}$ ○ B $\frac{3}{12}$ ○ C $-\frac{5}{7}$ ○ D $-\frac{4}{5}$ ○ E $-\frac{3}{6}$

2) Kreuze diejenigen Bruchzahlen an, die gemischt periodisch sind!

○ A $-\frac{1}{6}$ ○ B $-\frac{5}{12}$ ○ C $-\frac{2}{7}$ ○ D $-\frac{4}{15}$ ○ E $-\frac{4}{9}$

3) Schreibe alle Brüche als Dezimalzahlen!

165 Stelle die Dezimalzahlen in Bruchschreibweise dar!

a) $0,\overline{7}$ c) $-0,\overline{12}$ e) $1,\overline{41}$ g) $0,\overline{987}$ i) $-13,\overline{453}$

b) $0,1\overline{7}$ d) $-0,1\overline{2}$ f) $1,4\overline{1}$ h) $0,9\overline{87}$ j) $-13,4\overline{53}$

166 1) Begründe, warum der Bruch $-\frac{1,3}{3,9}$ keine „richtige“ rationale Zahl darstellt!
2) Warum ist die Zahl $-\frac{1,3}{3,9}$ trotzdem eine rationale Zahl? Gib eine korrekte Bruchschreibweise an!

167 Welche rationalen Zahlen erfüllen die Bedingung?

a) $|z| = 1$ b) $|y| = 3\frac{1}{2}$ c) $|u| = 0,9$ d) $|v| = \frac{2}{3}$ e) $|w| = 0$

168 Kreuze so an, dass eine sinnvolle mathematische Aussage entsteht.

① einer rationalen Zahlen ist immer ② .

	①
○	Die Gegenzahl
○	Der Betrag
○	Der Nenner

	②
○	positiv
○	0
○	negativ

1.2 Darstellung und Ordnung rationaler Zahlen

Darstellung als Punkte auf der Zahlengeraden

Rationale Zahlen können, ebenso wie die ganzen Zahlen, auf einer **Zahlengeraden dargestellt** werden. Theresa zeichnet die Zahlen $-\frac{3}{4}, +\frac{3}{4}, -\frac{1}{5}, +\frac{1}{5}$ und $-1{,}6$ auf einer geeigneten Zahlengeraden ein:

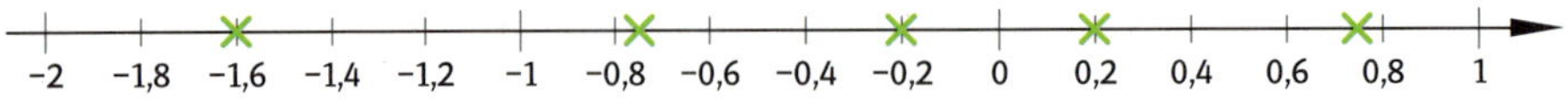

Theresa ist sich sicher, dass $+\frac{3}{4} > +\frac{1}{5}$ ist. Wie sieht das aber bei negativen rationalen Zahlen aus?

$-1{,}6 \;\square\; -\frac{3}{4} \;\square\; -\frac{1}{5}$

Ordnung der rationalen Zahlen

Eine rationale Zahl a ist kleiner als b (**a < b**), wenn **a** auf der Zahlengeraden **weiter links** als die **Zahl b** liegt.

Wie schon bei den Bruchzahlen liegen **zwischen zwei** verschiedenen **rationalen Zahlen unendlich viele** weitere rationale Zahlen.

169 Welche rationalen Zahlen sind durch Kreuze auf der Zahlengeraden markiert?

a) 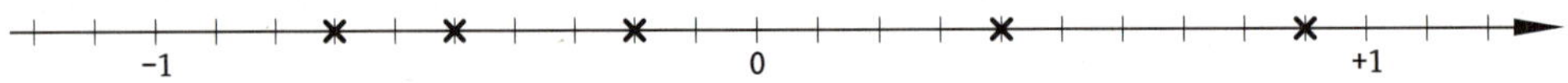

b) 

c) 

170 Zeichne eine geeignete Zahlengerade und kennzeichne folgende rationale Zahlen durch Kreuze!

a) $+\frac{1}{2}; -\frac{1}{2}; +0{,}75; -\frac{1}{4}$

b) $-1\frac{1}{5}; +\frac{3}{10}; +1\frac{1}{10}; -0{,}4$

c) $-\frac{2}{3}; +1\frac{1}{6}; +0{,}\overline{3}; -1{,}\overline{6}$

d) $+\frac{4}{9}; +0{,}\overline{7}; -0{,}\overline{2}; -\frac{4}{9}$

171 Setze das Zeichen „<" bzw. „>" so ein, dass die Behauptung stimmt! Begründe deine Behauptung!

a) $-1\frac{1}{2} \;\square\; 0$

b) $0 \;\square\; \frac{2}{7}$

c) $+\frac{4}{5} \;\square\; +0{,}7$

d) $+\frac{1}{2} \;\square\; -\frac{4}{7}$

e) $+\frac{2}{9} \;\square\; +0{,}3$

f) $-\frac{7}{4} \;\square\; -\frac{5}{3}$

g) $-\frac{3}{5} \;\square\; -\frac{5}{4}$

h) $-8\frac{2}{9} \;\square\; -8\frac{3}{7}$

172 Ordne die Zahlen! Beginne mit der kleinsten!

a) $-\frac{3}{4}; -\frac{5}{4}; -\frac{10}{4}; -\frac{1}{4}$

b) $+\frac{2}{3}; -\frac{1}{2}; -\frac{1}{6}; +\frac{5}{6}; -\frac{1}{3}$

c) $-\frac{2}{5}; +\frac{2}{3}; -\frac{2}{3}; +\frac{2}{5}; -\frac{2}{1}$

d) $-0{,}25; +\frac{3}{4}; -\frac{1}{2}; +\frac{3}{2}; +\frac{1}{4}; -\frac{5}{4}$

Tipp

Bringe die Brüche auf gleiche Nenner!

173 Gib drei Zahlen an, die a) zwischen −6 und −5, jedoch näher bei −6, b) zwischen $-\frac{3}{4}$ und $-\frac{2}{3}$, jedoch näher bei $-\frac{2}{3}$ liegen!

174 ⊞ Gib fünf Zahlen aus der gegebenen Menge an und stelle sie auf einer geeignet gewählten Zahlengeraden dar!

a) $\{x \in \mathbb{Q} \mid x < 3{,}5\}$

b) $\left\{x \in \mathbb{Q} \mid x > \frac{2}{5}\right\}$

c) $\left\{x \in \mathbb{Q} \mid \frac{1}{5} < x \leq \frac{3}{5}\right\}$

d) $\{x \in \mathbb{Q} \mid x \geq -2\}$

e) $\{x \in \mathbb{Q} \mid -7 \leq x < -4\}$

f) $\mathbb{Q}^+ = \{x \in \mathbb{Q} \mid x > 0\}$

175 Gib die nächst größere und die nächst kleinere ganze Zahl an!

Beispiel

1) $-0{,}2$ **2)** $-\frac{23}{2}$ **1)** $-1 < -0{,}2 < 0$ **2)** $-12 < -\frac{23}{2} < -11$

a) $1{,}8$ c) $-3{,}7$ e) $0{,}02$ g) $-7\frac{3}{8}$ i) $-\frac{28}{27}$

b) $-1{,}8$ d) $-\frac{17}{10}$ f) $-0{,}02$ h) $-8{,}35$ j) $-\frac{27}{28}$

176 Welche Zahl liegt genau in der Mitte zwischen 1) -6 und -5, 2) $-\frac{3}{4}$ und $-\frac{2}{3}$?

177 Gib jeweils drei Zahlen an, die zwischen den gegebenen Zahlen liegen!

Beispiel

$-\frac{3}{5}$ **und** $-\frac{2}{5}$ $-\frac{3}{5} = -\frac{6}{10} = -\frac{12}{20}$ $-\frac{2}{5} = -\frac{4}{10} = -\frac{8}{20}$ $-\frac{3}{5} < -\frac{11}{20} < -\frac{10}{20} < -\frac{9}{20} < -\frac{2}{5}$

a) -27 und -26 c) $-\frac{1}{2}$ und $-\frac{1}{4}$ e) $-\frac{11}{20}$ und 0

b) $-1{,}5$ und $-0{,}5$ d) $-\frac{2}{3}$ und $-\frac{1}{3}$ f) $-\frac{1}{4}$ und $-\frac{1}{6}$

178 ⊞ In der 2. Klasse haben wir entdeckt, dass die Mediante zweier Bruchzahlen immer zwischen diesen Bruchzahlen liegt (zB: Mediante von $\frac{3}{4}$ und $\frac{5}{6}$ ist $\frac{3+5}{4+6} = \frac{8}{10}$).
Gilt diese Aussage auch für Zahlen aus $\mathbb{Q}^-$? Überprüfe mit Hilfe selbstgewählter Zahlen!

179 Gib jeweils drei rationale Zahlen an, für die die gegebene Bedingung gilt! Sind alle Aufgaben lösbar? Wenn nein, begründe mit eigenen Worten!

1) $x < 1$ 2) $|x| < 1$ 3) $x < -1$ 4) $|x| < -1$ 5) $|x| > -1$

180 ⊞ Gib die Menge der gegebenen rationalen Zahlen mit Hilfe einer Ungleichungskette an!

Beispiel

1) Zahlen zwischen −2,9 und −0,3
1) $\{x \in \mathbb{Q} \mid -2{,}9 < x < -0{,}3\}$

2) Zahlen von −2,9 bis −0,3
2) $\{x \in \mathbb{Q} \mid -2{,}9 \leq x \leq -0{,}3\}$

a) Zahlen zwischen -5 und $+7$
b) Zahlen zwischen $-3{,}7$ und $-1{,}2$
c) Zahlen zwischen $+1\frac{3}{4}$ und $+5\frac{1}{2}$
d) Zahlen von $-5\frac{1}{3}$ bis $+\frac{4}{3}$
e) Zahlen von $-2{,}1$ bis $+2{,}1$
f) Zahlen von $-\frac{7}{2}$ bis $-\frac{5}{2}$

181 ⊞ 1) Welche rationalen Zahlen sind gemeint? Gib mindestens drei Zahlen an!
2) Schreibe in Form einer Ungleichungskette oder mit Hilfe zweier Ungleichungen!

Beispiel

$|u| < \frac{2}{3}$
1) $-\frac{1}{3}, 0, \frac{1}{2}$
2) $-\frac{2}{3} < u < +\frac{2}{3}$

$|x| \geq \frac{2}{3}$
1) $-1, -\frac{5}{6}, \frac{4}{3}, \frac{10}{3}$
2) $x \leq -\frac{2}{3}$ und $x \geq +\frac{2}{3}$

a) $|a| \leq 2$ b) $|b| > 2\frac{2}{3}$ c) $|c| < \frac{5}{6}$ d) $|d| \geq 5{,}6$ e) $|e| \leq 3\frac{7}{10}$

2 Rechnen mit rationalen Zahlen

interaktive Vorübung mm624h

AH S. 14

Beim Rechnen mit rationalen Zahlen gelten grundsätzlich
1) dieselben **Rechenregeln** wie beim Rechnen mit Bruchzahlen,
2) dieselben **Vorzeichenregeln** wie beim Rechnen mit ganzen Zahlen.

2.1 Addition und Subtraktion rationaler Zahlen

Bernhards Onkel ist in Venezuela auf Urlaub (Foto: Salto Angel, höchster Wasserfall der Welt). Bernhard möchte ihn aus Innsbruck gerne anrufen. Er weiß, dass Venezuela eine Zeitverschiebung von $-4\frac{1}{2}$ h gegenüber der Greenwich Mean Time (GMT) hat. Österreich ist der GMT um +1 h voraus. Welche Zeitdifferenz muss Bernhard bei seinem Telefonat berücksichtigen?

$-4\frac{1}{2} - (+1) = -4\frac{1}{2}$ ___ ___ = ___

Das Ergebnis ist negativ, es ist daher in Venezuela
○ früher ○ später als in Österreich.

Addition und Subtraktion rationaler Zahlen

Die Brüche werden vor dem **Addieren** bzw. **Subtrahieren** auf **einen gemeinsamen Nenner** gebracht. Das Addieren der Zahlen selbst erfolgt wie bei den ganzen Zahlen.
Das **Subtrahieren** einer rationalen Zahl entspricht dem **Addieren der Gegenzahl** (wie bei den ganzen Zahlen).

Bernhard kann natürlich obige Rechnung auch mit Hilfe von Dezimalzahlen lösen.
$-4{,}5 - (+1) =$ ___ ___ ___ = ___

Graphische Veranschaulichung

Rationale Zahlen können genau wie ganze Zahlen auch als **Pfeile** dargestellt werden:

Pfeile positiver rationaler Zahlen zeigen nach **rechts**:

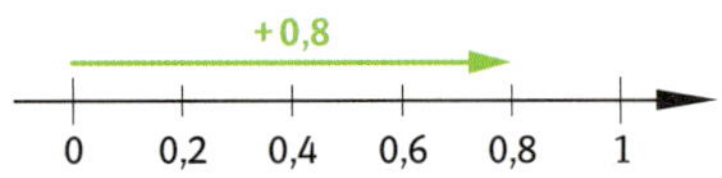

Pfeile negativer rationaler Zahlen zeigen nach **links**:

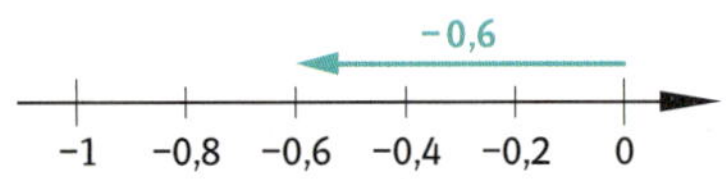

Wie bei den ganzen Zahlen entspricht der erste Summand einer Stelle auf der Zahlengeraden.
An diese wird der zweite Summand als Veränderungspfeil angehängt. Das Ergebnis ist wieder eine Stelle auf der Zahlengeraden.
Ein **positiver** Veränderungspfeil zeigt nach **rechts**, ein **negativer** nach **links**.
Bei der **Subtraktion** ist der **Veränderungspfeil** vor dem Anhängen **umzudrehen**.

ZB **1)** $\left(-1\frac{3}{8}\right) + \left(+2\frac{5}{8}\right) = 1\frac{2}{8} = 1\frac{1}{4}$

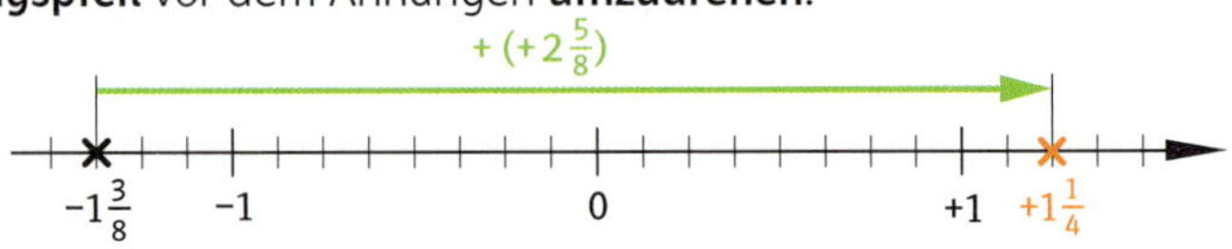

2) $\left(+\frac{2}{3}\right) + \left(-\frac{4}{3}\right) = -\frac{2}{3}$

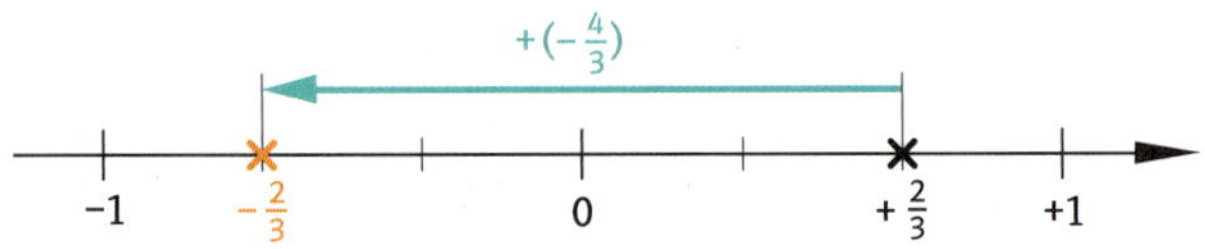

182 Stelle die Rechnung graphisch dar und berechne das Ergebnis!

a) $\left(+\frac{3}{4}\right)+\left(+\frac{7}{4}\right)=$ c) $\left(+\frac{3}{4}\right)-\left(+\frac{7}{4}\right)=$ e) $\left(-\frac{3}{4}\right)-\left(+\frac{7}{4}\right)=$

b) $\left(+\frac{3}{4}\right)+\left(-\frac{7}{4}\right)=$ d) $\left(+\frac{3}{4}\right)-\left(-\frac{7}{4}\right)=$ f) $\left(-\frac{3}{4}\right)-\left(-\frac{7}{4}\right)=$

183 Welche Rechnung ist dargestellt? Gib alle Möglichkeiten an!

a)

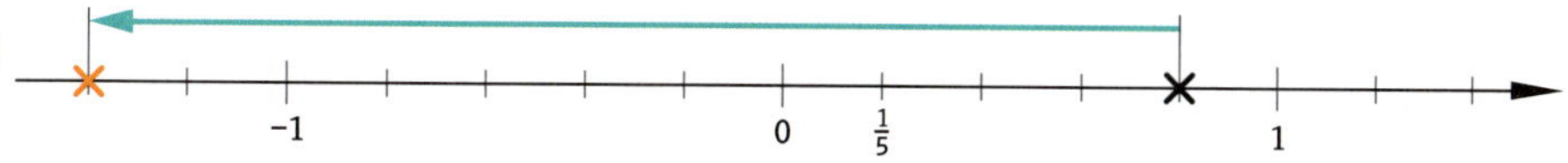

b)

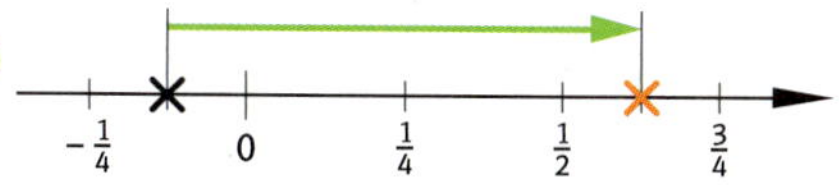

184 Wie lauten die Ergebnisse? Führe auch die Probe durch!

a) $\frac{9}{16}+\left(-\frac{3}{4}\right)=$ c) $-\frac{7}{12}+\frac{1}{6}=$ e) $\frac{5}{16}+\frac{7}{8}=$ g) $-\frac{5}{12}+\frac{5}{6}=$

b) $1\frac{3}{4}+\left(-\frac{5}{16}\right)=$ d) $-\frac{7}{10}+\frac{8}{5}=$ f) $-\frac{3}{4}-\frac{1}{2}=$ h) $-\frac{5}{6}+\frac{5}{12}=$

185 a) $\left(+\frac{3}{4}\right)-\left(+\frac{1}{8}\right)=$ c) $\left(-\frac{2}{3}\right)-\left(-\frac{1}{6}\right)=$ e) $\left(+\frac{7}{10}\right)-\left(+2\frac{4}{5}\right)=$

b) $\left(+\frac{1}{6}\right)-\left(+\frac{4}{3}\right)=$ d) $\left(-\frac{3}{4}\right)-\left(-\frac{11}{12}\right)=$ f) $\left(-1\frac{3}{4}\right)-\left(+3\frac{7}{8}\right)=$

186 a) $\frac{7}{15}-\frac{5}{12}=$ c) $\frac{5}{10}-\frac{5}{12}=$ e) $\frac{5}{12}-\frac{1}{21}=$ g) $-\frac{3}{10}+\frac{3}{14}=$

b) $-\frac{4}{15}+\frac{5}{12}=$ d) $\frac{3}{28}-\frac{4}{21}=$ f) $-\frac{11}{14}+\frac{7}{12}=$ h) $-\frac{3}{16}-\frac{5}{24}=$

187 a) $(+1{,}7)+(+0{,}84)=$ c) $(+2{,}4)-(+1{,}73)=$ e) $(-3{,}4)+(+1{,}65)=$

b) $(-2{,}78)-(+4{,}7)=$ d) $(-1{,}64)-(-5{,}2)=$ f) $(+0{,}87)+(-5{,}13)=$

188 Trage die richtigen Ergebnisse ein!

A	$(+22{,}5)+(-13{,}83)+(-5{,}4)=$	E	$-10{,}4-8{,}3-2{,}76=$
B	$(-7{,}4)+(+12{,}678)+(-4{,}35)=$	F	$27{,}5-29{,}3+12{,}6=$
C	$\left(-\frac{5}{6}\right)+\left(-\frac{2}{3}\right)+\left(+\frac{1}{2}\right)=$	G	$\left[\left(-\frac{3}{5}\right)+\left(+1\frac{2}{15}\right)\right]+\left(-\frac{4}{3}\right)=$
D	$\left(-\frac{2}{15}\right)+\left(+\frac{3}{20}\right)-\left(-\frac{1}{12}\right)=$	H	$\left(+1\frac{3}{5}\right)+\left[\left(-\frac{7}{10}\right)+\left(-\frac{2}{5}\right)\right]=$

$+\frac{1}{2}$ -1 $-\frac{4}{5}$ $-21{,}46$ $+10{,}8$ $-21{,}46$ $+0{,}928$ $+3{,}27$ $+\frac{1}{10}$

189 Wähle drei beliebige rationale Zahlen und überprüfe, ob
1) die Addition rationaler Zahlen,
2) die Subtraktion rationaler Zahlen wieder eine rationale Zahl ergibt!

190 1) Gib drei mögliche Zahlen aus der Lösungsmenge der Ungleichung an!
⊞ 2) Gib die Lösungsmenge an!

a) $\left(+\frac{5}{9}\right)+x<\left(+\frac{5}{9}\right)$ c) $(-2{,}5)+s<(-2{,}5)$ e) $0{,}4-r>0{,}4$

b) $y-(+3{,}7)>(-3{,}7)$ d) $\left(-1\frac{8}{13}\right)+z<\left(-1\frac{8}{13}\right)$ f) $1{,}3-t<1{,}3$

191 Die Addition und Subtraktion sind in den rationalen Zahlen ausführbar. Erkläre in eigenen Worten, was mit dieser Aussage gemeint ist! Vergleiche mit den natürlichen Zahlen!

192 Berechne die Ergebnisse!

a) $\left(+\frac{7}{9}\right)+(-1{,}3)+\left(-\frac{2}{3}\right)+(-3{,}6)=$

b) $\left(+\frac{2}{3}\right)+\left[\left(-2\frac{5}{7}\right)+\left(-5\frac{11}{21}\right)+\left(+3\frac{1}{2}\right)\right]=$

c) $(-0{,}25)-\left(-\frac{1}{4}\right)+\left(+3\frac{1}{8}\right)-\left(+6\frac{3}{4}\right)=$

d) $\left(-\frac{3}{4}\right)+\left(+1\frac{1}{8}\right)+(-1{,}2)+\left(+2\frac{3}{5}\right)=$

193

a) $(-1{,}5)+\frac{2}{3}-0{,}\overline{3}-\left(-1\frac{1}{9}\right)=$

b) $\frac{1}{25}+1{,}2-\left(3\frac{1}{5}\right)+0{,}\overline{2}=$

c) $(-1{,}1)+\frac{9}{10}-0{,}\overline{1}-0{,}3=$

⊞ d) $0{,}\overline{12}+1\frac{1}{90}-\frac{5}{9}+0{,}5\overline{1}=$

194 Gib die Zahl an, für die die Gleichung gilt! Führe auch die Probe durch!

a) $\left(+\frac{2}{7}\right)+x=0$

b) $y+(-1{,}7)=0$

c) $r-(-0{,}84)=0$

d) $\left(-\frac{3}{5}\right)+u=0$

e) $\left(+3\frac{1}{2}\right)-v=0$

f) $\left(-1\frac{6}{11}\right)-z=0$

195

a) Welche Zahl ist um $\frac{5}{3}$ kleiner als $-1\frac{3}{8}$?

b) Um wie viel ist $-2\frac{1}{3}$ kleiner als $-1\frac{1}{4}$?

c) Um wie viel ist $1\frac{2}{3}$ größer als $-\frac{2}{3}$?

d) Welche Zahl ist um $\frac{2}{5}$ größer als $1\frac{1}{2}$?

196 Welche rationale Zahl ist für die Unbekannte einzusetzen, damit die Gleichung stimmt? Setze die Variablen unten richtig ein!

1) $\frac{3}{5}+x=\frac{7}{5}$

2) $a+\frac{2}{3}=\frac{1}{3}$

3) $u-1\frac{2}{3}=-\frac{1}{3}$

4) $d-1\frac{1}{2}=-2\frac{1}{2}$

5) $z+2\frac{1}{2}=-4$

6) $\frac{7}{8}-y=-\frac{5}{8}$

7) $\frac{2}{5}-b=\frac{3}{5}$

8) $3\frac{1}{4}-c=1$

☐ $=+1\frac{1}{2}$	☐ $=+1\frac{1}{3}$	☐ $=-\frac{1}{5}$	☐ $=+2\frac{1}{4}$	☐ $=+\frac{4}{5}$	☐ $=-6\frac{1}{2}$	☐ $=-\frac{1}{3}$	☐ $=-1$

197 Aus einem Gefäß werden nacheinander $\frac{1}{4}$ Liter und $\frac{1}{2}$ Liter entnommen, dann $\frac{5}{4}$ Liter nachgefüllt und anschließend $\frac{9}{8}$ Liter entnommen.

1) Stelle die Gesamtveränderung der Füllmenge mit Hilfe von Veränderungspfeilen dar!

2) Wie viel Liter Flüssigkeit ist noch im Behälter, wenn zu Beginn 2 Liter eingefüllt waren?

Tipp

entnehmen, abbuchen ≙ Veränderungspfeil nach links

nachfüllen ≙ Veränderungspfeil nach rechts

198 Berechne und vergleiche die Ergebnisse! Überprüfe mit dem TR!

a) 1) $\left(+\frac{7}{16}\right)-\left(-1\frac{3}{4}\right)=$

2) $\left(-1\frac{3}{4}\right)-\left(+\frac{7}{16}\right)=$

b) 1) $(+1{,}3)-\left(+2\frac{1}{5}\right)=$

2) $\left(+2\frac{1}{5}\right)-(+1{,}3)=$

c) 1) $\left[\left(-\frac{7}{12}\right)-\left(+1\frac{1}{4}\right)\right]-\left(-2\frac{1}{3}\right)=$

2) $\left(-\frac{7}{12}\right)-\left[\left(+1\frac{1}{4}\right)-\left(-2\frac{1}{3}\right)\right]=$

d) 1) $-\frac{5}{14}-\left[-\frac{8}{3}-\frac{3}{7}\right]=$

2) $\left[-\frac{5}{14}-\left(-\frac{8}{3}\right)\right]-\frac{3}{7}=$

e) 1) $\left[\left(-\frac{9}{10}\right)+\frac{3}{5}\right]-\left(-1\frac{3}{4}\right)=$

2) $\left(-\frac{9}{10}\right)+\left[\frac{3}{5}-\left(-1\frac{3}{4}\right)\right]=$

f) 1) $\frac{7}{9}-\left[\frac{5}{6}-\left(-\frac{17}{18}\right)\right]=$

2) $\left[\frac{7}{9}-\frac{5}{6}\right]-\left(-\frac{17}{18}\right)=$

199 ⊞ Kreuze die richtigen Aussagen an und begründe deine Wahl (Kommutativgesetz)!

○ A $-\frac{2}{18}-\frac{4}{9}=-\frac{4}{9}-\frac{2}{18}$

○ B $+\frac{2}{18}-\frac{4}{9}=+\frac{4}{9}-\frac{2}{18}$

○ C $-\frac{2}{18}+\left(-\frac{4}{9}\right)=-\frac{4}{9}+\left(-\frac{2}{18}\right)$

○ D $+\frac{2}{18}-\frac{4}{9}=+\frac{4}{9}-\frac{2}{18}$

200 Herr Kienast geht einkaufen und tätigt einige Kontobewegungen:
–34,70 €; –24,90 €; –62,10 €

1) Wie viel Euro wird Herrn Kienast am Ende des Tages abgebucht?

2) Wie hoch ist der Kontostand, wenn er ursprünglich +689,20 € war?

3) Herr Kienast gibt ein Hemd zurück und ihm werden 9,90 € auf das Konto zurückgebucht. Wie hoch ist der Kontostand nun?

2.2 Multiplikation und Division rationaler Zahlen

Die Lufttemperatur sinkt mit zunehmendem Abstand von der Erdoberfläche. Mit jedem Kilometer Höhe verändert sich die Temperatur im Mittel um ca. $-7\frac{1}{2}$ °C. Miriam überlegt: „Wenn es am Boden 20 °C hat, dann ist es für einen Fallschirmspringer, der in 4 500 m Höhe abspringt, ______ kalt.“
Für diese Berechnung muss Miriam die **Rechenregeln** für das **Multiplizieren** mit **Bruchzahlen** beachten. Außerdem gelten die **Vorzeichenregeln**, wie wir sie schon bei den ganzen Zahlen kennen gelernt haben.

Multiplizieren und Dividieren rationaler Zahlen

Rationale Zahlen werden multipliziert, indem man unter Berücksichtigung der **Vorzeichenregeln Zähler mit Zähler und Nenner mit Nenner** multipliziert.

$\frac{a}{b} \cdot \frac{c}{d} = \frac{a \cdot c}{b \cdot d}$ (b, d ≠ 0) (a, b, c, d ∈ ℤ)

Man dividiert durch eine rationale Zahl, indem man unter Berücksichtigung der **Vorzeichenregeln mit dem Kehrwert des Divisors multipliziert.**

$\frac{a}{b} : \frac{c}{d} = \frac{a}{b} \cdot \frac{d}{c}$ (b, c, d ≠ 0) (a, b, c, d ∈ ℤ)

Natürlich lassen sich rationale Zahlen auch in **Dezimalschreibweise** mit den gleichen Vorzeichenregeln multiplizieren bzw. dividieren.

ZB $(-1{,}2) \cdot (-2{,}4) = +(1{,}2 \cdot 2{,}4) = 2{,}88$; $(-2{,}25) : (+4{,}5) = -(2{,}25 : 4{,}5) = -0{,}5$

Doppelbrüche

Wenn der Zähler und der Nenner rationaler Zahlen selbst wieder rationale Zahlen sind, spricht man von Doppelbrüchen. Dabei fasst man den **Hauptbruchstrich des Doppelbruchs** als Divisionszeichen auf. Er wird länger geschrieben und steht neben dem Gleichheitszeichen (=).

Die Rechenregel für die Division zweier Bruchzahlen zB $\frac{\frac{3}{4}}{\frac{5}{2}} = \frac{3}{4} : \frac{5}{2} = \frac{3}{4} \cdot \frac{2}{5} = \frac{3 \cdot 2}{4 \cdot 5}$ ergibt den Merksatz:

Doppelbrüche

Ein Doppelbruch wird aufgelöst, indem man das **Produkt der Außenglieder durch** das **Produkt der Innenglieder** dividiert. $\frac{\frac{a}{b}}{\frac{c}{d}} = \frac{a \cdot d}{b \cdot c}$ (b, c, d ≠ 0)

Kurz: Außen mal Außen durch Innen mal Innen.

201 Wie lautet das Produkt? Kontrolliere mit Hilfe der Probe!

a) $\left(+\frac{3}{5}\right) \cdot \left(+\frac{10}{9}\right) =$ **c)** $\frac{2}{3} \cdot \left(-3\frac{1}{2}\right) =$ **e)** $\left(+2\frac{1}{3}\right) \cdot \left(+2\frac{1}{4}\right) =$ **g)** $\left(-\frac{3}{4}\right) \cdot \left(-8\frac{1}{3}\right) =$

b) $\left(-\frac{6}{5}\right) \cdot \left(-\frac{15}{8}\right) =$ **d)** $\left(-\frac{1}{2}\right) \cdot \left(+4\frac{2}{5}\right) =$ **f)** $\left(-4\frac{1}{6}\right) \cdot \frac{0}{25} =$ **h)** $\left(-\frac{3}{5}\right) \cdot (+11) =$

202 Berechne den Quotienten und vergiss nicht auf die Probe!

a) $\left(+\frac{9}{11}\right) : \left(-\frac{6}{7}\right) =$ **c)** $2 : \left(-\frac{1}{2}\right) =$ **e)** $\left(+\frac{20}{21}\right) : \left(-\frac{16}{35}\right) =$ **g)** $\left(-12\frac{2}{3}\right) : \left(-2\frac{1}{9}\right) =$

b) $\left(+1\frac{5}{7}\right) : \left(-\frac{4}{7}\right) =$ **d)** $\left(+\frac{3}{7}\right) : \left(+\frac{6}{11}\right) =$ **f)** $\left(-2\frac{1}{6}\right) : \frac{5}{6} =$ **h)** $(-9) : \left(-\frac{6}{7}\right) =$

203 Ordne die Ergebnisse der jeweiligen Rechnung zu!

1 $(-2{,}4)\cdot(+0{,}25)=$ 3 $(+6{,}25):(-2{,}5)=$ 5 $(0{,}1875)\cdot(+0{,}64)=$ 7 $32{,}88:(-2{,}4)=$

2 $(-5{,}2)\cdot(-0{,}2)=$ 4 $(-13{,}25):26{,}5=$ 6 $(-2{,}78):(-0{,}4)=$ 8 $(-25{,}6)\cdot(-0{,}25)=$

A −0,5	B +6,95	C +0,12	D +1,04	E −0,6	F −2,5	G +6,4	H −13,7

204 Begründe die Rechenregel für das Auflösen von Doppelbrüchen!

Ersetze zuerst den Hauptbruchstrich von $\frac{\frac{a}{b}}{\frac{c}{d}}$ durch ein Divisionszeichen!

205 Berechne das Ergebnis **1)** mit Hilfe der Rechenregel für Doppelbrüche, **2)** durch Ersetzen des Hauptbruchstrichs durch ein Divisionszeichen!

a) $\frac{+\frac{3}{8}}{-\frac{6}{7}}$ **b)** $\frac{-2\frac{2}{3}}{+8\frac{8}{9}}$ **c)** $\frac{+5}{-2\frac{1}{2}}$ **d)** $\frac{-3\frac{3}{4}}{10}$ **e)** $\frac{-9\frac{1}{2}}{-12}$ **f)** $\frac{-\frac{9}{14}}{-\frac{3}{7}}$

Tipp

c)–e) Schreibe zB $+5$ als $+\frac{5}{1}$ oder $-2\frac{2}{3}=-\frac{8}{3}$!

206 Gib jene Zahl an, für die die Gleichung gilt! Führe auch die Probe durch!

Beispiel

$\left(-\frac{3}{4}\right)\cdot z=\frac{1}{2}\Rightarrow z=\frac{1}{2}:\left(-\frac{3}{4}\right)\Rightarrow z=\frac{1}{2}\cdot\left(-\frac{4}{3}\right)\Rightarrow z=\left(-\frac{1}{2}\cdot\frac{4}{3}\right)\Rightarrow z=-\frac{2}{3}$

Probe: $\frac{1}{2}=-\frac{3}{4}\cdot z=\left(-\frac{3}{4}\right)\cdot\left(-\frac{2}{3}\right)=+\frac{1}{2}$

a) $\left(-\frac{2}{3}\right)\cdot x=1$ **c)** $z:\left(-\frac{3}{5}\right)=-1$ **e)** $(-2{,}5):u=(-2{,}5)$

b) $y\cdot(+1{,}8)=0$ **d)** $s:(-0{,}5)=-1\frac{4}{5}$ ⊞ **f)** $v:(-2{,}5)=(-2{,}5)$

207 Gib drei Zahlen aus der Lösungsmenge der Ungleichung an!

a) $\left(+\frac{6}{7}\right)\cdot x<\left(+\frac{6}{7}\right)$ ⊞ **c)** $\left(-1\frac{2}{5}\right):z>\left(-1\frac{2}{5}\right)$ ⊞ **e)** $u:(-1{,}5)>(-1{,}5)$

b) $y\cdot(-0{,}7)>(-0{,}7)$ ⊞ **d)** $s:(-0{,}5)<4$ ⊞ **f)** $v:(-1{,}5)<(-1{,}5)$

208 Gib drei Zahlen a, b und c an, die zwischen −2 und +2 liegen! Dabei sollen a und b näher bei +2 als bei −2 liegen und c soll näher bei −2 liegen.
Welches Vorzeichen hat das Produkt $a\cdot b\cdot c$? Begründe deine Antwort!

209 Gib zwei positive und zwei negative rationale Zahlen an, die ≥ -1, aber $\leq +1$ sind!

1) Welches Vorzeichen hat das Produkt dieser vier Zahlen? Begründe!

2) Wie groß ist maximal der Betrag dieses Produkts? Begründe!

210 Gerald wandert vom Almtalerhaus (Höhe: 760 m) auf den Großen Priel (2 515 m), den höchsten Berg des Toten Gebirges. Bei einer Höhe von 1000 m hat es eine Temperatur von 10,2 °C. Gerald weiß, dass sich die Temperatur durchschnittlich um $-7\frac{1}{2}$ °C pro 1000 m Seehöhe verändert. Bei einer Wegbeschreibung sieht er, dass er noch $4\frac{1}{2}$ h bis zum Gipfel aufsteigen muss.

1) Wie viel Grad Celsius wird es ungefähr am Gipfel haben?

2) Welche Angaben hast du für die Beantwortung von **1)** verwendet?

3) Erfinde eine weitere Aufgabenstellung!

2.3 Verbindung der vier Grundrechnungsarten mit rationalen Zahlen

In vielen Teilen der Welt wird zur Messung der Temperatur die Celsius-Skala verwendet. In den USA wird allerdings die Fahrenheit-Skala (→ Thermometer S. 16) verwendet. Die Umrechnungsformel zwischen den beiden Skalen lautet: °C = (°F − 32) $\cdot \frac{5}{9}$.
Wenn es zB in New York 23° F hat, wie viel Grad Celsius sind das?

(___ − 32) $\cdot \frac{5}{9}$ = (___) $\cdot \frac{5}{9}$ = ___ °C

Auch bei den **rationalen Zahlen** gilt die **KlaPuStri-Regel**.

Klammerregel, Vorrangregel

Zuerst sind die Rechnungen in den **Klammern** auszuführen.
Rechnungsarten **zweiter Stufe** sind **vor** den Rechnungsarten **erster Stufe** auszuführen.

211 Berechne und vergleiche die Ergebnisse!

a) 1) $7\frac{1}{2} - \frac{2}{3} \cdot \left(-1\frac{1}{4}\right) - 2\frac{2}{3} =$

2) $7\frac{1}{2} - \left[\frac{2}{3} \cdot \left(-1\frac{1}{4}\right) - 2\frac{2}{3}\right] =$

b) 1) $\left(-\frac{7}{9}\right) \cdot \left(-\frac{3}{14}\right) + \frac{7}{12} \cdot \left(-\frac{4}{21}\right) =$

2) $\left[\left(-\frac{7}{9}\right) \cdot \left(-\frac{3}{14}\right) + \frac{7}{12}\right] \cdot \left(-\frac{4}{21}\right) =$

212 Wie lautet das Ergebnis? Rechne händisch und überprüfe mit dem TR!

a) $0{,}75 \cdot [2{,}2 + (-1{,}6)] - (-3{,}36) =$

b) $\frac{1}{3} - \frac{2}{3} \cdot \left(-2\frac{1}{4}\right) : 0{,}1 =$

c) $\left(-\frac{1}{2}\right) + \left(-\frac{1}{2}\right) \cdot \frac{4}{5} \cdot 1{,}2 + 1 =$

d) $\left[\left(-3\frac{1}{5}\right) : \left(-10\frac{2}{3}\right) - (-2{,}3) \cdot 2\frac{4}{7}\right] : \left(-3\frac{1}{2}\right) =$

e) $\left[(-1{,}4) + 2\frac{1}{8}\right] \cdot \left[\left(-1\frac{1}{5}\right) - 0{,}6\right] =$

f) $(-0{,}8) + \left[\left(-1\frac{1}{5}\right) : \frac{1}{3} + 0{,}75 \cdot (-0{,}2)\right] =$

213 **1)** Rechne in der Bruchschreibweise!
2) Gib in Dezimalschreibweise an und berechne! Vergleiche die beiden Ergebnisse!

a) $2{,}\overline{4} - 3\frac{5}{9} =$ **b)** $-1\frac{1}{2} - 6{,}1\overline{2} =$ **c)** $\left(-3\frac{1}{5}\right) + (-1{,}\overline{1}) =$

214 Herr Stiskal hat auf seinem Konto 758,34 € Schulden. Er erhöht zunächst seinen Kontostand durch die Einzahlung von 650 €. Dann entschließt er sich zum Kauf einer Sitzbank. Die Kosten werden ihm in 6 Monatsraten von je 318,25 € abgebucht. Wie viel Euro muss Herr Stiskal nach der Abbuchung der letzten Rate noch auf sein Konto einzahlen, um schuldenfrei zu sein?

215 ⊞ In einem Gefrierschrank mit 50 Liter Fassungsvermögen herrscht normalerweise eine Temperatur von −18 °C. Weil Jonas vergessen hat, die Türe zu schließen, muss der Gefrierschrank entleert und abgetaut werden. Nach dem Abtauen hat der Gefrierschrank Raumtemperatur (22 °C). Jonas nimmt das Gerät wieder in Betrieb und bemerkt, dass die Temperatur nach einer $\frac{3}{4}$-Stunde −3 °C beträgt.

1) Gib an, um wie viel Grad Celsius die Temperatur im Durchschnitt in 1 Stunde sinkt!
2) Wie lange dauert es, bis im Gefrierschrank die Betriebstemperatur herrscht? Annahme: Die Temperaturänderung ist gleichmäßig wie in 1).

3 Verhältnisse

interaktive Vorübung hb7qr9

AH S. 17

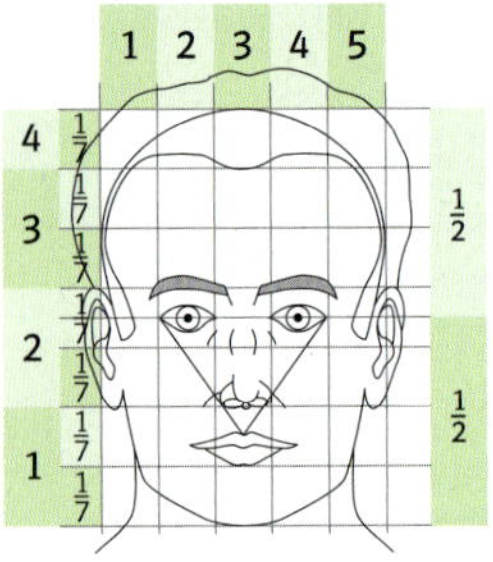

Das menschliche Gesicht weist erstaunlich viele Größenverhältnisse auf. Die Kopfhöhe verhält sich zum Abstand Kinn – Augenhöhe annähernd wie 2:1. Dieses **Verhältnis** lässt sich auch als

Bruch (Quotient) angeben: $\frac{\square}{\square}$.

Die Breite eines Auges verhält sich zur Breite des Kopfes ungefähr wie 1: ▢, oder als Quotient: $\frac{1}{\square}$.

Die Bruchzahlen können natürlich auch als Dezimalzahlen geschrieben werden. Das Verhältnis 2:1 entspricht dem Quotienten $\frac{2}{1} = 2$ (**Wert des Verhältnisses**). Dieser Wert heißt **k-Faktor** und gibt an, um welchen Faktor der erste Verhältniswert größer als der zweite ist. Ein k-Faktor von 2 bedeutet dabei eine Verdopplung (plus 100 % auf 200 %) gegenüber dem zweiten Verhältniswert.

Beim Verhältnis 1:5 ergibt sich ein k-Faktor von $\frac{1}{5} = \square$. Der k-Faktor von 0,2 bedeutet eine Verkleinerung auf 20 % (= Sinken um 80 % gegenüber dem zweiten Verhältniswert). In Abschnitt G wird dir dieser Faktor wieder begegnen.

Verhältnisse und k-Faktor

Größen kann man durch die Angabe ihres **Verhältnisses** vergleichen. Das Verhältnis kann man als Bruch ausdrücken; der **Quotient** liefert den **k-Faktor**.
Bei einem **k-Faktor >1** ist der **erste Verhältniswert größer als der zweite**. Bei einem **k-Faktor 0 < k < 1** ist es umgekehrt.

216 **1)** Drücke das folgende Verhältnis mit möglichst kleinen natürlichen Zahlen aus!
2) Bestimme den k-Faktor!

a) 875:1000 **b)** 144:48 **c)** $\frac{4}{5}:3$ **d)** $\frac{3}{5}:\frac{1}{2}$ **e)** 3a:a **f)** $5b:\frac{b}{2}$ **g)** 4ab:5ab **h)** $\frac{3x}{2}:x$ **i)** 5a:5a **j)** $b:\frac{3}{4}b$

217 Wie verhalten sich folgende Größen zueinander? Kürze, wenn möglich!

a) 880 m zu 1 km **b)** 1800 kg zu $2\frac{1}{2}$ t **c)** 72 a zu 1,2 ha **d)** $1\frac{1}{4}$ h zu 75 min **e)** $1\frac{1}{2}$ hl zu 25 l **f)** 5 m² zu 25 dm² **g)** 2 km² zu 50 000 m² **h)** 2 m³ zu 750 dm³

218 Von zwei Zahlen beträgt die erste **a)** 30 %, **b)** 75 %, **c)** 120 %, **d)** $66\frac{2}{3}$ %, **e)** 2,5 % der zweiten. Wie verhalten sich die beiden Zahlen?

Beispiel

a ist 60 % von b → $\frac{a}{b} = 0{,}6 = \frac{6}{10} = \frac{3}{5}$ → **a:b = 3:5**

219 Nütze den **Sprachbaustein** und benenne das Verhältnis richtig!

a) a:b = 0,7 **b)** x:y = 1,4 **c)** e:f = 3 **d)** c:d = 0,5 **e)** m:n = 4 **f)** r:s = 1,01

Sprachbaustein

k > 1: zB a:b = 1,5: Die Größe a ist das 1,5-fache von b; a ist um 50 % größer als b.
0 < k < 1: zB a:b = 0,8: Die Größe a ist 0,8 mal so groß wie b, a ist 80 % von b; a ist um 20 % kleiner als b.

 Arbeitsblatt 3yj8mj

Üben und Sichern

220 Welche rationalen Zahlen sind auf der Zahlengeraden markiert? Ergänze!

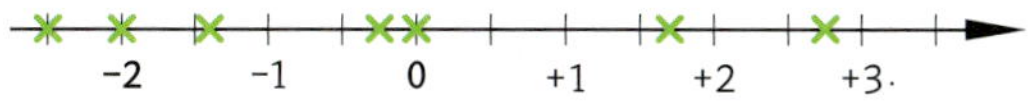

221 Welche Behauptung ist richtig? Begründe deine Antwort mit einem Beispiel! Gib für falsche Behauptungen ein Gegenbeispiel an! Beachte das nebenstehende Mengendiagramm!

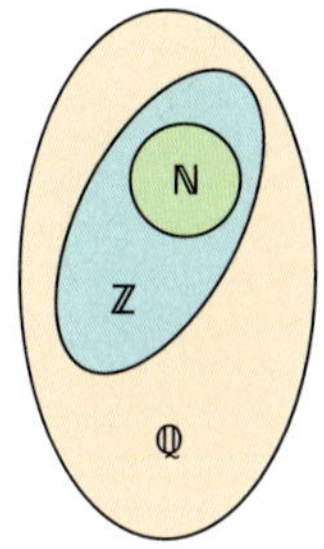

			Beispiel oder Gegenbeispiel
○	**A**	Jede natürliche Zahl ist auch eine rationale Zahl.	
○	**B**	Jede rationale Zahl ist auch eine ganze Zahl.	
○	**C**	Jede negative ganze Zahl ist auch eine rationale Zahl.	
○	**D**	Jede negative rationale Zahl ist auch eine ganze Zahl.	

222 ⊞ In der Menge der natürlichen Zahlen sind alle Additionen ausführbar (dh. die Addition beliebiger natürlicher Zahlen ergibt wieder eine natürliche Zahl), aber die Subtraktion ist nicht immer ausführbar.

1) Zeige diese Aussage mit Hilfe eines geeigneten Beispiels!

2) Kreuze die richtigen Aussagen an!

○ **A** In der Zahlenmenge ℤ sind alle Subtraktionen ausführbar.
○ **B** In der Zahlenmenge ℤ sind alle Divisionen (außer durch 0) ausführbar.
○ **C** In der Zahlenmenge ℕ sind alle Divisionen (außer durch 0) ausführbar.
○ **D** In der Zahlenmenge ℚ sind alle Divisionen (außer durch 0) ausführbar.

3) Welche Grundrechnungsarten sind im Bereich **a)** der natürlichen Zahlen, **b)** der ganzen Zahlen, **c)** der rationalen Zahlen immer ausführbar?

223 Welche der Zahlen 3,5; –8; 0; +5; $\frac{5}{5}$; $-\frac{6}{2}$; $-\frac{2}{3}$ gehören zur Zahlenmenge ℕ, ℤ oder ℚ?

Hinweis Manche Zahlen gehören zu mehreren Zahlenmengen!

224 Gilt $-\frac{1}{3} > -\frac{1}{2}$? Zwei der folgenden Aussagen dazu sind richtig. Kreuze an!

○ **A** $-\frac{1}{3}$ liegt auf der Zahlengeraden rechts von $-\frac{1}{2}$, deshalb stimmt die Ungleichung.

○ **B** $-\frac{1}{3}$ ist größer als $-\frac{1}{2}$, weil man zu $-\frac{1}{2}$ die Bruchzahl $\frac{1}{6}$ addieren muss, um $-\frac{1}{3}$ zu erhalten.

○ **C** $-\frac{1}{3}$ ist kleiner als $-\frac{1}{2}$, weil man zu $-\frac{1}{3}$ die Bruchzahl $\frac{1}{6}$ addieren muss, um $-\frac{1}{2}$ zu erhalten.

○ **D** Die Ungleichung stimmt nicht. Wenn ich $\frac{1}{3}$ € ≈ 33 c Schulden habe, habe ich weniger Schulden als $\frac{1}{2}$ € = 50 c.

225 **1)** Rechne in Fahrenheit um! **a)** 15 °C, **b)** 32 °C, **c)** –2 °C, **d)** –10 °C

2) Gib die Temperatur in °C an! **a)** 2 °F, **b)** 50 °F, **c)** 86 °F, **d)** 100 °F

Tipp
Wie du die beiden Einheiten umrechnest, steht auf S. 53 oben.

226 Beachte das Bild auf Seite 54 oben und beantworte folgende Fragen!

1) Gib das Verhältnis Abstand der Augen zur Kopfbreite an!

2) Wie verhält sich der Abstand Kinn – Nasenspitze zur Kopfhöhe?

227 Ordne die gegebenen rationalen Zahlen der Größe nach! Beginne mit der kleinsten Zahl!

a) $-\frac{3}{4}; +1{,}5; -\frac{5}{2}; -\frac{2}{3}; -\frac{1}{4}; +1\frac{2}{3}$

b) $+\frac{2}{5}; -1\frac{1}{2}; -0{,}8; +1\frac{3}{5}; 0{,}5; -1\frac{1}{5}$

c) $+\frac{2}{5}; -1{,}8; -1\frac{3}{4}; +\frac{4}{9}; -\frac{17}{3}; +2{,}6; -3$

d) $+\frac{5}{6}; -1\frac{1}{2}; +\frac{2}{3}; -1\frac{1}{3}; 0; +0{,}8; -\frac{1}{6}$

228 Ordne die Zahlen nach dem Wert ihrer Beträge!

a) $-\frac{2}{3}; +\frac{1}{7}; -2{,}5; 0; +\frac{6}{7}$

b) $+\frac{3}{2}; -\frac{7}{8}; -\frac{3}{5}; +0{,}9; -\frac{4}{5}$

⊞ **c)** $+1{,}5; -\frac{5}{5}; -1{,}2; +\frac{3}{4}; -\frac{6}{5}$

229 Berechne und vergleiche die Ergebnisse! Welches Rechengesetz ist gemeint? Schreibe es mit Hilfe von Variablen auf!

a) 1) $\left[\left(-\frac{3}{4}\right)+\left(+\frac{5}{8}\right)\right]\cdot\left(-\frac{4}{5}\right)=$

2) $\left(-\frac{3}{4}\right)\cdot\left(-\frac{4}{5}\right)+\left(+\frac{5}{8}\right)\cdot\left(-\frac{4}{5}\right)=$

b) 1) $\left[\left(+1\frac{2}{5}\right)-\left(-3\frac{1}{15}\right)\right]\cdot\left(+\frac{6}{25}\right)=$

2) $\left(+1\frac{2}{5}\right)\cdot\left(+\frac{6}{25}\right)-\left(-3\frac{1}{15}\right)\cdot\left(+\frac{6}{25}\right)=$

230 Berechne das Ergebnis in der Bruchschreibweise!

a) $(-1{,}2)\cdot 0{,}1\cdot(-3{,}25)=$

b) $0{,}5:(0{,}\overline{3}+0{,}\overline{1})=$

c) $(2{,}\overline{16})\cdot(-0{,}\overline{6})=$

d) $[(-14{,}\overline{5})+6{,}25]\cdot(-2{,}\overline{6})=$

e) $[(-1{,}\overline{4})\cdot 1{,}8]:2{,}6=$

f) $(-2{,}\overline{7}):(-4{,}\overline{4})-(-1{,}\overline{3})=$

231 Bilde das Verhältnis, schreibe es mit möglichst einfachen, natürlichen Zahlen und gib den k-Faktor an!

a) $\frac{3}{4}$ und $\frac{5}{4}$ **c)** 0,36 und 0,48 **e)** $\frac{4}{3}$ und $\frac{1}{2}$ **g)** $\frac{7}{10}$ und 0,07

b) $\frac{5}{6}$ und $\frac{1}{3}$ **d)** 0,08 und 0,8 **f)** $\frac{7}{8}$ und 0,25 **h)** 0,3 und $1\frac{1}{3}$

232 Im Jahr 2007 wurden folgende Monatsmittel der Temperaturen in °C gemessen:

Ort \ Monat	I	II	III	IV	V	VI	VII	VIII	IX	X	XI	XII
Wien, Hohe Warte (202 m)	6,0	5,2	7,7	13,2	16,8	21,1	22,1	20,5	13,6	9,1	3,7	0,8
Feuerkogel (1618 m)	−1,0	−1,1	−0,5	6,3	8,3	11,5	12,0	11,4	6,1	3,8	−1,9	−2,5
Sonnblick (3105 m)	−8,7	−9,8	−3,5	−1,6	2,1	3,1	2,5	−2,7	−4,0	−9,9	−11,4	−4,5

1) Berechne den Unterschied der Temperatur zwischen dem wärmsten und kältesten Monatsmittel **a)** in Wien, **b)** auf dem Feuerkogel, **c)** auf dem Sonnblick!

2) Berechne den Unterschied der Temperatur **a)** des Jännermittels, **b)** des Julimittels zwischen Wien und dem Sonnblick!

3) Berechne das Jahresmittel der Temperatur **a)** in Wien, **b)** auf dem Feuerkogel, **c)** auf dem Sonnblick!

Zusammenfassung

AH S. 19

Rationale Zahlen sind (positive und negative) **Bruchzahlen** (inkl. Null), wobei Zähler und Nenner (≠ 0) ganze Zahlen sind. Rationale Zahlen lassen sich als **Brüche** und als **Dezimalzahlen** darstellen.
Liegt eine rationale Zahl a auf der Zahlengeraden weiter links als die Zahl b, gilt: $a < b$.
Für die **rationalen Zahlen** gelten **dieselben Rechenregeln** wie für **ganze Zahlen** bzw. für **Bruchzahlen** und dieselben **Vorzeichenregeln** wie beim Rechnen mit **ganzen Zahlen**.
Im **Bereich der rationalen Zahlen** ($\mathbb{Q}$) sind **Addition, Subtraktion, Multiplikation und Division** (außer Division durch Null) **immer ausführbar.**

Wissensstraße

Lernziele: Ich kann ...

Z 1: rationale Zahlen auf der Zahlengerade darstellen und ordnen.
Z 2: rationale Zahlen addieren und subtrahieren.
Z 3: rationale Zahlen multiplizieren und dividieren.
Z 4: Rechnungen, in denen die vier Grundrechnungsarten mit rationalen Zahlen vorkommen, durchführen.
Z 5: Verhältnisse aufstellen, vereinfachen und den k-Faktor angeben und interpretieren.

233 Die Einheitsstrecke $\overline{01}$ auf der Zahlengeraden ist 6 cm lang. **Z 1**
Markiere die Zahlen $-\frac{2}{3}$; $-0{,}4$; $-0{,}3$; $\frac{1}{2}$; $\frac{4}{5}$ durch Kreuze!

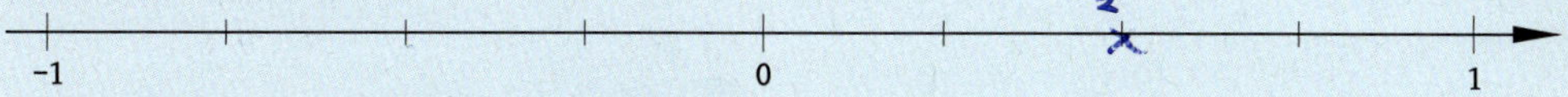

234 Gegeben sind die Zahlen **a)** -2 und $-1\frac{1}{3}$, **b)** $-0{,}5$ und $+\frac{1}{2}$, **c)** $-\frac{3}{5}$ und $\frac{2}{3}$. **Z 1, Z4**
1) Nenne drei Zahlen, die zwischen den angegebenen Zahlen liegen!
2) Welche Zahl liegt genau in der Mitte der beiden Zahlen?

235 Kreuze die richtigen Aussagen an! Stelle die falschen Aussagen richtig! **Z 1**

A $|-0{,}7| = \frac{7}{10}$ **C** $\left|-\frac{2}{9}\right| = 0{,}\dot{2}$ **E** $-|+0{,}4| < 0{,}4$

B $+\frac{12}{5} = \left|-\frac{12}{5}\right|$ **D** $\left|-\frac{1}{2}\right| = -\frac{1}{2}$ **F** $+2\frac{1}{3} < \left|+2\frac{1}{9}\right|$

236 **1)** Welche der Subtraktionen führen auf der Zahlengeraden nach rechts? Kreuze an! **Z 2**
2) Berechne anschließend alle Ergebnisse!

A $\left(+\frac{3}{4}\right)-\left(+\frac{1}{8}\right)=$ **C** $\left(-\frac{2}{3}\right)-\left(-\frac{1}{6}\right)=$ **E** $\left(+\frac{7}{10}\right)-\left(+2\frac{4}{5}\right)=$

B $\left(+\frac{1}{6}\right)-\left(+\frac{4}{3}\right)=$ **D** $\left(-\frac{3}{4}\right)-\left(-\frac{11}{12}\right)=$ **F** $\left(-1\frac{3}{4}\right)-\left(+3\frac{7}{8}\right)=$

237 Berechne jeweils die Ergebnisse! **Z 3**
Bei welchen Aufgaben verbirgt sich ein Rechengesetz und wie lautet es?

1) $\left(-\frac{3}{8}\right)\cdot\left(+1\frac{5}{9}\right)=$ **2)** $\left[\left(-\frac{7}{8}\right)\cdot\left(+\frac{1}{3}\right)\right]\cdot\left(-\frac{4}{7}\right)=$ **3)** $\left(+\frac{15}{16}\right):\left(-\frac{5}{4}\right)=$ **4)** $\left[\left(-\frac{6}{7}\right):\left(+\frac{3}{8}\right)\right]:\left(+\frac{4}{21}\right)=$

$\left(+1\frac{5}{9}\right)\cdot\left(-\frac{3}{8}\right)=$ $\left(-\frac{7}{8}\right)\cdot\left[\left(+\frac{1}{3}\right)\cdot\left(-\frac{4}{7}\right)\right]=$ $\left(-\frac{5}{4}\right):\left(+\frac{15}{16}\right)=$ $\left(-\frac{6}{7}\right):\left[\left(+\frac{3}{8}\right):\left(+\frac{4}{21}\right)\right]=$

238 Berechne die Ergebnisse! **Z 4**
1) $\left(-\frac{1}{2}\right)\cdot\left[\left(+\frac{2}{3}\right)-1\frac{1}{2}\right]=$ **2)** $\left(-\frac{1}{2}\right):\left[\left(+\frac{2}{3}\right)-1\frac{1}{2}\right]=$ **3)** $\left[\left(-\frac{1}{2}\right):\left(+\frac{2}{3}\right)\right]-1\frac{1}{2}=$

239 Die Abnahme der Temperatur mit der Seehöhe beträgt rund 0,75 °C pro 100 m. **Z 4**
Wie viel Grad Celsius hat es etwa in einer Seehöhe von **a)** 1 500 m, **b)** 2 000 m, **c)** 3 000 m, wenn es in 200 m Seehöhe 5,3 °C hat?

240 In welchem Verhältnis stehen folgende Größen zueinander? **Z 5**
a) 1 m zu 1 dm **c)** 1 m^2 zu 1 cm^2 **e)** 1 hl zu 1 l **g)** 1 km^2 zu 1 m^2
b) 1 kg zu 1 g **d)** 1 km zu 1 m **f)** 1 m^3 zu 1 dm^3 **h)** 1 h zu 1 min

Video i5u6my

Potenzen

Die Sage von den Reiskörnern auf dem Schachbrett

In Indien regierte ein junger Maharadscha ein riesiges Reich. Kurz nachdem er eine wunderschöne Prinzessin geheiratet hatte, erkrankte diese und starb. Die Trauer des Maharadschas war unermesslich. Er vernachlässigte sein Land, und so holten die Höflinge einen weisen Mann, der in einer Einsiedelei in den Bergen lebte. Dieser brachte ein Schachbrett mit und es gelang ihm, den Maharadscha zum Schachspielen zu überreden. Nach mehreren Monaten meinte der weise Mann, dass die Zeit gekommen sei, sich wieder in die Berge zurückzuziehen. „Aber ich kann dich doch nicht ohne Lohn ziehen lassen. Wünsch dir dafür, dass du mich von der Trauer befreit hast, so viel du willst. Ich werde es dir geben!“ sagte der Maharadscha.
„Unermesslich viel soll ich mir wünschen?“ entgegnete der weise Mann, nahm ein Reiskorn und legte es auf das erste Feld links oben auf dem Schachbrett. „Nun gib auf jedes folgende Feld doppelt so viele Reiskörner wie auf das vorige! Den ganzen Reis, der sich auf diese Weise auf dem Schachbrett stapelt, den magst du mir dann geben!“ „So wenig?“ antwortete der Maharadscha.

Wie viele Felder hat ein Schachbrett?

In einem Teich wachsen Seerosen. Jeden Tag vermehren sich die Seerosen auf das Doppelte. Wie viele Tage dauert es noch, bis der ganze Teich mit Seerosen bewachsen ist, wenn diese heute den halben Teich bedecken?

Der Maharadscha und die große Zahl

Auf den ersten 8 Feldern liegen also: 1 2 4 8 16 32 64 128 Reiskörner. Auf dem 16. Feld sind es bereits 32768 Reiskörner und auf dem 64. Feld mehr als 8 Trillionen Körner. Die Summe aller Reiskörner auf dem Schachbrett (wenn sie dort Platz hätten) beträgt:
18 446 744 073 709 551 615. Würde man alle diese Reiskörner zu einer Pyramide auftürmen, wäre diese Pyramide fast 5 000 m hoch. Die Cheops-Pyramide würde 40 000-mal hineinpassen. Wie die Geschichte vom Maharadscha und dem weisen Mann zu Ende ging, weiß man nicht. Vielleicht sagte der weise Mann, bevor er ging: „Dich, Maharadscha, nicht nur Schach spielen, sondern auch lehren zu dürfen, was sich hinter Zahlenriesen verbirgt, ist mir Lohn genug!“

Die Potenzschreibweise

Den Griechen der Antike war das Multiplizieren einer Zahl mit zwei oder mehr Faktoren durchaus bekannt. Wenn es sich bei diesen Faktoren immer um die gleiche Zahl handelt, spricht man von Potenzen (lat.: potentia, „Vermögen", „Macht") dieser Zahl.
ZB: $7 \cdot 7 = 49$, $7 \cdot 7 \cdot 7 = 343$, $7 \cdot 7 \cdot 7 \cdot 7 = 2\,401$, $7 \cdot 7 \cdot 7 \cdot 7 \cdot 7 = 16\,807$, usw.
Man sieht, die Potenzen von 7 werden offenbar sehr rasch größer. Im 14. Jahrhundert soll der englische Kardinal, Theologe und Philosoph Thomas Bradwardine (um 1290–1349) dafür eine neue Schreibweise verwendet haben. Eine rechts oberhalb der Zahl angeschriebene Hochzahl teilt mit, wie oft die Zahl mit sich selbst multipliziert wird:
$7^1 = 7$, $7^2 = 7 \cdot 7 = 49$, $7^3 = 7 \cdot 7 \cdot 7 = 343$, usw.
Erst 1637 entwickelte der große französische Mathematiker, Naturwissenschafter und Philosoph René Descartes die Regeln, wie mit Potenzen zu rechnen ist.
Zurückkommend auf die Sage mit den Reiskörnern heißt das:
auf dem 1. Feld: 1 Reiskorn
auf dem 2. Feld: $2^1 = 2$ Reiskörner, auf dem 3. Feld: $2^2 = 2 \cdot 2 = 4$ Reiskörner
auf dem 4. Feld: $2^3 = 2 \cdot 2 \cdot 2 = 8$ Reiskörner, usw. auf dem 64. Feld: 2^{63} Reiskörner

René Descartes (1596–1650)

Wie das Wachstum der Zweierpotenzen sich auf Längen auswirkt, ist in dieser Darstellung gezeigt. Natürlich dient dies nur zur Veranschaulichung, denn Zweierpotenzen wachsen nicht linear.

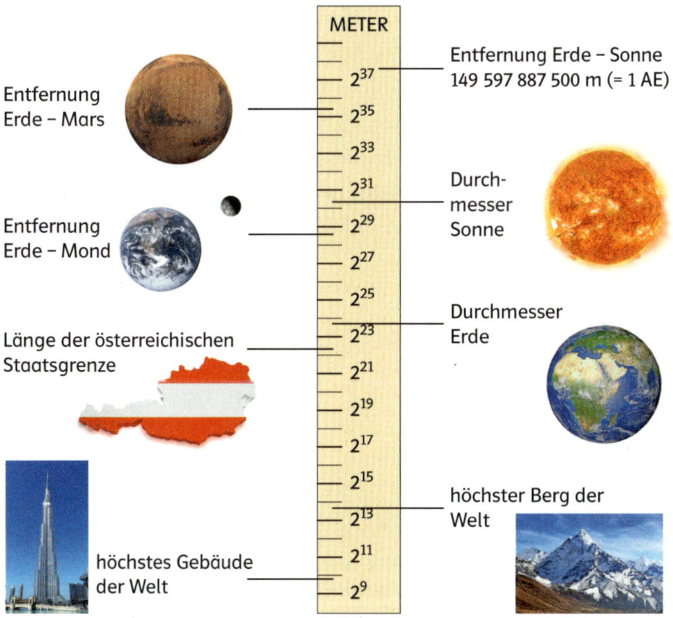

Worum geht es in diesem Abschnitt?

- Begriffe der Potenzschreibweise
- Potenzschreibweise bei Zahlen
- Rechnen mit Potenzen
- Darstellen von großen Zahlen mit Zehnerpotenzen (Gleitkommadarstellung)
- passende Vorsilben bei großen Zahlen

1 Einführung der Potenzen

interaktive Vorübung jb5ud5

AH S. 20

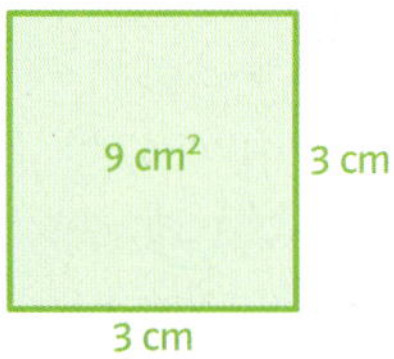

Johannes wundert sich seit der Volksschule, warum bei Flächeneinheiten, zB beim abgebildeten Quadrat, immer die Zahl 2 hochgestellt auftritt.
Seine Mutter erklärt ihm, dass dies eine Kurzschreibweise ist:
3 cm · 3 cm = „3 · 3 · cm · cm“ = ______ cm^2.
Produkte gleicher Zahlen lassen sich auch in dieser **Schreibweise** zusammenfassen, zB $3 \cdot 3 = 3^{\_\_}$, $4 \cdot 4 \cdot 4 = 4^{\_\_}$.
Die Sprechweise ist „3 hoch ______“ bzw. „4 hoch ______“.

Potenzen von Zahlen, Potenzschreibweise

Das **Produkt gleicher Zahlen** kann zu einer **Potenz** zusammengefasst werden:
Potenzschreibweise: $\underbrace{a \cdot a \cdot a \cdot a \cdot \ldots \cdot a}_{n \text{ Faktoren}} = a^n$ a^n **heißt Potenz.** a... Grundzahl (Basis), n... Hochzahl (Exponent)

Sprechweise für a^n: „a **hoch** n“
Jede Zahl a ist gleichbedeutend mit a^1, daher $a^1 = a$.

Das Bilden der 2. Potenz, also zB. 3^2, nennt man auch **Quadrieren** (sprich „a hoch 2“ oder „a zum Quadrat“). Als Formel für den Flächeninhalt eines Quadrats können wir nun schreiben: $A = a \cdot a = a^2$

Das Bilden der 3. Potenz, also zB. 4^3, nennt man auch **Kubieren**.
Für das Volumen eines Würfels gilt: $V = a \cdot a \cdot a = a^3$

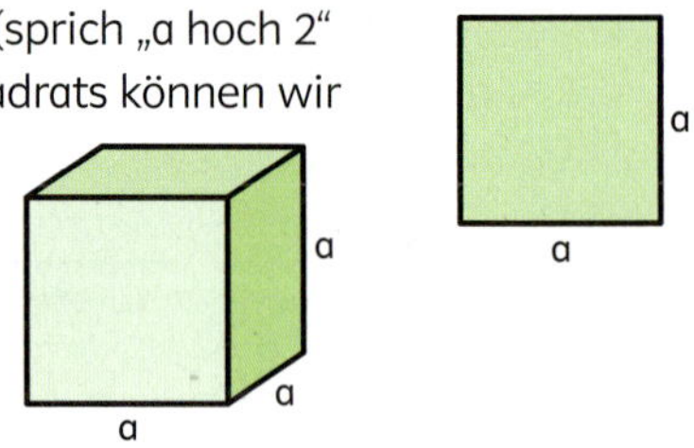

Vergleich von Multiplizieren und Potenzieren

Multiplizieren:

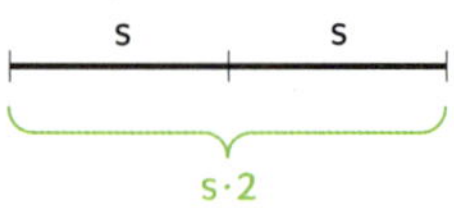

Beim Multiplizieren werden gleiche Summanden addiert: $s + s = s \cdot 2$
$s \cdot 3 = s + s + s$; $\mathbf{s \cdot n = \underbrace{s + s + \ldots + s}_{n \text{ Summanden}}}$

Potenzieren:

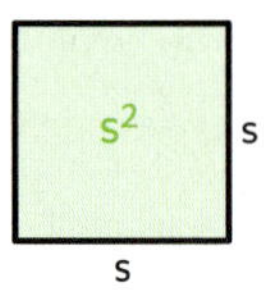

Beim Potenzieren werden gleiche Faktoren multipliziert: $s \cdot s = s^2$
$s^3 = s \cdot s \cdot s$; $\mathbf{s^n = \underbrace{s \cdot s \cdot \ldots \cdot s}_{n \text{ Faktoren}}}$

Multiplizieren und Potenzieren

Das **Multiplizieren** ist ein **Addieren gleicher Summanden**.
Das **Potenzieren** ist ein **Multiplizieren gleicher Faktoren**.

Potenzieren negativer Zahlen

Wie bei positiven Zahlen bedeutet $(-3)^1 = -3$; $(-3)^2 = (-3) \cdot (-3) = +9$,
$(-3)^3 = (-3) \cdot (-3) \cdot (-3) = -27$ und $(-3)^4 = (-3) \cdot (-3) \cdot (-3) \cdot (-3) = +81$.
Das **Vorzeichen von Potenzen** mit **negativer Basis** wird durch die **Hochzahl** bestimmt.
Allerdings muss man bei Potenzen negativer Zahlen die **Klammersetzung** berücksichtigen:
$-2^2 \neq (-2)^2$ weil: $-2^2 = -(2 \cdot 2) = -4$ und $(-2)^2 = (-2) \cdot (-2) = +4$

Potenzieren negativer Zahlen

Die **Potenz** einer negativen Zahl ist eine **positive Zahl**, wenn ihre **Hochzahl gerade** ist.
Die **Potenz** einer negativen Zahl ist eine **negative Zahl**, wenn ihre **Hochzahl ungerade** ist.

Hinweis Das **Potenzieren hat Vorrang** gegenüber der Punkt- und Strichrechnung.

241 Berechne ohne Taschenrechner!

Beispiel

$2^{10} = \underbrace{2 \cdot 2 \cdot \ldots \cdot 2}_{10\text{-mal}} = 4 \cdot 4 \cdot 4 \cdot 4 \cdot 4 = 16 \cdot 16 \cdot 4 = 256 \cdot 4 = 1024$

a) 2^8 b) 3^5 c) 5^4 d) 4^6 e) 6^4 f) 10^8 g) 7^4 h) 9^4

242 Stelle in Potenzschreibweise dar!

a) $2 \cdot 3 \cdot 2 \cdot 2 \cdot 3 =$
b) $4 \cdot 7 \cdot 4 \cdot 7 \cdot 7 \cdot 7 =$
c) $10 \cdot 14 \cdot 14 \cdot 14 \cdot 10 =$
d) $(-8) \cdot (-8) \cdot (-8) \cdot 5 =$
e) $(-2) \cdot 5 \cdot 5 \cdot 5 \cdot (-2) \cdot (-2) \cdot (-2) =$
f) $(-1) \cdot (-1) \cdot (-1) \cdot 4 \cdot 4 \cdot (-1) \cdot (-1) =$

Berechne die Ergebnisse!

243
a) $3 \cdot 4^2 - 4 \cdot 3^2 =$
b) $5 \cdot 2^3 + 2^2 \cdot 5 =$
c) $5 \cdot 4^3 - 4 \cdot 3^4 =$
d) $3 \cdot 5^2 - 5 \cdot 3^2 =$
e) $6 \cdot 2^3 - 3^2 \cdot 5 =$
f) $7^2 \cdot 5 + 2 \cdot 3^2 =$
g) $5 \cdot 3^3 - 7 \cdot 4^2 =$
h) $8^2 \cdot 3 + 2^5 \cdot 3 =$

244 **Beispiel**

1) $-2^3 - (-2)^3 = -8 - (-8) = -8 + 8 = 0$
2) $-1^6 - (-1)^6 = (-1) - (+1) = (-1) - 1 = -2$

a) $2^3 + (-2)^3 =$
b) $5^2 - (-5)^2 =$
c) $2^3 - (-2)^3 =$
d) $-5^2 + (-5)^2 =$
e) $-2^3 + (-2)^3 =$
f) $-5^2 - (-5)^2 =$
g) $(-2)^3 - (-2)^3 =$
h) $(-5)^2 + (-5)^2 =$

245 Kreuze an, wenn das Ergebnis negativ ist!

○ A $(-3)^4$ ○ B $(-1)^3 \cdot 7^2 =$ ○ C $(-5)^2 \cdot (-3)^2$ ○ D $8^2 \cdot (-2)^1$ ○ E $= -2^4$

246 Schreibe jeweils die Primfaktorenzerlegung mit Hilfe der Potenzschreibweise!

Beispiel

1) $360 = 2 \cdot 2 \cdot 2 \cdot 3 \cdot 3 \cdot 5 = 2^3 \cdot 3^2 \cdot 5$
2) $6125 = 5 \cdot 5 \cdot 5 \cdot 7 \cdot 7 = 5^3 \cdot 7^2$

a) 24 b) 36 c) 108 d) 32 e) 48 f) 96 g) 144 h) 288 i) 420 j) 392 k) 1575 l) 1800 m) 3072 n) 3960

247 Berechne die Zahlen $2^n - 1$ für $n = 2, \ldots, 10$!
Welche dieser Zahlen sind **Mersenne-Primzahlen**?

248 ⊞ Wenn $2^n - 1$ eine **Mersenne-Primzahl** ist, dann ist $2^{n-1} \cdot (2^n - 1)$ eine **vollkommene Zahl**. Überprüfe dies für $n = 2, 3$ und 5!

i Mersenne-Primzahl

Eine Zahl der Form $2^n - 1$ ($n = 2, 3, 4, \ldots$) heißt Mersenne-Zahl. Ist eine Mersenne-Zahl eine Primzahl, so nennt man diese **Mersenne-Primzahl**. In diesem Fall muss der Exponent n ebenfalls eine Primzahl sein.

Vollkommene Zahl
Eine Zahl heißt vollkommen, wenn die Summe der Teiler (ohne die Zahl selbst) wieder die Zahl ergibt.

2 Rechnen mit Potenzen

interaktive Vorübung nc46jn

AH S. 20

Agnes betrachtet ein rechteckiges Feld mit der Länge $a = 125\,m$ und der Breite $b = 25\,m$. Bevor sie für die Berechnung des Flächeninhalts diese beiden Zahlen multipliziert, überlegt sie: $125 = 5^3$; $25 = 5^2$. Also ist der Flächeninhalt

$A = 5^3 \cdot 5^2\,m^2 = 5 \cdot 5 \cdot 5 \cdot 5 \cdot 5\,m^2 = 5^{\square}\,m^2 = \square\,m^2$.

Sie überprüft, indem sie $125 \cdot 25 = \square$ rechnet.

Produkte bzw. **Quotienten von Potenzen mit gleicher Basis** können vereinfacht werden, zB:

$3^2 \cdot 3^4 = 3 \cdot 3 \cdot 3 \cdot 3 \cdot 3 \cdot 3 = 3^6$ bzw. $a^2 \cdot a^3 = a \cdot a \cdot a \cdot a \cdot a = a^5$

$3^4 : 3^2 = \frac{\not{3} \cdot \not{3} \cdot 3 \cdot 3}{\not{3} \cdot \not{3}} = 3 \cdot 3 = 3^2$ bzw. $a^3 : a^2 = \frac{\not{a} \cdot \not{a} \cdot a}{\not{a} \cdot \not{a}} = a$

Produkte bzw. **Quotienten von Potenzen** mit **ungleicher Basis** lassen sich in dieser Weise **nicht weiter vereinfachen.**

Durch das Ausschreiben lässt sich auch herausfinden, wie eine **Potenz** selbst **potenziert** wird.
ZB: $(2^3)^2 = 2^3 \cdot 2^3 = 2^6$ bzw. $(a^2)^5 = a^2 \cdot a^2 \cdot a^2 \cdot a^2 \cdot a^2 = a^{10}$

Natürlich kann man **Produkte** auch **potenzieren**, zB: $(a \cdot b)^2 = (a \cdot b) \cdot (a \cdot b) = a^2 \cdot b^2$.

Agnes überlegt weiter: „Wenn ich eine quadratische Fläche mit einer Seitenlänge von $\frac{3}{4}$ dm betrachte – wie groß ist dann der Flächeninhalt?" $\left(\frac{3}{4}\right)^2 = \frac{3}{4} \cdot \frac{3}{4} = \frac{3^2}{4^2} = \frac{\square}{\square}$.

Sie überprüft in Dezimalschreibweise: $\frac{3}{4}$ dm $= \square$ dm $\rightarrow A = 0{,}\square^2\,dm^2 = \square\,dm^2$

Stimmen die berechneten Werte für den Flächeninhalt überein? $\square$

Aus diesen Überlegungen ergeben sich folgende Rechenregeln:

Rechenregeln für Potenzen ($m, n \in \mathbb{Z}^+$)

Potenzen mit gleicher Basis multiplizieren $a^m \cdot a^n = a^{m+n}$
Potenzen mit gleicher Basis werden multipliziert, indem man die Hochzahlen addiert.

Potenzen mit gleicher Basis dividieren $\frac{a^m}{a^n} = a^{m-n}$ $(a \neq 0, m > n)$
Potenzen mit gleicher Basis werden dividiert, indem man die Hochzahlen subtrahiert.

Potenzieren eines Produktes $(a \cdot b)^n = a^n \cdot b^n$
Ein Produkt wird potenziert, indem man jeden Faktor einzeln potenziert.

Potenzieren eines Quotienten $\left(\frac{a}{b}\right)^n = \frac{a^n}{b^n}$ $(b \neq 0)$
Eine Bruchzahl wird potenziert, indem man Zähler und Nenner potenziert.

Potenzen potenzieren $(a^m)^n = a^{m \cdot n}$
Potenzen werden potenziert, indem man die Hochzahlen multipliziert.

Potenzen multiplizieren/dividieren

Setze die richtigen Hochzahlen in die Lücken ein!

249 a) $4 \cdot 4^3 \cdot 4 \cdot 4^2 \cdot 4^5 = 4^{\square}$ 12 b) $5^{11} \cdot 5^3 \cdot 5 \cdot 5^2 = 5^{\square}$ c) $6^4 \cdot 6 \cdot 6 \cdot 6^7 = 6^{\square}$

250 a) $4 \cdot 3 \cdot 4^2 = 3^{\square} \cdot 4^{\square}$ b) $5^2 \cdot 2 \cdot 2^4 \cdot 5^3 = 2^{\square} \cdot 5^{\square}$ c) $3^2 \cdot 3 \cdot 7^4 \cdot 7^2 = 3^{\square} \cdot 7^{\square}$

251 Vereinfache den Ausdruck!

Beispiel

$2\cdot 3^2\cdot 5\cdot 3^3 = 10\cdot 3^5$

a) $3\cdot 4^3\cdot 4^5 =$ b) $6^3\cdot 2\cdot 4\cdot 6^2 =$ c) $2\cdot 3\cdot 2^2\cdot 4 =$ d) $(-2)^2\cdot 3\cdot (-2)^3 =$ e) $(-5)^3\cdot 3\cdot (-5)^2\cdot 2 =$ f) $-(-3)^4\cdot (-7)\cdot (-3)^2 =$

252 Kürze soweit wie möglich, ohne die einzelnen Potenzen auszurechnen!

Beispiel

$\frac{2^6\cdot 2^5}{2^4\cdot 2^3} = \frac{2\cdot 2\cdot 2\cdot 2\cdot 2\cdot 2\cdot 2\cdot 2\cdot 2\cdot 2\cdot 2}{2\cdot 2\cdot 2\cdot 2\cdot 2\cdot 2\cdot 2} = 2^4 = 16$ **Kürzer:** $\frac{2^6\cdot 2^5}{2^4\cdot 2^3} = \frac{2^{11}}{2^7} = 2^{11-7} = 2^4 = 16$

a) $\frac{5^2\cdot 5^3}{5} =$ b) $\frac{2^3\cdot 2^4}{2} =$ c) $\frac{3\cdot 3^5}{3^4} =$ d) $\frac{4^3}{4\cdot 4^3} =$ e) $\frac{7}{7^4\cdot 7^4} =$ f) $\frac{8^6}{8^4\cdot 8^2} =$ g) $\frac{4^6\cdot 4^3}{4\cdot 4^6} =$ h) $\frac{5^3\cdot 5^4}{5^7\cdot 5^2} =$ i) $\frac{8^5\cdot 8^3}{8^4\cdot 8^4} =$ j) $\frac{10\cdot 10^8}{10^5\cdot 10^3} =$

253 1) Vereinfache den Bruch! Welche Hochzahl ergibt sich nach dem Kürzen?
2) Aus dieser Überlegung folgt: Für jede Zahl $a \neq 0$ gilt: $a^0 =$ ____

a) $\frac{4^2}{4^2} =$ b) $\frac{7^5}{7^5} =$ c) $\frac{(-3)^5}{(-3)^5} =$ d) $\frac{2^2\cdot 2^3}{2^5} =$ e) $\frac{(4^2\cdot 5)^2}{4^4\cdot 5^2} =$

Potenzieren eines Produkts/eines Quotienten

254 Schreibe als Produkt von Potenzen, zB $5^3\cdot 7^3$!

a) $(3\cdot 4)^2 =$ b) $(5\cdot 2)^2 =$ c) $(10\cdot 2)^2 =$ d) $[(-2)\cdot 3]^3 =$ e) $[(-3)\cdot 3\cdot 4]^3 =$ f) $[(-4)\cdot(-2)\cdot(-7)]^2 =$

255 a) Begründe!
1) $(-a)^3 = (-1)^3\cdot a^3 = -a^3$ 2) $(-a)^{10} = (-1)^{10}\cdot a^{10} = +a^{10}$

b) Begründe, dass $(-a)^n = (-1)^n\cdot a^n$ für $(a > 0,\ n \in \mathbb{Z}^+)$ stimmt.
Für welche $n \in \mathbb{Z}^+$ ist $(-a)^n = a^n$, für welche n ist $(-a)^n = -a^n$?

256 Berechne ohne Taschenrechner!

a) $\left(\frac{1}{2}\right)^2; \left(\frac{1}{2}\right)^3; \left(\frac{1}{2}\right)^4$
b) $\left(\frac{1}{3}\right)^2; \left(\frac{1}{4}\right)^2; \left(\frac{1}{5}\right)^2$
c) $\left(\frac{3}{5}\right)^2; \left(\frac{2}{3}\right)^3; \left(\frac{3}{4}\right)^2$
d) $0{,}1^2; 0{,}1^3; 0{,}1^4$
e) $0{,}2^2; 0{,}2^3; 0{,}2^4$
f) $(-0{,}1)^3; (-0{,}1)^4; (-0{,}1)^5$
g) $\left(\frac{-1}{2}\right)^2; \left(\frac{-1}{2}\right)^3; \left(\frac{-1}{2}\right)^4$
h) $\left(\frac{-1}{4}\right)^3; \left(\frac{-3}{4}\right)^3; \left(\frac{-5}{4}\right)^3$

Tipp

Potenzen mancher Dezimalzahlen kannst du rasch im Kopf berechnen, indem du zuerst das Komma ignorierst, dann die Potenz berechnest und im Anschluss das Komma setzt. ZB aus einer Kommastelle bei 0,3 werden 2 Kommastellen bei $(0{,}3)^2$
→ $(0{,}3)^2 = 0{,}09$

257 Ermittle das Ergebnis!

a) $\left(\frac{1}{2}\right)^2\cdot 2^2 =$ b) $\left(\frac{1}{2}\right)^3\cdot (-2)^3 =$ c) $\left(-\frac{1}{2}\right)^3\cdot 2^2 =$ d) $\left(-\frac{1}{2}\right)^2\cdot (-2)^3 =$

Potenzen potenzieren

258 Vereinfache!

Beispiel

$(2^3)^2 = 2^3\cdot 2^3 = 2^{3+3} = 2^6$

a) $(3^2)^2$ b) $(2^2)^3$ c) $(5^3)^4$ d) $((-3)^4)^3$ e) $-(2^2)^4$ f) $-(8^3)^4$

259 Kreuze die Gleichungen an, die korrekt vereinfacht wurden! Stelle die falschen richtig!

○ **A** $(2^2\cdot 3)^3 = 2^5\cdot 3^3$ ○ **B** $(5^2)^3 = 5^6$ ○ **C** $3^4\cdot 3^2 = 3^8$ ○ **D** $(7^3)^3 = 7^9$

260 Kreuze für ① und ② so an, dass ein mathematisch richtiger Satz entsteht!
Der Ausdruck ① bedeutet, dass dreimal ② wird.

	①
○	3^4
○	4^3
○	$4 \cdot 3$

	②
○	die Zahl vier multipliziert
○	die Zahl drei multipliziert
○	die Zahl drei addiert

261 Stelle die gegebene Potenz graphisch dar!

Beispiel

1) $3x^2$ **2)** $(3x)^2$ **Hinweis** $3x^2 \neq (3x)^2$
Wähle zB für $x = 1\,\text{cm}$!

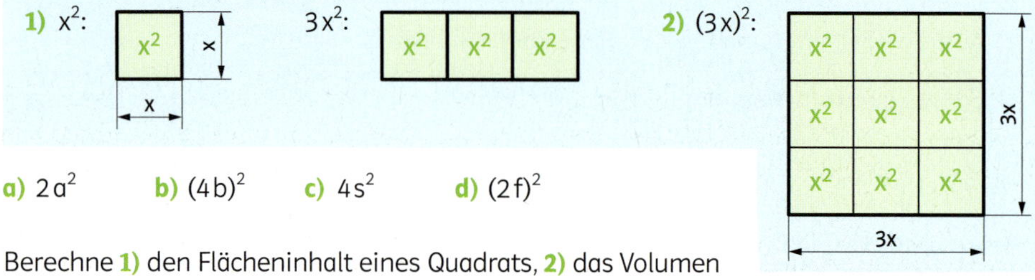

a) $2a^2$ **b)** $(4b)^2$ **c)** $4s^2$ **d)** $(2f)^2$

262 Berechne **1)** den Flächeninhalt eines Quadrats, **2)** das Volumen eines Würfels mit der gegebenen Seitenlänge!
a) $3s$ **b)** $2a$ **c)** $5f$ **d)** $4x$

263 Betrachte die folgende Zahl **a)** 9, **b)** 36, **c)** 81, **d)** 144, **e)** 900!
1) Schreibe als Quadrat einer Zahl! Solche Zahlen nennt man Quadratzahlen.
2) Gib die Primfaktorenzerlegung der Basis an!
3) Gib die Primfaktorenzerlegung der Quadratzahl an!
4) Vergleiche die beiden Primfaktorenzerlegungen! Beschreibe eine allgemein gültige Regel, wie man bei einer Quadratzahl auf die Primfaktorenzerlegung schließen kann!
Hinweis zB 100 **1)** $100 = 10^2$ **2)** $10 = 2 \cdot 5$ **3)** $100 = 2 \cdot 2 \cdot 5 \cdot 5 = 2^2 \cdot 5^2$

264 Von einem Quadrat kennt man den Flächeninhalt. Wie lang muss die Seite sein?
a) $A = 9y^2$ **b)** $A = 64z^2$ **c)** $A = 100b^4$ **d)** $A = \frac{9}{4}x^2$

265 Kreuze die beiden richtigen Aussagen an!
○ **A** $2 \cdot 5^2 = (2 \cdot 5)^2$ ○ **B** $(-3)^3 = -3^3$ ○ **C** $-4^2 = (-4)^2$ ○ **D** $-1^5 = (-1)^5$

266 Vereinfache den Bruch mit Hilfe der Rechenregeln für Potenzen!
a) $\frac{6^3 \cdot 6^2}{6} =$ **b)** $\frac{2 \cdot 7^4}{7} =$ **c)** $\frac{5 \cdot 7^2 \cdot 3^4}{7 \cdot 3^3} =$ **d)** $\frac{(2 \cdot 3)^5}{3^5} =$ **d)** $\frac{3 \cdot 2^3}{(3 \cdot 2)^3} =$

267 Schreibe als Produkt von Potenzen!
a) $(x \cdot y)^2 =$ **c)** $(x \cdot y \cdot z)^3 =$ **e)** $(2 \cdot x \cdot y)^3 =$ **g)** $(-3 \cdot x \cdot y)^3 =$
b) $(x \cdot y \cdot z)^2 =$ **d)** $(2 \cdot x \cdot y)^2 =$ **f)** $(-2 \cdot x \cdot y)^4 =$ **h)** $(-x \cdot y \cdot z)^3 =$

268 Vereinfache den gegebenen Ausdruck!
a) $(ef)^2 =$ **b)** $(e^2 f)^2 =$ **c)** $(e^2 f^2)^2 =$ **d)** $(e f^2)^2 =$ **e)** $(e^3 f^2)^2 =$ **f)** $(e^4 f^2)^2 =$

3 Darstellung von Zahlen mit Zehnerpotenzen

interaktive Vorübung w4nr7u

AH S. 21

Matthias interessiert sich sehr für Astronomie. Bei einem Klassenausflug zur Urania Sternwarte in Wien erfährt er, dass der mittlere Abstand des Mondes von der Erde ca. 380 000 km beträgt. Auf einer anderen Hinweistafel ist diese Zahl als $3{,}8 \cdot 10^5$ km geschrieben. Sind diese Zahlen gleich? Der Faktor 10^5 entspricht der Zahl ______, also einem Einser mit ___ Nullen. Das Produkt aus 3,8 mit 1______ ergibt also genau 380 000. Eine Schreibweise von Zahlen wie zB $3{,}8 \cdot 10^5$ heißt **Gleitkommadarstellung**. Sehr große Zahlen, die zB in der Astronomie vorkommen, werden so relativ einfach aufgeschrieben.

Gleitkommadarstellung

Bei der **Gleitkommadarstellung** einer Zahl benötigt man eine **Vorzahl (Mantisse)** und eine **Zehnerpotenz**. Die **Hochzahl der Zehnerpotenz** entspricht der **Anzahl der Stellen,** um die das Komma verschoben wird. ZB: mittlerer Abstand Venus – Sonne: 108 200 000 km = $1{,}082 \cdot 10^8$ km

Vorzahl Zehnerpotenz

Hinweis Meistens wählt man die **Vorzahl** so, dass sie **zwischen 1 und 10** liegt.

Statt der Zehnerpotenzen werden in manchen Fällen oft **eigene Vorsilben** verwendet. Ein Beispiel ist die Angabe der Speichergröße bei Computern. 2 Terabyte (TB) Speicherkapazität sind 2 Billionen Byte oder $2 \cdot 10^{12}$ Byte. Die wichtigsten Vorsilben sind:

Wert	Potenzschreibweise	Name	Einheitenvorsilbe	Symbol
10 (1 Null)	10^1	Zehn	Deka	da
100 (2 Nullen)	10^2	Hundert	Hekto	h
1 000 (3 Nullen)	10^3	Tausend	Kilo	k
1 000 000 (6 Nullen)	10^6	Million	Mega	M
1 000 000 000 (9 Nullen)	10^9	Milliarde	Giga	G
1 000 000 000 000 (12 Nullen)	10^{12}	Billion	Tera	T
1 000 000 000 000 000 (15 Nullen)	10^{15}	Billiarde	Peta	P

269 Schreibe als Potenz von 10!
a) 100, 1 000, 1 000 000 **b)** 10, 100 000, 1 000 000 000 **c)** 10 000, 100 000 000

270 Wie lautet die Zahl ausgeschrieben?
a) $7 \cdot 10^6$ **b)** $12 \cdot 10^4$ **c)** $578 \cdot 10^2$ **d)** $4 \cdot 10^{10}$ **e)** $25 \cdot 10^9$ **f)** $125 \cdot 10^5$

271 Gib in Potenzschreibweise mit einer Vorzahl zwischen 1 und 10 an!
a) 300 **b)** 5 000 **c)** 410 000 **d)** 23 000 000 **e)** 800 000 **f)** 70 000 000

Arbeitsblatt 25re9h

272 Gib in Potenzschreibweise mit einer möglichst kleinen natürlichen Vorzahl an!

Beispiel

5 km² in m² $5\,km^2 = 5\,000\,000\,m^2 = 5 \cdot 10^6\,m^2$

a) 5 km in m
b) 37,2 km in m
c) 3 kg in g
d) 2,5 kg in g
e) $10\,km^2$ in m^2
f) $0{,}5\,km^2$ in m^2
g) $2\,m^3$ in dm^3
h) $5\,m^3$ in cm^3

273 Welche Kärtchen passen zusammen? Wähle aus!

2,5 Mg | 2 500 000 g | 2,5 dag | 0,25 kg | 250 km | 2 500 000 000 m | 2,5 Gm | 25 g | 250 000 m | 250 g

274 Welche Zahl gehört zur entsprechenden Gleitkommadarstellung? Schreibe den Buchstaben neben die entsprechende Zahl!

7 000 000	1	
7 700 000	2	
770 000	3	
707 000	4	
7 070 000	5	
7 770 000	6	

A	$7{,}7 \cdot 10^5$
B	$7{,}07 \cdot 10^5$
C	$7 \cdot 10^6$
D	$7{,}07 \cdot 10^6$
E	$7{,}7 \cdot 10^6$
F	$7{,}77 \cdot 10^6$

275 „Runde" Zahlen lassen sich sehr einfach ohne TR potenzieren. Rechne ohne TR!

Beispiel

$600^2 = (6 \cdot 100)^2 = 6^2 \cdot 100^2 = 36 \cdot 10\,000 = 360\,000$

a) 20^2
b) 40^3
c) 300^2
d) 700^3
e) $5\,000^2$
f) $5\,000^3$
g) 200^3
h) $20\,000^2$
i) $3\,000^3$
j) $20\,000^3$

276 Rechne mit Zehnerpotenzen und schreibe das Ergebnis in Gleitkommadarstellung!

Beispiel

1) $6 \cdot 10^3 \cdot 3 \cdot 10^2 = 6 \cdot 3 \cdot 10^3 \cdot 10^2 = 18 \cdot 10^5 = 1{,}8 \cdot 10^6$

2) $15 \cdot 10^3 \cdot 21 = 15 \cdot 21 \cdot 10^3 = 315 \cdot 10^3 = 3{,}15 \cdot 10^5$

a) $5 \cdot 10^5 \cdot 10^3 =$
b) $3 \cdot 10^2 \cdot 7 \cdot 10^3 =$
c) $4 \cdot 10^4 \cdot 2 \cdot 10^1 =$
d) $3{,}5 \cdot 10^3 \cdot 4 \cdot 10^3 =$
e) $5{,}4 \cdot 10^4 \cdot 3 \cdot 10^3 =$
f) $0{,}7 \cdot 10^5 \cdot 4 \cdot 10^3 =$
g) $9000 \cdot 5 \cdot 10^4 =$
h) $3{,}8 \cdot 10^2 \cdot 400 =$

277 Ein Lichtjahr ist die Strecke, die das Licht in einem Jahr zurücklegt. Die Lichtgeschwindigkeit beträgt im Vakuum ca. 299 792 km/s.

a) Gib in Gleitkommadarstellung einen Näherungswert der Streckenlänge an, die das Licht in 1 s zurücklegt 1) in Kilometer, 2) in Meter!

b) Schätze mit Hilfe der Gleitkommadarstellung die Länge eines Lichtjahres in Kilometer (1 Jahr = 365 Tage, 1 Tag = 86 400 Sekunden)! Runde die Vorzahl auf eine natürliche Zahl zwischen 1 und 10!

c) Der nächste Stern außerhalb unseres Sonnensystems heißt Proxima Centauri und ist 4,2 Lichtjahre von der Erde entfernt. Gib diese Streckenlänge in Kilometer mit Hilfe der Gleitkommadarstellung an!

Üben und Sichern

278 Berechne!

a) $4+5\cdot3^2=$ c) $4+(5\cdot3)^2=$ e) $[(4+5)\cdot3]^2=$ g) $(4+5)^2\cdot3=$
b) $(4+5)\cdot3^2=$ d) $(4+5\cdot3)^2=$ f) $4^2+5\cdot3=$ h) $(4+5)^2\cdot3^2=$

279 a) Führe das Muster in den nächsten drei Zeilen weiter!
$1^2=1$
$2^2=1+3$
$3^2=1+3+5$

b) Formuliere den dargestellten Zusammenhang in eigenen Worten!
c) Setze ein! 14^2 ist gleich der Summe der ersten ___ ungeraden Zahlen.

280 Setze „<", „>" bzw. „=" ein!

a) $(-5)^2$ ___ 5^2 c) $(-1)^4$ ___ -1^4 e) $2\cdot(-a)^2$ ___ $(-2\cdot a)^2$
b) $(-2)^3$ ___ -2^3 d) $3a^2$ ___ $(3a^2)$ f) $\frac{1}{2}y^2$ ___ $\left(\frac{1}{2}y\right)^2$

281 Wie verändert sich 1) der Flächeninhalt eines Quadrats, 2) das Volumen eines Würfels, wenn sich die Seitenlänge a) verdoppelt, b) verdreifacht, c) vervierfacht, d) halbiert, e) auf ein Viertel sinkt?

Hinweis zu a) 1) Seitenlänge a → Flächeninhalt $A=a^2$;
doppelte Seitenlänge 2a → Flächeninhalt $A_{neu}=(2a)^2=4a^2$
→ Seitenlänge **verdoppelt** sich; Flächeninhalt **vervierfacht** sich.

282 Ein Quadrat hat eine Seitenlänge von a) $a=\frac{3}{5}$ m; b) $a=\frac{2}{3}$ dm; c) $\frac{5}{9}$ km; d) 0,7 m; e) 0,11 m.
Schreibe den Flächeninhalt als Potenz der angegebenen Zahl und berechne ihn!

283 Zwischen welchen ganzen Zahlen liegt das Quadrat der gegebenen Zahl?

Beispiel

$1{,}7^2 \Rightarrow$ 1,7 liegt zwischen 1 und 2 → $1{,}7^2$ liegt zwischen 1^2 und 2^2 → $1<1{,}7^2<4$

a) $1{,}5^2$ b) $2{,}37^2$ c) $5{,}18^2$ d) $0{,}347^2$ e) $29{,}62^2$ f) $(-2{,}28)^2$ g) $(-10{,}97)^2$

284 Schau genau – diese Rechnung ist sehr rasch gelöst!

a) $\left(\frac{1}{2}\right)^3-0{,}5^3=$ b) $\left(\frac{3}{4}\right)^2\cdot0{,}75=$ c) $0{,}125+\left(\frac{1}{2}\right)^3=$ d) $\left(-\frac{2}{3}\right)^2:(0{,}\overline{6})^2=$

285 Vereinfache den folgenden Bruch!

a) $\frac{(-2)^2\cdot2^3}{2^4}=$ c) $\frac{[(-4)\cdot(-10)]^2}{4^2}=$ e) $\frac{(4^3\cdot7^2)^5}{4^{12}\cdot7^9}=$ g) $\frac{\left(\frac{3}{4}\right)^3}{\left(\frac{1}{4}\right)^2}=$

b) $\frac{(3\cdot5)^3}{5^2}=$ d) $\frac{5^7}{5^3\cdot5^4}=$ f) $\frac{(-3)^2\cdot(-4)^3}{3^2\cdot4^3}=$ h) $\frac{(6^2\cdot3^2)^2}{6^2\cdot(-3)^4}=$

286 Schreibe in Gleitkommadarstellung!

a) 840 000 b) 27 000 c) 3 780 000 d) 43 700 000 e) 560 900 000

287 Wie lautet die Zahl ausgeschrieben?

a) $7{,}2\cdot10^2$ b) $1{,}32\cdot10^4$ c) $8{,}07\cdot10^7$ d) $5{,}4\cdot10^6$ e) $0{,}3\cdot10^5$

288 Setze „<" bzw. „>" ein! Begründe deine Entscheidung!

a) $\left(\frac{1}{2}\right)^2$ ☐ 2^2 c) $\left(-\frac{3}{4}\right)^2$ ☐ $\left(-\frac{3}{4}\right)^3$ e) $\left(\frac{1}{10}\right)^2$ ☐ $\left(\frac{1}{1000}\right)^2$

b) $\left(\frac{3}{4}\right)^2$ ☐ 3^2 d) $(0{,}1)^3$ ☐ $(0{,}2)^3$ f) $(-0{,}5)^3$ ☐ $(-0{,}5)^4$

289 In der Tabelle sind die Einwohnerzahlen und Flächeninhalte einiger Staaten angegeben (Quelle: Statistia, 2017):

Staat	Einwohner in Tausender	Fläche in km²
Frankreich	67186	643801
Schweden	10120	450295
Deutschland	82791	357022
Italien	60483	301340

Staat	Einwohner in Tausender	Fläche in km²
UK	66040	243610
Österreich	8822	83871
Niederlande	17081	41543
Luxemburg	590	2586

a) Gib die 1) Einwohnerzahlen, 2) Flächeninhalte in der Gleitkommadarstellung an!

b) Schätze die Bevölkerungsdichte (Bevölkerungsdichte = Einwohnerzahl/Fläche), indem du die Gleitkommadarstellung zu Hilfe nimmst! Runde die Vorzahl vor dem Dividieren auf eine natürliche Zahl! Überprüfe, anschließend das geschätzte Ergebnis mit Hilfe des TR! Welche Gründe kann es für eine unterschiedliche Bevölkerungsdichte geben?

290 1) In welchem Verhältnis stehen die Flächeninhalte der beiden Quadrate mit den Seitenlängen a und b in der nebenstehenden Figur zueinander?

2) Wie groß ist a^2, wenn b = 3 cm ist?

3) Wie groß ist a ungefähr, wenn b = 10 cm ist? Schätze! Gib zwei aufeinanderfolgende natürliche Zahlen an, zwischen denen a liegen muss!

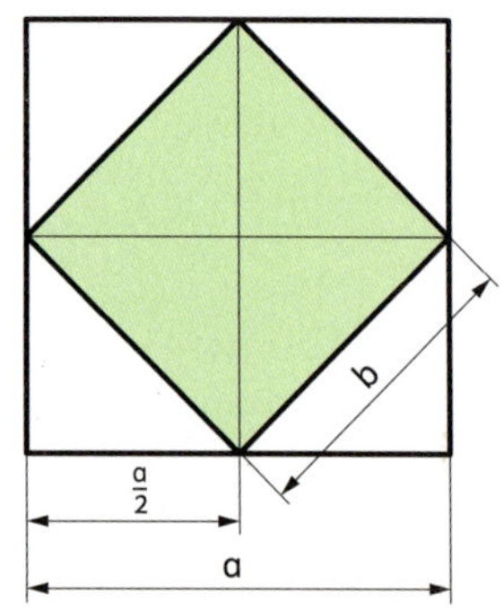

Zusammenfassung

AH S. 21

Wiederholtes Multiplizieren mit der gleichen Zahl heißt **Potenzieren.**

$\underbrace{a \cdot a \cdot \ldots \cdot a}_{n \text{ Faktoren}} = a^n$ a … **Basis**, n … **Hochzahl** (Exponent), a^n… **Potenz**

Die **Potenz einer negativen Zahl** ist
- eine **positive Zahl**, wenn die **Hochzahl gerade** ist,
- eine **negative Zahl**, wenn die **Hochzahl ungerade** ist.

Potenzen mit gleicher Basis werden **multipliziert**, indem man die **Hochzahlen addiert**,
Potenzen mit gleicher Basis werden **dividiert**, indem man die **Hochzahlen subtrahiert.**

$a^m \cdot a^n = a^{m+n}$ $(m, n \in \mathbb{Z}^+)$ $\frac{a^m}{a^n} = a^{m-n}$ $(m, n \in \mathbb{Z}^+, a \neq 0, m > n)$

Ein **Produkt** wird **potenziert**, indem man jeden **Faktor** potenziert $(a \cdot b)^n = a^n \cdot b^n$.
Eine **Bruchzahl** wird **potenziert**, indem man den **Zähler** und den **Nenner** potenziert $\left(\frac{a}{b}\right)^n = \frac{a^n}{b^n}$ $(b \neq 0)$.

Eine **Potenz** wird **potenziert**, indem man die **Hochzahlen multipliziert** $(a^n)^m = a^{n \cdot m}$.
Zahlen können mit Hilfe der **Gleitkommadarstellung** geschrieben werden. Dabei liegt die **Vorzahl** (Mantisse) häufig zwischen 1 und 10 und der **Exponent der Zehnerpotenz** entspricht der Anzahl der Stellen, um die das Komma verschoben wird.

Wissensstraße

Lernziele: Ich kann ...

Z 1: Potenzen von Zahlen berechnen und die Potenzschreibweise anwenden.
Z 2: Rechenregeln für Potenzen anwenden.
Z 3: große Zahlen mit Hilfe der Gleitkommadarstellung ausdrücken.

291 Berechne jeweils den Wert der linken und der rechten Seite! Z 1
Begründe, warum hier ein Ungleichheitszeichen steht!
a) $2^3 \neq 3 \cdot 2$ **b)** $3^4 \neq 4 \cdot 3$ **c)** $5^2 \neq 2 \cdot 5$

292 Welche Potenz ergibt eine positive Zahl? Z 1
○ **A** $(-7)^3$ ○ **B** $(+3)^3$ ○ **C** $(-1)^2$ ○ **D** $(-5)^5$ ○ **E** $(-200)^4$

293 Verbinde einander entsprechende Ausdrücke! Z 1
Schreibe dazu den Buchstaben zur entsprechenden Zahl!

1	4^3	A
2	3^4	F
3	$0{,}4^3$	C
4	$0{,}3^4$	D
5	4^4	B
6	3^3	E

A	$4 \cdot 4 \cdot 4$
B	$4 \cdot 4 \cdot 4 \cdot 4$
C	$0{,}4 \cdot 0{,}4 \cdot 0{,}4$
D	$0{,}3 \cdot 0{,}3 \cdot 0{,}3 \cdot 0{,}3$
E	$3 \cdot 3 \cdot 3$
F	$3 \cdot 3 \cdot 3 \cdot 3$

294 Berechne den Wert des Ausdrucks! Z 2
a) $2 \cdot 3 - 1^2 =$ **c)** $2 \cdot (3 - 1^2) =$ **e)** $[2 \cdot (3 - 1)]^2 =$ **g)** $(2 \cdot 3)^2 - 1 =$
b) $2 \cdot (3 - 1)^2 =$ **d)** $(2 \cdot 3 - 1)^2 =$ **f)** $[2 \cdot (3 - 1)^2] =$ **h)** $2 \cdot 3^2 - 1^2 =$

295 Schreibe als Produkt von Potenzen! Z 2
a) $(3^2 \cdot 4^3)^2 =$ **b)** $((-2)^3 \cdot 5^2)^3 =$ **c)** $((-3) \cdot (-2)^2)^0 =$ **d)** $\left(\left(\frac{1}{2}\right)^2 \cdot \left(\frac{3}{4}\right)\right)^2 =$

296 Potenziere! Z 2
a) $(3a)^2$ **b)** $(2a)^3$ **c)** $(-4a)^2$ **d)** $-(4a)^2$ **e)** $-4(a)^2$

297 **a)** Wie lautet die Zahl? Z 3
1) $4 \cdot 10^3$ **2)** $2 \cdot 10^9$ **3)** $3{,}2 \cdot 10^6$
b) Schreibe die Zahl mit Hilfe der Gleitkommadarstellung auf!
1) 2 300 000 **2)** 800 **3)** 43 050 000 000

298 In einer Packung befinden sich 200 Büroklammern. Für den Einzelhandel werden Kartons mit 60 Packungen angeboten. 1 200 solcher Kartons kommen auf eine Palette. Z 3
1) Schreibe alle auftretenden Zahlen mit Hilfe der Gleitkommadarstellung!
2) Wie viele Büroklammern befinden sich auf einer Palette?

Video
r38qz8

Prozentrechnung und Zinsenrechnung

Verleih von Gütern

Beim ersten bedeutenden griechischen Historiker Herodot (ca. 495–424 vor Chr.) ist zu lesen: „Jedem Ägypter wurde ein gleich großes quadratisches Stück Land zugewiesen, für das ein Pachtzins zu zahlen war." Also bereits in alter Zeit, als man noch gar kein geregeltes Geldwesen hatte, war es üblich, Güter anderen zur Verfügung zu stellen. Wenn beispielsweise ein Bauer einem anderen Getreide lieh, verlangte er einen „Naturalzins". Nach der Ernte musste der Schuldner die gleiche Menge Getreide mit einem Aufschlag zurückgeben. Dieser Aufschlag wurde „Zins" genannt, was so viel wie „Abgabe" bedeutete. Diesen Zins begründete der Verleiher damit, dass er um die verliehene Getreidemenge im kommenden Jahr weniger für die Aussaat hätte und entsprechend weniger Ernte erzielen würde.
Eine schlechte Ernte konnte in der Folge für den Schuldner im doppelten Sinne tragisch sein. Auf der einen Seite blieb ihm für seinen eigenen Gebrauch wenig Getreide übrig, auf der anderen Seite bekam er Schwierigkeiten, dem Bauern, bei dem er sich das Getreide ausgeborgt hatte, die geliehene Getreidemenge zurückzugeben. Das konnte für ihn sogar zur Enteignung führen.

Friedrich Overbeck: Verkauf Josefs an ägyptische Händler (1816)

Getreide gehörte in den frühen Hochkulturen zu den wichtigsten Gütern. Im alten Griechenland wurde die Gerste sogar als Gewichtsmaß zum Wiegen von Gold oder Edelsteinen verwendet. Warum denkst du eignen sich Körner dazu gut?

Josef stellt Getreide zur Verfügung

Schon die biblische Geschichte des Josef, einem der zwölf Söhne des Patriarchen Jakob, berichtet in Andeutungen vom Wirtschaften in alter Zeit. Josef wurde von seinen Brüdern verstoßen und fern der Heimat zum bevorzugten Berater des Pharao in Ägypten. Dort sorgte er dafür, dass in den sieben „fetten" Jahren, in denen die Bauern mehr als üblich ernteten, Vorräte gesammelt wurden. Diese Vorräte bewahrten die Bevölkerung in den darauf folgenden sieben „mageren" Jahren vor Hunger. Zu dieser Zeit der mageren Jahre kamen zehn Brüder Josefs aus ihrer Heimat Kanaan nach Ägypten und baten Josef, den sie nicht als ihren Bruder erkannten, auch ihrer Bevölkerung Getreide zur Verfügung stellen. Josef zeigte Edelmut und schickte die Brüder mit dem gewünschten Getreide nach Hause.

Geldverleih

In der Folge wurde neben Naturalien auch immer mehr Geld verliehen. Der Schuldner hatte dabei dem Geldverleiher (Gläubiger) nach einer vereinbarten Zeit nicht nur die geborgte Geldsumme, sondern auch einen darüber hinausgehenden Betrag zu bezahlen. Der Geldverleiher hatte so sein Eigentum allein durch den Zins vermehrt, ohne dafür gearbeitet zu haben.

Hast du schon einmal einem Freund oder einer Freundin Geld geborgt? Unter Freunden und in der Familie ist es üblich keine Zinsen zu verlangen. Notiere dir allerdings, wem du wie viel Euro geborgt hast! Nicht umsonst sagt ein Spruch: „Strenge Rechnung, gute Freunde!"

Thomas von Aquin (1225–1274)

Geldwirtschaft von der Antike bis in die Neuzeit

Der griechische Philosoph Aristoteles (384–322 v. Chr.) misstraute der Idee, dass Geld „arbeiten" könne, ja er hielt den Zins für hassenswert. Für den Theologen Thomas von Aquin (1225–1274) war der Zins der Preis für die Zeit, in der der Gläubiger auf sein Geld verzichten musste. Er meinte, dass die Zeit aber ein Geschenk Gottes sei, mit dem man nicht Geschäfte machen dürfe. Bis ins 17. Jahrhundert galt für Christen ein Zinsverbot. Dann aber kam ein wirtschaftliches Umdenken, Kreditmärkte entstanden und die Amsterdamer Börse wurde gegründet. Heute ist es eigentlich eine Selbstverständlichkeit, dass das Ausleihen von Geld etwas kostet und das Verleihen von Geld etwas bringt (Zinsen), denn immerhin muss der Verleiher ja eine gewisse Zeit auf sein Kapital verzichten.

Worum geht es in diesem Abschnitt?

- Wiederholung der Prozentrechnung
- Unterschied zwischen Prozenten und Prozentpunkten
- Prozentuelle Änderung in einem Schritt
- Zinsenrechnung: Jahreszinsen, Zinsen für Teile eines Jahres
- Berücksichtigung der Kapitalertragsteuer

1 Prozentrechnung

interaktive Vorübung dy5q3q

AH S. 22

1.1 Grundbegriffe

In Österreich wohnen rund 8,9 Millionen Einwohner und Einwohnerinnen (Quelle: Statista, 2019). 88 % nutzen regelmäßig das Internet. Das entspricht einer Anzahl von rund 7,8 Millionen Menschen.
Beim Prozentrechnen musst du drei Begriffe kennen.
Im oberen Beispiel entspricht die Zahl 8,9 Mio. dem ______ (G),
88 % dem ______ (___) und
7,8 Mio. dem ______ (___).

Es gibt also **drei Grundaufgaben der Prozentrechnung**: Berechnen des **1) Prozentwertes**, **2) Prozentsatzes**, **3) Grundwertes.** Die aus der 2. Klasse bekannte Formel lautet: $W = G \cdot \frac{p}{100}$

Berechnen des Prozentwertes (W)

Die entsprechende Aufgabe könnte lauten: Rund 88 % der etwa 8,9 Mio. Einwohner und Einwohnerinnen von Österreich nutzen das Internet. Etwa wie viele Menschen sind das?

1. Art: Schlussrechnung

Prozent	Einwohner in Mio.
100	8,9
88	?
1	$8{,}9 : 100 = 0{,}089$
88	$0{,}089 \cdot 88 \approx 7{,}8$

2. Art: Formel

$88\,\% = \frac{88}{100} = 0{,}88$

$88\,\%$ von 8,9 Mio. = 8,9 Mio. $\cdot\, 0{,}88 \approx 7{,}8$ Mio.

allgemein: $W = p\,\%$ von $G \rightarrow W = \frac{p}{100}$ von G
$\rightarrow W = G \cdot \frac{p}{100}$

Berechnen des Prozentsatzes (p %)

Die entsprechende Aufgabe könnte lauten: Von den rund 8,9 Mio. Einwohnern und Einwohnerinnen in Österreich nutzen rund 7,8 Mio. das Internet. Wie viel Prozent sind das?

1. Art: Schlussrechnung

Einwohner in Mio.	Prozent
8,9	100
7,8	?
1	$100 : 8{,}9 \approx 11{,}24$
7,8	$11{,}24 \cdot 7{,}8 \approx 88$

2. Art: Formel

In der Formel $W = G \cdot \frac{p}{100}$ sind nun W und G bekannt und p gesucht.

$W = G \cdot \frac{p}{100} \rightarrow 7{,}8\text{ Mio.} = 8{,}9\text{ Mio.} \cdot \frac{p}{100}$

$\frac{p}{100} = 7{,}8\text{ Mio.} : 8{,}9\text{ Mio.} \approx 0{,}88 \rightarrow p\,\% \approx 88\,\%$

Berechnen des Grundwertes (G)

Die entsprechende Aufgabe könnte lauten: Rund 7,8 Mio. Einwohner und Einwohnerinnen von Österreich nutzen das Internet. Das sind rund 88 %. Wie viele Menschen wohnen in Österreich?

1. Art: Schlussrechnung

Prozent	Einwohner in Mio.
88	7,8
100	?
1	$7{,}8 : 88 \approx 0{,}089$
100	$0{,}089 \cdot 100 = 8{,}9$

2. Art: Formel

In der Formel $W = G \cdot \frac{p}{100}$ sind nun W und $\frac{p}{100}$ bekannt und **G** gesucht.
$W = G \cdot \frac{p}{100} \rightarrow 7{,}8$ Mio. $= G \cdot 0{,}89$
also 7,8 Mio. $: 0{,}89 = G$
$\rightarrow G \approx 8{,}9$ Mio.

Hinweis Die Formeln sind noch aus der 2. Klasse bekannt. In Abschnitt F wird das Umformen von Formeln behandelt, sodass man sich nur mehr die eine Formel $\mathbf{W = G \cdot \frac{p}{100}}$ merken muss.

Das **Promillerechnen** erfolgt in gleicher Weise wie das Prozentrechnen.
An die Stelle des Prozentsatzes **p %** tritt **der Promillesatz p ‰.**

Prozent – Prozentpunkte

Bei einer Wahl errang eine Partei einen Stimmenanteil von 20 %.
Bei der nächsten Wahl erreichte diese Partei 25 %. Der Radiosprecher sagt:
„Die Partei konnte ihren Stimmenanteil um 5 % vergrößern." Ist diese Ansage korrekt?
Nein, denn den Stimmenanteil um 5 % vergrößern würde heißen 5 % von 20 % zu berechnen, und das wäre nur 1 %. Der Stimmenanteil dieser Partei wäre somit nur 21 %.
Bei **Veränderungen von Prozentsätzen** muss man von **Prozentpunkten** sprechen. Die richtige Ansage lautet daher: „Der Stimmenanteil der Partei hat sich um 5 Prozentpunkte erhöht."

Prozentrechnung

W … Prozentwert G … Grundwert p % bzw. p ‰ … Prozent- bzw. Promillesatz

$$W = G \cdot \frac{p}{100} \quad \text{bzw.} \quad W = G \cdot \frac{p}{1000}$$

Bei **Veränderungen von Prozentsätzen** muss man von **Prozentpunkten** sprechen.

299 Trage in die richtigen Spalten die zwei gegebenen Größen ein!
Berechne die fehlende Größe!

		W	G	p %
a)	Der neue Preis für eine Fahrkarte beträgt statt 3,40 € nun 3,90 €.			
b)	Der Preis der Reise war auf 110 % des alten Preises erhöht worden. Sie hätte ursprünglich 670 € gekostet.			
c)	Frau Vasic kauft im Ausverkauf einen Pullover um 34 €, der nur mehr 80 % des alten Preises kostet.			

300 Gegeben ist ein Geldbetrag von 20 Euro.
Was bedeutet folgende Aussage in diesem Zusammenhang? Verwende den **Sprachbaustein**!
Wie hoch ist jeweils der neue Geldbetrag?
a) Der Geldbetrag wird **um** 150 % erhöht.
b) Der Geldbetrag wird **um** 50 % verkleinert.
c) Der Geldbetrag wird **auf** 150 % erhöht.
d) Der Geldbetrag wird **um** 100 % gekürzt.
e) Der Geldbetrag wird **auf** 20 % gekürzt.

Sprachbaustein

Eine Erhöhung/Kürzung um __ % bedeutet, dass der Betrag um __ % vermehrt/vermindert wird.

Eine Erhöhung/Kürzung auf __ % bedeutet, dass man den Betrag um die Differenz des Prozentsatzes zu 100 % erhöhen/vermindern muss.

Prozentpunkte

301 Der Preis einer Hose ist um 50 % reduziert. An der Kassa wird anschließend noch einmal **a)** 20 % **b)** 10 % **c)** 70 % **d)** 5 % abgezogen. Um viel Prozentpunkte wurde die Hose insgesamt billiger?

302 Bei der ersten Wahl erhielt eine Partei A 6 % der Stimmen. Bei der zweiten Wahl waren es bereits 18 % der Stimmen. Berechne, **1)** um wie viele Prozentpunkte sich die Partei in den vier Jahren verbessern konnte, **2)** um wie viel Prozent sie ihren Stimmenanteil steigern konnte!

Beispiel

1) $18 - 6 = 12$ **Antwort:** Die Partei konnte sich um **12 Prozentpunkte** verbessern.

2) Überlege: Der Grundwert des Stimmenanteils sind die 6 % der ersten Wahl. Die 18 % sind der Prozentwert. Der Prozentsatz wird gesucht.

1. Art: Schlussrechnung

Prozent der Stimmen	Prozent
6	100 %
18	?
18	300 %

(·3 links, ·3 rechts)

2. Art: Formel $W = G \cdot \frac{p}{100}$

$18 = 6 \cdot \frac{p}{100}$

$18 : 6 = 3 \rightarrow p\,\% = 300\,\%$

Antwort: Sie konnte ihren Stimmenanteil **verdreifachen (um 200 % steigern)**.

a) Partei B: 1. Wahl 9 %, 2. Wahl: 12 %

b) Partei C: 1. Wahl 15 %, 2. Wahl: 25 %

303 In der Tabelle rechts siehst du das Wahlergebnis der Nationalratswahlen von 2013 und 2017 von fünf Parteien.

a) Berechne von jeder Partei die Änderung **1)** in Prozentpunkten, **2)** in Prozent!

b) Welchen Wert werden die jeweiligen Parteien vermutlich eher in einer Pressemitteilung verkünden?

	SPÖ	ÖVP	FPÖ	Grüne	Neos
2013	26,8 %	24,0 %	20,5 %	12,4 %	5,0 %
2017	26,9 %	31,5 %	26,0 %	3,8 %	5,3 %

304 Bei der Landtagswahl in Tirol 2018 entfielen auf die SPÖ 55 223 gültige Stimmen.

1) Das waren ca. 17,25 % der gültigen Stimmen. Wie viele gültige Stimmen wurden abgegeben?

2) Bei der Landtagswahl 2013 haben in Tirol 316 852 Menschen gültig gewählt. Gegenüber der Wahl 2013 hat die SPÖ im Jahr 2018 rund 3,53 Prozentpunkte gewonnen. Wie viele Menschen wählten bei der Landtagswahl 2013 in Tirol die SPÖ?

305 Kreuze die richtigen Aussagen zu dem Säulendiagramm der Landtagswahlen 2015 in der Steiermark an!

- ○ **A** Die SPÖ musste Verluste von fast 9 % akzeptieren.
- ○ **B** Der ÖVP fehlen 8,74 Prozentpunkte auf das alte Wahlergebnis.
- ○ **C** Die FPÖ konnte ihren Stimmanteil mehr als verdoppeln.
- ○ **D** Die Grünen konnten sich ca. um 1 Prozentpunkt verbessern.
- ○ **E** Die Neos konnten sich um 2,64 % steigern.

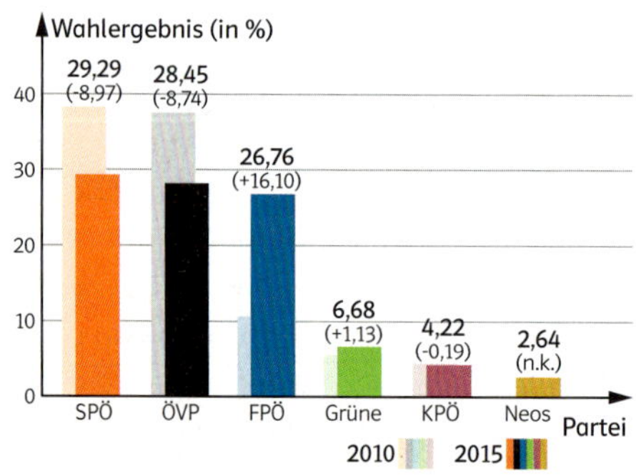

1.2 Prozentuelle Änderungen in einem Schritt

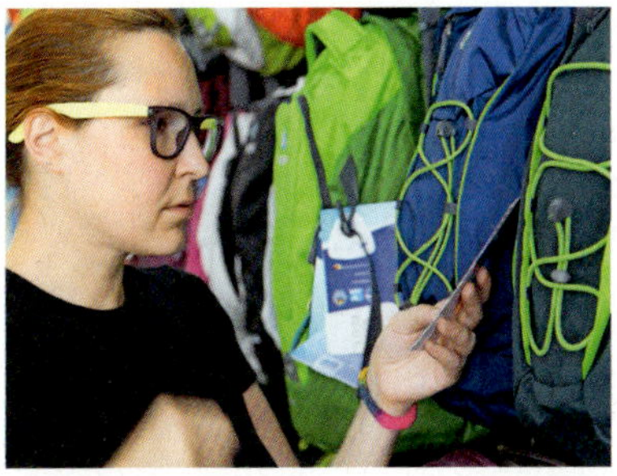

Ein Rucksack wird im Ausverkauf um 30 % verbilligt angeboten. Wie teuer ist er jetzt? Der Originalpreis beträgt 36 €.
Matilda überlegt:

1. 30 % von 36 € = 36 € · 0,3 =

2. 36 € – ______ = ______

Ihre Mutter erklärt ihr, dass sie das auch ganz einfach **in einem Schritt berechnen** kann:
30 % verbilligt bedeutet, dass Matilda noch 70 % des Originalpreises bezahlen muss: 36 € · 0,7 =

Beim Vermehren bzw. Vermindern von Werten kann man sich einen Schritt ersparen.
Man **vermehrt** bzw. **vermindert 100 % um** den angegebenen **Prozentsatz**.
Mit diesem neuen Prozentsatz kann man dann den **Prozentwert berechnen.**

Prozentwert in einem Schritt berechnen (Erhöhung)	**Prozentwert in einem Schritt berechnen (Verminderung)**
120 € werden um 10 % vermehrt: 100 % + 10 % = 110 % = 1,1 120 € · 1,1 = 132 € 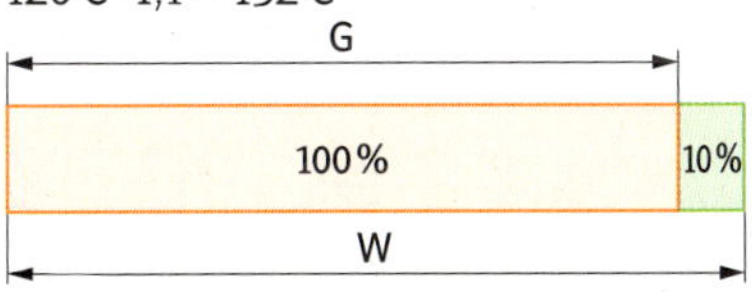 	150 € werden um 15 % vermindert: 100 % – 15 % = 85 % = 0,85 150 € · 0,85 = 127,50 € 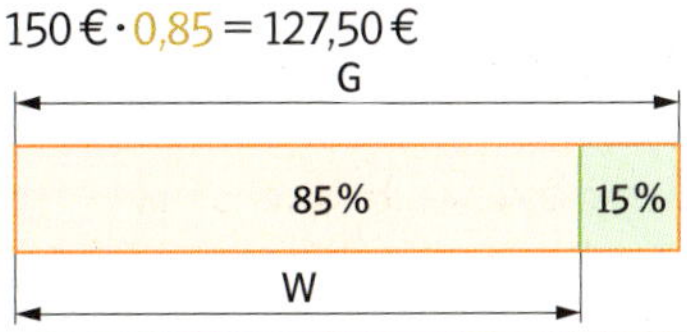

Umgekehrt: Ein um einen gewissen Prozentsatz vermehrter bzw. verminderter Prozentwert ist gegeben. Man kann den **Grundwert berechnen**, indem man **100 %** um den gegebenen **Prozentsatz vermehrt bzw. vermindert** und dann den Prozentwert durch den neuen Prozentsatz **dividiert**.

Grundwert in einem Schritt berechnen (Erhöhung)	**Grundwert in einem Schritt berechnen (Verminderung)**
Eine Ware kostet inkl. MWSt. 240 €. Der alte Preis (100 %) wurde daher um **20 % vermehrt**. 240 € sind also 100 % + 20 % = 120 % = 1,2-fache des alten Preises. 240 € = 1,20 · G ⇒ G = 240 € : 1,20 = 200 € 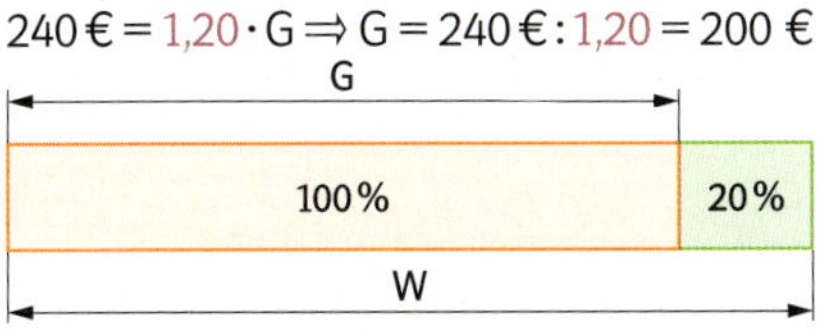 	Eine Ware wurde um **15 % vermindert** und kostet jetzt 170 €: 170 € entsprechen also 100 % – 15 % = 85 % = 0,85-fache des alten Preises. 170 € = 0,85 · G ⇒ G = 170 € : 0,85 = 200 € 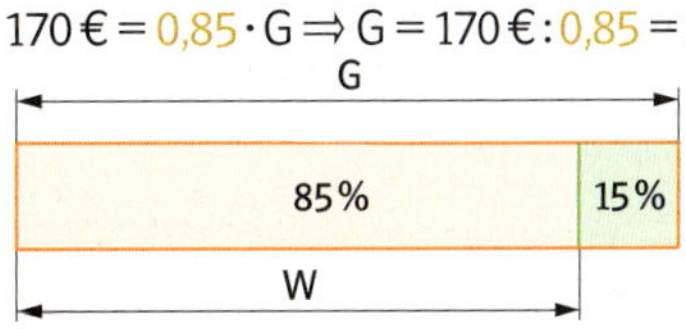

Prozent- bzw. Grundwert in einem Schritt berechnen

Zuerst muss der neue Prozentsatz ermittelt werden:
Prozentsatz erhöhen: **100 % + p %** = (100 + p) % Prozentsatz vermindern: **100 % – p %** = (100 – p) %
Erhöhung: Der Prozentwert bzw. Grundwert kann in einem Schritt berechnet werden, indem mit (1 + p/100) multipliziert bzw. durch (1 + p/100) dividiert wird.
Verminderung: Der Prozentwert bzw. Grundwert kann in einem Schritt berechnet werden, indem mit (1 – p/100) multipliziert bzw. durch (1 – p/100) dividiert wird.

306 Berechne den neuen bzw. ursprünglichen Preis in einem Schritt!

a) Ein Fahrrad um 378 € wird um 8 % teurer.
b) Eine Jacke um 75 € wird um 30 % reduziert.
c) Ein 39-Euro-Computerspiel wird um 18 % billiger.
d) Ein Liter Milch um 1,19 € wird um 3,5 % erhöht.

307
a) Ein Fußball kostet jetzt 35 €. Die Preiserhöhung betrug 13 %.
b) Osterschokolade wird um 20 % verbilligt angeboten und kostet jetzt 2,90 €.
c) Kinokarten sind um 5 % teurer als im Vorjahr und kosten jetzt 11 €.
d) An der Abendkasse des Theaters bekommt man Restplatzkarten 40 % verbilligt um 24 €.

308 Kreuze jeweils an, wie man die fehlende Größe richtig berechnen kann!

a) Ein T-Shirt mit dem Originalpreis von 25 € ist um 15 % verbilligt. Berechne den neuen Preis!
○ **A** $25 \cdot 0{,}15$ ○ **B** $25 \cdot 0{,}85$ ○ **C** $25 - 25 \cdot 0{,}15$ ○ **D** $25 \cdot 15$ ○ **E** $25 \cdot 1{,}15$

b) Die Miete von 635 € wird um 5 % erhöht. Wie hoch ist die neue Miete?
○ **A** $635 \cdot 0{,}05$ ○ **B** $635 \cdot 1{,}5$ ○ **C** $635 \cdot 1{,}05$ ○ **D** $635 + 635 \cdot 0{,}05$ ○ **E** $635 \cdot 0{,}95$

c) Der Wasserverbrauch von 127 Liter pro Tag wurde von Herrn Horvath um 20 % gesenkt. Berechne den neuen Wasserverbrauch!
○ **A** $127 \cdot 0{,}8$ ○ **B** $127 \cdot 1{,}8$ ○ **C** $127 - 127 \cdot 0{,}2$ ○ **D** $127 \cdot 0{,}2$ ○ **E** $127 \cdot 1{,}2$

d) Eine Airline überbucht ihren Flug mit 320 Personen um 10 %. Wie viele Personen wurden gebucht?
○ **A** $320 \cdot 0{,}9$ ○ **B** $320 \cdot 1{,}1$ ○ **C** $320 \cdot 0{,}1$ ○ **D** $320 - 320 \cdot 0{,}9$ ○ **E** $320 \cdot 110$

309 Ein Fahrrad um 820 € wird zuerst um 25 %, anschließend nochmals um 10 % des letzten Preises billiger.

1) Kostet es mehr, weniger oder gleich viel, wenn die Reihenfolge der Verbilligungen umgekehrt ist? Berechne den Endpreis in beiden Varianten und begründe das Ergebnis mit eigenen Worten!
2) Bleibt der verbilligte Preis gleich, wenn das Fahrrad gleich um 35 % ermäßigt wird? Berechne in einem Schritt und interpretiere das Ergebnis!

310 ⊞ Elif meint: „Das Plakat rechts ist falsch, weil $0{,}8 \cdot 1{,}2$ nicht 1 ergibt." Erkläre mit eigenen Worten, warum die mathematische Begründung von Elif richtig ist!

> **Es ist uns gelungen, die Verkaufszahlen zu halten!**
>
> Die Verkaufszahlen unseres Unternehmens sind im Jahr 2017 um 20 % gesunken, nach einer intensiven Werbekampagne aber im darauf folgenden Jahr wieder um 20 % angestiegen.

311 Hannes hat es geschafft, auf dem Bazar ein Geschenk für seine Mutter von 40 Türkische Lira (TRY) auf 33 TRY herunterzuhandeln (1 Euro ≙ 3,7991 TRY).

1) Wie viel Prozent hat er sich erspart?
2) Ändert sich der Prozentsatz, wenn du vor dem Rechnen die Beträge in Euro umrechnest?
3) Der Verkäufer hatte vor maximal 30 % Rabatt zu geben. Berechne diesen Verkaufspreis in einem Schritt! Wie gut hat Hannes verhandelt?

312 ⊞ Familie Krombholz kauft eine neue Kücheneinrichtung. Die vom Tischler hergestellten Möbel kosten 6 180 €, die Geräte 3 050 €. Die Installationskosten für die Geräte betragen 1 420 €. Da die Familie bar bezahlt, bekommt sie Skonti: beim Tischler 3 %, bei den Installationskosten 2,5 %. Für die Geräte wird sogar $\frac{1}{10}$ des Preises nachgelassen.

1) Welchen Gesamtbetrag muss Familie Krombholz zahlen?
2) Wie viel Prozent des ursprünglichen Gesamtbetrages hat die Familie Krombholz gespart?

Mehrwertsteuer (MWSt.)

1) Wie viel Euro beträgt der ermäßigte Preis (exkl. MWSt.)?
2) Wie viel Euro muss der Käufer inklusive 20% MWSt. zahlen?
3) Veranschauliche die Überlegungen zu **1)** und **2)** graphisch!

Beispiel

Ein Computer kostet exklusive Mehrwertsteuer (exkl. MWSt.) 1175 €. Da das Gehäuse des Bildschirms beschädigt ist, wird das Gerät um 15 % verbilligt.

1) Überlegung: Bei 15 % Preisnachlass sind 100 % – 15 % = 85 % = 0,85 von 1175 € zu bezahlen.

Prozentwert in einem Schritt berechnen (Verminderung)
1175 €·0,85 = **988,75 €**
Antwort: Der ermäßigte Preis exkl. MWSt. beträgt **998,75 €.**

Ü: 1175 € ≈ 1200 €: 15 % von 1200 € .... 180 €
→ Der ermäßigte Preis ist ca. 1200 € – 180 € = 1020 €

3) ermäßigter Preis:

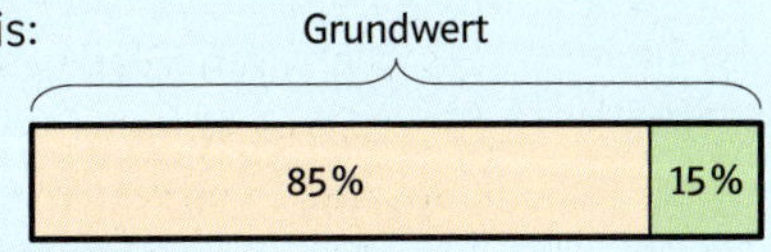

2) Überlegung: : Der Preis von 998,75 € wird um 20 % erhöht: 100 % + 20 % = 120 % = 1,2

Prozentwert in einem Schritt berechnen (Erhöhung)
998,75 €·1,2 = **1198,5 €**
Antwort: Der Computer kostet ermäßigt inkl. MWSt. **1198,5 €.**

Ü: 998,75 € ≈ 1000 €: 20 % von 1000 € .... 200 €
Der Preis inkl. MWSt. beträgt ca. 1000 € + 200 € = 1200 €.

3) Preis inkl. MWSt.

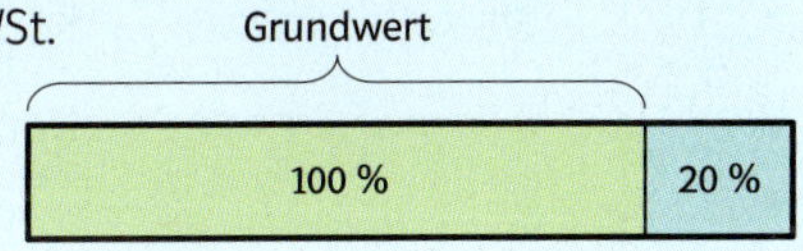

313 Ein Tablet kostet exklusive Mehrwertsteuer 375 €. Es hat einen Kratzer und wird um 25 % reduziert.

314 Eine Maschine kostet exklusive Mehrwertsteuer 1280 €. Dieser Preis wird um 12 % reduziert.

315 Ein Fernseher kostet exklusive Mehrwertsteuer 980 €. Dieser Preis wird um 35 € reduziert.

316 Eine Ware kostet exkl. MWSt. **a)** 48,30 €, **b)** 368 €, **c)** 4250 €, **d)** 3754,50 €.
1) Berechne mit der Schlussrechnung, wie viel Euro die Mehrwertsteuer beträgt!
2) Berechne den Gesamtpreis der Ware inkl. MWSt. in einem Schritt!

317 Stelle allgemein die Erhöhung um die angegebene MWSt. graphisch richtig dar!
a) 20% (Normalbereich)
b) 10% (zB Bücher)
⊞ **c)** 13% (zB Antiquitäten)
⊞ **d)** 19% (zB in Deutschland)

318 Fülle die Lücken so, dass ein mathematisch richtiger Satz entsteht!

a) Wenn ein Preis um 40 % ① werden soll, dann muss man ihn mit ② multiplizieren.

	①
○	vermindert
○	verdoppelt
○	erhöht

	②
○	0,8
○	1,6
○	0,6

b) Wenn ein Preis um 30 % ① wurde, dann erhält man den ursprünglichen Preis, indem man durch ② dividiert.

	①
○	vermindert
○	verdreifacht
○	erhöht

	②
○	1,3
○	0,03
○	0,3

Preisgestaltung

319 Berechne den Verkaufspreis brutto!

	a)	b)	c)
Einkaufspreis	48 €	518 €	925 €
Bezugskosten	3 €	49 €	9 %
Regien	15 %	12 %	11 %
Gewinn	8 %	10 %	11 %
MWSt.	10 %	20 %	20 %

320 Der Preis einer Ware ist inkl. 20 % MWSt. angegeben.
1) Wie viel Euro beträgt der Verkaufspreis netto?
2) Berechne den Selbstkostenpreis, wenn mit 10 % Gewinn gerechnet wurde!

a) 78,5 € b) 372 € c) 835,2 € d) 1136 €

321 Der Einstandspreis für 16 Hosen beträgt 546,34 €. Berechne den Selbstkostenpreis für eine Hose, wenn die Regien 23 % des Einstandspreises betragen!

Preisgestaltung

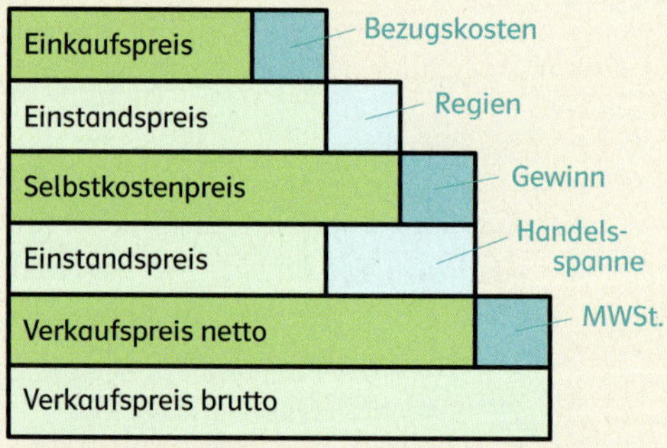

Der **Verkaufspreis einer Ware** setzt sich folgendermaßen zusammen:

1) Einkaufspreis und **Bezugskosten** (zB Transport, Zoll, Versicherung) ergeben den **Einstandspreis**.

2) Einstandspreis und **Regien** (zB Kosten für Löhne, Verkaufsräume, Werbung) ergeben den **Selbstkostenpreis.** (Dieser ist vom Firmenbesitzer zu bezahlen.)

3) Selbstkostenpreis und **Gewinn** machen den **Verbrauchspreis netto** aus.

4) Verkaufspreis netto plus Mehrwertsteuer ergeben den **Verkaufspreis brutto**.

Regien und Gewinn ergeben die **Handelsspanne**.

322 Herr Stein möchte berechnen, um wie viel Euro er ein Paar Schuhe verkaufen muss, damit all seine Kosten gedeckt sind und er auch noch Gewinn erzielen kann.
Er kauft gleich in größeren Mengen ein. Bei einer Firma bezieht er 30 Paar Schuhe um insgesamt 1200 €. Das ist der Einkaufspreis. Dazu kommen noch 5 % Bezugskosten. Herr Stein setzt seine Regien mit 20 Euro pro Schuhpaar fest. Zusätzlich möchte er 15 % Gewinn machen.
1) Berechne schrittweise den Einstandspreis, den Selbstkostenpreis, den Verkaufspreis netto sowie den Verkaufspreis brutto für ein Schuhpaar!
2) Wie hoch ist der Gewinn, wenn er a) alle Schuhe, b) 5 Paar Schuhe verkauft?
3) Um wie viel Prozent ist der Verkaufspreis brutto gegenüber dem Einkaufspreis insgesamt erhöht?

323 Bei einem Laserdrucker wird mit einem Selbstkostenpreis von 362,42 € und einem Gewinn von 12 % kalkuliert.
Berechne den Gewinn und den Verkaufspreis netto!

324 Verbinde den Verkaufspreis netto mit dem zugehörigen Verkaufspreis brutto! Ergänze die fehlenden zwei Bruttopreise!

Nettopreis	A 400 €	B 420 €	C 540 €	D 170 €	E 300 €	F 280 €	G 445 €
Bruttopreis	1 360 €	2 648 €	3 336 €	4 504 €	5 480 €	6	7

2 Zinsenrechnung

interaktive Vorübung b9e68v

AH S. 24

2.1 Jahreszinsen – Zinsen für Teile eines Jahres

Selma hat zu Beginn des Jahres ihr Weihnachtsgeld auf ein neues **Sparbuch** eingezahlt. Ein Jahr später erhält sie einen Sparbuchauszug (rechts). Darauf sieht sie in der ersten Zeile, dass ihr

93340004	EINZ	283301471	14	14 EUR *************500,00+
ZINSEN	NTZU		15	15 EUR **************5,00+
KEST	NTAB		16	16 EUR **************1,25-

Kapital (K_0, eingezahlter Betrag) ____ € beträgt. In der zweiten Zeile kann sie ablesen, dass sie für das Jahr ____ € **Zinsen (Z)** bekommen hat. Der **Jahreszinssatz** ist der Prozentsatz, der angibt, wie viel Prozent des Kapitals pro Jahr als Zinsen vergütet werden. Selma berechnet, dass dieser ____ beträgt.

Selma sieht außerdem, dass ihr zusätzlich 1,25 € Kapitalertragsteuer abgezogen wurden.
Hinweis Über die Kapitalertragsteuer (KESt.) lernst du im Kapitel 2.2. Im Kapitel 2.1 rechnen wir ohne KESt. Im Allgemeinen handelt es sich beim Zinssatz um einen Jahreszinssatz. Die folgenden Erklärungen beziehen sich nur auf Sparbücher (nicht zB auf Girokonten), aber auch hier gibt es in der Verzinsung Unterschiede bei Banken.

Allgemein gilt für die **Berechnung der Jahreszinsen** für ein Kapital K_0 bei einem Zinssatz von p % p. a. folgende Formel: $\mathbf{Z = K_0 \cdot \frac{p}{100}}$
Diese allgemeine Formel gibt die Zinsen allerdings bei normalen Sparbüchern nur näherungsweise an, weil Banken und Sparkassen die Zinsen nicht erst ein Jahr nach der Einzahlung berechnen, sondern jeweils am **Ende des Kalenderjahres**. Die bis zum Ende eines Kalenderjahres berechneten Zinsen werden zum ursprünglichen Kapital dazugeschlagen. Ab dem 1. Jänner des folgenden Jahres wird dann das dadurch höhere Kapital verzinst.
Die Ergebnisse der beiden Rechenverfahren unterscheiden sich allerdings meist nur geringfügig.

Zinsen für Teile eines Jahres

Wird ein Kapital über einen kürzeren Zeitraum als ein Jahr (innerhalb eines Kalenderjahres) verzinst, wird meist so vorgegangen:
Jeder Monat wird mit **30 Tagen** gerechnet, das **(Bank-)Jahr mit 360 (= 30 · 12) Tagen**.
Pro Monat fallen also $\frac{1}{12}$ der Jahreszinsen bzw. pro Tag $\frac{1}{360}$ der Jahreszinsen an.

Zinsen für Teile eines Jahres

Zinsen für ein Jahr: $Z = K_0 \cdot \frac{p}{100}$

Zinsen für einen Monat: $Z = K_0 \cdot \frac{p}{100} \cdot \frac{1}{12}$ **Zinsen für einen Tag:** $Z = K_0 \cdot \frac{p}{100} \cdot \frac{1}{360}$

Zinsen für m Monate: $Z = K_0 \cdot \frac{p}{100} \cdot \frac{m}{12}$ **Zinsen für t Tage:** $Z = K_0 \cdot \frac{p}{100} \cdot \frac{t}{360}$

p % ... Jahreszinssatz

Die **Verzinsung beginnt** mit dem **Tag der Einzahlung** des Sparguthabens und **endet mit dem Tag, welcher der Abhebung vorausgeht. Abhebungen innerhalb von 14 Tagen** werden gar **nicht** verzinst.

325 Berechne die Jahreszinsen für das Kapital K_0 bei einem Zinssatz p. a. von **1)** 3 %, **2)** 2 %, **3)** 4,5 %!
a) $K_0 = 132$ € **b)** $K_0 = 1320$ € **c)** $K_0 = 708$ € **d)** $K_0 = 756$ € **e)** $K_0 = 1780$ €

326 Berechne die fehlende Größe!

	a)	b)	c)	d)	e)	f)
Kapital K	1200 €	22400 €	3550 €	12000 €	13714 €	4800 €
Zinssatz p%	2%	0,5%	2%	1,25%	1,75%	0,25%
Jahreszinsen Z	24 €	112 €	71 €	150 €	240 €	12 €

Beispiel

Berechne die Zinsen für ein Kapital von 1200 € bei einem Zinssatz von 4,5% p.a.
a) für 2 Monate, b) für 15 Tage!

a) $Z = K_0 \cdot \frac{p}{100} \cdot \frac{m}{12}$

$1200\,€ \cdot \frac{4,5}{100} \cdot \frac{2}{12} = 1200\,€ \cdot 0,045 \cdot \frac{1}{6} = 9\,€$

Die Zinsen für 2 Monate betragen **9 €**.

Ü: Zinsen für 1 Jahr: $1200\,€ \cdot 0,05 = 60\,€$

Zinsen für 2 Monate: $\frac{1}{6}$ von $60\,€ = 10\,€$

b) $Z = K_0 \cdot \frac{p}{100} \cdot \frac{t}{360}$

$1200\,€ \cdot \frac{4,5}{100} \cdot \frac{15}{360} = 1200\,€ \cdot 0,045 \cdot \frac{1}{24} = 2,25\,€$

Die Zinsen für 15 Tage betragen **2,25 €**.

Ü: Zinsen für 1 Monat: $60\,€ : 12 = 5\,€$

Zinsen für 15 Tage $\left(\frac{1}{2}\text{ Monat}\right) = 2,50\,€$

327 Berechne die Zinsen für die angegebenen Werte! Runde gegebenenfalls!

	a)	b)	c)	d)	e)	f)	⊞ g)
Kapital	600 €	600 €	600 €	3000 €	756 €	3780 €	a €
Zeitdauer	1 Monat	2 Monate	6 Monate	11 Monate	7 Monate	9 Monate	m Monate
Zinssatz p.a.	4%	3%	2%	3%	$2\frac{3}{4}$%	$3\frac{1}{2}$%	p%

328 Wie kann man berechnen, wie viel Euro nach 5 Monaten auf einem Sparbuch liegen, wenn ursprünglich 3500 € eingezahlt wurden und der Zinssatz 1,75% pro Jahr beträgt? Kreuze an!

- ○ **A** $3500 \cdot \frac{5}{12}$
- ○ **B** $3500 + 3500 \cdot \frac{1,75 \cdot 5}{1200}$
- ○ **C** $3500 + 3500 \cdot \frac{1,75 \cdot 5}{12}$
- ○ **D** $3500 \cdot \frac{1,75 \cdot 5}{1200}$
- ○ **E** $3500 \cdot 1,0175 \cdot \frac{5}{12}$

329

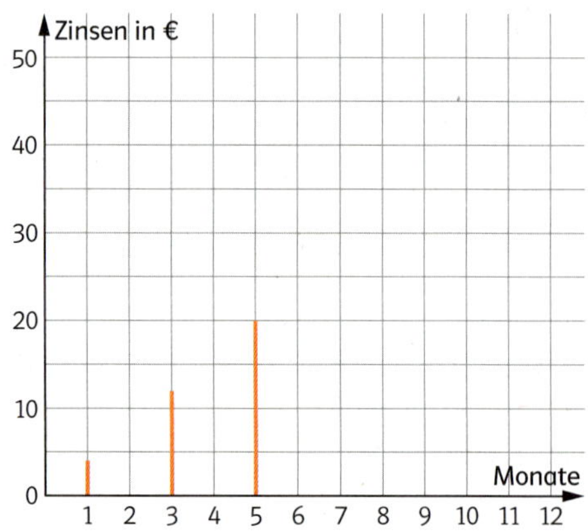

Die Zinsen für einen Monat, für drei Monate und für fünf Monate sind in Form eines Streckendiagramms dargestellt (→ Figur links).

1) Lies die jeweilige Höhe der Zinsen für die drei genannten Zeiträume ab!
2) Zeichne den vermutlichen weiteren Verlauf des Diagramms! Entnimm aus der Zeichnung die Höhe der Zinsen für alle Monate eines Jahres!
3) In welchem Verhältnis steht die Höhe der Zinsen zur Anzahl der Monate?

330 Berechne die Zinsen bei 1,25 % p. a. für ein Kapital von 1 800 € im gegebenen Zeitraum!
a) 95 Tage **b)** 188 Tage **c)** 245 Tage **d)** 330 Tage **e)** 350 Tage

331 Noah hat zu Weihnachten insgesamt 280 € bekommen. 150 € davon legt er auf sein Sparbuch. Insgesamt hat er nun 379 € auf seinem Sparbuch.
Zu seinem Glück wurde der Zinssatz von 1 % p. a. auf 1,75 % p. a. erhöht.
1) Wie viel Euro hat er nach einem Jahr auf seinem Sparbuch?
2) Welche Angaben hast du für **1)** verwendet?
3) Finde eine weitere Aufgabenstellung passend zum Text!

332 Gib an, wie viele Monate das Geld mit einem Jahreszinssatz von 1,5 % auf dem Sparbuch war!

	a)	b)	c)	d)
Kapital	1 500 €	154 €	4 560 €	674,80 €
Zinsen	9,375 €	0,77 €	51,30 €	1,687 €

Tipp
Berechne zuerst die Jahreszinsen!

Schulden und Kredit

333 Frau Adam borgt sich zum Ankauf eines gebrauchten Autos von Herrn Huber 1 200 € zu 6 % p. a., von Frau Kirsch 810 € zu 7 % p. a. und von Frau Stiegler 2 000 € zu 8 % p. a. aus. Die Beträge werden jeweils für 6 Monate ausgeborgt. Wie viel Euro muss Frau Adam insgesamt inklusive Zinsen zurückzuzahlen?

334 Ein Landwirt hat zum Umbau seines Stalles ein Darlehen von K_0 € (einschließlich aller Abgaben) aufgenommen, das er nach m Monaten samt Zinsen zurückzahlt.
1) Wie viel Euro muss der Landwirt insgesamt zurückzahlen (ohne Bearbeitungsgebühr)?
2) Wie viel Euro muss der Landwirt für die **Bearbeitungsgebühr** (1 %) bezahlen? Wie viel Euro bekommt er ausbezahlt?

	a)	b)	c)
Darlehen K_0	13 200 €	26 100 €	8 000 €
Zinssatz p. a.	6 %	5,5 %	7,5 %
m Monate	6 Monate	8 Monate	10 Monate

Bearbeitungsgebühr
Wenn sich jemand bei einer Person oder bei einem Geldinstitut einen Geldbetrag (**Darlehen** genannt) ausborgt, wird er zum **Schuldner** dieser Person bzw. des Geldinstitutes (des **Gläubigers**).
Die Schuldnerin bzw. der Schuldner muss für den geliehenen Betrag **Zinsen** bezahlen.
Vergibt eine Bank einen **Kredit**, muss 1 % bis 2 % **Bearbeitungsgebühr** zusätzlich zu den Zinsen bezahlt werden. Diese wird von der Kreditsumme berechnet und bei der Gewährung des Kredites gleich einbehalten.

335 Linda entdeckt ein Angebot für einen neuen Laptop (→ rechts).
1) Sie fragt nach, was der Stern auf dem Schild bedeutet. Ein Verkäufer erklärt ihr, dass mit 5 % p. a. verzinst wird und eine **Bearbeitungsgebühr** von insgesamt 1 % anfallen. Wie viel Euro kostet der Laptop dann insgesamt?
2) Um zu vergleichen, fragt Linda bei ihrer Bank wegen eines halbjährlichen Kredits für den Laptop an. Dort beträgt der Zinssatz nur 3,5 % p. a. Allerdings wird eine **Bearbeitungsgebühr** von 2 % fällig. Welches Angebot ist besser?

2.2 Kapitalertragsteuer (KESt.)

Selma erinnert sich, dass ihr bei der Einzahlung von 500 € nach einem Jahr 5 € Zinsen gutgeschrieben, aber 1,25 € KESt. abgezogen wurden (vgl. S. 79). Bei einer anderen Einzahlung im Sparbuch stellt sie fest, dass 13,39 € Zinsen gutgeschrieben und 3,35 € KESt. abgezogen wurden. Sie erkennt, dass jedes Mal, wenn sie Zinsen bekommen hat, etwas abgezogen wurde, die so genannte **Kapitalertragsteuer (KESt.)**.

KEST	NTAB	6	6 EUR ***************3,35-
ZINSEN	NTZU	7	7 EUR **************13,39+

Selma will wissen, ob die Zinsen und die KESt. in einem Zusammenhang stehen und überlegt:

	Betrag in €	Prozent
	5,00	100 %
: 5	1,25	?
	1	100 : 5 =
· 1,25	1,25	· 1,25 =

sowie

	Betrag in €	Prozent
	13,39	100 %
: 13,39	3,35	?
	1	100 : 13,39 ≈ 7,47
· 3,35	3,35	· 3,35 ≈

In beiden Fällen beträgt der Anteil der KESt. an den Zinsen ____ %.

In den meisten Staaten der Erde muss man jede Art von Einkommen versteuern. Auch die Zinsen, die man für ein angelegtes Kapital erhält, stellen ein solches Einkommen dar.
Die Steuer dafür beträgt derzeit (2019) in Österreich **25 % der Zinsen** (nicht vom Kapital!) und heißt Kapitalertragsteuer (KESt.). Der entsprechende Betrag wird gleich von der Bank einbehalten und an den Staat abgeführt.

Die Bank berechnet also die Zinsen und zieht die KESt. ab. Man kann aber auch direkt die **tatsächlich gutgeschriebenen Zinsen (also die vereinbarten Zinsen minus 25 %)** berechnen:
Der Staat erhält 25 % der Zinsen. Selma erhält daher nur 75 % von den **vereinbarten Zinsen**:
vereinbarter Zinssatz: 1 % ⟶ tatsächlicher Zinssatz (nach Abzug der KESt.): $1\,\% \cdot 0{,}75 = 0{,}75\,\%$

Für Selma beträgt der **tatsächliche Zinssatz** also nur 0,75 %.
Rechne daher: Tatsächliche Zinsen: $500\,€ \cdot 0{,}0075 = 3{,}75\,€$
Guthabenstand: $500\,€ \cdot 1{,}0075 = 503{,}75\,€$

Wir nennen den nach Abzug der KESt., tatsächlich wirksamen Zinssatz den **„Nettozinssatz"** p_{netto} **%**, die tatsächlich anfallenden Zinsen die **Nettozinsen** Z_{netto}.

Nettozinsen

Nettozinssatz p_{netto} **%** nach Abzug der KESt. vom Bruttozinssatz p %: $p_{netto} = p \cdot 0{,}75$
Die **tatsächlich anfallenden Zinsen** Z_{netto} sind daher: $Z_{netto} = K_0 \cdot \frac{p_{netto}}{100} = Z \cdot 0{,}75$

336 Berechne die Nettozinsen für ein Jahr!

	a)	b)	c)	d)	e)
Kapital K_0	1000	2000	10000	2500	13000
Zinssatz p % p. a.	2 %	2,25 %	$2\frac{3}{4}$ %	5,5 %	8,125 %
Nettozinsen					

 Arbeitsblatt 7fc2ep

337 Auf Lians Sparbuch lagen vor einem Jahr K €. Heute kann er K_1 € abheben (KESt. ist schon berücksichtigt). Wie hoch war der **1)** Nettozinssatz, **2)** der vereinbarte Jahreszinssatz?

a) $K = 600$ €, $K_1 = 611{,}25$ €
b) $K = 1200$ €, $K_1 = 1206{,}75$ €
c) $K = 1800$ €, $K_1 = 1840{,}50$ €
d) $K = 2250$ €, $K_1 = 2271{,}09$ €

338 Kreuze an, welche Informationen du der folgenden Rechnung entnehmen kannst!

$$Z_{netto} = 5000 \cdot 0{,}009375 \cdot \frac{5}{12}$$

- ○ **A** Das Kapital beträgt 5000 €.
- ○ **B** Der Jahreszinssatz beträgt 1,25 %.
- ○ **C** Das Kapital liegt für 5 Monate auf dem Sparbuch.
- ○ **D** Der Jahreszinssatz beträgt 0,9375 %.
- ○ **E** Der Nettozinssatz beträgt 0,9375 %.

339 Michaela eröffnet am 1. Juli ein Sparbuch mit 200 € und einem Zinssatz von 1,5 % p. a. (es verbleiben 180 Zinstage).

1) Berechne die tatsächlich anfallenden Zinsen zwei Jahre später! An den Kalenderjahresenden werden die Zinsen jeweils zum Kapital dazugeschlagen.

2) Berechne die tatsächlich anfallenden Zinsen für zwei Jahre mit der Jahreszinsformel und vergleiche dieses Ergebnis mit dem aus Teilaufgabe **1)**!

340 Timo hat versucht, die Veränderungen auf seinem Sparbuch in den letzten zwei Jahren graphisch darzustellen (→ Graph rechts). Er hat weder Geld abgehoben, noch eingezahlt. Beantworte, ob die folgenden Aussagen richtig oder falsch sind! Stelle die beiden falschen Aussagen richtig!

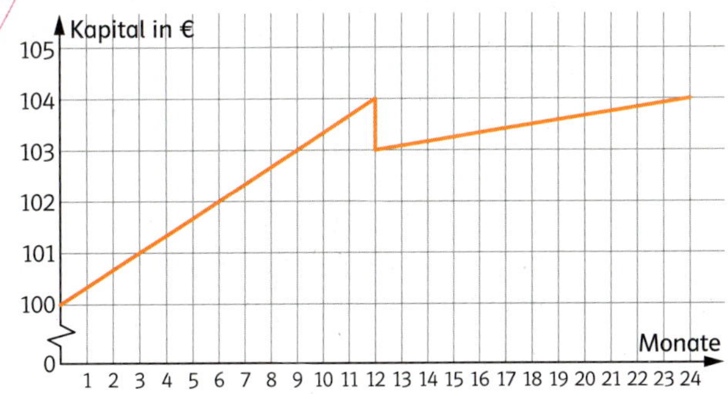

		richtig	falsch	Korrektur
A	Das Startkapital waren 100 €.	○	○	
B	Der Bruttozinssatz in den ersten 12 Monaten betrug 5 %.	○	○	
C	Nach 12 Monaten wurde 1 € KESt. abgezogen.	○	○	
D	Im 2. Jahr war der Zinssatz höher.	○	○	

341 Maximilian bekommt zum Geburtstag am Mittwoch, den 27. September, 200 €. Er legt noch am gleichen Tag das Geld auf ein Sparbuch mit 3,5 % p. a. vereinbarter Verzinsung ein. Mit welchem Guthabenstand kann Kevin an seinem nächsten Geburtstag rechnen? Berücksichtige die KESt.!

1) Rechne mit der Jahreszinsformel!

2) Berechne zunächst die Zinsen bis zum Ende des Kalenderjahres! Schlage dann diese Zinsen zum Kapital dazu und berechne schließlich den Guthabenstand am Tag des nächsten Geburtstages!

engl. AB
zc9m6p

Üben und Sichern

342 Formuliere eine Textaufgabe zur Prozentrechnung, die zur folgenden Rechnung passt!

a) $4500 : 0{,}9 = 5000$ b) $37{,}6 \cdot 0{,}75 = 28{,}2$ c) $245 \cdot 1{,}2 = 294$ d) $11000 \cdot 1{,}001 = 11011$

343 Ordne den Aussagen rechts die passenden Aussagen links zu!

1	Die Strecke wird um 50% gekürzt.	
2	Die Strecke wird um 200% verlängert.	
3	Die Länge einer Strecke wird auf 25% gekürzt.	
4	Die Länge einer Strecke wird um 25% gekürzt.	
5	Eine Strecke wird um 300% verlängert.	
6	Eine Strecke ist um 100% länger als eine andere.	

A	Die Länge der neuen Strecke ist ein Viertel der ursprünglichen Länge.
B	Die neue Strecke ist doppelt so lang.
C	Die neue Strecke ist dreimal so lang.
D	Die neue Strecke ist halb so lang.

344 Die Zinsenrechnung ist ein Anwendungsfall der Prozentrechnung.
Verbinde die zusammengehörigen Begriffe!

Prozentsatz	Kapital
Grundwert	Zinsen
Prozentwert	Zinssatz

345 Ein Kapital von 10 000 € wird zu einem Nettozinssatz von 3,6% p.a. angelegt.

1) Berechne die Zinsen nach 10 Tagen, 20 Tagen, 30 Tagen, … 100 Tagen!
2) Stelle die Höhe der Zinsen in einem Streckendiagramm graphisch dar (→ Aufgabe 329)!
3) Verbinde die oberen Enden der Strecken im Diagramm! Lies dann die Höhe der Zinsen nach 25 Tagen bzw. nach 75 Tagen ab!
4) Berechne die Zinsen für 25 Tage bzw. für 75 Tage! Vergleiche mit den Ergebnissen aus 3)!

346 ⊞ Für ein Kapital K wird der anfängliche Nettozinssatz von 3,5% p.a. nach 5 Monaten (= Jahresende) um 0,75 Prozentpunkte gesenkt. Zu diesem Zeitpunkt werden die bis dahin anfallenden Zinsen dem Kapital zugeschlagen. Berechne den Guthabenstand am Ende des gegebenen Zeitraumes!

Beispiel

K = 3 000 €, nach 9 Monaten

Zinsen nach 5 Monaten: $3000\,€ \cdot \frac{3{,}5}{100} \cdot \frac{5}{12} = 43{,}75\,€$ → Guthabenstand: 3 043,75 €

Zinsen nach weiteren 4 Monaten: $3043{,}75\,€ \cdot \frac{2{,}75}{100} \cdot \frac{4}{12} = 27{,}90104\ldots\,€ \approx 27{,}90\,€$

→ Guthabenstand nach insgesamt 9 Monaten: 3 043,75 € + 27,90 € = **3 071,65 €**

a) K = 480 €, nach 7 Monaten
b) K = 1350 €, nach 8 Monaten
c) K = 5 800 €, nach 10 Monaten
d) K = 840 €, nach 11 Monaten

interaktive Übung
a9x89s

347 Was ist größer: 99% von 19 oder 19% von 99?

348 Auf Patricks Sparbuch liegen am 1. Jänner 547€. Berechne die tatsächlich anfallenden Zinsen (Zinssatz 1,5% p.a.) **a)** bis zu seinem Geburtstag am 16. Oktober, **b)** bis zu seinem Geburtstag im folgenden Jahr!

Hinweis zu **b)**: Berechne zunächst die Zinsen am Ende des Kalenderjahres! Verzinse dann das um diese Zinsen vermehrte Kapital!

349 ICE-Züge fuhren früher mit einer Durchschnittsgeschwindigkeit von 120 km/h. Um wie viel Minuten bzw. um wie viel Prozent verringert sich die Fahrzeit auf einer Strecke von 100 km im Vergleich zur Fahrzeit der alten ICE-Züge? Schätze zuerst!

a) Durch den Ausbau von Hochgeschwindigkeitsstrecken, zB der von Frankfurt nach Köln, kann der ICE 3 dort nun mit durchschnittlich 250 km/h fahren.

b) In Österreich fährt der Railjet streckenweise mit ca. 200 km/h.

350 David hat festgestellt, dass in einer Nussmischung Erdnüsse, Haselnüsse, Pistazien und Mandeln enthalten sind. Er hat genau nachgewogen und den Anteil der verschiedenen Nüsse von einer Packung mit 200 g in einem Prozentstreifen dargestellt.

1) Ermittle mit Hilfe des Prozentstreifens die jeweiligen Anteile!

2) In einer weiteren Packung Studentenfutter findet David 14% Mandeln. Um wie viel Prozentpunkte unterscheidet sich dieser Anteil von dem der Mandeln der ersten Packung?

351 Eine Umfrage kam zu dem Ergebnis, dass 3% der Burschen unter 13 Jahren und 1% der Mädchen unter 13 Jahren schon verbotenerweise Alkohol getrunken haben. Klara bespricht das Ergebnis mit ihrem Bruder. Sie meint: „Bei Burschen unter 13 Jahren ist der Anteil derer, die schon Alkohol getrunken haben, dreimal so hoch wie bei Mädchen!". Ihr Bruder antwortet: „Das kann nicht sein. Es unterscheidet sich doch nur um 2%." Wer hat Recht? Begründe!

352 Ein Computer kostet exkl. MWSt. 605€. Beim Kauf muss man noch 20% MWSt. dazurechnen. Im Räumungsverkauf wird er um 20% billiger angeboten.

1) Wie viel Euro kostet der Computer im Räumungsverkauf? Berechne in einem Schritt!

2) Erkläre, warum der verbilligte Preis nicht 605€ beträgt!

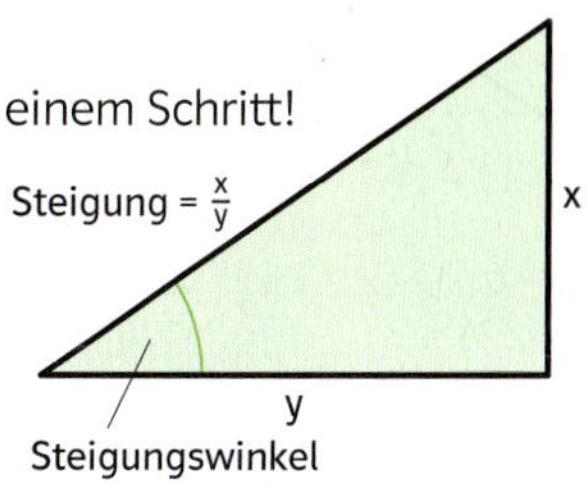

353 Welchem Steigungswinkel entspricht die Steigung von 100%? Überlege mit der Skizze rechts!

354 Die Art und Weise des Lernens sollte die natürlichen Fähigkeiten unseres Gehirns berücksichtigen. Wir merken uns 10% von dem, was wir hören; 30% von dem, was wir sehen; 50% von dem, was wir hören und sehen; 70% von dem, was wir selbst sprechen; 90% von dem, was wir selbst tun.

1) Stelle diese Prozentsätze jeweils in einem Prozentkreis dar!

2) Melanie stellt bei einem Test fest, dass sie sich 15% des Gehörten gemerkt hat. Um wie viel Prozentpunkte unterscheidet sich ihr Ergebnis vom Durchschnitt?

Umkehraufgaben

Beispiel

Welches Kapital bringt bei einem Nettozinssatz von 3 % p.a. in 7 Monaten etwa 42 € Zinsen?
$p\% = 3\%$, $Z = 42$ €, $m = 7$, gesucht: K_0
Setze die gegebenen Werte in die entsprechende Formel ein und berechne dann durch die Umkehroperationen den fehlenden Wert!
Formel: $Z = K_0 \cdot \frac{p}{100} \cdot \frac{m}{12} \rightarrow 42 = K_0 \cdot \frac{3}{100} \cdot \frac{7}{12}$
$42 = K_0 \cdot 0{,}0175 \rightarrow 42 : 0{,}0175 = K_0$
$K_0 = 2400$ €

355 Welches Kapital bringt bei einem Nettozinssatz von 3,5 % p.a. in 330 Tagen etwa 2 000 € Zinsen?

356 In wie viel Monaten bringen 25 000 € bei 4 % p.a. Nettozinssatz die angegebenen Zinsen?
a) 250,00 € **b)** 833,33 € **c)** 500,00 € **d)** 666,67 € **e)** 166,67 €

357 In wie viel Tagen bringen 21 000 € bei 3,5 % p.a. Nettozinssatz die angegebenen Zinsen?
a) 306,25 € **b)** 612,50 € **c)** 183,75 € **d)** 367,50 € **e)** 490,00 €

358 Wie hoch muss der Nettozinssatz p.a. etwa sein, damit **a)** ein Kapital von 500 € in 1 Jahr 20 €, **b)** ein Kapital von 1 000 € in 300 Tagen 25 € Zinsen bringt?

359 ⊞ Welches Kapital bringt bei 4,5 % vereinbarter jährlicher Verzinsung in 5 Monaten einen tatsächlichen Guthabenstand von 200 €? (Rechne mit KESt.!)

360 ⊞
a) Welches Kapital bringt bei 4 % p.a. vereinbarter Verzinsung in 1 Jahr ungefähr 230 € tatsächlich anfallende Zinsen?
b) Welches Kapital bringt bei 3,5 % p.a. vereinbarter Verzinsung in 9 Monaten ungefähr 90 € tatsächlich anfallende Zinsen?
c) Welches Kapital bringt bei 2,5 % p.a. vereinbarter Verzinsung in 315 Tagen ungefähr 75 € tatsächlich anfallende Zinsen?

361 ⊞ Bei einem Bankinstitut wird der anfänglich vereinbarte Zinssatz von 2,75 % p.a. für ein Kapital K nach 4 Monaten um 0,5 Prozentpunkte erhöht.
Berechne den Guthabenstand nach Abzug der KESt. am Ende des angegebenen Zeitraumes!
a) $K = 850$ €, nach insgesamt 6 Monaten **b)** $K = 2430$ €, nach insgesamt 8 Monaten

Zusammenfassung

AH S. 26

Prozentrechnung:
W … Prozentwert G … Grundwert p % bzw. p ‰ … Prozent- bzw. Promillesatz

$$W = G \cdot \frac{p}{100} \quad \text{bzw.} \quad W = G \cdot \frac{p}{1000}$$

Rechnen mit Zinsen:
p % … vereinbarter Zinssatz p.a. **K_0** … Anfangskapital **Z** … Zinsen
Nettozinssatz bei 25 % KESt.: $p_{netto}\% = p\% \cdot 0{,}75$
Zinsen für 1 Jahr: $Z_{netto} = K_0 \cdot \frac{p_{netto}}{100} = Z \cdot 0{,}75$
Zinsen für m Monate: $Z_{netto} = K_0 \cdot \frac{p_{netto}}{100} \cdot \frac{m}{12}$ Zinsen für t Tage: $Z_{netto} = K_0 \cdot \frac{p_{netto}}{100} \cdot \frac{t}{360}$

Wissensstraße

Lernziele: Ich kann . . .

Z 1: den Prozentwert, den Grundwert und den Prozentsatz berechnen.
Z 2: Prozent und Prozentpunkte unterscheiden.
Z 3: Jahreszinsen und Zinsen für Teile eines Jahres sowie Guthabenstände berechnen.
Z 4: die Nettozinsen (Zinsen inkl. KESt.) berechnen.

---

362 Ein Händler gewährt auf ein Fernsehgerät 8 % Rabatt. Wie viel Euro beträgt der ursprüngliche Preis des Fernsehers, wenn der Rabatt 55 € beträgt? **Z 1**

---

363 Der Besitzer eines Fotogeschäftes verkauft eine Digitalkamera um 312 € und muss die inkludierte MWSt. (20 %) an das Finanzamt abliefern. **Z 1**

1) Wie groß ist der Verkaufspreis netto?
2) Wie viel Euro beträgt die MWSt.?

---

364 Antonia und Benedikt verdienen beide gleich viel. Beide beziehen monatlich 1836,50 € brutto. Bei Gehaltsverhandlungen schafft Benedikt eine Gehaltserhöhung von 1,8 %, bei Antonia sind es um 0,25 Prozentpunkte mehr. Wie hoch sind die Bruttogehälter nach der Gehaltserhöhung? **Z 1, Z 2**

---

365 Herr Karl legt 5 200 € auf ein Sparbuch mit 3 % vereinbarter jährlicher Verzinsung ein. Rechne mit KESt.! **Z 2, Z 3, Z 4**

1) Berechne die Zinsen nach 9 Monaten!
2) Wie groß ist sein Guthabenstand nach 9 Monaten?
⊞ 3) Wie groß ist der Guthabenstand nach 9 Monaten, wenn der vereinbarte Zinssatz nach 5 Monaten (= Jahresende) um 0,5 Prozentpunkte erhöht wird?

---

366 Die Bruttozinsen für einen Monat, für zwei Monate und für drei Monate sind in Form eines Streckendiagramms dargestellt (→ Figur rechts). **Z 3**

1) Lies die jeweiligen Höhe der Zinsen für die drei genannten Zeiträume ab!
2) Zeichne den vermutlich weiteren Verlauf des Diagramms! Entnimm aus der Zeichnung die Höhe der Zinsen für alle Monate des Jahres!
3) Das Kapital betrug 1800 €. Berechne den Bruttozinssatz!

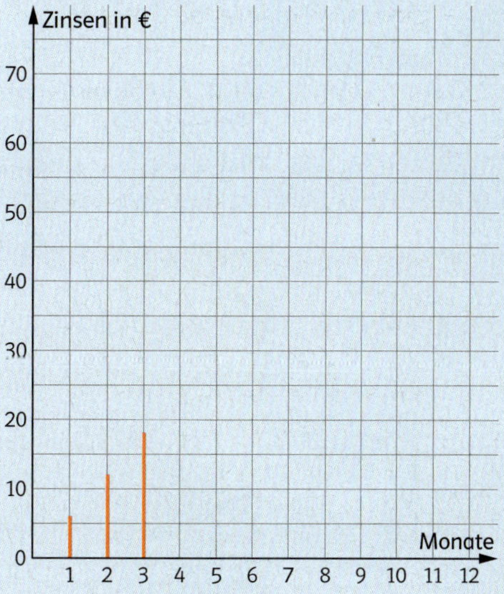

Terme

Al-Khwarizmi und die Algebra

Der bedeutende arabische Mathematiker al-Khwarizmi soll um 780 n. Chr. im heutigen Chiwa in Usbekistan geboren und um 850 n. Chr. in Bagdad gestorben sein. Er schrieb zwei wichtige Bücher:
„Über das Rechnen mit indischen Ziffern“ und „Rechnen durch Ergänzen und Ausgleich“. Im ersten Buch stellte er dem arabischen Kulturraum unser heute gebräuchliches Dezimalsystem vor. Im arabischen Titel des zweiten Buches taucht das Wort „al-jabr“ auf, das in der lateinischen Sprache „algebra“ genannt wurde. So ist das Fremdwort „Algebra“ entstanden. Allerdings verstehen wir heute unter Algebra etwas anderes als damals al-Khwarizmi, nämlich das Rechnen mit Buchstaben und Formeln. Al-Khwarizmi gab zwar einige Verfahren an, um unbekannte Zahlen aus Rätseln zu ermitteln, aber es tauchen bei ihm noch keine Formeln auf.

(Abu Abdallah) Muhammad ibn Musa al-Khwarizmi-Monument in Chiwa, Usbekistan

Zahlen- und Buchstabenrechnen

Erst rund 750 Jahre nach al-Khwarizmi kam der französische Advokat Francois Viète – er nannte sich selbst lateinisch Franciscus Vieta – auf die brillante Idee, statt Zahlen Buchstaben zu schreiben.

Francois Viète wurde 1540 geboren und starb ca. 1603 in Paris. Er war zu dieser Zeit ein sehr einflussreicher Mann in Frankreich. Zuerst arbeitete er als Advokat, später wurde er sogar der Berater der Könige Heinrich III. und Heinrich IV. Politische Intrigen führten dazu, dass er für fünf Jahre die Politik verlassen musste. In dieser Zeit beschäftigte er sich viel mit Mathematik – sehr zum Glück der Algebra. Was ist denn ein Advokat?

Buchstaben als Symbole für Zahlen

Die Idee des Vieta war es, einen Buchstaben, zum Beispiel a, als Symbol für Zahlen zu verwenden.
Dabei hat doch der Buchstabe a für sich selbst gesehen gar nichts mit Zahlen zu tun. Doch wie kam er auf diese Idee und vor allem worin bestand der Sinn dieser Schreibweise? Wenn wir heute das sumerische Schriftzeichen 𒁹 sehen, wüssten wir nicht, dass die Sumerer mit 𒁹 eine Zahl, nämlich 1 meinten, wenn nicht Gelehrte die sumerische Keilschrift entziffert hätten. Genauso hätten arabische Mathematiker vor der Zeit des al-Khwarizmi nicht wissen können, dass die Inder mit dem Symbol 7 eine Zahl meinten und schon gar nicht welche.
So hatte Vieta die Idee, Buchstaben für Zahlen zu schreiben. Zunächst einmal nichts Ungewöhnliches, wirst du sagen. Der tiefere Sinn dieser Schreibweise wird auf den historischen Themenseiten des nächsten Abschnitts (Seite 120, 121) vorgestellt.

Diese Zeichnung ist von Saul Steinberg (1914–1999): Mathematische Begegnung zwischen dem Bekannten, dargestellt durch einen gewichtigen Geschäftsmann, der die Zahl 5 trägt, und der Unbekannten, dargestellt durch eine Frau mit einer Gleichung auf dem Kopf.

Probiert folgendes Zahlenrätsel zu zweit:
Jeder wählt eine beliebige Zahl von 1 bis 6 aus! Stellt euch diese Ziffer dreimal nebeneinandergeschrieben vor! Dividiert diese dreistellige Zahl durch ihre Ziffernsumme! Multipliziert dieses Ergebnis anschließend mit der magischen Zahl 199 und subtrahiert zuletzt 10! Vergleicht eure Ergebnisse!
Was fällt euch auf?
Solltet ihr den Taschenrechner benützt haben, vergesst nicht, diesen am Schluss um 180° zu drehen!

Worum geht es in diesem Abschnitt?

- **Eigenschaften von Termen**
- **Rechnen mit Termen**
- **die drei binomischen Formeln**
- **Herausheben gemeinsamer Faktoren**
- **Termstrukturen**

1 Grundbegriffe der Termrechnung

interaktive Vorübung 6p9gd7

AH S. 27

1.1 Einführung

Während eines Sommergewitters erklärt Ricardos Großvater ihm und seiner Schwester, wie man feststellen kann, wie viel Kilometer ein Gewitter entfernt ist. Man müsse nur die Sekunden zwischen Blitz und Donner zählen und durch 3 dividieren.
Damit Ricardo die Regel nicht vergisst, schreibt er sie auf: Sekunden zwischen Blitz und Donner dividiert durch 3.
Seine Schwester fasst es noch kürzer zusammen: s : 3

Zwischen dem nächsten Blitz und Donner liegen 5 Sekunden. Das Gewitter ist also ca. ______ km entfernt.

Einen Rechenausdruck wie **s : 3** können wir auch als **Rechenanweisung** verstehen.
Solche Rechenausdrücke bzw. Rechenanweisungen nennt man auch **Terme**.

Terme

Ein **Term ist ein sinnvoller mathematischer Ausdruck** (zB eine Rechenanweisung), in dem **Zahlen, Variablen, Rechenzeichen und Klammern** auftreten können.

Beispiele für Terme: 0; $5-\frac{1}{3}$; $(8-5)\cdot 2$; u; $2\cdot x$; $3\cdot a-2\cdot b$; $\frac{a\cdot b}{c}$; A

$\frac{a\cdot b}{c}$ nennt man **Bruchterm**, weil im Nenner eine Variable vorkommt. Hier darf die Variable c nicht null sein. Weitere Beispiele sind: $\frac{z}{y}$, $y \neq 0$; $\frac{x}{z+2}$, $z \neq -2$; $\frac{a+e}{d}$, $d \neq 0$

Wenn beim Multiplizieren von Zahlen und Variablen Missverständnisse ausgeschlossen sind, wird der Malpunkt als Rechenzeichen der Multiplikation weggelassen, zB $2\cdot x = 2x$; $3\cdot a - 2\cdot b = 3a - 2b$

Sinnlose Rechenausdrücke (Rechenanweisungen) wie zB $\frac{7\cdot x}{0}$ oder $5+:4$ bezeichnen wir **nicht** als **Terme**.

Verwendung von Termen

1) Terme können eine **bestimmte Zahl** darstellen. So bezeichnet zB der Term $(8-5)\cdot 2$ die Zahl 6.
2) Der Term $5+3$ kann zB als **Rechenanweisung** („Addiere die Zahlen 5 und 3!") aufgefasst werden.
3) Terme treten auch in **Formeln** auf:
   Der Term $\frac{x\cdot y}{2}$ kann zB als Rechenanweisung für den Flächeninhalt eines rechtwinkligen Dreiecks aufgefasst werden (→ Figur rechts). Er bildet dann die rechte Seite der allgemein gültigen Formel $A = \frac{x\cdot y}{2}$.
   Dabei sind A, x und y Variablen, die für den Flächeninhalt bzw. für die Längen der Katheten eines rechtwinkligen Dreiecks stehen.

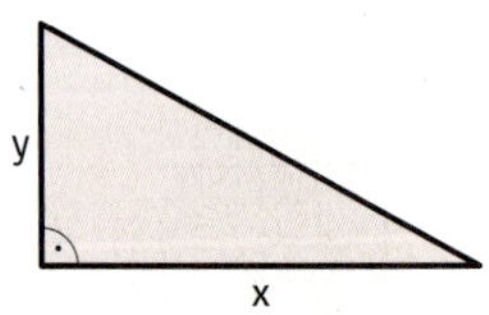

4) Auch in **Gleichungen** wie zB $3\cdot x + 2 = 14$ treten links und rechts des Gleichheitszeichens Terme auf. Gleichungen bzw. Formeln bestehen also jeweils aus **zwei Termen**, die durch ein Gleichheitszeichen verbunden sind.

Bezeichnungen für Terme

1) **Eingliedrige Terme**, zB: $5x$, $\frac{2}{3}y$, $-3z$, $2ab$, …

2) **Zweigliedrige Terme** (auch **Binome** genannt), zB: $\underbrace{a}_{\text{1. Glied}} + \underbrace{b}_{\text{2. Glied}}$, $\underbrace{x^3}_{\text{1. Glied}} \underbrace{- 3y}_{\text{2. Glied}}$, $\underbrace{\frac{1}{2}a}_{\text{1. Glied}} \underbrace{- \frac{1}{3}b}_{\text{2. Glied}}$

Bemerkung: bi (lat.) … zwei; nomen (lat.) … Name

3) **Drei- oder mehrgliedrige Terme**, zB: $\underbrace{5a}_{\text{1. Glied}} \underbrace{- b^2}_{\text{2. Glied}} \underbrace{+ 2d}_{\text{3. Glied}}$, $\underbrace{2x}_{\text{1. Glied}} \underbrace{+ 0{,}8y}_{\text{2. Glied}} \underbrace{- 3z^2}_{\text{3. Glied}} \underbrace{+ 10}_{\text{4. Glied}}$

Die Zahlen, die als Faktor vor den Variablen stehen (zB: 5 bei $5x$, $\frac{2}{3}$ bei $\frac{2}{3}y$, …) heißen **Koeffizienten** (Vorzahlen). Wenn die Zahl 1 als Koeffizient auftritt, kann man sie weglassen, zB: $1 \cdot n = 1n = n$

367 Kreuze alle Ausdrücke an, bei denen es sich um einen Term handelt!

a)	○ A $3a - 2b$	○ B $\frac{x}{0}$	○ C $\frac{4}{3b}$	○ D $4 + f - g$	○ E b
b)	○ A c^2	○ B $e-$	○ C $\frac{4z}{3} + 5$	○ D $7 + \cdot\ 4x$	○ E $-p$
c)	○ A $b^4 - b^2$	○ B $u + 0$	○ C $\frac{7}{0b}$	○ D $74x$	○ E $9u$
d)	○ A $8a$	○ B $\frac{x}{9+5}$	○ C $\frac{4}{7} - n$	○ D 0	○ E $p \cdot -3$

368 Gib drei verschiedene Beispiele für jede Termart an!

369 Ordne den jeweiligen Termarten die passenden Terme zu! Schreibe dazu die Buchstaben in das Feld!

a)

1	eingliedriger Term	
2	Binom	
3	mehrgliedriger Term	

$7x - 3y$	A
$\frac{2}{4}z$	B
$9 - x$	C
$6f + 0{,}9i + \frac{2}{9}z$	D
$6x + 4y + 4$	E

b)

1	eingliedriger Term	
2	Binom	
3	mehrgliedriger Term	

$3a^2 + (-4a)$	A
$4a^2 + 6b + \frac{7}{2}$	B
$3a^3 + 4b$	C
$\frac{6}{0x}$	D
$-x^4 : 6$	E

370 Begründe, warum man beim Multiplizieren zweier natürlicher Zahlen im Gegensatz zum Multiplizieren mit Variablen den Malpunkt nicht weglassen darf!

371 Schreibe den Koeffizienten der Variablen in das nebenstehende Kästchen!

Beispiel $3x - 7$ → 3

a) $\frac{7}{4} + x$ ☐	c) $x + 4$ ☐	f) $3 - x$ ☐
b) $-9x + 6$ ☐	d) $8 + \frac{2x}{3}$ ☐	g) $\frac{9+x}{4}$ ☐
	e) $\frac{x}{7} - 4$ ☐	h) $\frac{5-4x}{7}$ ☐

1.2 Wert eines Terms

Carmen nimmt sich vor, für ihre Geburtstagsfeier 8 € pro Person auszugeben. Der Term, der ihre Ausgaben bei g Gästen beschreibt, lautet: $T(g) = 8 \cdot g$
Sie überlegt sich, wie viel Euro sie für unterschiedliche Anzahlen von Gästen bezahlen muss.
Wenn sie 3 Gäste einlädt ($g = 3$), muss sie   € bezahlen. Für 4 Gäste ($g = 4$) bezahlt sie   € und für 5 Gäste ($g =$)   €.

Oft ist es nützlich, einen Term zu benennen, zB $8 \cdot g = T(g)$ (sprich: „T von g").
Das in **Klammer** gesetzte g deutet an, dass der Term die **Variable** g enthält. Der **Name des Terms** ist T.

In diesen Term kann man für g Zahlen einsetzen, zB $g = 2 \Rightarrow T(2) = 8 \cdot 2 = 16$
Man sagt: Der **Wert des Terms** $T(g)$ **für** $g = 2$ **ist** $T(2) = 16$.
Es können auch negative Zahlen für Variablen eingesetzt werden.

Beispiel: $T(x) = 3x + 5$, $x = -3{,}5 \rightarrow T(-3{,}5) = 3 \cdot (-3{,}5) + 5 = -5{,}5$

Hinweis Es gibt auch Terme, bei denen nicht jede beliebige Zahl für die Variable eingesetzt werden darf (→ Bruchterme S. 112).

Wert eines Terms

Werden für die **Variablen** eines Terms **Zahlen** eingesetzt, kann man den **Wert des Terms** berechnen.

372 Gib den Wert der einzelnen Terme für **a)** $x = 2$, **b)** $x = -2$, **c)** $x = 3$, **d)** $x = -3$ an!
1) $T(x) = 2x$ **2)** $T(x) = -4x$ **3)** $T(x) = 1{,}4x$ **4)** $T(x) = \frac{1}{2}x$ **5)** $T(x) = -\frac{2}{3}x$ **6)** $T(x) = -\frac{5}{8}x$

373 Setze für die Variablen die links in der Tabelle stehenden Zahlen ein und berechne den Wert des Terms!

	r	s	$r \cdot (2 \cdot s + 5)$	$r \cdot 2 \cdot s + 5$	$r \cdot 2 + 5 \cdot s$	$s \cdot (2 \cdot r + 5)$
a)	1	2				
b)	2	−3				
c)	$\frac{1}{2}$	$-\frac{1}{2}$				
d)	3,5	0,5				

374 **1)** Setze für die Variable im Term eine beliebige Zahl ein!
2) Wie ändert sich der Wert des Terms, wenn du die Zahl um 1 vergrößerst bzw. um 1 verkleinerst? Überprüfe deine Vermutung durch eine Rechnung!

a) $T(a) = 3a$ **c)** $T(c) = 9 - 3{,}6c$ **e)** $T(e) = \frac{4+e}{3}$
b) $T(b) = 6b - 5$ **d)** $T(d) = \frac{4}{7} + d$ **f)** $T(f) = \frac{7-5f}{8}$

375 Welche drei der fünf Terme nehmen den Wert 11 an, wenn man (−3) für z einsetzt? Kreuze an!

a)
- ○ **A** $17+2\cdot z$
- ○ **B** $(16\cdot z+9)\cdot(16\cdot z+9)$
- ○ **C** $2{,}8\cdot z+19{,}4$
- ○ **D** $\frac{48-z}{3}-6$
- ○ **E** $\frac{-9\cdot z-5}{-2}$

b)
- ○ **A** $9+2\cdot z$
- ○ **B** $(-1)\cdot(z-8)$
- ○ **C** $\left(z+\frac{17}{2}\right)\cdot 2$
- ○ **D** $(3\cdot z+2)\cdot(-1)$
- ○ **E** $4\cdot(-z)-1$

376 Setze für die Variable **1)** 2, **2)** 0, **3)** −2, **4)** 7, **5)** −5 ein!

a) $T(a)=a^2+3$
b) $T(b)=4b^2$
c) $T(c)=2c^2-1$
d) $T(c)=4d^3$
e) $T(e)=e^2+1$
f) $T(f)=f^2-f-1$
g) $T(g)=-g^2+2g+1$
h) $T(h)=(2h+1)^2$
i) $T(i)=(i-1)^3$

377 Welche Werte haben die Terme links? Ordne die richtigen Buchstaben zu!
Die Buchstaben können auch öfter zugeordnet werden.

a)

1	$T(z)=11z-10$	
2	$T(x)=x^2-2x$	
3	$T(u)=u^3$	
4	$T(y)=-y^2$	

A	$T(2)=-4$
B	$T(-1)=-1$
C	$T(0)=0$
D	$T(1)=1$

b)

1	$T(z)=6z^2$	
2	$T(x)=4x-1$	
3	$T(u)=-3u^3$	
4	$T(y)=y^2+y+1$	

A	$T(0)=0$
B	$T(-2)=24$
C	$T(2)=7$
D	$T(1)=3$

378 Gegeben ist der Term $T(n)=5+2\cdot n$. Wenn du der Reihe nach 1, 2, 3, … für n einsetzt, erhältst du eine Zahlenfolge.
a) Schreibe die ersten zehn Glieder der Zahlenfolge auf! Was fällt dir bei dieser Zahlenfolge auf? Erkläre mit Hilfe des **Sprachbausteins**!
b) Wie lautet **1)** das 15. Glied, **2)** das 50. Glied, **3)** das 100. Glied dieser Folge?
⊞ **c)** Das wie vielte Glied hat **1)** den Wert 21, **2)** den Wert 45, **3)** den Wert 75?

Sprachbaustein

Das erste Folgenglied **lautet** …

Die **weiteren** Folgenglieder sind jeweils um … größer/kleiner als das **vorherige**.

Man erhält das jeweils **nächste Folgenglied**, **indem man** zum vorherigen … addiert/vom vorherigen … subtrahiert.

379 Berechne die Werte der Zahlenfolge, wenn du für n der Reihe nach 1, 2, 3, … 10 einsetzt! Was fällt dir dabei auf? Erkläre mit Hilfe des **Sprachbausteins**!

a) $T(n)=6\cdot n-3$
b) $T(n)=100-n$
c) $T(n)=12+3\cdot n$
d) $T(n)=3\cdot n-12$
e) $T(n)=n+6$
f) $T(n)=6\cdot n+3$

380 Gib die nächsten drei Zahlen der Zahlenfolge an und erkläre mit Hilfe des **Sprachbausteins**, wie man von einer Zahl zur nächsten kommt!

a) 3, 8, 13, …
b) 15, 11, 7, …
c) 1, 6, 36, …
d) (−1), 3, (−9), …
e) 5, 20, 80, …
f) 400, −100, 25, …
⊞ **g)** 1, 4, 13, 40, …
⊞ **h)** 2, 22, 242, …

1.3 Aufstellen von Termen, Formeln und Gleichungen

In der 1. und 2. Klasse waren Bernhard und Larissa in derselben Klasse, jetzt besuchen sie unterschiedliche Schulzweige und sind deshalb in Parallelklassen. Larissa erzählt Bernhard: „In meiner neuen Klasse sind viel mehr Buben als Mädchen!“ Bernhard will es genauer wissen, deshalb erklärt Larissa: „Die Anzahl der Buben ist um vier größer als die doppelte Anzahl der Mädchen.“
Bernhard möchte dies durch eine Gleichung beschreiben und wählt Variablen: b… Anzahl der Buben; m … Anzahl der Mädchen

Text	Mathematische Sprache
Die doppelte Anzahl der Mädchen	$2 \cdot$ ___
… um vier vermehrt …	$2 \cdot$ ___ + ___
… ergibt die Anzahl der Buben	$b =$ ___ + ___

Die **Gleichung** $b = 2 \cdot m + 4$ gibt den Zusammenhang allgemein mit Hilfe der **Variablen** b und m wieder. Beim Einsetzen von $m = 8$ wird daraus die Gleichung $b = 2 \cdot 8 + 4$, wobei sich der Wert für b leicht ausrechnen lässt. Wenn in dieser Klasse $m = 8$ Mädchen sind, dann gibt es $b =$ ___ Buben.

Larissa ergänzt nun: „In meine Klasse gehen jetzt 18 Buben.“ Nun entsteht folgende Gleichung: $18 = 2m + 4$. Hier hält die Variable m den Platz für eine (vorerst noch) unbekannte Zahl frei. Deswegen heißt m in diesem Zusammenhang auch „**Unbekannte**“. Erst wenn man die Gleichung löst, weiß man, wie viele Mädchen m in Larissas Klasse gehen: ___

Beim Lösen von Textaufgaben kann das Aufstellen von **Formeln** und **Gleichungen** hilfreich sein. Formeln und Gleichungen sind ein wichtiger Teil der **Sprache der Mathematik.**

Auch **Rechenregeln** und Formeln lassen sich mit Hilfe von Variablen kurz und übersichtlich aufschreiben, zB: $\frac{a}{b} \cdot \frac{c}{d} = \frac{a \cdot c}{b \cdot d}$; $a \cdot (b + c) = a \cdot b + a \cdot c$; $A = \frac{a \cdot b}{2}$; $s = v \cdot t$
Wofür dienen diese Rechenregeln bzw. Formeln? Welche Bedeutung haben die einzelnen Variablen jeweils?

___

Ersetzen von Variablen durch Zahlen

Wenn man **Variablen durch Zahlen** ersetzt, muss man beachten:
1) **Dieselbe Variable** darf in einer Rechnung nur durch **dieselbe Zahl** ersetzt werden.
2) **Verschiedene Variablen** können sowohl **durch verschiedene**, als auch durch **dieselben Zahlen** ersetzt werden.

D **381** Schreibe den Text zunächst in Form einer Gleichung! Berechne dann die Unbekannte!
a) Addiert man zu einer Zahl x die Zahl 35, so ergibt sich 73.
b) Subtrahiert man von der Hälfte einer Zahl w die Zahl 84, so ergibt sich 11.
c) Multipliziert man die Summe von 4 und 3 mit einer Zahl x, erhält man 105.

I **382** Erfinde zu der gegebenen Gleichung zwei verschiedene Texte! Berechne dann die Unbekannte!
a) $a + 200 = 1225$ b) $12 \cdot a = 1800$ c) $2 \cdot a - 400 = 12\,000$

383 Finde zu jedem Textbaustein den entsprechenden Term! Trage den passenden Buchstaben ein!

1	Vorgänger einer Zahl	
2	Nachfolger einer Zahl	
3	das n-fache einer Zahl	
4	eine gerade Zahl	
5	eine ungerade Zahl	
6	eine Zahl t teilt die Zahl n	

A	$2 \cdot a + 1$
B	$a - 1$
C	$n \cdot a$
D	$a + 1$
E	$2 \cdot a$
F	$a \cdot t = n$

384 Stelle zunächst eine Gleichung auf und begründe anschließend folgende Aussagen!
a) Wenn eine ungerade Zahl um 1 vermindert wird, entsteht eine gerade Zahl.
b) Wenn eine gerade Zahl um 4 vermehrt wird, entsteht wieder eine gerade Zahl.

385 Schreibe als Term und berechne den Wert des Terms!
a) Dividiere die Summe der Zahlen (−4,3) und +1,8 durch 0,5!
b) Dividiere das Produkt der Zahlen $\left(-2\frac{2}{3}\right)$ und $1\frac{1}{5}$ durch $\frac{4}{5}$!
c) Dividiere das Produkt der Zahlen (−3) und $\left(-4\frac{3}{4}\right)$ durch die Summe der Zahlen $2\frac{1}{2}$ und $2\frac{1}{4}$!
d) Dividiere die Summe der Zahlen (−1,6) und (−0,8) durch das Produkt der Zahlen 0,6 und (−2)!

386 Schreibe als Term!
a) Multipliziere a mit 2 und addiere b!
b) Multipliziere die Summe von a und b mit 2!
c) Dividiere die Differenz von c und d durch 2!
d) Dividiere d durch 2 und subtrahiere c!

387 Schreibe als Term unter Verwendung von Variablen!
a) Summe aus einer Zahl und 14
b) Differenz aus −6 und einer Zahl
c) Produkt dreier Zahlen
d) Quotient zweier Zahlen

388 Schreibe als Term unter Verwendung von Variablen!
a) Umrechnung von Grad Fahrenheit in Grad Celsius: Subtrahiere von der Temperatur in Grad Fahrenheit die Zahl 32 und dividiere das Ergebnis durch 1,8!
b) Als Erwachsener wirst du doppelt so groß sein wie mit 2 Jahren.
c) Das Normalgewicht in Kilogramm entspricht deiner Körpergröße in Zentimeter minus 100.

389 Stelle den passenden Term auf und überprüfe durch Einsetzen selbst gewählter Zahlen!
1) Gegeben ist die Zahl r. Wie lautet **a)** die unmittelbar nachfolgende ganze Zahl, **b)** die um 3 größere Zahl, **c)** die um s größere Zahl?
2) Gegeben ist die Zahl s. Wie lautet **a)** das Doppelte, **b)** das Dreifache, **c)** das x-fache, **d)** die Hälfte, **e)** ein Fünftel dieser Zahl?

390

Beispiel

Schreibe eine zweiziffrige Zahl mit der Zehnerziffer z und der Einerziffer e!
$T = z \cdot 10 + e$, zB $35 = 3 \cdot 10 + 5$

a) Schreibe eine dreiziffrige Zahl mit der Hunderterziffer h, der Zehnerziffer z und der Einerziffer e!
b) Schreibe eine vierziffrige Zahl mit der Zehnerziffer z und der Tausenderziffer t!

391 Schreibe die zum Term gehörende Rechenanweisung in Worten auf!

a) $17-4x$ **b)** $rs:(r-s)$ **c)** $5\cdot(b+3)$ **d)** $x+\frac{1}{x}$ **e)** $(a+16):4$ **f)** $ab-\frac{a}{b}$ **g)** $z\cdot(z+1)\cdot(z+2)$ **h)** $(c+d):(c-d)$ ⊞ **i)** z^2+3z ⊞ **j)** $(u+3)\cdot u^3$

392 Drücke die Rechengesetze bzw. Rechenregeln mit Worten aus!
Schreibe diese Regeln und Gesetze mit Hilfe von Variablen auf!

a) Regel für das Addieren einer negativen Zahl zu einer Zahl a
b) Regel für das Subtrahieren einer negativen Zahl von einer Zahl a
c) Regel für das Erweitern von Brüchen
d) Regel für das Dividieren zweier Bruchzahlen in Bruchform

Sprachbaustein

- Die Gleichung **beschreibt** den **Zusammenhang** von…
- Der Term **gibt** ___ an.
- Die **Bedeutung** des Terms ___ ist…
- In diesem **Kontext bedeutet** ___, dass…
- Der **Ausdruck** ___ beschreibt…

Interpretation von Termen

Verwende zum Interpretieren der Ausdrücke den **Sprachbaustein**!

393 Im Kino sind b Buben und m Mädchen. Was bedeuten folgende Beziehungen zwischen b und m?

a) $b=m$ **b)** $m=3\cdot b$ **c)** $b=m+1$ **d)** $m=b-2$ **e)** $m=\frac{b}{2}$ **f)** $b=\frac{m}{2}-1$

394 Ein Biobauer verkauft an einem Markttag insgesamt x kg Erdäpfel und y kg Zwiebeln.
1 kg Erdäpfel kostet a €, 1 kg Zwiebeln kostet b €.

1) Was bedeutet $x+y$?
2) Mit welcher Formel kann man angeben, wie viel Euro der Bauer mit dem Verkauf der Zwiebeln eingenommen hat?
3) Was bedeutet $a\cdot x+b\cdot y$?

395 Eine Firma hat für ein Produkt fixe Kosten K und pro Stück Produktionskosten P.

1) Was bedeutet der Term $P\cdot x$, wenn x die produzierte Stückzahl ist?
2) Mit welchem Term können die Gesamtkosten G für z Stück angegeben werden?
3) Gib die gesamten Kosten G für **a)** 100 **b)** 450 **c)** 8 400 Stück des Produkts an, wobei K = 8700 € und P = 22 € sind!

Tipp

Falls du dir nicht sicher bist, was ein Term bedeutet, probiere verschiedene Zahlen für die Variablen aus! Diese Ergebnisse sind oft einfacher zu interpretieren.

396 Eine Taxirechnung besteht aus fixen Kosten a, den Kosten pro Kilometer b und dem Trinkgeld c.

1) Was kann der Term $a+b\cdot x$ bedeuten?
2) Gib einen Term für die Kosten einer Taxifahrt inklusive Trinkgeld an!
3) Wähle sinnvolle Zahlen für a, b und c aus! Berechne anschließend die gesamten Kosten für eine Taxifahrt für **a)** 10, **b)** 25 und **c)** 50 km!

397 Eine Katze braucht viel Schlaf. x bezeichnet die Anzahl der Stunden, die eine Katze durchschnittlich pro Woche schläft.

1) Interpretiere den Term in diesem Zusammenhang!
2) Berechne den Wert des Terms für x = 77 h, x = 84 h, x = 105 h!

a) $x:7$ **b)** $x\cdot 52$ ⊞ **c)** $\frac{31x}{7}$

Variable in Beweisen

Beispiel

Bilde die Summe fünf aufeinander folgender Zahlen! Was fällt dir auf? Begründe deine Antwort! Überprüfe den Satz durch ein selbstgewähltes Beispiel!

Beim Bilden dieser Summe ist es vorteilhaft, die Zahl in der Mitte mit n zu bezeichnen:

1. Zahl:	$n-2$	zB: 6
2. Zahl:	$n-1$	7
3. Zahl:	n	8
4. Zahl:	$n+1$	9
5. Zahl:	$n+2$	10
Summe:	$5\cdot n$	40 → $5\mid 40$

Antwort und Begründung: Die Summe beträgt $5\cdot n$ und **ist stets durch 5 teilbar**, weil **jedes Vielfache von 5 durch 5 teilbar** ist.

398 **1)** Überprüfe den Satz durch entsprechende selbstgewählte Zahlen!
2) Beweise den Satz allgemein!
a) Die Summe 3 aufeinander folgender Zahlen ist stets durch 3 teilbar.
b) Die Summe 7 aufeinander folgender Zahlen ist stets durch 7 teilbar.
c) Die Summe aus einer Zahl, ihrem Vorgänger und ihrem Nachfolger ist stets durch drei teilbar.
d) Die Summe zweier beliebiger ungerader Zahlen ist stets durch 2 teilbar (dh. sie ist gerade).

399 Erkläre den Trick! Multipliziere deine Schuhgröße mit 2 und addiere danach 39! Diese Summe wird mit 50 multipliziert und zum Ergebnis ist 69 zu addieren. Nun ziehe dein Geburtsjahr ab! Du erhältst eine vierstellige Zahl mit deiner Schuhgröße an der Tausender- und Hunderterstelle und deinem Alter an der Zehner- und Einerstelle.

Hinweis Die Zahl 69, die laut Angabe zu addieren ist, gilt für das Jahr 2019. Im Jahr 2020 ist 70 zu addieren, im Jahr 2021 dann 71 usw.

400 Mit Legosteinen kann man tolle Muster bauen. Das Bild zeigt die ersten Schritte für ein Muster.
1) Erkläre mit Hilfe des **Sprachbausteins** das Muster und wie viele Noppen es im nächsten oder übernächsten Schritt hat!
2) Stelle einen Term auf, der die Anzahl der Noppen für n Schritte beschreibt!

a)

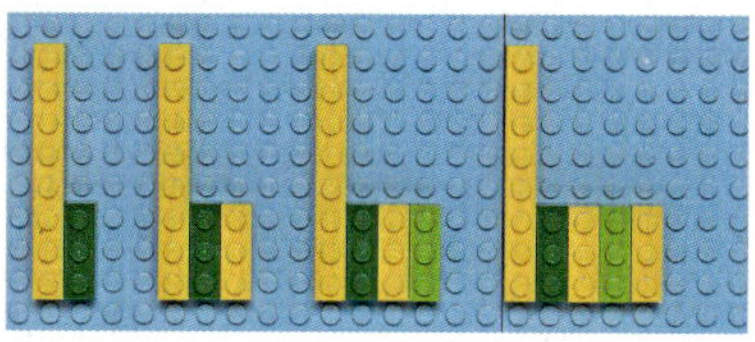

Hinweis 1. Schritt: $8+3$
2. Schritt: $8+3+3=8+2\cdot 3$
3. Schritt: $8+3+3+3=8+3\cdot 3$
n. Schritt: ______

b)

Sprachbaustein

Im ersten Schritt wurden ___ Steine mit insgesamt ___ Noppen verwendet.
Im zweiten/dritten/nächsten/übernächsten Schritt kommen ___ Steine/kommt ein Stein mit ___ Noppen dazu.
Für jeden weiteren Schritt braucht man ___ Steine/einen Stein mit ___ Noppen.

c)

Aus der Geometrie

401 Ein Turm besteht aus 1, 2, 3, … x Würfeln. Wie viele Flächen f sind in der Zeichnung bei den Türmen sichtbar?
Wie viele Flächen wären bei x Würfeln insgesamt sichtbar?
Stelle einen Term auf!

402 Es sollen Kantenmodelle aus Draht hergestellt werden.

1) Gib die Länge l des (mindestens) benötigten Drahtes mit Hilfe der Variablen a an!

2) Wie lang muss der Draht mindestens sein, wenn a = 8,5 cm ist?

a)

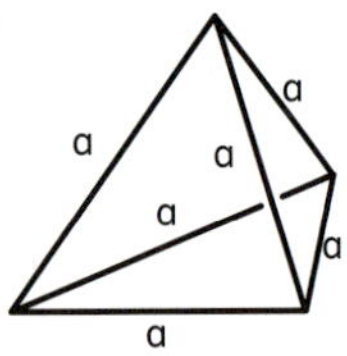

b)

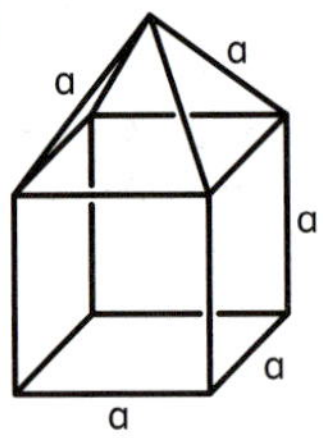

c)

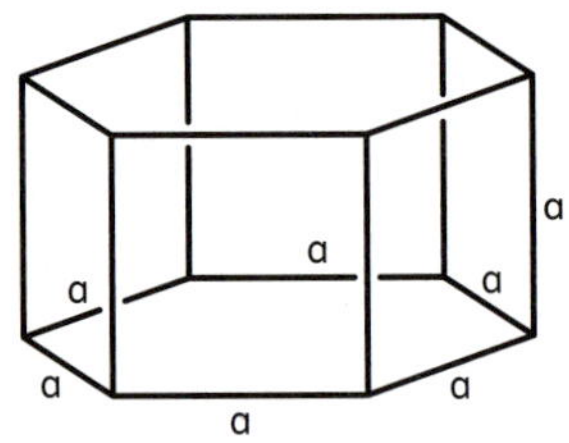

403 Gib eine Formel **1)** für den Umfang, **2)** für den Flächeninhalt der gefärbten Fläche an!

a)

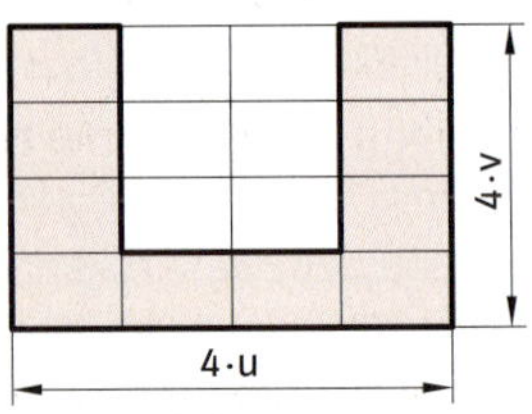

b)

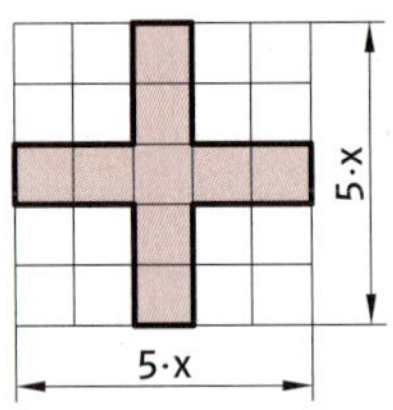

c)

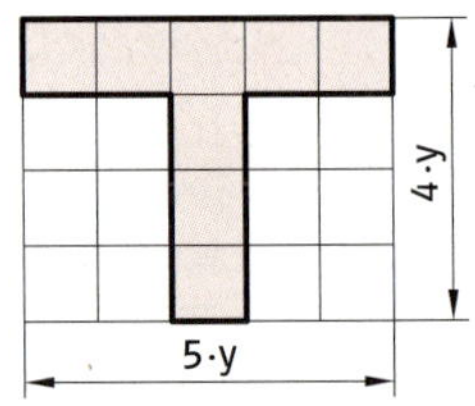

404 Stelle eine Formel **1)** für den Umfang, **2)** für den Flächeninhalt des dargestellten Grundstücks auf!
3) Überprüfe deine Formeln durch Einsetzen der angegebenen Größen!

a)

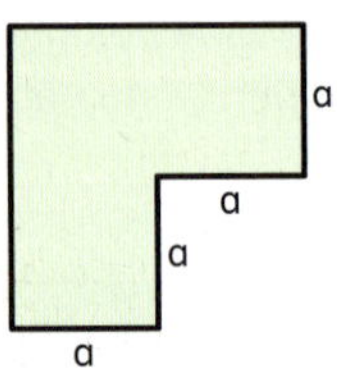

a = 50 m

b)

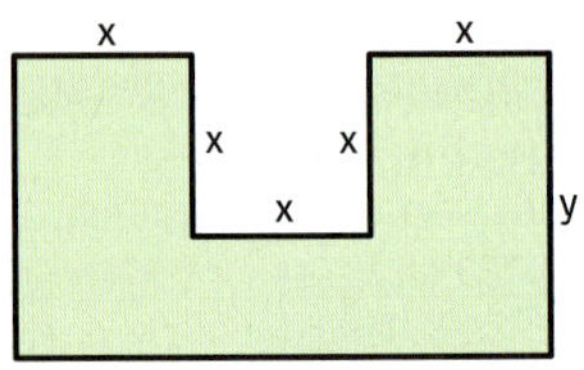

x = 22 m
y = 35 m

c)

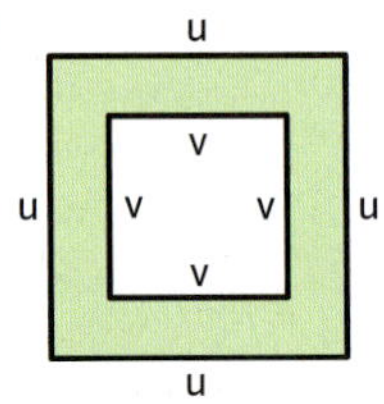

u = 86 m
v = 43 m

405 Um ein rechteckiges Beet mit der Länge a und der Breite b soll ein Steinplattenweg der Breite x angelegt werden.

1) Stelle einen Term für den Flächeninhalt des Weges auf!

2) Der Gärtner möchte den Weg doppelt so breit anlegen, dabei aber die Maße des Beetes nicht verändern. Er wundert sich, dass die Materialkosten für die Steinplatten für den doppelt so breiten Weg mehr als doppelt so hoch sind. Warum ist das so?

3) Um das abgebildete Grundstück (mit dem Weg) wird ein Zaun errichtet. Gib einen Term für die Länge des Zauns an!

2 Rechnen mit Termen

interaktive Vorübung cz3w7t

AH S. 29

2.1 Addieren und Subtrahieren von Termen

Aylin löst eine Hausaufgabe über die Bettenanzahl einer Jugendherberge, in der es kleine Zimmer mit a Betten und größere Zimmer mit b Betten gibt. Für jedes Stockwerk ist die Anzahl der kleinen und großen Zimmer gegeben:

1. Stock: 2 kleine Zimmer und 1 großes Zimmer
2. Stock: 1 kleines Zimmer und 3 große Zimmer
3. Stock: 3 kleine Zimmer und 5 große Zimmer

Dachgeschoß: 1 kleines und 1 großes Zimmer

Aylin stellt einen langen Term für die Bettenanzahl auf:

$\underbrace{2a + b}_{\text{1. Stock}} + a +$ ______

Sie hätte sich auch Folgendes überlegen können:
Es gibt insgesamt ______ kleine Zimmer mit a Betten, also ______ · a und ______ große Zimmer mit b Betten, also ______ · b. Daher gibt es insgesamt ______ Betten.

Dasselbe Ergebnis hätte sie erhalten, wenn sie im langen Term oben die **Ausdrücke zusammenfasst**, die jeweils a bzw. b enthalten.

Unterschiedliche Variablen können beim Addieren/Subtrahieren **nicht zusammengefasst** werden!

Prinzipiell kann man mit Termen und Variablen **genauso rechnen wie mit Zahlen**. Es gelten also dieselben Rechengesetze, die du schon früher kennen gelernt hast:

- **Kommutativgesetz:** $a + b = b + a$, $a \cdot b = b \cdot a$
- **Assoziativgesetz:** $(a + b) + c = a + (b + c)$, $(a \cdot b) \cdot c = a \cdot (b \cdot c)$
- **Distributivgesetz:** $(a + b) \cdot c = a \cdot c + b \cdot c$, $(a - b) \cdot c = a \cdot c - b \cdot c$
- **Klammerregel:** Was in Klammern steht, muss zuerst berechnet werden.
- **Vorrangregel:** Die Punktrechnung kommt vor der Strichrechnung.

Das **Addieren** bzw. **Subtrahieren** von **Potenzen** haben wir im Abschnitt C noch nicht betrachtet. Potenzen können addiert bzw. subtrahiert werden, wenn die **Basis und die Hochzahl übereinstimmen**, zB $a^2 + a^2 = 2a^2$, $2b^3 + b^3 + b^3 = 4b^3$, $4c^2 - c^2 = 3c^2$

Auflösen von Klammern

Steht vor der Klammer ein Pluszeichen, kannst du einfach das **Assoziativgesetz** anwenden. Der Wert der Summe ändert sich nicht, wenn man Summanden beliebig zu Teilsummen zusammenfasst: $\mathbf{a + (b + c) = (a + b) + c = a + b + c}$

Beispiel: $T_1(x) = 5x + (2x + 4) = (5x + 2x) + 4 = 5x + 2x + 4 = 7x + 4$
$T_2(x) = 3x + (4x - 3) = (3x + 4x) - 3 = 3x + 4x - 3 = 7x - 3$

Pluszeichen vor der Klammer

Steht **vor einem Klammerausdruck** ein **Pluszeichen**, so können die **Klammern** beim Vereinfachen des Terms **weggelassen** werden.

$a + (b + c) = a + b + c$ $\qquad$ $a + (b - c) = a + b - c$

Steht vor der Klammer ein Minuszeichen, benötigen wir folgende **Rechenregel der Subtraktion**: Treten in einer Rechnung mehrere Subtrahenden auf, so kann man die Subtrahenden zunächst addieren. Dann zieht man die erhaltene Summe vom Minuenden ab: $\mathbf{a - b - c = a - (b + c)}$
Diese Rechenregel gilt auch umgekehrt: $\mathbf{a - (b + c) = a - b - c}$

Beispiel: $T_3(x) = 6x - (2x + 3) = 6x - 2x - (+3) = 4x - 3$
$T_4(x) = 7x - (4x - 3) = 7x - 4x - (-3) = 3x + 3$

Minuszeichen vor der Klammer

Steht vor einem Klammerausdruck ein Minuszeichen, so müssen beim Auflösen der Klammer die Rechenzeichen Plus und Minus, die innerhalb der Klammer waren, geändert werden.

$\mathbf{a - (b + c) = a - b - c}$ $\qquad$ $\mathbf{a - (b - c) = a - b + c}$

Zur **Kontrolle (Probe)** einer Termrechnung setzt man für die Variablen Zahlen ein. Dabei setzt man sowohl im **Anfangsterm (Angabe)** als auch im **Endterm (Ergebnis)** für dieselbe Variable jeweils dieselbe Zahl ein. Wenn du richtig gerechnet hast, muss sich bei dem Anfangsterm und beim Endterm dieselbe Zahl ergeben.

Beispiel

$\underbrace{(2 + 3a) - (5 - a)}_{\text{Anfangsterm}} = 2 + 3a - 5 + a = \underbrace{4a - 3}_{\text{Endterm (Ergebnis)}}$

Probe für $a = 3$: Anfangsterm: $(2 + 3 \cdot 3) - (5 - 3) = 11 - 2 = 9$
Endterm: $4 \cdot 3 - 3 = 12 - 3 = 9$

Beachte: Beim **Ausführen der Probe** werden die **Klammern nicht aufgelöst.**
Zunächst wird der Wert in den Klammern berechnet. So können Fehler vermieden werden.

Hinweis Eine völlige Sicherheit kann uns die Probe nicht geben. Fehler könnten einander aufheben und der Wert des Anfangs- und Endterms können zufällig übereinstimmen. Wenn die beiden Werte bei der Probe nicht übereinstimmen, liegt aber sicher ein Fehler vor.

Tipp

Wähle bei der Probe einfache Zahlen zB 2 oder 3, aber niemals die 0!
Es ist besser für unterschiedliche Variablen auch unterschiedliche Zahlen einzusetzen!

406 Vereinfache die Terme! Vergiss nicht auf die Probe!

a) $c + c + f + f + f =$ ______ **c)** $t + 2 - t + 2 - t - 2 + t + 2 =$ ______
b) $s + t + s + s + s =$ ______ **d)** $3 + 3 - s - s - 4 - s + 5 + s =$ ______

407 **a)** $b + 3b + 5b + 2b =$ ______ **c)** $10x - 7x - 2x + 5x =$ ______
b) $2q + 8q - q - 5q =$ ______ **d)** $4p + 12p - 16p + 3p =$ ______

408 **a)** $2 + k - 5 =$ ______ **c)** $2x - 3y + x - y =$ ______ **e)** $6h - 5 - 3 + 7h =$ ______
b) $2m + 9 - 3m =$ ______ **d)** $20r - 7s - 20r =$ ______ **f)** $-2e + 3f - 4e =$ ______

409 **a)** $0{,}08u + 0{,}12u - 0{,}2u =$ **c)** $2{,}8v - 3{,}5v + 4v =$ **e)** $5{,}1z + z - 1{,}3z =$
b) $3{,}15x - 4{,}03x - 1{,}28x =$ **d)** $-1{,}4y + 5{,}2y - 8y =$ **f)** $-2{,}8s + s - 5{,}9s =$

410 **Beispiel**

$\mathbf{m^2 + 3n^3 + 4m^2 - n^3} = m^2 + 4m^2 + 3n^3 - n^3 = \mathbf{5m^2 + 2n^3}$

a) $x^2 + x^2 + x^2 + y^2 + y^2 =$ **c)** $3c^2 + 4c^2 - c^2 + 9d + 5d - d =$ **e)** $f + f^2 - 2f + 3f^2 =$
b) $d^3 + 3d^3 + 4d^3 + e^2 - 3e^2 =$ **d)** $3w + 4w - w + 3r^2 - r^2 =$ **f)** $u^3 - u^2 + 2u^3 + 3u^2 =$

411 Jeweils drei Kärtchen passen zusammen. Kreise mit passenden Farben ein! Ein Kärtchen bleibt übrig.

$T(e) = 2e + \frac{e}{2}$ | $T(e) = 5e:3$ | $T(2) = 5$ | $T(3) = 5$ | $T(e) = 2\frac{1}{2} \cdot e$

$T(1) = 3$ | $T(e) = \frac{5e}{6}$ | $T(e) = \frac{2e}{3} + e$ | $T(e) = \frac{e}{2} + \frac{e}{3}$ | $T(3) = 2{,}5$

Gib den vereinfachten Term an! Führe die Probe mit einer selbst gewählten Zahl durch!

Beispiel

$\frac{5a}{3} + \frac{2a}{5} = \frac{25a}{15} + \frac{6a}{15} = \frac{25a + 6a}{15} = \frac{31a}{15} = \frac{31}{15}a$

Probe: $a = 2$, Anfangsterm: $\frac{5 \cdot 2}{3} + \frac{2 \cdot 2}{5} = \frac{50}{15} + \frac{12}{15} = \frac{62}{15}$

Endterm: $\frac{31}{15} \cdot 2 = \frac{62}{15}$

412 a) $\frac{7b}{3} - \frac{3b}{4} =$ c) $\frac{2x}{3} - \frac{4x}{5} =$ e) $\frac{3u}{4} - \frac{5u}{6} =$ g) $\frac{7b}{8} - \frac{b}{2} =$

b) $\frac{5v}{6} - \frac{5v}{3} =$ d) $\frac{3a}{4} - \frac{5a}{8} =$ f) $\frac{y}{5} - \frac{7y}{4} =$ h) $\frac{3z}{7} + \frac{5z}{14} =$

413 a) $3z - \frac{2z}{5} =$ b) $t + \frac{3t}{4} =$ c) $\frac{5e}{4} - 2e =$ d) $\frac{2f}{3} - 3f =$

414 a) $u^2 - \frac{1}{2}u^2 + \frac{u^2}{3} =$ b) $\frac{2}{3}v^2 - \frac{5v^2}{6} + v^2 =$ c) $\frac{3}{5}x^3 - \frac{7}{10}x^3 + \frac{x^3}{2} =$ d) $y^4 - \frac{3}{4}y^4 - \frac{5y^4}{8} =$

415 a) $\frac{m}{5} - 8 + \frac{2}{3}m - 2 =$ b) $\frac{2}{3}n^2 + 9 - \frac{n^2}{6} - 5 =$ c) $\frac{4p^3}{5} + 7 - \frac{3p^3}{10} - 11 =$ d) $\frac{q^2}{4} - 1 - \frac{3q^2}{5} + \frac{1}{5}$

416 a) $\left(\frac{4k}{9} + \frac{2k}{3}\right) \cdot 3$ b) $\left(\frac{3x}{4} - \frac{7x}{8}\right) \cdot 4$ c) $\left(-\frac{3b}{7} + \frac{b}{2}\right) \cdot (-3)$ d) $\left(\frac{2d}{5} - \frac{9d}{10}\right) \cdot (-4)$

417 Ordne den angegebenen Termen den jeweils zugehörigen vereinfachten Term zu! Schreibe dazu die Buchstaben in das leere Feld!

1	$5x - 3u + 2x + 8u =$	
2	$4x - (3u + 2x) + 9u =$	
3	$(7u + 2u) - 9x + 3x =$	
4	$7u - 5x - (3u - 2x) =$	

A	$6u + 2x$
B	$9u - 6x$
C	$10u - 7x$
D	$6u + 6x$
E	$4u - 3x$
F	$5u + 7x$

Vereinfache die Terme!
Fasse jeweils gleich nach dem Auflösen einer Klammer so weit wie möglich zusammen!
Ordne in den Ergebnissen die Variablen nach dem Alphabet!
Versuche, die bei den einzelnen Rechenschritten verwendeten Rechenregeln zu formulieren!

418 Führe jeweils die Probe für $a = 3$ durch!

a) $2a + (a + 2) =$ c) $2a + (2 - 3a) =$ e) $7 - (3 + a) =$ g) $5a^2 - (3 + 7a^2) =$

b) $2a - (a + 2) =$ d) $2a - (5a - 2) =$ f) $5 - (9 - a) =$ h) $-5a^3 - (3 - a^3) =$

419 a) Führe die Probe für $p = 2$ durch!
$6 + (8p + 4) + 3p + (12p + 5) =$

b) Führe die Probe für $q = 3$ durch!
$5q + (2 + 7q) + (4q + 11) + 6 =$

c) Führe die Probe für $n = 2, p = 1, x = 5$ durch!
$(2n + 9p + 3x) + (7x + n + 2p) + (5p + x + 8n) =$

d) Führe die Probe für $a = 1, b = 2, c = 3$ durch!
$(a^2 + 2b^2 + c) + (2a^2 + 3b^2 + 2c^2) + (4c + a^2) =$

420 Kreuze die richtigen Vereinfachungen an! Markiere, wo bei den anderen der Fehler liegt!

○ **A** $\left(r-\frac{3}{4}s\right)-\left(\frac{5}{8}r+2s\right)=r-\frac{3}{4}s-\frac{5}{8}r-2s=r-\frac{5}{8}r-\frac{3}{4}s-2s=\frac{3}{8}r-2\frac{3}{4}s$

○ **B** $\left(r+\frac{3}{4}s\right)-\left(\frac{5}{8}r-2s\right)=r+\frac{3}{4}s-\frac{5}{8}r-2s=r-\frac{5}{8}r+\frac{3}{4}s-2s=\frac{3}{8}r-1\frac{1}{4}s$

○ **C** $-\left(r+\frac{3}{4}s\right)+\left(\frac{5}{8}r-2s\right)=-r+\frac{3}{4}s+\frac{5}{8}r-2s=-r+\frac{5}{8}r+\frac{3}{4}s-2s=-\frac{3}{8}r-1\frac{1}{4}s$

○ **D** $-\left(r-\frac{3}{4}s\right)-\left(\frac{5}{8}r+2s\right)=-r+\frac{3}{4}s-\frac{5}{8}r-2s=-r-\frac{5}{8}r+\frac{3}{4}s-2s=-\frac{13}{8}r-1\frac{1}{4}s$

421 Vereinfache den Term! Führe die Probe mit selbst gewählten Zahlen durch!

a) $\left(a-\frac{5}{6}b\right)+\left(\frac{5}{8}a+3b\right)=$

b) $\left(3x-\frac{2}{4}y\right)-\left(\frac{5}{9}x+0{,}5y\right)=$

c) $\left(\frac{1}{2}x^2-0{,}75y^2\right)-\left(\frac{1}{6}x^2+2y^2\right)=$

d) $\left(-8u+\frac{3}{7}v\right)-\left(\frac{5}{8}u+9v\right)=$

e) $-\left(2g^2-\frac{7}{3}h^2\right)+\left(-\frac{7}{4}g^2-h^2\right)=$

f) $-\left(\frac{2}{5}m^2+\frac{1}{9}n^2\right)-\left(\frac{1}{7}m^2-0{,}9n^2\right)=$

Vereinfache die Terme!

422 Führe die Probe für $x=3$, $y=2$ durch!

a) $2x+5y-(y-3x+2)+(x-8)=$

b) $8-4x+5y+(9x-6y)-(7y-7)=$

c) $3x-8y+(2x+3y-4)-(7x-4y-4)=$

d) $4x^2-3y+(12y-2x^2)-5y+x^2=$

e) $(6-5x^2)-2y+2x^2-(4-3x^2-7y)=$

f) $(2y-3+4x)-y-(2x+y-3)=$

g) $(-3x+7)-(5+2y)-(4-3x)=$

h) $(3x^2-4x+7y)-(5x+11y)=$

423 Führe die Probe für $a=1$, $b=3$ durch!

Beispiel

$\mathbf{4a^2+[5b-2a^2-(3a^2-4b)]}=4a^2+[5b-2a^2-3a^2+4b]=$
$=4a^2+[9b-5a^2]=4a^2+9b-5a^2=-a^2+9b$

Probe für $a=1$, $b=3$:

Anfangsterm: $4\cdot1^2+[5\cdot3-2\cdot1^2-(3\cdot1^2-4\cdot3)]=4+[15-2-(3-12)]=4+[13-(-9)]=$
$=4+[13+9]=4+22=26$

Endterm: $-(+1)^2+9\cdot3=-1+27=26$

Hinweis In manchen Termen treten „verschachtelte“ Klammerausdrücke auf. Dies wird meist so verdeutlicht, dass die „innerste“ Klammer rund geschrieben wird. Eckige Klammern „umgreifen“ dabei die runden Klammern. Sind auch geschwungene (geschweifte) Klammern vorhanden, so „umgreifen“ diese die eckigen Klammern. Man muss zuerst die runden, dann die eckigen und zuletzt die geschwungenen Klammern auflösen.

a) $4a-[3a+5b-(a+b)]=$

b) $4a+[3a-(5b-a)+b]=$

c) $a^2-[4a-(a^2+b)+2b]=$

d) $a-[3a+4b+(a-b)]=$

e) $a-[3a-(4b+a)-b]=$

f) $2b^2-[a^2-(4b^2+a^2)+b^2]=$

g) $a-3a-[4b+(a-b)]=$

h) $a-\{3a-[4b-(a-b)]\}=$

i) $a^2-\{4b^2-[b^2-(a^2+b^2)]\}=$

424 Führe die Probe für $x=2$, $y=3$, $z=1$ durch!

a) $7x-3y-z-5x-2y-z=$

b) $7x-3y-z-(5x-2y-z)=$

c) $7x-3y-(z-5x)-(2y-z)=$

d) $7x-[3y-z-(5x-2y-z)]=$

e) $7x-\{3y-[z-(5x-2y-z)]\}=$

f) $7x-\{3y-[z-5x-(2y-z)]\}=$

425 Löse zuerst die Klammern auf, vereinfache anschließend!

a) $\frac{2u}{3}+\left(\frac{3v}{4}-\frac{5u}{6}+\frac{7v}{8}\right)=$

b) $\frac{4u^2}{5}+\frac{v^2}{3}-\left(\frac{4u^2}{15}-\frac{5v^2}{9}\right)=$

c) $\frac{2u}{3}+\left[\frac{3v}{4}-\left(\frac{5u}{6}+\frac{7v}{8}\right)\right]=$

d) $\frac{4u^2}{5}-\frac{v^2}{3}-\left(\frac{4u^2}{15}-\frac{5v^2}{9}\right)=$

e) $\frac{2u}{3}-\left[\frac{3v}{4}-\left(\frac{5u}{6}+\frac{7v}{8}\right)\right]=$

f) $\frac{4u^2}{5}-\left[\frac{v^2}{3}-\left(\frac{4u^2}{15}-\frac{5v^2}{9}\right)\right]=$

2.2 Multiplizieren von Termen

Familie Hofer will im Garten einen kleinen Swimmingpool bauen lassen. Florian hätte gerne ein richtig großes Schwimmbecken, dreimal so lang und fünfmal so breit wie das von seinen Eltern geplante. Er überlegt, wie groß die Fläche wäre, die das Becken im Garten einnimmt, wenn die Länge des kleineren Pools a und seine Breite b wäre.

Der Flächeninhalt des kleinen Beckens wäre: A = ____

Als Hilfe macht er eine Zeichnung:
Die Länge des großen Beckens wäre demnach ____ $\cdot a$ und die Breite ____ $\cdot b$.

Der Flächeninhalt des neuen Beckens wäre also ____ $\cdot$ ____.

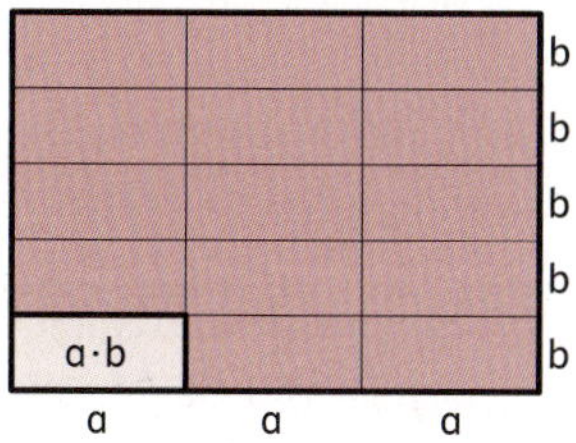

Mit Hilfe der Abbildung kann Florian auch erkennen, dass der Flächeninhalt $15 \cdot a \cdot b$ sein muss. Tatsächlich erhält Florian genau $15ab$, wenn er die Koeffizienten miteinander multipliziert und die Variablen als Faktoren beibehält: $3a \cdot 5b = 3 \cdot a \cdot 5 \cdot b = (3 \cdot 5) \cdot (a \cdot b) = 15ab$

Florians Zeichnung ist eine **geometrische Darstellung der Multiplikation** $3a \cdot 5b$. Diese Veranschaulichung gilt nur für positive Zahlen a, b, da es ja keine negativen Streckenlängen gibt. Treten in einer Multiplikation verschiedene Variablen auf, so ordnet man sie nach dem Alphabet.

Hinweis Um Fehler zu vermeiden, wird ein Produkt wie $-3a \cdot -5b$ in der Form $(-3a) \cdot (-5b)$ geschrieben. Rechenzeichen und Vorzeichen dürfen nicht direkt aneinander stoßen!

Multiplizieren mit eingliedrigen Termen

Wird ein mehrgliedriger Term mit einem eingliedrigen multipliziert, wird das Distributivgesetz angewendet. Man sagt: Die **Klammer** wird **ausmultipliziert**.

Beispiel: $(3a + 2b) \cdot d = 3a \cdot d + 2b \cdot d = 3ad + 2bd$

$2m \cdot (3t - 5z + 7u) = 2m \cdot 3t - 2m \cdot 5z + 2m \cdot 7u = 6mt - 10mz + 14mu$

Multiplizieren mit mehrgliedrigen Termen

Auch für das Multiplizieren mit mehrgliedrigen Termen gilt das Distributivgesetz. Hier wird es mehrmals angewendet:

1. Art:

$(a + b) \cdot (c - d) =$

$= a \cdot (c - d) + b \cdot (c - d) =$

$= a \cdot c - a \cdot d + b \cdot c - b \cdot d = \mathbf{ac + bc - ad - bd}$

2. Art:

$(a + b) \cdot (c - d) =$

$= (a + b) \cdot c - (a + b) \cdot d =$

$= a \cdot c + b \cdot c - (a \cdot d + b \cdot d) = \mathbf{ac + bc - ad - bd}$

Wir können diese Rechnung auch graphisch als Flächeninhalt des grünen Rechtecks veranschaulichen:
$A = (a + b) \cdot (c - d)$ aber auch
$\mathbf{A = a \cdot c + b \cdot c - a \cdot d - b \cdot d}$

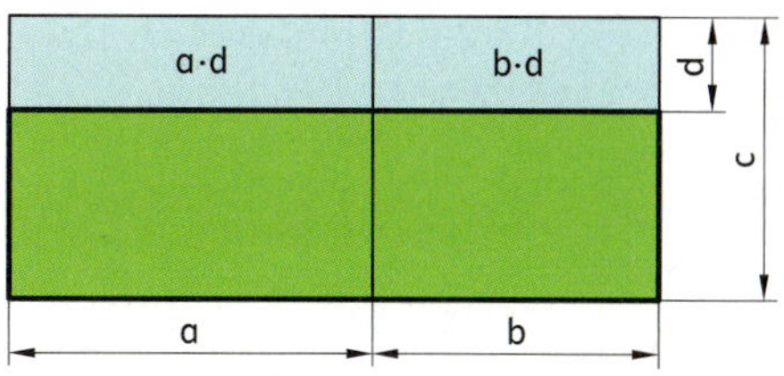

Multiplizieren von Potenzen mit gleicher Basis

Beispiel: $k^3 \cdot k^2 = (k \cdot k \cdot k) \cdot (k \cdot k) = k \cdot k \cdot k \cdot k \cdot k = k^5$, **kürzer:** $k^3 \cdot k^2 = k^{3+2} = k^5$

Potenzieren eines Produktes

Beispiel: $(5x)^3 = 5x \cdot 5x \cdot 5x = 5 \cdot 5 \cdot 5 \cdot x \cdot x \cdot x = 5^3 \cdot x^3 = 125x^3$, **ACHTUNG!** $(5x)^3 \neq 5x^3$

$(a \cdot b)^3 = a \cdot b \cdot a \cdot b \cdot a \cdot b = a \cdot a \cdot a \cdot b \cdot b \cdot b = a^3 \cdot b^3$

Multiplizieren von Termen

Zwei mehrgliedrige Terme werden miteinander multipliziert, indem man **jedes Glied** des ersten Terms mit **jedem Glied** des zweiten Terms **multipliziert**.

Multiplizieren von Potenzen mit gleicher Basis: $a^r \cdot a^s = a^{r+s}$ $(r, s \in \mathbb{Z}^+)$
Potenzieren eines Produktes: $(a \cdot b)^n = a^n \cdot b^n$ $(n \in \mathbb{Z}^+)$

Dabei sind die **Vorzeichenregeln** zu beachten.

426 Stelle die Multiplikation graphisch durch ein Rechteck dar (→ Figur auf Seite 103 unten)!
a) $2x \cdot 3y$ **b)** $5a \cdot b$ **c)** $4z \cdot 4z$ **d)** $u \cdot 3v$

Vereinfache die Terme! Beachte gegebenenfalls die Vorrangregeln!

Beispiel

$\mathbf{3 \cdot z \cdot 4 \cdot z} = 3 \cdot 4 \cdot z \cdot z = 12 \cdot z \cdot z = 12z^2$

Tipp

Multipliziere zuerst die Zahlen!
Fasse alle gleichen Variablen zusammen!

427 **a)** $2 \cdot r \cdot 4 \cdot s =$ **b)** $w \cdot 6 \cdot v \cdot 4{,}5 =$ **c)** $4 \cdot p \cdot 3 \cdot q \cdot 7 =$ **d)** $10 \cdot r \cdot 1{,}5 \cdot s \cdot 4 =$ **e)** $2{,}3 \cdot p \cdot r \cdot 7$ **f)** $x \cdot 4{,}2 \cdot y \cdot 3{,}15$

428 **a)** $u \cdot 3 \cdot u^2 =$ **b)** $v^2 \cdot 16 \cdot v =$ **c)** $w \cdot w^2 \cdot 31 =$ **d)** $6 \cdot x^2 \cdot 5 \cdot x =$

429 **Beispiel**

$\mathbf{3a^2 + (3 \cdot a)^2} = 3a^2 + 9a^2 = 12a^2$

a) $(2s)^2 - 2s^2 =$ **b)** $(2t)^3 - 2t^3 =$ **c)** $(2u)^4 - 2u^4 =$ **d)** $(5s)^2 + 5s^2 =$ **e)** $(4t)^3 + 4t^3 =$ **f)** $(3u)^4 + 3u^4 =$

430 **a)** $3fg^2 \cdot 5f^2 =$ **b)** $4h^2k^2 \cdot 4h^3k =$ **c)** $7u^3v \cdot 12uv^4 =$ **d)** $5w^2z^2 \cdot 15w^4z^3 =$

431 **a)** $(2i)^2 \cdot (3i)^2 =$ **b)** $(5z)^2 \cdot (5z)^2 =$ **c)** $(5j)^2 \cdot (4j)^2 =$ **d)** $(7k)^2 \cdot (3k)^2 =$ **e)** $(8k)^2 \cdot (2k)^2 =$ **f)** $(2n)^2 \cdot (12n)^2 =$ **g)** $(3m)^2 \cdot (13m)^2 =$ **h)** $(4p)^2 \cdot (15p)^2 =$

432 **a)** $pq \cdot (2pq)^2 =$ **b)** $3pr^2 \cdot (3pr)^2 =$ **c)** $4tu^2 \cdot (5tu)^2 =$ **d)** $2u^2v \cdot (4uv^2)^2 =$ **e)** $x^2y^3 \cdot (5xy^2)^2 =$ **f)** $5y^2z^2 \cdot 2 \cdot (3y^2z)^2 =$ **g)** $(2ab)^2 \cdot (4a^2b)^2 =$ **h)** $(3b^2c)^2 \cdot (5bc^2)^2 =$

Löse die Klammern auf!

433 **a)** $(a + b) \cdot a =$ **b)** $(a + b) \cdot b =$ **c)** $(a - b) \cdot (-a) =$ **d)** $(a - b) \cdot b =$ **e)** $(-a + b) \cdot (-a) =$ **f)** $(-a + b) \cdot (-b) =$ **g)** $(a - b) \cdot (-b) =$ **h)** $(-a - b) \cdot (-a) =$

434 **a)** $a^2 \cdot (a - b) =$ **b)** $(-a^2) \cdot (a - b) =$ **c)** $b^2 \cdot (-a - b) =$ **d)** $(-b^2) \cdot (-a + b) =$

435 Erkläre, welcher Fehler gemacht wurde! Stelle dann richtig!
a) $14 \cdot (5 + x) = 70 + x$
b) $(c + d) \cdot 9 = 9c + d$
c) $(a - 3b) \cdot (-4) = -4a - 12b$
d) $4s^2 \cdot (s^2 + s) = 4s^4 + 4s^2$

436

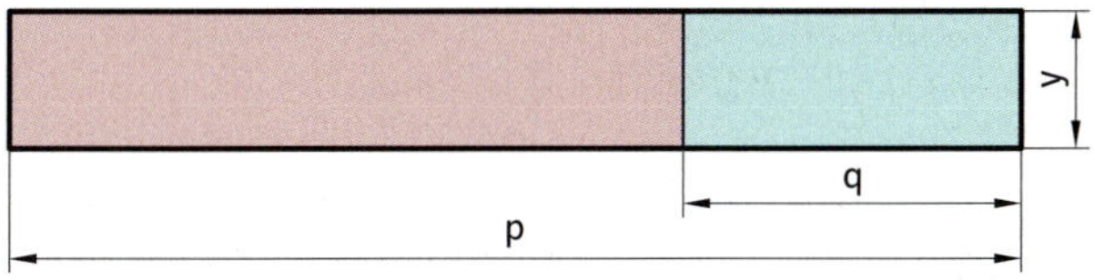

Die Abbildung zeigt eine geometrische Deutung der Formel
$(p - q) \cdot y = p \cdot y - q \cdot y$
(für positive p, q, y mit $p > q$).
Erkläre diese Formel anhand der Zeichnung!

437 Veranschauliche die Termmultiplikation für positive p, q, r (→ Aufgabe 436)!

a) $y \cdot (p + q) = y \cdot p + y \cdot q$ **b)** $y \cdot (p - q - r) = y \cdot p - y \cdot q - y \cdot r$ mit $p > q + r$

438 Ordne dem angegebenen Term den jeweils ausmultiplizierten Term zu! Schreibe dazu den Buchstaben in das leere Feld!

1	$(r + s) \cdot 3 =$	
2	$3 \cdot (2r - s) \cdot \frac{5}{6} =$	
3	$(-4r + s - 3r) \cdot (-3) =$	

A	$6r - \frac{5}{6}s$
B	$3r + 3s$
C	$-3s + 3r$
D	$5r - 2{,}5s$
E	$21r - 3s$

Vereinfache die Terme und erkläre, wie du gerechnet hast!

Beispiel

$(-3x + 2y - z) \cdot 5 - (5y - x - 3) \cdot 2 =$

$= -15x + 10y - 5z - (10y - 2x - 6) =$ Anwenden des Distributivgesetzes

$= -15x + 10y - 5z - 10y + 2x + 6 =$ Klammern auflösen

$= -13x - 5z + 6$ Zusammenfassen und ordnen

Probe für $x = 2, y = 3, z = 1$:

Anfangsterm: $(-3 \cdot 2 + 2 \cdot 3 - 1) \cdot 5 - (5 \cdot 3 - 2 - 3) \cdot 2 =$

$= (-6 + 6 - 1) \cdot 5 - (15 - 2 - 3) \cdot 2 = (-1) \cdot 5 - 10 \cdot 2 = -5 - 20 = -25$

Endterm: $-13 \cdot 2 - 5 \cdot 1 + 6 = -26 - 5 + 6 = -25$

439 Führe die Probe für $x = 2, y = 3, z = 1$ durch!

a) $2 \cdot (x - y + z) + 5 \cdot (x + y - z) =$ **b)** $(x + 2y - 3z) \cdot 4 - (3y - 2x - z) \cdot 5 =$

440 Führe die Probe für $e = 2, f = 1$ durch!

a) $(9e - 7f) \cdot (-2) + (3f + 4e) \cdot (-5) =$ **c)** $2 \cdot [9e - 3f + (f - 5e) \cdot 3] =$

b) $(5e - 3f) \cdot (-4) + (6f + e) \cdot (-3) =$ **d)** $[4e - (4f + 3e) \cdot 5 + 20f] \cdot 2 =$

441 Vereinfache und mache die Probe für $a = 2, b = 3$ bzw. $x = 2$ durch!

a) $4a^2(3a^2 - 2) + 2a^2(3a + 4) - 3a(2a^2 + 1) =$ **c)** $a^2(a - b) + ab(a + b) - b^2(a - b) =$

b) $x(2x^2 - 3) - 2x^2(3x^2 - 5) - 9x(x - 1) =$ **d)** $a^2(a - 4b) + 2ab(2a + b) - b^2(2a - b) =$

Hinweis Der Malpunkt wird nun meist weggelassen.

442 Vereinfache und führe jeweils die Probe für $a = 2$ bzw. $x = 2$ durch!

a) $2a(-4a^2 + 3a - 2) - 5 \cdot (4a - a^2 - 2a^3) =$

b) $(-9x^3 + 2)\,4x^2 + 2x^2(5x^2 - 8) - (-7x^4 + 5x^2) \cdot 4 =$

443 Vereinfache!

Beispiel

$(5a-2b)\cdot(a-3b)=5a\cdot a-2b\cdot a+5a\cdot(-3b)-2b\cdot(-3b)=$

$=5a^2-2ab-15ab+6b^2=\mathbf{5a^2-17ab+6b^2}$

Probe für $a=1, b=2$:

Anfangsterm: $(5\cdot 1-2\cdot 2)\cdot(1-3\cdot 2)=(5-4)\cdot(1-6)=1\cdot(-5)=-5$

Endterm: $5\cdot 1^2-17\cdot 1\cdot 2+6\cdot 2^2=5-34+24=-5$

Bemerkung: Im Ergebnis werden die Glieder des Terms nach fallenden Potenzen von a geordnet.

a) $(a+b)(a+2)-(a-b)(b+1)=$

b) $(2r+s)(5s-3)-(9r+4)(s-3r)=$

c) $(2s-t)(-s+3)-(s+4t)(3s+2)=$

d) $(4x-3y)(2y+x)-(x+y)(7x-2)=$

444 Welche Zahlen oder Variablen musst du einsetzen, damit die Umformung richtig ist?

a) $(3x-2)(x+\square)=3x^2+x-2$

b) $(y+5)(\square-4)=2y^2+\square-20$

c) $(2a-3b)(\square+\square)=2ab-3b^2+6a-9b$

d) $(c+\square)(\square+6)=c^2+9c+\square$

445 Führe die Multiplikation durch und vereinfache den Term, wenn das möglich ist!
Führe die Probe für $a=2$ durch!

Beispiel

$$\begin{array}{rl} & \underline{(5a^2-2a+3)\cdot(3a-7)} \\ +\Big\{ & 15a^3-6a^2+9a \\ & \underline{-35a^2+14a-21} \\ & \mathbf{15a^3-41a^2+23a-21} \end{array}$$

Vergleiche mit der Multiplikation von Zahlen:

$$\begin{array}{rl} & \underline{328\cdot 24} \\ +\Big\{ & 656 \\ & \underline{1312} \\ & 7872 \end{array}$$

Probe: $a=2$:

Anfangsterm: $(5\cdot 2^2-2\cdot 2+3)\cdot(3\cdot 2-7)=(5\cdot 4-4+3)\cdot(6-7)=19\cdot(-1)=\mathbf{-19}$

Endterm: $15\cdot 2^3-41\cdot 2^2+23\cdot 2-21=120-164+46-21=\mathbf{-19}$

a) $(3a^2-5a-10)(-5a+2)=$

b) $(-4a^2+6a+9)(6a+9)=$

c) $(2a^2+a-3)(3a-1)=$

d) $(-a^2+4a-2)(-a+1)=$

e) $(7a^2-2a+3)(a-1)=$

f) $(-2a^2-a-1)(2a+8)=$

g) $(3a^2+2a+1)(-9a-6)=$

h) $(-a^2-a-1)(-a-1)=$

446 Zeige, dass der Anfangsterm so umgeformt werden kann, dass der angegebene Endterm entsteht!

a) $(2a-3b)(-3a-b)+(4a-b)(2a+5b)=2a^2+25ab-2b^2$

b) $(2a+3b)(-3a+b)-(4a-b)(2a+5b)=-14a^2-25ab+8b^2$

c) $(2a-3b)(3a-b)-(4a-b)(2a-5b)=-2a^2+11ab-2b^2$

d) $(2a+3b)(-3a-b)+(4a+b)(2a-5b)=2a^2-29ab-8b^2$

447 Welche Formel ist durch die orangefarbene Fläche dargestellt? Erkläre diese Formel anhand der Figur!

a)
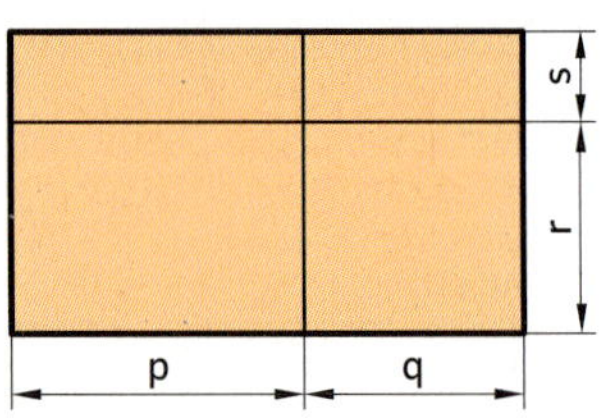

b)
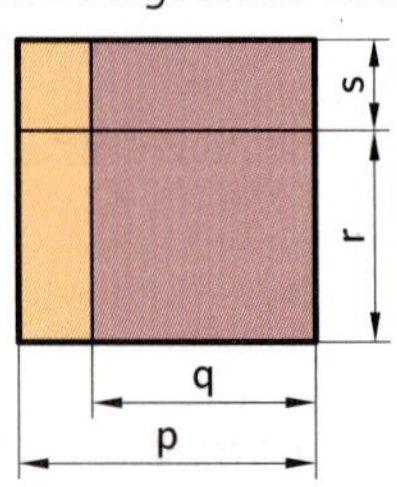

c)
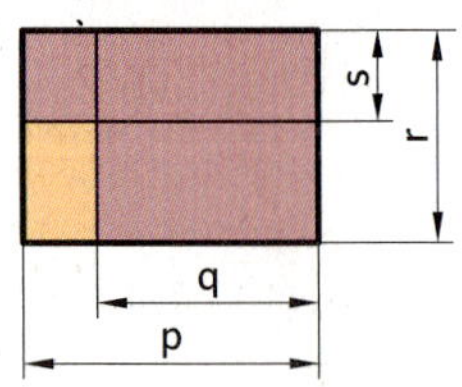

2.3 Binomische Formeln

Martin soll auf einem quadratischen Grundstück mit Seitenlänge a den Rasen mähen. Außerhalb des Zaunes befindet sich an zwei Seiten noch ein zusätzlicher Grünstreifen der Breite b, den er auch mähen muss.

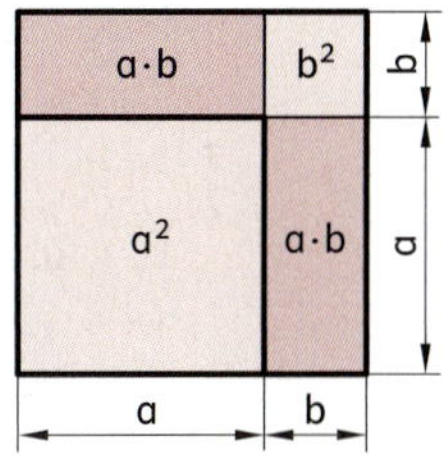

Wie groß ist die Fläche insgesamt?
Der Flächeninhalt der gesamten Rasenfläche (→ Figur rechts) entspricht der Summe der vier Teilflächeninhalte
A =

Wir können den Flächeninhalt des großen Quadrats auch berechnen, indem wir die Seitenlängen der gesamten Fläche multiplizieren: A =

Es gilt also: $(a+b)^2 = a^2 + 2ab + b^2$

Zu demselben Resultat kommen wir auch rein **rechnerisch** durch **Ausmultiplizieren**:
$(a+b)^2 = (a+b)\cdot(a+b) = a\cdot a + a\cdot b + a\cdot b + b\cdot b = a^2 + ab + ab + b^2 = a^2 + 2ab + b^2$

Binomische Formeln

$\mathbf{(a+b)^2 = a^2 + 2ab + b^2}$
$\mathbf{(a-b)^2 = a^2 - 2ab + b^2}$
$\mathbf{(a+b)\cdot(a-b) = a^2 - b^2}$

Tipp
Diese Formeln kommen sehr häufig vor. Es ist ratsam, sie auswendig zu lernen!

$(a+b)$ bzw. $(a-b)$ sind Binome, daher heißen die drei Formeln **„Binomische Formeln"**.

448 Zeige durch Ausmultiplizieren, dass die Formel gilt!
a) $(a-b)^2 = a^2 - 2ab + b^2$ **b)** $(a+b)\cdot(a-b) = a^2 - b^2$

449 Wende die binomischen Formeln an!
a) $(a+1)^2 =$ **b)** $(b-2)^2 =$ **c)** $(c+100)^2 =$ **d)** $(10+d)^2 =$ **e)** $(10-e)^2 =$ **f)** $(12-f)^2 =$

Tipp
Führe das Binom auf die Formel $(a-b)^2$ zurück!

450
Beispiel
$(3x - 2y)^2 = (3x)^2 - 2\cdot 3x\cdot 2y + (2y)^2 = 9x^2 - 12xy + 4y^2$
$\underbrace{(a - b)^2}\ =\ a^2\ -2\cdot a\cdot b + b^2$

a) $(2a+1)^2 =$ **b)** $(4i-7)^2 =$ **c)** $(2m+5p)^2 =$ **d)** $(3u-4v)^2 =$ **e)** $(7x-0{,}5u)^2 =$

451 **a)** $(-3x+y)^2 =$ **b)** $(-5y+7z)^2 =$ **c)** $(-4v+3k)^2 =$ **d)** $\left(-\frac{x}{2}+\frac{y}{3}\right)^2 =$

452 **a)** $(-4a-3m)^2 =$ **b)** $(-3b-4u)^2 =$ **c)** $(-6c-v)^2 =$ **d)** $\left(-5r-\frac{s}{2}\right)^2 =$

453 **a)** $(e+fg)^2 =$ **b)** $(a^2+b^2)^2 =$ **c)** $(1+ps)^2 =$ **d)** $(a-b^2)^2 =$ **e)** $(3-gh)^2 =$ **f)** $(ab-c^2)^2 =$ **g)** $(a^2+2b^2)^2 =$ **h)** $(3a^2-b^2)^2 =$

Tipp
$(-a+b)^2 = (b-a)^2$
$(-a-b)^2 = (a+b)^2$, denn
$(-a-b) = (-1)\cdot(a+b)$
und $(-1)^2 = 1$

454 Gilt $(a+b)^3 = a^3 + 3ab + b^3$? Wenn ja, warum? Wenn nein, warum nicht?

$e^2 + 2efg + (fg)^2$

455 Forme um!

Beispiel

$\underbrace{(3x}_{a} - \underbrace{2y)}_{b} \cdot \underbrace{(3x}_{a} + \underbrace{2y)}_{b} = \underbrace{(3x)^2}_{a^2} - \underbrace{(2y)^2}_{b^2} = 9x^2 - 4y^2$

$(a - b) \cdot (a + b) = a^2 - b^2$

a) $(x+z)(x-z) =$ **c)** $(5-2x)(5+2x) =$ **e)** $\left(\frac{x}{2}+\frac{z}{3}\right)\left(\frac{x}{2}-\frac{z}{3}\right) =$

b) $(2a+b)(2a-b) =$ **d)** $(3x+5y)(3x-5y) =$ **f)** $\left(\frac{2a}{3}+\frac{b}{4}\right)\left(\frac{2a}{3}-\frac{b}{4}\right) =$

456 Zeige die Gültigkeit der Formel $(a-b)^2 = a^2 - 2ab + b^2$ anhand der nebenstehenden Figur.

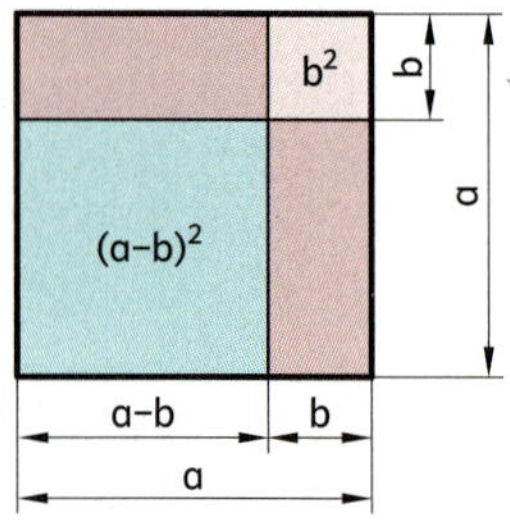

457 Die Figuren unterhalb zeigen die Gültigkeit der Formel $a^2 - b^2 = (a+b)(a-b)$. Erkläre sie mit eigenen Worten!

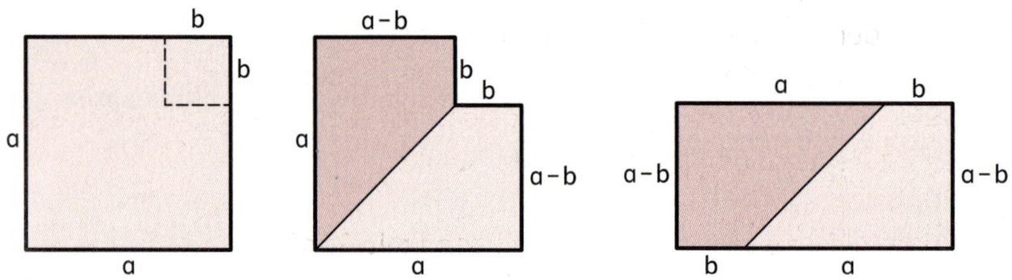

458 Schreibe als Quadrat eines Binoms!

Beispiel

$\underbrace{16x^2}_{a^2} \underbrace{-24x}_{-2ab} + \underbrace{9}_{b^2} = (4x-3)^2$

$a = 4x \qquad b = 3$

$-24x = -2ab \Rightarrow -24x = -2 \cdot 4x \cdot 3 \Rightarrow -24x = -24x \quad$ w. A.

a) $36 + 84n + 49n^2 =$ **c)** $36y^2 - 36y + 9 =$ **e)** $16r^2 - 24rs + 9s^2 =$

b) $u^2 - 10uv + 25v^2 =$ **d)** $100 + 20k + k^2 =$ **f)** $121r^2 - 132rt + 36t^2 =$

459 Ergänze, was fehlt! Denke an die Formeln $(a+b)^2 = a^2 + 2ab + b^2$ und $(a-b)^2 = a^2 - 2ab + b^2$!

Beispiel

$9x^2 + 6xy + \square = (\square + \square)^2$

$a^2 + 2ab + b^2 = (a + b)^2 \Rightarrow a^2 = 9x^2 \Rightarrow a = 3x$

$2ab = 6xy \Rightarrow 2 \cdot 3x \cdot b = 6xy \Rightarrow b = y \Rightarrow b^2 = y^2$

$9x^2 + 6xy + y^2 = (3x + y)^2$

a) $(3z + \square)^2 = 9z^2 + 42z + 49$

b) $(\square - 4)^2 = 36y^2 - 48y + \square$

c) $(2x + \square)^2 = 4x^2 + 32x + \square$

d) $(\square + 10)^2 = \square + 180y + 100$

e) $(\square - \square)^2 = 36x^2 - 24x + \square$

f) $(\square + \square)^2 = \square + 130z + 169$

g) $(\square - 25)^2 = 25a^2 - \square + \square$

h) $(\square - \square)^2 = x^2 - \square + 16y^2$

460 Ergänze auf Grund der Formel $(a+b)\cdot(a-b)=(a^2-b^2)$!

a) $(2x-3y)\cdot(\quad)=\quad-9y^2$
b) $(2a+\quad)\cdot(\quad-5)=4a^2-\quad$
c) $(\quad+2a^2)\cdot(3b-\quad)=\quad$
d) $(a-\quad)\cdot(\quad+7b)=\quad$
e) $(\quad+3v)\cdot(5u-\quad)=\quad$
f) $(4v^3+\quad)\cdot(\quad)=\quad-36t^6$

461 Schreibe als Produkt zweier Terme!

a) $u^2-v^2=$
b) $4a^2-b^2=$
c) $16y^2-36=$
d) $9z^4-16z^2=$
e) $\frac{1}{4}x^2-y^2=$
f) $4u^2-\frac{y^2}{9}=$
g) $-9s^2+\frac{t^2}{9}=$
h) $-\frac{4r^2}{9}+16s^2=$

462 Das Quadrat jeder natürlichen Zahl ist um 1 größer als das Produkt ihrer Nachbarzahlen.

1) Überprüfe diesen Satz anhand fünf selbst gewählter natürlicher Zahlen!
2) Schreibe diesen Satz mit Variablen auf und begründe ihn!

Rechenvorteile mit binomischen Formeln

463
1) Berechne 28^2 mit der binomischen Formel für $(a+b)^2$!
2) Wie kannst du 28^2 mit der binomischen Formel für $(a-b)^2$ berechnen?
3) Berechne ebenso 82^2 zuerst mit der einen und dann mit der anderen binomischen Formel!

Hinweis Verwende Zerlegungen zB $28=20+8=30-2$!

464 Berechne zuerst ohne TR und kontrolliere anschließend mit dem TR!

Beispiel

199·201
$199\cdot201=(200-1)\cdot(200+1)=200^2-1^2=40\,000-1=39\,999$

a) $2999\cdot3001$
b) $4002\cdot3998$
c) $6001\cdot5999$
d) $7997\cdot8003$

465 Denk dir eine natürliche Zahl! Multipliziere ihren Vorgänger mit ihrem Nachfolger und zähle 1 dazu! Probiere nochmals mit zwei anderen Zahlen! Was fällt dir auf? Begründe!

466 Natascha rechnet $41^2=1681$ und Jakob $61\cdot59=3599$ „im Kopf". Wie können sie vorgegangen sein?

467 Berechne „im Kopf"!

a) $47^2=2209$. Wie viel ist dann $46\cdot48$?
b) $76^2=5776$. Wie viel ist dann $75\cdot77$?
c) $3{,}8^2=14{,}44$. Wie viel ist dann $3{,}7\cdot3{,}9$?
d) $9{,}2^2=84{,}64$. Wie viel ist dann $9{,}1\cdot9{,}3$?

468 Felix quadriert mit seinem Taschenrechner einige Zahlen, die mit „Komma 5" enden. Er vergleicht die Ergebnisse und sagt plötzlich: „Jetzt weiß ich, wie das Ergebnis bei 8,5 heißt."
Erkennst du das Muster?

a	1,5	2,5	5,5	6,5	7,5	8,5
a^2	2,25	6,25	30,25	42,25	56,25	

469 Aleksandra hat etwas entdeckt: „13^2 ist 169 und wenn man beide Ziffern umdreht, dann sind bei $31^2=961$ auch die Ziffern umgedreht." Martin meint: „Bei 12^2 und 21^2 funktioniert es auch. $12^2=144$ und $21^2=441$."
Kannst du eine Erklärung dafür finden? Gibt es noch andere Beispiele dafür? Wenn ja, welche? Wenn nein, warum nicht? Warum funktioniert es bei 14^2 und 41^2 nicht ebenso?

2.4 Termstrukturen und Herausheben

Melanie war krank und muss für ihre Hausübung untersuchen, ob man den Bruchterm $\frac{7x+4}{2}$ kürzen kann. Sie löst die Aufgabe folgendermaßen: $\frac{7x+4}{2} = 7x + 2$

Ihre Mutter streicht das Ergebnis durch und verrät ihr ein Sprichwort, mit dem sie einen großen Fehler beim Kürzen vermeiden soll: „Aus einer Summe kürzt nur der Dumme! In diesem Fall kann man nicht kürzen!"

Außerdem gibt ihre Mutter Melanie den Tipp, immer auf die **Struktur eines Terms zu achten**.

Termstrukturen

Für das Vereinfachen von Termen ist es wichtig, die **Termstruktur** zu beachten.

1) **Summe** $A + B$
2) **Differenz** $A - B$
3) **Produkt** $A \cdot B$
4) **Quotient** $\frac{A}{B}$

Dabei können A und B selbst Terme (mit anderen Variablen) sein. Ergänze je ein weiteres Beispiel!

1) **Summe A + B**, zB $3x + y$, $c + d$, $2e + 3f \cdot 2g$, ___
2) **Differenz A − B**, zB $2a - b$, $7x - 3y \cdot 9z$, ___
3) **Produkt A · B**, zB $x \cdot (2i - j)$, $3b \cdot (z + u)$, ___
4) **Quotient $\frac{A}{B}$**, zB $\frac{a}{a-1}$, $\frac{2x-1}{y}$, $\frac{3x}{2w}$, ___

Herausheben bei Termen

Melanie muss noch einen weiteren Term kürzen: $\frac{15ab + 30ac}{5}$. Dieses Mal weiß sie schon, dass sie nicht einfach aus der Summe im Zähler kürzen darf.

Ihre Mutter erklärt ihr, wie man richtig kürzt:

Man muss aus der Summe $15ab + 30ac$ die **gemeinsame Faktoren herausheben**. Das Herausheben ist schon aus der ersten Klasse bekannt. Es bedeutet, dass wir in einer Summe oder Differenz nach einem Faktor suchen, der in allen Gliedern des Terms vorhanden ist. Dieser wird dann vor oder hinter die Klammer gesetzt. Einen Term als Produkt anzugeben, wird auch **Faktorisieren** genannt.

In beiden Summanden kommen der Faktor 5 sowie die Variable a vor:

$15ab + 30ac = 5a \cdot 3b + 5a \cdot 6c = 5a \cdot (3b + 6c)$. Melanie hat den gemeinsamen Faktor $5a$ „nach vorne gezogen". Dadurch ist die Termstruktur von einer Summe zu einem Produkt geworden.

Nun darf Melanie kürzen: $\frac{5a(3b+6c)}{5} = a \cdot (3b + 6c)$.

Herausheben bei Termen

Kommt in **allen Gliedern** eines Terms ein **gemeinsamer Faktor** vor, kann man ihn **herausheben**. Dadurch wird die **Termstruktur verändert**.

Aus der Summe (Differenz) $a \cdot c \pm b \cdot c$ wird das Produkt $c \cdot (a \pm b)$ bzw. $(a \pm b) \cdot c$

470 Hebe den größten gemeinsamen Faktor heraus!

a) $5f - 5g =$
b) $mu + m =$
c) $28u - 21v =$
d) $45s + 18t =$
e) $m^2 + m =$
f) $s^2 - 3s =$
g) $u^3 - tu =$
h) $3k^4 - 9k^3 =$
i) $d^3 - 3d^3 + 4d =$
j) $10x + 25y - 30z =$
k) $36k^3 + 27k^3 - 18k =$
l) $25n^3 - 15n^2 + 35 =$

471

a) $12xy + 4x - 8y^2 - 48y + 32 =$
b) $96ab - 48b^2 - 72b + 24 =$
c) $3k + k^2 + k^2 - 2k + k + 4k =$
d) $2x^2 - 2x + 4x^3 - 8x - 16x^4 =$

472 Verwandle durch Herausheben in ein Produkt!

a) $p(r+s)+q(r+s)=$ **c)** $2x(d+k)-2y(d+k)=$ **e)** $3x(u+2v)-6y(u+2v)=$
b) $v(e-f)-w(e-f)=$ **d)** $4a(b-c)+2d(b-c)=$ **f)** $5u(3x-2y)+5(3x-2y)=$

473 **1)** Kreuze in der Tabelle die richtigen Termstrukturen an!

	Term	Summe	Differenz	Produkt	Quotient
a)	$5y-\frac{10x}{3}$	○	○	○	○
b)	$5\left(y-\frac{2x}{3}\right)$	○	○	○	○
c)	$\frac{10x}{3u}$	○	○	○	○
d)	$(a+b)(a-b)$	○	○	○	○
e)	a^2-b^2	○	○	○	○
f)	$(a+b)^2$	○	○	○	○

2) Finde zu der angekreuzten Termstruktur drei weitere Beispiele!

474 **1)** Beschrifte die Seitenlängen folgender Rechtecke!
2) Gib den Flächeninhalt als Summe der Teilflächen, dann als Produkt der Seitenlängen an!
3) Welche Gleichheit wird durch **2)** gezeigt?

Beispiel

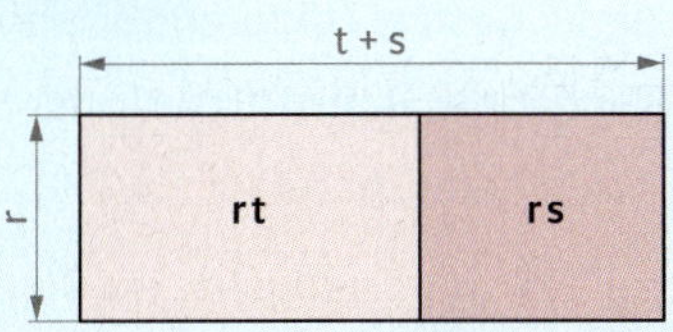

2) $A=rt+rs$
$A=r(t+s)$
3) $rt+rs=$
$r(t+s)$

b)

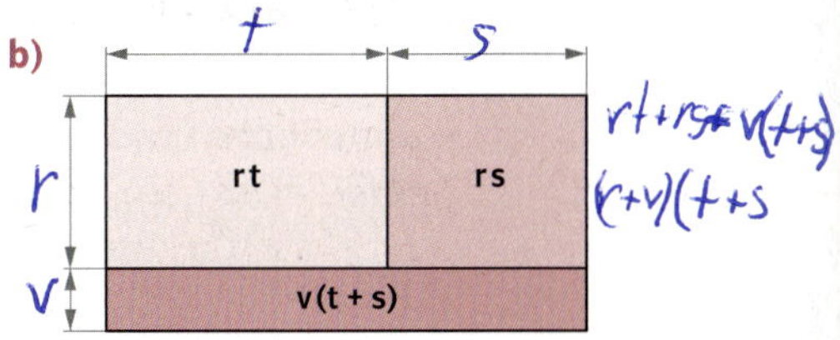

a)

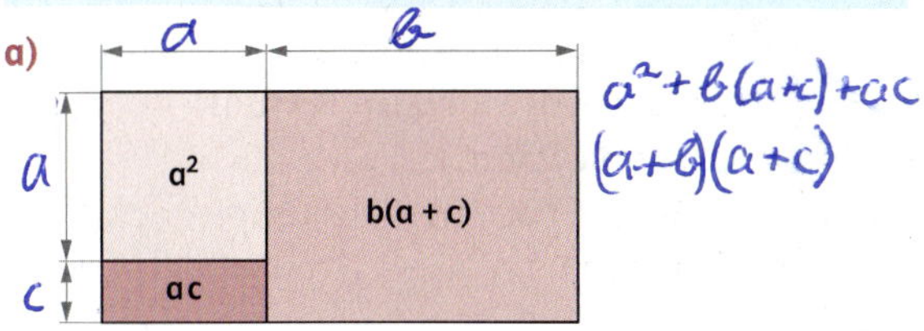

c)

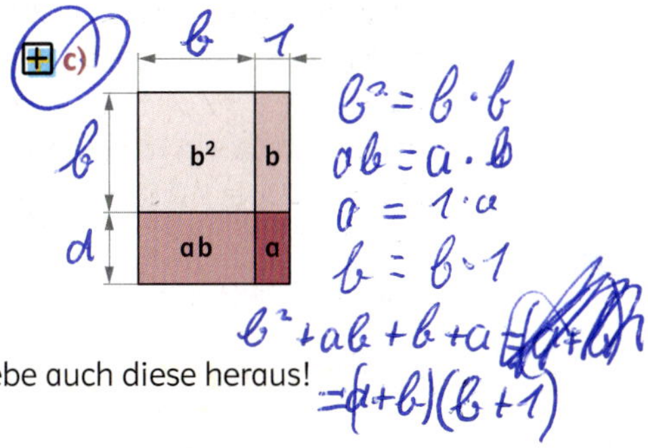

475 Hebe (−1) heraus! Wenn es gemeinsame Faktoren gibt, hebe auch diese heraus!

Beispiel

$-a+b-c=(-1)\cdot a+(-1)\cdot(-b)+(-1)\cdot c=(-1)\cdot(a-b+c)=-(a-b+c)$

a) $-a+b=$ **c)** $-2x+y+3z=$ **e)** $-5a+5b-5c=$ **g)** $2a-3b+4c=$
b) $c-2d=$ **d)** $5a-b-2c=$ **f)** $-2x-2y-2z=$ **h)** $-2a+3b-4c=$

476 Ergänze die Lücken!

a) $3ab+3c=3\cdot($ ab + c $)$
b) $12-6x=$ 6 $\cdot(2-x)$
c) $9x-12xy=$ 3x $\cdot($ 3 $-4y)$
d) $-x+xy=-x\cdot($ $)$
e) $a-b=$ $\cdot(-a+b)$
f) $-ab-6a=-a\cdot($ $)$

⊞ 2.5 Bruchterme

Christina hat für ihre Faschingsparty von ihrer Oma einen Zuschuss von 50 € bekommen. Mit diesem Geld möchte sie kleine Überraschungen für ihre Gäste kaufen. Je mehr Gäste sie einlädt, desto weniger Geld hat sie pro Person zur Verfügung. Damit sie den Betrag pro Person schnell berechnen kann, stellt sie einen Term auf: $T(g) = 50 : g$ (g = Anzahl der Gäste)

Personenzahl g	2	4	5	10
Euro pro Person				

Terme, die eine Division enthalten, kann man als Bruch schreiben, zB $T(g) = 50 : g = \frac{50}{g}$. Stehen bei solchen Termen **Variablen im Nenner**, spricht man von **Bruchtermen**. Bei Bruchtermen darf man für die Variablen nicht jede beliebige Zahl einsetzen, da der Nenner **niemals 0** ergeben darf. Im Beispiel oben darf zB g nicht 0 sein ($g \neq 0$), da durch 0 nicht dividiert werden darf.
Bruchterme können oft durch Kürzen vereinfacht werden.

Dividieren von Potenzen mit gleicher Basis

Beispiel: $k^3 : k^2 = \frac{k^3}{k^2} = \frac{\cancel{k} \cdot \cancel{k} \cdot k}{\cancel{k} \cdot \cancel{k}} = \frac{k}{1} = \mathbf{k}$, $(k \neq 0)$; kürzer: $k^3 : k^2 = k^{3-2} = k^1 = \mathbf{k}$

Dividieren von Termen – Kürzen

Kommen beim Dividieren von Termen im Zähler und Nenner **gleiche Faktoren** vor, darf man **kürzen** zB $\frac{\cancel{4a}(b-3)}{\cancel{4a}} = b - 3$, $(a \neq 0)$. Haben die Zähler und/oder Nenner die **Termstruktur** einer **Summe** oder **Differenz**, muss man vor dem Kürzen gemeinsame Faktoren herausheben (→ S. 110).

Beispiel: $\frac{\overbrace{15p - 3pr}^{\text{Differenz}}}{3p} \underset{\uparrow \text{ Herausheben}}{=} \frac{\overbrace{3p \cdot (5-r)}^{\text{Produkt}}}{3p} = \frac{5-r}{1} = 5 - r \; (p \neq 0)$

Potenzieren eines Bruchterms

Beispiel: $\left(\frac{a}{b}\right)^3 = \frac{a}{b} \cdot \frac{a}{b} \cdot \frac{a}{b} = \frac{a \cdot a \cdot a}{b \cdot b \cdot b} = \frac{a^3}{b^3} \; (b \neq 0)$

Bruchterme

Terme, bei denen durch eine **Variable dividiert** wird (**Variablen im Nenner** stehen), heißen **Bruchterme**. Der **Nenner** darf **nicht 0** ergeben.
Sind sowohl Zähler als auch Nenner faktorisiert, so darf man **übereinstimmende Faktoren kürzen**.

Dividieren von Potenz: $a^r : a^s = a^{r-s}$ $\quad (a \neq 0; r, s \in \mathbb{Z}^+, r > s)$

Potenzieren eines Bruchterms: $\left(\frac{a}{b}\right)^n = \frac{a^n}{b^n}$ $\quad (b \neq 0, n \in \mathbb{Z}^+)$

477 ⊞ Kreuze die Bruchterme an!

○ **A** $\frac{7u-3}{v}$ ○ **B** $\frac{3e+5}{3}$ ○ **C** $\frac{8}{0a}$ ○ **D** $\frac{1+3x}{3x}$ ○ **E** $\frac{4}{m}$ ○ **F** $\frac{7-y}{0}$

478 ⊞ Berechne den Wert des Terms für **1)** $a = 1$, **2)** $a = 5$, **3)** $a = 10$, **4)** $a = 18$!
Welchen Wert darf man für die Variable a nicht einsetzen?

a) $T(a) = \frac{12}{a}$ **b)** $T(a) = \frac{3}{a}$ **c)** $T(a) = \frac{4}{3a}$ **d)** $T(a) = \frac{4+a}{a}$ **e)** $T(a) = \frac{-a+3}{2a}$

Arbeitsblatt Plus
t65s9i

Vereinfache die Terme! Welche Werte dürfen die Variablen nicht annehmen?

479 ⊞

Beispiel

$\frac{(2a)^3}{2a^3} = \frac{2 \cdot a \cdot 2 \cdot a \cdot 2 \cdot a}{2 \cdot a \cdot a \cdot a} = 4 \quad (a \neq 0)$

a) $\frac{a^3 \cdot a^2}{a} =$ b) $\frac{2a^2}{a} =$ c) $\frac{(2a)^5}{a^5} =$ d) $\frac{3a^3}{(3a)^3} =$ e) $\frac{5a^2}{(5a)^2} =$

480 ⊞

a) $\frac{3x^2y}{3y} =$ b) $\frac{5vw^2}{vw} =$ c) $\frac{4u^2z^2}{4u} =$ d) $\frac{2rs}{2s^2} =$ e) $\frac{3u^2}{6uv} =$

481 ⊞

Kreuze für ① und ② so an, dass ein mathematisch richtiger Satz entsteht! Setzt man im Bruchterm $\frac{4x-2}{3x}$ für die Variable x ① ein, so erhält man ② .

	①
○	3
☒	0
○	−0,5

	②
○	den Wert 10
☒	einen sinnlosen Ausdruck
○	einen falschen Term

482 ⊞

Vereinfache durch Herausheben und Kürzen! Welche Werte dürfen die Variablen nicht annehmen?

Beispiel

$\frac{b^5 - b^3}{b^2} = \frac{b^3(b^2-1)}{b^2} = \frac{b \cdot b \cdot b \cdot (b^2-1)}{b \cdot b} = b(b^2-1) = b^3 - b \quad (b \neq 0)$

a) $\frac{2x^3 - 3x}{2x} =$ c) $\frac{3y - 5y^2}{y} =$ e) $\frac{6z^3 - 5z}{2z} =$ g) $\frac{4a^2 - 4a}{8a^2} =$ i) $\frac{5r^2 + 10rs}{2r} =$

b) $\frac{4x^3 + 3x^2}{2x^2} =$ d) $\frac{9y - 3y^3}{3y} =$ f) $\frac{8z^4 - 3z^3}{5z^2} =$ h) $\frac{12a^3 + 8a^2}{4a^3} =$ j) $\frac{16g^3 - 14g^2h^3}{2g^2} =$

483 ⊞

Ordne den Bruchtermen den passenden gekürzten Term zu! Schreibe dazu den richtigen Buchstaben in das leere Feld!

1	$\frac{25rs^2 - 10r^2}{5rs}$	C
2	$\frac{8s^2 + 4sr}{2r}$	E
3	$\frac{18s^3 + 9s^2r}{12s^2}$	A
4	$\frac{16rs^2 - 24r^2s^2}{4rs}$	F

A	$\frac{6s + 3r}{4}$
B	$\frac{4s - 6rs}{r}$
C	$\frac{5s^2 - 2r}{s}$
D	$5s - 2r$
E	$\frac{4s^2 + 2sr}{r}$
F	$4s - 6rs$

484 ⊞

Was wurde falsch gemacht? Stelle richtig!

a) $\frac{5a - 10}{a} = -5$ c) $\frac{a^2 - b^2}{a - b} = a - b$ e) $\frac{2z - z^2}{2z} = -z^2$ g) $\frac{a + b^2}{b^3} = \frac{a}{b}$

b) $\frac{2a^2 - 4}{4} = 2a^2$ d) $\frac{2x + 3y}{5} = x + y$ f) $\frac{x+1}{x+1} = 0$ h) $\frac{uv - uw}{vw} = 0$

engl. AB
cv64t5

Üben und Sichern

485 Faktorisiere den Zähler! Kürze den Bruchterm, wenn möglich!

a) $\frac{15z^2-10zu+5u}{2z}=$ **c)** $\frac{8t-12rt+4}{(4rt)^2}=$ **e)** $\frac{6u+15du^2}{(3u)^3}=$

b) $\frac{21x+7x^2+14x^3}{7x}=$ **d)** $\frac{d^3h+6hd-8h^2}{d^2}=$ **f)** $\frac{(2u^2)^2+2u^2}{u}=$

486 Welche Zahl muss für die Variable jeweils eingesetzt werden, um den angegebenen Wert zu erhalten? Ordne zu!

1	$T(a)=26a-7, T(a)=-20$	
2	$T(b)=\frac{3b+9}{4}, T(b)=2$	
3	$T(c)=(6c-4)\cdot(3c-2), T(c)=2$	
4	$T(d)=2d+0{,}5, T(d)=1$	

A	$\frac{1}{4}$
B	$\frac{1}{3}$
C	1
D	−0,5
E	$-\frac{1}{3}$
F	$-\frac{1}{4}$

Tipp
Probiere die möglichen Lösungen aus!

487 Vereinfache und führe jeweils die Probe für $a=4$, $b=3$ durch!

a) $3a+2b-(2a-3b)=$ **b)** $3a+2b-(8a+3b)=$

c) $(5a+3b)-(3a-2b)=$ **d)** $(5a-7b)-(6a-2b)=$

488 Zu einer Zahl z soll 3 addiert und die Summe dann mit 4 multipliziert werden.

1) Schreibe den Rechenbefehl als Term! Setze für die Variable z der Reihe nach 2, 3, 4 und 5 ein und berechne jeweils den Wert des Terms!

2) Bei welcher Belegung der Variablen z ist der Wert des Terms 96?

489 Von einer Zahl x soll 4 subtrahiert und die Differenz dann mit (−8) multipliziert werden.

1) Schreibe den Rechenbefehl als Term! Setze für die Variable x der Reihe nach 9, 8, 7 und 6 ein und berechne jeweils den Wert des Terms!

2) Bei welcher Belegung der Variablen x ist der Wert des Terms 96?

490 Felix hat zwei Klammerausdrücke mit jeweils drei Summanden miteinander multipliziert und nach Vereinfachung einen Term mit 6 Summanden erhalten.
Unter welchen Bedingungen kann das stimmen, wenn Felix richtig gerechnet hat?

491 Vereinfache die Terme! Welche Werte dürfen die Variablen nicht annehmen?

a) $\frac{3}{a}\cdot a=$ **b)** $\frac{4a}{5}\cdot 5a=$ **c)** $\frac{3a}{7}:a=$ **d)** $\frac{5a}{2}:5b=$ **e)** $\frac{3xy}{4}:3x=$

492 Dein Sitznachbar denkt sich eine dreistellige Zahl aus. Nun forderst du ihn auf Folgendes zu rechnen: „Multipliziere die erste Ziffer mit 2 und addiere zum Produkt 2! Jetzt multipliziere diese Zahl mit 5 und addiere 2! Addiere zum Ergebnis die zweite Ziffer, die du dir ausgedacht hast! Verdopple das Ergebnis und addiere 1! Multipliziere das neue Ergebnis mit 5 und addiere deine dritte Ziffer! Ziehe davon 125 ab und du erhältst deine gedachte Zahl!“
Dieser Trick ist durch Termrechnung erklärbar. Überlegt gemeinsam wie!

interaktive Übung
i29nj9

493 Führe die Multiplikationen durch und vereinfache die Terme, wenn das möglich ist!
Führe jeweils die Probe für $r = 1$, $s = 2$ durch!

a) $(r^2 - 3rs - 2s^2)(2r - 3s) =$
b) $(4r^2 - 2rs + s^2)(-rs + 2s^2) =$
c) $(2r^2 + rs - 8s^2)(4r - 7s) =$
d) $(3r^2 - rs + 2s^2)(-4rs + s^2) =$
e) $(3r^2 - 2rs + 5s^2)(-4r + 7s) =$
f) $(-3r^2 + 2rs + 5s^2)(-4r - 7s) =$
g) $(3r^2 - 2rs + 5s^2)(2rs - s^2) =$
h) $(-3r^2 + 2rs + 5s^2)(-2rs - s^2) =$

494 Zeige, dass der Anfangsterm so umgeformt werden kann, dass der angegebene Endterm entsteht!

a) $(3r^2 - s^2)(2r + 3s) - (2r + 5s)(4r^2 - 2s^2) = -2r^3 - 11r^2s + 2rs^2 + 7s^3$
b) $(-3r^2 + s^2)(2r - 3s) + (-2r + 5s)(4r^2 + 2s^2) = -14r^3 + 29r^2s - 2rs^2 + 7s^3$
c) $(-3r^2 - s^2)(2r - 3s) + (-2r - 5s)(4r^2 - 2s^2) = -14r^3 - 11r^2s + 2rs^2 + 13s^3$
d) $(3r^2 - s^2)(2r + 3s) - (2r - 5s)(-4r^2 + 2s^2) = 14r^3 - 11r^2s - 6rs^2 + 7s^3$

495 Welcher Term ist das Quadrat eines Binoms (vollständiges Quadrat)? Ändere die Terme, die keine vollständigen Quadrate sind, so ab, dass Quadrate von Binomen entstehen! Versuche zu erklären, welche Fehler gemacht wurden! Schreibe die Terme als Quadrat eines Binoms!

a) 1) $a^2 + 6ax + 9x^2$ **2)** $z^2 + 8z + 8$ **3)** $16 - 16a + a^2$
b) 1) $x^2 + 6x$ **2)** $64x^2 - 8bx + b^2$ **3)** $p^2 - 2pq + q^2$
c) 1) $4a^2 + 36ab + 9b^2$ **2)** $4a^2 - 6ab + 9b^2$ **3)** $4a^2 + 12ab + 9b^2$
d) 1) $16x^2 + 36y^2$ **2)** $100x^2 + 20x + 2$ **3)** $x^2 - xy + y^2$

496 Die Termumformungen sind falsch. Finde die Fehler!
Erkläre, was falsch gemacht wurde!

a) $(3a - 2)(3 + 2a) = 9a - 4a = 5a$
b) $8xy - 7xy(x - 4) = xy(x - 4) = x^2y - 4$
c) $(d - 3)(e + 2) - (de + e) = de + 2d - 3e - de + e = 2d - 2e$

497 Drücke die Länge der Strecke x durch die angegebenen Variablen aus!

a)
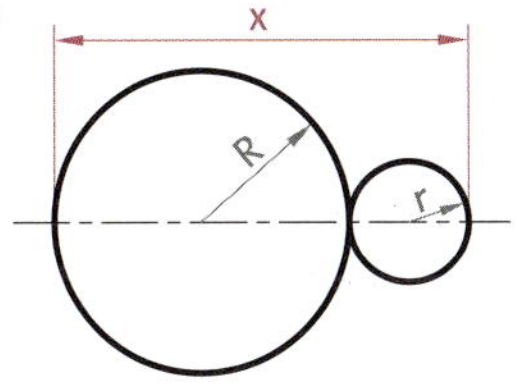

b)
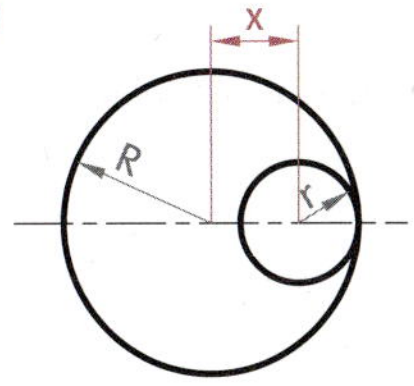

c)
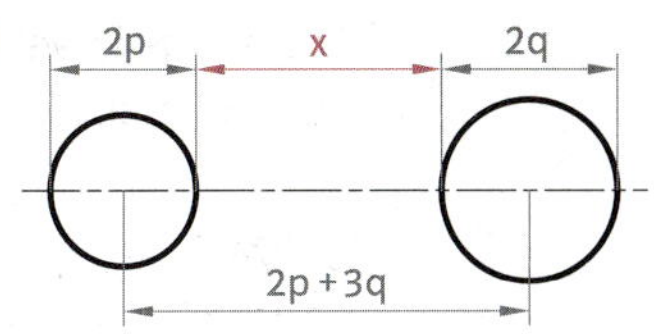

498 Vereinfache soweit wie möglich! Führe jeweils die Probe für $a = 2$, $b = 1$ durch!

a) $(a + b)^2 + (a - b)^2 + (a + b)(a - b) =$
b) $(a + b)^2 - (a + b)(a - b) + (a - b)^2 =$
c) $(a + b)^2 + (a + b)(a - b) - (a - b)^2 =$
d) $(a - b)^2 + (a + b)(a - b) - (a + b)^2 =$
e) $(2a - b)^2 - (a - 2b)^2 - 3(a + b)(a - b) =$
f) $(2a + b)^2 - (a - 2b)^2 - 3(a + b)(a - b) =$
g) $a^2 - [(a - b)^2 + (a - b)(a + b)] =$
h) $b^2 - [(a + b)^2 - (a + b)(a - b)] =$
i) $ab - [(a + b)^2 - (a - b)^2] =$
j) $a^2 + [(a + b)^2 - (a - b)^2] =$
k) $2ab - [(a - b)^2 - 2ab] =$
l) $2ab - [(a + b)^2 + a^2] =$

499 Stelle den Term ohne Klammern dar und vereinfache ihn soweit wie möglich!
Führe jeweils die Probe für $p = 3$, $q = 2$ durch!

a) $(p + q)^2 + (p - q)^2 =$
b) $(q - 2p)^2 + (p + 2q)^2 =$
c) $(p + q)^2 + 3(p - q)^2 =$
d) $(p + q)^2 - (p - q)^2 =$
e) $(3q + 2p)^2 - (2q - 3p)^2 =$
f) $3(p + q)^2 - 2(p - q)^2 =$
g) $2(2p - q)^2 - 3(p - 2q)^2 =$
h) $3(p - 3q)^2 + 2(3p - q)^2 =$
i) $2(2p + 3q)^2 - 3(3p + 2q)^2 =$

500 Kreuze an, ob die Aussagen richtig als Term dargestellt werden! Stelle die falschen Aussagen richtig!

	Aussage	Term	richtig	falsch	Korrektur
1)	Das Vierfache der um 9 verminderten Zahl y.	$4 \cdot 9 - y$	○	○	
2)	Ein Drittel der Summe von a und b.	$\frac{1}{3}(a + b)$	○	○	
3)	Vom Doppelten der Zahl u wird v subtrahiert.	$2(u - v)$	○	○	

501 Wurde richtig gerechnet? Stelle gegebenenfalls die rechte Seite richtig!

a) $5a - 5bc = 5 \cdot (abc)$
b) $3xyz + 3x = 3x \cdot (yz)$
c) $10rs + 12rt = 10r \cdot (s + 2t)$
d) $5a \cdot 4a - 10ab = 10a \cdot (2 - b)$
e) $16rs - 20r^2 = 4r \cdot (4s - 5)$
f) $2an + 2bm = 2ab \cdot (n + m)$
g) $20a^2 - 20a = a$
h) $10b + 10c = 20bc$

502 Addiert man zu einer natürlichen Zahl ihr Quadrat, so ist diese Summe gleich dem Produkt aus der Zahl mit ihrem Nachfolger.

1) Überprüfe durch Einsetzen von Zahlen!
⊞ **2)** Beweise diese Behauptung! Übersetze zunächst den Text in die Sprache der Mathematik und forme dann um!

503 Kreuze an, welche Terme richtig umgeformt wurden! Markiere bei den anderen Termen, wo der Fehler liegt! Schreibe den richtigen Term daneben!

○ **A** $(3p + 6)(p - 2) = 3p^2 - 6p + 6p - 12 = 3p^2 - 12$
○ **B** $(-2 - p)(8 - 3p) = -16 - 6p - 8p - 3p^2 = -3p^2 - 14p - 16$
○ **C** $(4e + 3f)(-2g + h) = 4eh - 8eg - 6fg + 3fh$
○ **D** $(2y - 3xy)(-8xy - 6x) = -16xy + 24xy + 18xy = 26xy$
○ **E** $(3u^2 - 2v)(u - 4v^2) = 3u^3 - 2uv + 8v^3$

504 ⊞ Verwandle durch Herausheben in ein Produkt und vereinfache anschließend!

Beispiel

$(3a - 4b)(z + 2u) - (z + 2u)(b + 4a) = (z + 2u)(3a - 4b - b - 4a) = (z + 2u)(-a - 5b)$

a) $(4e - 5f)(2g + 3h) - (4e - 5f)(g - 2h) =$
b) $(c - x)(3k - m) - (c - x)(m - 4k) =$
c) $(r - s)(e + 2f) + (s - r)(5e - f) =$
d) $(u - v)(2r + s) - (3r - s)(v - u) =$

505 ⊞ Leite eine möglichst einfache Formel für den Flächeninhalt des Vierecks ABCD her!
Anleitung: Gib zunächst je einen Term für die Flächeninhalte der Dreiecke ABC und ACD an!

a)
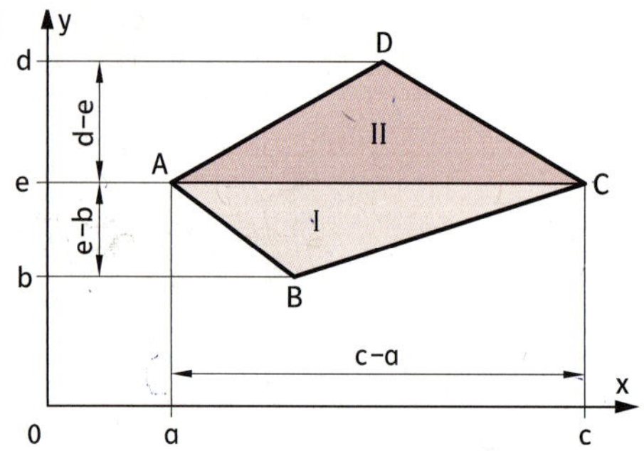

b)
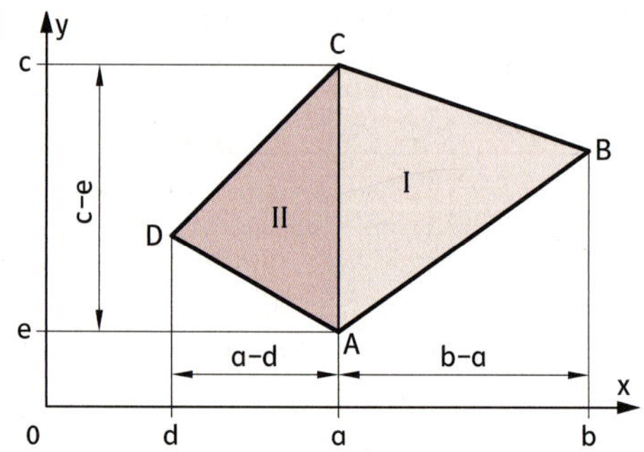

506 Hebe bei drei beliebigen Termen (–1) heraus! Formuliere eine Regel für das Herausheben von (–1) !

507 Gib mindestens drei mögliche Termstrukturen für die folgenden Terme an!

Beispiel

$(6a-3b)\cdot(2a+b)$

Produkt der Form $A\cdot B$: $(6a-3b)\cdot(2a+b)$

Produkt der Form $A\cdot(B+C)$: $(6a-3b)\cdot(2a+b)$

Produkt der Form $(A-B)\cdot C$: $(6a-3b)\cdot(2a+b)$

Produkt der Form $A\cdot B\cdot C$: $3\cdot(2a-b)\cdot(2a+b)$

a) $(4x-y)+(x+3y)$ c) $5x\cdot(2y-z)$ e) $\frac{3\cdot(5x-2y)}{2x+y}$ g) $(4x+8)^2$

b) $(3a+b)-(5z+2u)$ d) $5a\cdot 3b\cdot(c-1)$ f) $\frac{4a-3b}{a^2-b^2}$ h) $\frac{5r-10}{2r+3}$

508 Beschreibe die folgende Termstruktur in eigenen Worten!
Finde zu der Termstruktur ein geeignetes Beispiel!

a) $A\cdot B+C$ b) $A\cdot(B-C)$ c) $A\cdot B-C\cdot D$ d) $\frac{A\cdot B}{C}$

509 Verwende deinen TR und fülle die Tabelle aus! Vergleiche das Ergebnis von 102^2 mit jenem von 201^2, von 103^2 mit jenem von 301^2 usw.! Siehst du Gesetzmäßigkeiten? Erkläre!

a	102	103	104	105	106	107	108	109
a^2								
a	201	301	401	501	601	701	801	901
a^2								

510 Vereinfache den Term! Welchen Wert dürfen die Variablen nicht annehmen?

Beispiel

$\frac{x}{2}:x^2=\frac{x}{2}:\frac{x^2}{1}=\frac{x}{2}\cdot\frac{1}{x^2}=\frac{\cancel{x}}{2\cdot\cancel{x}\cdot x}=\frac{1}{2x}$ $(x\neq 0)$

a) $y^2:\frac{2}{y}=$ b) $\frac{z}{3}:\frac{3}{z}=$ c) $\frac{5}{u}:\frac{10}{u^3}=$ d) $\frac{v^3}{4}:\frac{v}{2}=$ e) $z:\frac{z}{2}=$ f) $\frac{x}{3}:x^2=$ g) $\frac{a}{b}:\frac{2a}{b^2}=$

Zusammenfassung

AH S. 34

Für das **Rechnen mit Variablen und Termen** gelten dieselben Regeln wie für das Rechnen mit Zahlen. Es dürfen **beim Addieren und Subtrahieren nur dieselben Variablen zusammengefasst werden.** **Mehrgliedrige Terme** werden miteinander **multipliziert**, indem man **jedes Glied** des einen Terms mit **jedem Glied** des anderen Terms multipliziert.

Gemeinsame Faktoren können in Summen oder Differenzen **herausgehoben werden**. Dadurch ändert sich die **Struktur des Terms**.
Kommt in einem Term eine Division oder ein Bruch vor, darf der **Divisor bzw. der Nenner des Bruches nicht null** ergeben.

Binomische Formeln

$(a+b)^2=a^2+2ab+b^2$ $(a-b)^2=a^2-2ab+b^2$ $(a+b)\cdot(a-b)=a^2-b^2$

Wissensstraße

Lernziele: Ich kann ...

Z 1: Terme erkennen und verschiedene Arten von Termen unterscheiden.
Z 2: Terme aufstellen.
Z 3: Werte von Termen berechnen.
Z 4: Terme addieren und subtrahieren.
Z 5: Terme multiplizieren.
Z 6: Terme durch Herausheben vereinfachen.
Z 7: die binomischen Formeln anwenden und ausmultiplizieren.
Z 8: Termstrukturen erkennen.

---

511 Kreuze alle Ausdrücke an, bei denen es sich um einen Term handelt! **Z 1**

☒ A $3x+2b$ ☒ B $\frac{x}{x}$ ○ C $\frac{4}{0}$ ☒ D $7p \cdot 4k$ ○ E $b-:8$

512 Kreuze alle Terme an, bei denen es sich um Binome handelt! **Z 1**

☒ A $3x-5y$ ○ B $(7z+6-4t)\cdot 8$ ○ C $\frac{3a}{c}$ ☒ D $u+v$ ○ E $8i$

513 Schreibe den zur Aussage passenden Term auf und multipliziere aus! **Z 2**

a) Das Fünffache der Summe aus a und b $(a+b)\cdot 5 = 5a+5b$
b) Das Dreifache der um 8 vermehrten Zahl x $(x+8)\cdot 3 = 3x+24$
c) Das Doppelte der um 6 verminderten Zahl y $(y-6)\cdot 2 = 2y-12$
d) Das Produkt einer Zahl z mit ihrem Nachfolger $z\cdot(z+1) = z^2+z$

514 a) Gib eine Formel zur Berechnung des Umfangs der Figur an! **Z 2, Z 3**

1) $6\cdot n$

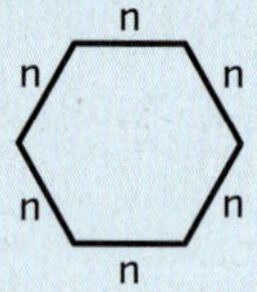

2)

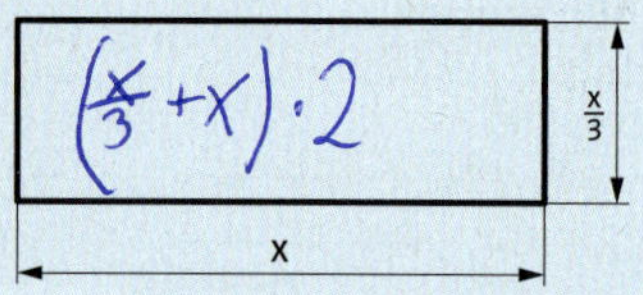

3) $2k+h$

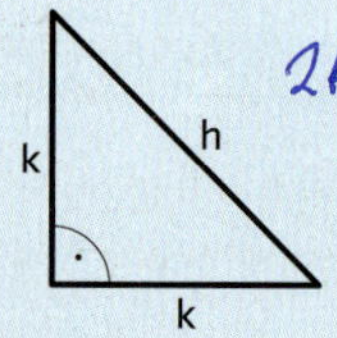

b) Berechne den Umfang für 1) n = 1,5 cm, 2) x = 7 cm, 3) k = 3,6 cm; h ≈ 5,1 cm!

515 1) Berechne jeweils den Wert des Terms $T(x) = 2x-5$, indem du für die Variable x der Reihe nach die Zahlen −2, −1, 0, +1 und +2 einsetzt! **Z 3**

⊞ 2) Welche Zahl muss man für x einsetzen, damit der Term den Wert 16 hat?

516 Vereinfache den Term und führe die Probe für a = 4, b = 3 durch! **Z 4**

a) $5a+(3b-2) =$ $5a+3b-2$
b) $5a-(2-3b) =$ $5a-2+3b$
c) $5a-(3b-2) =$ $5a-3b+2$
d) $5a-(3b+8a) =$ $5a-3b+8a = -3a-3b$

517 Vereinfache den Term und führe die Probe für x = 4, y = 3 durch! **Z 4**

a) $2x^2+3x^2+x^2 =$ $6x^2$
b) $y^3+3y^3+4y^3 =$ $8y^3$
c) $x^2+4x^2-x^2 =$ $4x^2$
d) $3x+4x-x+3y^2-y^2 =$ $6x+2y^2$

518 Ordne die Ausdrücke einander zu, indem du den Buchstaben neben die entsprechende Zahl schreibst! **Z 5**

1	$(u \cdot v)^4$	C	5	$(-u^3 \cdot v)^2$	H
2	$(u^2 \cdot v)^2$	A	6	$(-u \cdot v)^3$	B
3	$(u \cdot v^2)^2$	G	7	$(-u \cdot v^3)^2$	D
4	$(u^3 \cdot v^2)^2$	E	8	$(-u \cdot v^2)^3$	F

A	u^4v^2	E	u^6v^4
B	$-u^3v^3$	F	$-u^3v^6$
C	u^4v^4	G	u^2v^4
D	u^2v^6	H	u^6v^2

519 Vereinfache den Term! Führe die Probe mit $a = 1$ und $b = 2$ durch! **Z 5**
$(2a - 7b) \cdot (-3) - (a - 2b) \cdot 5 =$

520 Vereinfache durch Herausheben bzw. durch Herausheben und Kürzen! **Z 6**
a) $6a^2b - 6b =$ **b)** $3x \cdot (x + y) - 2y \cdot (x + y) =$ **c)** $\frac{15rs - 6r^2}{12rs} =$

521 Ergänze die Lücken! **Z 6**
a) $3xy - 3c = 3 \cdot (\_\_ - \_\_)$
b) $18 - 6b = \_\_ \cdot (3 - b)$
c) $8x - 12xy = \_\_ \cdot (\_\_ - 3y)$
d) $-x - 2xy = -x \cdot (\_\_)$
e) $-a - b = \_\_ \cdot (a + b)$
f) $-ab - 6a = -a \cdot (\_\_)$

522 Berechne mit Hilfe der drei Binomischen Formeln! **Z 7**
a) 1) $(s + 5x)^2$ **2)** $(s - 5x)^2$ **3)** $(s + 5x)(s - 5x)$
b) 1) $(7u - 8z)^2$ **2)** $(-7u + 8z)^2$ **3)** $(7z - 8u)(7z + 8u)$

523 Ergänze, was fehlt! **Z 7**
a) $(3x + \_\_)^2 = \_\_ + 24x + 16$
b) $(\_\_ - 7)^2 = 16z^2 - 56z + \_\_$
c) $(5y + \_\_)^2 = \_\_ + 90y + 81$
d) $(\_\_ - 3b)^2 = 49a^2 - \_\_ + \_\_$

524 Vereinfache den Term und führe eine Probe mit $a = 2$, $b = 3$ durch! **Z 4, Z 5, Z 7**
$(4a + b)^2 - 2 \cdot (5a - 3b) \cdot (5a + 3b) + (3a - 4b)^2 =$

525 Kann der folgende Term als Quadrat eines Binoms geschrieben werden? Wenn nicht, verändere ihn so, dass das möglich ist! **Z 7**
a) $25y^2 + 26y + 64$ **b)** $49a^2 + 2a + \frac{1}{49}$

526 Kreuze in der Tabelle die richtigen Termstrukturen an! **Z 8**

	Term	Summe	Differenz	Produkt	Quotient
1)	$3x + 7u$	○	○	○	○
2)	$7x(8 + 9i)$	○	○	○	○
3)	$\frac{x+1}{x}$	○	○	○	○
4)	$(a + b)(c - d)$	○	○	○	○
5)	$8u - 9m$	○	○	○	○

Gleichungen und Formeln

Vom Sinn der symbolischen Schreibweise mit Buchstaben

Im Abschnitt „Terme" (Seiten 88, 89) wurde dargelegt, wie Vieta auf die Idee kam, Buchstaben für Zahlen zu verwenden. Hier wird nun ein erfundenes Gespräch von Vieta mit der späteren Mathematikerin Catherine Parthenay vorgestellt. Vieta war deren Privatlehrer und hat ihr vielleicht den Sinn dieser Schreibweise erklärt.

Parthenay: „Welche Zahl meinst du, wenn du a schreibst?"

Vieta: „Das lasse ich noch völlig offen; a kann irgendeine Zahl sein. Oft ist es nicht wichtig, für welche Zahl ein Symbol steht, sondern einfach nur, dass a für eine Zahl steht! Wenn ich sage: ‚Peter, kaufe Äpfel!', so kann ich damit meinen, dass er große, süße oder grüne Äpfel kaufen soll. Wenn ich aber sage: ‚Peter, kaufe a Kilogramm Äpfel!', dann drücke ich damit aus, dass Peter eine bestimmte Menge Äpfel kaufen soll!"

Parthenay: „Worin liegt der Sinn, das Symbol a für irgendeine Zahl zu verwenden?"

Vieta: „Wenn der Buchstabe b auch Symbol für eine Zahl ist, kann ich b mit a multiplizieren, denn zwei Zahlen kann man ja miteinander multiplizieren!"

Parthenay: „Ich sehe noch immer keinen Vorteil!"

Vieta: „Ich stelle mir ein Rechteck mit den Seitenlängen a und b vor. Sein Flächeninhalt ist dann $a \cdot b$ oder $b \cdot a$, egal um welche zwei Zahlen a und b es sich handelt. Damit habe ich aber nicht nur eine Formel für die Berechnung des Flächeninhalts des Rechtecks, sondern auch das Rechengesetz $a \cdot b = b \cdot a$ formuliert. Und für diese Formel bzw. für dieses Gesetz habe ich nur vier verschiedene Zeichen verwendet anstatt einer langwierigen Erklärung!"

Parthenay: „Jetzt habe ich es verstanden!"

Catherine Parthenay (1554–1631) zählte zur damaligen Zeit zu den begabtesten Mathematikerinnen und Mathematikern.

Dieses fiktive Gespräch könnte als der Beginn der Erfolgsstory des symbolischen Rechnens gesehen werden, die in der langen Geschichte menschlicher Erfindungen ihresgleichen sucht. Vieta war damit der Erste, der das Buchstabenrechnen vom reinen Zahlenrechnen unterschied.

Warum kam die Idee des Buchstabenrechnens erst im 16. Jahrhundert auf?

Warum ist den griechischen Mathematikern, die doch so talentiert und kreativ waren, nicht schon viele Jahrhunderte früher dieser Gedanke des Vieta eingefallen? Eine mögliche Antwort könnte lauten: Sie konnten einfach nicht auf diese Idee kommen, Buchstaben, wie zum Beispiel α oder β, als Symbole für irgendwelche Zahlen zu verwenden. Für sie war seit jeher α nicht nur der erste Buchstabe, sondern auch das Zeichen für eins. β war nicht nur der zweite Buchstabe, sondern auch das Zeichen für zwei. Damit hatten die Buchstaben bei den Griechen der Antike von Anfang an die Bedeutung einer bestimmten Zahl und waren daher ungeeignet, für beliebige Zahlen zu stehen.

In jedem Land auf der Welt könnte man so ein Tafelbild finden, auch zB in Russland oder in Japan, obwohl die dort verwendeten Schriften gar nicht mit unserer Schrift übereinstimmen. Die Symbole a, b, c, . . . werden auf der ganzen Welt für Terme, Gleichungen und Formeln verwendet. Die Algebra ist somit eine „weltweite Sprache“.
Wie heißt die Schrift, die in Russland verwendet wird?

Das Mobile befindet sich im Gleichgewicht. Die aufgehängten Figuren wiegen zusammen 112 Gramm.
Wie viel Gramm hat der Stern?

Worum geht es in diesem Abschnitt?

- Aufstellen von Formeln und Gleichungen
- mögliche Äquivalenzumformungen
- Lösen von Gleichungen
- Umformen von Formeln
- Gleichungen aus Texten
- Lösen, Aufstellen und Interpretieren von Verhältnisgleichungen

1 Lösen von Gleichungen

interaktive Vorübung w7wh6x

AH S. 35

1.1 Äquivalente Gleichungen

Alexander und Carina überlegen, wie sie die Gleichung $52 - 2x = 38$ lösen können. Alexander meint, es muss mit Rückgängigmachen der Rechenoperationen gehen: „Wir wissen ja, dass Rechnen mit Variablen genauso geht wie mit Zahlen, und negative Zahlen haben wir auch schon kennen gelernt.“ Carina und Alexander lösen die Gleichung jedoch auf zwei unterschiedliche Arten:

Lösung von Alexander: $52 - 2x = 38$

Die Rechnung $-2x$ wird rückgängig gemacht: $52 = 38 + 2x$

Die Rechnung $+38$ wird rückgängig gemacht: $52 - 38 = 2x$

Die linke Seite wird vereinfacht: $14 = 2x$

Die Multiplikation mit 2 wird rückgängig gemacht: $14 : 2 = x$ (7)

Lösung von Carina:

Umstellen der Ausgangsgleichung: $-2x + 52 = 38$

Die Rechnung $+52$ wird rückgängig gemacht: $-2x = 38 - 52$

Die rechte Seite wird vereinfacht: $-2x = -14$

Die Multiplikation mit (-2) wird rückgängig gemacht: $x = 7$

Äquivalente Gleichungen

Die Gleichungen sind jeweils zueinander **gleichwertig** oder **äquivalent**, dh. sie besitzen die **gleiche Lösung**. Durch **Umformungen** (Rückgängigmachen von Rechenoperationen) erhält man **äquivalente Gleichungen**. **Bemerkung:** aequus (lat.)…gleich, valentia (lat.)…Stärke

Äquivalente Gleichungen

Äquivalente Gleichungen haben die **gleiche Lösung**. Dies wird durch das **Symbol** $\Leftrightarrow$ verdeutlicht.
ZB: $52 - 2x = 38 \Leftrightarrow -2x + 52 = 38 \Leftrightarrow -2x = -14 \Leftrightarrow x = 7$

527 Gib zur gegebenen Gleichung drei äquivalente Gleichungen an!

a) $5x = 10$ **b)** $\frac{y}{8} = 1$ **c)** $3 - 2x = 1$ **d)** $2 + \frac{z}{5} = \frac{1}{2}$ **e)** $3s - 7 = 23$

528 Kreuze die drei Gleichungen an, die zu $3x - 5 = 7$ äquivalent sind! (3x = 12)

☒ **A** $3x = 12$ ○ **B** $3x + 5 = 18$ ☒ **C** $x = 4$ ☒ **D** $2x = 8$ ○ **E** $3x - 10 = 3$

529 Verbinde äquivalente Gleichungen!

$2a = 12$	$3a + 4 = 10$	$-3a = -9$	$5a = 25$

$a = 2$	$a = 3$	$2a - 3 = 9$	$a + 2 = 7$

530 Schreibe jeweils drei äquivalente Gleichungen zur angegebenen Lösung auf!

a) $x = 7$ **b)** $m = 10$ **c)** $b = -2$ **d)** $z = \frac{3}{5}$ **e)** $n = 0$

$2x = 14$

1.2 Äquivalenzumformungen

Samira hat bei ihrer Oma eine alte Waage entdeckt. Die Waage ist im Gleichgewicht, wenn auf der linken und auf der rechten Waagschale Gegenstände mit gleichem Gewicht liegen.
Eine Gleichung entspricht einer solchen Waage, denn das Gleichheitszeichen drückt aus, dass die linke Seite und die rechte Seite einer Gleichung gleich „schwer" sind.
Das Gleichgewicht einer Waage ändert sich dabei nicht, wenn man beide Seiten auf gleiche Weise verändert. Samira zeichnet folgende Skizzen für die Gleichung $3x + 5 = 11$.

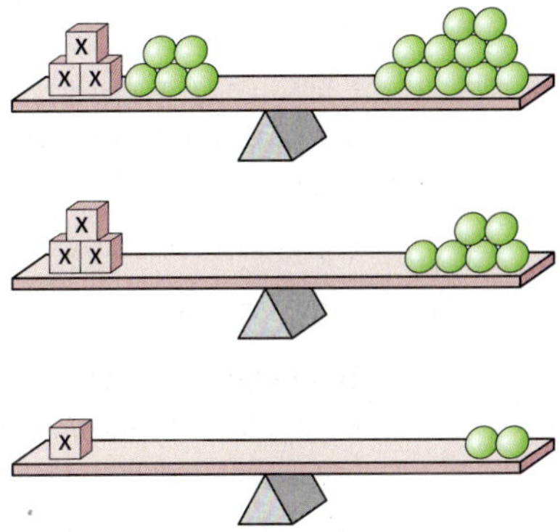

Samira will 5 grüne Kugeln von jeder Seite der Waage entfernen, dies wird durch den senkrechten Strich rechts von der Gleichung angedeutet:

$3x + 5 = 11 \quad | -5$

$3x + 5 - 5 = 11 - 5$

vereinfachen: ______

Samira drittelt den Inhalt jeder Schale: $3x = 6 \quad | :3$

$\frac{3x}{3} = \frac{6}{3}$

Samira erhält: $x =$ ______ **Probe:** $3 \cdot$ ______ $+ 5 =$ ______

Natürlich hätte Samira aber auch auf jeder Waagschale gleich viele grüne Kugeln (oder auch gleich viele Würfel) hinzufügen können. Die Waage würde selbst dann im Gleichgewicht bleiben, wenn Samira den Inhalt der linken und rechten Schale verdoppeln würde.

Äquivalenzumformungen

Die Lösung einer Gleichung ändert sich nicht, wenn man auf **beiden Seiten**
1) **dieselbe Zahl addiert**,
2) **dieselbe Zahl subtrahiert**,
3) **mit derselben Zahl** ($\neq 0$) **multipliziert**,
4) **durch dieselbe Zahl** ($\neq 0$) **dividiert**,
5) **dasselbe Vielfache** der Unbekannten **addiert** bzw. **subtrahiert**.

Hinweis Auch die Anwendungen des **Kommutativgesetzes**, des **Assoziativgesetzes** und des **Distributivgesetzes** (Auflösen von Klammern, usw.) sind Äquivalenzumformungen.

Sonderfälle beim Lösen von Gleichungen

Es kommt vor, dass eine Gleichung **mehr als eine Lösung oder gar keine Lösung** hat.

Mehrere Lösungen zB:

$4r + 5 - r = 6 + 3r - 1$

$3r + 5 = 3r + 5$

$3r = 3r$

Alle Zahlen r erfüllen diese Gleichung.
Diese Gleichung ist allgemein gültig.

Keine Lösung zB:

$4s + 5 - s = 6 + 3s - 2$

$3s + 5 = 3s + 4$

$3s = 3s - 1$

Die Gleichung wird von **keiner Zahl s** erfüllt!

Gleichungen mit mehr als einer Lösung oder gar keiner Lösung

Ergibt sich **für jede** Zahl, die man in die Gleichung einsetzt, eine **wahre Aussage**, so hat die Gleichung **unendlich viele Lösungen**.
Ergibt sich für **jede Zahl**, die man in die Gleichung einsetzt, eine **falsche Aussage**, so hat die Gleichung gar **keine Lösung**.

Schritte zum Lösen von Gleichungen

Schritt 0: Vereinfache jede Seite stets soweit wie möglich!
Schritt 1: Bringe alle Unbekannten auf eine Seite!
Schritt 2: Isoliere die Unbekannte!
Schritt 3: Dividiere durch den Koeffizienten der Unbekannten!

$\underbrace{9x}_{\text{Unbekannte}} - \underbrace{12}_{\text{Zahl}} = \underbrace{6x}_{\text{Unbekannte}} - \underbrace{9}_{\text{Zahl}}$	$\mid -6x$	Schritt 1
$9x - 12 - 6x = 6x - 9 - 6x$		Schritt 0
$3x - 12 = -9$	$\mid +12$	Schritt 2
$3x - 12 + 12 = -9 + 12$		Schritt 0
$3x = 3$	$\mid :3$	Schritt 3
$x = 1$		

Probe: linke Seite: $9 \cdot 1 - 12 = -3$; rechte Seite: $6 \cdot 1 - 9 = -3$ ✓

Hinweis Das Lösen einer Gleichung wird einfacher, wenn man nach **jeder** Umformung vereinfacht (Schritt 0 anwendet).

531 Durch welche Äquivalenzumformung ist die zweite Gleichung aus der ersten hervorgegangen?

a) $x + 6 = 1$; $x = -5$ **b)** $7x = 21$; $x = 3$ **c)** $3t = 3t$; $t = t$ **d)** $3x - 7 = 2x + 1$; $x - 7 = 1$ **e)** $5z + 8 = 1 - 2z$; $5z + 7 = -2z$

532 Schreibe alle Schritte (0, 1, 2, 3) zum Lösen der Gleichung auf und löse dann die Gleichung!

a) $5x = 35$ **b)** $\frac{y}{8} = 1$ **c)** $\frac{a}{8} = \frac{7}{2}$ **d)** $2b + 3 = 17$ **e)** $9x = 5x - 16$ **f)** $5z + 3 = 4z - 6$ **g)** $\frac{u}{3} + \frac{u}{2} = 15$ **h)** $\frac{5}{4}v = v + 1$

533 Die folgenden Gleichungen haben alle die Lösung **a)** $x = 5$, **b)** $y = 6$, **c)** $z = -2$.
1) Überprüfe, ob das stimmt!
2) Sind die fünf Gleichungen äquivalent? Begründe!

a)
A $x + 20 = 25$
B $2x - 2 = 8$
C $2x + 7 = \frac{2}{5}x + 15$
D $5(x - 1) - 2 = 2(x + 5) - x + 3$
E $5(x + 4) + 18 = 9(x + 2)$

b)
A $6y + 1 = 37$
B $\frac{5y + 3}{11} = 3$
C $5 - 3y = 11 - 4y$
D $3 \cdot (y + 5) - 2 \cdot \left(8 + \frac{y}{4}\right) = 14$
E $-4y + 26 = -y + 8$

c)
A $17z + 8 = 13z$
B $14z + \frac{2}{3} = 11z - 5\frac{1}{3}$
C $19{,}25z + 22 - (8z - 1{,}5 - 0{,}5z) = 0$
D $\frac{5 \cdot (z - 8)}{13} = \frac{115z + 30}{52}$
E $6 \cdot (z - 1) - (-5) \cdot (3 - z) = 7$

534 Berechne die Unbekannte und vergiss nicht auf die Probe!

a) $x + 2 = 5\frac{1}{2}$
b) $2y + 3 = 8\frac{1}{4}$
c) $4v - 3 = -11$
d) $8t - 7 = 4 - 3t$
e) $2u - 9 = u - 8$
f) $4v + 5 = 5 - 3v$
g) $3s - 9 = 5s + 5$
h) $8y - 3 = 2y - 3 + 6y$
i) $2 + \frac{w}{3} = -1$
j) $\frac{z}{5} + 1{,}5 = \frac{3}{2}$
k) $0{,}25x - 3 = \frac{7}{4}$
l) $1{,}1a - 22 = 2{,}2a$

 Arbeitsblatt et9jv7

535 Ermittle mit Hilfe von Äquivalenzumformungen die Lösung! Führe die Probe durch!

Beispiel

$\mathbf{4\cdot(2x-3)+x=6x+9}$

$8x-12+x=6x+9$		Schritt 0
$9x-12=6x+9$	$\mid -6x$	Schritt 1
$3x-12=9$	$\mid +12$	Schritt 2
$3x=21$	$\mid :3$	Schritt 3
$x=7$		

Probe:
linke Seite: $4\cdot(2\cdot7-3)+7=4\cdot11+7=\mathbf{51}$

rechte Seite: $6\cdot7+9=42+9=\mathbf{51}$

a) $(2m-3)-(3m-1)=2+(m+4)$
b) $6m-(3+2m)=m-(4-2m)$
c) $5m-(3+2m)=m-(4-2m)$
d) $z-3=3z-2(z+1)$
e) $3y+4(y-3)=5y-3(y-1)$
f) $2z-3=2\cdot(z+1)-z$
g) $(3u-2)5=(5u-1)3-7$
h) $(2-4x)5+6x=(5-7x)2$

536 Ermittle die Lösung der Gleichung und führe die Probe durch!
a) $(x+2)(3x-4)=3x(x-2)$
b) $(6x+5)(4x+3)=3x(8x+11)$
c) $(x+2)^2=x^2+4$
d) $(x-3)^2=x^2+12$
e) $(x+2)^2=(x+2)(x-2)$
f) $(x+4)^2=(x-4)^2-32$

Tipp
Streiche gleiche Glieder, die auf beiden Seiten mit denselben Vorzeichen auftreten, weg (entspricht einer Subtraktion auf beiden Seiten).
ZB: $3x^2-2x+4=3x^2+12$
$-2x+4=12$

537 Ordne die Lösung der entsprechenden Gleichung zu!

1	$x=-\frac{4}{3}$	
2	$x=0{,}25$	
3	$x=1$	
4	$x=2$	

A	$(x-2)^2-x^2=3(x-1)$
B	$2x(x-3)-3(x-1)=2x^2+15$
C	$(4x-2)^2+8=(4x+2)^2$
D	$(x-3)(x+3)=x^2-3(5-x)$

538 Markiere alle Gleichungen rot, die keine Lösung haben, alle allgemein gültigen Aussagen grün und alle Gleichungen mit der Lösung 0 gelb! Begründe deine Wahl mit Hilfe der **Infobox**!

○ **A** $3a=3a+1$
○ **B** $2b=5b$
○ **C** $7z-2=7z-2$
○ **D** $z=z-1$
○ **E** $4r+2=4r+2$
○ **F** $-3f-2=5f-2$
○ **G** $\frac{1}{2}z+1=\frac{1}{3}z+1$
○ **H** $8a=8a-7a$

Sonderfälle

Allgemein gültige Gleichung: Eine solche Gleichung liefert immer eine wahre Aussage – alle Zahlen erfüllen diese Gleichung (zB $2x=2x$).
Gleichung ohne Lösung: Eine solche Gleichung liefert immer eine falsche Aussage – keine Zahl erfüllt diese Gleichung (zB $a-2=a$).
Lösung 0: Gleichungen zB der Form $4a=2a$ oder $5a=0$ haben als Lösung die Zahl 0.

539 Löse die Gleichung und überprüfe die Lösung mit Hilfe der Probe!

Beispiel

$\frac{z}{3}+\frac{z}{4}+2=z \Leftrightarrow \frac{7z}{12}+2=z \quad \mid -z$

$\frac{7z}{12}-z+2=0 \Leftrightarrow -\frac{5z}{12}+2=0 \quad \mid -2$

$-\frac{5z}{12}=-2 \quad \mid :\left(-\frac{5}{12}\right) \Leftrightarrow z=\frac{24}{5}=4{,}8$

Probe:
Linke Seite: $\frac{4{,}8}{3}+\frac{4{,}8}{4}+2=1{,}6+1{,}2+2=\mathbf{4{,}8}$
Rechte Seite: $\mathbf{4{,}8}$

a) $\frac{x}{2}-\frac{3}{4}=x$
b) $\frac{x}{4}+x=1$
c) $\frac{x}{2}-\frac{x}{3}=1$
d) $\frac{2y}{3}+\frac{1}{2}=y-\frac{5}{6}$
e) $\frac{3y}{2}-5=y+2$
f) $\frac{5y}{2}+1=\frac{y}{3}+1$
g) $\frac{z}{2}+\frac{z}{3}+\frac{z}{4}=13$
h) $\frac{z}{2}+\frac{z}{3}-\frac{z}{4}=7$

2 Umformen von Formeln

interaktive Vorübung zj24in

AH S. 36

Stefan lernt im Biologieunterricht, dass Kühe bei der Bio-Haltung mindestens $6\,m^2$ Stellfläche zur Verfügung haben müssen. Auf einem Foto eines Stalls entdeckt er, dass die Flächen einen trapezförmigen Grundriss haben. Von einem befreundeten Biobauern erfährt er, dass die beiden parallelen Seiten der Stellfläche ca. 2,75 m und 2,25 m lang sind. Stefan überlegt, wie breit die Fläche sein müsste, wenn die geforderten $6\,m^2$ erreicht werden sollen.
Er schreibt zunächst die Formel für den Flächeninhalt dieses Trapezes (→ Skizze unten) auf:
$A = \frac{a+c}{2} \cdot h$

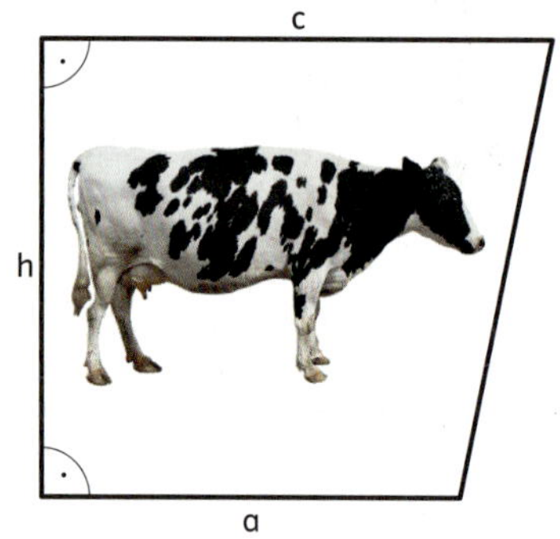

1. Art: Er setzt die bekannten Werte ein und erhält eine Gleichung mit der Unbekannten h, die der Breite der Stellfläche entspricht.

$6 = \frac{\square + \square}{2} \cdot h \Leftrightarrow 6 = \square \cdot h \Rightarrow h = \square$

Die Breite des Stellplatzes ist also ☐ m.

2. Art: Stefan **formt** zuerst die **Formel** für den Flächeninhalt des Trapezes **um** und **setzt dann erst** die gegebenen **Zahlen ein**. Mit Variablen kann man ja genauso rechnen wie mit Zahlen.

$A = \frac{a+c}{2} \cdot h \quad | \cdot 2$

$2A = (a+c) \cdot h \quad | :(a+c)$

$h = \frac{2A}{a+c}$

Ein Bruchstrich wirkt wie eine Klammer.
Aus der Formel für den Flächeninhalt wird die Variable h ausgedrückt.

Einsetzen der gegebenen Werte für A, a, c: $h = \frac{2 \cdot \square}{2{,}75 + \square} = \frac{\square}{5} = \square$

Die Breite des Stellplatzes ist also ☐ m.

Umformen von Formeln

1) Schreibe zunächst die angesprochene Formel auf!
2) Markiere die Variable, die du ausdrücken möchtest!
3) Drücke die gesuchte Variable mittels Äquivalenzumformungen explizit aus!

540 Drücke aus der Formel für das Volumen des Quaders mit den Kantenlängen a, b, und c **1)** a, **2)** b, **3)** c aus!
Rechne als Probe mit $V = 70\,cm^3$, $a = 7\,cm$, $b = 2\,cm$, $c = 5\,cm$!

541 Drücke aus der Formel für den Flächeninhalt der Raute mit den Diagonalen e und f **1)** e, **2)** f aus!
Rechne zur Kontrolle mit $A = 65\,cm^2$, $e = 13\,cm$, $f = 10\,cm$!

542 Drücke aus der Formel für den Flächeninhalt des Trapezes ABCD **1)** h, **2)** a, **3)** c aus! Rechne zur Kontrolle mit $A = 100\,cm^2$, $a = 8\,cm$, $c = 12\,cm$, $h = 10\,cm$!

Hinweis zu **2)** $A = \frac{a+c}{2} \cdot h \Leftrightarrow 2A = (a+c) \cdot h \quad |:h$

543 Fülle die Tabelle korrekt aus und kreuze an, ob die Formel für eine Länge (Seite, Höhe, Diagonale) x von der Form $x = \frac{2A}{y}$ oder $x = \frac{A}{y}$ ist!

	Figur	Formel Flächeninhalt	$x = \frac{2A}{y}$	$x = \frac{A}{y}$
Beispiel	Rechteck	$A = a \cdot b$	○	☒
1)	Raute	$\frac{e \cdot f}{2} = A$	☒	○
2)	Parallelogramm	$s \cdot h_s = A$	○	☒
3)	rechtwinkliges Dreieck	$\frac{a \cdot b}{2} = A$	☒	○
4)	allgemeines Dreieck	$\frac{c \cdot h_c}{2} = A$	☒	○
5)	Drachen (Deltoid)	$\frac{e \cdot f}{2} = A$	☒	○

544
1) Drücke jede Variable durch die übrigen explizit aus!
2) Welche Struktur hat der gegebene Term links des „="-Zeichens?

a) $x \cdot y = z$ **d)** $-x + y = z$ **g)** $z - x \cdot y = u$ **j)** $\frac{x}{y} - z = u$

b) $\frac{x}{y} = z$ **e)** $x \cdot y + z = u$ **h)** $-x \cdot y + z = u$ **k)** $\frac{x}{y} - u = z$

c) $x - y = z$ **f)** $x \cdot y - z = u$ **i)** $\frac{x}{y} + z = u$ **l)** $u - \frac{x}{y} = z$

545 Folgende physikalische Formeln haben alle die gleiche Struktur.
1) Drücke die anderen Größen explizit aus!
2) Rechne zur Kontrolle mit den gegebenen Werten!

a) $v = \frac{s}{t}$ $\left(\text{Geschwindigkeit} = \frac{\text{Weg}}{\text{Zeit}}\right)$; Werte: v = 25 km/h, s = 200 km, t = 8 h

b) $P = \frac{W}{t}$ $\left(\text{Leistung} = \frac{\text{Arbeit}}{\text{Zeit}}\right)$; Werte: P = 500 Watt, W = 3 000 J, t = 6 s

c) $R = \frac{U}{I}$ $\left(\text{Widerstand} = \frac{\text{Spannung}}{\text{Stromstärke}}\right)$; Ohm'sches Gesetz; Werte: U = 230 V, R = 115 Ω, I = 2 A

d) $\varrho = \frac{m}{V}$ (Dichte = Masse durch Volumen); Werte: $\varrho = 2\,500\,kg/m^3$, m = 0,5 kg, $V = 0{,}0002\,m^3$

546 Drücke aus dem Hebelgesetz $F_1 \cdot l_1 = F_2 \cdot l_2$ (Kraft mal Kraftarm = Last mal Lastarm) jede Variable durch die anderen aus!
Rechne zur Kontrolle mit $F_1 = 300\,N$, $l_1 = 4\,m$, $F_2 = 400\,N$, $l_2 = 3\,m$!

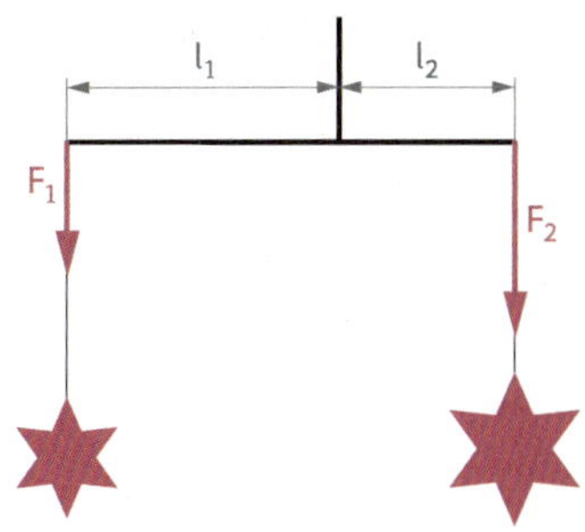

547 Gegeben ist die Formel $K = G + p \cdot m$.
Kreuze die korrekt umgeformten Gleichungen an!

○ **A** $G = K - p \cdot m$ ○ **B** $G = p \cdot m - K$ ○ **E** $p = \frac{G - K}{m}$

○ **C** $p = K - G - m$ ○ **D** $p = \frac{K - G}{m}$ ○ **F** $m = K - G : p$

548 Jonas formt die Gleichung $A = x \cdot y - c$ zu $y = A + \frac{c}{x}$ um!
Gib an, ob diese Umformung korrekt ist und begründe deine Antwort!

549 Wenn W Liter Wasser zu Eis gefriert, nimmt das Volumen um ein Elftel zu.
1) Stelle eine entsprechende Gleichung für das Volumen des Eises E auf!
2) Drücke das Volumen des Wassers durch E aus!

3 Gleichungen aus Texten

interaktive Vorübung d76t2v

AH S. 37

Ernst, Herbert, Markus und Stefan haben von ihren Eltern für einen gemeinsamen Zelturlaub 1200 € erhalten.
Hin- und Rückfahrt kosten für alle zusammen 100 €.
Für Verpflegung und sonstige Ausgaben planen sie täglich insgesamt 80 € ein. Außerdem sind für jede Person pro Tag 8 € Campinggebühr zu bezahlen.
Wie viele Tage können sie bleiben?

1. Schritt: Wahl der Unbekannten
Welche Zahl oder Größe ist in der Aufgabe gesucht? Es ist die Zahl der Urlaubstage. Wir wählen dafür einen Buchstaben, zum Beispiel d (für days (engl.)).

2. Schritt: Aufstellen der Gleichung
Für d Tage betragen die Ausgaben … $\cdot$ d € und die Campinggebühr $(8 \cdot 4) \cdot$ … $= 32 \cdot$ … €.
Die Gesamtausgaben sind daher 100 + … + …; der zur Verfügung stehende Betrag ist 1200 €.
Die gesuchte Gleichung lautet daher: $100 + 80\,d + 32\,d = 1200$

3. Schritt: Lösen der Gleichung und Probe

$$100 + 80\,d + 32\,d = 1200$$
$$100 + 112\,d = 1200 \quad | -100$$
$$112\,d = \ldots \quad | :112$$
$$d = \frac{1100}{112} = \frac{275}{28} \approx 9{,}8\ldots$$

Probe:
Linke Seite: $100 + 80 \cdot \frac{275}{28} + 32 \cdot \frac{275}{28}$
$= 100 + \frac{5500}{7} + \frac{2200}{7} = \frac{8400}{7} = 1200$
Rechte Seite: 1200 ✓

4. Schritt: Überprüfen der Lösung
Wir müssen überprüfen, ob die rechnerische Lösung auch Lösung unserer Textaufgabe ist.
$d = 9{,}8\ldots$ ist zwar die **Lösung der Gleichung** (Probe!), aber **nicht Lösung der Textaufgabe.**
Die gesuchte Anzahl der Urlaubstage muss eine natürliche Zahl sein.

5. Schritt: Beantwortung der Frage
Wie viele Tage können die Freunde nun wirklich bleiben? 9 oder 10 Tage?
9 Tage kosten … als 1200 €, es bleibt etwas Geld übrig. 10 Tage würden bereits … als 1200 € kosten.
Antwort: Sie können höchstens **9 Tage** bleiben.

Lösen von Textaufgaben

Das **mathematische Modell** einer Textaufgabe ist meist eine **Gleichung.**
Die **Lösung der Gleichung** muss **nicht automatisch** auch die **Lösung der Textaufgabe** sein.

Wie wichtig das Überprüfen der Lösung ist, zeigt das folgende Beispiel:
Von den Schülerinnen und Schülern der 3B-Klasse kommt ein Drittel zu Fuß in die Schule, ein Viertel benützt das Fahrrad und die restlichen 9 Kinder bringt der Schulbus.
Wie viele Schülerinnen und Schüler gehen in die 3B-Klasse?
Wir sehen uns jeden Schritt für das Lösen der Textaufgabe an:

1. Schritt: Wahl der Unbekannten
Für die Gesamtzahl der Schülerinnen und Schüler der 3B-Klasse wählen wir s.

2. Schritt: Aufstellen der Gleichung
Die Anzahl der Fußgänger ist ein Drittel von s, die Anzahl der Radfahrer ist ein ______ von s. Daher lautet die Gleichung: $\frac{s}{3} + \_\_\_ + 9 = s$

3. Schritt: Lösen der Gleichung und Probe

$\frac{s}{3} + \frac{s}{4} + 9 = s$

$\frac{7}{12}s + 9 = s \quad \left| -\frac{7}{12}s \right.$

$9 = \frac{\_\_}{12}s \quad \left| : \frac{5}{12} \right.$

$21{,}6 = s$

Probe:
Linke Seite: $\frac{21{,}6}{3} + \frac{21{,}6}{4} + 9 = 7{,}2 + 5{,}4 + 9 = \mathbf{21{,}6}$
Rechte Seite: **21,6**

4. Schritt: Überprüfen der Lösung
21,6 kann nicht die Lösung der Aufgabe sein, dies kann nur eine natürliche Zahl sein.

5. Schritt: Beantwortung der Frage
Entweder liegt ein Angabefehler vor oder die Werte in der Angabe wurden gerundet. Diese Textaufgabe hat **keine Lösung**.

1) Schreibe den Text in Form einer Gleichung, die nur eine Variable enthält!
2) Löse die Gleichung und überprüfe die Lösung!

550 Addiert man **a)** zum 4-fachen, **b)** zum 12-fachen, **c)** zum 24-fachen einer Zahl die Zahl 7, so ergibt sich 5.

551 Subtrahiert man vom Drittel einer Zahl ein Viertel dieser Zahl, so ergibt sich **a)** 7, **b)** 19, **c)** −1.

552 Das Sechsfache einer Zahl ist um 24 kleiner als das Neunfache derselben Zahl.

553 Von zwei Zahlen ist die eine **a)** um 4 größer, **b)** um 7 kleiner als die andere Zahl. Das Doppelte der größeren Zahl ist um 21 größer als die kleinere Zahl.

554 Die Zahl 93 ist so in drei Summanden zu zerlegen, dass folgende Bedingung gilt:
a) Jeder Summand ist um 9 größer als der vorhergehende Summand.
b) Jeder Summand ist das 5-fache des vorhergehenden Summanden.

555 Ordne die Texte den entsprechenden Gleichungen zu! Ergänze dazu den entsprechenden Buchstaben!

1	Das Dreifache einer Zahl ist um sieben größer als 21.	
2	Das Dreifache einer Zahl ist siebenmal größer als 21.	
3	Sieben ist um 21 kleiner als das Dreifache einer Zahl.	
4	21 ist um 7 größer als das Dreifache einer Zahl.	

A	$7 = 3x - 21$
B	$3x - 7 = 21$
C	$3x + 7 = 21$
D	$3x : 7 = 21$

556 Schreibe den Text in Form einer Gleichung, löse sie und führe die Probe durch!
a) Welche Zahl muss man mit $-\frac{2}{3}$ multiplizieren, um $-\frac{4}{9}$ zu erhalten?
b) Welche Zahl muss man durch $-\frac{2}{3}$ dividieren, um $2\frac{1}{4}$ zu erhalten?

Aufgaben aus der Geometrie

557 In einem Parallelogramm ist der Winkel β **a)** 2-mal, **b)** 5-mal, **c)** 8-mal so groß wie der Winkel α.
1) Stelle eine Gleichung mit einer Variablen auf! Fertige dazu eine Skizze an!
2) Wie groß sind die Winkel des Parallelogramms?

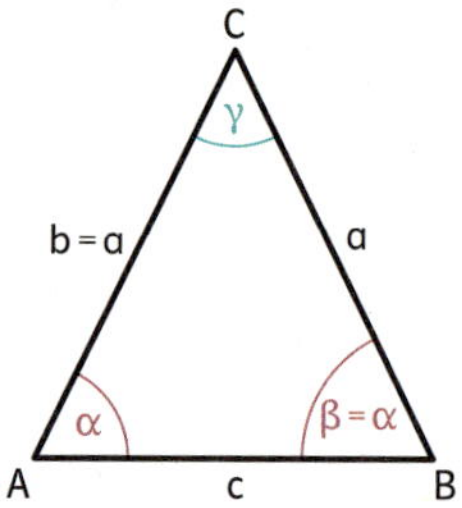

558 Der Umfang eines gleichschenkligen Dreiecks beträgt 24 cm. Wie lang ist die Basis c, wenn jeder Schenkel ($a = b$) **a)** 3 cm, **b)** 9 cm länger als die Basis ist? Stelle dazu eine Gleichung mit einer Variablen auf!

559 Der Winkel γ an der Spitze eines gleichschenkligen Dreiecks ist **a)** 3-mal, **b)** 7-mal, **c)** 13-mal so groß wie der Basiswinkel ($\alpha = \beta$).
Wie groß sind die Winkel des Dreiecks?

560 Eine Strecke von 1 m Länge soll **a)** in vier Teile, **b)** in drei Teile, ⊞ **c)** fünf Teile geteilt werden. Dabei soll der erste Teil 10 cm länger sein als der zweite, der zweite 10 cm länger als der dritte usw.
Wie lang müssen die Teilstrecken sein?

561 Berechne die Länge der Strecke x (Darstellung nicht maßstabsgetreu)!
a) $A = 22\ dm^2$ **b)** $A = 56\ cm^2$

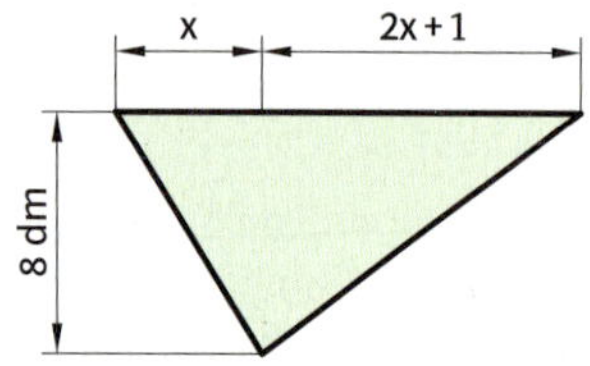

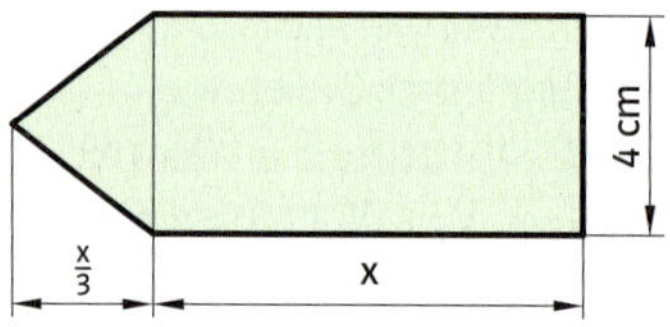

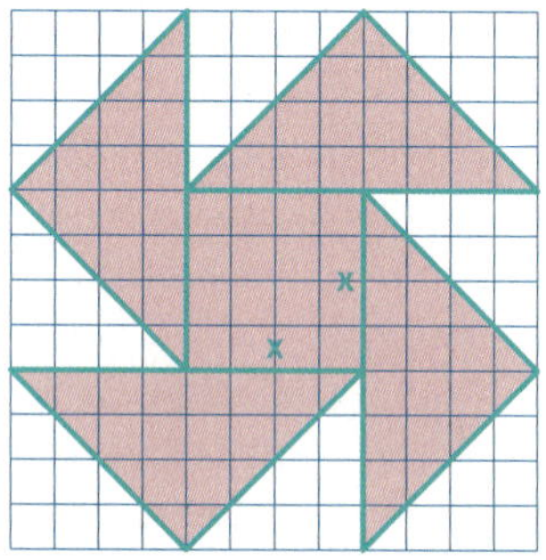

562 Zoran und Lilli machen gemeinsam die Hausübung. Sie sollen eine Formel für den Flächeninhalt der Figur (→ Abb. rechts) angeben.
Zoran schreibt: $A = x^2 + 4 \cdot \frac{2x \cdot x}{2}$
Lilli findet allerdings die Formel $A = (3x)^2 - 8 \cdot \frac{x \cdot x}{2}$
1) Zeige, dass beide Formeln übereinstimmen!
⊞ **2)** Erkläre die Formel von Zoran bzw. Lilli! Welche unterschiedlichen Herangehensweisen hatten sie?

563 ⊞ Die Gleichung beschreibt den Flächeninhalt einer Figur. Beschrifte die entsprechenden Längen in der Skizze! Löse die Gleichung!
a) $(x - 3) \cdot 5 = 20$ **b)** $(a + 3)(a - 3) = 91$ **c)** $4 \cdot 3x + \frac{1{,}5 \cdot 3x}{2} = 114$

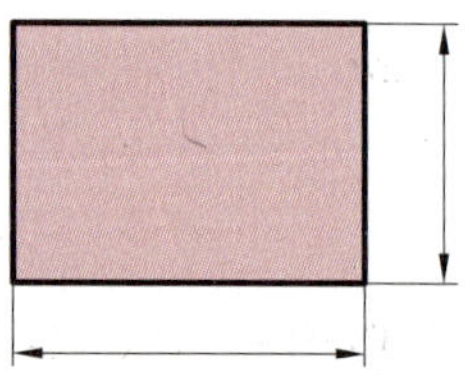

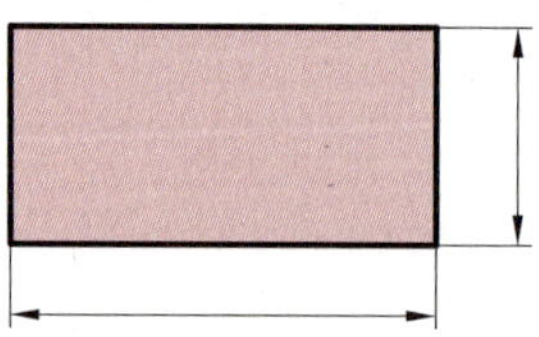

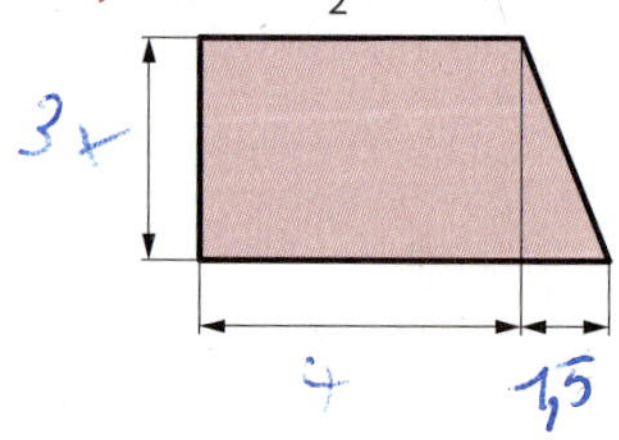

564 ⊞ In einem Rechteck ist die Breite um 3 cm kürzer als die Länge. Vergrößert man die Länge um 2 cm, so ist der Flächeninhalt des neuen Rechtecks um $10\ cm^2$ größer als der des ersten Rechtecks.
Wie groß sind die Seitenlängen des ersten und des zweiten Rechtecks?

565 ⊞ Löse die angegebene Gleichung und formuliere eine passende Aufgabenstellung aus der Geometrie!
a) $2x + 100 = 180$ **b)** $2a + 70 = 230$ **c)** $35 + x + 2 \cdot 90 = 360$ **d)** $(x - 2) \cdot 180 = 720$

Aufgaben mit Prozentangaben

566 Ein Ring kostet samt Halskette 350 €. Der Preis für die Halskette beträgt 25 % des Preises für den Ring. Wie viel Euro kostet der Ring bzw. die Halskette?

567 Ein Ring kostet samt ein Paar Ohrringe 651 €. Das Paar Ohrringe ist um 10 % teurer als der Ring. Wie viel Euro kostet der Ring?

568 Ein Set aus einem Ring, einer Halskette und einem Paar Ohrringe kostet 752 €. Der Preis für die Ohrringe ist der höchste. Der Ring kostet 65 % davon und die Halskette nur 23 %. Berechne die einzelnen Preise!

569 Die Kosten einer Ware betragen inklusive 20 % MWSt. **a)** 120 €, **b)** 67,20 €, **c)** 174 €. Welchen Preis hat die Ware ohne MWSt.? Stelle dazu eine Gleichung auf!

570 Beim Kauf eines Flachbildfernsehers hat man 20 % Mehrwertsteuer zu bezahlen.
a) Gib eine Formel für den Bruttopreis B an, wenn der Nettopreis N ist!
b) Wie groß ist der Bruttopreis, wenn der Nettopreis 1050 € beträgt?

571 Beim Kauf eines Buches ist 10 % Mehrwertsteuer zu zahlen.
a) Gib eine Formel für den Preis inkl. Mehrwertsteuer an!
b) Gib den Nettopreis an, wenn für das Buch 12,50 € bezahlt werden muss!

572 ⊞ Eine Partei hat einen Stimmenanteil von 40 %. Um wie viel Prozent müsste dieser wachsen, damit man sagen kann, er hat sich um 2,8 Prozentpunkte vergrößert? Löse mit Hilfe einer Gleichung!

573 Ein Preisgeld von 250 Euro wird auf drei Personen aufgeteilt. Der Zweite bekommt um 15 % weniger als der Sieger, der Dritte bekommt um 35 % weniger als der Sieger.
1) Stelle eine Gleichung in einer Variablen auf!
2) Löse diese Gleichung und gib an, wie viel Euro der Sieger, der Zweite und der Dritte jeweils bekommen!

574 ⊞ Ein Preisgeld von 250 Euro wird auf drei Personen aufgeteilt. Der Zweite bekommt um 15 % weniger als der Sieger, der Dritte bekommt um 20 % weniger als der Zweite.
1) Stelle eine Gleichung in einer Variablen auf!
2) Löse diese Gleichung und gib an, wie viel Euro der Sieger, der Zweite und der Dritte jeweils bekommen!
3) Gib an, wo der Unterschied zu Aufgabe 573 liegt!

575 Der Flächeninhalt eines Rechtecks mit der Breite b = 4 cm nimmt um 40 % zu, wenn die Seitenlänge a um 2 cm verlängert wird.
1) Ermittle die Seitenlänge a!
2) Begründe, dass die Lösung dieser Aufgabe nicht von der Breite b des Rechtecks abhängt!

576 Der Flächeninhalt eines rechtwinkligen Dreiecks mit der Kathetenlänge a = 5 cm steigt auf 125 %, wenn die andere Kathete um 2 cm verlängert wird. Berechne die fehlende Kathetenlänge!

Verschiedene Textaufgaben

577 Oma Anna ist um 45 Jahre älter als Alex. Ihre Oma hat ein altes Rezept für einen Teig: Nimm für den Teig einen Teil Mehl, eineinhalb Teile Zucker und einen halben Teil Butter! Alex heizt das Backrohr 7 Minuten auf 180° C vor und füllt den Kuchen nach dem Backen mit 20 % mehr Marmelade als im Rezept steht.

1) Bestimme die Menge an Zutaten, wenn man 900 g Teig haben möchte!
2) Welche Angaben hast du für die Beantwortung von 1) verwendet?
3) Formuliere eine weitere Aufgabenstellung!

578 Die Enkelin ist um 52 Jahre jünger als ihre Großmutter. Vor 4 Jahren war die Großmutter fünfmal so alt wie ihre Enkelin. Berechne das Alter von Enkelin und Großmutter heute!

579 Berechne, wie lang jede der vier Etappen einer Rundreise war, wenn sich die ganze Reise über 629 km erstreckte! Die zweite Etappe war um 44 km kürzer als die erste, die dritte um 17 km kürzer als die zweite und die vierte war um 31 km länger als die dritte.

580 Eine 20 cm hohe Kerze brennt in einer Stunde 1 cm nieder. Eine dickere, 16 cm hohe Kerze brennt in einer Stunde 5 mm nieder. Beide Kerzen werden zur gleichen Zeit angezündet.
Kreuze an, nach welcher Zeit beide Kerzen gleich hoch sind!

○ **A** 2 h ○ **B** 4 h ○ **C** 6 h ○ **D** 8 h ○ **E** 10 h

581 Der Flächeninhalt eines Rechtecks wird um 5 cm^2 kleiner, wenn man die Seitenlänge a um 5 cm verkürzt und die Seitenlänge b um 2 cm verkürzt.
1) Stelle eine Gleichung mit den Variablen a und b auf und vereinfache diese so weit wie möglich! Wie groß ist a, wenn **a)** b = 1 cm, **b)** b = 3 cm, **c)** b = 4 cm ist?
2) Welche Lösungen der Gleichung können nicht Lösung der Aufgabenstellung sein?

582 **a)** In eine Schule gehen insgesamt 385 Schülerinnen und Schüler. Dabei gibt es um 37 Schüler mehr als Schülerinnen. Wie viele Schülerinnen bzw. Schüler gehen in die Schule?
b) In dieser Schule unterrichten 48 Lehrerinnen und Lehrer. Es sind doppelt so viele Lehrerinnen wie Lehrer. Wie viele Lehrerinnen bzw. Lehrer unterrichten an dieser Schule?
c) Ein Schulwart dieser Schule sagt: „Ich habe dreimal so viele Mitarbeiterinnen wie Mitarbeiter." Wie viele Schulwartinnen, wie viele Schulwarte sind in der Schule beschäftigt? Es gibt mehrere Möglichkeiten, welche ist die wahrscheinlichste?

583 Die ersten Olympischen Spiele der Neuzeit fanden 1896 in Athen statt. Bei den Olympischen Sommerspielen in Rio de Janeiro (2016) nahmen 11 303 Sportlerinnen und Sportler an 306 Bewerben teil.

1) Das waren um 278 mehr als das 45-fache der Sportlerinnen und Sportler in Athen. Wie viele Sportlerinnen und Sportler haben in Athen teilgenommen?
2) Das waren um 5 Bewerbe mehr als das 7-fache der Bewerbe in Athen. Wie viele Bewerbe gab es in Athen?

4 Verhältnisgleichungen (Proportionen)

interaktive Vorübung 3hq9di

AH S. 38

Olivia entdeckt bei einem Kinobesuch, dass das Seitenverhältnis der Leinwand bei einem Kinofilm 16:9 beträgt. Ihre Mutter erklärt: „Das bedeutet, dass sich die Breite des Bildes und die Höhe des Bildes wie die Zahlen 16 zu 9 verhalten.“ Bevor der Film beginnt, schätzt Olivia mit Hilfe von Schritten die Breite der Leinwand ab – sie beträgt ca. 10 m.
Wie hoch muss dann die Leinwand sein?
Sie überlegt: Das Verhältnis der Breite zur Höhe der Leinwand muss 16:9 sein, also $16:9 = 10:h$, in Bruchschreibweise $\frac{16}{9} = \frac{10}{h}$. Um die Höhe herauszufinden, muss Olivia diese Gleichung umformen.
Dazu multipliziert sie nacheinander mit den Nennern 9 bzw. h:

$$\frac{16}{9} = \frac{10}{h} \quad |\cdot 9 \Leftrightarrow 16 = 9 \cdot \frac{10}{h} \quad |\cdot h \Leftrightarrow 16 \cdot h = 9 \cdot 10$$

Aus dieser Gleichung kann Olivia die Unbekannte h ermitteln:
Sie dividiert durch ______ und erhält für die Höhe der Kinoleinwand h = ______ m.
Eine Gleichung der Art $\frac{16}{9} = \frac{10}{h}$ bzw. $16:9 = 10:h$ nennt man **Verhältnisgleichung**. Mit Hilfe von Äquivalenzumformungen lassen sich solche Verhältnisgleichungen lösen.

Unbekannte im Zähler

Beispiel: $\frac{a}{3} = \frac{4}{9} \quad |\cdot 3 \Leftrightarrow a = \frac{12}{9} = \frac{4}{3}$ **(Multiplikation mit Nenner)**

Unbekannte im Nenner

Beispiel: $\frac{16}{9} = \frac{10}{h}$ **Verhältnisse dürfen „umgedreht“ werden:** „Das Verhältnis Breite zu Höhe ist wie 16:9“ ist gleichbedeutend mit: „Das Verhältnis Höhe zu Breite ist wie 9:16.“
Daher gilt: $\frac{16}{9} = \frac{10}{h} \Leftrightarrow \frac{9}{16} = \frac{h}{10}$
Nun ist die Unbekannte im Zähler und die Gleichung kann wie oben gelöst werden. Diese Gleichung hätte Olivia auch mit Hilfe schrittweiser Äquivalenzumformungen erhalten.

Äquivalente Verhältnisgleichungen (Proportionen)

Bei einer **Verhältnisgleichung** $a:b = c:d$ oder $\frac{a}{b} = \frac{c}{d}$ (b, d ≠ 0) heißen a und d **Außenglieder** und b und c **Innenglieder**. Diese Gleichung ist für a, b, c, d ≠ 0 äquivalent zu:

$a = \frac{b \cdot c}{d}$	Multiplikation mit dem (ersten) Nenner
$a \cdot d = b \cdot c$	Multiplikation mit beiden Nennern; das Produkt der Außenglieder ist gleich dem Produkt der Innenglieder.
$b:a = d:c$	„**Umdrehen**“ der Verhältnisse
$a:c = b:d$	Bei einer Proportion dürfen die **Innenglieder vertauscht** werden.
$d:b = c:a$	Bei einer Proportion dürfen die **Außenglieder vertauscht** werden.

584 Ermittle die Unbekannte a!

a) $\frac{a}{5}=\frac{27}{10}$ **b)** $a:3=4:2$ **c)** $16:9=a:18$ **d)** $\frac{a}{f}=\frac{3}{d}$ **e)** $a:x=b:y$

585 Begründe mit Hilfe von Äquivalenzumformungen, dass aus der Gleichung $\frac{r}{s}=\frac{t}{u}$ die „umgedrehte“ Gleichung $\frac{s}{r}=\frac{u}{t}$ folgt! Gehe dabei schrittweise wie auf S. 133 vor!

586 Ermittle die Unbekannte x!

a) $\frac{17}{x}=\frac{85}{9}$ **b)** $3:x=12:18$ **c)** $\frac{1}{2}:\frac{1}{3}=\frac{1}{3}:x$ **d)** $2{,}5:x=0{,}9:3{,}6$ **e)** $a:x=b:y$

587 Die Seitenverhältnisse von A4- und A3-Papier sind gleich. Ein A4 Blatt hat ca. die Seitenlänge 30 cm, und die Breite ist 21 cm lang. Berechne die Breite eines Zeichenblocks im A3 Format, wenn dieser eine Länge von 42 cm hat!

588 Begründe mit Hilfe von Äquivalenzumformungen, dass bei einer Proportion

1) die Innenglieder vertauscht werden dürfen,
2) die Außenglieder vertauscht werden dürfen,
3) das Produkt der Außenglieder gleich dem Produkt der Innenglieder ist!

589 Kreuze alle äquivalenten Verhältnisgleichungen zu $3:m=a:b$ an $(a, b, m \neq 0)$!

a) ○ **A** $3\cdot b=a\cdot m$ ○ **B** $m:3=a:b$ ○ **C** $3:a=m:b$ ○ **D** $b:m=3:a$

b) ○ **A** $\frac{m}{3}=\frac{b}{a}$ ○ **B** $\frac{b}{m}=\frac{a}{3}$ ○ **C** $3=m\cdot\frac{a}{b}$ ○ **D** $b=\frac{3\cdot a}{m}$

590 Erfinde einen Text zur gegebenen Proportion, wenn L für die Anzahl von Lehrkräften und S für die Anzahl von Schülerinnen und Schülern stehen!

a) $L:S=1:10$ **b)** $(L-1):S=1:10$ **c)** $L:(S+12)=1:10$

591 ⊞ Berechne die Unbekannte! Führe auch die Probe durch!
Welche Zahlen sind von vornherein für die Unbekannte ausgeschlossen?

a) $\frac{x-1}{3}:(x-2)=3:8$ **c)** $\frac{z-1}{4}:\frac{2z+3}{3}=2:7$ **e)** $\frac{7}{8}:\frac{3z-5}{4}=3:\frac{5z+3}{2}$

b) $5:9=(y+1):\frac{5y-2}{2}$ **d)** $5:7=\frac{7u-1}{4}:\frac{8u-3}{3}$ **f)** $\frac{5-2y}{3}:1=\frac{11-3y}{6}:\frac{3}{4}$

Tipp
Produkt der Außenglieder = Produkt der Innenglieder!

592 ⊞ Schreibe zuerst als Proportion, löse die Gleichung und führe anschließend die Probe durch!
Welche Zahl ist für die Unbekannte auszuschließen?

Beispiel

$\frac{4-z}{z+1}=\frac{2}{3}$ Gleichung für den Nenner: $z+1\neq 0$
$z\neq -1$

Aufstellen der Proportion:
$(4-z):(z+1)=2:3 \Leftrightarrow (4-z)\cdot 3=2\cdot(z+1)$
$12-3z=2z+2$
$10=5z$
$z=2$

Probe:
Linke Seite: $\frac{4-2}{2+1}=\frac{2}{3}$
Rechte Seite: $\frac{2}{3}$

a) $\frac{2}{5}=\frac{k+3}{k+12}$ **b)** $\frac{5n-11}{4n+5}=\frac{8}{11}$ **c)** $\frac{2m+1}{21}=\frac{4m-3}{27}$ **d)** $\frac{5r-7}{2r-10}=\frac{3}{2}$

Textaufgaben mit Verhältnisangaben

593 Zwei Streckenlängen verhalten sich wie 3 : 7 und ihre Summe beträgt 60 m.
Wie lange sind jeweils die Strecken?

594 Die spitzen Winkel eines rechtwinkligen Dreiecks verhalten sich **a)** wie 7 : 8, **b)** wie 17 : 13, **c)** wie 7 : 11.
Berechne die Größen dieser Winkel!

595 Martin hat eine alte Filmrolle gefunden. Die Bilder haben ein Format von 36 mm × 24 mm (Breit × Höhe).

a) Er möchte von den Bildern für sein Zimmer ein Poster mit 42 cm Höhe herstellen lassen. Um welchen Faktor werden die Seitenlängen der Bilder vergrößert?

b) Martin möchte nun auch ein Fotoalbum gestalten. Er hat folgende Größen beim Entwickeln der Fotos zur Auswahl 9 × 13 cm, 10 × 15 cm, 13 × 19 cm. Bei welchem Format passt das Verhältnis zu den Bildern auf der Filmrolle? Um welchen Faktor werden die Bilder vergrößert?

596 Der Umfang eines Fernsehers beträgt 300 cm, wobei sich die Seitenlängen a und b wie 16 : 9 verhalten. Berechne die Längen von a und b!

597 Zwei Flächeninhalte verhalten sich wie 8 : 5, ihre Differenz beträgt 27 cm^2.
Berechne die beiden Flächeninhalte!

598 Für ein Mischgetränk werden Orangensaft und Soda im Verhältnis **a)** 3 : 1, **b)** 1 : 1, **c)** 1 : 3 gemischt.
$\frac{1}{4}$ Liter des Orangensafts kostet 1,45 €, 1 Liter Soda 0,90 €.
Berechne den Literpreis für das Mischgetränk!

599 In einer Kiste sind 3 000 Batterien. 100 Batterien werden zufällig herausgenommen und getestet, 5 davon sind defekt.

1) In welchem Verhältnis stehen defekte zu funktionstüchtigen Batterien?

2) Wie viele defekte Batterien sind vermutlich in der Kiste?

600 Ein 8 m hoher Baum wirft auf eine horizontale Fläche einen 3 m langen Schatten. Das danebenstehende Gebäude wirft zur gleichen Zeit einen Schatten von 21 m.

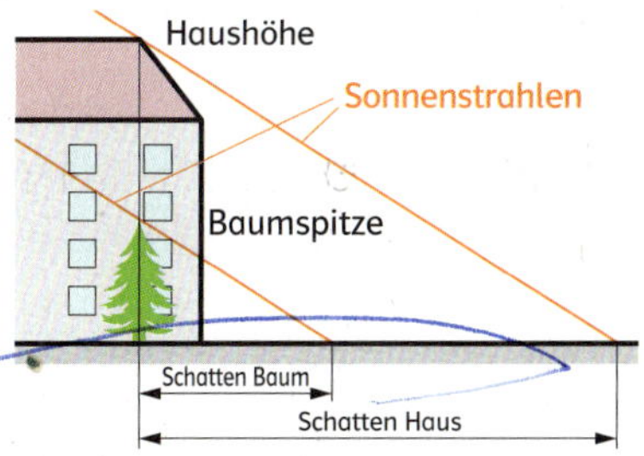

1) Wie hoch ist das Gebäude?

2) Fertige eine Zeichnung im Maßstab 1 : 100 an! Unter welchem Winkel fallen die Sonnenstrahlen auf die Erde ein?

601 Herr Regen und Frau Sonne sind durch Zahlungen von 200 000 € bzw. 300 000 € die einzigen Teilhaber einer Firma. Im letzten Jahr hat die Firma einen Gewinn von 90 000 € erreicht. Es ist vereinbart, dass jeder Firmenteilhaber bei einem Gewinn jenen Anteil bekommt, der seiner Geldeinlage entspricht. Wie viel Euro bekommen Herr Regen bzw. Frau Sonne jeweils ausbezahlt?

602 Vier Personen haben Glück und ihr gemeinsames Los gewinnt bei der Ziehung. Der Gewinn beträgt 750 €. Wie viel Euro bekommt jede Person, wenn die Aufteilung 1 : 2 : 2 : 3 erfolgt?

engl. AB
g2v8ku

Üben und Sichern

603 Agnes hat den rechts abgebildeten Rechengang in ihr Heft geschrieben:

$$
\begin{aligned}
\tfrac{3}{2}x - 2 &= 5x + 16 && |-16\\
\tfrac{3}{2}x - 18 &= 5x && |\cdot 2\\
x - 18 &= 10x && |-x\\
-18 &= 9x && |\cdot 9\\
x &= -2
\end{aligned}
$$

Diese Umformung ist ○ richtig ○ falsch

weil: Der Schritt ist falsch

604 Berechne die jeweilige Unbekannte und vergiss nicht auf die Probe!

a) $(3x+4)^2 = (5x-3)^2 - (4x-7)^2$

b) $(4-3z)^2 - (5z^2+7) = (2z+3)^2$

c) $(4x-5)^2 = (5x+1)^2 - (3x+8)^2$

d) $9 \cdot (x-3)^2 + 4 \cdot (2x+1)^2 = (5x-2)^2$

605 Ordne die Lösung der entsprechenden Gleichung zu, indem du die Buchstaben (A–D) in das entsprechende Feld schreibst!

1	$(2x-5)^2 - (2x+3)(2x-3) = 4$	B
2	$(2x-3)^2 = (2x+4)(2x-4) - (12x-25)$	C
3	$(5x-2)^2 = (5x-4)(5x+4) - (12x-28)$	A
4	$2(x+5) - 3(2x-1) = 5(1-x)$	

A	$x = -1$
B	$x = 1{,}5$
C	unendlich viel Lösungen
D	$x = -8$

606 Schreibe den Text zunächst in Form einer Gleichung und berechne dann die gesuchte Zahl!

a) Addiert man zum Doppelten einer Zahl z die Zahl 105, so ergibt sich 167.

b) Subtrahiert man von einer Zahl y die Zahl 68, so ergibt sich 33.

c) Ein Vater und sein Sohn sind zusammen 40 Jahre alt. In 16 Jahren wird der Vater doppelt so alt sein wie der Sohn. Wie alt sind die beiden heute?

d) In einem Bus ist ein Drittel der Plätze mit Kindern besetzt. 6 Plätze mehr werden durch Erwachsene belegt, 9 Plätze bleiben frei. Wie viele Plätze (ohne Fahrersitz) hat der Bus?

607 Die Enkelin ist um 48 Jahre jünger als ihre Großmutter. In 2 Jahren wird die Großmutter viermal so alt wie ihre Enkelin sein. Wie alt sind die Großmutter bzw. die Enkelin heute?

608 ⊞

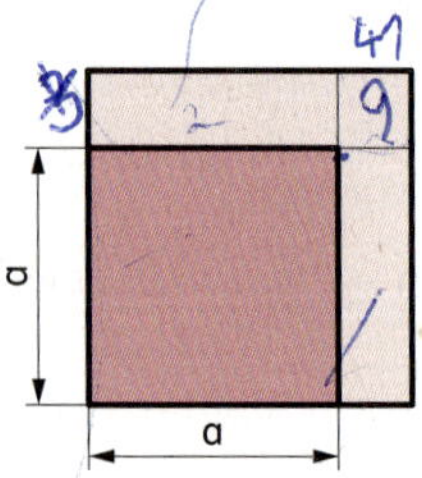

Verlängert man jede Seite eines Quadrats

a) um 3 cm, so nimmt der Flächeninhalt um 21 cm² zu,

b) um 7 cm, so nimmt der Flächeninhalt um 189 cm² zu.

Berechne die Seitenlänge des ursprünglichen Quadrats!

609 ⊞

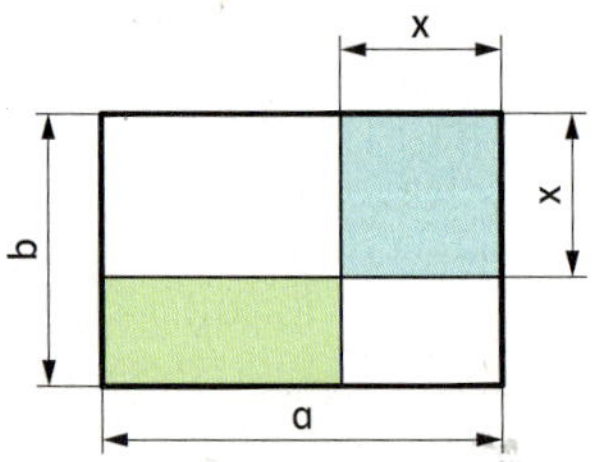

Das dargestellte Rechteck hat in Wirklichkeit die Seitenlängen $a = 30\,m$ und $b = 20\,m$.
Welche Seitenlänge x muss das blaue Quadrat haben, damit sein Flächeninhalt genauso groß ist wie der des grünen Rechtecks?

610 Berechne die Längen der Seiten eines Dreiecks, die sich a) wie 2 : 3 : 4 bei einem Umfang von 153 cm, b) wie 3 : 5 : 7 bei einem Umfang von 300 m verhalten!

interaktive Übung
3237d9

611 Schreibe je zwei Gleichungen auf, die **1)** keine Lösung haben, **2)** jede Zahl als Lösung haben!

612 Finde jeweils drei Gleichungen, die **a)** $\frac{2}{3}$, **b)** $\frac{10}{11}$, **c)** 0 als Lösung haben!

613 Kathrin löst die Gleichung $3x + 7 = 3(x - 2) + x$ folgendermaßen:

Schritt 1: $3x + 7 = 3x - 6 + x$
Schritt 2: $+7 = -6 + x$
Schritt 3: $x = 13$

1) Stimmt Kathrins Vorgehensweise?
2) Welche „Rechenschritte" hat Kathrin angewendet?

614 Frau Breyer fährt regelmäßig mit dem Taxi vom Bahnhof nach Hause. Die Taxikosten K setzen sich dabei aus der Standgebühr S und dem Preis für die gefahrenen Kilometer zusammen (p ist der Preis pro km und f ist die Länge der Fahrstrecke in km).

1) Stelle eine Formel für die Taxikosten K auf!
2) Forme diese Formel so um, dass du f ausdrücken kannst!
3) Frau Breyer fährt mittags vom Bahnhof nach Hause und bezahlt 15,70 €. Zur Mittagszeit beträgt die Standgebühr 2,50 € und jeder gefahrene Kilometer kostet 1,20 €. Wie weit vom Bahnhof entfernt wohnt sie?
4) In der Nacht beträgt die Standgebühr 2,60 € und jeder gefahrene Kilometer kostet 1,40 €. Wie viel Euro muss Frau Breyer nachts für die Fahrt bezahlen?

615 Die Malermeisterin mischt grüne und gelbe Farbe im Verhältnis 4 : 7, um den gewünschten Farbton zu erhalten. Sie hat 28 Liter grüne Farbe zur Verfügung. Wie viel Liter gelbe Farbe muss sie dazugeben?

616 Berechne die Länge der Strecke x, wenn $A = 30\,cm^2$ ist!

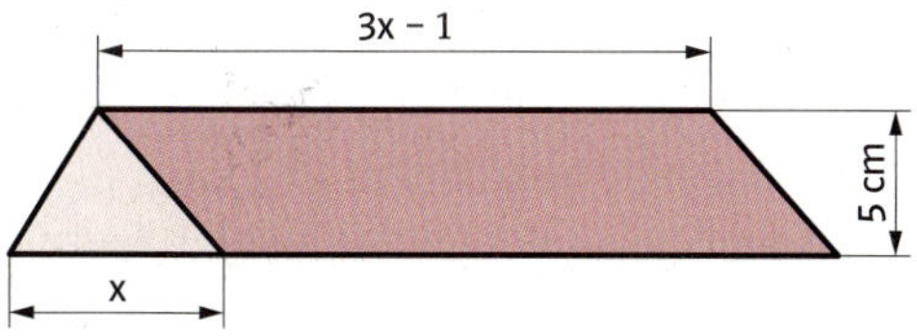

617 In einem Testament wird den vier Erben ein Betrag von insgesamt 15 000 € vermacht. Die Erbschaft ist im Verhältnis 2 : 3 : 2 : 5 zu teilen. Wie viel Euro erhält jeder der Erben?

618 Luft besteht aus mehreren Gasen. Den größten Anteil nimmt Stickstoff ein und den zweitgrößten Sauerstoff. Das Verhältnis dabei ist 78 : 21 : 1, wobei den einen Teil alle restlichen Gase wie zB Argon oder Kohlendioxid ausmachen.

1) Berechne, wie viel Kubikmeter Sauerstoff in einem Raum mit den Maßen 5 m × 4 m × 2,5 m vorhanden sind!
2) Um welchen Faktor ist in einem Raum mehr Stickstoff als Sauerstoff?

619 Drei Personen A, B und C beteiligten sich an einem Unternehmen durch Einzahlen von Geldbeträgen. Der Gewinn wurde im Verhältnis der Einzahlungen aufgeteilt. Wie viel Euro erhielt jede Person?

	A	B	C	Gewinn
a)	6000 €	7000 €	5000 €	540 €
b)	7800 €	7200 €	6000 €	1050 €

620 ⊞ Ein Video wurde in dieser Woche doppelt so oft aufgerufen wie in der vergangenen Woche. Wenn in der nächsten Woche wieder doppelt so viele Aufrufe sind und sich in der übernächsten Woche die Aufrufe nochmals verdoppeln, fehlen nur mehr 100 000 Klicks auf 1 Million Aufrufe.
Wie viele Aufrufe des Videos gab es in dieser Woche?

621 Wie viele Mädchen bzw. Buben nehmen an den Wettbewerben bei einem Sportfest teil?
Stelle dazu eine Gleichung auf und berechne die Anzahl!

a) Insgesamt treten 160 Mädchen und Buben an. Es sind 20 Mädchen mehr als Buben.
b) Insgesamt treten 240 Mädchen und Buben an. Es sind 46 Buben mehr als Mädchen.

622 Formuliere eine passende Fragestellung und löse die Gleichung!

Beispiel

$9{,}5x - 10 = 237$

Fragestellung: **Ein Lehrer kauft für seine Klasse Bücher, die 9,50 € pro Stück kosten. Wie viele Kinder sind in der Klasse, wenn er einen Gutschein über 10 € hat und 237 € bezahlt?**

$9{,}5x = 247 \quad |:9{,}5 \quad x = 26$

a) $3x + 15{,}8 = 38{,}3$ b) $(x + 80{,}4) : 5 = 20$ c) $x + 14 = 5(x - 2)$ d) $4{,}5x = 234$

623 Begründe die Aussage!

1) Das Quadrat einer geraden Zahl ist wieder eine gerade Zahl.
2) Das Quadrat einer ungeraden Zahl ist wieder eine ungerade Zahl.
3) Die Summe zweier aufeinander folgender ganzen Zahlen ist ungerade.
4) Die Summe vier aufeinander folgender ganzer Zahlen ist gerade.
⊞ 5) Wenn die Zahl n gegeben ist durch $n = 2 \cdot 3 \cdot 4 \cdot 5 \cdot 6 \cdot 7 \cdot 8 \cdot 9$, dann sind die Zahlen $n + 2$, $n + 3$, …, $n + 9$ keine Primzahlen.

Tipp

Verwende für eine beliebige gerade Zahl $2n$, für eine beliebige ungerade Zahl $2n + 1$! ($n = 0, 1, 2, 3, \ldots$).

624 Bettina behauptet, dass es nur eine einzige natürliche Zahl gibt, für die gilt: Wenn man 72 zum Sechsfachen der Zahl addiert und die Summe anschließend durch 6 dividiert, so erhält man eine Zahl, die um 12 größer ist als die ursprüngliche Zahl.
Hat Bettina Recht? Begründe deine Ansicht!

Zusammenfassung

AH S. 39

Äquivalente Gleichungen haben die **gleiche Lösung.**
Die Lösung einer Gleichung ändert sich nicht, wenn man auf **beiden Seiten**
1) dieselbe Zahl addiert, **2) dieselbe Zahl subtrahiert**, **3) mit derselben Zahl (≠ 0) multipliziert** oder **4) durch dieselbe Zahl** (≠ 0) **dividiert** oder **5)** dasselbe **Vielfache der Unbekannten addiert** bzw. **subtrahiert**.
Die **Unbekannte in Gleichungen** kann berechnet werden durch
1) sinnvolles **Probieren,**
2) **Rückgängigmachen von Rechenoperationen,**
3) **Äquivalenzumformungen.**
Mit Hilfe von **Äquivalenzumformungen** lassen sich auch **Formeln umformen** – so kann jede Variable explizit ausgedrückt werden.
Nachdem eine **Gleichung** aus einer **Textaufgabe** aufgestellt und die **Gleichung gelöst** wurde, muss man **überprüfen**, ob die Lösung der Gleichung auch tatsächlich eine **Lösung der Textaufgabe** ist.

Wissensstraße

Lernziele: Ich kann ...

Z 1: äquivalente Gleichungen erkennen und erklären, was Äquivalenzumformungen sind.
Z 2: mit Hilfe von Äquivalenzumformungen Gleichungen lösen.
Z 3: in Formeln mit Hilfe von Äquivalenzumformungen eine Größe explizit ausdrücken.
Z 4: Gleichungen zu Textaufgaben aufstellen, lösen und passende Lösungen angeben.
Z 5: äquivalente Verhältnisgleichungen erkennen und Verhältnisgleichungen lösen.

625 Kreuze die Gleichungen an, die zu $3x - 2 = 13$ äquivalent sind! **Z 1**

○ **A** $3x = -15$ ☒ **C** $x = 5$ ○ **E** $x - \frac{2}{3} = 13$
☒ **B** $-3x = -15$ ☒ **D** $x + 2 = 7$ ○ **F** $3x = 13 - 2$

626 Thomas formt eine Gleichung schrittweise um, wobei sich ein Fehler eingeschlichen hat. **Z 1, Z 2**
1) Markiere den Fehler!
2) Löse die Gleichung korrekt und schreibe in jeder Zeile die zugehörige Äquivalenzumformung auf!
3) Führe die Probe durch!

$15a - 9 = 3(a + 1)$
$5a - 9 = a + 1$
$4a - 9 = 1$
$4a = 10$
$a = 2{,}5$

627 Berechne die Unbekannte und führe die Probe durch! **Z 2**

a) $(6x - 7) \cdot (9x + 8) = 7 - 18x \cdot (2 - 3x)$ **c)** $\frac{a}{2} - 7 = \frac{a}{3} + 1$
b) $(3z + 4)^2 - (3z - 8)(3z + 8) = 4z$ **d)** $\frac{2}{3}s + 8 = \frac{2}{3}s - 1$

628 Drücke in den angegebenen Formeln jede Variable durch die anderen aus! **Z 3**

a) $K = m \cdot p$ **b)** $f = \frac{2A}{e}$ **c)** $m = s \cdot t + a$ **d)** $a \cdot x = b \cdot x - c$

629 Die Seitenlänge eines Dreiecks beträgt 7 cm und der Flächeninhalt 21,7 cm². Berechne die zugehörige Höhe des Dreiecks! **Z 3**

630 Die Mutter von Jonas ist um 23 Jahre älter als Jonas und zusammen sind die beiden 53 Jahre alt. **Z 4**
1) Stelle eine Gleichung in einer Variablen auf!
2) Gib das Alter von Jonas bzw. seiner Mutter an!

631 In einem rechtwinkligen Dreieck ist der eine spitze Winkel **a)** doppelt, **b)** 4-mal, **c)** 9-mal so groß wie der andere spitze Winkel. Wie groß sind die Winkel des Dreiecks? **Z 4**

632 Auf einer Sirupflasche steht: „Bitte mischen Sie den Sirup mit Wasser im Verhältnis 2:7." Wie viel Liter Wasser muss Martin zu 50 ml Sirup hinzugeben? **Z 5**

633 Welche Proportionen entsprechen der Gleichung $\frac{7}{m} = \frac{s}{t}$? Kreuze an! **Z 5**

☒ **A** $7:s = m:t$ ○ **B** $7:m = t:s$ ○ **C** $7:t = s:m$ ☒ **D** $m:7 = t:s$

Video z3i6sh

Wachstums- und Abnahmeprozesse

Die Geschichte des Bauern Simplicio

In der Zeit der Renaissance lebte in Siena (Italien) ein Bauer namens Simplicio. Er wollte einen Acker erwerben und lieh sich in der „Monte dei Paschi"-Bank dafür 100 Florin. Der Bankbeamte machte ihn darauf aufmerksam, dass seine Schuld jedes Jahr um 10 Prozent größer wird. Simplicio willigte in das Geschäft ein, ohne genau zu wissen, was das heißt. Er kaufte den Acker und bestellte ihn. Leider waren die Ernten in den folgenden Jahren bescheiden und er brauchte 14 Jahre, bis er die Schulden von 100 Florin + 10 Florin · 14 = 240 Florin beisammen hatte. Als er nun den Betrag zurückzahlen wollte, meinte der Bankbeamte, dass er 380 Florin zurückzahlen müsse. Simplicio war über diese Aussage so erzürnt, dass er sich einer Räuberbande anschloss, die Siena in Angst und Schrecken versetzte. Wie es mit Simplicio weiter ging, bleibt im Ungewissen.

Die Hauptzentrale der „Monte dei Paschi di Siena" – Bank in Siena.

Wie konnte das Simplicio passieren?

Simplicio hatte 10 Prozent von 100 Florin berechnet und 14-mal zu seinen Schulden von 100 Florin dazu geschlagen.
Also: 100 Florin +10 Florin · 14
Die Bank aber rechnete so: Ein Prozentsatz von 10% bedeutet, dass 10 Prozent jedes Jahr zu den jeweiligen Schulden dazu geschlagen werden, also nach dem ersten Jahr:
$100 + 10\%$ von $100 = 100 \cdot (1 + 0{,}1) = 100 \cdot 1{,}1 = 110$
Nach dem zweiten Jahr:
$110 \cdot (1 + 0{,}1) = 110 \cdot 1{,}1 = 100 \cdot 1{,}1^2 = 121$, usw.
Nach dem 14. Jahr:
$100 \cdot 1{,}1^{14} = 379{,}75$

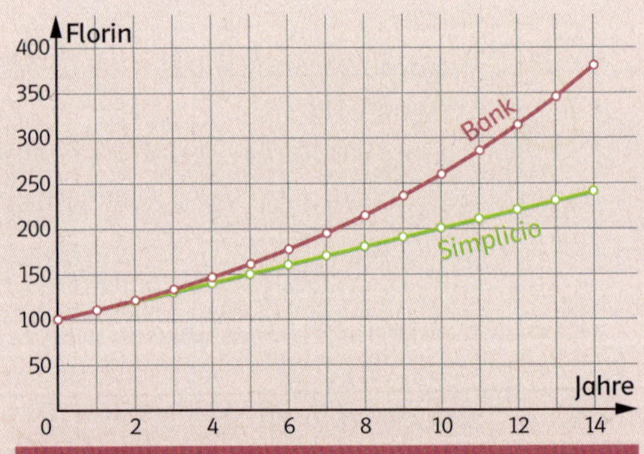

Anwachsen der Schulden (grün: nach der Berechnung von Simplicio, rot: nach der Berechnung der Bank)

Fibonacci und das Wachstum einer Kaninchenpopulation

Leonardo da Pisa (1170–1250) war der Sohn des Bonacci. Sohn heißt lateinisch „filius". Deshalb wird Leonardo da Pisa oft Fibonacci genannt – eine Abkürzung für „filius Bonacci". Der italienische Rechenmeister beschäftigte sich auch mit Wachstumsprozessen bei Kaninchen. Er beobachtete, wie sich eine Kaninchenpopulation von Monat zu Monat entwickelt (→ Darstellung unten). Er nahm an, dass die Kaninchenpaare nach einem Monat geschlechtsreif sind, in der Folge in jedem Monat ein Nachwuchspaar gebären und alle überleben.
Dieser Wachstumsprozess wird durch eine Folge natürlicher Zahlen beschrieben, die Fibonacci-Folge genannt wird: 1 1 2 3 5 8 …

1. Monat	1 unreifes Paar
2. Monat	1 reifes Paar
3. Monat	1 unreifes und 1 reifes Paar
4. Monat	2 reife Paare und 1 unreifes Paar
5. Monat	3 reife und 2 unreife Paare
6. Monat	5 reife und 3 unreife Paare

Die grauen Paare zeigen geschlechtsreife Paare an, die braunen unreife.
Mache eine Skizze, wie viele Kaninchen es nach sieben Monaten gibt! Vervollständige die Fibonacci-Folge (im Text oben) für ein Jahr!

Aloe-Vera

Tannenzapfen

Die Fibonacci-Folge spielt in der Natur eine wichtige Rolle. Zähle die Anzahl der Spiralen! Was bemerkst du?

Worum geht es in diesem Abschnitt?

- lineare Wachstums- und Abnahmeprozesse
- direkte und indirekte Proportionalität
- Zinseszinsen
- nicht lineare Wachstums- und Zerfallsprozesse

1 Lineare Wachstums- und Abnahmeprozesse

interaktive Vorübung 5gg325

AH S. 40

Im Frühling möchte Familie Meier ihr Schwimmbecken wieder bis 1,60 m Höhe befüllen. Über den Winter ist ein Wasserstand von 40 cm im Becken geblieben. Nach Öffnen des Zuflusses steht nach einer Stunde das Wasser 50 cm hoch.
Wie hoch ist das Wasser im Becken bei gleichbleibendem Zufluss nach 3 Stunden bzw. nach 6 Stunden?
Wann ist die gewünschte Höhe erreicht?

Man kann diesen Zusammenhang anschaulich mittels eines **Punktdiagramms** darstellen.
Ermittle die fehlenden Werte!
A = (0 | ____); ____ = (____ | 70); C = (____ | ____); D = (____ | 120); E = (11 | ____)

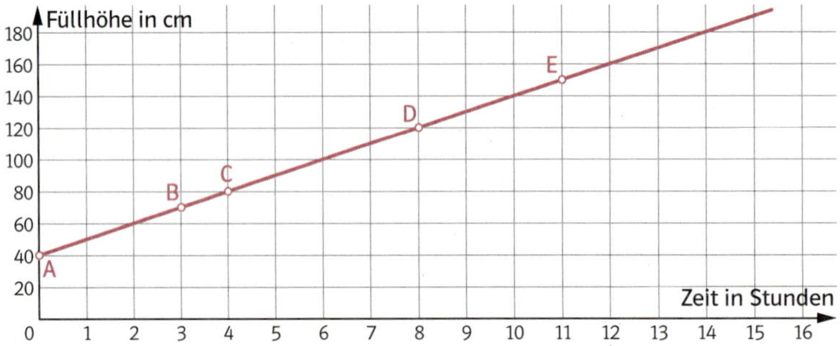

Alle **Punkte**, die die Abhängigkeit der Höhe des Wasserstandes von der Zeit zeigen, **liegen** auf einer **Geraden**. Weil der Wasserstand mit der Zeit „gleichmäßig" (graphisch „auf einer Linie") zunimmt, spricht man hier von einem **linearen Wachstumsprozess.**
Wenn die Punkte auf einer **Geraden liegen** und die **y-Werte** mit fortschreitender Zeit **kleiner** werden, spricht man von einem **linearen Abnahmeprozess**.
Zeichne im Koordinatensystem die Punkte F, G, H und I ein und verbinde sie mit einer Geraden!
F = (0 | 160), G = (2 | 120), H = (5 | 60), I = (8 | 0)
Was könnte diese Gerade im Zusammenhang mit dem Wasserstand im Schwimmbecken beschreiben?

Lineare Wachstums- und Abnahmeprozesse

Man spricht von einem **linearen Prozess**, wenn in der graphischen Darstellung alle Punkte auf einer **Geraden** liegen. Weiters handelt es sich um **Wachstum**, wenn die y-Werte bei steigenden x-Werten wachsen und um **Abnahme**, wenn die y-Werte bei steigenden x-Werten fallen.

634 Zeichne die Punkte in ein Koordinatensystem und gib an, ob es sich um einen linearen Wachstums- oder Abnahmeprozess handelt!

a) A = (0 | 6), B = (2 | 3), C = (4 | 0), D = (5 | 1), E = (6 | −2), F = (7 | 2)
b) K = (0 | 0), L = (1 | 0,5), M = (2 | 1), N = (3 | 1,5), O = (4 | 2), P = (5 | 2,5)
c) U = (0 | 3), V = (2 | 5), W = (6 | 9), X = (4 | 7), Y = (8 | 11), Z = (5 | 8)
d) G = (3 | −1), H = (6 | −4), I = (1 | 1), K = (9 | −7), L = (5 | −3)

 Arbeitsblatt 3234ne

1.1 Direkt proportionale Größen

Der Zusammenhang Zeit-Weg

Wenn du in der Früh in die Schule gehst und durchschnittlich **70 m pro Minute** zurücklegst, dann legst du in 2 min ca. ___ m, in 5 min ca. ___ m, in 10 min ca. ___ m usw. zurück.
Der zurückgelegte Weg s hängt von der verstrichenen Zeit t ab. Wenn man bei **gleichbleibender** Geschwindigkeit v die **doppelte (dreifache**, …) Zeit t unterwegs ist, ist der zurückgelegte Weg s **doppelt (dreimal**, …) so lang (→ Graph unten).

Wir sagen: Der zurückgelegte Weg s ist bei konstanter Geschwindigkeit **direkt proportional** zur verstrichenen Zeit. Den Zusammenhang kann man folgendermaßen beschreiben: Weg = Geschwindigkeit mal Zeit ($s = v \cdot t$), hier $s = 70 \cdot t$

Direkte Proportionalität ist ein spezieller **linearer Wachstumsprozess**. Die graphische Darstellung in einem Koordinatensystem geht durch den **Ursprung (0 | 0)**.

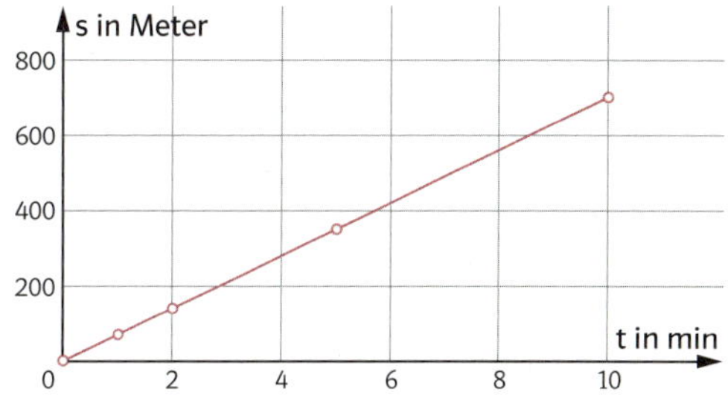

Direkt proportionale Größen

Eine Größe y ist **direkt proportional** zur Größe x, wenn gilt: $y = k \cdot x$

Der **Quotient k** direkt proportionaler Größen ist **konstant**. $\frac{y}{x} = k$

k heißt **Proportionalitätsfaktor** und gibt die **Zunahme** pro **Zeiteinheit** (bzw. Einheit der Größe, die auf der x-Achse aufgetragen wird) an.

635 Zwei Größen x und y sind direkt proportional zueinander.
Der Proportionalitätsfaktor ist **a)** 2 **b)** 1,5 **c)** 0,7 **d)** 0,5.
Stelle den Zusammenhang graphisch für x = 0, 1, 2, …, 10 dar!

Tipp
Verwende als Einheitsstrecke 1 cm oder 1 Kästchen (= 0,5 cm)

636 Ein Auto fährt auf der Autobahn von Innsbruck Richtung Kufstein. Es fährt mit nahezu konstanter Geschwindigkeit und legt in **einer Minute 2 km** zurück.
1) Fülle die Tabelle aus!
2) Stelle die Daten im Koordinatensystem graphisch dar!
3) Gib den Proportionalitätsfaktor k an!

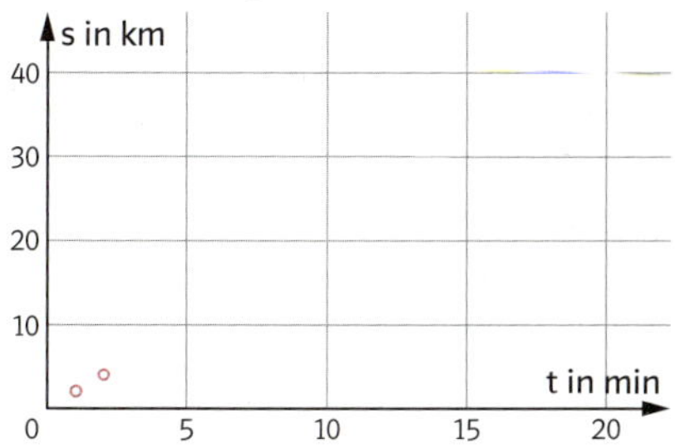

k = ___

t in min	s in km
1	$2 = 2 \cdot 1$
___	$10 = 2 \cdot 5$
10	___ $= 2 \cdot 10$
20	$40 = 2 \cdot$ ___
___	$1 = 2 \cdot \frac{1}{2}$
___	$6{,}4 = 2 \cdot$ ___
t	s = ___

637 **1)** Ordne den verschiedenen Fortbewegungsmitteln/Situationen jenen Zeit-Weg Graphen zu, der am ehesten passt! **2)** Formuliere allgemein eine Vermutung über den Einfluss der Geschwindigkeit auf den Verlauf des Graphen!

1

3

2

4

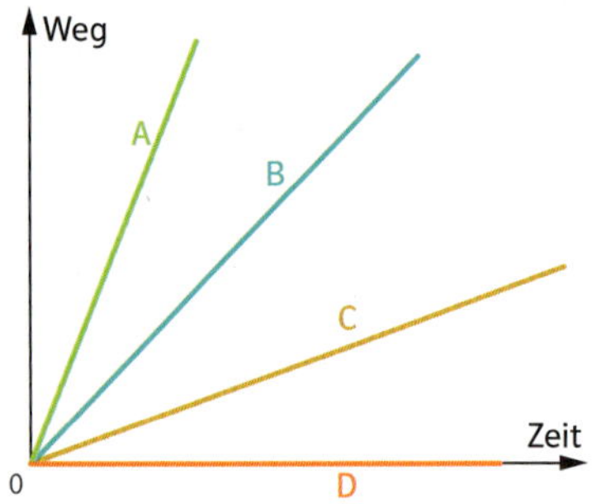

638 Lucas macht mit seiner Familie eine sechsstündige Wanderung. Dabei gehen sie mit einer annähernd konstanten Geschwindigkeit von 4 km/h.

1) Stelle den Vorgang in einem Koordinatensystem dar (Zeit in Stunden/zurückgelegter Weg in km)!
2) Wie weit ist die Familie nach 5 Stunden gewandert?
3) Wie weit ist sie nach t Stunden gewandert? Gib dafür eine Formel an!
4) In welcher Zeit ist sie 12 km gewandert?

639 Maria läuft bei einem Sprintbewerb mit. Die untenstehende Tabelle erfasst den gemessenen Wert nach 50 m. Fülle die Tabelle aus und begründe, warum hier der lineare Zusammenhang wahrscheinlich nicht der Realität entspricht!

Zeit in s	9		
Weg von Maria nach t Sekunden	50 m	100 m	200 m

640 Zwei Zahlenfolgen (obere bzw. untere Zeile) sind zueinander direkt proportional.

1) Zeichne sie in ein Koordinatensystem!
2) Gib den Proportionalitätsfaktor an! Wie heißen die nächsten drei Zahlenpaare?

a)

1	2	3	4
$\frac{1}{2}$	1	$\frac{3}{2}$	2

b)

1	2	3	4
3	6	9	12

c)

2	3	4	5
3	$\frac{9}{2}$	6	$\frac{15}{2}$

641 Die Zahlenfolge in der oberen Zeile ist zu jener in der unteren Zeile direkt proportional. Ordne den passenden Proportionalitätsfaktor zu, indem du den entsprechenden Buchstaben in das Kästchen schreibst!

1

1	2	4	6	8	
$\frac{1}{2}$	1	2	3	4	

2

0	10	50	100	
0	1	5	10	

3

$\frac{1}{10}$	$\frac{1}{5}$	$\frac{1}{3}$	$\frac{1}{2}$	
$\frac{1}{2}$	1	$\frac{5}{3}$	$\frac{5}{2}$	

4

1	2	3	4	
2	4	6	8	

A	B	C	D	E	F
5	0,1	10	2	0,5	4

Zinsen in Abhängigkeit vom Anfangskapital K_0

Wie du im Abschnitt D gelernt hast, berechnet man die **Jahreszinsen** üblicherweise mit $Z = K_0 \cdot \frac{p_{netto}}{100}$ (dabei heißt K_0: ____, p_{netto}: ____).
Ein **direkt proportionaler** Zusammenhang zwischen K_0 und Z besteht, wenn der Zinssatz konstant bleibt, dh. wenn er im Laufe des Jahres nicht verändert wird.

Zwischen Jahreszinsen Z und dem Anfangskapital K_0 kann man dann bei einem Nettojahreszinssatz von 2 % folgenden Zusammenhang herstellen:

$Z = K_0 \cdot \frac{2}{100} = K_0 \cdot 0{,}02$

Die Jahreszinsen kann man wie folgt in einem Diagramm darstellen:

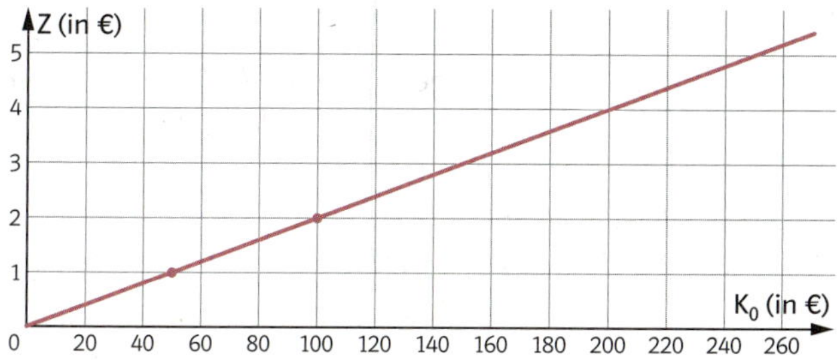

Ergänze: Wenn man doppelt so viel Kapital einlegt, bekommt man ____ so viel Zinsen. Bei diesem vereinbarten Jahreszinssatz bekommt man 1 € Zinsen, wenn man ____ € für ein Jahr auf der Bank veranlagt. Formuliere eine weitere ähnliche Aussage! ____

Zinsen innerhalb eines Jahres in Abhängigkeit von der Zeit

Auch die Verzinsung eines Kapitals **innerhalb eines Kalenderjahres** entspricht einem **direkt proportionalen** Zusammenhang. Je mehr Tage man das Geld auf der Bank „liegen" lässt, desto mehr Zinsen bekommt man dafür. Wenn man das Geld nicht zur Bank bringt, also 0 Tage verzinst, bekommt man auch keine Zinsen.
Um die theoretischen Zinsen **für einen Tag** zu berechnen, muss man die **Jahreszinsen durch 360 (Tage)** dividieren: $Z_{1\,Tag} = K_0 \cdot \frac{p_{netto}}{100} \cdot \frac{1}{360}$

Somit entsteht folgender direkt proportionaler, linearer Zusammenhang zwischen t (Zeit in Tagen) und den Zinsen für t Tage: $Z_{t\,Tage} = Z_{1\,Tag} \cdot t$, in dem die Zinsen für einen Tag ($Z_{1\,Tag}$) den Proportionalitätsfaktor darstellen.

642 Das Anfangskapital K_0 ist direkt proportional zu den Zinsen für ein Jahr. Berechne die Zinsen in einer Tabelle für $K_0 = 100$ €, 200 €, …, 1000 €! Stelle den Zusammenhang in einem Koordinatensystem dar! Gib den Proportionalitätsfaktor an!

a) $p_{netto}\,\% = 5\,\%$ **b)** $p_{netto}\,\% = 3\,\%$ **c)** $p_{netto}\,\% = 1\,\%$ ⊞ **d)** $p_{netto}\,\% = 0{,}5\,\%$

643 ⊞ Die Verzinsungsdauer in Tagen (innerhalb eines Jahres) ist direkt proportional zu den entstehenden Zinsen. Berechne die Zinsen in einer Tabelle für t = 0, 60, 120, 180, 240, 300, 360 Tage! Stelle den Zusammenhang in einem Koordinatensystem dar! Gib den Proportionalitätsfaktor an!

a) $K_0 = 10\,000$ €, $p_{netto}\,\% = 3\,\%$ **b)** $K_0 = 50$ €, $p_{netto}\,\% = 5\,\%$

644 Frau Rossi kann sich glücklich schätzen, weil sie 50 000 € gespart hat. Sie legt das Geld zu einem vereinbarten Jahreszinssatz von 1,5 % an. Unter Berücksichtigung der KESt. ist:

$p_{netto}\% = 1{,}5\% \cdot 0{,}75 =$ 1,125 %

1) Fülle die Tabelle aus! $\left(Z_{t\,Tage} = K_0 \cdot \frac{p_{netto}}{100} \cdot \frac{t}{360}\right)$

2) Stelle die Entwicklung der Zinsen in einem Koordinatensystem mittels eines Punktdiagramms dar!

3) Gib den Proportionalitätsfaktor der zwei Größen Tage/Zinsen an!

Tage	Zinsen in €
0	0
30	46,88
60	93,75
90	140,63
180	281,25
220	343,75

645 Im Diagramm rechts ist die Entwicklung der Zinsen für $K_0 = 100$ € im ersten Jahr dargestellt. Ordne den Graphen die richtigen Zinssätze (ohne Berücksichtigung der KESt.) zu!

1	2	3	4

A	B	C	D	E	F
10 %	4,5 %	100 %	0 %	1 %	2,3 %

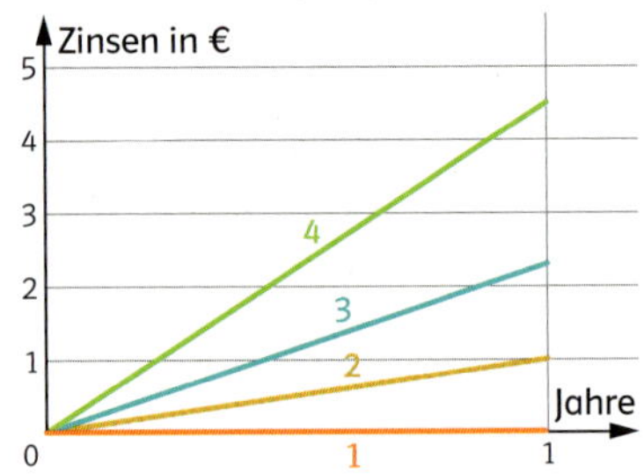

646 Ein Kapital K_0 wird zum vereinbarten Zinssatz $p\% = 1{,}5\%$ angelegt und man erhält nach einem Jahr nach Abzug der KESt. die Zinsen $Z = 25$ €.

1) Trage den Zusammenhang zwischen dem Kapitel K_0 und Zinsen Z für den Zinssatz p % in einem Koordinatensystem ein! Lies für die angegeben Zinsen Z das zugehörige Anfangskapital K_0 ab (x-Achse: Kapital K_0 mit 1 cm ≙ 200 €, y-Achse: Zinsen Z mit 1 cm ≙ 5 €)! Vergiss nicht, den tatsächlichen Zinssatz p_{netto} % zu berücksichtigen!

2) Stelle den linearen Zusammenhang zwischen Zinsen Z und Anfangskapital K_0 für den angegebenen Zinssatz als Formel dar!

647 Der Graph zeigt die Zinsen Z abhängig von t Tagen.

1) Beschrifte die Achsen des Koordinatensystems und lies die Zinsen für 10, 25, 50 Tage ab!

2) Berechne die Zinsen für einen Tag! Stelle damit den direkt proportionalen Zusammenhang von Tagen und Zinsen als Formel dar!

3) Welches Kapital K_0 und welcher Zinssatz p % könnte hier dargestellt sein?

a)

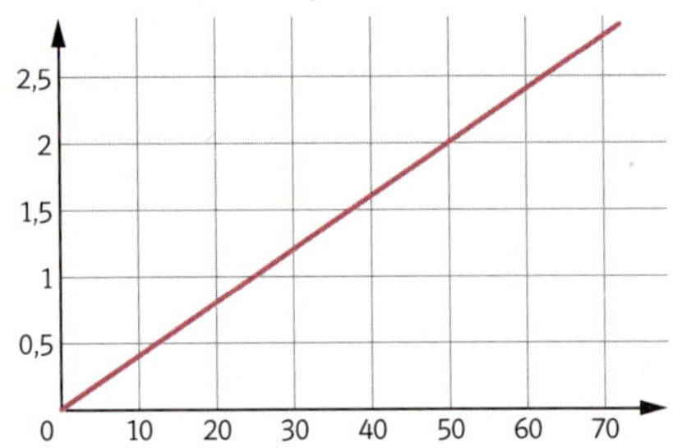

b)

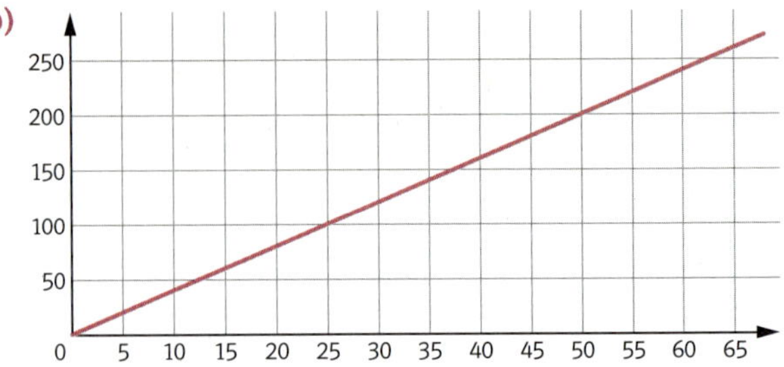

648 **1)** Berechne den Proportionalitätsfaktor (also die Zinsen pro Tag), wenn man für 40 Tage Verzinsung 5 € Zinsen bekommt!

2) Zeichne den linearen Zusammenhang zwischen der Anzahl der Tage und den Zinsen für den Zeitraum 15 bis 40 Tage in ein Koordinatensystem!

3) Kann man mit den Angaben aus **1)** K_0 bzw. p berechnen? Begründe deine Antwort!

1.2 Andere lineare Wachstumsmodelle

Lineares Kostenmodell

Elinas Mutter erklärt ihr die Energierechnung: Energie wird üblicherweise in Kilowattstunden (kWh) gemessen und abgerechnet. Damit die Energie, oft in Form von Strom oder Erdgas, zum Kunden gelangt, muss eine Betreiberfirma ein Leitungsnetz bauen. Die Kosten für die Errichtung und Instandhaltung dieses Netzes werden in Form **fixer Grundgebühren** verrechnet. Somit hat man auch Kosten, wenn man keine Energie „verbraucht". Es liegt daher auch **kein (direkt) proportionaler Zusammenhang** vor.

Eine Betreiberfirma verrechnet 50 € pro Jahr Netzpreis und 4 c pro kWh Erdgas. Die Graphik rechts soll das veranschaulichen. Ergänze und lies aus der Graphik noch weitere Wertepaare (Verbrauch/Kosten) ab!

(250/____) (____/70)
(____/____) (____/____)
(____/____)

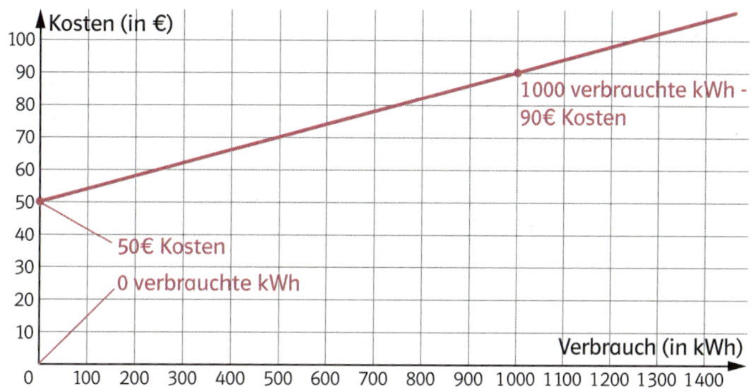

Die **Gesamtkosten** K (in €) für x verbrauchte kWh setzen sich zusammen aus:
Grundgebühr plus x mal Preis/kWh ($K = G + x \cdot 0{,}04$)

Füllen eines Beckens

Familie Meier hat einen Schwimmteich mit einem Wasserstand von 40 cm. Beim Anfüllen im Frühjahr mit 10 cm pro Stunde müssen sie somit nicht bei 0 beginnen, sondern haben schon ____ cm „Vorsprung". Sie sparen dabei ____ Stunden gegenüber der Füllung des vollständig entleerten Schwimmteichs.

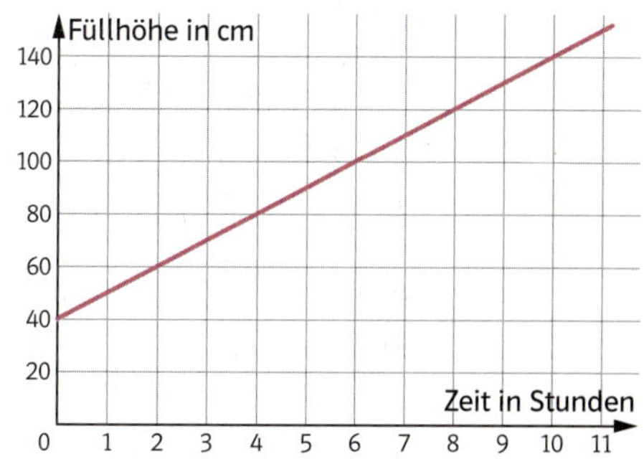

Lineare Wachstumsmodelle

Wenn man den Wert auf der x-Achse (Minuten, kWh, …) um **eine Einheit** erhöht, wächst der y-Wert (Strecke, Kosten, …) um einen **fixen Betrag,** gleichgültig von welchem Punkt man ausgeht. Der Graph eines **linearen Wachstums** ist eine **Gerade**.

649
1) Stelle die Kosten für ein Jahr für den angegebenen Bereich graphisch dar!
2) Der Verbrauch verschiedener Haushalte ist angegeben. Lies deren Kosten aus dem Graphen ab!

a) 1) Stromrechnung: Netzgebühr: 30 €, Preis/kWh: 20 c, Darstellung für 0–3 000 kWh,
2) Jovanovic: 1 300 kWh, Wagner: 2 600 kWh, Szabo: 2 200 kWh, Yildirim: 2 900 kWh
b) 1) Gasrechnung: Grundgebühr: 15 €, Preis/kWh: 3 c, Darstellung für 0–10 000 kWh,
2) Jovanovic: 6 000 kWh, Wagner: 8 500 kWh, Szabo: 4 000 kWh, Yildirim: 7 000 kWh
c) 1) Wasserrechnung: keine Fixkosten, Preis/m^3: 3,50 €, Darstellung für 0–200 m^3,
2) Jovanovic: 50 m^3, Wagner: 100 m^3, Szabo: 180 m^3, Yildirim: 80 m^3

650 Die Graphen stellen Kosten pro Stunde dar.

1) Ordne den Angeboten die passende Gebühr pro Stunde zu!

1	2	3	4
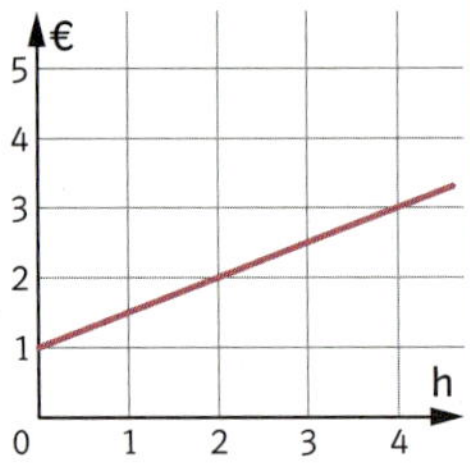	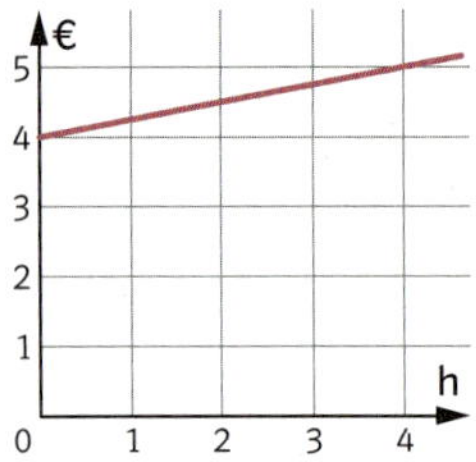	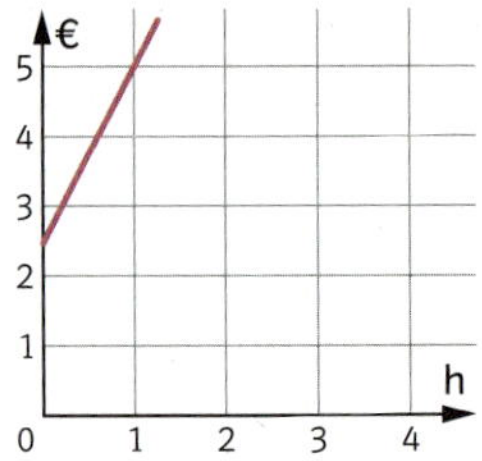	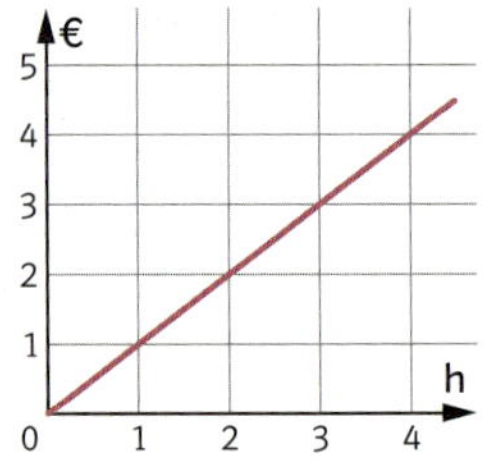

A	B	C	D	E	F
0,25	2,5	2	1	0,75	0,5

2) Wie hoch ist jeweils die Grundgebühr?

Tipp

Suche einen leicht abzulesenden Punkt! Berechne dann die Kosten für eine Stunde, indem du dividierst!

651 Familie Zekic bekommt Angebote von zwei verschiedenen Energielieferanten. Der Zusammenhang zwischen Verbrauch (in kWh) und Kosten (in €) ist für beide Angebote dargestellt.

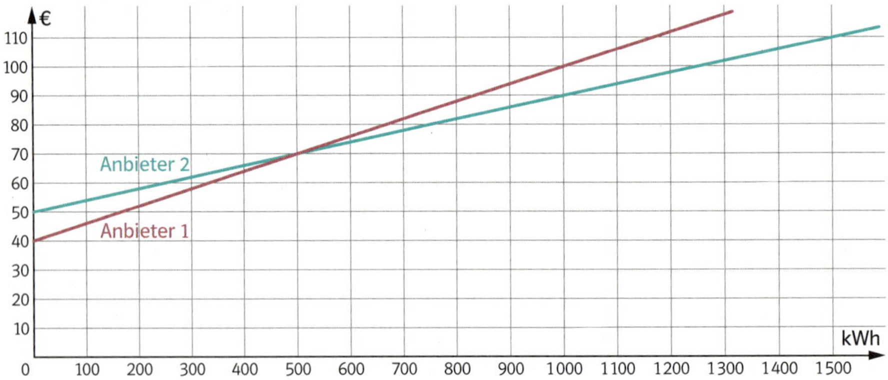

a) Beschreibe die beiden Angebote! Gehe dabei auf die Netzgebühr und Energiekosten ein!

b) Welches Angebot würdest du empfehlen, wenn der Energieverbrauch hoch bzw. niedrig ist? Verwende dazu den **Sprachbaustein**!

c) Zeichne in das Koordinatensystem das Angebot eines dritten Anbieters ein, der keine Grundgebühr verlangt, dafür aber 10 c pro kWh!

Hinweis Überlege, wie viel Euro 100 kWh beim dritten Anbieter kosten!

Sprachbaustein

Anbieter ___ hat eine höhere/niedrigere Grundgebühr, dafür niedrigere/höhere Kosten pro kWh.
Anbieter ___ ist ab ___ verbrauchten kWh teurer/billiger.

652 ⊞ Zwei Handytarife stehen zur Auswahl. Stelle den beschriebenen Zusammenhang graphisch dar!

Tarif A: 35 € Grundgebühr, unlimitiertes Internet, unlimitierte Telefonie

Tarif B: 5,90 € Grundgebühr, 2 c/Minute Telefonie, 4 €/GB Internet

a) Ab wie viel GB (ausschließliche) Internetnutzung ist Tarif A günstiger?

b) Ab wie viel Minuten (ausschließlichem) Telefonieren ist Tarif A günstiger?

1.3 Lineare Abnahmeprozesse

Im Herbst wird das Wasser aus einem Schwimmbad wieder **abgelassen**.
Pro Stunde sinkt der Wasserstand um 40 cm.
Das Becken ist nach ____ Stunden leer.

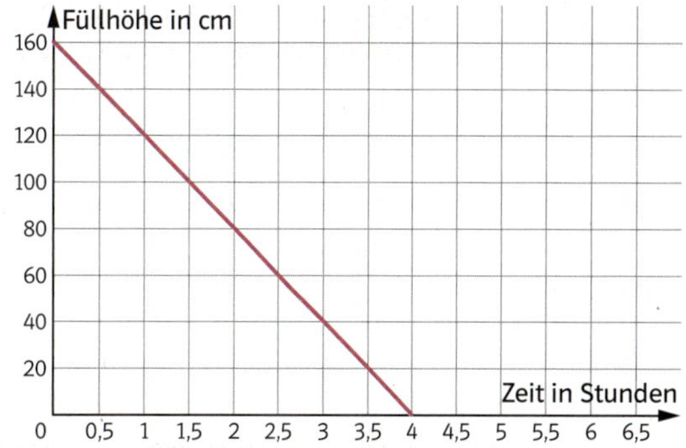

Lineare Abnahme

Wenn **eine Größe** (zB die Zeit) um einen **konstanten Wert zunimmt** (gleichgültig, von welchem Wert ausgehend), dann **nimmt** die **andere Größe** um einen ebenfalls **festen Wert ab**.

653 Bei einer Rettungsübung werden mit dem Hubschrauber 5 Menschen von einem Schiff geborgen und per Seil einzeln abtransportiert. Dabei möchte das Bergeteam möglichst schnell sein. Es braucht für jede Person 7 min.

1) Stelle diesen Sachverhalt mittels einer Tabelle und eines Punktdiagramms dar!

Zeit in min	Menschen an Bord
0	5
7	4

2) Man kann erkennen, dass die Punkte des Diagramms wieder auf einer Geraden liegen. Begründe mit eigenen Worten, warum es hier keinen Sinn hat, die Punkte zu verbinden!

654 Connor und seine Eltern fahren mit dem Auto auf Urlaub. Der Bordcomputer verrät Connor, dass sie mit einer Durchschnittsgeschwindigkeit von 80 km/h unterwegs sind. Er weiß, dass die Strecke insgesamt 354 km lang ist. Weil er das Ankommen nicht mehr erwarten kann, berechnet er die noch verbleibende Kilometeranzahl zu verschiedenen Zeitpunkten.

1) Erstelle eine Tabelle (Zeit in Stunden/verbleibende Kilometeranzahl)!

2) Zeichne die Anzahl der noch verbleibenden Kilometer in einem Diagramm ein! Ist es sinnvoll, die eingetragenen Punkte zu verbinden?

655 Antonia hat sich 60 € ausgeborgt und zahlt jeden Monat **a)** 5 € **b)** 10 € zurück.

1) Erstelle eine Tabelle für die noch verbleibenden Schulden und stelle die Daten in einem Punktdiagramm dar (Monate/Schuldenstand)!

⊞ **2)** Antonia kann doch 12 € pro Monat zurückzahlen. Stelle die Rückzahlungen in einer Tabelle dar und ergänze im Diagramm! Vergleiche die Rückzahlungsmodelle!

2 Nicht lineare Wachstums- und Abnahmeprozesse

interaktive Vorübung 766aa5

AH S. 42

2.1 Indirekt proportionale Größen

Ein Rennwagen fährt auf einer 50 km langen Teststrecke mit annähernd konstanter Geschwindigkeit.
In der Tabelle unten siehst du die Rundenzeiten, wenn das Auto mit einer Geschwindigkeit von 1 km/min, 2 km/min, 3 km/min, 4 km/min, 0,5 km/min fährt! Füge die fehlenden Werte ein und markiere die Daten der Tabelle im Graphen!

v in km/min	Rundenzeit in min
1	$\frac{50}{1} = 50$
2	$\frac{50}{2} = 25$
	$\frac{50}{3} = 16\frac{2}{3}$
4	$\frac{50}{4} =$
$0{,}5 = \frac{1}{2}$	$\frac{50}{0{,}5} = 50 \cdot 2 = 100$
v	$\mathbf{t = \frac{50}{v}}$

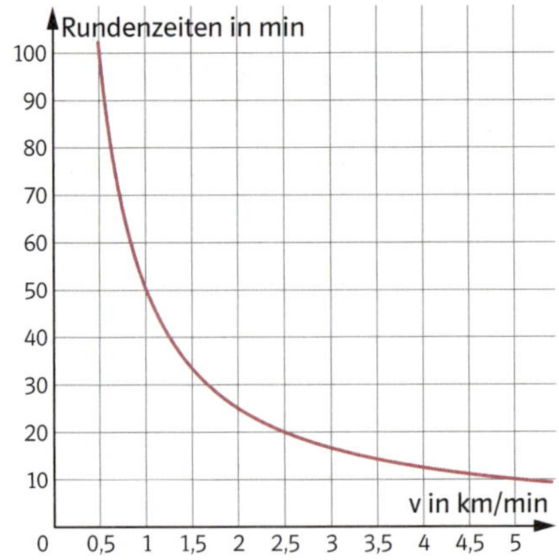

Die Fahrzeit t hängt von der Geschwindigkeit v ab. Wenn die Geschwindigkeit **doppelt (dreimal, …)** so groß ist, beträgt die Fahrzeit für die gleiche Wegstrecke die **Hälfte (ein Drittel, …)** (→ Figur oben). Wir sagen: Die Fahrzeit ist **indirekt proportional** zur Geschwindigkeit.

Indirekt proportionale Größen

Eine Größe y heißt **indirekt proportional** zu einer Größe x, wenn gilt: $y = \frac{k}{x}$

Das **Produkt** indirekt proportionaler Größen ist **konstant**. $x \cdot y = k$

656 Die beiden Größen sind indirekt proportional.

1) Ergänze die Tabelle und erstelle ein Diagramm! Ist es sinnvoll, die Punkte zu verbinden? Begründe!

2) Welche Voraussetzungen müssen noch gegeben sein, damit die Größen wirklich den angesprochenen Zusammenhang aufweisen?

a)

Arbeiter	Tage für Fertigstellung
3	10
1	
2	
4	

b)

Gäste	Brötchen pro Gast
5	6
15	
6	
30	

c)

Stufenhöhe	Stufenanzahl
10 cm	12
12 cm	
15 cm	
18 cm	

 Arbeitsblatt q5y3ti

657 Der Flächeninhalt eines Rechtecks beträgt 120 cm^2.

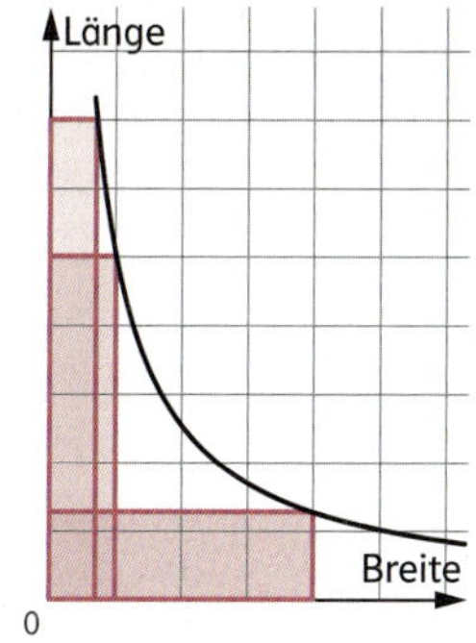

1) Wie lang ist dieses Rechteck, wenn es 3 cm, 4 cm, 5 cm, 6 cm, 8 cm, 10 cm, 12 cm, 20 cm, 30 cm, 40 cm, 50 cm, 60 cm, x cm breit ist?
2) Ordne die Daten aus Aufgabe **1)** übersichtlich in einer Tabelle an!
3) Stelle die Daten graphisch in einem geeigneten Koordinatensystem dar (vgl. mit der Zeichnung rechts)! Verbinde die Punkte durch eine Kurve!
4) Lies aus der graphischen Darstellung die Längen der Rechtecke ab, die 15 cm bzw. 80 cm breit sind! Überprüfe dein Ergebnis durch Rechnen!
5) Wie breit ist das Rechteck, wenn es 24 cm bzw. 36 cm lang ist? Rechne und kontrolliere mit Hilfe der graphischen Darstellung!
6) Die Länge des Rechtecks ist zur Breite indirekt proportional, wenn der Flächeninhalt des Rechtecks konstant ist. Schreibe diesen Zusammenhang mit einer Formel auf!

658 Sind die beiden Größen indirekt proportional? Begründe!

Beispiel

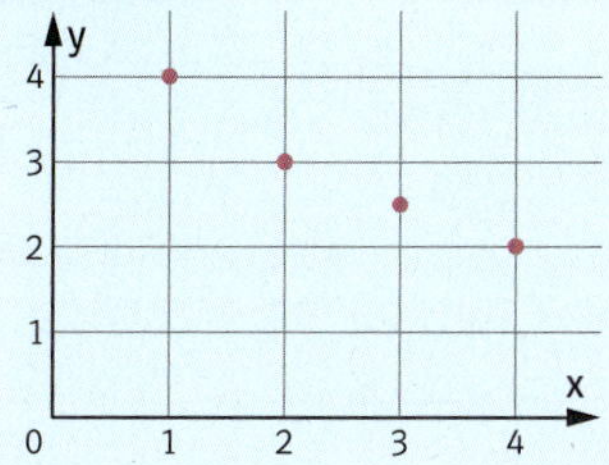

a)

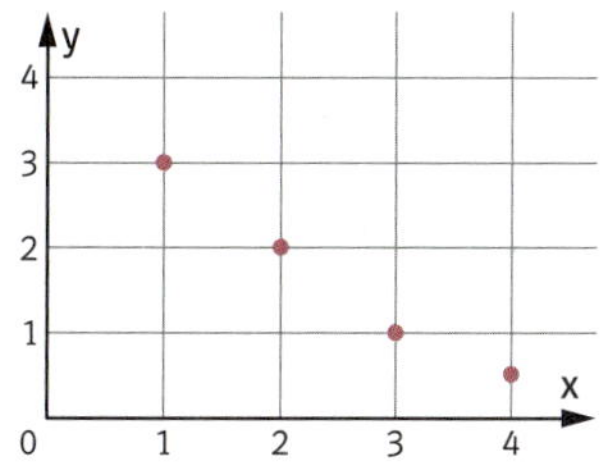

b)

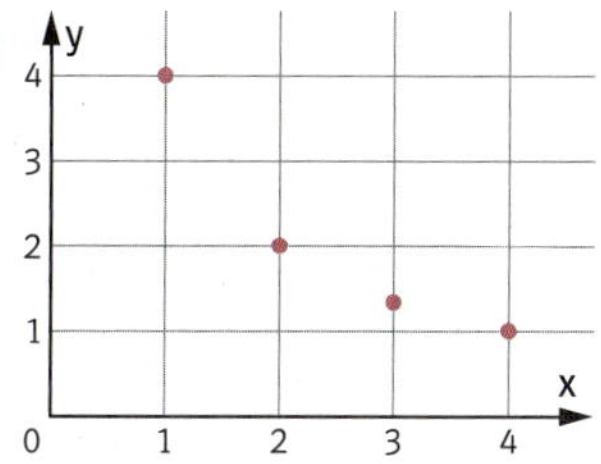

Man kann die Punkte (1 | 4), (2 | 3), (3 | 2,5), (4 | 2) ablesen. Das Produkt aus x-Koordinate und y-Koordinate müsste jeweils denselben Wert haben.
Die Multiplikation der Koordinaten ergibt $1 \cdot 4 = 4$; $3 \cdot 2{,}5 = 7{,}5$; $4 \cdot 2 = 8$; $2 \cdot 3 = 6$.
Die beiden Größen sind nicht direkt proportional. Die Produkte der Koordinaten sind nicht konstant.

659 Ein Lastwagen kann 20 Tonnen Aushubmaterial (Erde) transportieren. Insgesamt müssen von der Baustelle 900 Tonnen Material weggeschafft werden. Ordne der Anzahl der beteiligten Lastwagen die Anzahl der benötigten Fahrten pro LKW zu!

1	1 LKW	
2	3 LKW	
3	9 LKW	
4	45 LKW	

A	1
B	5
C	4
D	45
E	90
F	15

660 Die Koordinaten der einzelnen Punkte sind zueinander indirekt proportional.
(10 | 20), (20 | ___), (___ | 50), (5 | ___), (___ | 25), (16 | ___)
1) Berechne die fehlenden Koordinaten!
2) Gib den Zusammenhang zwischen den Koordinaten x und y mit einer Formel an!
3) Stelle die Zahlenpaare in einem geeignet gewählten Koordinatensystem durch ein Punktdiagramm dar! Was bemerkst du?

2.2 Zinseszinsen

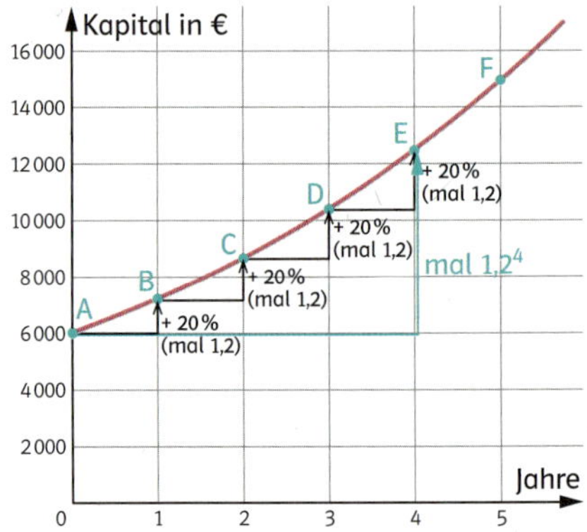

Irenes Vater legt Anfang Jänner 6000 € auf ein Sparbuch mit 20 % p. a. Nettoverzinsung. Das ist ein unrealistischer Zinssatz. Wir verwenden ihn hier aber, weil dann der Effekt deutlicher zu sehen ist. Die anfallenden Zinsen werden jedes Jahr am Jahresende zum Kapital addiert.
Im nächsten Jahr wird dann das um die tatsächlich anfallenden Zinsen vermehrte Kapital verzinst.
Wir sprechen von **Zinseszinsen**, weil die Zinsen des 1. Jahres im 2. Jahr selbst wieder Zinsen bringen und so fort.
Die Tabelle zeigt den Guthabenstand von Irenes Vater nach 1 Jahr, 2 Jahren, 3 Jahren und 4 Jahren sowie die in dieser Zeit tatsächlich anfallenden Zinsen. Vervollständige die Tabelle!

Zeit	**Guthaben**	**Zinsen**
Einzahlungszeitpunkt	6000 €	0 €
Nach 1 Jahr	6000 € · 1,2 = 7200 €	1200 €
Nach 2 Jahren	7200 € · 1,2 = 8640 €	2640 €
Nach 3 Jahren	8640 € · 1,2 = ______ €	______ €
Nach 4 Jahren	______ € · 1,2 = ______ €	______ €

Im Abschnitt „Terme" haben wir Umformungsschritte kennengelernt, mit denen wir im oben gerechneten Beispiel schneller zum Ergebnis kommen.
Bezeichnen wir das Anfangskapital mit K_0, den Guthabenstand nach 1 Jahr mit K_1, den nach 2 Jahren mit K_2, …, den nach n Jahren mit K_n, so gilt:

Nach 1 Jahr: $K_1 = K_0 + K_0 \cdot \frac{p}{100} = K_0 \cdot \left(1 + \frac{p}{100}\right)$, dabei wurde K_0 herausgehoben!

Nach 2 Jahren: $K_2 = K_1 + K_1 \cdot \frac{p}{100} = K_1 \cdot \left(1 + \frac{p}{100}\right) = K_0 \cdot \left(1 + \frac{p}{100}\right) \cdot \left(1 + \frac{p}{100}\right) = K_0 \cdot \left(1 + \frac{p}{100}\right)^2$

Nach n Jahren: $K_n = K_0 \cdot \underbrace{\left(1 + \frac{p}{100}\right) \cdot \left(1 + \frac{p}{100}\right) \cdot \ldots \cdot \left(1 + \frac{p}{100}\right)}_{\text{n Mal}} = K_0 \cdot \left(1 + \frac{p}{100}\right)^n$

Zinseszinsen

Die **Zinseszinsformel für den tatsächlichen Guthabenstand** nach n Jahren lautet:
$K_n = K_0 \cdot \left(1 + \frac{p_{netto}}{100}\right)^n = K_0 \cdot q^n$
Der Faktor $q = 1 + \frac{p_{netto}}{100}$ wird **Aufzinsungsfaktor** genannt.

Wenden wir jetzt im oben gerechneten Beispiel die Zinseszinsformel an, so gilt:
$K_4 = 6000\,€ \cdot 1{,}2^4 = 12\,441{,}60\,€$

Hinweis Rechne bei den **folgenden Aufgaben mit der KESt.**!

661 Zeichne einen Graphen, der die Zinsen pro Jahr für die ersten sechs Jahre zeigt! Fertige dazu eine Tabelle wie oben an! Verbinde die Punkte zu einer Kurve!
a) $K_0 = 10\,€$, $p\,\% = 30\,\%$ **b)** $K_0 = 20\,€$, $p\,\% = 15\,\%$ **c)** $K_0 = 30\,€$, $p\,\% = 12\,\%$

Tipp
Wähle $\overline{01} \triangleq 1$ Jahr auf der x-Achse und $\overline{01} \triangleq 10\,€$ auf der y-Achse!

662 Gegeben ist das Kapital $K_0 = 750$ €. Berechne **1)** den Guthabenstand, **2)** die tatsächlich anfallenden Zinsen bei vereinbarter Verzinsung von 4 % p. a. nach **a)** 1 Jahr, **b)** 2 Jahren, **c)** 3 Jahren, **d)** 5 Jahren!

663 Clemens bekommt 500 € von seiner Großmutter. Er bringt das Geld zur Sparkasse, die mit ihm 3,75 % p. a. Zinsen vereinbart. Nach 2 Jahren gibt ihm die Großmutter nochmals 500 €, die er seinem Guthaben hinzufügt. Welchen Guthabenstand hat Clemens nach weiteren 2 Jahren?

Hinweis Berechne zunächst den Guthabenstand nach 2 Jahren! Vermehre ihn dann um 500 € …!

664 Der Graph rechts zeigt das tatsächliche Guthaben auf einem Sparbuch.

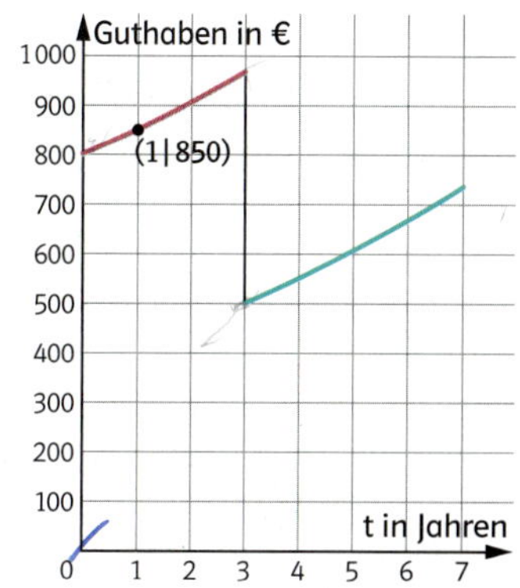

a) Was bedeutet die senkrechte Linie in diesem Kontext?

b) Wie hoch ist das Guthaben nach einem Jahr? Berechne daraus den Jahreszinssatz p_{netto} %!

⊞ **c)** Nach drei Jahren werden die verbleibenden 500 € mit 10 % p. a. netto verzinst (blaue Kurve). Berechne das Guthaben nach sieben Jahren und überprüfe dein Ergebnis mit dem Graphen!

665 ⊞ Ein Betrag von 5 500 € liegt von Jahresbeginn 2 Jahre auf einem Sparbuch mit 3,5 % p. a. vereinbarter Verzinsung. Dann legt der Eigentümer des Sparbuches 2 500 € und nach einem weiteren Jahr nochmals 1 500 € ein. Wie groß ist der tatsächliche Guthabenstand nach insgesamt 5 Jahren?

Tipp

Gestalte eine Zeitleiste, dann sind die Zeitspannen leichter zu überblicken!

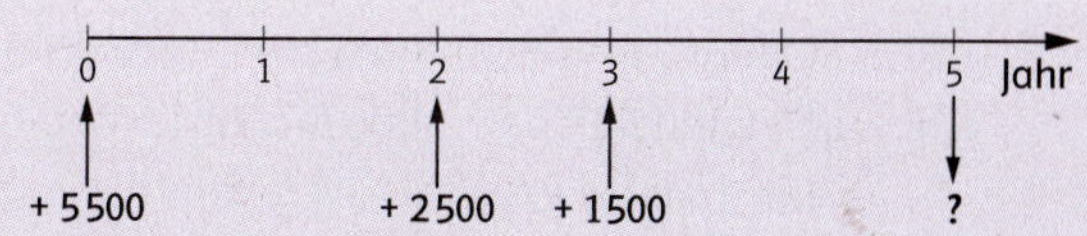

⊞ Umkehraufgaben

Beispiel

Wie viel Euro betrug ein Kapital K_0, das zu einem vereinbarten Zinssatz von 5 % p. a. angelegt wurde und nach 2 Jahren einen Guthabenstand von 2 518,79 € erreicht hat?

$p_{netto} \% = 5\% \cdot 0{,}75 = 3{,}75\%$

$2518{,}79 € = K_0 \cdot (1 + 0{,}0375)^2 \Rightarrow K_0 = 2518{,}79 € : 1{,}0375^2 = 2340 €$

Das Kapital betrug 2 340 €.

666 ⊞ Wie groß muss ein Betrag K_0 sein, der beim Zinssatz p % p. a. in n Jahren auf K_n anwächst?

	a)	b)	c)	d)	e)
p % p. a.	4,5 %	5 %	4,5 %	5,5 %	5,5 %
n (in Jahren)	5	7	10	15	20
K_n	2 500 €	3 000 €	5 000 €	10 000 €	32 000 €

667 ⊞ Welchen Betrag müssen Christines Eltern an ihrem 16. Geburtstag ungefähr einzahlen, damit sie bei 4 % p. a. vereinbarter Verzinsung an ihrem 18. Geburtstag 1 000 € erhält?

2.3 Weitere Wachstums- und Zerfallsprozesse

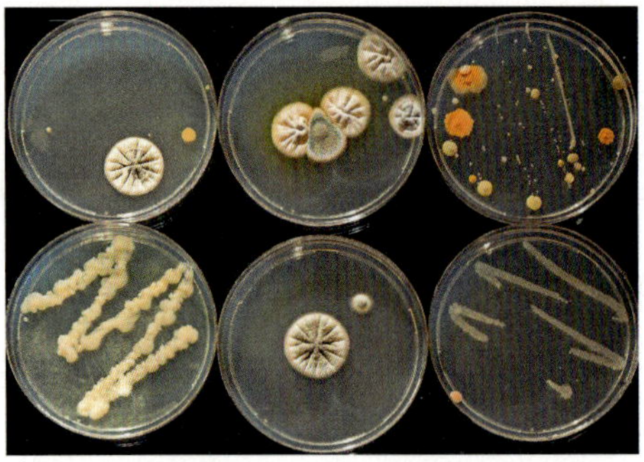

Bei vielen Wachstums- und Zerfallsprozessen in der Natur verändert sich der Anfangswert A pro Zeiteinheit (Jahr, Monat, Tag, …) unter gleichen äußeren Bedingungen um einen festen **Prozentsatz**. Beispiele für **solche Wachstumsprozesse** sind:

- Anzahl von Bakterien in einer Kultur wie in dem Bild links,
- Größe von Populationen (Bevölkerung, Hasen im Wald ohne Feinde, …),
- Holzbestand eines Waldes

Der radioaktive Zerfall von Atomen ist ein Beispiel für einen **Zerfallsprozess**.
Es ist möglich, auch hier für die Berechnung des nach **n Zeiteinheiten vorhandenen Endwertes E** die Zinseszinsformel $K_n = K_0 \cdot q^n$ heranzuziehen. Das heißt $\mathbf{E = A \cdot q^n}$.
Wenn zB die Bevölkerungszahl eines Staates jährlich durchschnittlich um 2 % **wächst**, so ist der

Änderungsfaktor q $= 1 + \frac{\quad}{100} = \quad$. Der Änderungsfaktor entspricht dem Aufzinsungsfaktor in der Zinseszinsrechnung (vgl. Seite 152). Wenn die Bevölkerungszahl jährlich im

Schnitt um 3 % **abnimmt**, so ist der **Änderungsfaktor q** $= 1 - \frac{\quad}{100} = 0{,}97$.

Wachstums- und Zerfallsprozesse

Formel für den **Endwert** nach **n Zeiteinheiten** und **Änderungsfaktor q**: $\mathbf{E = A \cdot q^n}$
Kurzsprechweise: Endwert = Anfangswert mal Änderungsfaktor hoch n.
Bei $q > 1 \left(\text{wegen } 1 + \frac{p}{100}\right)$ handelt es sich um einen **Wachstumsprozess**,
bei $0 < q < 1 \left(\text{wegen } 1 - \frac{p}{100}\right)$ um einen **Abnahmeprozess**.

668 Entscheide, bei welchen Situationen es sich um einen Wachstumsprozess und bei welchen es sich um einen Abnahmeprozess handelt und erfinde einen passenden Text zu den Termen!

1) $180 \cdot 1{,}3^{10}$ **2)** $1000 \cdot 0{,}97^{12}$ **3)** $400\,000 \cdot 1{,}05^n$ **4)** $0{,}3 \cdot 0{,}3^n$

669 Entscheide, welcher der gegebenen Terme zur Berechnung der gestellten Aufgabe angewandt werden kann! Begründe deine Entscheidung!

☐ $10\,000 \cdot 1{,}2^{10}$ ☐ $10\,000 \cdot 0{,}8^{10}$ ☐ $10\,000 \cdot 1{,}02^{10}$ ☐ $10\,000 \cdot 0{,}98^{10}$ ☐ $10\,000 \cdot 2^{10}$ ☐ $10\,000 \cdot 2^{20}$

A Die Anzahl der Bakterien einer Bakterienkultur verdoppelt sich täglich. Zu Beginn sind 10 000 Bakterien vorhanden. Wie groß ist die Anzahl der Bakterien nach 10 Tagen?

B Ein Lichtstahl trifft mit einer Intensität von 10 000 Lux auf eine 10 cm dicke Glasplatte. Beim Durchgang durch die Glasplatte nimmt die Lichtintensität pro cm um 20 % ab. Wie groß ist die Lichtstärke am anderen Ende der Glasplatte noch?

C Die Einwohnerzahl einer Kleinstadt nahm in den letzten 10 Jahren um durchschnittlich 2 % jährlich ab. Vor 10 Jahren betrug sie 10 000. Wie viele Einwohner bzw. Einwohnerinnen hat die Stadt heute?

670 Lies den Informationstext zur Fibonaccifolge und dem Wachstumsprozess bei Kaninchen auf S. 141! Stelle die Gesamtzahl der Kaninchen für die ersten sieben Monate in einem Graphen dar! Beschreibe in eigenen Worten, wie man die Anzahl für die nächsten Monate berechnen kann!

Üben und Sichern

engl. AB
i2m2we

671 Untersuche, ob es sich um ein direkt proportionales Verhältnis, ein indirekt proportionales Verhältnis oder um keines von beiden handelt!

a) Anzahl der Personen in einem Haushalt : Zeit, wie lange eine Flasche Duschgel reicht
b) Anzahl der Arbeiter : Arbeitszeit in Tagen, um eine bestimmte Arbeit zu verrichten
c) Flächeninhalt von Kacheln : Anzahl der Kacheln an einer Wand im Badezimmer
d) Anzahl der Personen : Zeit, die sie für eine Wanderung brauchen
e) Mit einem Auto zurückgelegte Kilometeranzahl : Anzahl der verbrauchten Liter Benzin
f) Anzahl der Blätter einer Zeitung : Masse der Zeitung
g) Größe der Zeitung : Preis der Zeitung
h) Anzahl der ausgetragenen Zeitungen : Länge des zurückgelegten Weges beim Austragen

672 **1)** Sind die beiden Zahlenfolgen direkt oder indirekt proportional zueinander? Begründe!
2) Stelle die Werte in einem passenden Koordinatensystem dar!

a)

4	2	0	−2
−2	−1	0	+1

b)

3	6	9	12
1	$\frac{1}{2}$	$\frac{1}{3}$	$\frac{1}{4}$

c)

3	1	−1	−3
−1	$-\frac{1}{3}$	$\frac{1}{3}$	1

673 Im Jahr 2017 betrug der Holzbestand der Wälder Oberösterreichs 163 Mio. Festmeter. Der jährliche Holzzuwachs betrug rund 4,7 Mio. Festmeter. Dem steht eine Nutzung von 3,9 Mio. Festmeter gegenüber. Es wächst also wesentlich mehr Holz zu als genutzt wird, nämlich um 0,8 Mio. Festmeter pro Jahr. Das entspricht einem jährlichen Wachstum von ca. 0,5 %.

Rund wie groß wäre der Holzbestand nach **a)** 3 Jahren, **b)** 5 Jahren, **c)** 10 Jahren, wenn der Zuwachs und die Nutzung unverändert bleiben?
1) Nimm lineares Wachstum an! **2)** Nimm konstantes prozentuelles Wachstum an!
Bemerkung: Ein Würfel Holz mit 1 m Seitenlänge ohne Zwischenräume heißt 1 Festmeter.

674 Berechne den Preis der Früchte! Sind die Preise zur Warenmenge in Wirklichkeit direkt proportional?

a) 1 kg Äpfel kostet 1,60 €.
Wie viel Euro kostet $\frac{1}{4}$ kg Äpfel?

b) 1 kg Orangen kostet 1,48 €.
Wie viel Euro kostet $\frac{1}{4}$ kg Orangen?

c) 10 Zitronen kosten 5,40 €.
Wie viel Euro kostet 1 Zitrone?

d) 6 Gurken kosten 7,20 €.
Wie viel Euro kostet 1 Gurke?

675 Ein Auto wurde um 20 000 € gekauft. Um rund wie viel Euro konnte dieses Auto nach 5 Jahren verkauft werden, wenn der jährliche Wertverlust 13 % betragen hat?

676 Die Koordinaten der einzelnen Punkte sind zueinander indirekt proportional.
1) Berechne die fehlenden Koordinaten!
2) Gib den Zusammenhang zwischen den Koordinaten x und y mit einer Formel an!
3) Stelle die Zahlenpaare in einem Koordinatensystem durch ein Punktdiagramm dar!

a) (1 | ___), (2 | 5), (___ | 50), (0,5 | 20), (___ | 12,5), (1,5 | ___)

b) (1 | ___), (2 | ___), (3 | 4), (4 | 3), (___ | 8), (5 | ___)

677 Die Anzahl der Darmbakterien Escherichia coli verdoppelt sich alle 20 min. Zu Beginn sind es 1000 Bakterien. Wie viele Bakterien sind es **a)** nach 1 h, **b)** nach 2 h, **c)** nach 5 h?

678 **1)** Stelle eine Preisliste für die Warenmengen 1 kg, 2 kg, 3 kg, 5 kg, 10 kg, $\frac{1}{2}$ kg, $\frac{1}{4}$ kg, $\frac{3}{4}$ kg und x kg auf!
2) Stelle die in der Preisliste enthaltenen Ergebnisse graphisch in einem geeignet gewählten Koordinatensystem dar! Runde vor dem Zeichnen sinnvoll!
3) Wie groß ist der Proportionalitätsfaktor?

	Sonderangebote		
a)	Faschiertes gemischt	1 kg	4,98 €
b)	Schweinsschnitzel	1 kg	6,89 €
c)	Bananen	1 kg	1,79 €
d)	Orangen	1 kg	0,86 €

679 Unten siehst du die y-Werte für x = 1; 2; 3; 4. Kreuze die beiden linearen Abnahmevorgänge an!

a)
- ○ **A** y = 1; 2; 3; 4
- ○ **B** y = 5; 4; 3; 2
- ○ **C** y = 21; 19; 17; 13
- ○ **D** y = 64; 49; 36; 25
- ○ **E** y = 81; 72; 63; 54

b)
- ○ **A** y = 1,5; 2,5; 3,5; 4,5
- ○ **B** y = 4; 2; 3; 1
- ○ **C** y = 5; 4; 3; 2
- ○ **D** y = 0; 5; 0; 5
- ○ **E** y = 100; 80; 60; 40

c)
- ○ **A** y = 6,8; 5,6; 4,4; 3,2
- ○ **B** y = 0,1; 0,01; 0,001; 0,0001
- ○ **C** y = 14; 13; 8; 13,2
- ○ **D** y = 100; 110; 220; 230
- ○ **E** y = −8; −10; −12; −14

680 Eine Reihenhausanlage besteht aus 12 Häusern. Es soll eine gemeinsame Antenne für den Satellitenempfang errichtet werden. Die Gesamtkosten betragen 8 400 € und werden auf alle Besitzerinnen und Besitzer gleichmäßig aufgeteilt, die sich am Kauf der Satellitenanlage beteiligen.

1) Fertige eine Tabelle an! Sie soll die Kosten für ein Reihenhaus aufzeigen, je nachdem wie viele Hausbesitzer sich am Kauf beteiligen.
Hinweis Schreibe in die erste Zeile der Tabelle die Anzahl der angeschlossenen Häuser und in die zweite die Kosten für ein Haus!
2) Sind die Anschlusskosten für ein Haus zur Anzahl der angeschlossenen Häuser direkt oder indirekt proportional? Begründe!

681 **a)** Entscheide, ob einer der genannten Zusammenhänge besteht und wenn ja, welcher!
direkt proportional – lineare Abnahme – prozentuelle Zunahme mit konstantem Änderungsfaktor
1) Fahrstrecke – Anzahl der verbrauchten Liter Benzin
2) Fahrstrecke – Benzinmenge im Tank
3) Fahrzeit – zurückgelegter Weg
4) Zeit – Größe einer Bakterienkultur
5) Alter eines Kindes in Jahren – Größe in cm
6) Arbeitsstunden – Einkommen
⊞ **b)** Welche Voraussetzungen müssen dann noch jeweils erfüllt sein?

682 Betrachte die physikalische Formel $p = \frac{F}{A}$ $\left(\text{Druck} = \frac{\text{Kraft}}{\text{Fläche}}\right)$!
a) Begründe: Ist A konstant, dann sind p und F direkt proportional. Begründe!
b) Begründe: Ist F konstant, dann sind p und A indirekt proportional. Überprüfe diese Aussage mit einem Versuch! Siehe Tipp!

Tipp
Der Versuch könnte so aussehen: Drücke einen Bleistift vorsichtig auf deine Handfläche – einmal mit der Mine und einmal mit der Rückseite – erkläre!

Verwende das Diagramm rechts für die folgenden Aufgaben!

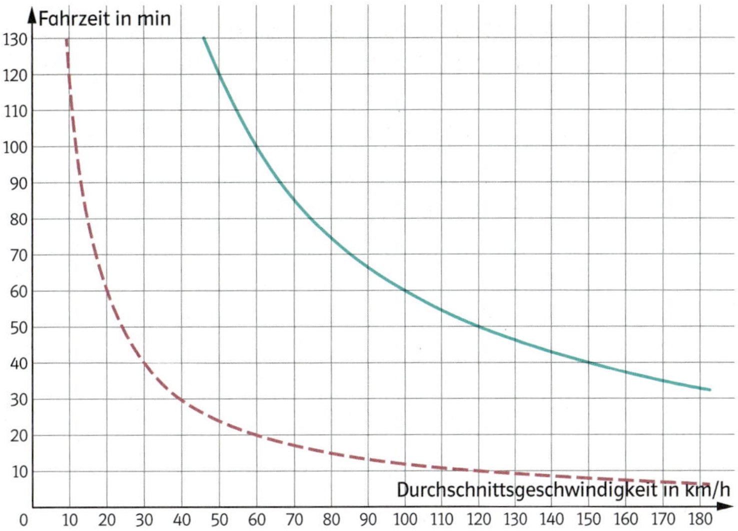

683 Anhand des blauen Graphen kann man die Fahrzeiten bei verschiedenen Geschwindigkeiten für eine Strecke von 100 km ablesen. Stelle eine Tabelle für 60 km/h bis 160 km/h in Zwanzigerschritten auf!

684 Für welche Streckenlänge gilt die strichlierte Kurve? Kreuze die richtige an!

- ○ **A** 20 km
- ○ **B** 50 km
- ○ **C** 30 km
- ○ **D** 60 km
- ○ **E** 40 km

Tipp

Weil 60 min = 1 h ist, kann man bei 60 min die km direkt ablesen!

685 Zeichne die Kurve in das Koordinatensystem, die die Fahrzeit für 50 km bei verschiedenen Geschwindigkeiten angibt! Gestalte dafür vorher eine Tabelle!

Zusammenfassung

AH S. 45

Lineare Zusammenhänge

Direkte Proportionalität:

Eine Größe y heißt direkt proportional zu einer Größe x, wenn gilt: $\mathbf{y = k \cdot x \Leftrightarrow \frac{y}{x} = k}$

Der **Quotient** direkt proportionaler Größen ist **konstant**. k heißt **Proportionalitätsfaktor**.

Lineares Wachstum:

Wenn **eine Größe** um einen **konstanten Wert zunimmt** (gleichgültig von welchem Wert ausgehend), dann **nimmt die andere Größe** um einen ebenfalls **festen Wert zu**.

Lineare Abnahme:

Wenn **eine Größe** um einen **konstanten Wert zunimmt** (gleichgültig, von welchem Wert ausgehend), dann **nimmt** die **andere Größe** um einen ebenfalls **festen Wert ab**.

Nicht lineare Zusammenhänge

Indirekte Proportionalität:

Eine Größe y heißt indirekt proportional zu einer Größe x, wenn gilt: $\mathbf{y = \frac{k}{x} \Leftrightarrow x \cdot y = k}$

Das **Produkt** indirekt proportionaler Größen ist **konstant**.

Zinseszinsen:

Die **Zinseszinsformel** für den Guthabenstand nach n Jahren lautet:

$$K_n = K_0 \cdot \left(1 + \frac{p_{netto}}{100}\right)^n = K_0 \cdot q^n$$

Der Faktor $\mathbf{q = 1 + \frac{p_{netto}}{100}}$ wird **Aufzinsungsfaktor** genannt.

Wachstums- und Zerfallsprozesse

Formel für den Endwert nach n Zeiteinheiten: $\mathbf{E = A \cdot q^n}$

Bei $q > 1$ handelt es sich um einen **Wachstumsprozess**, bei $0 < q < 1$ um einen **Abnahmeprozess**.

Wissensstraße

Lernziele: Ich kann ...

Z 1: direkte Proportionalität erkennen und den Proportionalitätsfaktor angeben.
Z 2: lineares Wachstum erkennen und in einem Diagramm darstellen.
Z 3: lineare Abnahmeprozesse erkennen und graphisch darstellen.
Z 4: indirekte Proportionalität erkennen und graphisch darstellen.
Z 5: mittels Formel den Guthabenstand und die Zinseszinsen nach mehreren Jahren berechnen.

686 Markus schwimmt mit nahezu gleichbleibender Geschwindigkeit. Für die 100 m im Sportbecken braucht er durchschnittlich 1 min 40 s. **Z 1**

1) Lege eine Tabelle des geschwommenen Weges nach 20 s, 30 s, 40 s, 50 s, 1 min, 2 min, 3 min an!
2) Stelle die Daten der Tabelle graphisch in einem geeignet gewählten Koordinatensystem durch ein Punktdiagramm dar! Verbinde die Punkte durch eine Linie!
3) Gib eine Formel an, die die Beziehung zwischen Zeit (in Sekunden) und Weg (in Meter) beschreibt! Glaubst du, dass die gefundene Formel auch für 5 s, 10 s, 20 s gelten wird? Begründe deine Ansicht!

687 Zug 1 startet mit einer annähernd konstanten Geschwindigkeit von 140 km/h in Wien Richtung Linz. Gleichzeitig startet Zug 2 in Linz Richtung Wien mit einer ebenfalls konstanten Geschwindigkeit von 110 km/h. (Entfernung der beiden Städte ca. 190 km; wir nehmen eine gerade Verbindung ohne Stopps an.) **Z 1, Z3**

1) Zeichne die beiden Fahrten in das Koordinatensystem! Überlege dir dazu vorher, wie weit die Züge nach einer Stunde gekommen sind!

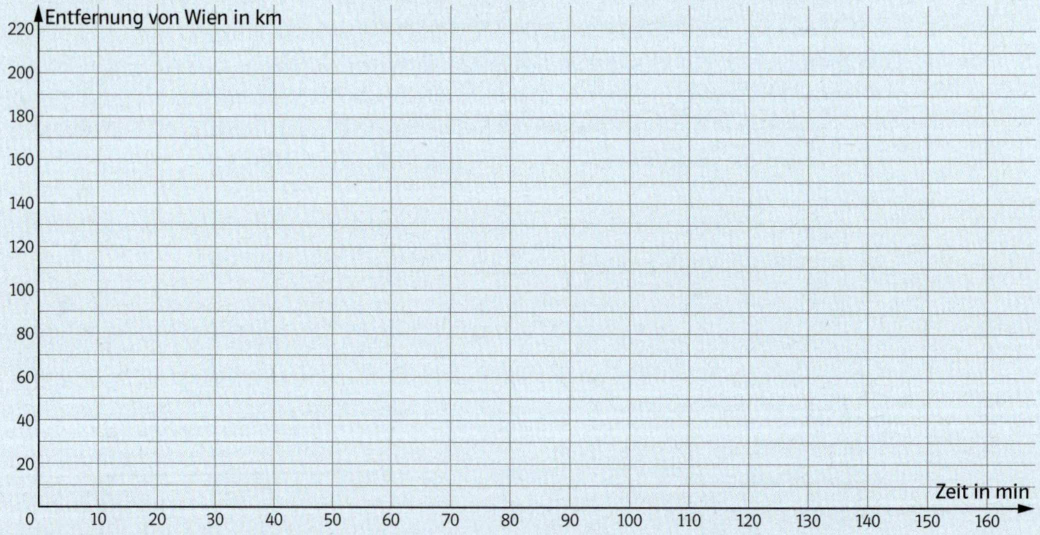

2) Wann kommen nach diesem Modell die Züge in der jeweiligen Zielstadt an? Lies aus der Graphik ab!
3) Wann und wo begegnen einander die beiden Züge?
4) Wie hängen die beiden Größen „vergangene Zeit“ und „zurückgelegte Entfernung“ zusammen?

688 Ein Autoverleih verlangt für das Ausborgen eines Autos einmalig 25 € und dann 20 c pro gefahrenem Kilometer. **Z 2**

1) Stelle die Preisentwicklung in einem Diagramm dar (x-Achse: 1 cm ≙ 100 km)!

2) Gib eine Formel an, mit der man nach der Fahrt sofort den Gesamtpreis ausrechnen kann!

○

689 Trage die fehlenden Werte des indirekt proportionalen Verhältnisses ein! **Z 4**

1)

km/h	Zeit in Stunden
10	30
20	
30	
90	
150	

2)

km/h	Zeit in Stunden
10	
15	
	12
60	6
120	

3) Welche Größe ist bei beiden Zusammenhängen konstant? Gib sie mit ihrer Einheit an!

○

690 Frau Simanovsky fährt häufig in ihr 480 km entferntes Sommerhäuschen auf einer wenig befahrenen Straße. Wie lange braucht sie bei unterschiedlichen Durchschnittsgeschwindigkeiten? **Z 4**

1) Erstelle eine Tabelle [für 10 km/h–120 km/h; vgl. Aufgabe 689 2)]!

2) Stelle die Daten aus **1)** und aus den beiden Tabellen von Aufgabe 689 in einem gemeinsamen Koordinatensystem graphisch dar!

○

691 Frau Barbara legt 4 500 € auf ein Sparbuch mit 3 % vereinbarter jährlicher Verzinsung. **Z 5**

1) Wie hoch ist der Guthabenstand nach 6 Jahren?

2) Wie hoch sind die tatsächlich gutgeschriebenen Zinsen?

3) Wie viel Euro macht die KESt. (25 % der Zinsen) aus?

⊞ **4)** Nach 6 Jahren legt sie 3 000 € dazu. 3 Jahre später möchte sie das Geld abheben. Welchen tatsächlichen Guthabenstand hat sie zum Zeitpunkt des Abhebens?

○

692 **Z 1, Z2, Z3, Z4**

a) Trage den Buchstaben des passenden Graphen ein!

x · y ist konstant:

$\frac{y}{x}$ ist konstant:

b) Diese Graphen stellen lineares Wachstum dar:

Diese Graphen stellen lineare Abnahme dar:

c) Gib jene zwei Graphen an, die weder einen linearen Prozess, noch ein indirekt proportionales Verhältnis zeigen!

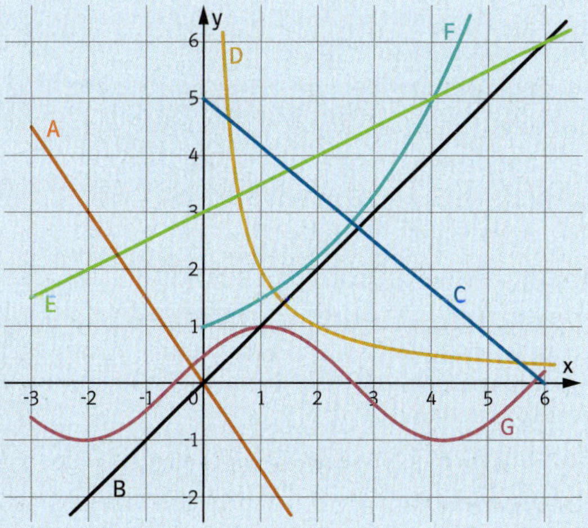

○

Video
2yf2ck

Statistik

Sir Francis Galton (1822–1911)

Vom Messen zur statistischen Analyse

Sir Francis Galton gilt als einer der Begründer der statistischen Wissenschaft und war wohl einer der berühmtesten und vielseitigsten britischen Naturwissenschafter. Von seinem noch berühmteren Cousin, dem Evolutionstheoretiker Charles Darwin, wurde Galton dazu inspiriert, sich auch mit den Grundlagen der Vererbungslehre zu beschäftigen.
Galton führte die verschiedensten Experimente durch. Er untersuchte zB die Körpergrößen von Kindern und deren Eltern. Dabei stellte er fest, dass Kinder überdurchschnittlich großer Eltern wieder überdurchschnittlich groß waren. Allerdings waren sie im Schnitt etwas kleiner als ihre Eltern, also näher am Gesamtdurchschnitt. Ebenso verhielt es sich mit den Kindern besonders kleiner Eltern. Sie waren kleiner als der Durchschnitt, aber etwas größer als ihre Eltern und somit wieder näher am Gesamtdurchschnitt.

Experimente mit Pflanzen

Seine Untersuchungen dehnte Galton auch auf Pflanzen aus. Für seine Experimente hielt er die Gartenwicke (eine Hülsenfrucht) für ein geeignetes Forschungsobjekt. Er maß den Durchmesser ihrer Samen, zog aus diesen Samen neue Pflanzen und maß wieder deren Samendurchmesser. Er beobachtete das gleiche Phänomen, wie bei Eltern mit ihren Kindern. Die Pflanzen aus überdurchschnittlich großen Samen hatten selbst wieder überdurchschnittlich große Samen, die allerdings etwas kleiner waren als die ihrer Mutterpflanze. Galton bezeichnete dieses Phänomen als die „Rückkehr zur Mitte". Aus seinen Erkenntnissen entwickelte Galton eine statistische Untersuchungsmethode, die heute unter dem Namen Regressionsanalyse bekannt ist. Sie kommt dann zum Einsatz, wenn der Zusammenhang zwischen mehreren Merkmalen untersucht werden soll. Eine modifizierte Form dieses Verfahrens wird zB bei Wahlhochrechnungen und Wahlanalysen angewendet.

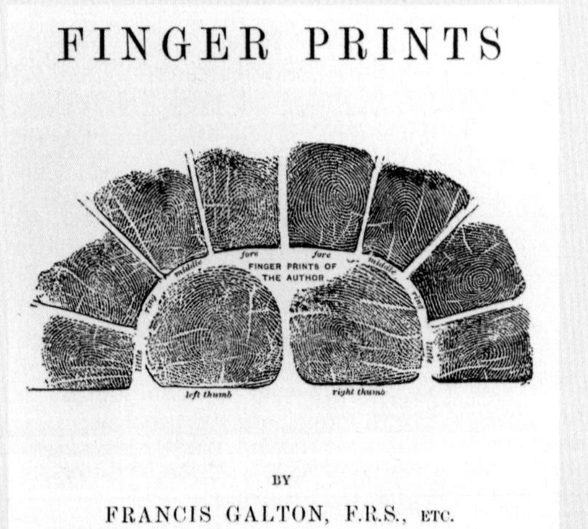

Sir Francis Galton führte auch mathematische und statistische Untersuchungen bei Fingerabdrücken durch. Er gab erste wissenschaftliche Begründungen, warum jeder Fingerabdruck einem Menschen eindeutig zuzuordnen ist.

Wahlhochrechnung und Wahlprognose

Bei Wahlhochrechnungen versuchen Wahlforschungsinstitute aus ersten Wahlergebnissen das Endergebnis vorherzusagen. Hierfür werden zB die Ergebnisse aus bereits ausgezählten Stimmbezirken verwendet. Wenn erst wenige Wahlkreise ausgezählt sind, fließen in die Hochrechnung auch Ergebnisse von Befragungen von Wählerinnen und Wählern nach der Wahl ein.
Eine Wahlprognose hingegen stützt sich hauptsächlich auf die Befragung von Wählerinnen und Wählern in meist besonders repräsentativen Wahlkreisen, deren Ergebnisse bei der vorangegangenen Wahl nahe am amtlichen Endergebnis lagen. Dabei werden die befragten Personen nicht nur nach ihrer Wahlentscheidung, sondern auch nach anderen Merkmalen wie Alter, Geschlecht, Konfession, Schulabschluss oder Beruf befragt, um einen möglichst charakteristischen Querschnitt der Gesamtbevölkerung zu erhalten. Statistik kann also helfen, aus vielen Daten durch sinnvolle Analyse zu neuen Erkenntnissen zu kommen. Man braucht dazu immer viele zuverlässige und sorgfältig erhobene Daten.
So musste auch Sir Francis Galton die Samen für seine Untersuchungen sehr genau vermessen und immer wissen, von welchen alten Samen die neuen abstammten.

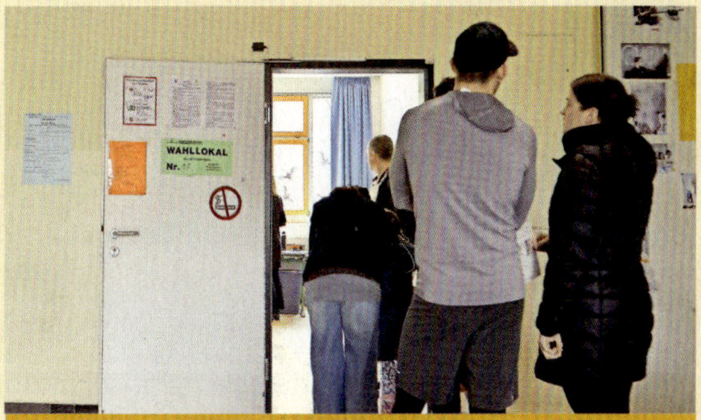

Ein Wahllokal

Worum geht es in diesem Abschnitt?

- Vergleich verschiedener Mittelwerte
- nominale, ordinale und metrische Merkmale von Daten
- Klasseneinteilung von Daten
- Histogramm
- Stängel-Blatt-Diagramm
- Punktwolkendiagramm
- Kreuztabelle (Kontingenztafel)

1 Mittelwerte

interaktive Vorübung i4i7hf

AH S. 46

Vitus war mit seiner Familie zwei Wochen auf Urlaub. Er hat die Ausgaben, die er jeden Tag getätigt hat, in der folgenden Liste der Größe nach geordnet notiert (in Euro):
0; 1,5; 3; 3; 3; 4; 5; 5; 7; 7,5; 8; 10; 13; 63
Nun möchte er wissen, wie viel Euro er im Mittel ausgegeben hat. Er erinnert sich, dass es drei verschiedene Mittelwerte gibt: den ______, den ______ und das ______

3 Euro hat er am häufigsten ausgegeben. Dieser Wert entspricht dem ______.

5 Euro liegt genau in der Mitte. Dabei handelt es sich um den ______.

9,50 Euro hat er durchschnittlich am Tag ausgegeben. Dieser Wert stellt das ______ dar.

Welchen Wert wird er seinen Eltern mitteilen, wenn er sparsam scheinen möchte? ______

Alle drei Mittelwerte sind in diesem Fall sinnvoll. Jedoch eignen sich nicht alle für jede Situation. Wenn die **Berechnung der Summe der Einzelwerte sinnvoll** ist (wie bei allen Maßzahlen zB Ausgaben in Euro, Größe in cm, …) eignet sich das **arithmetische Mittel**.
Allerdings berücksichtigt es auch untypische Werte („**Ausreißer**") sehr stark.
Ist **die Summenbildung nicht sinnvoll** (zB bei Schuhgrößen, …) oder die **Berücksichtigung von Ausreißern unerwünscht**, so verwendet man den **Median (Zentralwert)**.
Der **Modus (Modalwert)** beschreibt die **am häufigsten auftretende Ausprägung**. Diese muss keine Zahl darstellen und kann zB auch die häufigste Haarfarbe, das am häufigsten gewählte Freifach, usw. sein. Der Modus ist jedoch nur aussagekräftig, wenn er deutlich häufiger als alle anderen Ausprägungen vorkommt.

Mittelwerte

Bei Werten, mit denen man sinnvoll rechnen kann (**= metrische Merkmale, zB Maßzahlen)** eignet sich das **arithmetische Mittel**.
Bei Werten, mit denen man **nicht sinnvoll rechnen** kann, die aber in eine Reihenfolge gebracht werden können (**= ordinale Merkmale)** verwendet man am besten den **Median**. Das gilt auch dann, wenn **Ausreißer nicht berücksichtigt** werden sollen.
Der **Modus** ist die am **häufigsten auftretende Ausprägung**. Er kann auch ermittelt werden, wenn die Ausprägungen **keine Zahlen** (= **nominale Merkmale**) darstellen.

693 In je fünf zufällig ausgewählten Geschäften in Wien, Innsbruck, Graz und Linz sind an einem bestimmten Tag die folgenden Preise in € für 1 kg Heidelbeeren erhoben worden:
Wien: 5,40 €; 6,80 €; 5,70 €; 5,70 €, 5,90 € **Innsb.:** 6,70 €, 6,70 €, 5,50 €, 5,20 €, 5,40 €
Linz: 5,60 €, 6,10 €, 5,80 €, 5,80 €, 5,70 € **Graz:** 6,50 €, 5,70 €, 5,50 €, 6,60 €, 5,70 €
Reihe die Städte **1)** nach dem Median, **2)** nach dem Modus, **3)** nach dem arithmetischen Mittel!

694 Sechs Freunde vergleichen ihre Geometriehausübung durch Nachmessen eines bestimmten Winkels. Sie messen (in °): 42, 42, 43, 138, 41, 42.
1) Ermittle den Median und den Modus!
2) Warum ist das arithmetische Mittel hier nicht sinnvoll? Begründe!

2 Merkmale und ihre Ausprägungen

interaktive Vorübung 5r82vw

AH S. 47

Lenis Klasse hat in der Schule eine Umfrage durchgeführt. Dabei wurden folgende Merkmale untersucht: Dauer des Schulweges, Lieblingsfach, Schulstufe.

Sie möchte nun das arithmetische Mittel bei den einzelnen Merkmalen berechnen. Dabei stellt sie fest, dass das nicht bei allen Merkmalen sinnvoll bzw. möglich ist. Ergänze die Tabelle!

Arithmetisches Mittel	möglich und sinnvoll	möglich, aber nicht sinnvoll	nicht möglich
Dauer des Schulweges	⊠	○	○
Lieblingsfach	○	○	○
Schulstufe	○	○	○

Wie Leni richtig bemerkt hat, gibt es verschiedene Arten von **Merkmalen** (zB Größe, Haarfarbe, Alter, Ranglisten, …) mit unterschiedlichen **Ausprägungen** (zB 165 cm, blond, 13 Jahre, 4. Platz, …). Man unterscheidet bei den Merkmalen drei verschiedene Kategorien:

1. Nominale oder qualitative Merkmale: Die Ausprägungen können in keine Ordnung gebracht werden, zB Namen, Geschlecht, Augenfarbe, Hobbys, …
Ein sinnvoller Mittelwert ist in diesem Fall der **Modus.**

2. Ordinale Merkmale: Die Ausprägungen haben eine Rangfolge, es sollte aber nicht damit gerechnet werden, zB Zufriedenheit auf einer Skala (von 1 bis 5), Platzierungen, Schulnote, …
Es können sowohl der **Median,** als auch der **Modus** sinnvoll gebildet werden.

3. Metrische Merkmale: werden meist durch Maßzahlen dargestellt, zB Preis in Euro, Masse in kg, Länge in mm, erreichte Punkte beim Känguru-Wettbewerb, …
Der **Median** und der **Modus** können ermittelt werden.
Zusätzlich kann das **arithmetische Mittel** sinnvoll berechnet werden.

Merkmale

Man unterscheidet **nominale, ordinale** und **metrische** Merkmale.
Das **arithmetische Mittel** eignet sich **nur** für **metrische** Merkmale.

695 Ordne den Merkmalen eine mögliche Merkmalsausprägung zu! Welche Art von Merkmal liegt jeweils vor?

	Merkmal	Ausprägung	Art
1	Schulnote		
2	Schuhgröße		
3	Dauer der Zugfahrt		

	Merkmalsausprägung
A	105 m
B	4
C	45 min
D	37
E	30 °C

696 1) Kreuze beide nominalen Merkmale an und gib für jedes der beiden eine mögliche Merkmalsausprägung an!

○ **A** Gehalt ○ **B** Nationalität ○ **C** Platzierung ○ **D** Geburtsmonat ○ **E** Flughöhe

2) Kreuze die drei ordinalen Merkmale an und gib für jedes der drei eine mögliche Merkmalsausprägung an!

○ **A** Rang in den Charts ○ **B** Alter ○ **C** Gang beim Auto ○ **D** Hobby ○ **E** Schulnote

3) Kreuze alle drei metrischen Merkmale an und gib für jedes der drei eine mögliche Merkmalsausprägung an!

○ **A** Preis ○ **B** Telefonnummer ○ **C** Haarfarbe ○ **D** Dichte ○ **E** Reisedauer

697 Luisa möchte für eine Projektarbeit in Biologie eine Umfrage machen, wobei sie von jedem Mitschüler/jeder Mitschülerin folgende Merkmale erfragen will: Geschlecht, Schuhgröße, Menge an getrunkenem Wasser am letzten Tag, Lieblingsessen und Anzahl der Fehltage auf Grund von Krankheit im Schuljahr.

1) Welche Merkmale sind nominal, ordinal bzw. metrisch?

2) Gib je zwei sinnvolle Merkmalsausprägungen an!

3) Sie möchte für die Umfrage einen Fragebogen austeilen. Dieser soll Antwortmöglichkeiten zum Auswählen bieten. Gestalte einen sinnvollen Fragebogen!

698 Nach der Nationalratswahl 2017 wurde bei der **Wahltagsbefragung** nach folgenden Merkmalen gefragt: Geschlecht, Alter, Bildungsabschluss, Erwerbsstatus

a) Welche Merkmale sind metrisch, nominal bzw. ordinal?

b) Gib für den Bildungsabschluss zwei Merkmalsausprägungen an!

c) Recherchiere im Internet für das Merkmal Erwerbsstatus alle möglichen Merkmalsausprägungen!

Wahltagsbefragung

Gerade bei Wahlen mit einer großen Anzahl von Wählerinnen und Wählern wie Nationalratswahlen wird analysiert, wie das Wahlergebnis zu Stande kommt. Hier werden Wählerinnen und Wähler zu Gruppen zusammengefasst. Die Wahltagsbefragungen werden telefonisch bei ca. 1000 Personen in Österreich am Wahltag ausgeführt.

699 Gustav verfolgt mit seinem Bruder Theo den Zehnkampf-Wettbewerb im Fernsehen. Eifrig notieren sie die Plätze und Punkte der Teilnehmer. Am Ende berechnet Theo das arithmetische Mittel der einzelnen Platzierungen der Sportler und Gustav den Mittelwert der erreichten Punkte. Theo meint, dass der mit der durchschnittlich besten Platzierung gewinnt.
Gustav weiß allerdings, dass der Mittelwert der Platzierungen nicht sinnvoll ist und der Sportler mit der höchsten Punkteanzahl gewinnt.
Schreibe mit Hilfe des **Sprachbausteins** eine sinnvolle Antwort von Gustav!

Sprachbaustein

Da es sich bei ___ um nominale/ordinale/metrische Daten handelt, ist das arithmetische Mittel (nicht) sinnvoll. Da ___ keine/Auch wenn ___ eine natürliche Reihenfolge haben, kann man nicht damit sinnvoll rechnen, daher ist das arithmetische Mittel nicht die richtige Wahl.

3 Klasseneinteilung

interaktive Vorübung ep79x7

AH S. 47

In Hendriks Klasse wurden bei der letzten Schuluntersuchung die Körpergrößen aller 22 Schülerinnen und Schüler gemessen.
Die Ergebnisse lauteten (in cm):
143, 157, 156, 146, 160, 161, 141, 163, 159, 142, 159, 149, 150, 148, 151, 155, 152, 153, 147, 154, 142, 162
Hendrik möchte die Ergebnisse statistisch auswerten und eine Tabelle erstellen.

Da es sich bei der Körpergröße um ein ______ Merkmal handelt, kann er das arithmetische Mittel sinnvoll berechnen.
Die Schülerinnen und Schüler seiner Klasse sind durchschnittlich ______ cm groß.
Beim genauen Betrachten der Ergebnisse erkennt Hendrik, dass fast alle Werte nur einmal vorkommen. Das Erstellen einer Häufigkeitstabelle hat daher wenig Sinn, da diese nicht sehr aussagekräftig wäre.

Wenn **viele oder viele verschiedene Daten** vorkommen, ist es sinnvoll **Klassen** zu bilden, dh. man unterteilt die Daten in kleinere Gruppen. Bei der Körpergröße ist zB eine Einteilung von 5 cm breiten Klassen sinnvoll, also zB $140\,\text{cm} \leq x < 145\,\text{cm}$, $145\,\text{cm} \leq x < 150\,\text{cm}$.

Es gibt **eine strikte Regel** dafür, wie man die Klassen bildet:
- die Klassen müssen so gewählt werden, dass man **jeden Wert eindeutig** in eine Klasse einteilen kann.

Zusätzlich gelten noch einige **Faustregeln**:
- **zwischen 3** und **10 Klassen** (Anzahl der Klassen $\approx \sqrt{\text{Anzahl der Einzelwerte}}$)
- es sollte **keine Klasse leer** sein
- **Klassenbreite** $\approx \frac{\textbf{Maximum - Minimum}}{\textbf{Anzahl der gewünschten Klassen}}$; idealerweise sind die **Klassen gleich breit**

Die Faustregeln würden für das Beispiel oben vorschlagen:
$\sqrt{22} \approx 5$ Klassen zu bilden und $\frac{163-141}{5} \approx 4\,\text{cm}$ als Klassenbreite

Klasseneinteilung

Eine **Klasseneinteilung** verwendet man dann, wenn die Anzahl der **Originaldaten sehr groß** ist und sehr **viele verschiedene Werte** vorliegen.

Es müssen **alle Werte eindeutig in eine der Klassen** eingeteilt werden können.

Faustregel: Bilde zwischen **3 und 10 Klassen**, wobei möglichst **keine Klasse leer** sein soll! Die Klassen sind idealerweise **gleich breit**.

Bemerkung: Durch das Bilden von Klassen gehen Informationen verloren.

Die **Klassenmitte** ist der Durchschnitt der **Randwerte einer Klasse**.

Beispiel

Klasse von $145\,\text{cm} \leq x < 150\,\text{cm}$: $(145 + 150) : 2 = 147{,}5\,\text{cm}$

Mittelwerte näherungsweise berechnen

Die Tabelle zeigt die absoluten Häufigkeiten der Körpergrößen in den einzelnen Klassen.

Klasse	Größe in cm	Klassenmitte	Absolute Häufigkeit
$140 \leq x < 145$ cm	141, 142, 142, 143	142,5	4
$145 \leq x < 150$ cm	146, 147, 148, 149	147,5	4
$150 \leq x < 155$ cm	150, 151, 152, 153, 154	152,5	5
$155 \leq x < 160$ cm	155, 156, 157, 159, 159	157,5	5
$160 \leq x < 165$ cm	160, 161, 162, 163	162,5	4
		Gesamt:	22

Es soll nun aus diesen Daten näherungsweise der Mittelwert der Körpergrößen der Schülerinnen und Schüler berechnet werden!

Überlege: Die Klassenmitte der Klasse $140 \leq x < 145$ cm ist 142,5 cm. Das ist annähernd der Mittelwert der Größen von 4 Schülerinnen und Schülern in dieser Klasse. Die 4 Schülerinnen und Schüler der nächst größeren Klasse sind im Mittel etwa 147,5 cm groß usw.

Durchführung:

$142{,}5 \cdot 4 + 147{,}5 \cdot 4 + 152{,}5 \cdot 5 + 157{,}5 \cdot 5 + 162{,}5 \cdot 4 = 3360$

$3360 : 22 = 152{,}72 \approx 153$

Antwort: Die Schülerinnen und Schüler sind im Mittel etwa 153 cm groß.

Berechnet man den Mittelwert aus den Originaldaten erhält man: $3350\,\text{cm} : 22 = 152{,}27\,\text{cm}$.
Man sieht: Mit einer Klasseneinteilung und den Klassenmitten kann man das arithmetische Mittel schnell und relativ genau annähern.

700 Kreuze an, ob die Aussagen zur Klasseneinteilung richtig oder falsch sind! Stelle die falschen Aussagen richtig!

		richtig	falsch
A	Ein Wert kann in verschiedenen Klassen liegen.	○	○
B	Die Anzahl der Klassen richtet sich normaler Weise nach der Anzahl der Einzelwerte.	○	○
C	Die Klassen sollten immer gleich breit sein.	○	○
D	Bei einer Klasseneinteilung gehen keine Informationen verloren.	○	○
E	Eine Einteilung in Klassen eignet sich bei vielen oder vielen verschiedenen Werten.	○	○

701 Bad Radkersburg (Stmk.) möchte anhand der Sonnenstunden der letzten 15 Jahre für den Monat Juli zeigen, dass es der perfekte Ort für einen Sommerurlaub ist. Die Sonnenstunden im Monat Juli von 2003–2017 sind in Stunden angegeben (Quelle ZAMG):
283, 224, 224, 307, 300, 245, 285, 285, 204, 289, 353, 232, 291, 295, 319

1) Teile die Daten in fünf gleich breite Klassen und stelle sie in einer Tabelle wie oben dar!
2) Berechne den näherungsweisen Mittelwert und vergleiche ihn mit dem exakten arithmetischen Mittel aller Werte!

702 Bei der letzten Schularbeit wurden folgende Punkte erzielt:
35, 33, 31, 36, 20, 33, 43, 24, 29, 33, 32, 41, 40, 35, 36, 25, 28, 20, 23, 23, 31, 24, 36, 26
1) Teile die Daten in fünf gleich breite Klassen und stelle sie in einer Tabelle wie auf Seite 166 dar!
2) Berechne den näherungsweisen Mittelwert und vergleiche ihn mit dem exakt berechneten!

703 Bei einer Umfrage zu der Anzahl der verbrachten Tagen im Freibad wurden unter 30 Badegästen folgende Antworten genannt:
4, 6, 8, 3, 17, 25, 30, 29, 28, 8, 9, 7, 3, 16, 18, 21, 24, 33, 6, 7, 9, 28, 31, 20, 22, 16, 18, 1, 3, 5
1) Fülle die beiden Tabellen aus!

Klasse	abs. Häufigkeit
0 ≤ x < 10	
10 ≤ x < 15	
15 ≤ x < 20	
20 ≤ x < 25	
25 ≤ x < 35	

Klasse	abs. Häufigkeit
0 ≤ x < 7	
7 ≤ x < 14	
14 ≤ x < 21	
21 ≤ x < 28	
28 ≤ x < 35	

2) Kreuze an, welche Aussagen zutreffen! Begründe, welche Aussagen falsch sind!
○ **A** In beiden Fällen wurden die Daten in fünf gleich breite Klassen eingeteilt.
○ **B** Allen Klassen können Daten zugeordnet werden.
○ **C** In der ersten Einteilung sind die Klassengrenzen nicht eindeutig.
○ **D** Die Antwort „3" kommt am häufigsten vor.
○ **E** Es handelt sich um ordinale Daten.

3) Begründe, welche der beiden Klasseneinteilungen sinnvoller ist!

704 ⊞ Ein Ferienort möchte anhand der Niederschlagsdaten der letzten 20 Jahre für den Monat Juli zeigen, dass er der perfekte Ort für einen Sommerurlaub ist. Niederschlagsmengen in Millimeter:
76, 54, 87, 35, 48, 94, 121, 49, 28, 109, 83, 110, 119, 101, 65, 29, 107, 28, 111, 68
1) Teile die Werte auf zwei verschiedene Arten in Klassen so ein, dass unterschiedliche Aussagen möglich sind!
2) Der Bürgermeister möchte den Ferienort besonders gut darstellen. Welche deiner Einteilungen ist dafür besser geeignet? Begründe deine Entscheidung!
3) Berechne das arithmetische Mittel der Niederschlagsmenge der Originaldaten sowie die näherungsweisen Mittelwerte der beiden Einteilungen und vergleiche die Werte!
4) Beim Merkmal „Niederschlagsmenge" handelt es sich um ein ________ Merkmal.

705 Die Ergebnisse einer Umfrage in der Schweiz aus dem Jahr 2017 zum Thema „Erhalt von Taschengeld" wurden in der Tabelle dargestellt (Quelle: Statista, 2017).
ZB: 43 % bedeutet, dass 43 % der Buben zwischen 5 und 7 Jahren Taschengeld erhalten.
1) Wie viele Klassen wurden bezüglich des Merkmals „Alters" gebildet? Wie breit sind diese? Sind alle gleich breit?
2) Wie viele Klassen wurden bezüglich des Merkmals „Geschlecht" gebildet?
⊞ **3)** Welchen Vorteil haben diese verschiedenen Klasseneinteilungen? Welche Ergebnisse der Umfrage kann man daraus ablesen?

	Buben	Mädchen
5–7 Jahre	43 %	28 %
8–11 Jahre	81 %	72 %
12–14 Jahre	85 %	84 %

4 Diagramme

4.1 Histogramm

interaktive Vorübung tg8sn4

AH S. 49

Lilly fragt ihre Klassenkolleginnen und -kollegen, wie lange sie durchschnittlich täglich für Hausaufgaben, Lernen und Üben brauchen. Die Urliste gibt die Antworten in Stunden und auf halbe Stunden gerundet an: 2,5; 0,5; 2; 4,5; 2,5; 4; 3; 2; 2,5; 5; 2; 6; 5,5; 3; 5; 3,5; 2; 3; 2; 1; 2; 2,5; 3; 3; 2.

Damit sie die Werte in einem übersichtlichen Diagramm darstellen kann, teilt sie diese in drei Klassen ein:
Alle drei Klassen sind gleich breit und haben eine Klassenbreite von ______.

Zeit in h	abs. Häufigkeit
$0{,}5 \le x < 2{,}5$	9
$2{,}5 \le x < 4{,}5$	
$4{,}5 \le x < 6{,}5$	

Dann zeichnet sie das Diagramm:

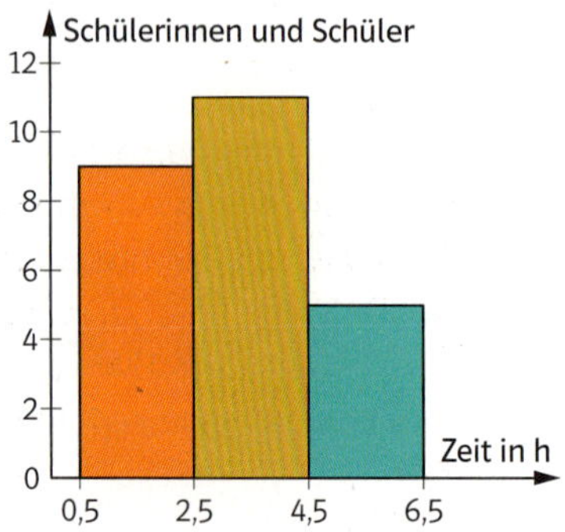

Bei einem **Säulendiagramm** werden **einzelnen Werten Häufigkeiten** zugeordnet.
Im Unterschied dazu werden bei einem **Histogramm den Klassen, also ganzen Bereichen, Häufigkeiten** zugeordnet.
Die einzelnen Klassen stoßen lückenlos aneinander. Daher haben die **Säulen im Histogramm keinen Abstand.**
Entlang der x-Achse ist es ausreichend, die Klassengrenzen anzugeben.
Aus einem Histogramm kann man nicht mehr alle Originaldaten ablesen. Wie schon bei der Klasseneinteilung kommt es zu einem **Informationsverlust.**

Histogramme

Mit **Histogrammen** kann man die **Häufigkeiten** von (lückenlosen und überschneidungsfreien) **Klassen graphisch** darstellen.
Bei **gleicher Klassenbreite** kann man als **Säulenhöhe** die **absolute** oder **relative Häufigkeit** der jeweiligen Klasse wählen.

Hinweis In höheren Klassen wirst du lernen, dass bei Histogrammen die (relativen oder absoluten) Häufigkeiten als Flächeninhalte der Säulen auftreten müssen. Die Höhe der Säule berechnet sich dann aus $\frac{\text{Häufigkeit}}{\text{Klassenbreite}}$. Dies gilt auch für unterschiedliche Klassenbreiten. Bei gleich breiten Klassen stehen die Flächeninhalte der Säulen im gleichen Verhältnis wie ihre Höhen (bei uns: Häufigkeiten), sodass beide Methoden zu „demselben Eindruck“ führen.

706 Erstelle aus den Daten über die Körpergröße der Schülerinnen und Schüler von Seite 165 ein Histogramm (→ Tabelle Seite 166)!

707 Bei einem Computerspiel haben Anna und Benjamin verschiedene Punktezahlen erreicht. Wähle eine geeignete Klasseneinteilung und zeichne ein Histogramm!

a) Anna: 250, 255, 252, 245, 245, 260, 253, 253, 261, 252, 260, 250, 249, 252, 249

b) Benjamin: 248, 240, 244, 254, 257, 251, 249, 256, 248, 241, 254, 254, 244, 245, 251

 Arbeitsblatt j5y4cc

708 Die Liste zeigt die monatliche Niederschlagsmenge in mm von Jänner 2016 bis Dezember 2017 in Andau (Burgenland). Erstelle eine Klasseneinteilung und ein zugehöriges Histogramm (Quelle: ZAMG, 2017)!
53, 69, 17, 24, 91, 95, 78, 41, 30, 58, 56, 10, 7, 26, 36, 41, 28, 40, 93, 44, 79, 51, 52, 53

709 Von den Teilnehmerinnen und Teilnehmern einer Trainingsgruppe wurde der Pulsschlag pro Minute gemessen und im folgenden Histogramm dargestellt.

1) Fülle die Tabelle mit den absoluten und relativen Häufigkeiten aus!

2) Berechne das arithmetische Mittel näherungsweise!

	Absolute Häufigkeit	**Relative Häufigkeit**
$60 \leq x < 65$		
$65 \leq x < 70$		
$70 \leq x < 75$		
$75 \leq x < 80$		
$80 \leq x < 85$		

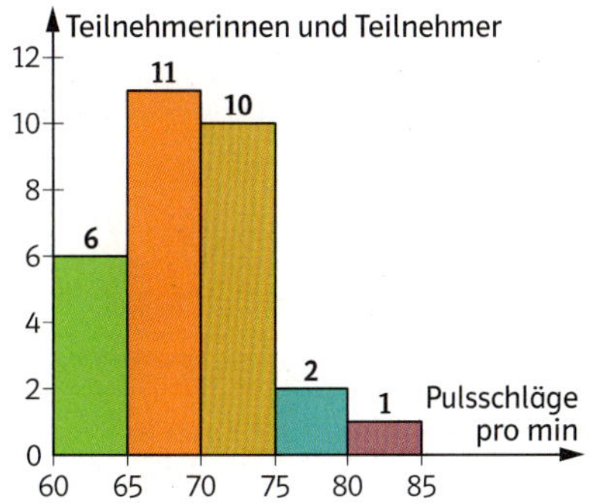

710 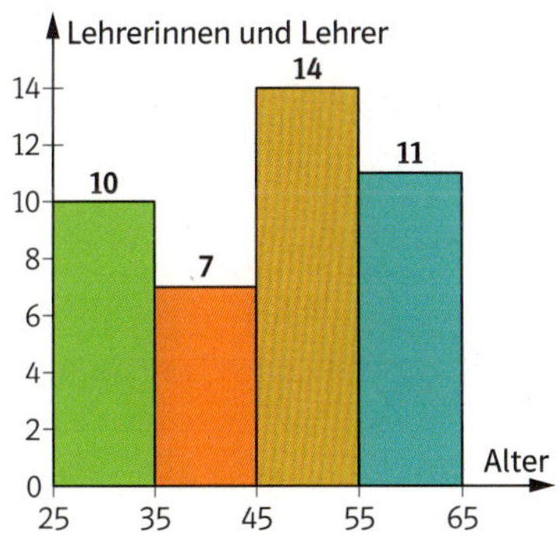

Im Schuljahresbericht eines Gymnasiums ist eine Darstellung zur Altersverteilung der Lehrerinnen und Lehrer abgebildet: Marlene und Arian unterhalten sich über die Darstellung. „In letzter Zeit sind ziemlich viele neue, junge Lehrerinnen und Lehrer zu uns an die Schule gekommen", meint Marlene. „Trotzdem liegt das Durchschnittsalter bestimmt noch über 50 Jahre", antwortet Arian.

1) Überprüfe, ob Arian Recht hat!

2) Welche Gründe könnte es geben, dass es an dieser Schule keine Lehrerinnen oder Lehrer gibt, die jünger als 25 oder älter als 65 sind?

711 Die Altersstruktur ist ein wichtiger Parameter in der Demographie. Die Veränderung der Altersstruktur in Österreich ist mit den beiden Diagrammen dargestellt (Quelle: Statistik Austria, 2017).

1) Erstelle eine (relative) Häufigkeitstabelle für die Jahre 2007 und 2017!
Berechne dann die absoluten Häufigkeiten (gerundet auf HT) mit der angegebenen Einwohnerzahl!

2) Wie verändert sich die Altersstruktur in Österreich?

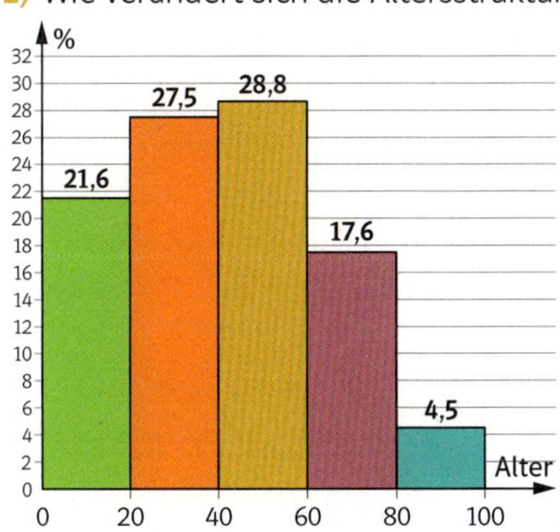

2007; 8,28 Mill Einwohner

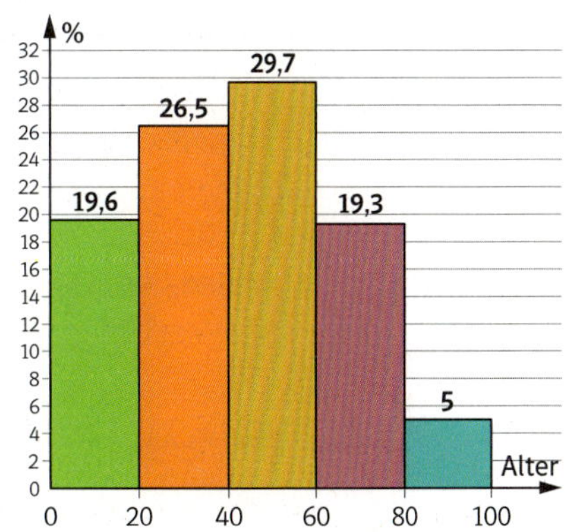

2017; 8,77 Mill. Einwohner

4.2 Stängel-Blatt-Diagramm

Luis interessiert, wie lange seine Mitschülerinnen und Mitschüler durchschnittlich von der Schule nach Hause brauchen. Die Antworten auf die Frage lauten (Angaben in Minuten): 21, 25, 5, 24, 23, 34, 11, 30, 14, 34, 32, 10, 34, 14, 6, 45, 9, 10, 24, 22, 13, 15, 42, 31, 7

Luis teilt die Ergebnisse wieder in Klassen ein und zeichnet das zugehörige Histogramm:

Wegzeit in Minuten	abs. Häufigkeit
$0 \le x < 10$	4
$10 \le x < 20$	
$20 \le x < 30$	
$30 \le x < 40$	
$40 \le x < 50$	

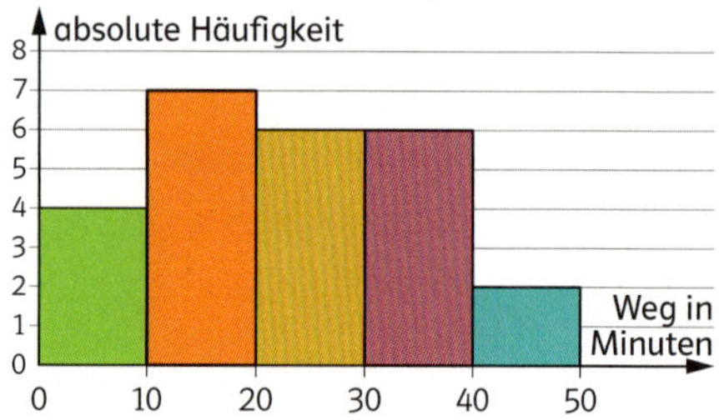

Bei der Darstellung als Histogramm gehen die Daten der einzelnen Werte verloren. Luis wählt daher eine andere Darstellungsform. Er schreibt die Zahlen so in zwei Spalten, dass die Zehnerziffer links und die Einerziffern rechts stehen. Ein Diagramm dieser Art heißt **Stängel-Blatt-Diagramm**.

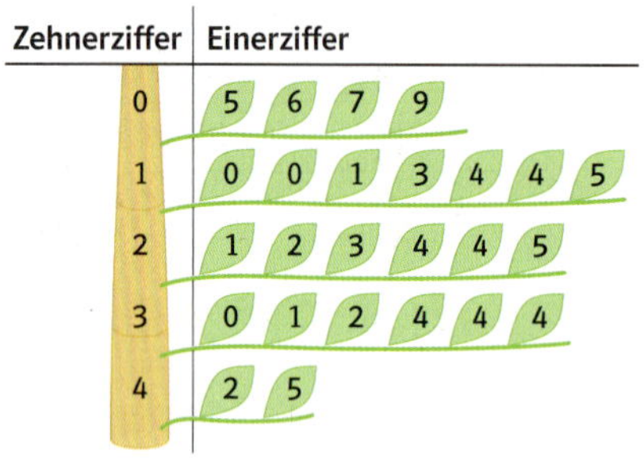

Zehnerziffer	Einerziffer						
0	5	6	7	9			
1	0	0	1	3	4	4	5
2	1	2	3	4	4	5	
3	0	1	2	4	4	4	
4	2	5					

Hinweis Die Darstellung links zeigt die Veranschaulichung von „Stängel", „Stamm" und „Blatt". Zum Selbsterstellen bietet sich aber die „einfache" Darstellung rechts an.

Zur Erstellung eines Stängel-Blatt-Diagramms werden die Daten ebenso **in Klassen eingeteilt und geordnet**. Die Zahlen werden aufgeteilt, in unserem Beispiel in Zehner- und Einerziffer. Es ist aber zB auch möglich, in Hunderter und Zehner zu teilen. **Abhängig** ist dies von der **Größe der Werte**.
In der linken Spalte, dem so genannten **„Stamm"**, wird die **klasseneinteilende Ziffer** (in diesem Fall die Zehnerziffer) angeführt. In der rechten Spalte werden die **weiteren Stellen** der einzelnen Daten angeführt, die so genannten **Blätter**. Die Blätter können geordnet werden. Das Stängel-Blatt-Diagramm hat gegenüber dem Histogramm den Vorteil, dass die **Daten auch selbst angeführt werden**. Es gehen **keine Informationen verloren**.

Stängel-Blatt-Diagramm

Beim **Stängel-Blatt-Diagramm** werden die Daten in Klassen eingeteilt. Der **klassenbestimmende Teil** der Zahlen ergibt den **Stamm**, die nachfolgenden Stellen ergeben die **Blätter.**
Da die Daten auch selbst angeführt werden, kommt es zu **keinem Informationsverlust**.

712 Vincent hat die Anzahl der von ihm versendeten Kurznachrichten pro Tag für den letzten Monat notiert: 5, 15, 16, 29, 31, 11, 4, 7, 10, 42, 36, 25, 3, 7, 18, 41, 33, 26, 35, 10, 34, 6, 9, 39, 23, 6, 1, 34.

1) Fertige ein Stängel-Blatt-Diagramm an!

2) Um welchen Monat kann es sich in diesem Fall handeln?

713 Die olympischen Winterspiele bestehen aus verschiedenen Wettbewerben (Quelle: Statista, 2018).

1) Stelle die Anzahl der Wettbewerbe in einem Stängel-Blatt-Diagramm dar!

2014	98	**1994**	61	**1976**	37	**1956**	24
2010	86	**1992**	57	**1972**	35	**1952**	22
2006	84	**1988**	46	**1968**	35	**1948**	22
2002	78	**1984**	39	**1964**	34	**1936**	17
1998	68	**1980**	38	**1960**	27	**1932**	14

2) Begründe, warum das Hinzufügen von 2018 mit 102 Wettbewerben das Stängel-Blatt-Diagramm für die Anzahl der Wettbewerbe stark verändern würde!

714 Die olympischen Sommerspiele bestehen aus verschiedenen Wettbewerben (Quelle: Statista, 2018).

1) Stelle die Anzahl der Wettbewerbe in einem Stängel-Blatt-Diagramm dar!

2016	306	**1996**	271	**1976**	198	**1956**	145	**1928**	120
2012	302	**1992**	257	**1972**	195	**1952**	149	**1924**	130
2008	303	**1988**	237	**1968**	172	**1948**	149	**1920**	160
2004	301	**1984**	221	**1964**	163	**1936**	143	**1912**	107
2000	300	**1980**	203	**1960**	150	**1932**	126	**1908**	109

2) Begründe, warum das Hinzufügen von 1904 mit 74 Wettbewerben das Aussehen des Stängel-Blatt-Diagramms stark verändern würde!

3) Vergleiche das Stängel-Blatt-Diagramm aus **1)** mit jenem von Aufgabe 713! Was fällt dir auf?

715 Bei einer Radarkontrolle durch die Polizei wurden verschiedene Geschwindigkeiten in km/h gemessen. Die Ergebnisse sind im Stängel-Blatt-Diagramm rechts angeführt.

2	4
3	7 8 9 9
4	0 3 5 6 6 6 7 8 9
5	0 0 1 3 4
6	1 5 8
7	2
8	1

1) Welcher Stellenwert ist im Stamm angegeben?

2) Was ist die niedrigste und was ist die höchste gemessene Geschwindigkeit?

3) Was ist die am häufigsten gemessene Geschwindigkeit?

4) Ein Auto war mit 43 km/h unterwegs. Wo im Diagramm kann man diesen Wert ablesen?

5) Wo wurde die Radarkontrolle vermutlich durchgeführt? In einer Wohnstraße (max. 30 km/h), im Ortsgebiet (max. 50 km/h), auf einer Landstraße (max. 100 km/h) oder auf der Autobahn (max. 130 km/h)?

6) Bei diesen Radarmessungen gibt es eine Toleranzgrenze von rund 5 %, dh. man erhält wahrscheinlich keine Strafe, wenn man die erlaubte Höchstgeschwindigkeit um höchstens 5 % überschreitet. Wie viele Autolenker werden bei dieser Messung vermutlich eine Strafe erhalten?

4.3 Punktwolkendiagramm

Josefa hat einen kleinen Bruder bekommen. Er wog bei der Geburt 4100 g und war 55 cm groß. „Ein ziemlicher Brocken", meint ihre Oma dazu, „aber kein Wunder bei dieser Größe!"
Josefa wird neugierig und schaut auf der Webseite der Klinik nach, wie groß und wie schwer die anderen Babys der letzten Woche bei der Geburt waren. Sie findet die folgenden Daten: 3700 g – 52 cm, 3200 g – 50 cm, 3500 g – 53 cm, 3400 g – 51 cm, 4000 g – 54 cm, 4200 g – 53 cm, 3100 g – 51 cm, 2900 g – 49 cm, 2700 g – 48 cm, 3900 g – 53 cm.

Um zu sehen, ob ein Zusammenhang zwischen dem Geburtsgewicht und der Körpergröße besteht, zeichnet sie die Werte in ein Koordinatensystem ein – das Gewicht auf der x-Achse und die Größe auf der y-Achse.

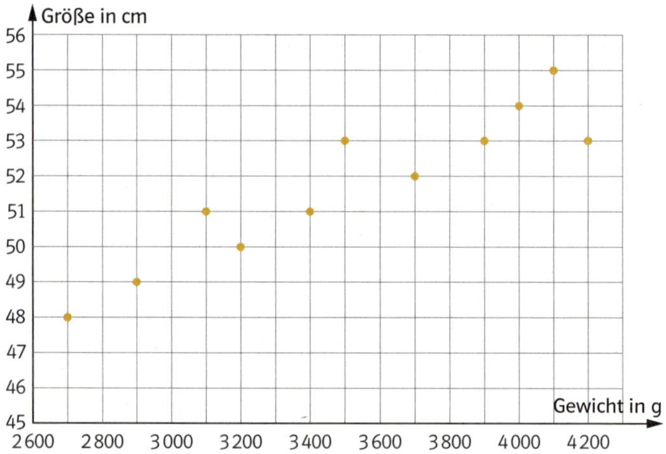

Das schwerste Baby wog bei der Geburt ______ g bei einer Größe von ______ cm.
Das leichteste Baby wog nur ______ g. Es war allerdings auch nur ______ cm groß.
Das größte Baby ist ihr Bruder mit ______ cm und einem Gewicht von ______ g.

Ein Diagramm, bei dem jedes **Wertepaar** als **Punkt** in einem **Koordinatensystem** dargestellt wird, heißt **Punktwolken-** oder **Streudiagramm**.
Dabei wird der **Zusammenhang zweier Merkmale** deutlich sichtbar.

Punktwolkendiagramm

Mit dem **Punktwolkendiagramm** kann man den **Zusammenhang zweier Merkmale** graphisch darstellen und untersuchen.

Hinweis Beim Punktwolkendiagramm darf man die einzelnen Punkte **nicht** mit Strecken oder **Kurven verbinden.**

Interpretieren von Punktwolkendiagrammen

Um zu erkennen, ob ein Zusammenhang zwischen den beiden Merkmalen besteht, überlege so: Wie verändert sich das Merkmal, das auf der y-Achse aufgetragen wird, wenn man das Merkmal der x-Achse verändert?

1. Möglichkeit:
Je größer der x-Wert, desto größer der y-Wert (= **positiver Zusammenhang**).

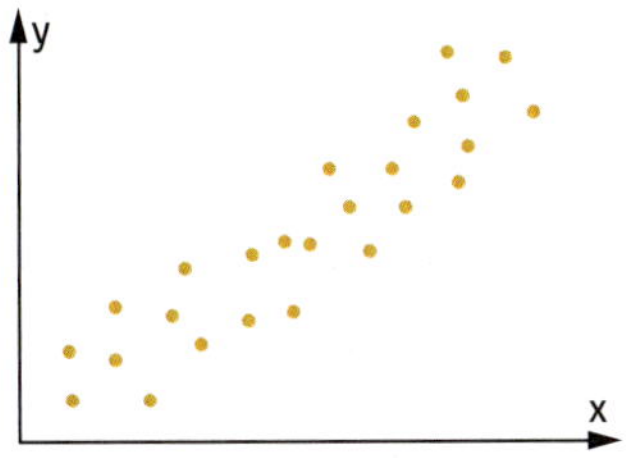

Beispiel: Je mehr ich wachse, umso schwerer werde ich.

2. Möglichkeit:
Je größer der x-Wert, desto kleiner der y-Wert (= **negativer Zusammenhang**).

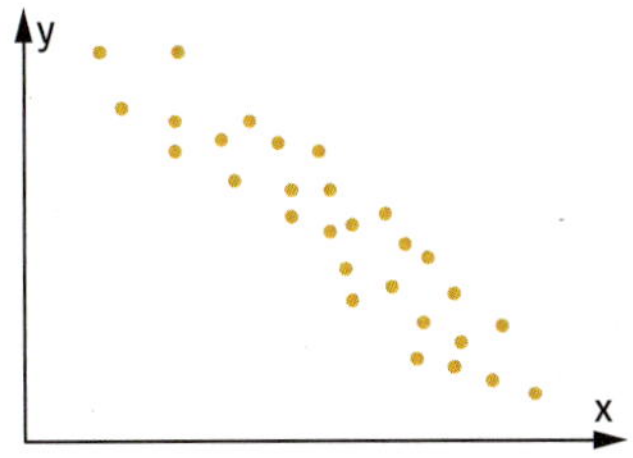

Beispiel: Je länger die Kerze brennt, umso kürzer ist sie.

3. Möglichkeit:
Es gibt **keinen Zusammenhang** zwischen den x-Werten und den y-Werten.

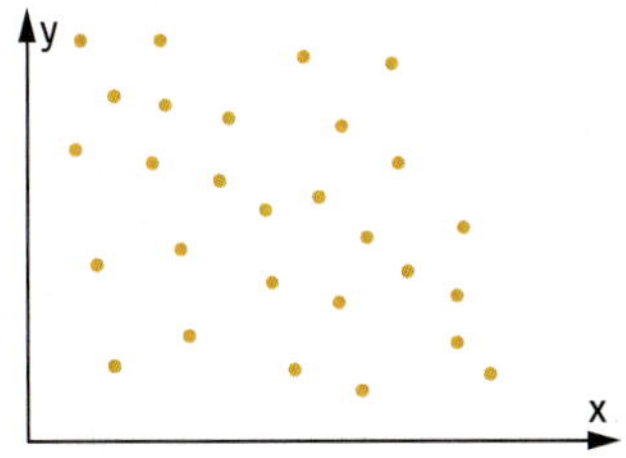

Beispiel: Höhe des Taschengeldes und Anzahl der Haustiere.

716 Beschreibe mit Hilfe des **Sprachbausteins** das Diagramm auf Seite 172. Besteht ein Zusammenhang zwischen den beiden Merkmalen „Geburtsgewicht" und „Körpergröße"?

Sprachbaustein

- Es besteht ein/kein Zusammenhang zwischen ___ und ___, …
- ___ und ___ sind voneinander abhängig/unabhängig, da …
- je größer/kleiner die x-Werte werden, desto größer/kleiner werden die y-Werte.

717 Miss mit einem Maßband die Länge deiner Nase und deines Daumens! Trage die Werte gemeinsam mit den Werten deiner Mitschülerinnen und Mitschüler in ein Punktwolkendiagramm ein! Beschreibe, ob es zwischen der Nasen- und der Daumenlänge einen Zusammenhang gibt! Verwende den **Sprachbaustein**!

718 Kreuze die drei richtigen Aussagen zum unten abgebildeten Punktwolkendiagramm an!

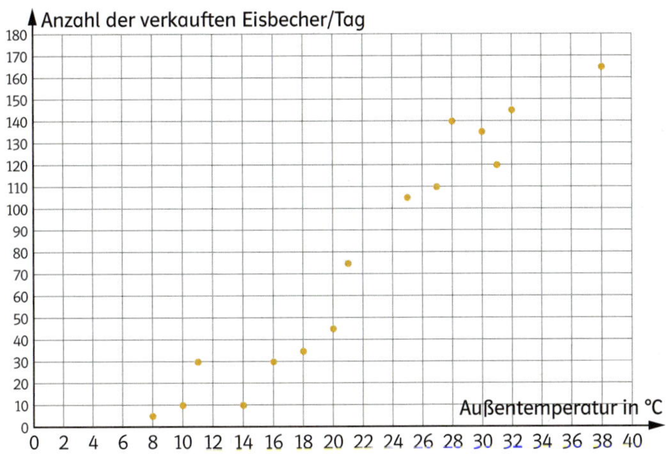

- ○ **A** Es besteht ein Zusammenhang zwischen der Anzahl der verkauften Eisbecher und der Außentemperatur.
- ○ **B** Bei 11 °C und bei 16 °C wurden jeweils 30 Eisbecher verkauft.
- ○ **C** Je heißer es ist, desto weniger Eisbecher werden verkauft.
- ○ **D** Die meisten Eisbecher wurden bei 38 °C verkauft.
- ○ **E** Die Verkaufszahlen von Eisbechern und die Außentemperatur sind voneinander unabhängig.

719 Kreuze an, welche zwei Merkmale vermutlich im Punktwolkendiagramm dargestellt werden! Schreibe zu jedem Diagramm ein weiteres passendes Beispiel!

a) 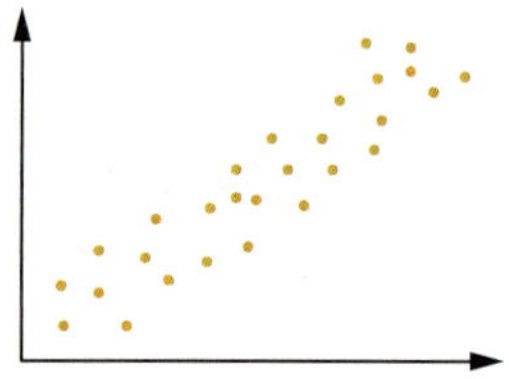

- ○ **A** Anzahl der Geschwister – Körpergröße
- ○ **B** Anzahl der geleisteten Arbeitsstunden – Höhe des Einkommens
- ○ **C** Schuldenstand – Anzahl der zurückgezahlten Kreditraten

Beispiel:

b) 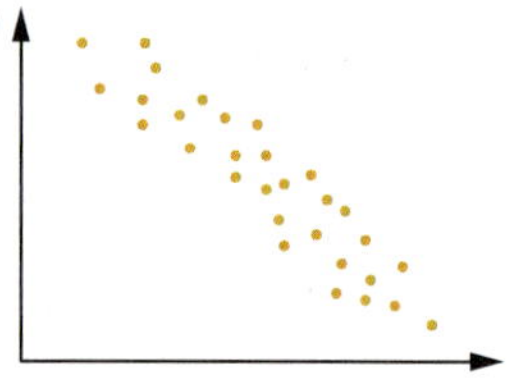

- ○ **A** Eingesetzte Spielminuten – Anzahl der erzielten Tore
- ○ **B** Alter des Kindes – Einkommen der Eltern
- ○ **C** Zurückgelegter Weg – Treibstoff im Tank (ohne Nachtanken)

Beispiel:

c) 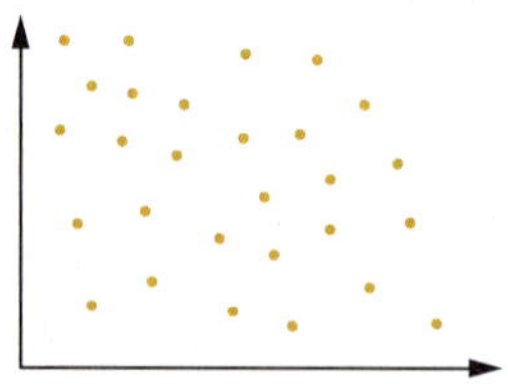

- ○ **A** Größe der Wohnung – Miete
- ○ **B** Geschwindigkeit – Dauer für eine gewisse Wegstrecke
- ○ **C** Haustiere – Punkte auf die Mathematikschularbeit

Beispiel:

720 Zwischen welchen Merkmalen besteht vermutlich ein positiver, ein negativer oder keinerlei Zusammenhang? Begründe!

1) Preis eines Autos – maximale Geschwindigkeit des Autos
2) Rundenzeiten bei einem Grand Prix – Platzierung
3) Lufttemperatur – getrunkene Wassermenge
4) Höhe des Stromverbrauches – Höhe der Stromkosten
5) Anzahl der guten Taten in einem Jahr – Anzahl der Geburtstagsgeschenke
6) Anzahl der warmen Tage im Jahr – Höhe der Heizkosten

721 Im Punktwolkendiagramm ist der Zusammenhang zwischen der Anzahl der Regentage pro Monat und Niederschlagsmenge pro Monat in Wien im Zeitraum März 2016 bis März 2018 dargestellt.

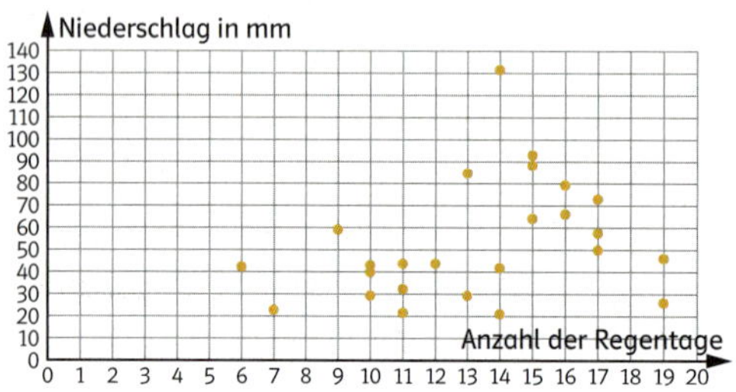

1) In wie vielen Monaten gab es mehr als 80 mm Niederschlag? In wie vielen Monaten gab es mehr als 14 Tage Niederschlag?
2) Begründe, ob es einen Zusammenhang zwischen der Anzahl der Regentage und der Niederschlagsmenge gibt!

(Quelle ZAMG)

722 Für den Aufnahmetest in eine Sportschule müssen die Schülerinnen und Schüler unter anderem 50 m schwimmen und 60 m laufen. Im Diagramm rechts sind die Ergebnisse dargestellt.

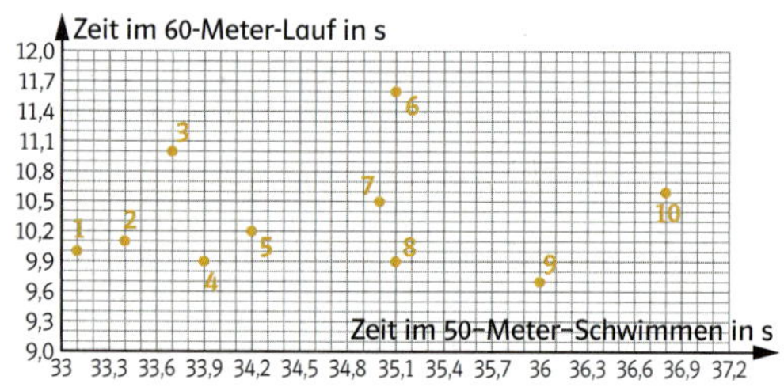

1) Beschreibe, ob zwischen den beiden Disziplinen ein Zusammenhang besteht!
2) Berechne die durchschnittliche Schwimmzeit!
3) Der Schüler oder die Schülerin mit welcher Nummer hatte Lauf- und Schwimmzeit zusammengerechnet die schnellste bzw. die langsamste Zeit?

5 Kontingenztafel (Kreuztabelle)

interaktive Vorübung a765r8

AH S. 52

Eine Sportlehrerin macht in ihren zwei dritten Klassen eine Umfrage, wie viele Schülerinnen jeweils gerne Eishockey spielen möchten, bevor sie den Ausflug für eine Klasse zum Eislaufplatz organisiert. Sie ordnet die Ergebnisse in einer Tabelle an:

Eishockey	3A-Klasse	3C-Klasse	Insgesamt
Ja	12	7	19
Nein	5	6	11
Insgesamt	17	13	30

Von den insgesamt ____ Schülerinnen beider Klassen möchten ____ gerne, aber ____ nicht Eishockey spielen.
In der 3C-Klasse mag fast die Hälfte der Schülerinnen, nämlich ____ Schülerinnen von insgesamt 13 Schülerinnen nicht Eishockey spielen.
Damit die Lehrerin besser beurteilen kann, welche Klasse lieber Eishockey spielt, berechnet sie noch die Prozentsätze der Schülerinnen in den beiden Klassen, die gerne Eishockey spielen, dh. sie vergleicht zwei relative Häufigkeiten bzw. relative Anteile:
12 der insgesamt 17 Schülerinnen der 3A-Klasse entspricht $12:17 =$ ____ $\triangleq$ ____ %.
7 der insgesamt 13 Schülerinnen der 3C-Klasse entspricht $7:13 =$ ____ $\triangleq$ ____ %.
Der **relative Anteil** der begeisterten Eishockey-Spielerinnen ist also in der ____ -Klasse höher.
Ebenso könnte die Lehrerin zum Beispiel berechnen, wie groß der relative Anteil der Schülerinnen der 3A-Klasse (5 : 11) bzw. der 3C-Klasse (6 : 11) an den Nicht-Eishockey-Spielerinnen ist.

Weiters könnte sie auch ermitteln mit welcher relativen Häufigkeit die einzelnen Kombinationen von Klassenzugehörigkeit und Eishockeyvorliebe vorkommen. Dabei wird mit der **Gesamtzahl** der Schülerinnen gerechnet (→ Tabelle unten).

Eishockey	3A-Klasse	3C-Klasse	Insgesamt
Ja	$12:30 = 0{,}4 = 40\,\%$	$7:30 = 0{,}233 = 23{,}3\,\%$	$19:30 = 0{,}633 = 63{,}3\,\%$
Nein	$5:30 = 0{,}167 = 16{,}7\,\%$	$6:30 = 0{,}2 = 20\,\%$	$11:30 = 0{,}367 = 36{,}7\,\%$
Insgesamt	$17:30 = 0{,}567 = 56{,}7\,\%$	$13:30 = 0{,}433 = 43{,}3\,\%$	$30:30 = 1 = 100\,\%$

Das bedeutet zB dass 40 % aller Schülerinnen in die 3A-Klasse gehen UND gerne Eishockey spielen.
In der ersten Tabelle (absolute Häufigkeiten) ergeben die beiden „Ränder" (das sind die Zeile bzw. Spalte „Insgesamt") zusammen den Wert 30. In der zweiten Tabelle (relative Häufigkeiten) müssen diese **zusammen immer den Wert 100 % = 1** ergeben.

Tabellen wie diese heißen **Kontingenztafeln** oder Kreuztabellen. Man kann damit den **Zusammenhang zweier Merkmale** darstellen.

Kontingenztafel

In **Kontingenztafeln (Kreuztabellen)** werden Häufigkeiten nach **zwei Merkmalen** gleichzeitig ausgezählt. In Kontingenztafeln können sowohl **absolute Häufigkeiten** als auch **relative Anteile** (relative Häufigkeiten) stehen.

723 In der 3B-Klasse sind 5 der 14 Mädchen und 4 der 11 Buben Einzelkinder. Fülle die vorgegebene Kontingenztafel mit den absoluten Häufigkeiten aus!

Einzelkind	Mädchen	Buben	Insgesamt
Ja			
Nein			
Insgesamt			

724 Ein Schüler fragt seine Schulkollegen, wie viele von ihnen den Sportunterricht mögen. Er erstellt eine Kontingenztafel mit den absoluten Häufigkeiten. Berechne die zugehörigen relativen Anteile!

Mag den Sportunterricht	3A-Klasse	3C-Klasse	Insgesamt
Ja	8	13	21
Nein	11	7	18
Insgesamt	19	20	39

725 Welche Beschreibung (**1–5**) passt zu welchem Feld der Kontingenztafel A–I (vgl. S. 175)? Ordne zu!

Eishockey	3A-Klasse	3C-Klasse	Insgesamt
Ja	12 (A)	7 (B)	19 (C)
Nein	5 (D)	6 (E)	11 (F)
Insgesamt	17 (G)	13 (H)	30 (I)

1 Gesamtanzahl der befragten Schülerinnen.

2 Anzahl aller Schülerinnen aus der 3C-Klasse.

3 Anzahl der Schülerinnen, die nicht gerne Eishockey spielen.

4 Anzahl der Schülerinnen, die gerne Eishockey spielen.

5 Anzahl aller Schülerinnen aus der 3A-Klasse.

726
1) Fülle die Kontingenztafel mit den absoluten Häufigkeiten vollständig aus!
2) Berechne und begründe mit Hilfe der relativen Häufigkeiten, ob zwischen sportlicher Aktivität und Mathematikleistungen ein Zusammenhang besteht!
3) Finde heraus, ob es in deiner Klasse zwischen den Merkmalen einen Zusammenhang gibt!

Sportliche Aktivität	Mathematiknote		
	1, 2, 3	4, 5	**Insgesamt**
Viel		8	27
wenig	10		
Insgesamt			50

727 104 Schülerinnen und Schüler besuchen die 7. Schulstufe. Unter den 104 Jugendlichen sind 48 Buben, der Rest Mädchen. Sie haben jede Woche 36 Unterrichtsstunden. Alle Schülerinnen und Schüler besuchen zusätzlich zumindest eine unverbindliche Übung. Je ein Viertel davon spielt Basketball.
1) Fülle die zugehörige Kontingenztafel mit den absoluten Häufigkeiten aus!
2) Welche Angaben hast du für 1) benötigt?
3) Finde eine weitere Aufgabenstellung!

Spielt Basketball	Mädchen	Buben	Insgesamt
Ja			
Nein			
Insgesamt			

728 Die Erwerbstätigenzahlen in Österreich 2017 sind nach Geschlecht und Alter dargestellt (gerundet auf Tausender, Quelle Statistik Austria, 2017):

(in Tausender)	15–19 Jahre	20–24 Jahre	25–34 Jahre	35–44 Jahre	45–54 Jahre	55–59 Jahre	60–64 Jahre	65 + Jahre	**Summe**
Männer	79	172	505	511	607	241	93	46	2254
Frauen	58	174	465	466	565	202	45	29	2004
Summe	137	346	970	977	1172	443	138	75	4258

1) Wie viele Jugendliche (unter 19 Jahre) bzw. Personen über 60 Jahre sind erwerbstätig?
2) Berechne die relativen Anteile für 1)! Vergleiche die beiden Werte!
3) Wie hoch ist 2017 der relative Anteil der Frauen an den Erwerbstätigkeiten? 1994 lag er bei 43 %. Um wie viel Prozentpunkte hat sich dieser verändert?
4) Es gibt eine Altersgruppe, in der mehr Frauen als Männer erwerbstätig sind. Gib die Altersgruppe an! Wie viel Prozent der Erwerbstätigen in dieser Altersgruppe sind Frauen?

729 Nach der österreichischen Gesundheitsbefragung 2014 ergab sich folgende Kontingenztafel für die Frage: „Wann wurde zuletzt der Blutdruck gemessen?“:

	vor weniger als 1 Jahr	vor mehr als 1 Jahr	**Summe**
15 bis unter 30	924 000	630 000	1 554 000
30 bis unter 45		706 000	1 727 000
45 bis unter 60	1 423 000	543 000	
60 bis unter 75	1 065 000	247 000	1 312 000
75 und mehr	580 000		676 000
Summe	5 013 000		

1) Fülle die Lücken in der Tabelle aus!
2) Wie viele über 60-Jährige haben den Blutdruck innerhalb des letzten Jahres messen lassen? Wie viele unter 60-Jährige haben den Blutdruck mehr als ein Jahr nicht messen lassen?
3) Erstelle eine Tabelle mit den relativen Anteilen!
4) Bei welcher Altersgruppe der Bevölkerung war der Anteil der Personen am größten, die vor weniger als 1 Jahr den Blutdruck messen haben lassen?

Hinweis 15–30 j.: 924 000 : 1 554 000 = 0,595 = 59,5 %; dh. 59,5 % der 15–39jährigen haben im letzten Jahr den Blutdruck messen lassen.

730 Die Analyse der Wahltagsbefragung 2017 im Auftrag des ORF (→ Aufgabe 698) fiel nach Geschlecht, wie in den Prozentstreifen dargestellt, aus (Quelle: Statista, 2017).

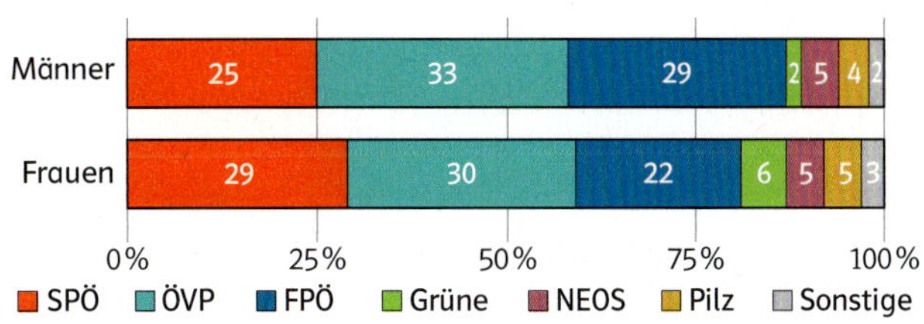

1) Gib die Reihenfolgen der Stärke der Parteien abhängig vom Geschlecht an! Gibt es Unterschiede?
2) Erkläre, warum die Daten der beiden Prozentstreifen gemeinsam keine Kontingenztafel ergeben!

engl. AB
i4kj8c

Üben und Sichern

731 Bei einer Gruppe von Schülerinnen und Schülern wurde die Körpergröße (in cm) erhoben.
Die Klasseneinteilung sieht folgendermaßen aus:

Körpergröße	$125 \leq x < 135$	$135 \leq x < 140$	$140 \leq x < 145$	$145 \leq x < 150$	$150 \leq x < 160$
Anzahl	23	23	40	26	24

Sanna fertigt ein Histogramm dazu an.
Begründe, ob das Histogramm richtig oder falsch ist!

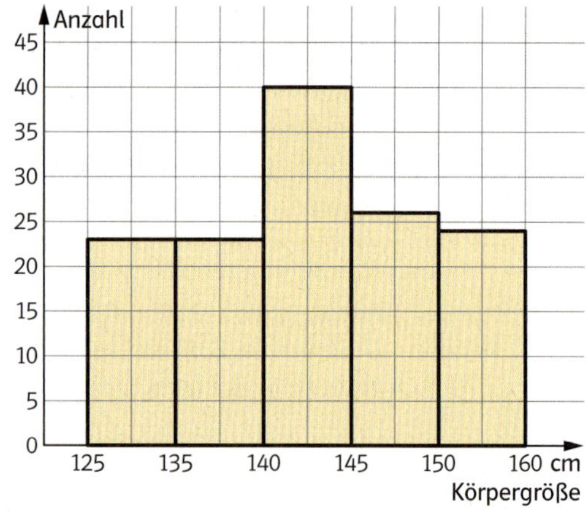

732 In einer Geburtsklinik wurden das Geburtsgewicht der Neugeborenen (in g) der letzten beiden Wochen aufgezeichnet:
2 470, 3 030, 3 320, 4 030, 2 900, 4 120, 3 680, 2 870, 3 950, 3 760, 2 870, 2 990, 4 200, 2 750, 3 920, 3 110

1) Erstelle ein Stängel-Blatt-Diagramm!
2) Wie schwer war das zarteste bzw. das kräftigste Neugeborene im Aufzeichnungszeitraum?
3) Gib Mittelwert, Median und Modalwert an!
4) Welche der in **2)** und **3)** berechneten statistischen Kennzahlen werden (stark) verändert, wenn die nächste hinzukommende Aufzeichnung wegen einer Frühgeburt nur 1750 g beträgt?
Welche ändern sich gar nicht? Erkläre!

733 **1)** Gib die zum Stängel-Blatt-Diagramm gehörigen Originalwerte an!
2) Teile die Werte in fünf gleich breite Klassen und stelle das Ergebnis in einem Histogramm dar!

a) Größe in Meter

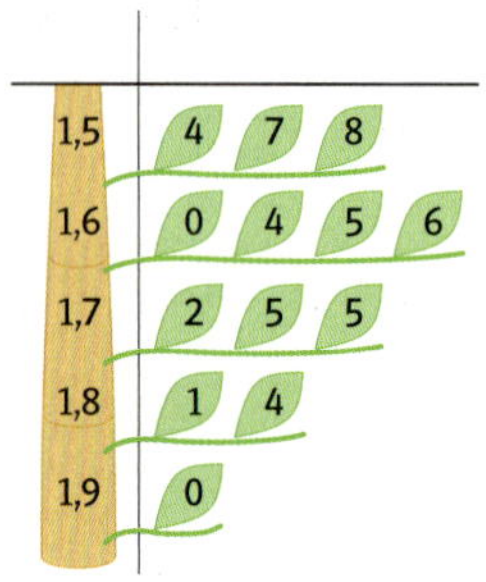

b) Zeiten beim 60-m-Lauf in Sekunden

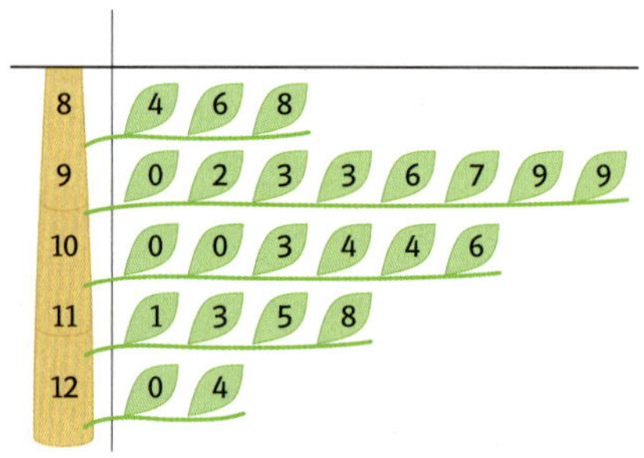

734 Beim Versand von Postpaketen im Inland gelten die Tarife in der Tabelle unten (Stand 2018). In einem Versandhaus werden an einem Tag 20 Pakete mit den folgenden Gewichten (in kg) verschickt:

Produkt	Gewicht	Preis
S	bis 2 kg	4,20 €
M	bis 4 kg	6,00 €
L	bis 10 kg	8,80 €
XL	bis 20 kg	13,90 €
XXL	bis 31,5 kg	15,90 €

15,7; 8,7; 10,7; 1,5; 3,5; 4,2; 19,2; 28,3; 9,5; 3,6; 21,4; 7,5; 1,8; 11,5; 8,4; 14,8; 3,4; 24,4; 6,9; 2,9

1) Teile die 20 Pakete in die vorgegebenen „Gewichtsklassen“ mit einer Häufigkeitstabelle ein!
2) Berechne, wie viel Euro der Versand der Pakete kostet!

735 Familie Kolaric war 5 Tage auf Urlaub und gab an den einzelnen Tagen folgende Beträge aus: 170 €, 145 €, 155 €, 175 €, 185 €.

1) Berechne, welchen Betrag Familie Kolaric durchschnittlich pro Tag ausgegeben hat!
2) Im Nachhinein stellt Frau Kolaric fest, dass sich beim Aufschreiben der Ausgaben ein Fehler eingeschlichen hat. Die Ausgaben am letzten Tag waren 195 €, nicht 185 €. Um wie viel Euro sind die Durchschnittskosten pro Tag nach dieser Korrektur höher? Wie kannst du diese Erhöhung berechnen, ohne noch einmal alle 5 Einzelwerte addieren zu müssen?
3) Familie Mayer hat in derselben Zeit einen Pauschalurlaub verbracht. Die Kosten waren 160 € pro Tag. Für welche der beiden Familien waren die Gesamtkosten des Urlaubs höher?
4) Begründe, dass man 3) beantworten kann, ohne die Gesamtkosten beider Familien auszurechnen!

736 Luisa hat in ihrer Umfrage von Aufgabe 697 folgendes Ergebnis erhalten:

Geschlecht	m, w, m, m, w, m, w, w, w, m, w, m, m, w
Schuhgröße	40, 37, 39, 37, 35, 41, 38, 42, 39, 39, 38, 41, 40, 35
Menge an getrunkenem Wasser in Liter	1,5; 1,3; 1,2; 1,8; 2,0; 1,0; 1,2; 1,3; 1,7; 1,6; 1,1; 1,4; 1,9; 2,5
Lieblingsessen mit Auswahlmöglichkeit (Schnitzel = S, Kebab = K, Pasta = P, Salat = Sa, Burger = B)	P, S, B, Sa, B, Sa, P, S, B, K, K, K, Sa, K
Fehltage	3, 0, 7, 4, 12, 2, 0, 4, 3, 8, 5, 17, 5, 1

1) Gib dort, wo es sinnvoll ist, Modus, Median und das arithmetische Mittel an!
2) Erstelle zum Merkmal a) Geschlecht ein Kreisdiagramm, b) Schuhgröße ein Säulendiagramm, c) Lieblingsessen einen Prozentstreifen!
3) Begründe, warum Kreis-, Säulen-, Streifen-, Linien-, Piktogramm und Prozentstreifen nicht geeignet sind, um das Ergebnis des Merkmals „Fehltage" darzustellen!
4) Begründe, dass sich ein Liniendiagramm auch nicht eignet, um die Schuhgrößen darzustellen!

737 ⊞ Die Ergebnisse eines Checks wurden in Klassen eingeteilt und in einer Tabelle dargestellt.

Punkteklassen	Werte
$1 \leq x < 2$	3
$2 \leq x < 3$	7
$3 \leq x < 4$	10
$4 \leq x < 5$	15
$5 \leq x < 6$	13

1) Berechne näherungsweise das arithmetische Mittel der erreichten Punkte!
2) Gib eine mögliche Liste der tatsächlich erreichten Punkte an!

Beispiel

In der Klasse von $1 \leq x < 2{,}0$ liegen drei Werte: zB 1,1; 1,2; 1,5

3) Berechne das arithmetische Mittel deiner erfundenen Liste und vergleiche es mit dem näherungsweisen arithmetischen Mittel!

738 Die zwei 3. Klassen eines Gymnasiums halfen mit, ein Schulprojekt zu realisieren. Die einzelnen Schülerinnen und Schüler dieser Klassen waren mit folgenden Stundenanzahlen beteiligt:
3A: 12, 21, 33, 63, 84, 78, 53, 77, 15, 38, 63, 58, 44, 39, 58, 48, 61, 69, 47, 59, 63, 61, 63, 40, 62
3B: 28, 33, 37, 45, 51, 57, 62, 61, 71, 62, 57, 54, 37, 34, 45, 48, 47, 29, 63, 69, 59, 37, 39

1) Stelle die von beiden Klassen erbrachten Leistungen jeweils in einem Stängel-Blatt-Diagramm dar!
2) Berechne für jede Klasse das arithmetische Mittel der Stundenanzahlen!
3) Markiere in jedem Diagramm den in der Mitte liegenden Wert der jeweiligen Datenliste! Um welchen Mittelwert handelt es sich dabei?

739 Im Jahr 1920 wurde bei einer Versuchsserie der Bremsweg von 50 verschiedenen Autos bei trockener Fahrbahn und verschiedenen Geschwindigkeiten gemessen. Die Ergebnisse sind in dem Graphen dargestellt. Die rote Kurve stellt den durchschnittlichen Bremsweg von in den letzten Jahren gebauten Autos dar.

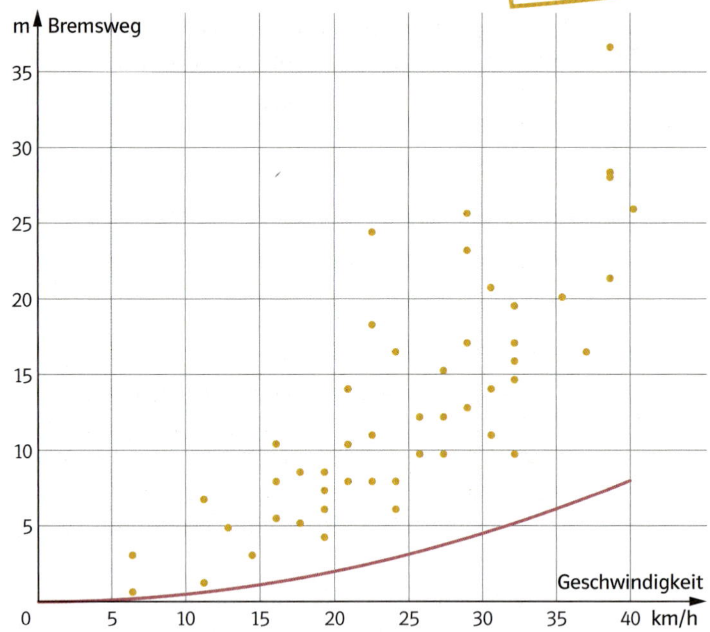

a) Ungefähr wie lang war der längste gemessene Bremsweg der Versuchsreihe von 1920, und bei ungefähr welcher Geschwindigkeit ist er aufgetreten?

b) Ist der Bremsweg heutiger Autos bei gleicher Geschwindigkeit deutlich kürzer als bei den Autos von 1920? Kann man daher sagen, dass die Bremstechnik bei Autos seit 1920 verbessert wurde? Begründe deine Antwort!

c) Gibt es unter den Autos von 1920 eines, das einen kürzeren Bremsweg hat als den durchschnittlichen Bremsweg der Autos von heute?

740 Patrick muss für eine Projektarbeit eine Umfrage machen. Er fragt nach der Höhe des Taschengeldes, Note in Biologie, Lieblingssportart, Alter der Mutter und Berufswunsch.

1) Welche Merkmale sind nominal, ordinal bzw. metrisch?

2) Gib je zwei mögliche Merkmalsausprägungen an!

3) Befrage dazu 8 Mitschülerinnen und Mitschüler und stelle das Ergebnis in einer Tabelle dar! Bei welchen Merkmalen ist es möglich, das arithmetische Mittel zu berechnen?

4) Überlege, welches Diagramm sich für die Darstellung der folgenden Merkmale besonders eignet! Streiche die anderen durch!
Biologienote: Liniendiagramm, Säulendiagramm, Prozentstreifen
Höhe des Taschengeldes: Kreisdiagramm, Liniendiagramm, Piktogramm

741 Kreuze die beiden richtigen Aussagen zu Diagrammen an! Stelle die falschen Aussagen richtig!

- ○ **A** Beim Punktwolkendiagramm wird der Zusammenhang zweier Merkmale dargestellt.
- ○ **B** Mit den Daten des Stängel-Blatt-Diagramms kann ich nur den Median ermitteln.
- ○ **C** Zur Darstellung in einem Histogramm werden die Daten in Klassen eingeteilt. Dabei gehen keine Informationen verloren.
- ○ **D** Beim Punktwolkendiagramm soll man die Werte mit Strecken verbinden.
- ○ **E** Mit Hilfe eines Histogramms kann man das arithmetische Mittel nur mehr näherungsweise berechnen.

742 Stelle die Daten aus Aufgabe 703 auf S. 167 als **a)** Histogramm, **b)** Stängel-Blatt-Diagramm dar!
Hinweis zu a): Verwende die rechte Klasseneinteilung aus **1)**!

743

Nach einem Kinobesuch wurden die Jugendlichen befragt, ob ihnen der Film gefallen hat. Die Antworten wurden nach dem Geschlecht und dem Alter des Kinopublikums ausgezählt.

Bewertung	**10–14 Jahre**		**15–19 Jahre**		
	Mädchen	**Buben**	**Mädchen**	**Buben**	**Insgesamt**
Gefallen	27	17	31	16	
Nicht gefallen	22	19	17	17	
Insgesamt					

a) Fülle die Tabelle vollständig aus!

b) Beantworte die folgenden Fragen! Begründe deine Antworten, indem du die passenden relativen Anteile angibst! Überlege, ob du die relativen Häufigkeiten zeilen- oder spaltenweise berechnest oder mit Hilfe der Gesamtzahl!
   1) Hat dieser Film den jüngeren oder den älteren Jugendlichen besser gefallen?
   2) Hat der Film den Mädchen oder den Buben besser gefallen?
   3) War dieser Unterschied beim jüngeren oder älteren Kinopublikum größer?

744

Kreuze die drei richtigen Aussagen an!

- ○ **A** Man kann das arithmetische Mittel von Daten in einem Stängel-Blatt-Diagramm berechnen.
- ○ **B** Der Stängel wird immer von der Zehnerziffer, die Blätter immer von den Einerziffern gebildet.
- ○ **C** Beim Stängel-Blatt-Diagramm bleiben alle Informationen der Urliste erhalten.
- ○ **D** Der Stamm darf in höchstens fünf Kategorien eingeteilt werden.
- ○ **E** Mit Hilfe eines Stängel-Blatt-Diagramms kann auch ein Histogramm angefertigt werden.

745

Die Eltern von Christina und von Danijel führen Aufzeichnungen über die Zeit in Minuten, die die beiden Kinder täglich am Computer verbringen.
Zeichne ein Histogramm für die am Computer verbrachte Zeit!

a) Christina: 84; 96; 54; 48; 24; 66; 84; 96; 54; 54; 66; 42; 42; 48; 36; 72; 54; 60

b) Danijel: 60; 60; 120; 120; 78; 84; 72; 72; 78; 48; 108; 48; 48; 63; 63; 90; 84; 84

Zusammenfassung

AH S. 53

Man unterscheidet zwischen **nominalen**, **ordinalen** und **metrischen** Daten (bzw. Merkmalen).
Das arithmetische Mittel kann nur für metrische Daten sinnvoll berechnet werden.

Bei **Klasseneinteilungen** muss man die **Klassengrenzen** beachten. Die Klassen sollten immer **gleich breit** sein. Jeder Wert muss **eindeutig** zu genau **einer Klasse zuordenbar** sein. Das **näherungsweise arithmetische Mittel** wird mit Hilfe der **Klassenmitten** berechnet.

Die absoluten oder relativen Häufigkeiten von Klassen kann man in einem **Histogramm** darstellen.
Dabei gehen allerdings **Informationen verloren**.
Sollen **alle Informationen** erhalten bleiben, eignet sich ein **Stängel-Blatt-Diagramm**.
Will man den **Zusammenhang zweier quantitativer (metrischer) Merkmale** untersuchen, dann verwendet man **Punktwolkendiagramme**.

In **Kontingenztafeln** (Kreuztabellen) werden **Häufigkeiten nach zwei Merkmalen gleichzeitig** ausgezählt.

Wissensstraße

Lernziele: Ich kann . . .

Z 1: arithmetisches Mittel, Median und Modus ermitteln und richtig einsetzen.
Z 2: nominale, ordinale und metrische Daten unterscheiden.
Z 3: Werte in geeignete Klassen einteilen.
Z 4: das arithmetische Mittel näherungsweise berechnen.
Z 5: Histogramme erstellen und interpretieren.
Z 6: Stängel-Blatt-Diagramme erstellen und interpretieren.
Z 7: Punktwolkendiagramme erstellen und interpretieren.
Z 8: Kontingenztafeln erstellen und interpretieren.

746 Bei welchem der folgenden Merkmale handelt es sich um ein nominales (n), bei welchem um ein ordinales (o) und bei welchem um ein metrisches (m) Merkmal? Kreuze an und nenne eine mögliche Merkmalsausprägung! Z 2

Merkmal	n	o	m	Merkmalsausprägung
Religionszugehörigkeit				
Geschwisteranzahl				
Hausnummern				
Einkommen				
Lieblingsspeise				
Platzierung in der Weltrangliste				

747 Bei der schulärztlichen Untersuchung wurden bei den Buben eines Jahrganges folgende Körpergrößen (in cm) gemessen: Z1, Z3, Z4, Z5, Z6
143, 155, 162, 144, 157, 150, 144, 152, 160, 152, 144, 156, 154, 160, 155, 156, 146, 144, 161

a) Erstelle ein Stängel-Blatt-Diagramm und gib das Minimum, das Maximum sowie den Median an!
b) Teile die Werte in Klassen mit gleicher Breite ein und erstelle ein Histogramm!
c) Berechne mit Hilfe der Klassenmitten näherungsweise das arithmetische Mittel und vergleiche es mit dem exakten Wert!
d) Gib den Modus an!

748 Eine Gruppe von Jugendlichen wurde befragt, wie lange sie durchschnittlich täglich fernsehen. Das Ergebnis lautet (Angaben in Minuten): Z1, Z3, Z5
15, 40, 35, 55, 45, 55, 60, 120, 90, 110, 25, 100, 120, 90, 85, 45, 155, 60, 175, 40

1) Teile die Ergebnisse in drei gleich breite Klassen (wenig, mittel, viel) ein und ermittle, wie viele Daten in jeder Klasse liegen!
2) Ermittle den Median und den Modus und berechne das arithmetische Mittel! Welcher Wert ist in diesem Fall nicht sinnvoll? Begründe!
3) Stelle das Ergebnis in einem Histogramm dar!

749 1) Erstelle zum abgebildeten Histogramm eine entsprechende Klasseneinteilung und lies die absoluten Häufigkeiten aus dem Diagramm ab!
2) Berechne näherungsweise das arithmetische Mittel!

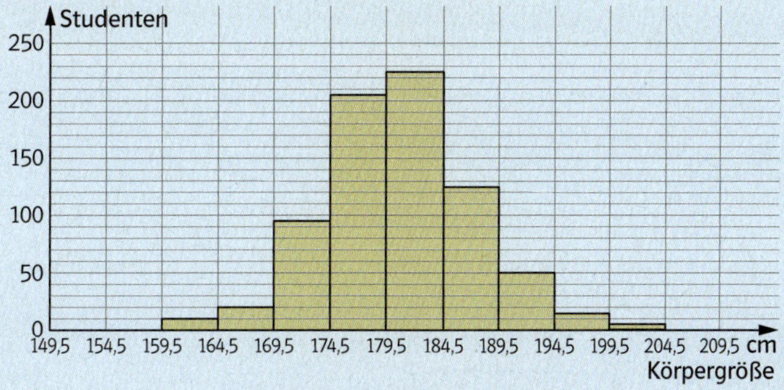

Z4, Z5

750 Von einer Parallelklasse steht noch das Ergebnis einer Umfrage zum Thema „Taschengeld" an der Tafel, allerdings nur mehr als Stängel-Blatt-Diagramm:

Z1, Z6

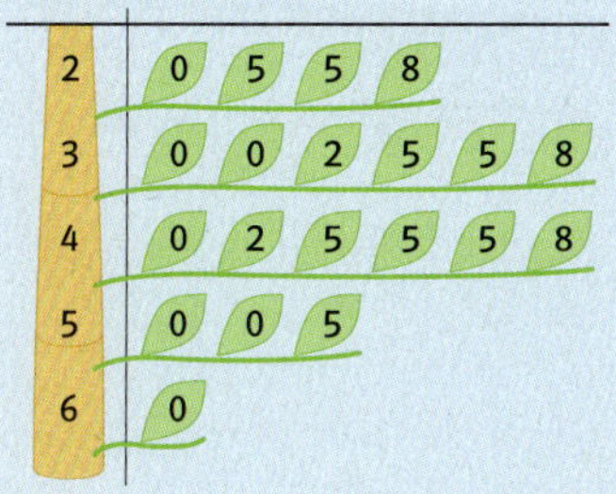

1) Welchen Stellenwert hat der Stamm?
2) Was ist der größte Wert, was ist der kleinste Wert, der in dieser Umfrage genannt wurde?
3) Ermittle den Median, den Modus und das arithmetische Mittel!
4) Welcher der drei Mittelwerte ändert sich am meisten, wenn ein Schüler, der 100 € Taschengeld bekommt, am Tag der Umfrage krank war und dieser Betrag nachträglich dazu genommen wird?

751 Im Punktwolkendiagramm rechts sind die Ergebnisse des Weitsprungs und des 60-Meter-Laufs abgebildet.
Beantworte die folgenden Fragen dazu!

Z7

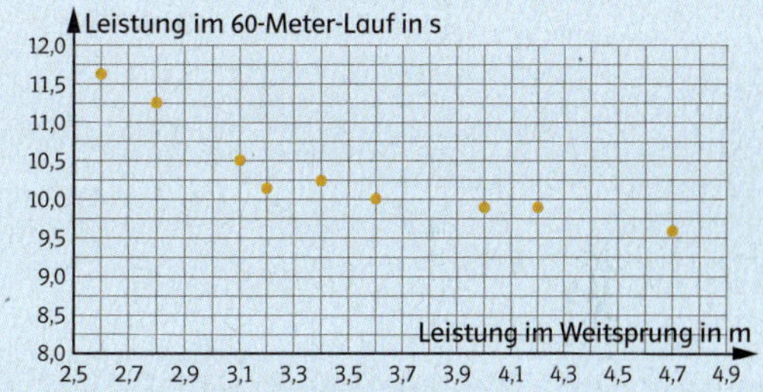

1) Wie viele Jugendliche haben teilgenommen?
2) Besteht zwischen Sprungweite und Laufzeit ein positiver oder negativer Zusammenhang? Begründe!
3) Was ist die schnellste bzw. langsamste Zeit im 60 m Lauf?
4) Was ist die größte Weite im Weitsprung?
5) Rea ist 4,2 m weit gesprungen. Wie schnell ist sie die 60 m gelaufen?

752 In einer kleinen Stadt werden die Einwohnerinnen und Einwohner zur Einführung einer Kurzparkzone befragt. Die Tabelle zeigt die Ergebnisse nach Alter aufgeteilt:

Z8

Alter	Dafür	Dagegen	Insgesamt
20 bis 40	1440	1890	
über 40	3945	3120	
Insgesamt			

1) Berechne den relativen Anteil der Befürworter unter den jüngeren Befragten, sowie unter den älteren Befragten und vergleiche die beiden Ergebnisse!
2) Gibt es unter den Befürworterinnen und Befürwortern der Kurzparkzone mehr ältere oder mehr jüngere Leute?
3) Gibt es bei der Befragung insgesamt mehr Befürwortende? Begründe einerseits mit den absoluten Häufigkeiten, andererseits mit geeigneten relativen Häufigkeiten!

Video
4q8gb4

Flächeninhalt ebener Vielecke

„Dido lässt die Kuhhaut in Streifen schneiden."
Der Holzstich von ca. 360 nach Chr. zeigt eine Illustration zu dem Text von Vergil aus dem Epos Aeneis (30 vor Chr.).

Was alles mit einer Kuhhaut möglich ist.

Von der aus antiken Sagen bekannten phönizischen Prinzessin Dido wird berichtet, dass sie auf der Flucht vor ihrem Bruder, dem König von Tyros, an der Küste des heutigen Tunesien landete und dort ein neues Reich gründen wollte. Der dort regierende Stammesfürst versprach, ihr so viel Land zu geben, wie sie mit einer Kuhhaut umspannen könne. Obwohl eine Kuhhaut nur einen kleinen Flächeninhalt von rund 5 m^2 hat, ging Dido auf den „Kuh"-Handel ein. Sie ließ die Haut in 3 mm breite Streifen schneiden und diese aneinander knüpfen. So erhielt sie ein Band mit einer Länge von einer Meile – das sind rund 1,6 km. Aber wie sollte nun das Band auf dem Boden ausgelegt werden, damit es ein Land mit möglichst großem Flächeninhalt umspannt? Zunächst war klar: Das Landstück sollte an einer Küste liegen, denn für diese brauchte man kein Band. Aber wie sollte man das Band spannen?

Lösung in Form eines gleichschenkligen Dreiecks

60°-Winkel an der Spitze	Das Band bildet mit der Küste ein gleichseitiges Dreieck mit einer Schenkellänge von rund 0,8 km.	rund 277 000 m^2 Flächeninhalt	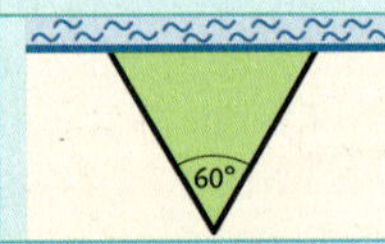
90°-Winkel an der Spitze	Das Band bildet mit der Küste ein halbes Quadrat mit einer Seitenlänge von rund 0,8 km.	rund 320 000 m^2 Flächeninhalt	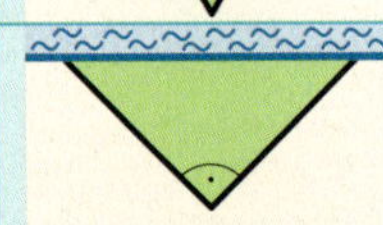
120°-Winkel an der Spitze	Das Band umspannt ein gleichschenkliges Dreieck mit einer Schenkellänge von rund 0,8 km.	rund 277 000 m^2 Flächeninhalt	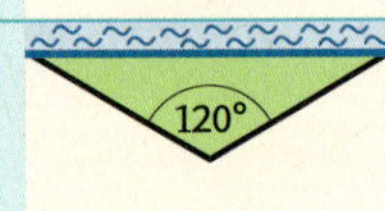

Lösung in Form eines Vielecks

halbes regelmäßiges Sechseck	Das Band umspannt drei gleich große gleichseitige Dreiecke mit Seitenlängen von rund 0,53 km.	rund 369 000 m^2 Flächeninhalt	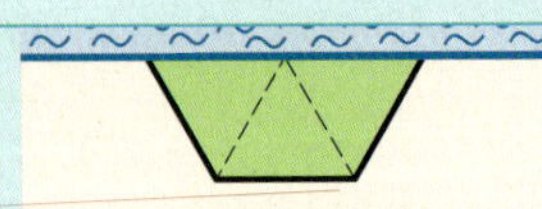
halbes regelmäßiges Achteck	Das Band umspannt vier gleich große gleichschenklige Dreiecke mit einem Winkel von 45° an der Spitze.	rund 386 000 m^2 Flächeninhalt	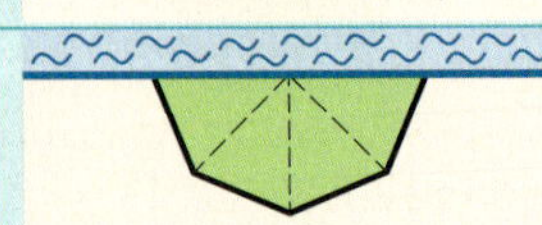

Der Halbkreis war die Lösung.

Je mehr Ecken das halbe Vieleck hat, desto größer ist bei vorgegebener Bandlänge der eingeschlossene Flächeninhalt. Wenn sich nun die Anzahl der Ecken gegen unendlich nähert, dann wird das halbe Vieleck zu einem Halbkreis.

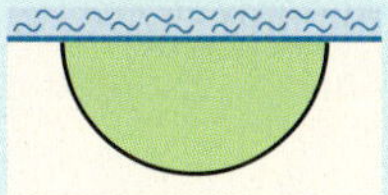

Dido entschloss sich daher, das aus der Kuhhaut geknüpfte Band in einem Halbkreis um die Küste auszulegen. Sie hat damit die richtige Entscheidung getroffen, denn die Halbkreisfläche hat den größten Flächeninhalt von mehr als 400 000 m^2.
Aus dem Küstenstreifen, den Dido auf diese Weise von dem Stammesfürsten erhielt, entwickelte sich später das blühende phönizische Handelszentrum Karthago.
Diese Großstadt war im 4. und 3. Jahrhundert vor Chr. die reichste Stadt des Mittelmeerraumes.
Als Konkurrent des römischen Reiches wurde es nach erbitterten Kriegen und schmählichen Intrigen von den Römern zerstört.

Ruinen von Karthago, Tunesien

Oben sind sieben verschiedene geometrische Figuren dargestellt. Übertrage sie auf ein Blatt Papier und schneide sie aus! Dann setze alle sieben zu einem einzigen Quadrat zusammen!

Worum geht es in diesem Abschnitt?

- Koordinatensystem, auch mit negativen Koordinaten
- Flächeninhalt von Dreieck, Quadrat, Rechteck, Raute, Parallelogramm, Drachen, Trapez und regelmäßigen Vielecken
- Flächeninhalt allgemeiner Vierecke und Vielecke

1 Koordinatensystem – Erweiterung durch negative Koordinaten

interaktive Vorübung 3a7tm6

AH S. 54

Sebastian zeichnet das Rechteck ABCD. Angegeben sind die Punkte A = (0|0), B = (3|3) und C = (1|5). Beim Zeichnen bemerkt er, dass er mit dem bisher bekannten Koordinatensystem nicht auskommt. Um auch den Punkt D festlegen zu können, der „außerhalb" dieses Koordinatensystems liegt, verlängert er die Koordinatenachsen nach links bzw. nach unten über den Ursprung 0 hinaus (→ Figur rechts).

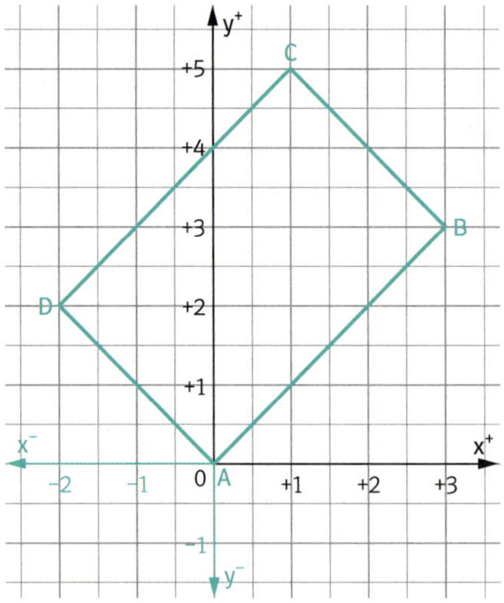

Welche Koordinaten hat der Punkt D?

Die Werte auf der nach links verlängerten **1. Koordinatenachse (x-Achse)** und auf der nach unten verlängerten **2. Koordinatenachse (y-Achse)** werden mit negativen Zahlen angegeben.

Bemerkung: Bei positiven Koordinatenangaben kann das Zeichen „+" weggelassen werden.

Vier Quadranten

Beide Koordinatenachsen sind nun Zahlengeraden und teilen die Zeichenebene in vier **Quadranten**.

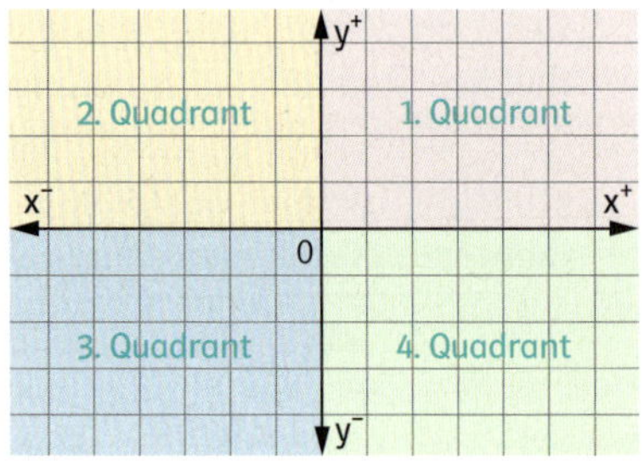

Bemerkung: quadrans (lat.) … Viertel

Die Figur rechts zeigt, welche Bezeichnungen für die vier Quadranten üblich sind.

753 1) Schreibe die Koordinaten der eingezeichneten Punkte auf!
2) Zeichne die Figur in dein Heft!

a)

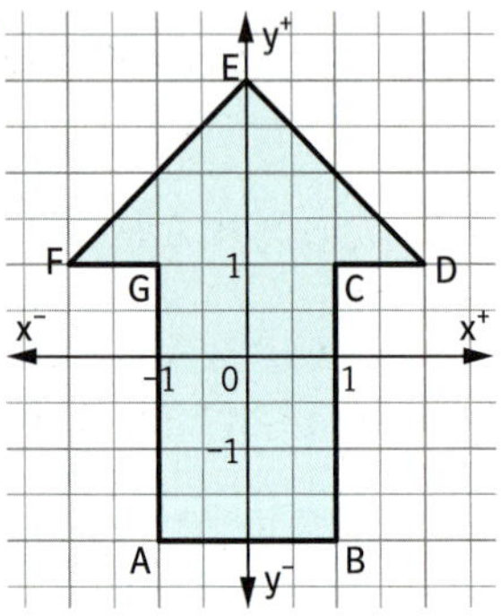

b)

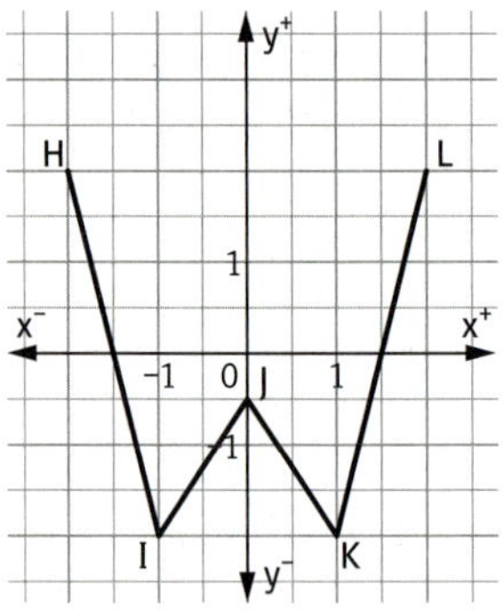

c)

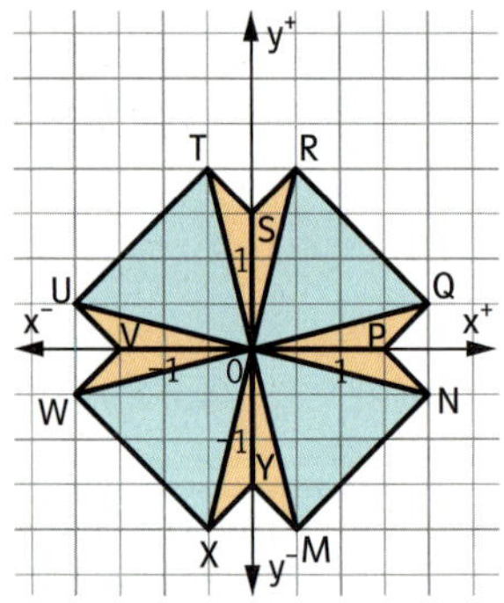

754 Welche Vorzeichen haben jeweils die Koordinaten von Punkten, die im 1., 2., 3. bzw. 4. Quadranten liegen? Fülle die Tabelle mit den Vorzeichen „+" und „–" aus!

	1. Quadrant	2. Quadrant	3. Quadrant	4. Quadrant
x-Koordinate	+			
y-Koordinate				

755 Zeichne in das Koordinatensystem die angegebenen Punkte ein!

a) A = (3 | −5), B = (7 | 2), C = (−4 | 4), D = (−7 | 0), E = (0 | −2)

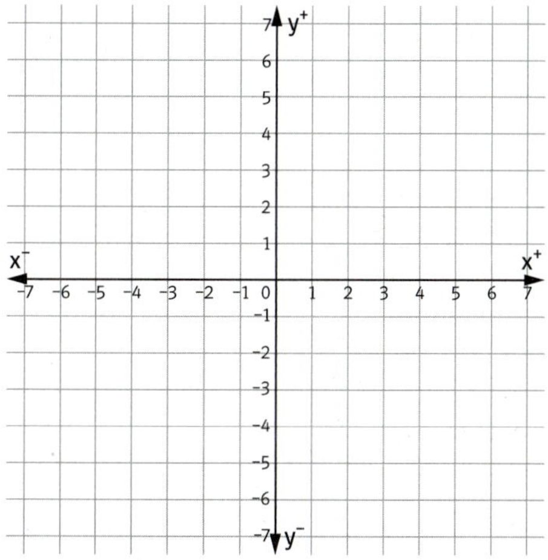

b) R = (−7 | −4), S = (5 | −7), T = (0 | 0), U = (1 | 6), V = (−2 | 5)

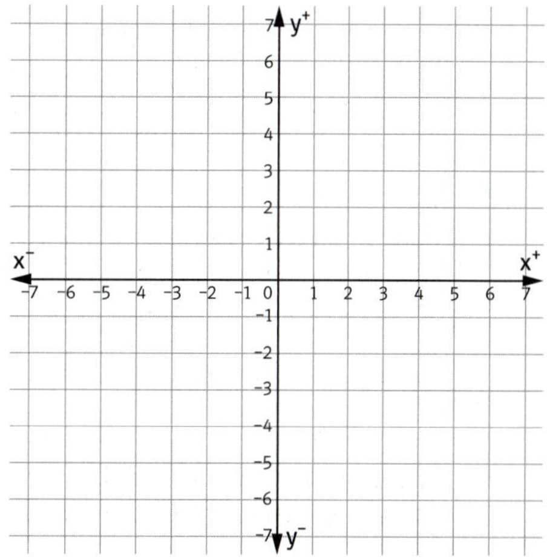

756 Von vier Punkten sind die Koordinaten gegeben. Ordne zu, wo genau diese vier Punkte im Koordinatensystem liegen! Schreibe dazu den entsprechenden Buchstaben in das Kästchen!

1	R = (−1 | 4)	
2	S = (5 | 0)	
3	T = (−7 | −2)	
4	U = (3 | 3)	

A	Der Punkt liegt auf der y-Achse.
B	Der Punkt liegt auf der x-Achse.
C	Der Punkt liegt im 1. Quadranten.
D	Der Punkt liegt im 2. Quadranten.
E	Der Punkt liegt im 3. Quadranten.
F	Der Punkt liegt im 4. Quadranten.

757 Die Punkte X = (−2 | 3), Y = (7 | −1) und Z = (5 | 6) bilden ein Dreieck und legen die Winkel $\alpha = \sphericalangle YXZ$, $\beta = \sphericalangle ZYX$ und $\gamma = \sphericalangle XZY$ fest. Wie groß sind die Winkel α, β und γ?

758 Gib ohne zu zeichnen an, welche Figur (Rechteck, Quadrat, …) durch die Punkte A, B, C und D festgelegt wird! Überprüfe deine Antwort dann durch eine Zeichnung!

a) A = (−4 | −4), B = (1 | −4), C = (1 | 4), D = (−4 | 4)
b) A = (−2 | −2), B = (0 | 0), C = (3 | 3), D = (6 | 6)
c) A = (−7 | −3), B = (3 | −3), C = (3 | 7), D = (−7 | 7)
d) A = (0 | 2), B = (−3 | 0), C = (0 | −4), D = (3 | 0)

759 Spiegle die gegebene Figur an der Geraden g und gib die Koordinaten der Bildpunkte an!

a) Quadrat: A = (0 | 1), B = (3 | 3), C = (1 | 6), D; g [I = (−3 | 1), II = (4 | 1)]
b) Rechteck: A = (0 | 0), B = (2 | −2), C = (5 | 1), D; g [I = (−1 | 0), II = (3 | −4)]

760 **1)** Zeichne den Kreis k mit dem Mittelpunkt M und dem Radius r und die durch die beiden Punkte I und II festgelegte Gerade g!
2) Gib die Koordinaten der Schnittpunkte S_1 und S_2 der Geraden g mit dem Kreis k an!

a) k [M = (−2 | 3), r = 4 cm]; g [I = (−7 | 0), II = (1 | 7)]
b) k [M = (1 | −2), r = 3 cm]; g [I = (−2 | −4), II = (6 | −1)]

761 1) Zeichne das Dreieck ABC und ermittle den Inkreismittelpunkt I!
2) Konstruiere die Berührradien des Inkreises mit den Dreiecksseiten!
3) Zeichne dann den Inkreis und gib seinen Radius ρ an!
4) Gib die Koordinaten des Inkreismittelpunktes I an!

a) A = (−5 | 4), B = (7 | 0), C = (10 | 9)
b) A = (−4 | −3), B = (4 | −5), C = (0 | 6)
c) A = (6 | 2), B = (−9 | 7), C = (−6 | −2)
d) A = (2 | −5), B = (−1 | 7), C = (−6 | −3)

762 1) Zeichne den Kreis k mit dem Mittelpunkt M und dem Radius r!
2) Lege in den Punkten T_1 und T_2 die Tangenten t_1 und t_2 an den Kreis! Vergiss nicht, zuerst die Berührradien einzuzeichnen!
3) Beschrifte den Schnittpunkt S der beiden Tangenten und gib seine Koordinaten an!

a) k[M = (0 | 0), r = 5 cm]; T_1 = (−3 | 4), T_2 = (−4 | −3)
b) k[M = (−1 | −2), r = 5 cm]; T_1 = (−4 | 2), T_2 = (3 | 1)

763 1) Zeichne die Kreise k_1[M_1 = (−2 | 1), r_1 = 4 cm] und k_2[M_2 = (4 | −3), r_2 = 5 cm]!
2) Wie lauten die Koordinaten ihrer beiden Schnittpunkte S_1 und S_2?
3) Lege in jedem dieser Schnittpunkte jeweils die Tangenten an beide Kreise!
4) Miss den (spitzen) Winkel, unter dem die beiden Tangenten einander in S_1 schneiden und vergleiche ihn mit dem Schnittwinkel der beiden Tangenten in S_2!
⊞ 5) Begründe, wieso diese Schnittwinkel gleich groß sein müssen!

764 Ein Punkt C ist nicht direkt erreichbar. Daher misst man in den Punkten A und B die Winkel $\alpha = \sphericalangle BAC$ und $\beta = \sphericalangle CBA$. Konstruiere den Punkt C und gib seine Koordinaten an!
Wie weit ist er von der Gerade AB entfernt?

Beispiel

A = (1 | 2), B = (−4 | 4), α = 25°, β = 108°
Zeichne ein Koordinatensystem mit $\overline{01}$ = 1 cm auf jeder Achse!
Markiere die Punkte A und B!
Zeichne die entsprechenden Winkel ein!
Lösung: Der Punkt C hat die Koordinaten **(−6 | 1,6)** und der (Normal-)Abstand zur Linie AB beträgt ungefähr **3 cm**.

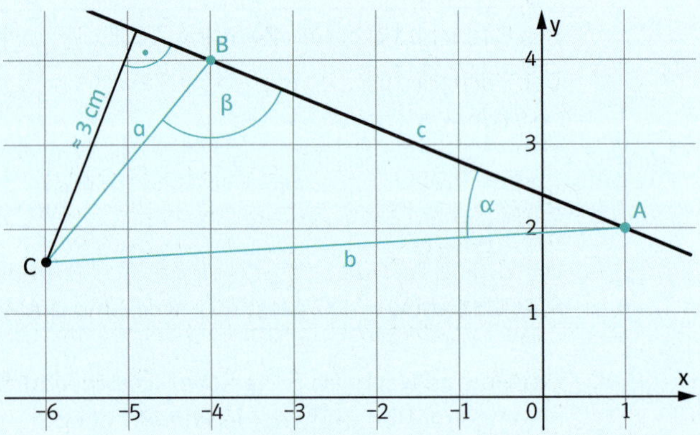

a) A = (1 | 1), B = (4 | −2), α = 45°, β = 104°
b) A = (−6 | −4), B = (−1 | −2), α = 82°, β = 40°
c) A = (−5 | 4), B = (−7 | −3), α = 47°, β = 70°
d) A = (−7 | −1), B = (−1 | 0), α = 96°, β = 38°

765 ⊞ Eine 250 m lange Standlinie AB wird in einem Plan durch die Punkte A = (1 | 0) und B = (6 | 0) dargestellt (Koordinatenangabe in Zentimeter). Zu einem Geländepunkt P werden die Horizontalwinkel $\sphericalangle BAP = 23°$ und $\sphericalangle PBA = 63°$ gemessen.
Zu einem zweiten Geländepunkt Q, der sich auf der anderen Seite der Standlinie AB befindet, werden die Horizontalwinkel $\sphericalangle BAQ = 72°$ und $\sphericalangle QBA = 35°$ gemessen.
1) Welcher Maßstab wurde in diesem Plan gewählt?
2) Welche Koordinaten haben die Punkte P (1. Quadrant) und Q (4. Quadrant)?
3) Wie lang ist die Strecke PQ in Wirklichkeit?
4) Wie groß ist der Winkel, den die Strecke PQ mit der Standlinie AB einschließt?

2 Flächeninhalt des allgemeinen Dreiecks

interaktive Vorübung 77k4mq

AH S. 55

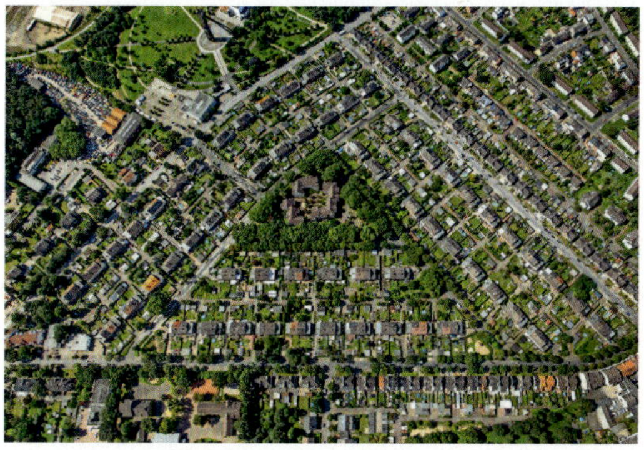

Fiona ist mit ihren Eltern in eine neue Reihenhaussiedlung gezogen, die in Dreiecksform angelegt ist. Sie wüsste gern, wie groß die Fläche der gesamten Siedlung ist. Fiona kennt ihre durchschnittliche Schrittlänge und geht die Siedlung ab. Welche Abmessungen sollte sie herausfinden?
Zeichne sie in die Luftaufnahme links ein!
Um eine Formel für den Flächeninhalt eines Dreiecks ABC zu erhalten, kannst du zB so vorgehen:

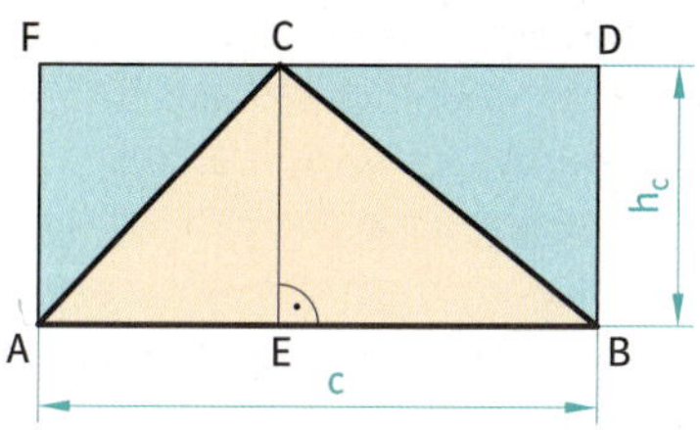

Zeichne die Höhe h_c ein und ergänze das Dreieck zu einem Rechteck ABDF! Die Seitenlängen des Rechtecks entsprechen der Seite ______ des Dreiecks, sowie der Höhe ______.
Den Flächeninhalt des Rechtecks erhältst du demnach mit $A =$ ______.
Weiters ist der Flächeninhalt des Dreiecks EBC genau die **Hälfte** des Rechtecks EBDC, der Flächeninhalt des Dreiecks AEC genau die Hälfte des Rechtecks AECF.
Die beiden Dreiecke ergeben gemeinsam das gesuchte Dreieck ABC, die beiden kleinen Rechtecke ergeben das Rechteck ABDF. Der **Flächeninhalt des Dreiecks ABC** entspricht also genau der **Hälfte** des Flächeninhalts **vom Rechteck ABDF**: $A_{\triangle ABC} = \frac{1}{2} \cdot A_{\square EBDC} + \frac{1}{2} \cdot A_{\square AECF} = \frac{1}{2} \cdot A_{\square ABDF} = \mathbf{\frac{1}{2} \cdot c \cdot h_c}$
Der Flächeninhalt des Dreiecks ABC kann auch mit jeder anderen Seite und der zugehörigen Höhe berechnet werden.

Flächeninhalt des allgemeinen Dreiecks

$\mathbf{A = \frac{1}{2} \cdot a \cdot h_a}$ oder $\mathbf{A = \frac{1}{2} \cdot b \cdot h_b}$ oder $\mathbf{A = \frac{1}{2} \cdot c \cdot h_c}$

Kurzsprechweise: Flächeninhalt des Dreiecks $= \frac{1}{2}$ mal Seite mal zugehöriger Höhe.

Hinweis Die Formel $A = \frac{1}{2} \cdot c \cdot h_c$ gilt auch, wenn α oder β stumpf sind (→ Aufgaben 783, 784, 785).

766 Berechne den Flächeninhalt des Dreiecks ABC!

a) $c = 35\,mm$, $h_c = 28\,mm$
b) $a = 5{,}1\,cm$, $h_a = 4{,}2\,cm$
c) $c = 0{,}64\,m$, $h_c = 0{,}39\,m$
d) $a = 10{,}2\,cm$, $h_a = 3{,}9\,cm$
e) $c = 3{,}25\,dm$, $h_c = 4{,}12\,dm$
f) $b = 5{,}20\,m$, $h_b = 3{,}18\,m$

767 Zeichne ein rechtwinkliges Dreieck ($\gamma = 90°$) mit $a = 7{,}0\,cm$ und $b = 4{,}0\,cm$!

a) Berechne seinen Flächeninhalt auf zwei Arten! Miss die dazu benötigten Längen in deiner Zeichnung ab!
  1) Verwende die Formel $A = \frac{1}{2} \cdot a \cdot b$
  2) Verwende die Formel $A = \frac{1}{2} \cdot c \cdot h_c$

b) Gib an, warum in Aufgabe **a)** wahrscheinlich unterschiedliche Werte für den Flächeninhalt auftreten werden!
Welche Formel liefert das „genaue" Resultat?

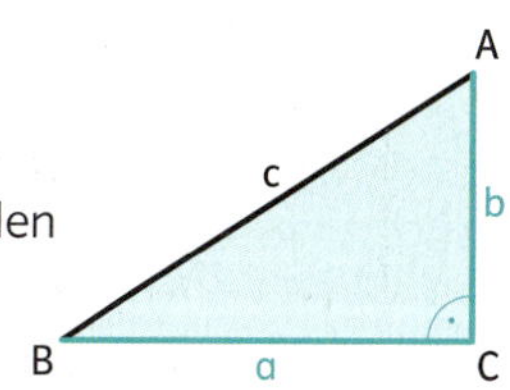

768 ⊞ Die Flächeninhaltsformel des rechtwinkligen Dreiecks ABC lautet $A = \frac{1}{2} \cdot a \cdot b$ und ist ein Spezialfall der allgemeinen Formel $A = \frac{1}{2} \cdot a \cdot h_a$ bzw. $A = \frac{1}{2} \cdot b \cdot h_b$. Begründe mit eigenen Worten!

769 Kreuze an, welche Dreiecke einen Flächeninhalt von $45\,cm^2$ haben!

○ **A** $a = 9\,cm$, $h_a = 5\,cm$
○ **B** $a = 9\,cm$, $h_a = 9\,cm$
○ **C** $b = 10\,cm$, $h_b = 9\,cm$
○ **D** $b = 4\,cm$, $h_b = 22{,}5\,cm$
○ **E** $c = 8\,cm$, $h_c = 11{,}25\,cm$

770 **1)** Konstruiere jeweils das Dreieck ABC! Überlege zuerst anhand einer Skizze, in der du die gegebenen Bestimmungsstücke kennzeichnest, wie du bei der Konstruktion vorgehen kannst!
2) Zeichne die drei Höhen h_a, h_b und h_c ein und miss sie!
3) Berechne den Flächeninhalt des gegebenen Dreiecks auf drei verschiedene Weisen (nicht gegebene Längen miss in deiner Zeichnung ab)!
4) Warum werden die drei Ergebnisse für den Flächeninhalt wahrscheinlich nicht genau übereinstimmen?
5) Welcher Mittelwert (arithmetisches Mittel, Modus, Median) ist bei den drei Flächeninhalten sinnvoll anzugeben?

a) $a = 7\,cm$, $b = 11\,cm$, $c = 12\,cm$
b) $a = b = 9{,}1\,cm$, $c = 7{,}2\,cm$
c) $b = 75\,mm$, $\beta = 64°$, $\gamma = 85°$
d) $a = 7{,}6\,cm$, $\beta = 106°$, $\gamma = 32°$
e) $b = 58\,mm$, $c = 74\,mm$, $\alpha = 36°$
f) $a = 40\,mm$, $c = 73\,mm$, $\beta = 45°$
g) $c = 70\,mm$, $a = b$, $\gamma = 30°$
h) $c = 10{,}6\,cm$, $a = b$, $\gamma = 90°$

771 Zeichne das Dreieck ABC und berechne den Flächeninhalt!

a) $A = (-3|-2)$, $B = (4|-2)$, $C = (-1|4)$
b) $A = (-3|4)$, $B = (-3|-4)$, $C = (3|0)$
c) $A = (-4|-3)$, $B = (2|-3)$, $C = (5|5)$
d) $A = (-1|-5)$, $B = (2|2)$, $C = (2|5)$
e) $A = (-7|1)$, $B = (-5|-4)$, $C = (5|1)$
f) $A = (-4|2)$, $B = (-5|-3)$, $C = (4|2)$

772 Die Dreiecke in der Figur rechts haben alle denselben Flächeninhalt! Begründe die Behauptung!

Tipp

Zeichne die Höhe h_c in alle drei Dreiecke ein!
Die Höhe kann auch außerhalb des Dreiecks liegen.

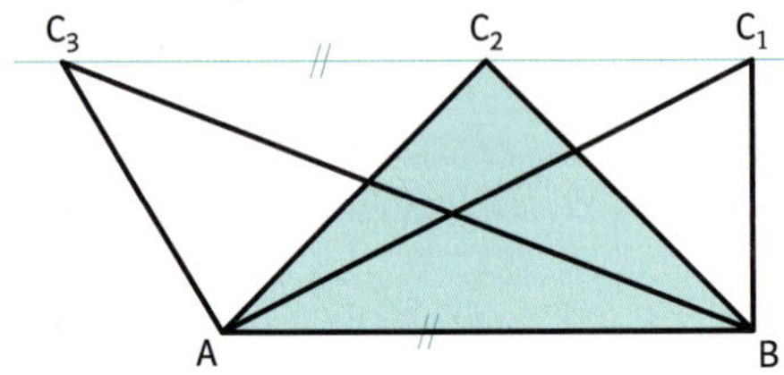

773 **1)** Zeichne mit den gegebenen Bestimmungsstücken drei verschiedene Dreiecke, die alle denselben Flächeninhalt haben! Vergleiche mit Aufgabe 772!

a) $c = 12\,cm$, $h_c = 8\,cm$
b) $a = 7{,}3\,cm$, $h_a = 12{,}3\,cm$
c) $b = 84\,mm$, $h_b = 48\,mm$
d) $a = 9{,}5\,cm$, $h_a = 5{,}1\,cm$

2) Prüfe nach, dass alle drei Dreiecke denselben Flächeninhalt haben, indem du eine andere Seite sowie deren Höhe misst und damit den Flächeninhalt berechnest!

774 Kreuze alle Dreiecke an, die denselben Flächeninhalt wie das Dreieck X haben!

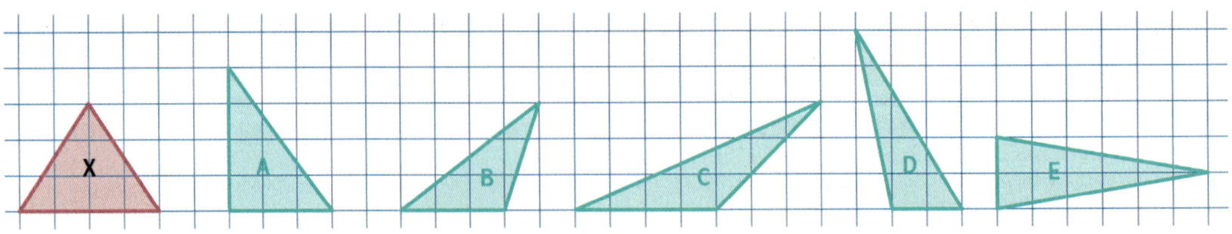

○ ○ ○ ○ ○

775 Beschreibe mit Hilfe der entsprechenden Formel, wie sich der Flächeninhalt eines Dreiecks verändert, wenn man Bestimmungsstücke verändert!

Beispiel

a wird verdoppelt, h_a bleibt gleich
altes Dreieck mit Seite a und Höhe h_a: $A = \frac{1}{2} \cdot a \cdot h_a$
neues Dreieck mit Seite 2a und Höhe h_a: $A = \frac{1}{2} \cdot (2a) \cdot h_a = 2 \cdot \frac{1}{2} \cdot a \cdot h_a = a \cdot h_a = 2 \cdot A$
Der Flächeninhalt verdoppelt sich.

a) c wird halbiert und h_c bleibt gleich
b) b wird halbiert und h_b verdoppelt
c) c und h_c werden verdoppelt
d) a und h_a werden halbiert

776 a) Berechne den Flächeninhalt eines dreieckigen Grundstücks mit c = 82,0 m und h_c = 64,0 m!
b) Um wie viel Prozent weicht der Flächeninhalt vom errechneten Wert in Aufgabe a) ab, wenn die Längen falsch angegeben werden?
1) Seite c um 1,0 m länger
2) Seite c und Höhe h_c jeweils um 1,0 m länger

777 Beim Sierpinski-Dreieck beginnt man mit einem gleichseitigen Dreieck (weiße Fläche und schwarzer Rand; Seitenlänge a und Höhe h_a). Dann werden immer wieder die „Mittendreiecke" herausgenommen (verschiedene Farben).
1) Im ersten Schritt wird das blaue Mittendreieck herausgenommen. Wie groß ist sein Flächeninhalt? Drücke ihn mit a und h_a aus!
2) Im zweiten Schritt werden von den übrigbleibenden drei weißen Dreiecken wieder deren Mittendreiecke herausgenommen (rosa). Wie groß sind deren Flächeninhalte? Drücke sie wieder mit a und h_a aus!
3) Im dritten Schritt werden erneut die Mittendreiecke der jetzt verbleibenden weißen Dreiecke herausgenommen. Markiere sie grün!

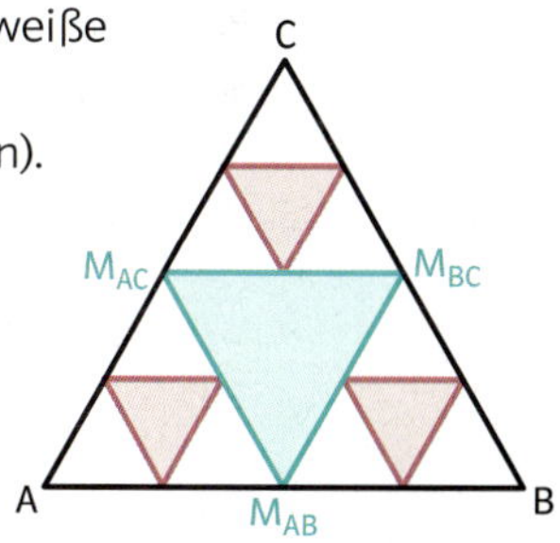

Umkehraufgaben

778 Von einem Dreieck ABC kennt man den Flächeninhalt und die Länge einer Seite bzw. einer Höhe. Berechne die zugehörige Höhe bzw. die zugehörige Seitenlänge!

Beispiel

$A = 405\,cm^2$, $a = 27\,cm$
$A = \frac{1}{2} \cdot a \cdot h_a \Rightarrow 2 \cdot A = a \cdot h_a \Rightarrow \frac{2 \cdot A}{a} = h_a$ $\frac{2 \cdot 405}{27} = \frac{810}{27} = 30$ Ü: $\frac{2 \cdot 405}{27} \approx \frac{800}{30} \approx 27$
Die Höhe h_a beträgt 30 cm.

a) $A = 432\,m^2$, $c = 36\,m$
b) $A = 1400\,m^2$, $h_b = 39\,m$
c) $A = 30{,}5\,cm^2$, $a = 7{,}2\,cm$
d) $A = 144{,}0\,cm^2$, $h_a = 12{,}6\,cm$
⊞ e) $A = x\,cm^2$, $a = y\,cm$
⊞ f) $A = r\,cm^2$, $h_c = s\,cm$

779 Von einem Dreieck sind der Flächeninhalt und eine Seitenlänge bzw. Höhe gegeben. Kreuze an, mit welcher Gleichung die Höhe bzw. Seitenlänge berechnet werden kann! Berechne anschließend die gesuchte Seitenlänge!

a) $A = 243\,cm^2$, $a = 9\,cm$, $h_a = ?$
○ A $h_a = 243 : 9$ ○ B $h_a = 9 \cdot 243$ ○ C $h_a = \frac{2 \cdot 243}{9}$ ○ D $h_a = \frac{243}{2 \cdot 9}$ ○ E $h_a = 9 : 243$

b) $A = 252\,cm^2$, $h_c = 18\,cm$, $c = ?$
○ A $c = 18 : 252$ ○ B $c = \frac{18}{2 \cdot 252}$ ○ C $c = \frac{2 \cdot 18}{252}$ ○ D $c = \frac{252 \cdot 2}{18}$ ○ E $c = 252 : 18$

780 Berechne den Flächeninhalt der Fassade der Fabrikshalle (→ Figur unten, Maße in Meter)!

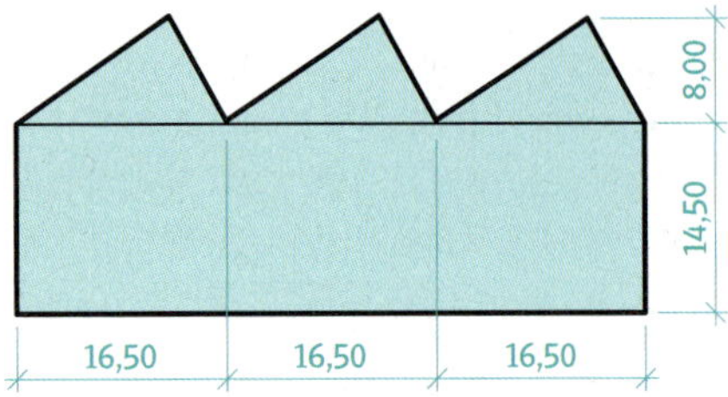

781 Das rechts abgebildete Dach (Maße in Meter) soll neu gedeckt werden.
Wie teuer ist das Decken aller vier Dachflächen, wenn 52 € für $1\,m^2$ zu bezahlen sind?

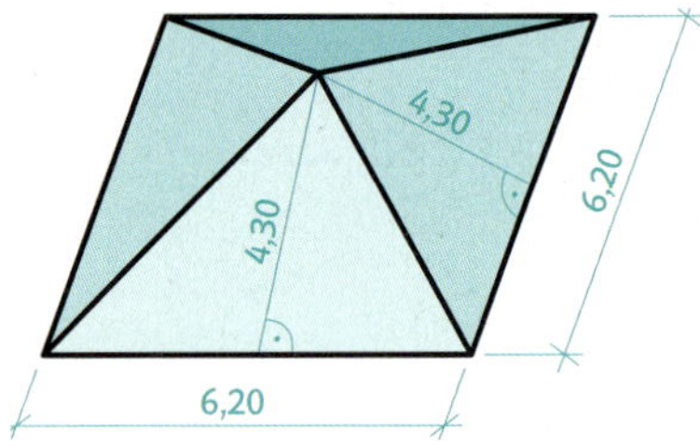

Herleiten von Formeln

782 Leite die Formel $A = \frac{1}{2} \cdot c \cdot h_c$ für den Flächeninhalt eines beliebigen Dreiecks ABC, bei dem die Höhe innerhalb des Dreiecks liegt, folgendermaßen her:

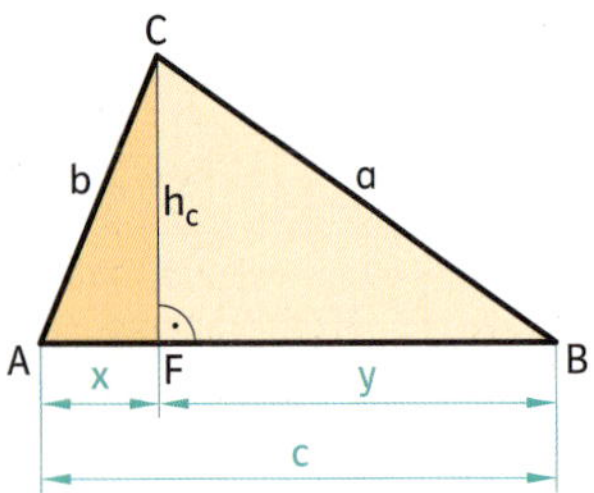

1) Teile das Dreieck ABC wie in der linken Figur in zwei rechtwinklige Dreiecke! Gib für jedes der beiden Dreiecke eine Flächeninhaltsformel an!

2) Erkläre die folgenden Umformungen!
Welche Rechengesetze wurden angewendet?

$A_{\triangle ABC} = A_{\triangle AFC} + A_{\triangle FBC} =$
$= \frac{1}{2} \cdot x \cdot h_c + \frac{1}{2} \cdot y \cdot h_c = \frac{1}{2} \cdot h_c \cdot (x + y) =$
$= \frac{1}{2} \cdot h_c \cdot c = \mathbf{\frac{1}{2} \cdot c \cdot h_c}$

783 Leite für ein stumpfwinkliges Dreieck ABC (→ Figur unten) die Flächeninhaltsformel $A = \frac{1}{2} \cdot c \cdot h_c$ folgendermaßen her und erkläre die einzelnen Rechenschritte!

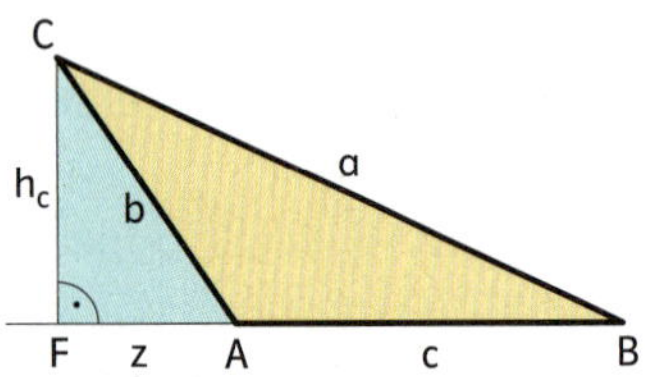

$A_{\triangle ABC} = A_{\triangle FBC} - A_{\triangle FAC} =$
$= \frac{1}{2} \cdot (c + z) \cdot h_c - \frac{1}{2} \cdot z \cdot h_c =$
$= \frac{1}{2} \cdot c \cdot h_c + \frac{1}{2} \cdot z \cdot h_c - \frac{1}{2} \cdot z \cdot h_c =$
$= \mathbf{\frac{1}{2} \cdot c \cdot h_c}$

784 Erkläre die einzelnen Schritte beim Herleiten der Flächeninhaltsformel für das stumpfwinklige Dreieck ABC (→ Figur rechts)!

$A_{\triangle ABC} = A_{\triangle AEC} - A_{\triangle BEC} =$
$= \frac{1}{2} \cdot A_{\square AECF} - \frac{1}{2} \cdot A_{\square BECD} =$
$= \frac{1}{2} \cdot A_{\square ABDF} =$
$= \mathbf{\frac{1}{2} \cdot c \cdot h_c}$

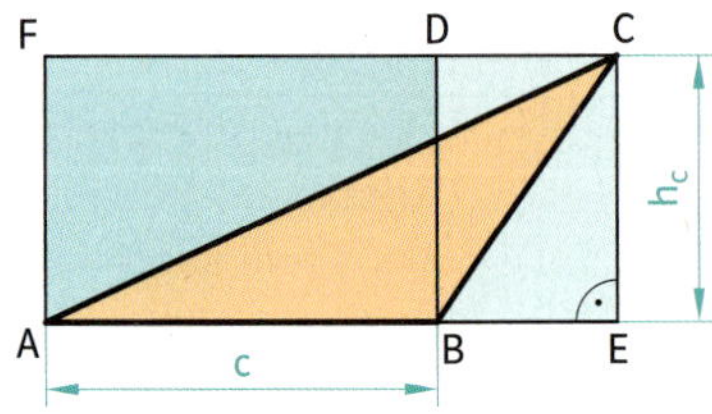

785 Leite die Formel **a)** $A = \frac{1}{2} \cdot a \cdot h_a$, **b)** $A = \frac{1}{2} \cdot b \cdot h_b$ für den Flächeninhalt des Dreiecks wie in Aufgabe 782 her! Verwende geeignete Skizzen!

3 Flächeninhalt von Quadrat, Rechteck und Raute

interaktive Vorübung 5t5d2w

AH S. 56

Yasemin durchquert jeden Morgen den quadratischen Schulhof. Sie zählt dabei ihre Schritte und bemerkt, dass die Diagonale des Schulhofs rund 16 m lang ist. Sie fragt sich, wie groß nun die Fläche des Schulhofs ist. Wenn Yasemin die Seitenlänge kennt, dann kann sie den Flächeninhalt mit der Formel A = ____ berechnen. Ohne die Seitenlänge a muss sie sich eine andere Möglichkeit überlegen. Sie beginnt mit einer Skizze (→ Abbildung rechts).

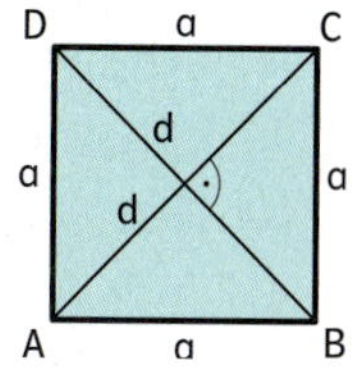

Die Diagonalen das Quadrats stehen ____ aufeinander und **unterteilen** das Quadrat in ____ **rechtwinklige Dreiecke**. Yasemin kennt auch die Formel für den Flächeninhalt eines rechtwinkligen Dreiecks: $A = \frac{a \cdot b}{2}$. Die Seitenlängen a bzw. b entsprechen genau einer halben Diagonalenlänge. Der Flächeninhalt eines rechtwinkligen Dreiecks in dem Quadrat lautet also $\left(\frac{d}{2} \cdot \frac{d}{2}\right) : 2 = \frac{d^2}{4} : 2 = \frac{d^2}{8}$. Da sie allerdings vier Dreiecke benötigt, muss sie den Flächeninhalt noch mit vier multiplizieren: $\mathbf{A = \frac{d^2}{8} \cdot 4 = \frac{d^2}{2}}$

Da auch bei der **Raute** die **Diagonalen normal aufeinander stehen**, kann der Flächeninhalt auf eine ähnliche Weise berechnet werden. Wir betrachten noch eine andere Möglichkeit, die Formel herzuleiten: Die Diagonalen **e und f sind gleich lang** wie die **Seiten eines des Rechtecks**, das die **Raute umgibt**. Der Flächeninhalt des Rechtecks ist gegeben durch: $A = e \cdot f$. Der Flächeninhalt der Raute entspricht genau der Hälfte des Flächeninhalts des Rechtecks also $\mathbf{A = \frac{e \cdot f}{2}}$.

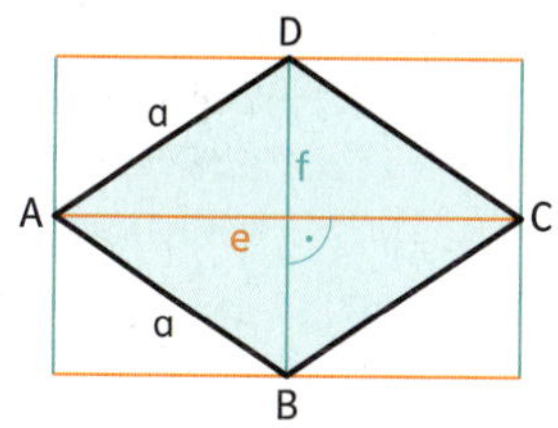

Da beim Rechteck die Diagonalen im Allgemeinen nicht normal aufeinander stehen, kann der Flächeninhalt nicht mit Hilfe der Diagonalen berechnet werden, sondern nur mit der Formel $\mathbf{A = a \cdot b}$.

Flächeninhalt von Quadrat, Rechteck und Raute (Rhombus)

Quadrat	Rechteck	Raute
$A = a \cdot a = a^2$ oder $A = \frac{1}{2} \cdot d \cdot d = \frac{d^2}{2}$	$A = a \cdot b$	$A = \frac{e \cdot f}{2}$

786 Von einem Quadrat kennt man die Länge der Diagonale. Berechne den Flächeninhalt!
a) d = 7,0 cm **b)** d = 1,2 m **c)** d = 2,3 m **d)** d = 4,1 m **e)** d = 23,5 m

787 Von einer Raute kennt man die Längen der Diagonalen. Berechne den Flächeninhalt!
a) e = 34 cm, f = 63 cm **b)** e = 2,25 m, f = 4,75 m **c)** e = 7,5 cm, f = 3,8 cm

788 **1)** Konstruiere die Raute ABCD und zeichne den Inkreis!
2) Berechne den Flächeninhalt der Raute! Miss benötigte Längen in deiner Zeichnung ab!
a) a = 3,9 cm, α = 75° **b)** a = 4,8 cm, e = 7,3 cm **c)** f = 6,4 cm, α = 60°

789 Von einer Raute kennt man den Flächeninhalt und die Länge einer Diagonale. Wie lang ist die andere Diagonale?

Tipp
Siehe Aufgabe 778 auf S. 191!

a) $A = 828\,m^2$, e = 46,0 m **b)** $A = 11,6\,cm^2$, f = 2,9 cm **c)** $A = 152,5\,m^2$, e = 24,4 m

790 Zeichne drei beliebige Rechtecke ABCD mit $a \neq b$ und zeige damit, dass im Rechteck $A = \frac{e \cdot f}{2}$ nicht gilt!

4 Flächeninhalt des Parallelogramms

interaktive Vorübung pt535t

AH S. 57

Nils besichtigt mit seinem Cousin das Schloss Bevern bei Holzminden in Deutschland. Wieder zurück bei seiner Tante, erzählt er ihr vom Schloss. Zwei Fenster am Turm sind ihm in besonderer Erinnerung geblieben. Er beschreibt sie folgendermaßen: „Die Fenster sind keine Rechtecke, aber sie haben je zwei Seiten, die ______ lang und ______ sind." Seine Tante ergänzt: „Dann haben sie also die Form eines ______. Das ist ein typisches Merkmal für Bauwerke aus der Weserrenaissance, einem Baustil im 16. und 17. Jahrhundert entlang der Weser, einem Fluss in Deutschland."

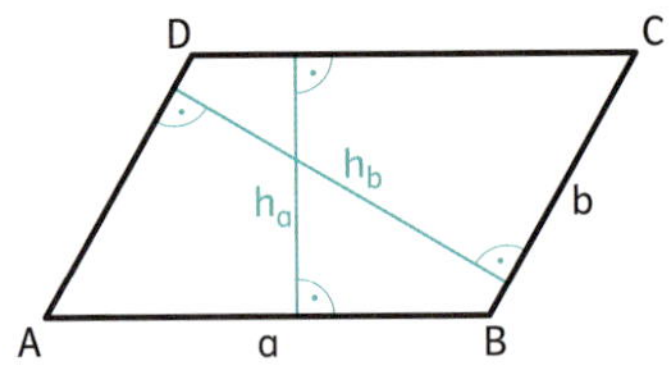

Die wesentlichen Eigenschaften des Parallelogramms sind bereits aus der zweiten Klasse bekannt. Für die Berechnung des **Flächeninhalts** ist es wichtig, **die Höhen des Parallelogramms** zu kennen. Diese ergeben sich aus dem **Normalabstand** zwischen den beiden Parallelseiten. Man unterscheidet dabei die Höhen h_a und h_b.
Bemerkung: Wie im Dreieck werden mit h_a und h_b sowohl die eingezeichneten Strecken selbst als auch ihre Längen bezeichnet.

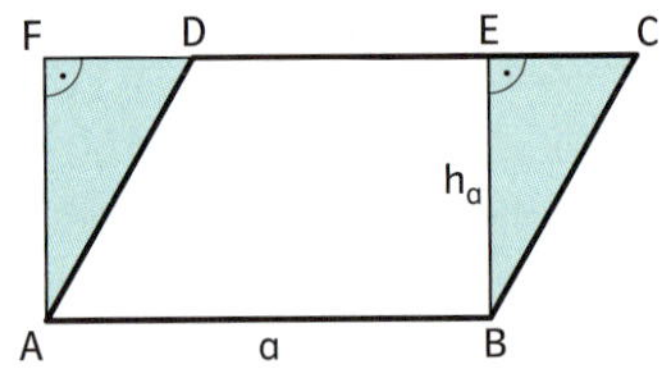

Anhand der rechten Skizze erkennt man, dass das Parallelogramm ABCD **denselben Flächeninhalt** wie das **Rechteck ABEF** hat.
Du kannst das mit Hilfe der kongruenten Dreiecke ADF und BCE begründen.
Da die Länge der Rechteckseite BE mit der Höhe h_a des Parallelogramms übereinstimmt, haben das Parallelogramm ABCD und das Rechteck ABEF beide den Flächeninhalt $\mathbf{A = a \cdot h_a}$.

Flächeninhalt des Parallelogramms

$\mathbf{A = a \cdot h_a}$ oder $\mathbf{A = b \cdot h_b}$

Kurzsprechweise:
Flächeninhalt des Parallelogramms = Seite mal zugehörige Höhe

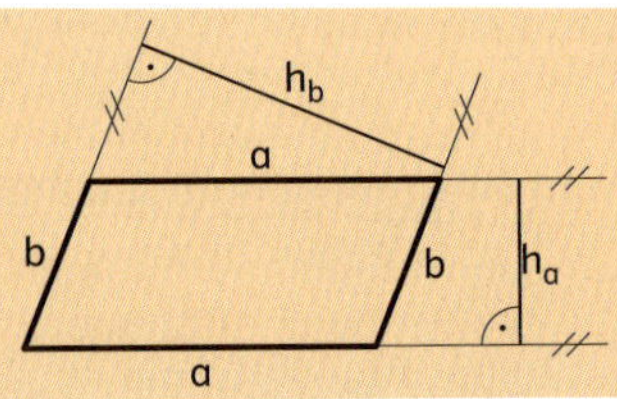

Hinweis Die Formeln gelten auch für die Spezialfälle des Parallelogramms (Raute, Rechteck).

791 Berechne den Flächeninhalt des Parallelogramms ABCD!
a) $a = 27\,mm$, $h_a = 19\,mm$ b) $a = 3{,}6\,cm$, $h_a = 2{,}9\,cm$ c) $a = 3\,cm$, $h_a = 13\,cm$

792 Berechne den Flächeninhalt des Parallelogramms ABCD!
a) $b = 43\,mm$, $h_b = 37\,mm$ b) $b = 5{,}1\,cm$, $h_b = 3{,}5\,cm$

793 Zeige, dass der Flächeninhalt des Parallelogramms ABCD auch durch die Formel $A = b \cdot h_b$ berechnet werden kann! Überlege anhand des rechts gezeichneten Parallelogramms, indem du in den Punkten A und D jeweils die Höhe h_b einzeichnest!

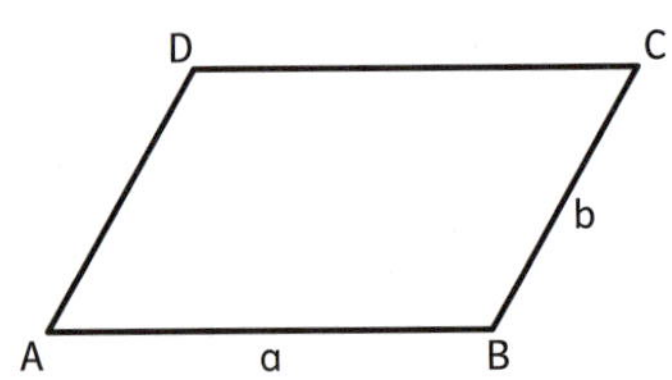

794 Zeichne in das Parallelogramm die Höhe h_a und die Höhe h_b ein! Miss dann die Länge von a, b, h_a und h_b und berechne den Flächeninhalt auf zweifache Weise!

a)
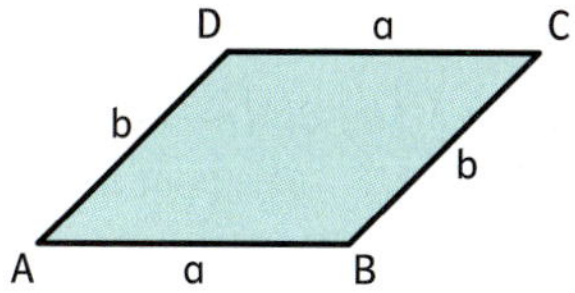

b)
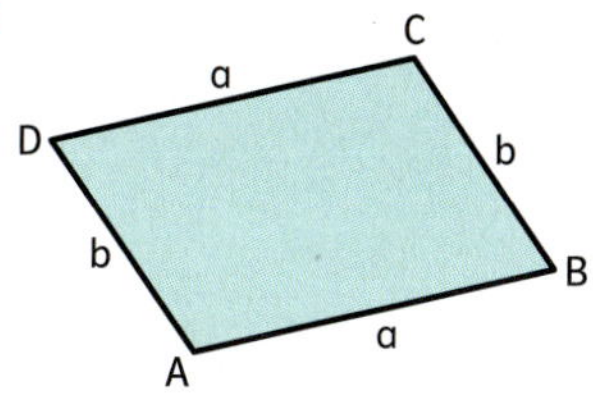

c)
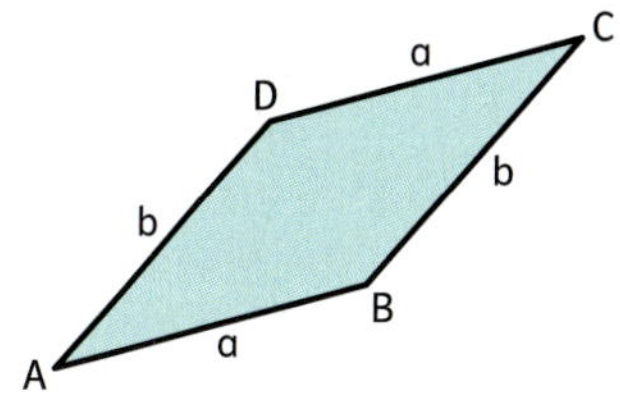

795
1) Konstruiere das Parallelogramm ABCD!
2) Zeichne die beiden Höhen h_a und h_b ein und miss sie ab!
3) Berechne den Flächeninhalt des Parallelogramms sowohl mit $A = a \cdot h_a$, als auch mit $A = b \cdot h_b$!
4) Warum stimmen die beiden Ergebnisse aus **3)** wahrscheinlich nicht ganz überein? Berechne das arithmetische Mittel!

a) $a = 7{,}3\,cm$, $b = 4{,}8\,cm$, $\alpha = 60°$
b) $a = 7{,}8\,cm$, $b = 5{,}0\,cm$, $e = 12\,cm$
c) $a = 6{,}7\,cm$, $b = 5{,}6\,cm$, $f = 6{,}0\,cm$
d) $a = b = 5{,}4\,cm$, $\beta = 105°$

796 Der Flächeninhalt eines Parallelogramms ist $48\,cm^2$. Welche Abmessungen kann es haben? Kreuze an!

○ **A** $a = 6\,cm$, $h_a = 8\,cm$
○ **B** $a = 5\,cm$, $h_a = 9{,}6\,cm$
○ **C** $a = 10\,cm$, $h_a = 5\,cm$
○ **D** $a = 7\,cm$, $h_a = 7\,cm$
○ **E** $a = 12\,cm$, $h_a = 4\,cm$

797 In einem Parallelogramm wie in der Figur rechts liegt die Höhe nicht innerhalb des Parallelogramms. Man kann aber durch Ergänzen zweier rechtwinkliger Dreiecke zeigen, dass die Formel $A = a \cdot h_a$ auch hier gilt (→ Figur links unten). In der Figur rechts unten sind die beiden ergänzten rechtwinkligen Dreiecke zu einem Rechteck „zusammengeschoben“.

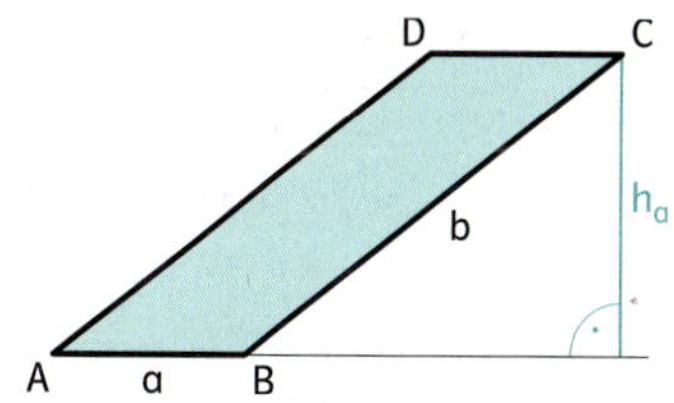

Erkläre, wie man an den beiden Figuren sehen kann, dass der Flächeninhalt des Parallelogramms genau so groß sein muss wie der des Rechtecks mit den Seitenlängen a und h_a!

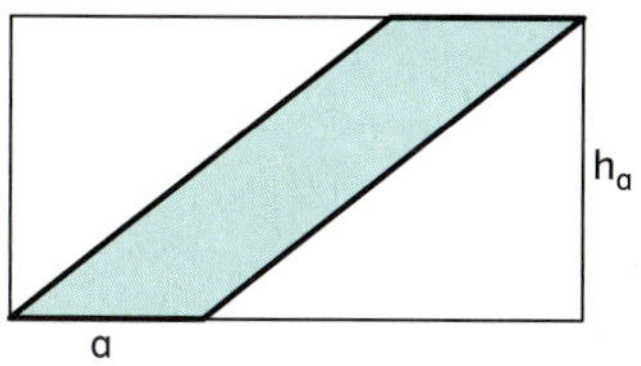

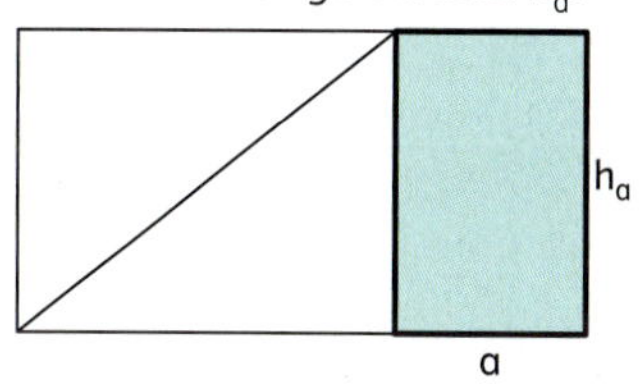

798 Welches Parallelogramm hat denselben Flächeninhalt wie das Parallelogramm X? Kreuze an!

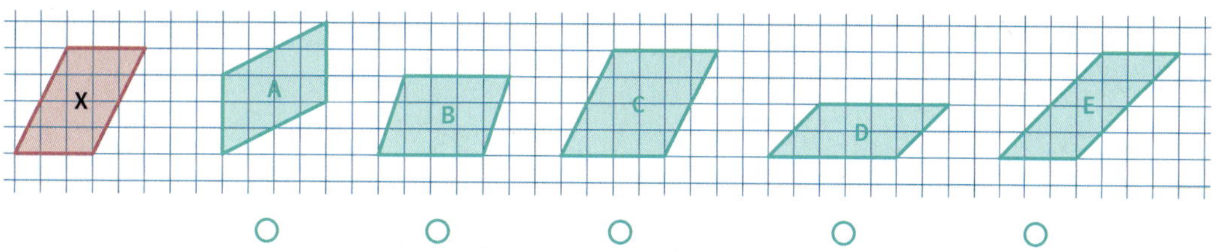

799 Ein Parallelogramm ist durch drei seiner Eckpunkte gegeben.
1) Zeichne es in einem Koordinatensystem und gib die fehlenden Koordinaten an!
2) Berechne den Flächeninhalt auf zwei Arten!

a) $A = (-1 \mid -1)$, $B = (3 \mid -1)$, $C = (2 \mid 2)$
b) $A = (1 \mid 2)$, $C = (9 \mid 0)$, $D = (4 \mid 3)$
c) $A = (-4{,}5 \mid -3{,}5)$, $B = (4{,}5 \mid -0{,}5)$, $C = (1{,}5 \mid 3{,}5)$
d) $A = (3 \mid -2)$, $B = (7 \mid 1)$, $C = (11 \mid -1)$

Umkehraufgaben

800 Drücke jede Variable der Formeln $A = a \cdot h_a$ bzw. $A = b \cdot h_b$ jeweils durch die anderen zwei Variablen aus!

801 Von einem Parallelogramm ABCD kennt man den Flächeninhalt und eine Seitenlänge bzw. eine Höhe. Berechne die zugehörige Höhe bzw. Seitenlänge!

Beispiel

$A = 17{,}52\,cm^2$, $a = 7{,}3\,cm$

$A = a \cdot h_a \Rightarrow h_a = \frac{A}{a}$ $\quad \frac{17{,}52}{7{,}3} = 2{,}4$ $\quad$ Ü: $\frac{17{,}52}{7{,}3} \approx \frac{18}{7} \approx 2{,}5$

Die Höhe h_a beträgt 2,4 cm.

a) $A = 3\,800\,dm^2$, $a = 76\,dm$
b) $A = 31{,}08\,m^2$, $b = 4{,}2\,m$
c) $A = 53{,}1\,dm^2$, $h_b = 9{,}0\,dm$
d) $A = 780\,mm^2$, $h_a = 25\,mm$
⊞ **e)** $A = r\,cm^2$, $h_b = s\,cm$
⊞ **f)** $A = x \cdot z\,m^2$, $b = z\,m$

802 Berechne die fehlenden Größen des Parallelogramms!

	Seitenlänge a	Seitenlänge b	Höhe h_a	Höhe h_b	Flächeninhalt A
a)	12 cm	8 cm			$48\,cm^2$
b)		56 mm	70 mm	48 mm	
c)	7,5 cm		9,84 cm	8,2 cm	

803 Von einem Parallelogramm ABCD kennt man die Längen beider Seiten und eine Höhe.
1) Konstruiere das Parallelogramm (zwei Lösungen) und miss die zweite Höhe!
2) Berechne den Flächeninhalt!
3) Überprüfe deine Messergebnisse durch Berechnen der zweiten Höhe!

Beispiel

$a = 4{,}5\,cm$, $b = 2{,}6\,cm$, $h_a = 2{,}3\,cm$

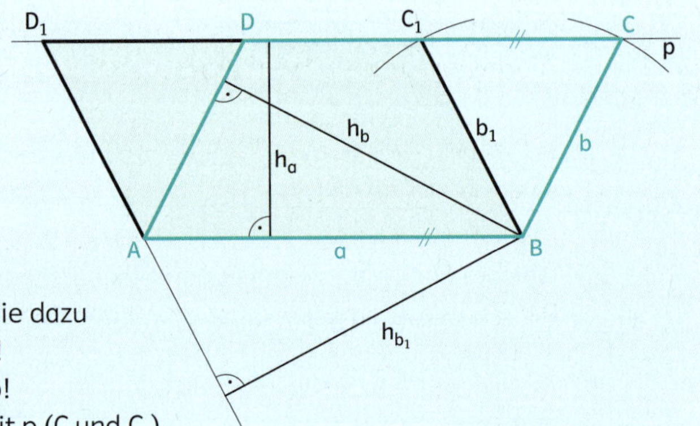

1) Konstruktionsgang:

1. Zeichne eine Skizze!

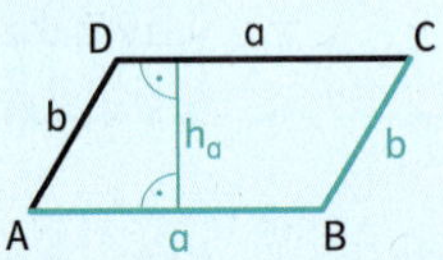

2. Zeichne zuerst die Seite AB und die dazu parallele Gerade p im Abstand h_a!
3. Schlage von B aus die Länge b ab! Du erhältst zwei Schnittpunkte mit p (C und C_1).
4. Zeichne die Parallelogramme ABCD und ABC_1D_1 und trage jeweils die zweite Höhe ein!

Messung: $h_b = h_{b_1} = 4\,cm$

2) $A = a \cdot h_a$ $\quad A = 4{,}5 \cdot 2{,}3 = 10{,}35 \approx 10$ $\quad$ Ü: $4{,}5 \cdot 2{,}3 \approx 5 \cdot 2 = 10$
Der Flächeninhalt des Parallelogramms beträgt rund $10\,cm^2$.

3) $A = b \cdot h_b \Rightarrow h_b = A : b$ $\quad h_b = 10{,}35 : 2{,}6 = 3{,}98\ldots \approx 4{,}0$ $\quad$ Ü: $10 : 2{,}5 = 4$
Die Höhe h_b ist rund 4 cm lang (Gleiches hat die Messung ergeben).

a) $a = 5{,}3\,cm$, $b = 2{,}8\,cm$, $h_a = 2{,}5\,cm$
b) $a = 4{,}7\,cm$, $b = 2{,}3\,cm$, $h_b = 4{,}2\,cm$
c) $a = 3{,}3\,cm$, $b = 5{,}6\,cm$, $h_a = 4{,}3\,cm$
d) $a = b = 5{,}2\,cm$, $h_a = 3{,}7\,cm$

5 Flächeninhalt des Drachens (Deltoids)

interaktive Vorübung 7x8t4a

AH S. 58

Simon bastelt einen Papierdrachen. Er verwendet zwei Stäbe als Diagonalen des Drachens. Um den Drachen fertig zu basteln, muss er herausfinden, wie groß das Papier sein muss. Er legt die Stäbe wie auf der Abbildung links auf ein Tonpapier. Im Drachen stehen die **Diagonalen aufeinander normal**. Man kann daher den Drachen zu einem **Rechteck ergänzen**. Die Länge des Rechtecks ist genauso lang wie die eine Diagonale ______ und die Breite ist so lang wie die andere Diagonale ______.

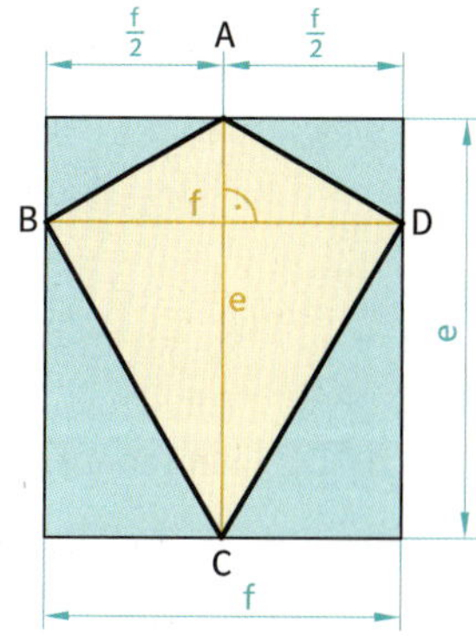

Der Flächeninhalt des Rechtecks kann also mit der Formel A = ______ berechnet werden. Danach schneidet Simon die überschüssigen Papierdreiecke weg. Dabei fällt ihm auf, dass je 2 dieser 4 Dreiecke deckungsgleich mit je 2 der 4 Dreiecke des Drachens sind. Der Flächeninhalt des Drachens ist also ______ so groß wie der Flächeninhalt des Rechtecks.

Flächeninhalt des Drachens (des Deltoids)

$A = \frac{1}{2} \cdot e \cdot f$

Kurzsprechweise: Flächeninhalt des Drachens = $\frac{1}{2}$ mal 1. Diagonale mal 2. Diagonale

Bemerkung: Du kennst diese Formel bereits von Raute und Quadrat, die beide Spezialfälle des Drachens sind. Sie gilt für alle Vierecke, deren Diagonalen normal aufeinander stehen.

804 Von einem Drachen kennt man die Längen der Diagonalen. Berechne den Flächeninhalt!

a) $e = 6{,}7\,cm$, $f = 8{,}6\,cm$
b) $e = 11{,}3\,m$, $f = 8{,}5\,m$
c) $e = \frac{3}{8}\,dm$, $f = \frac{1}{6}\,dm$
d) $e = 7\frac{1}{2}\,cm$, $f = 2\frac{1}{5}\,cm$
e) $e = 28{,}4\,m$, $f = 15{,}5\,m$
f) $e = \frac{x}{2}\,m$, $f = \frac{5x}{6}\,m$

805 Der Flächeninhalt eines Drachens ist gegeben. Kreuze alle für e und f richtigen Angaben an!

a) $36\,cm^2$
- ○ **A** $e = 6\,cm$, $f = 8\,cm$
- ○ **B** $e = 12\,cm$, $f = 6\,cm$
- ○ **C** $e = 9\,cm$, $f = 8\,cm$
- ○ **D** $e = 6\,cm$, $f = 6\,cm$
- ○ **E** $e = 72\,cm$, $f = 1\,cm$

b) $48\,cm^2$
- ○ **A** $e = 4\,cm$, $f = 12\,cm$
- ○ **B** $e = 16\,cm$, $f = 6\,cm$
- ○ **C** $e = 0{,}5\,cm$, $f = 10{,}2\,cm$
- ○ **D** $e = 6\,cm$, $f = 8\,cm$
- ○ **E** $e = 24\,cm$, $f = 2\,cm$

806 1) Zeichne den Drachen ABCD und konstruiere den Inkreis! Miss seinen Radius!
2) Berechne den Flächeninhalt des Drachens! Miss benötigte Längen in deiner Zeichnung ab!

a) $a = 4{,}0\,cm$, $b = 7{,}0\,cm$, $e = 9{,}0\,cm$
b) $e = 55\,mm$, $f = 120\,mm$, $\alpha = 105°$
c) $a = 65\,mm$, $e = 80\,mm$, $\beta = 75°$
d) $b = 84\,mm$, $\alpha = 105°$, $\delta = 90°$

807 Zwei Stäbe eines Drachens sind 114 cm bzw. 55 cm lang. Wie groß ist der Flächeninhalt des Drachens?

808 Kreuze alle Vierecke an, bei denen es sich um einen Drachen handelt, und gib bei diesen die passende Flächeninhaltsformel an!

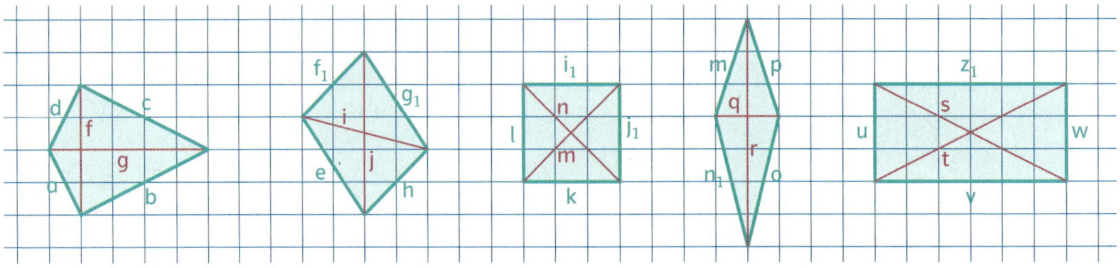

○ **A** A = ○ **B** A = ○ **C** A = ○ **D** A = ○ **E** A =

809 ⊞ Von einem Drachen sind die Längen der Diagonalen e und f bekannt. Wie kann man diese Längen verändern, um den Flächeninhalt des Drachens **a)** zu verdoppeln, **b)** zu halbieren, **c)** zu verdreifachen, **d)** auf das k-fache zu vergrößern? Gib mehrere Möglichkeiten an! Überprüfe mit selbst gewählten Werten für e und f!

810 Von einem Drachen kennt man den Flächeninhalt und die Länge einer Diagonale. Wie lang ist die andere Diagonale?

a) $A = 1872\,m^2$, $e = 39\,m$ **c)** $A = 14{,}52\,cm^2$, $f = 4{,}40\,cm$ **e)** $A = 18\frac{3}{8}\,dm^2$, $e = 5\frac{1}{4}\,dm$

b) $A = 598\,cm^2$, $e = 26\,cm$ **d)** $A = 875\,cm^2$, $f = 35\,cm$ ⊞ **f)** $A = \frac{x \cdot y}{4}\,m^2$, $f = \frac{y}{3}\,m$

811 Kreuze alle richtigen Aussagen an!

○ **A** Der Flächeninhalt eines Drachens lässt sich eindeutig berechnen, wenn nur die Längen der Diagonalen gegeben sind.
○ **B** Ein Drachen lässt sich eindeutig konstruieren, wenn nur die Längen der Diagonalen gegeben sind.
○ **C** Man kann den Flächeninhalt eines Quadrats und einer Raute genauso berechnen wie den Flächeninhalt eines Drachens.
○ **D** Die Formel für den Flächeninhalt des Drachens lautet $A = a \cdot h_a$.
○ **E** Wenn man eine Diagonale halbiert, halbiert sich auch der Flächeninhalt des Drachens.

Herleiten der Flächeninhaltsformeln

812 Leite die Flächeninhaltsformel für den Drachen her, indem du ihn wie in der Figur rechts in zwei kongruente Dreiecke ABC und ACD unterteilst! Überlege zunächst, dass in jedem dieser beiden Dreiecke die zur Seite $e = \overline{AC}$ gehörige Höhe gleich $\frac{f}{2}$ ist!
Vereinfache die gefundene Formel so weit wie möglich!

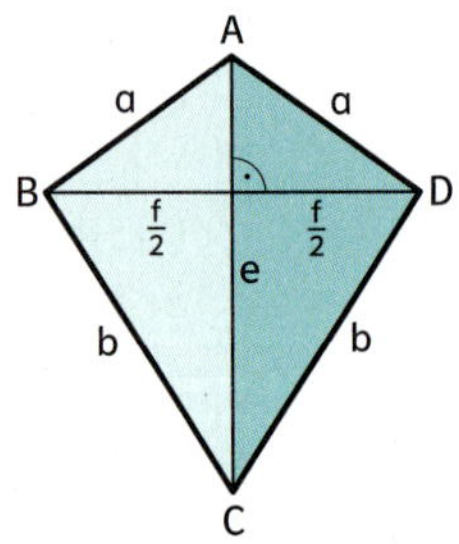

813

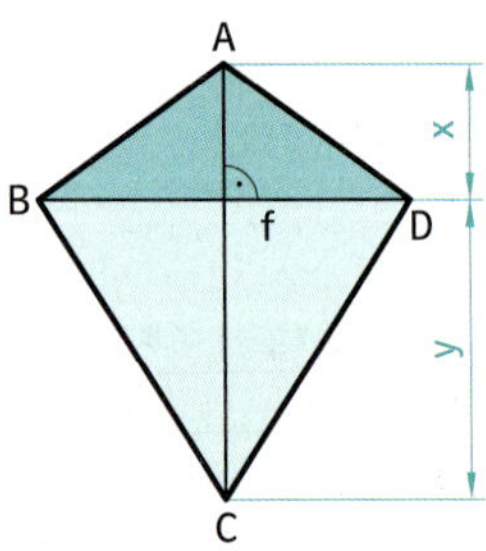

Leite die Flächeninhaltsformel für den Drachen her, indem du ihn wie in der Figur links in zwei gleichschenklige Dreiecke ABD und BCD unterteilst! Bezeichne zunächst die Höhen in diesen Dreiecken mit x und y! Vereinfache die gefundene Formel so weit wie möglich!
Beachte, dass $x + y = e$ gilt!

6 Flächeninhalt des Trapezes

interaktive Vorübung i3v2kh

AH S. 59

Das „Goldene Dachl" wurde im Auftrag von Kaiser Maximilian I. um 1500 errichtet. Der Prunkerker mit seinen 2657 vergoldeten Kupferschindeln wurde zum Wahrzeichen der Stadt Innsbruck. Die Vorderseite des Daches hat zwei gegenüberliegende ________ Seiten und in diesem Fall sogar zwei weitere ________ lange Seiten. Es handelt sich dabei um ein spezielles Trapez, nämlich um ein ________.

Wie können wir den Flächeninhalt eines beliebigen Trapezes ausrechnen?

Zeichne auf ein gefaltetes Blatt Papier ein beliebiges Trapez! Beim Ausschneiden des Trapezes aus dem gefalteten Papier erhältst du **zwei deckungsgleiche (kongurente) Trapeze**. Lege die beiden Trapeze wie in der Figur rechts nebeneinander!

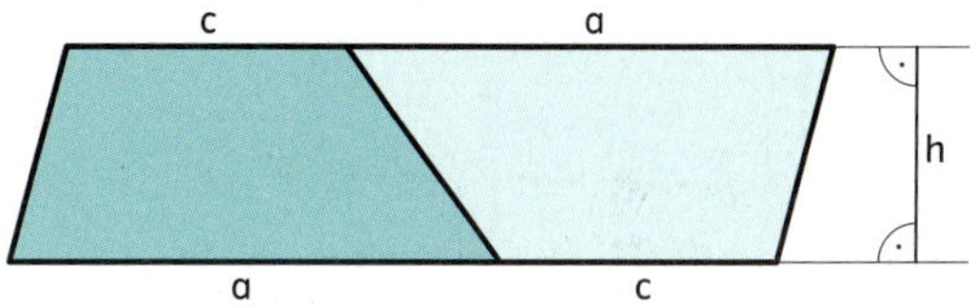

Dabei entsteht ein **Parallelogramm**, das **doppelt so groß** ist wie jedes der beiden **Trapeze**. Die Formel für den **Flächeninhalt** des Parallelogramms kennst du schon (Seite mal zugehöriger Höhe).

Seite = a + c, Höhe = h $\Rightarrow A_{▱} = (a + c) \cdot h \Rightarrow \mathbf{A_{⏢} = \frac{1}{2} \cdot (a + c) \cdot h}$

Flächeninhalt des Trapezes

$A = \frac{1}{2} \cdot (a + c) \cdot h = \frac{(a + c) \cdot h}{2} = \frac{a + c}{2} \cdot h = (a + c) \cdot \frac{h}{2}$

Mögliche Kurzsprechweise:

Flächeninhalt des Trapezes ist ein Halbes mal Summe der Parallelseiten mal Höhe

814 Von einem Trapez ABCD kennt man die Längen der Parallelseiten a und c und die Höhe h. Berechne den Flächeninhalt!

a) a = 37 mm, c = 21 mm, h = 17 mm
b) a = 102 mm, c = 62 mm, h = 50 mm

815
1) Konstruiere das Trapez ABCD! Beginne mit einer Skizze!
2) Berechne den Flächeninhalt! Miss benötigte Längen in deiner Zeichnung ab!

a) a = 96 mm, d = 60 mm, f = 133 mm, $\beta = 45°$
b) a = 8,7 cm, d = 5,3 cm, h = 4,2 cm, $\beta = 120°$, $\delta < 90°$
c) a = 116 mm, b = 77 mm, e = 70 mm, $\alpha = 90°$
d) a = 10,8 cm, c = 4,2 cm, d = 5,9 cm, h = 3,8 cm, $\alpha < 90°$

816 Zeichne das durch die Koordinaten seiner Eckpunkte gegebene Trapez ABCD (AB ∥ CD)!
1) Lies die fehlende Koordinate aus deiner Zeichnung ab!
2) Berechne den Flächeninhalt des Trapezes!

a) A = (–2 | –5), B = (4 | –5), C = (2 | 3), D = (–1 | y)
b) A = (3 | –3), B = (3 | 4), C = (x | 7), D = (–1 | –4)
c) A = (2 | –2), B = (2 | 5), C = (–1 | 5), D = (x | 0)
d) A = (–2 | –3), B = (4 | 3), C = (1 | 5), D = (x | 3)
e) A = (–2 | y), B = (1 | 4), C = (–2 | 4), D = (–4 | 2)
f) A = (x | –4), B = (3 | 3), C = (1 | 5), D = (–2 | 2)

Arbeitsblatt Plus u883wf Arbeitsblatt s3j6pp

817 Jedes der kleinen gleichseitigen Dreiecke in der abgebildeten Skizze rechts hat in Wirklichkeit 1 cm^2 Flächeninhalt.
Wie groß ist der Flächeninhalt des blau umrandeten Trapezes?

○ **A** 20 cm^2 ○ **B** 25 cm^2 ○ **C** 22,5 cm^2 ○ **D** 32 cm^2 ○ **E** 23,5 cm^2

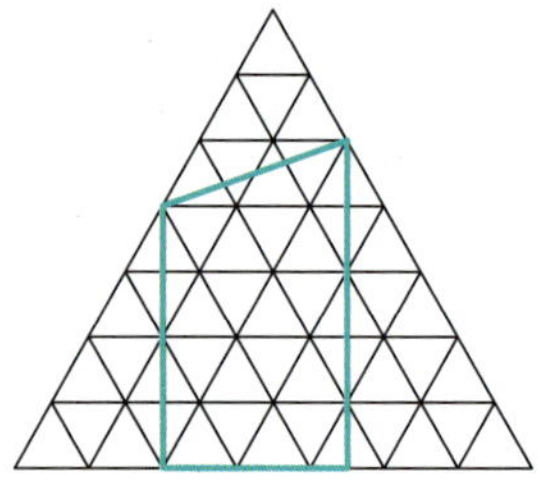

818

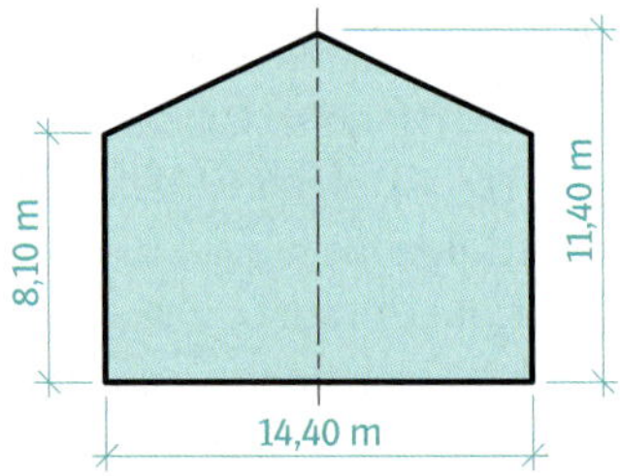

Die Seitenfront eines Hauses (⟶ Figur rechts) soll mit rautenförmigen Platten verkleidet werden (e = 30 cm, f = 22 cm).
Wie teuer kommt dies, wenn man zusätzlich 15 % für Verschnitt bzw. Überlappung rechnet und eine Platte 9,50 € kostet?

Umkehraufgaben

819 Von einem Trapez kennt man den Flächeninhalt A und die Längen der Parallelseiten a und c. Berechne die Höhe h!

Beispiel

A = 1 624 dm^2, a = 65,0 dm, c = 47,0 dm

$A = \frac{1}{2} \cdot (a + c) \cdot h \quad | \cdot 2$

$2 \cdot A = (a + c) \cdot h \quad | : (a + c)$

$\frac{2 \cdot A}{a + c} = h \qquad \frac{2 \cdot 1624}{65 + 47} = \frac{3248}{112} = 29 \qquad$ Ü: $\frac{2 \cdot 1624}{65 + 47} \approx \frac{3000}{100} = 30$

Die Trapezhöhe beträgt 29,0 dm.

a) A = 2 432 m^2, a = 88,0 m, c = 40,0 m
b) A = 3 479 cm^2, a = 95,0 cm, c = 47,0 cm
c) A = 4 144 dm^2, a = 75,0 dm, c = 37,0 dm
d) A = 331,7 m^2, a = 24,50 m, c = 18,30 m

820 Ein Trapez hat die Parallelseiten a und c, die Höhe h und den Flächeninhalt A. Berechne die Länge der fehlenden Parallelseite!

Beispiel

A = 1 420 m^2, a = 53,0 m, h = 40,0 m

$A = \frac{1}{2} \cdot (a + c) \cdot h \quad | \cdot 2$

$2 \cdot A = (a + c) \cdot h \quad | : h$

$\frac{2 \cdot A}{h} = a + c \quad | - a$

$\frac{2 \cdot A}{h} - a = c \qquad \frac{2 \cdot 1420}{40} - 53 = \frac{2840}{40} - 53 = 18 \qquad$ Ü: $\frac{2 \cdot 1420}{40} - 53 \approx \frac{2800}{40} - 50 = 20$

Die Länge der Seite c beträgt 18,0 m.

a) A = 1 218 m^2, a = 73,0 m, h = 21,0 m
b) A = 1 575 cm^2, c = 45,0 cm, h = 25,0 cm
c) A = 35,75 m^2, a = 8,30 m, h = 5,50 m
d) A = 4 189 dm^2, c = 62,0 dm, h = 59,0 dm

821 Niklas baut ein Vogelhäuschen mit trapezförmiger Vorderseite. Er hat aber leider einen Fleck auf der Anleitung und kann nur noch erkennen, dass die Vorderseite oben 5 cm, unten 15 cm breit ist und einen Flächeninhalt von 150 cm^2 haben soll.
Wie hoch soll die Vorderseite sein?

7 Flächeninhalt allgemeiner Vier- und Vielecke

interaktive Vorübung be46i3

AH S. 60

Flächenberechnungen mittels Dreiecken

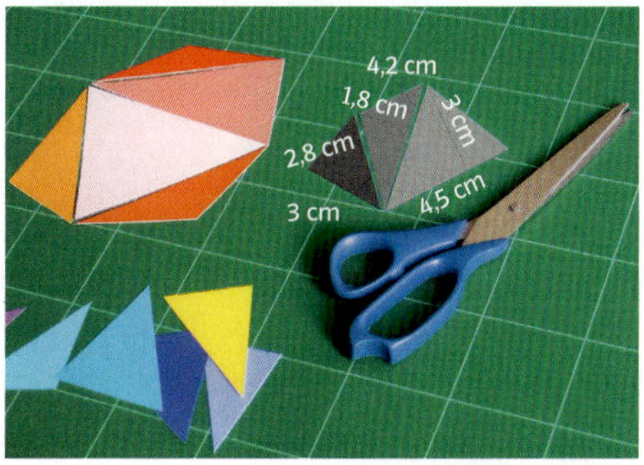

Veronika hat beim Basteln entdeckt, dass aus verschiedenen Dreiecken unterschiedliche Vielecke gelegt werden können. Sie schließt daraus, dass sich der **Flächeninhalt jedes Vielecks mit** Hilfe der Flächeninhaltsformel für **Dreiecke berechnen** lässt.
In jedem dieser Dreiecke kann man dann eine Seitenlänge und die zugehörige Höhe messen.
Sie nimmt daraufhin die Maße der Dreiecke des grauen Vielecks, berechnet die jeweiligen Flächeninhalte und addiert anschließend die drei Ergebnisse:

①: $a = 4{,}5\,\text{cm},\ h_a = 3\,\text{cm} \Rightarrow A_1 = \frac{a \cdot h_a}{2} = \frac{4{,}5 \cdot 3}{2} =$ ______

②: $a =$ ______ cm, $h_a =$ ______ cm $\Rightarrow A_2 = \frac{a \cdot h_a}{2} =$ ______

③: $a =$ ______ cm, $h_a =$ ______ cm $\Rightarrow A_3 = \frac{a \cdot h_a}{2} =$ ______

$A = A_1 + A_2 + A_3 =$ ______ + ______ + ______ = ______ $\Rightarrow A =$ ______ cm^2

Flächenberechnungen im Koordinatensystem

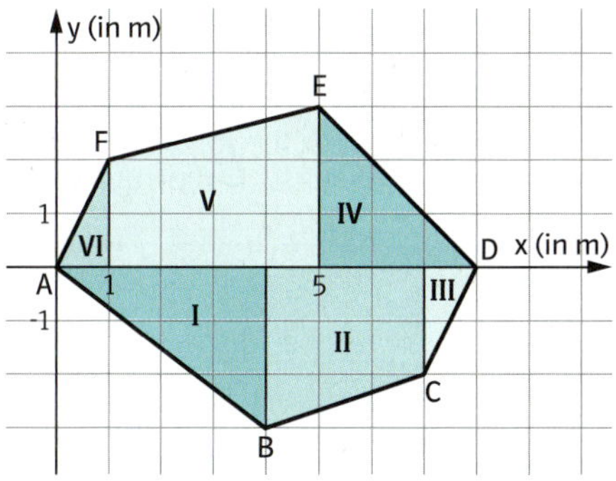

Manchmal sind die Eckpunkte eines Vielecks mit Hilfe von Koordinaten angegeben. In so einem Fall kann man oft das Vieleck mit Hilfe von **Parallelen zu den Koordinatenachsen** in **rechtwinklige Dreiecke** und **Trapeze** unterteilen (→ Figur links).
So kann man die benötigten Seitenlängen und Höhen aus den Koordinaten der Eckpunkte ablesen und ohne ungenaue Messungen den Flächeninhalt **exakt ermitteln.**
Für den Flächeninhalt des Sechsecks links gilt zB:
$A = A_I + A_{II} + A_{III} + A_{IV} + A_V + A_{VI}$

$A = \frac{4 \cdot 3}{2} +$ ______

$= 6 +$ ______ = ______

Das Sechseck hat ______ m^2 Flächeninhalt.

Flächeninhalt allgemeiner Vier- und Vielecke

Zerlege für die Berechnung des Flächeninhalts die Vierecke und Vielecke in **Dreiecke** und **geeignete Vierecke**!

822 Zeichne das Viereck ABCD! Berechne den Flächeninhalt, indem du das Viereck in zwei Dreiecke unterteilst! Miss benötigte Längen in deiner Zeichnung ab!

a) $a = 34\,\text{mm},\ b = 53\,\text{mm},\ c = 87\,\text{mm},\ d = 64\,\text{mm},\ f = 83\,\text{mm}$

b) $a = 95\,\text{mm},\ b = 66\,\text{mm},\ d = 78\,\text{mm},\ \alpha = 60°,\ \beta = 105°$

c) $a = 83\,\text{mm},\ f = 93\,\text{mm},\ \alpha = 61°,\ \beta = 84°,\ \delta = 147°$

823 ⊞ Zeichne das Vieleck mit den gegebenen Ausmaßen und berechne seinen Flächeninhalt, indem du es in Dreiecke unterteilst! Miss benötigte Längen in deiner Zeichnung ab!
Wähle zwei verschiedene Vorgangsweisen und gib den Mittelwert an!

a) $\overline{AB} = 6{,}4\,cm$, $\overline{BC} = 4{,}8\,cm$, $\overline{CD} = 3{,}6\,cm$, $\overline{DE} = 6{,}8\,cm$, $\overline{AE} = 3{,}8\,cm$, $\overline{AC} = 9{,}2\,cm$, $\overline{AD} = 8{,}2\,cm$

b) $\overline{AB} = 6{,}0\,cm$, $\overline{BC} = 4{,}0\,cm$, $\overline{CD} = 3{,}4\,cm$, $\overline{DE} = 5{,}0\,cm$, $\overline{EF} = 5{,}4\,cm$, $\overline{AF} = 3{,}8\,cm$, $\overline{AC} = 8{,}8\,cm$, $\overline{AD} = 8{,}2\,cm$, $\overline{AE} = 7{,}0\,cm$

c) $\overline{AB} = 4{,}5\,cm$, $\overline{AC} = 8{,}6\,cm$, $\overline{BC} = 4{,}3\,cm$, $\overline{CD} = 4{,}3\,cm$, $\overline{AD} = 9{,}0\,cm$, $\overline{AF} = 5{,}0\,cm$, $\overline{BF} = 6{,}9\,cm$, $\overline{BE} = 6{,}5\,cm$, $\overline{EF} = 4{,}7\,cm$

1) Zeichne die durch die Koordinaten ihrer Eckpunkte festgelegten Vierecke bzw. Vielecke!
2) Berechne jeweils den Flächeninhalt! Unterteile dazu das Viereck bzw. Vieleck mit Hilfe von Parallelen zu den Koordinatenachsen so in rechtwinklige Dreiecke bzw. Trapeze, dass du die benötigten Seitenlängen bzw. Höhen aus den Koordinaten ablesen kannst!

824
a) A = (–3|0), B = (4|0), C = (3|4), D = (–2|5)
b) A = (0|–4), B = (6|0), C = (0|3), D = (–7|0)
c) A = (0|0), B = (1,5|–3), C = (6|0), D = (3,5|5), E = (0|4)
d) A = (–1|0), B = (3|–3), C = (7|–2), D = (6|4), E = (3|6), F(1|4)

825
a) A = (0|0), B = (10|0), C = (7|3), D = (7|8), E = (10|8), F = (5|11), G = (0|8), H = (3|8), I = (3|3)
b) A = (–3|0), B = (0|2), C = (3|0), D = (3|3), E = (5|4), F = (–1|4), G = (–3|7), H = (–4|6), I = (–3|5)

826 Ein Viereck bzw. Vieleck ist durch die Koordinaten seiner Eckpunkte festgelegt.
Berechne den Flächeninhalt, indem du es zunächst zu einem Rechteck ergänzt, dessen Seiten parallel zu den Koordinatenachsen liegen! Ziehe dann vom Flächeninhalt des Rechtecks die Flächeninhalte jener Dreiecke und Trapeze ab, die außerhalb des Vierecks bzw. Vielecks liegen (→ Figur rechts)!

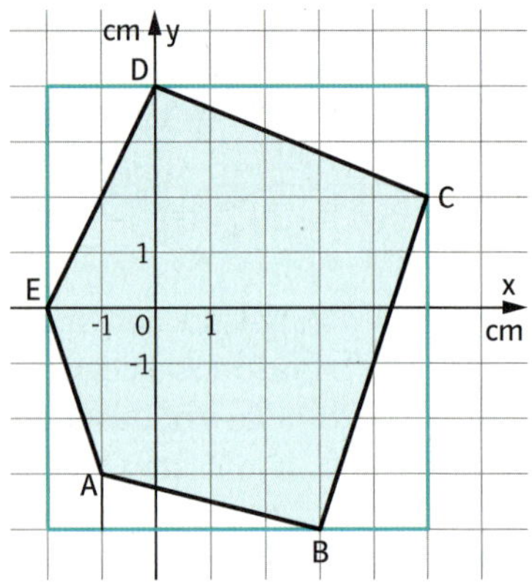

a) A = (–3|–2), B = (7|1), C = (2|6), D = (–1|8)
b) A = (0|0), B = (5,5|–3,5), C = (7,5|1), D = (3|2,5)
c) A = (–1|0), B = (2,5|–3,4), C = (7|–2), D = (4,8|2,6)
d) A = (–4|–2), B = (3,8|–3,2), C = (3|3,6), D = (–4,5|2,8)
⊞ **e)** A = (–3,1|4), B = (1|–5,6), C = (4|–4,5), D = (1,4|0,9), E = (–2|3)

827 ⊞ Gib eine Formel zur Berechnung des Flächeninhalts A der geometrischen Figur an!
Kreise die dafür notwendigen Variablen in der Zeichnung ein!

a)

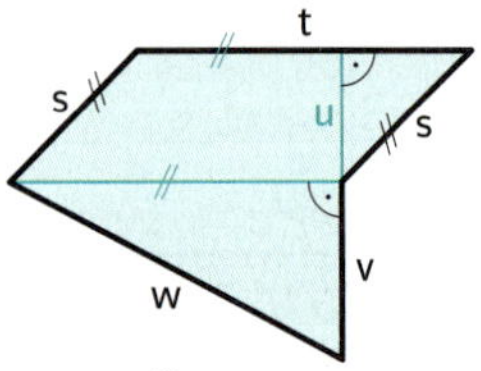

b)

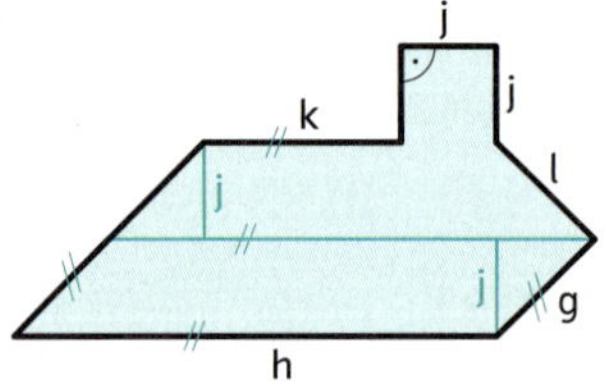

c)

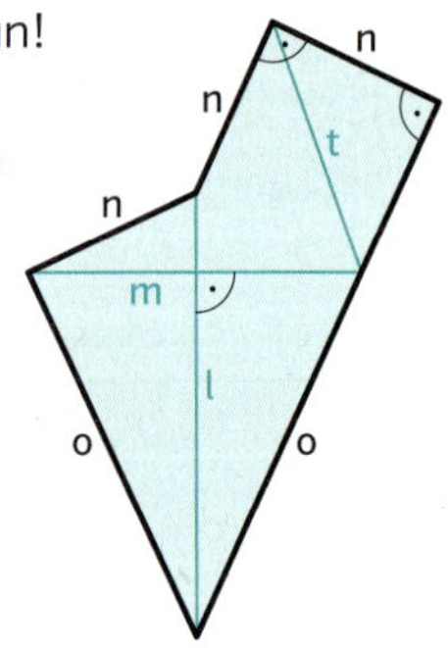

828

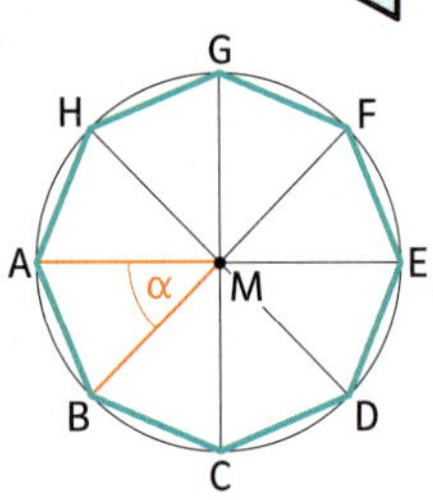

Zeichne ein regelmäßiges Achteck ABCDEFGH, das einem Kreis von 3 cm Radius eingeschrieben ist! Berechne dazu zuerst die Größe des Zentriwinkels α für die gleichschenkligen Teildreiecke! Gib den Flächeninhalt des Achtecks an, in dem du benötigte Längen aus der Zeichnung misst!

engl. AB
885aw8

Üben und Sichern

829 Eine 60 m lange Standlinie AB wird in einem Plan durch die Punkte A = (1 | 0) und B = (7 | 0) dargestellt (Koordinatenangabe in Zentimeter). Zu einem Geländepunkt P werden die Horizontalwinkel ∢BAP = 48° und ∢PBA = 83° gemessen.
1) Welcher Maßstab wurde in diesem Plan gewählt?
2) Welche Koordinaten hat der im 1. Quadranten liegende Punkt P?
3) Wie weit ist der Geländepunkt P in Wirklichkeit von der Standlinie AB entfernt?
4) Wie lang sind die Strecken AP und BP in Wirklichkeit?

830 **1)** Zeichne den Kreis k mit dem Mittelpunkt M und dem Radius r!
2) Ermittle die Schnittpunkte des Kreises mit der y-Achse und gib ihre Koordinaten an!
3) Lege in den Schnittpunkten des Kreises mit der y-Achse die Tangenten an den Kreis! Ermittle den Schnittpunkt S der beiden Tangenten und gib seine Koordinaten an!
a) k[M = (–1 | 0), r = 3 cm] **b)** k[M = (3 | –1), r = 5 cm] **c)** k[M = (–2 | 3), r = 4 cm]

831 Von einem Parallelogramm ABCD kennt man den Flächeninhalt und eine Seitenlänge bzw. eine Höhe. Berechne die zugehörige Höhe bzw. Seitenlänge!
a) $A = 1360\,mm^2$, $a = 68\,mm$ **b)** $A = 34{,}2\,cm^2$, $h_b = 5{,}7\,cm$ ⊞ **c)** $A = x\,cm^2$, $b = y\,cm$

832

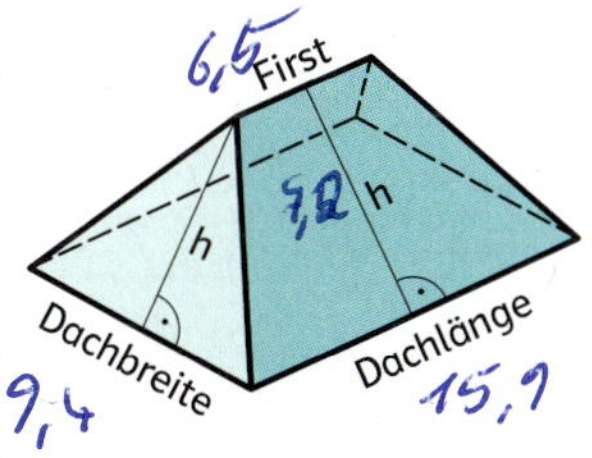

Die Dachflächen eines Walmdaches bestehen aus zwei kongruenten Dreiecksflächen und zwei ebenfalls kongruenten Trapezflächen (→ Figur links). Wie viel Quadratmeter Dachfläche sind zu decken, wenn die Dachbreite 9,4 m, die Dachlänge 15,9 m, die Firstlänge 6,5 m sowie die Höhen der Dreiecke und die der Trapeze je 7,2 m betragen?

833 Die rechts dargestellte Dachfläche (Maße in Meter) wird rund um die Sonnenkollektoren mit Dachziegeln gedeckt.
a) Wie viel Quadratmeter Dachziegel werden benötigt?
b) Die Kosten für die Dachziegel betragen 2750 €. Wie teuer kommt dabei im Mittel $1\,m^2$?

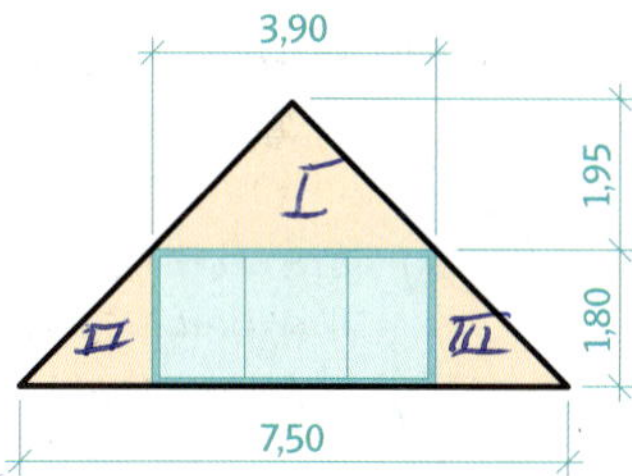

834 Kreuze für ① und ② so an, dass ein mathematisch richtiger Satz entsteht!
Wird die Länge einer Diagonalen eines Deltoids (Drachens) ① , so entsteht ein Deltoid (Drachen) mit einem ② Flächeninhalt.

	①
○	halbiert
○	verdoppelt
○	vervierfacht

	②
○	geviertelten
○	achtfachen
○	doppelten

835 Welche der folgenden Formeln sind zum Berechnen des Flächeninhalts des Drachens (→ Figur rechts) geeignet? Es gilt: e = x + y

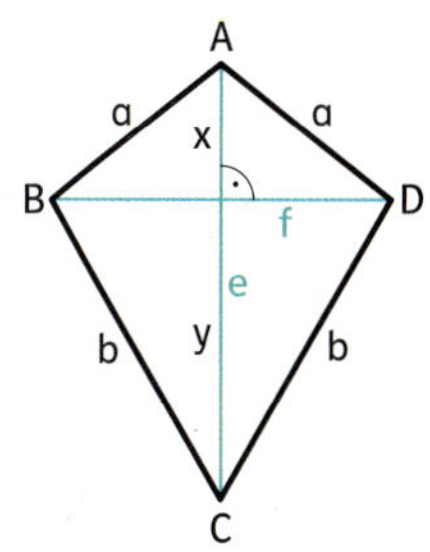

○ **A** $A = (e \cdot f) : 2$
○ **B** $A = \frac{f \cdot x}{2} + \frac{f \cdot y}{2}$
○ **C** $A = \frac{a \cdot a}{2} + \frac{b \cdot b}{2}$
○ **D** $A = \left(e \cdot \frac{f}{2}\right) : 2 + \left(e \cdot \frac{f}{2}\right) : 2$
○ **E** $A = \frac{a \cdot e}{2} + \frac{b \cdot f}{2}$

836 Zeichne ein regelmäßiges Sechseck, das einem Kreis vom Radius r eingeschrieben ist! Berechne dann den Flächeninhalt des Sechsecks!

a) r = 6 cm **b)** r = 5,8 cm **c)** r = 72 mm

837 Berechne den Flächeninhalt der rechts abgebildeten Spiegelfläche des sechseckigen Wandspiegels (Maße in Zentimeter)!

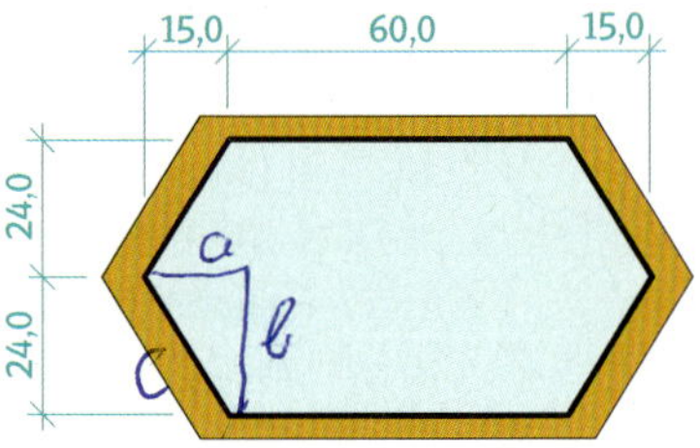

838

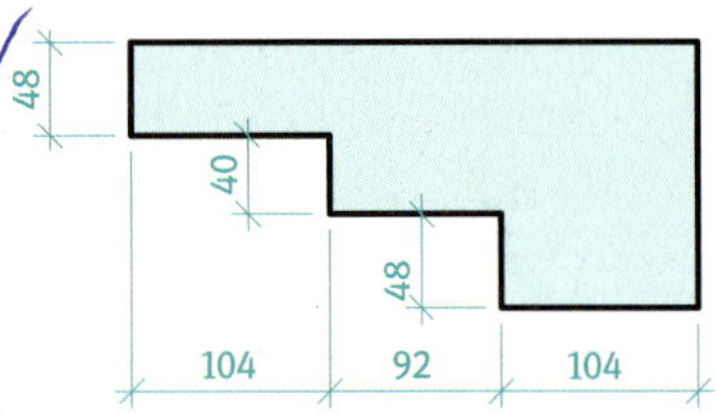

a) Berechne den Flächeninhalt des links dargestellten Grundstücks (Maße in Meter)!
b) Fertige eine Zeichnung im Maßstab 1 : 2000 an!

839 **1)** Konstruiere das rechtwinklige Dreieck ABC mit Hilfe des Thaleskreises!
2) Berechne den Flächeninhalt auf zweifache Weise und bilde den Mittelwert! Miss benötigte Längen in deiner Zeichnung ab!

a) $c = 9{,}6\,cm$, $b = 6{,}0\,cm$, $\gamma = 90°$ **b)** $c = 8{,}3\,cm$, $a = 4{,}0\,cm$, $\gamma = 90°$

840 Die Figur rechts zeigt ein so genanntes Winkeleisen.
1) Kreuze alle Formeln an, mit denen man den Flächeninhalt berechnen kann!
2) Berechne den Flächeninhalt für a = 50 mm und b = 10 mm!

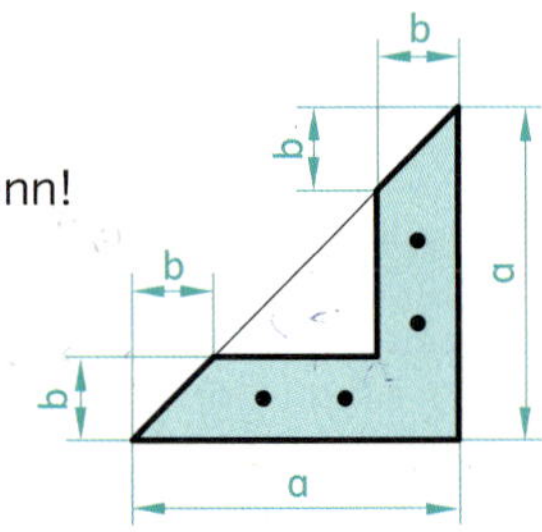

○ **A** $A = a^2 - b^2$ ○ **C** $A = \frac{a^2}{2} - \frac{(a-2b)^2}{2}$ ○ **E** $A = (a-b)^2$

○ **B** $A = 2ab - 2b^2$ ○ **D** $A = \frac{a^2}{2} - 2b^2$

841 Leite mit Hilfe einer Skizze eine Flächeninhaltsformel für die gegebene Figur her! Schreibe in Stichworten auf, wie du vorgegangen bist!

a) Dreieck **b)** Parallelogramm **c)** Raute **d)** Drachen **e)** Trapez

842 Von einem Dreieck kennt man $c = 34{,}4\,cm$ und $h_c = 16\,cm$.
Wie groß ist die Höhe h_a eines flächengleichen Parallelogramms, dessen Seite $a = 21{,}5\,cm$ lang ist?

843 Berechne den Flächeninhalt des regelmäßigen Sechsecks!

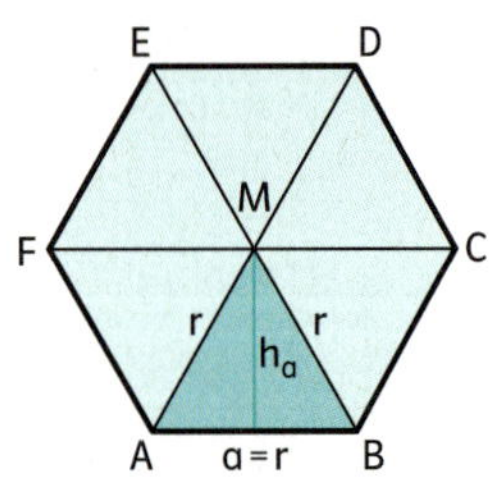

a) $a = 3\,cm$, $h_a \approx 2{,}6\,cm$
b) $a = 4{,}1\,cm$, $h_a \approx 3{,}6\,cm$
c) $a = 8{,}4\,cm$, $h_a \approx 7{,}3\,cm$

844

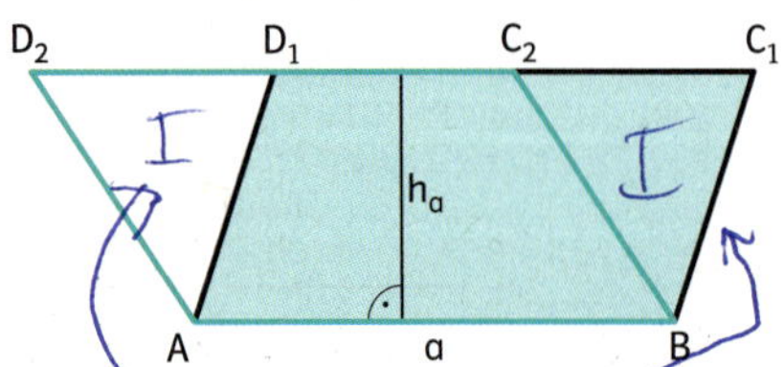

Die Parallelogramme ABC_1D_1 und ABC_2D_2 in der Figur links haben beide denselben Flächeninhalt. Erkläre, warum das so ist!

845 Das folgende Diagramm zeigt, wie man aus der Formel für den Flächeninhalt des Trapezes die Formeln für die Flächeninhalte der angegebenen Dreiecke und Vierecke ableiten kann.
Erklärt die einzelnen Pfeile! Verwende den **Sprachbaustein**!

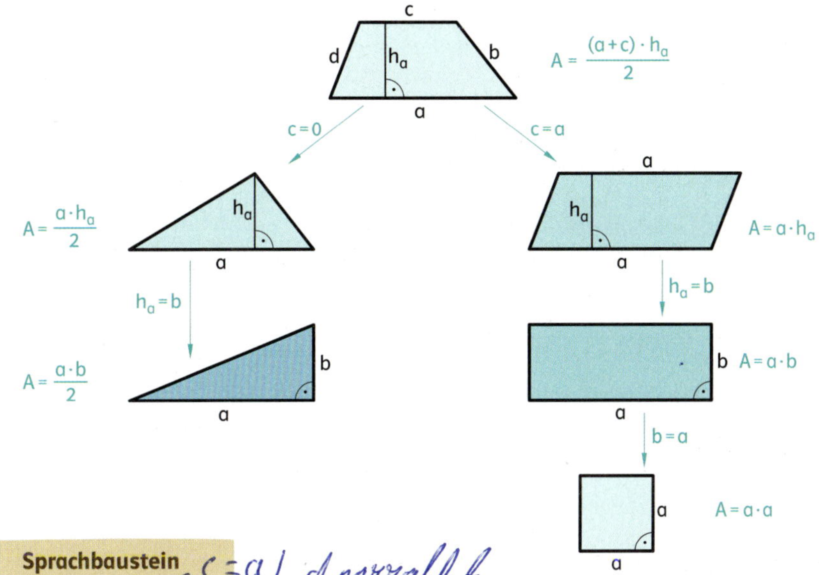

Sprachbaustein c = a / d parallel b

- Das Parallelogramm/Dreieck entsteht aus dem Trapez, indem man … c entfernt
- Beim rechtwinkligen Dreieck entspricht im Vergleich zum allgemeinen Dreieck die Höhe … Kathete
- Das Rechteck hat wie das Parallelogramm je zwei Paare gleich langer Gegenseiten.
- Allerdings entspricht die Seite b genau der Höhe h_a
- Das Quadrat ist ein Rechteck mit 4 Seiten, dh. die Seite a ist gleich lang wie die Seite a.

Zusammenfassung

AH S. 61

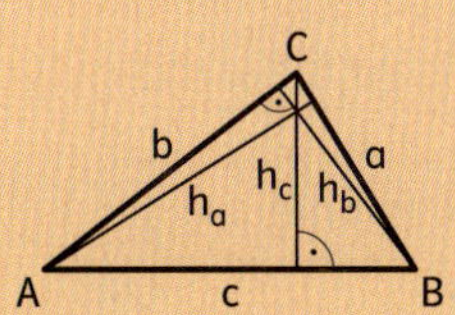

Dreieck
$A = \frac{1}{2} \cdot a \cdot h_a$ oder
$A = \frac{1}{2} \cdot b \cdot h_b$ oder
$A = \frac{1}{2} \cdot c \cdot h_c$

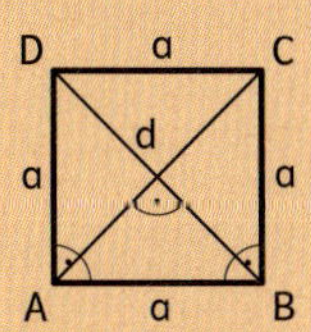

Quadrat
$A = a \cdot a = a^2$ oder
$A = \frac{1}{2} \cdot d \cdot d = \frac{1}{2} \cdot d^2$

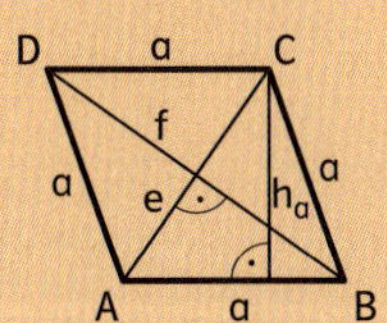

Raute (Rhombus)
$A = a \cdot h_a$ oder
$A = \frac{1}{2} \cdot e \cdot f$

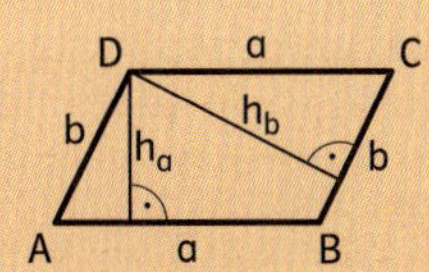

Parallelogramm
$A = a \cdot h_a = b \cdot h_b$

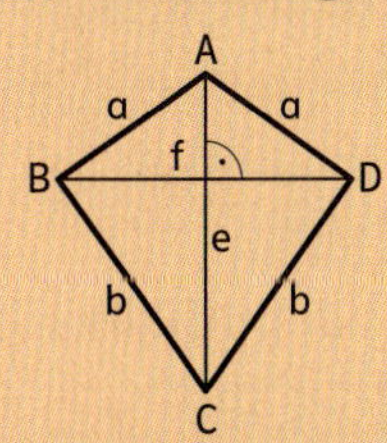

Drachen (Deltoid)
$A = \frac{1}{2} \cdot e \cdot f$

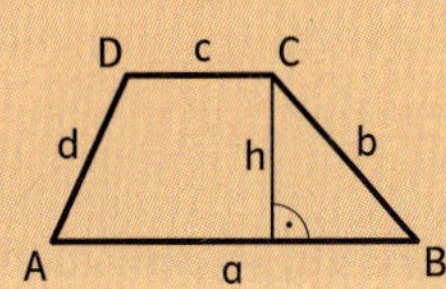

Trapez
$A = \frac{1}{2} \cdot (a + c) \cdot h$

Den Flächeninhalt allgemeiner **Vierecke** und **Vielecke** ermittelt man durch Zerlegen in Teilfiguren, zB in Dreiecke und Trapeze oder durch Umschreiben eines Rechtecks und Abziehen geeigneter Flächeninhalte.

Wissensstraße

Lernziele: Ich kann ...

Z 1: positive und negative Koordinaten im Koordinatensystem einzeichnen und ablesen.
Z 2: den Flächeninhalt allgemeiner Dreiecke berechnen.
Z 3: den Flächeninhalt von Rechtecken, Quadraten und Rauten berechnen.
Z 4: den Flächeninhalt von Parallelogrammen berechnen.
Z 5: den Flächeninhalt von Drachen berechnen.
Z 6: den Flächeninhalt von Trapezen berechnen.
Z 7: den Flächeninhalt allgemeiner Vierecke und Vielecke berechnen.

846 Z 1

1) Schreibe die Koordinaten der eingezeichneten Punkte auf!
2) Zeichne die Figur in dein Heft!

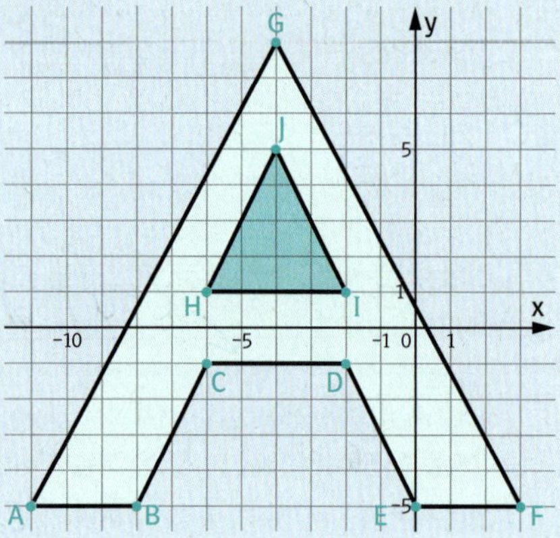

847 Z 1

Von vier Punkten sind die Koordinaten gegeben.
Ordne zu, wo diese vier Punkte im Koordinatensystem liegen!
Schreibe dazu den Buchstaben in das entsprechende Kästchen!

1	U = (−2 | 9)	
2	V = (0 | 8)	
3	W = (7 | −2)	
4	X = (−3 | −3)	

A	Der Punkt liegt auf der x-Achse.
B	Der Punkt liegt auf der y-Achse.
C	Der Punkt liegt im 1. Quadranten.
D	Der Punkt liegt im 2. Quadranten.
E	Der Punkt liegt im 3. Quadranten.
F	Der Punkt liegt im 4. Quadranten.

848 Z 1, Z 2

1) Zeichne das Dreieck ABC!
2) Ermittle den Höhenschnittpunkt H und gib die Koordinaten von H an!
3) Ermittle den Schwerpunkt S und gib die Koordinaten von S an!
4) Ermittle den Umkreismittelpunkt U und gib die Koordinaten von U an!
5) Zeichne die eulersche Gerade ein!
6) Berechne den Flächeninhalt!

a) A = (0 | 0), B = (4 | 8), C = (−5 | 5)
b) A = (−9 | −1), B = (6 | −6), C = (3 | 5)
c) A = (−7 | −3), B = (3 | −3), C = (0,5 | −0,5)
d) A = (−7 | −1), B = (0 | 0), C = (0 | 6)

849 1) Erkläre, wieso der Flächeninhalt des Dreiecks ABC in der Abbildung rechts genau halb so groß sein muss wie der des Rechtecks ABDE! Z 2
2) Leite daraus die Flächeninhaltsformel $A = \frac{1}{2} \cdot c \cdot h_c$ für das Dreieck ABC her!

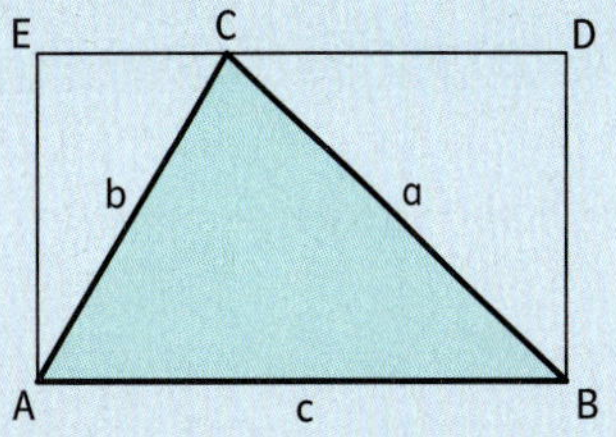

850 1) Konstruiere das Dreieck ABC mit a = 6,7 cm, b = 5,4 cm und c = 9,8 cm! Z 2
2) Zeichne die drei Höhen ein und miss ihre Längen!
3) Berechne den Flächeninhalt des Dreiecks auf dreifache Weise!
4) Wie groß ist das arithmetische Mittel der drei Ergebnisse?

851 Von einer Raute ABCD kennt man die Seitenlänge a = 9,1 cm und den Winkel β = 100°. Z 3
1) Konstruiere die Raute und miss die Längen der beiden Diagonalen und der Höhe h_a!
2) Berechne den Flächeninhalt der Raute auf zweifache Weise!

852 Ein Parallelogramm ABCD hat die Seitenlänge a = 7,4 cm und die Höhe h_a = 4,2 cm. Z 4
1) Zeichne mit diesen Bestimmungsstücken zwei verschiedene Parallelogramme, die denselben Flächeninhalt haben!
2) Wie groß ist der Flächeninhalt dieser Parallelogramme?

853 Ein 0,5 m^2 großer Papierdrachen hat eine 1,25 m lange (Symmetrie-)Diagonale. Z 5
Wie lang ist die andere Diagonale des Drachens?

854 In der nebenstehenden Figur sind die Abmessungen der Seitenwand eines Verkaufsstandes angegeben. Z 6
1) Zeichne die Seitenwand im Maßstab 1 : 50!
2) Berechne den Flächeninhalt der Seitenwand in Wirklichkeit!

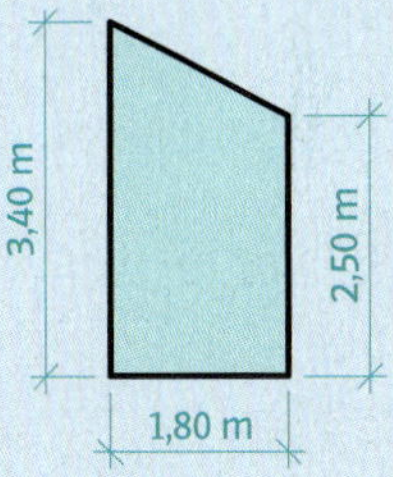

855 Konstruiere das Fünfeck ABCDE und berechne seinen Flächeninhalt! Z 7
$\overline{AB}$ = 48 mm, $\overline{BC}$ = 56 mm, $\overline{CD}$ = 52 mm, $\overline{DE}$ = 65 mm,
β = 148°, γ = 104°, δ = 111°

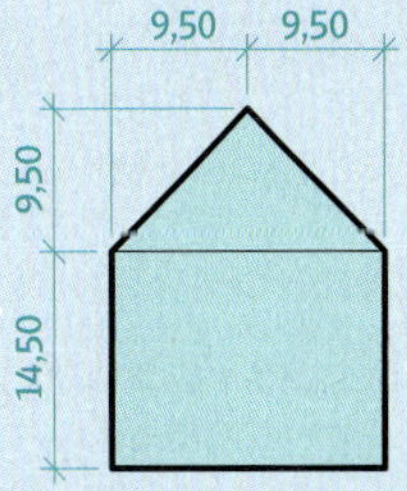

856 Berechne den Flächeninhalt der rechts abgebildeten Hauswand (Maße in Meter)! Z 7

857 Zeichne die Figur und berechne ihren Flächeninhalt! Z 1, Z 7
Unterteile die Figur mit Hilfe von Prallelen zu den Koordinatenachsen so, dass du benötigte Längen aus den Koordinaten ablesen kannst!
a) Viereck ABCD: A = (−5 | −1), B = (3 | −2), C = (3 | 1), D = (−1 | 4)
b) Fünfeck ABCDE: A = (−3 | −4), B = (2 | −6), C = (7 | −4), D = (7 | 5), E = (0 | 5)

Satz des Pythagoras

Berechnungen in Babylon

Man darf es als eine der wichtigsten Errungenschaften der gesamten Mathematik bezeichnen, dass es babylonischen Mathematikern ca. 2000 vor Chr. gelang, die Hypotenusenlänge in einem rechtwinkligen Dreieck ohne maßstäbliches Zeichnen und Messen zu berechnen. Sie teilten uns aber nicht mit, wie sie zu ihrer Methode gekommen waren, allein das Verfahren lehrten sie: Man quadriere die beiden Kathetenlängen, zB 3 und 4! In dem konkreten Beispiel erhält man die Zahlen $3^2 = 9$ und $4^2 = 16$. Dann addiert man die beiden Ergebnisse und erhält das Quadrat der Hypotenusenlänge, also $25 = 5^2$! Die Babylonier waren von der universellen Gültigkeit dieses Verfahrens völlig überzeugt. Auch chinesische Mathematiker hatten spätestens 300 vor Chr. den gleichen Zusammenhang zwischen den Katheten und der Hypotenuse eines rechtwinkligen Dreiecks entdeckt. Anders als die Babylonier teilten sie in ihren Lehrbüchern mit, warum diese Berechnung stimmen muss.

Pythagoras von Samos (um 570 – 500 vor Chr.)

Der Satz des Pythagoras

Die Tatsache, dass die Summe der Flächeninhalte der Quadrate über den Katheten mit dem Flächeninhalt des Quadrats über der Hypotenuse übereinstimmt, wird als „Satz des Pythagoras" bezeichnet. Wie Pythagoras zu dieser Ehre kam, wissen wir nicht. Sicher hat er bei seinen Studien in Ägypten und in Babylon diesen Satz kennen gelernt und in der von ihm gegründeten Schule gelehrt. Sein eigentliches Interesse galt den Quadratzahlen selbst, die er als geometrisches Muster verstand.

Der Lehrsatz des Pythagoras wurde anschaulich auf einer Briefmarke Griechenlands 1955 abgedruckt. Zähle die Kästchen der Quadrate über den Katheten und des Quadrats über der Hypotenuse! Was fällt dir auf?

Die Quadratmuster des Pythagoras

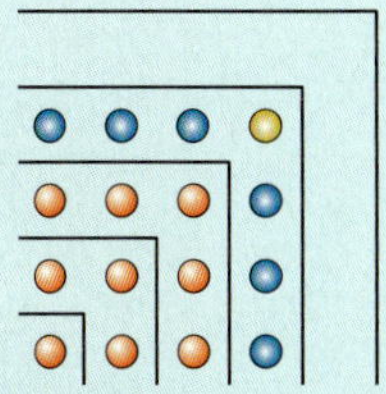

Quadratzahlen heißen die Zahlen 1, 4, 9, 16, 25, … deshalb, weil man sie als quadratische Punktmuster zeichnen kann. Das geometrische Muster von 9 (roten) Punkten stellt die Quadratzahl 9 dar. Es entspricht einem Quadrat mit der Seitenlänge 3. An dieses Quadrat fügt man rechts und oben jeweils 3 (blaue) Punkte an. Das sind doppelt so viele Punkte, wie eine (rote) Quadratseite hat. Schließlich gibt man noch einen (gelben) Punkt in der rechten oberen Ecke dazu und erhält auf diese Weise das geometrische Muster der nächsten Quadratzahl $16 = 4^2$. Dieses Prinzip gilt allgemein, von 1^2 auf 2^2, von 2^2 auf 3^2 usw.

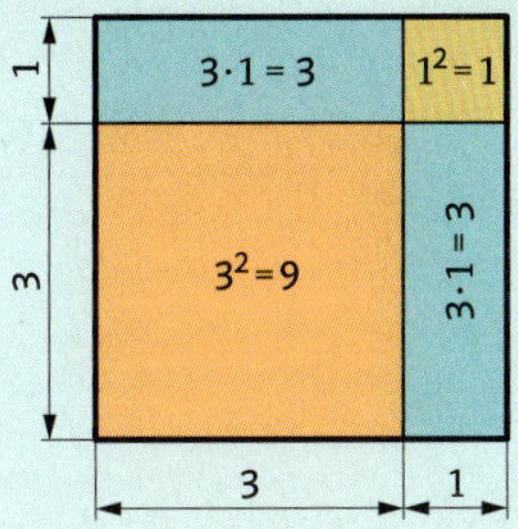

Zeichne in das Punktmuster (rechts oben) den Schritt von 4^2 auf 5^2 ein!
Zur Quadratzahl 9 wird also die ungerade Zahl 7 ($= 6 + 1$) addiert, um die nächste Quadratzahl 16 zu erhalten. Zur Quadratzahl 16 wird die ungerade Zahl 9 addiert, um 25 zu erhalten. Rückblickend kann man erkennen, dass zur Quadratzahl 1 die ungerade Zahl 3 addiert wird, um 4 zu erhalten. Zur Quadratzahl 4 wird die ungerade Zahl 5 addiert, um 9 zu erhalten, usw. Es werden also der Reihe nach die ungeraden Zahlen 3, 5, 7, 9, … addiert und immer ergibt sich eine Quadratzahl.

Pythagoreische Tripel

Wenn man das Punktmuster – wie oben beschrieben – fortsetzt, wird zur Quadratzahl $16 = 4^2$ die ungerade Zahl $9 = 3^2$ addiert, die selbst eine Quadratzahl ist. Das Ergebnis ist wieder eine Quadratzahl, nämlich $25 = 5^2$! Damit hat man ein Beispiel natürlicher Zahlen a, b, c gefunden, für die die Beziehung $a^2 + b^2 = c^2$ gilt. Natürliche Zahlen, die in einer derartigen Beziehung zueinander stehen, heißen pythagoreische Tripel.

Zeichne obenstehende Figur nach! Beginne mit einem Quadrat mit einer Seitenlänge von 4 cm!
Errichte darüber ein gleichschenklig, rechtwinkliges Dreieck und verfahre weiter wie in der Figur!

Worum geht es in diesem Abschnitt?

- **Formulierung des pythagoreischen Lehrsatzes**
- **Einführung der Quadratwurzel**
- **Anwenden des Lehrsatzes in rechtwinkligen und gleichschenkligen Dreiecken, sowie in Rechtecken**

1 Rechtwinkliges Dreieck – Satz des Pythagoras

interaktive Vorübung g94w74

AH S. 62

Livia und Lea spielen im Park. Sie sehen eine Rutsche, die 1,6 m hoch ist. Lea schätzt, dass das Ende der Rutsche ca. 3 m vom Klettergerüst entfernt ist. Livia fragt: „Wie lang ist die Rutsche?“ – „Machen wir eine Zeichnung im Maßstab 1 : 100! Wir vernachlässigen den Knick in der Rutsche – das wird sicher passen“, antwortet Lea. Die Mädchen fertigen die Zeichnung im Maßstab 1 : 100 an.

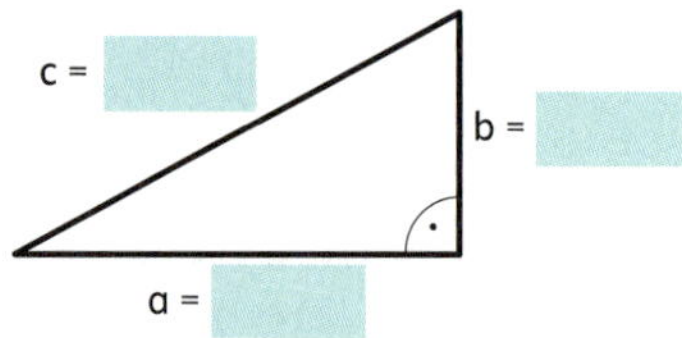

3 m ≙ ____, 1,6 m ≙ ____. Die Länge der Rutsche können sie somit aus der Konstruktion entnehmen, sie ist ca. ____ lang.
Livia denkt einen Augenblick nach und meint: „Die Skizze hat die Form eines rechtwinkligen Dreiecks, von dem wir die beiden Kathetenlängen kennen. Ob man die Länge der Hypotenuse auch berechnen könnte?“
Eine Formel für die Berechnung der **Hypotenusenlänge** in einem rechtwinkligen Dreieck aus den gegebenen **Kathetenlängen** gibt es tatsächlich. Sie ist seit fast 4000 Jahren bekannt und folgt aus dem so genannten **Lehrsatz des Pythagoras**.

Satz des Pythagoras

In jedem **rechtwinkligen Dreieck** mit den Katheten a und b und der Hypotenuse c gilt für die Seitenlängen: $\mathbf{a^2 + b^2 = c^2}$
Mögliche Sprechweisen: „Kathete a hoch 2 plus Kathete b hoch 2 ist Hypotenuse c hoch 2“; oder kurz: „a zum Quadrat plus b zum Quadrat = c zum Quadrat“

Hinweis In diesem Buch ist, wenn nicht anders angegeben, der rechte Winkel immer bei C.

Mit Hilfe des Satzes von Pythagoras können wir die oben gestellte Aufgabe lösen:
$c^2 = 1{,}6^2 + 3^2 =$ ____. Durch Probieren findet man die Länge der Hypotenuse c: ____ m.
Vergleiche durch Abmessen der Hypotenuse in der Maßstabszeichnung!

Umgekehrt ergeben die **Zahlen a, b** und **c**, die die Beziehung $\mathbf{a^2 + b^2 = c^2}$ erfüllen, immer auch **Seitenlängen** eines **rechtwinkligen Dreiecks** mit der Hypotenusenlänge c (Begründung: 4. Klasse).
Durch **Umformen** kann man aus der gegebenen Hypotenusenlänge und einer Kathetenlänge die jeweils **andere Kathetenlänge** berechnen: $a^2 + b^2 = c^2 \Rightarrow$

$$\mathbf{a^2 = c^2 - b^2} \qquad \text{und} \qquad \mathbf{b^2 = c^2 - a^2}$$

Wiederholung: Satz von Thales

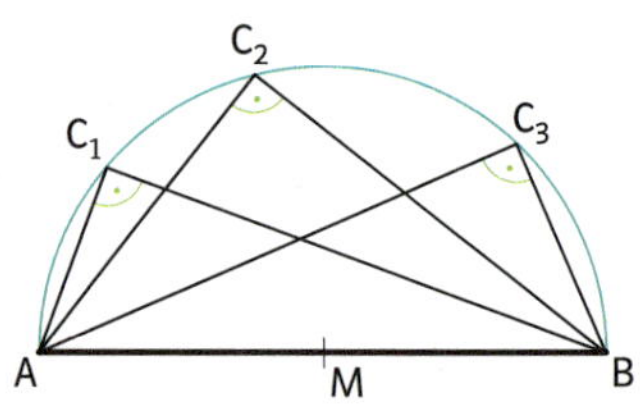

In der zweiten Klasse haben wir beim rechtwinkligen Dreieck den **Satz von Thales** kennengelernt: „Jeder Punkt C (ungleich A, B) auf einem **(Halb-)Kreis** bildet mit den Endpunkten des Durchmessers AB ein **rechtwinkliges Dreieck**.“ Dabei ist der Durchmesser die Hypotenuse c.
Umgekehrt stellt der **Thaleskreis** den **Umkreis jedes rechtwinkligen Dreiecks** mit Hypotenuse AB dar. Der Umkreismittelpunkt liegt also beim Mittelpunkt des Durchmessers und der **Radius des Umkreises** ist somit $\frac{c}{2}$.

858 Konstruiere aus den gegebenen Seitenlängen ein rechtwinkliges Dreieck ABC ($\gamma = 90°$)! Miss die dritte Seite und bestätige damit den Satz des Pythagoras!

a) a = 60 mm, c = 100 mm **b)** b = 55 mm, c = 73 mm **c)** a = 117 mm, b = 44 mm

859 Markiere bei den rechtwinkligen Dreiecken die beiden Katheten blau und die Hypotenuse grün! Miss die Seitenlängen ab und bestätige damit den Satz des Pythagoras!

a)

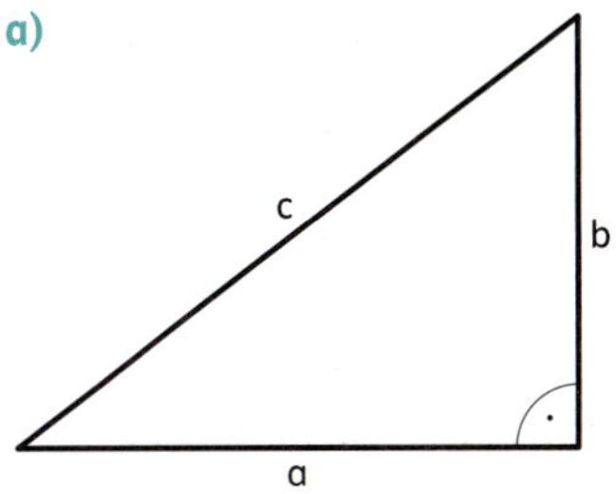

a =

b =

c =

b)

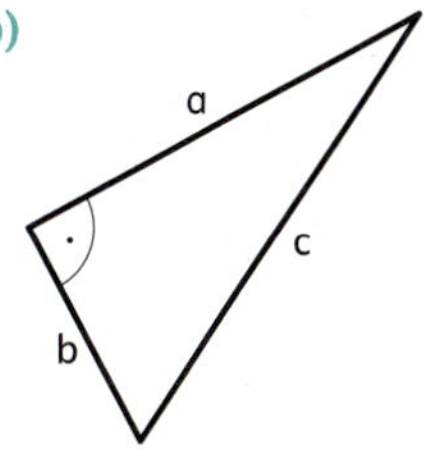

a =

b =

c =

c)

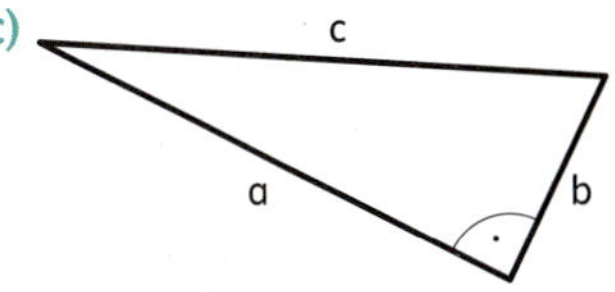

a =

b =

c =

860 Für die Seitenlängen des gegebenen rechtwinkligen Dreiecks ABC gilt der Satz des Pythagoras.

1) Überprüfe mit Hilfe des TR!

2) Zeichne das Dreieck und bestätige durch Messen der Winkel, dass es rechtwinklig ist!

a) a = 8 cm, b = 6 cm, c = 10 cm **b)** a = 68 mm, b = 51 mm, c = 85 mm

861 Kreuze alle Dreiecke an, die rechtwinklig sind (ohne Konstruktion)!

○ **A** a = 22 mm, b = 31 mm, c = 54 mm
○ **B** a = 6 m, b = 8 m, c = 10 m
○ **C** a = 16 cm, b = 30 cm, c = 34 cm
○ **D** a = 1 dm, b = 3 dm, c = 5 dm

Tipp

Verwende die längste Seite als Hypotenuse und nütze die „Umkehrung" des Satzes des Pythagoras!

862 Das Flatiron Building ist eines der berühmtesten Gebäude in New York. Die Grundfläche ist ein Dreieck mit den Maßen 195 m, 180 m und 75 m.

1) Prüfe rechnerisch nach, ob es ein rechtwinkliges Dreieck ist!

2) Zeichne das Dreieck im Maßstab 1 : 5000 und überprüfe deine Rechnung aus **1)**!

3) Berühmt ist das Gebäude vor allem durch den sehr schmalen Winkel, der vorne im Bild zu sehen ist. Wie groß ist der Winkel? Miss in deiner Zeichnung nach!

863 **1)** Konstruiere einen Halbkreis mit dem angegebenen Durchmesser $d = \overline{AB}$!

2) Wähle auf dem Halbkreis drei beliebige Punkte C_1, C_2 und C_3 und verbinde sie mit A und B zu rechtwinkligen Dreiecken! Bestätige durch Messen und Berechnen, dass in diesem Dreieck der Satz des Pythagoras gilt!

a) d = 7 cm **b)** d = 85 mm **c)** d = 125 mm

864 ⊞ Vier Dreiecke sind gegeben. Kreuze das Dreieck an, bei dem der Umkreismittelpunkt auf der Strecke AB liegt und diese halbiert! Begründe deine Antwort!

○ **A** a = 5 cm, b = 3 cm, c = 7 cm
○ **B** a = 8 dm, b = 13 dm, c = 14 dm
○ **C** a = 22 mm, b = 44 mm, c = 55 mm
○ **D** a = 9 mm, b = 40 mm, c = 41 mm

865 **Beweis des Satzes von Pythagoras**

a) 1) Betrachte die beiden gleich großen Quadrate unten! Wie groß ist jeweils eine Seitenlänge?

2) Begründe, dass das blaue Viereck in der linken Figur ein Quadrat sein muss! (Warum muss δ ein rechter Winkel sein?)

3) Begründe, dass die acht rechtwinkligen Dreiecke in beiden Figuren gleich groß sind!

4) Begründe, wieso die blaue Fläche der linken Figur gleich groß wie die Summe der beiden blau eingefärbten Flächen der rechten Figur sein muss! Daraus folgt: $c^2 = a^2 + b^2$

b) Zeichne zwei gleich große Quadrate mit beliebiger Seitenlänge (zB $s = 10\,\text{cm}$) und acht rechtwinklige Dreiecke mit selbstgewählten Kathetenlängen a und b ($a + b = s$)! Schneide diese Dreiecke aus und klebe sie in die beiden Quadrate entsprechend der linken bzw. rechten Figur! Berechne die freie Fläche in der linken Figur und vergleiche diese mit der Fläche der „Löcher" in der rechten!

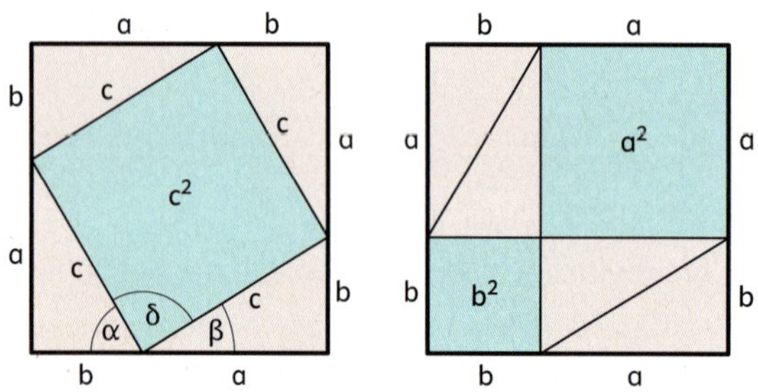

Vom Messen zum Beweisen

Messungen bei einzelnen geometrischen Figuren können **niemals die Gültigkeit eines Gesetzes** für alle gleichartigen Figuren beweisen. Jedoch sollte man **nicht auf Konstruieren und Messen verzichten**, da sie häufig helfen, geometrische Zusammenhänge zu erkennen. Oft legen sie auch nahe, **wie ein Beweis geführt werden kann** (→ Aufgabe 865). Für den Satz des Pythagoras sind mehr als 300 verschiedene Beweise bekannt.

866 Kreuze für ① und ② so an, dass ein mathematisch richtiger Satz entsteht!
Die ① der Flächeninhalte der Kathetenquadrate ergibt den Flächeninhalt eines Quadrats konstruiert über der ② des Dreiecks.

	①
○	Differenz
○	Produkte
○	Summe

	②
○	Winkelsumme
○	Hypotenuse
○	Kathete

Tipp

Achte auf die Seitenbezeichnungen! Wenn diese anders lauten, so ändern sich auch die Bezeichnungen im Satz des Pythagoras.

867 Formuliere den Satz des Pythagoras für alle abgebildeten rechtwinkligen Dreiecke! Verwende dazu den angegebenen Tipp!

a)

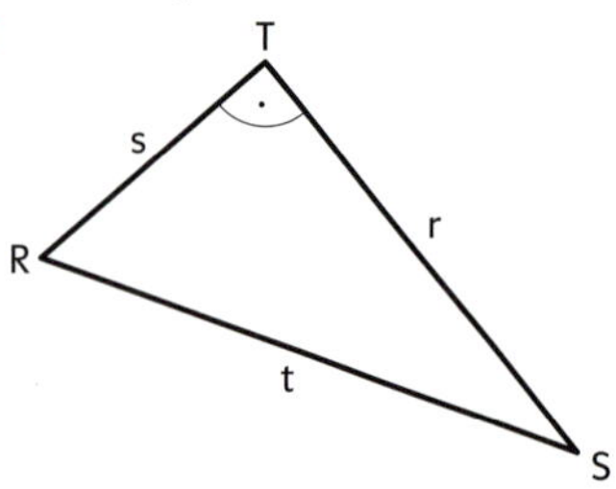

b)

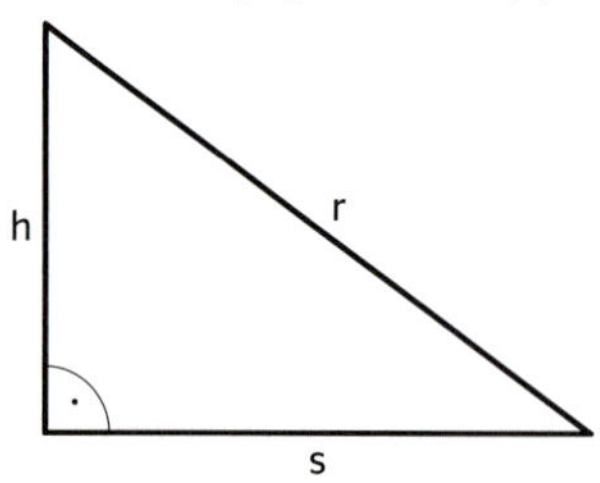

c)

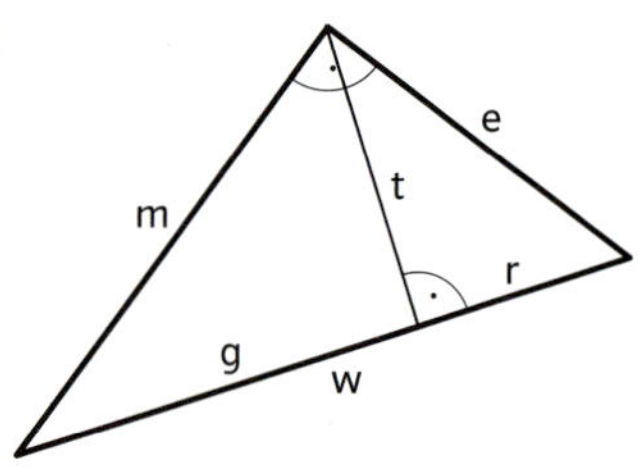

868 Zeichne das abgebildete Dreieck in dein Heft und konstruiere die Quadrate über den Katheten bzw. der Hypotenuse! Berechne den Flächeninhalt aller Quadrate! Wie lautet der Satz des Pythagoras für dieses Dreieck?

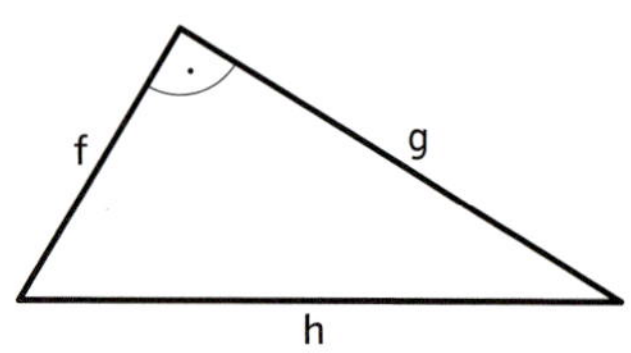

2 Berechnungen mit dem Satz des Pythagoras

interaktive Vorübung 7n8357

AH S. 63

Sebastian und Fritz haben festgestellt, dass bei manchen rechtwinkligen Dreiecken die dritte Seite relativ einfach zu finden ist (zB $a = 3$, $b = 4$, $\Rightarrow 9 + 16 = 25 = 5^2$, also $c = 5$). Bei anderen wiederum ist es aber sehr schwierig. Sebastian stellt die Frage: „Bei welchen Zahlen kann ich die fehlende Seitenlänge einfach ermitteln?“ Fritz überlegt und sagt: „Wenn eine Quadratzahl herauskommt; das sind die Zahlen $1 (= 1^2)$, $4 (= 2^2)$, $9 (= 3^2)$, ____, ____, ____, usw.“
Aber wie ist das bei den anderen Zahlen?

Dieses Problem tritt in der Mathematik öfter auf: Man **sucht** eine **Zahl**, deren **Quadrat** man **kennt**. Daher hat man ein eigenes Rechensymbol dafür eingeführt.
Die Umkehrung des Quadrierens $b^2 = a$ (mit $a, b \geq 0$) ist das Wurzelziehen $\mathbf{b = \sqrt{a}}$.
Dieses Symbol heißt **Quadratwurzel** aus a oder kurz: **Wurzel aus a**.

ZB $\sqrt{64} = 8$, weil $8^2 = 64$ oder $\sqrt{10{,}24} = 3{,}2$ weil $3{,}2^2 = 10{,}24$

Quadratwurzel

Eine Zahl b heißt **Quadratwurzel aus a**, wenn $b^2 = a$ ist, also $b = \sqrt{a}$.
Dabei dürfen a und b **keine negativen Zahlen** sein. Das **Berechnen** der Wurzel heißt **Wurzelziehen.**

Natürlich muss man nicht immer probieren, um die Wurzel einer Zahl zu finden. Mit Hilfe des Taschenrechners kann man die Quadratwurzel rasch ermitteln. Man erkennt, dass die Wurzel nicht immer eine „schöne“ Zahl ist (zB $\sqrt{2} = 1{,}41\ldots$; $\sqrt{8} = 2{,}828\ldots$ usw.).

Wurzeln aus **Quadratzahlen** (zB 1, 4, 9, 25, 36, 49, …) sind **natürliche Zahlen**, die Quadratwurzeln aus den anderen natürlichen Zahlen ergeben **Dezimalzahlen mit unendlich vielen Kommastellen**, die nicht periodisch sind. Dies ist oben bei der Wurzel aus 2 mit den Punkten angedeutet. Manche TR zeigen acht, manche zehn und einige sogar zwölf Stellen an. Trotzdem sind das nicht alle Kommastellen dieser Wurzel. Für weitere Berechnungen muss man diese Ergebnisse immer **runden**!
Hinweis Dezimalzahlen mit unendlich vielen, nicht periodischen Nachkommastellen werden wir in der 4. Klasse näher betrachten.

Mit Hilfe der **Wurzel** kann man die Längen der einzelnen **Dreiecksseiten** direkt aus dem **Satz des Pythagoras** ausdrücken.

Umformungen des pythagoreischen Lehrsatzes

Aus $\mathbf{a^2 + b^2 = c^2}$ folgt

$$c^2 = a^2 + b^2 \Rightarrow \mathbf{c = \sqrt{a^2 + b^2}}$$
$$a^2 = c^2 - b^2 \Rightarrow \mathbf{a = \sqrt{c^2 - b^2}}$$
$$b^2 = c^2 - a^2 \Rightarrow \mathbf{b = \sqrt{c^2 - a^2}}$$

869 Schreibe die Quadratzahlen kleiner als 250 auf! Versuche sie dir einzuprägen, da du sie häufig beim Wurzelziehen (aber auch beim Quadrieren) benötigst!

870 1) Zeichne das rechtwinklige Dreieck ABC!
Berechne 2) die Länge der fehlenden Seite, 3) den Flächeninhalt, 4) die Höhe des Dreiecks!
Überprüfe die Genauigkeit deiner Konstruktion durch das Rechenergebnis!
Hinweis Mit der Höhe h ist im rechtwinkligen Dreieck stets die Höhe h_c gemeint.

Beispiel

$c = 39\,mm$, $a = 15\,mm$

1) Skizze:

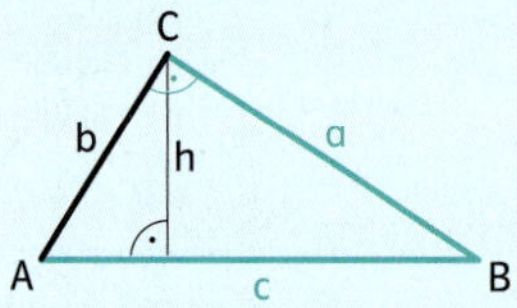

Konstruktion mit Hilfe des Satzes von Thales:

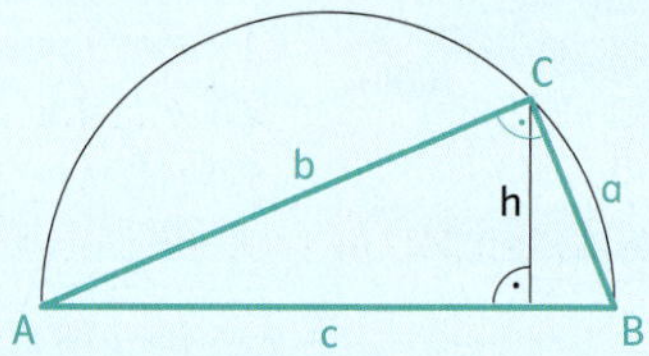

Messergebnisse:
$b \approx 35\,mm$
$h \approx 14\,mm$

2) $b = \sqrt{c^2 - a^2}$
$\sqrt{39^2 - 15^2} =$
$= \sqrt{1521 - 225} =$
$= \sqrt{1296} = 36$
$b = 36\,mm$
Ü: $b < c$

3) $A = \frac{1}{2} \cdot a \cdot b$
$\frac{1}{2} \cdot 15 \cdot 36 = 270$
$A = 270\,mm^2$
Ü: $\frac{1}{2} \cdot 15 \cdot 36 \approx$
$\approx \frac{1}{2} \cdot 10 \cdot 40 \approx 200$

4) $A = \frac{1}{2} \cdot c \cdot h$
$h = \frac{2 \cdot A}{c}$
$\frac{2 \cdot 270}{39} = 13{,}84\ldots \approx 14$
$h \approx 14\,mm$
Ü: $\frac{2 \cdot 270}{39} \approx \frac{2 \cdot 300}{40} = \frac{600}{40} = 15$

a) $a = 48\,mm$, $b = 90\,mm$
b) $a = 6{,}3\,cm$, $b = 1{,}6\,cm$
c) $a = 9{,}0\,cm$, $c = 10{,}6\,m$
d) $b = 14{,}0\,cm$, $c = 14{,}8\,cm$

871 Von einem rechtwinkligen Dreieck ABC sind der Flächeninhalt und die Länge einer Kathete gegeben.
Berechne 1) die Länge der anderen Kathete, 2) die Länge der Hypotenuse, 3) die Höhe des Dreiecks!

Beispiel

$A = 480\,m^2$, $b = 20\,cm$
1) $a = \frac{2A}{b} \Rightarrow a = 48\,cm$
2) $c = \sqrt{a^2 + b^2} \Rightarrow c = 52\,cm$
3) $h = \frac{2A}{c} \Rightarrow h = 18{,}46\ldots\,cm \approx 18{,}5\,cm$

Tipp
Überprüfe immer, ob bei deiner Berechnung die Hypotenuse länger als jede der Katheten ist!

a) $A = 2\,400\,mm^2$, $a = 80\,mm$
b) $A = 50{,}7\,m^2$, $b = 15{,}6\,m$
c) $A = 693{,}6\,cm^2$, $a = 27{,}2\,cm$
d) $A = 21\,m^2$, $b = 12\,m$
e) $A = 120\,m^2$, $a = 24\,m$

872 Eine s Meter lange Leiter wird an eine lotrechte Wand gelehnt. Ihr unteres Ende hat von der Wand r Meter Abstand. Bis zu welcher Höhe h reicht die Leiter?
Ordne die Lösungen richtig zu!

A $s = 5\,m$, $r = 1{,}4\,m$
B $s = 7{,}40\,m$, $r = 2{,}40\,m$
C $s = 6{,}25\,m$, $r = 1{,}75\,m$
D $s = 9{,}75\,m$, $r = 3{,}75\,m$

1 $h = 6\,m$ | 2 $h = 9\,m$ | 3 $h = 4{,}8\,m$ | 4 $h = 7\,m$ | 5 $h = 5{,}2\,m$

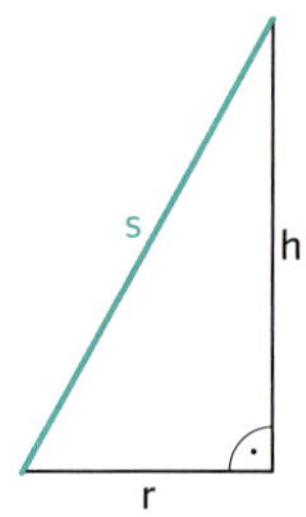

873

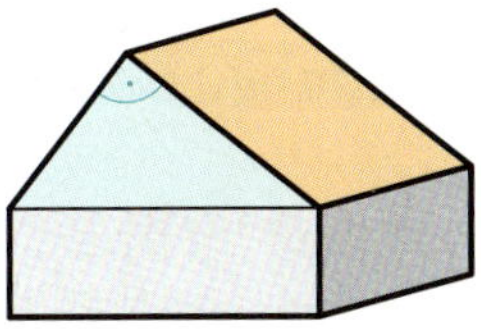

Das rechtwinklige Giebeldreieck einer Hausfront hat eine 12,0 m lange Hypotenuse. Die eine Kante des Giebeldreiecks ist 9,6 m lang.

a) Wie lang ist die zweite Kante des Giebeldreiecks?
b) Wie groß ist der Flächeninhalt des Giebeldreiecks?

874 Ein Seilbagger soll Erde aus einem Teich schaufeln (→ Abb. rechts). Die Schaufel hat vom Bagger 5,2 m waagrechte Entfernung. Der „Ausleger" ist 17,3 m lang.

1) Wie lang ist das Seil vom Ende des Auslegers bis zur Wasseroberfläche?
2) Welchen Winkel schließen Ausleger und Seil ein? Fertige eine Zeichnung im Maßstab 1 : 500 an (ohne den Bagger zu zeichnen)!

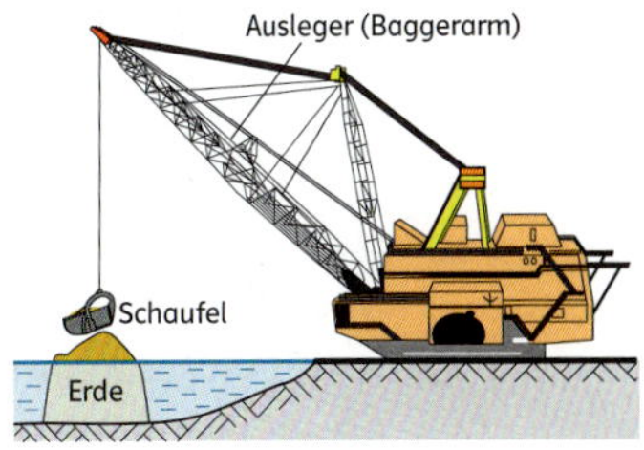

875 Im ebenen Gelände ist die Länge einer Strecke AB zu ermitteln. Dabei ist eine direkte Messung wegen eines Hindernisses nicht möglich (Wasser, Berg, …). In solchen Fällen kann man AB als Hypotenuse eines rechwinkligen Dreiecks auffassen. Man nimmt einen Punkt P so an, dass AP ⊥ BP ist und misst die Längen der Katheten $\overline{AP} = a$, $\overline{BP} = b$ (→ Figur rechts).
Berechne die Länge der Strecke AB!

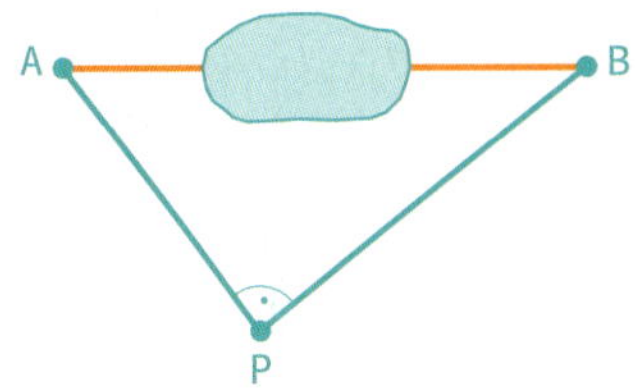

a) a = 45 m, b = 24 m
b) a = 580 m, b = 609 m
c) a = 450 m, b = 240 m
d) a = 3,60 km, b = 2,70 km
e) a = 4,2 km, b = 4,0 km

876 **1)** Berechne die **waagrechte Entfernung** w!
2) Berechne die **Steigung** und drücke sie in Prozent aus!
a) s = 168,1 m, h = 36,9 m **b)** s = 585 m, h = 144 m

877 Die Länge der Hahnenkammabfahrt in Kitzbühel („Streif") beträgt 3 312 m. Dabei wird ein Höhenunterschied von h = 860 m überwunden. Der Sieger von 2017, der Italiener Dominik Paris, benötigte für die Abfahrt 1 min 55,01 s.

1) Berechne die mittlere **Steigung** der „Streif"!
2) Welche Angaben hast du für **1)** nicht verwendet?
3) Formuliere eine weitere Aufgabenstellung!

878 Alexandra fährt mit dem Rad auf den Linzer Pöstlingberg. Sie überwindet auf einer Strecke von 3,6 km einen Höhenunterschied von 261 m. Berechne die mittlere **Steigung**!

Steigung einer Straße

Mit Hilfe des Satzes von Pythagoras kann man die **Steigung** einer Straße ermitteln. Wenn zwei Punkte A und B auf einer ansteigenden Straße s Meter entfernt sind und der Höhenunterschied h Meter beträgt, ist w die **waagrechte Entfernung**. Diese kann man aus Landkarten gewinnen. Der Quotient $\frac{h}{w}$ gibt die Steigung an. Diese wird meist in Prozent ausgedrückt.

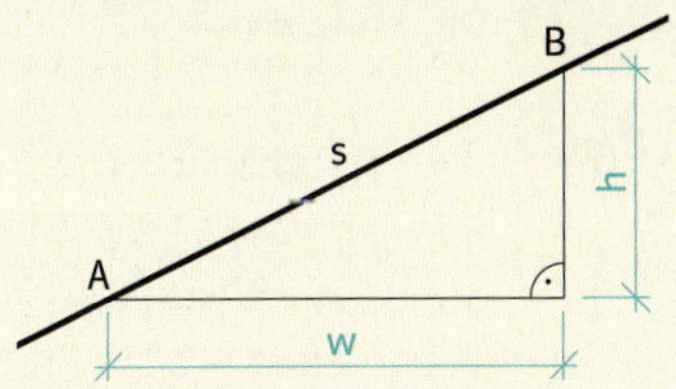

879

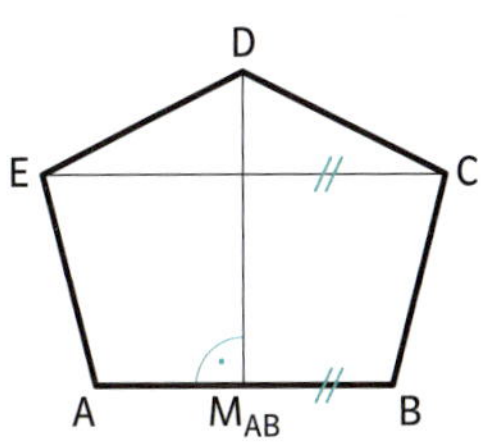

Ein allgemeines Fünfeck ABCDE hat die angegebenen Maße.

1) Zeichne das Fünfeck!
2) Berechne den Flächeninhalt, indem du das Vieleck in ein Trapez und ein Dreieck zerlegst! Ermittle alle notwendigen Längen mit Hilfe des Satzes von Pythagoras!

a) $\overline{AB} = 4$ cm, $\overline{CE} = 6$ cm, $\overline{M_{AB}D} = 4{,}8$ cm, $\overline{CD} = \overline{DE} = 3{,}5$ cm
b) $\overline{AB} = 3$ cm, $\overline{CE} = 6$ cm, $\overline{M_{AB}D} = 6{,}1$ cm, $\overline{CD} = \overline{DE} = 4$ cm

3 Anwendungen des pythagoreischen Lehrsatzes

interaktive Vorübung s2s5mq

AH S. 64

3.1 Anwendung in Rechteck und Quadrat

Leoni hat einen Laptop gekauft. Sie weiß, dass die Größe des Laptops mit Hilfe der so genannten Bildschirmdiagonale angegeben ist. Um diese zu ermitteln, misst Leoni die Länge und die Breite des rechteckigen Bildschirms ab – dieser ist a = 32 cm lang und b = 24 cm breit. Die **Diagonale** eines **Rechtecks** teilt dieses in zwei rechtwinklige Dreiecke. Nach dem **Lehrsatz des Pythagoras** gilt also:

$d = \sqrt{a^2 + b^2} = \sqrt{\quad + \quad} = \quad$

Leoni vergleicht mit der Angabe auf der Verpackung, auf der steht: Bildschirmdiagonale 16 Zoll. Überprüfe diese Angabe! (1 Zoll ≈ 2,54 cm). 16 Zoll ≈ ____ cm

Da jedes **Quadrat** auch ein Rechteck ist, kann man mit Hilfe des Satzes von Pythagoras auch die Diagonalenlänge eines Quadrats berechnen. Es gilt: $\mathbf{d} = \sqrt{a^2 + a^2} = \sqrt{\mathbf{2a^2}}$

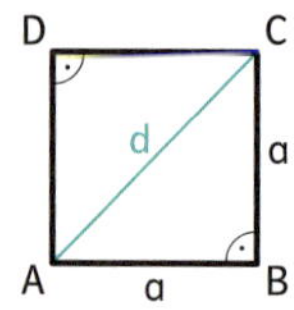

Diagonale in Rechteck und Quadrat

Rechteck: $d = \sqrt{a^2 + b^2}$ **Quadrat:** $d = \sqrt{2a^2}$

880 Von einem Rechteck ABCD sind die Längen der beiden Seiten gegeben. Wie groß ist **1)** die Länge der Diagonale, **2)** der Radius des Umkreises des Rechtecks?
a) a = 21 mm, b = 28 mm **b)** a = 4,8 cm, b = 3,6 cm **c)** a = 12,0 m, b = 3,5 m

881 Von einem Quadrat kennt man die Länge der Seite. Berechne **1)** die Länge der Diagonale, **2)** den Flächeninhalt, **3)** den Umfang und **4)** den Umkreisradius des Quadrats!
a) a = 7,0 cm **b)** a = 82 mm **c)** a = 9,80 m **d)** a = 12,7 m

882 Die Diagonale eines Rechtecks mit der Seitenlänge b = 4 m beträgt **a)** 7,4 m, **b)** 16,25 m, **c)** 5 m. Berechne **1)** die Länge der Seite a, **2)** den Flächeninhalt und **3)** den Umfang des Rechtecks!

883 Ein 2,55 m breites und 1,36 m hohes Gartentor soll durch ein diagonal genageltes Brett verstärkt werden (→ Abbildung rechts). Wie lang muss dieses Brett mindestens sein?

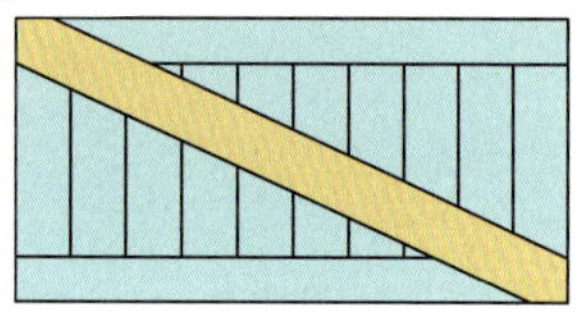

884 Ordne dem entsprechenden rechteckigen Turnsaal die Länge der Diagonale zu!

	Turnsaal	
1	Länge: 24 m, Breite: 18 m	
2	Länge: 28 m, Breite: 16,5 m	
3	Länge: 40 m, Breite: 9 m	

A	d = 32,5 m
B	d = 30 m
C	d = 41 m
D	d = 36 m

885 Eine Veranstaltungshalle ist 25 m lang und 13 m breit. Berechne die längste gerade Strecke am Boden dieser Halle!

 Arbeitsblatt Plus 4he6vd

3.2 Anwendung im gleichschenkligen Dreieck

Der Vater von Simon verwendet im Garten eine Doppelleiter. Sie ist zusammengeklappt 3,70 m lang. Nach dem Aufstellen der Leiter sind die Fußenden 2,40 m voneinander entfernt. Wie hoch über dem Fußboden befindet sich die Spitze der Leiter?

Simon fertigt eine Skizze an. Dabei erkennt er, dass die Leiter mit dem Fußboden ein gleichschenkliges Dreieck bildet und er die Höhe h_c wissen möchte, wobei die Basis- und die Schenkellänge gegeben sind. Die **halbe Basis**, ein **Schenkel** und die **Höhe** bilden ein **rechtwinkliges Dreieck**. Dessen ____ wird vom Schenkel des gleichschenkligen Dreiecks gebildet.

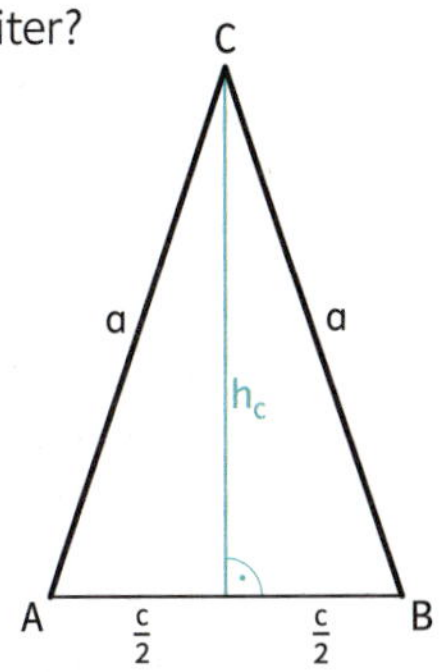

$h_c = \sqrt{a^2 - (\frac{c}{2})^2} = \sqrt{\_\_\_^2 - \_\_\_^2} =$ ____ Die Spitze der Leiter befindet sich also ____ m über dem Boden.

886 Von einem gleichschenkligen Dreieck (a = b) sind zwei von drei Größen gegeben. Berechne **1)** die dritte Größe, **2)** den Flächeninhalt, **3)** die Höhe auf einen Schenkel!

Beispiel

$a = 65\,mm$, $h_c = 63\,mm$

Skizze:

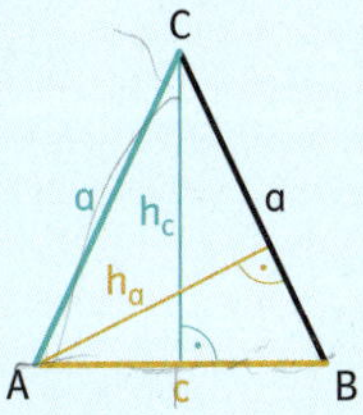

1) $\frac{c}{2} = \sqrt{a^2 - h_c^2}$

$\sqrt{65^2 - 63^2} = \sqrt{4225 - 3969} = \sqrt{256} = 16$

$\frac{c}{2} = 16\,mm \Rightarrow$ **$c = 32\,mm$**

2) $A = \frac{c \cdot h_c}{2}$

$\frac{32 \cdot 63}{2} =$ **1008**

$A = 1008\,mm^2 \approx 10\,cm^2$

Ü: $\frac{30 \cdot 60}{2} = 900$

3) $A = \frac{a \cdot h_a}{2} \Rightarrow h_a = \frac{2 \cdot A}{a}$

$\frac{2 \cdot 1008}{65} = \frac{2016}{65} = 31{,}01\ldots \approx$ **31**

$h_a \approx 31\,mm$

Ü: $\frac{2000}{60} \approx 33$

	a)	b)	c)	d)	e)	f)
c	60 mm	26 mm		11,4 cm	2,72 m	
h_c		84 mm	42 mm		2,55 m	6,09 m
a	78 mm		58 mm	18,5 cm		8,41 m

887 Von einem gleichschenkligen Dreieck mit a = b sind der Flächeninhalt A und h_c gegeben. Berechne die Seitenlängen!

a) $A = 4320\,mm^2$, $h_c = 90\,mm$
b) $A = 300\,cm^2$, $h_c = 20\,cm$
c) $A = 101{,}4\,cm^2$, $h_c = 15{,}6\,cm$
d) $A = 7{,}68\,m^2$, $h_c = 2{,}4\,m$

888 Die Spitze einer Doppelleiter ist 1,80 m über dem Boden, ihre Fußenden sind 1,50 m weit voneinander entfernt.
Wie lang ist die zusammengeklappte Leiter?
Fertige eine Skizze an, bevor du rechnest!

889 Samira macht beim Tanzen die abgebildete Pose. Ihre Füße haben einen Abstand von 0,75 m und ihre Beinlänge beträgt 85 cm.
Berechne, um wie viel Zentimeter sie dabei kleiner ist im Vergleich zur geraden Standposition! Fertige eine Skizze an!

890 Ein Dach hat die Form eines gleichschenkligen Dreiecks. Die Basislänge dieses Dreiecks ist $c = 7$ m, die Seitenkanten des Dreiecks sind $a = 5$ m lang.

1) Fertige eine Skizze an, berechne die Höhe der Dachfläche und deren Flächeninhalt!
2) Gib an, wie viele Schindeln für das Dach bestellt werden müssen, wenn man 43 Schindeln pro Quadratmeter benötigt!

891 Das Bild zeigt ein traditionelles Haus auf Madeira, einer portugiesischen Insel im Atlantik. Die beiden Hausmauern haben jeweils die Form eines gleichschenkligen Dreiecks, der Rest ist Dachfläche. Eine Hausmauer hat die folgenden Maße: 4,48 m Basislänge, 3,75 m Höhe.

1) Fertige eine Skizze an, in der du die schräge Seitenkante markierst!
2) Berechne die Länge einer schrägen Seitenkante und den Flächeninhalt einer Hausmauer!

892 Das gleichschenklige Giebeldreieck einer Hausfront hat eine 8,40 m lange Basis. Die schrägen Kanten sind jeweils 5,80 m lang.
Kreuze den richtigen Flächeninhalt des Giebeldreiecks an!

○ **A** 10,2 m² ○ **B** 12,4 m² ○ **C** 14,6 m² ○ **D** 16,8 m²

893 In einer Stadt wurde ein Haus abgerissen. Dabei kommt die Feuermauer zum angrenzenden Haus zum Vorschein (→ Bild rechts).
Die Maße sind $a = 12{,}0$ m; $b = 14{,}8$ m; $c = 6{,}5$ m.

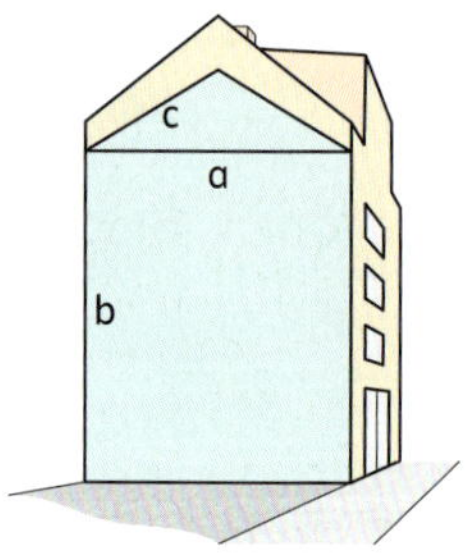

1) Berechne den Flächeninhalt der Feuermauer!
2) Die Feuermauer besteht aus kleinen Backsteinziegeln. Diese Ziegel sind 15 cm lang und 7 cm hoch. Berechne, wie viele Ziegel für diese Mauer notwendig waren.
   Berücksichtige, dass man 10 % Verschnitt einrechnen muss!

894

Eliza bastelt an einem Kartenhaus. Die Spielkarten sind 9 cm lang. Sie versucht zwei Karten immer in einem Winkel von 40 Grad zueinander aufzustellen.

1) Fertige eine Zeichnung des Dreiecks an, das entsteht, wenn zwei Karten von Eliza aufgestellt werden! Miss die Länge der Basis dieses Kartenhäuschens ab!
2) Berechne die Höhe eines Kartenhäuschens!
3) Wie hoch ist ungefähr das aus drei Stockwerken bestehende Kartenhaus?

engl. AB
as5v3u

Üben und Sichern

895 Kreuze die Formeln an, die im rechtwinkligen Dreieck gelten (rechter Winkel bei Eckpunkt C)!

- ○ **A** $A = \frac{a \cdot b}{2}$
- ○ **B** $a = \sqrt{c^2 - b^2}$
- ○ **C** $c = a^2 + b^2$
- ○ **D** $A = \frac{c \cdot h_c}{2}$
- ○ **E** $b = \sqrt{c^2 + a^2}$

896 Im Dreieck ABC mit $a = 16\,cm$ und $b = 30\,cm$ ist γ ein stumpfer Winkel.

1) Über welchem Wert muss c liegen? **2)** Unter welchem Wert muss c liegen?

897 In einem Wald wurde der Stamm eines Baumes in der Höhe h abgeschnitten. Nach dem Fällen liegt die Spitze des Baumes a Meter vom Stamm entfernt. Der Baumstumpf steht lotrecht zum Waldboden. Berechne, wie hoch der Baum war!

a) $a = 12\,m$, $h = 0{,}75\,m$ **b)** $a = 17{,}50\,m$, $h = 1{,}80\,m$

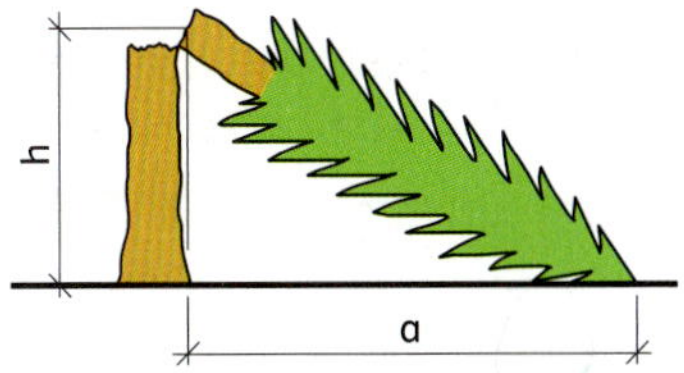

898 Eine 7 km lange Straße führt von Linz-Urfahr nach Altenberg. Dabei überwindet die Straße einen Höhenunterschied h von 350 m.

1) Gib die mittlere Steigung der Straße $\frac{h}{w}$ in Prozent an (w … waagrechte Entfernung)!

2) Theresa löst die Aufgabe so: $\frac{350}{7000} \cdot 100 = 5$. Begründe mit Hilfe einer Skizze, warum sich ihr falsches Ergebnis vom richtigen aus **1)** nur sehr wenig unterscheidet!

899 Eine Rasenfläche in der Stadt hat die Form eines rechtwinkligen Dreiecks (→ Skizze rechts) mit einem Flächeninhalt von $A = 24\,m^2$. Vor Haus Nr. 13 ist die Rasenfläche 6 m breit.

1) Berechne die Längen der anderen Seiten der Rasenfläche!

2) Auf diese Fläche wird eine Laterne gestellt, die den Boden kreisförmig beleuchtet. Die Laterne soll unbedingt alle Eckpunkte der Rasenfläche ausleuchten. Gib an, wo die Laterne stehen sollte und wie groß der Leuchtradius mindestens sein muss!

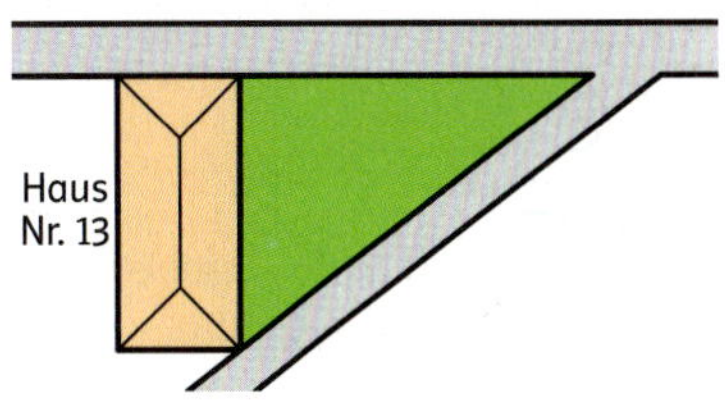

900 Ein quadratisches Beet hat $12{,}25\,m^2$ Flächeninhalt.
Das Beet ist zu 50 % mit Blumen, zu 30 % mit Gemüse und zu 20 % mit Beeren bepflanzt. Der Gärtner hat in der Mitte des Beetes einen Wassersprinkler aufgestellt, der kreisförmig mit einem Radius von $r = 2{,}5\,m$ das Beet bewässern soll.

1) Werden alle Stellen des Beetes vom Wassersprinkler erreicht? Begründe deine Antwort mit Hilfe einer Berechnung!

2) Welche Angaben hast du für **1)** nicht verwendet?

3) Erfinde eine weitere Aufgabenstellung!

901 Kreuze die beiden Angaben an, die rechtwinklige Dreiecke ergeben!

a)
- ○ **A** $a = 3\,cm$, $b = 4\,cm$, $c = 2\,cm$
- ○ **B** $a = 4\,cm$, $b = 5\,cm$, $c = 3\,cm$
- ○ **C** $a = 28\,mm$, $b = 45\,mm$, $c = 53\,mm$
- ○ **D** $a = 35\,mm$, $b = 22\,mm$, $c = 46\,mm$
- ○ **E** $a = 2\,cm$, $b = 2\,cm$, $c = 8\,cm$

b)
- ○ **A** $a = 3{,}9\,cm$, $b = 8\,cm$, $c = 8{,}9\,cm$
- ○ **B** $a = 7{,}6\,cm$, $b = 4{,}1\,cm$, $c = 3\,cm$
- ○ **C** $a = 55\,mm$, $b = 40\,mm$, $c = 26\,mm$
- ○ **D** $a = 12\,mm$, $b = 13\,mm$, $c = 22\,mm$
- ○ **E** $a = 77\,mm$, $b = 36\,mm$, $c = 85\,mm$

902 Die Zahlen 5, 12 und 13 bilden ein **pythagoreisches Tripel**. Weise anhand von mindestens drei Beispielen nach, dass auch beliebige Vielfache dieser Zahlen (zB 10, 24 und 26) ebenfalls pythagoreische Tripel sind!

903 ⊞ Beweise folgende Behauptung allgemein: Sind x, y und z ein **pythagoreisches Tripel**, so bilden auch alle Vielfache dieser Zahlen pythagoreische Tripel.

1) Überprüfe diese Behauptung zunächst für das Doppelte der drei Zahlen!
   Zeige also, dass die Gleichung $(2 \cdot x)^2 + (2 \cdot y)^2 = (2 \cdot z)^2$ richtig ist, wenn $x^2 + y^2 = z^2$ gilt!
2) Drücke die Vielfachen von x, y und z durch $k \cdot x$, $k \cdot y$ und $k \cdot z$ aus und verfahre wie in 1)!

Pythagoreische Tripel

Wenn drei natürliche Zahlen x, y und z den Satz des Pythagoras erfüllen, also $x^2 + y^2 = z^2$ gilt, so nennt man diese drei natürlichen Zahlen ein „pythagoreisches Tripel".
Ein Beispiel für solch ein Tripel sind die Zahlen 3, 4 und 5.
Durch Vervielfachen der drei Zahlen erhält man weitere pythagoreische Tripel (→ historische Themenseite S. 209).

904 Kreuze jeweils die zutreffenden Aussagen an!

a) „Ich bin ein pythagoreisches Tripel!"
○ **A** 1, 2, 3 ○ **B** 3, 4, 5 ○ **C** 100, 200, 300 ○ **D** 16, 17, 18 ○ **E** 16, 30, 34

b) „Ich bin eine Quadratzahl"
○ **A** 3 ○ **B** 7 ○ **C** 9 ○ **D** 15 ○ **E** 25

905 Gegeben sind die zwei kleineren Zahlen des pythagoreischen Tripels. Ermittle die dritte Zahl!
a) 10; 24 b) 8; 15 c) 27; 36 d) 28; 195 e) 44; 117

906 Gegeben sind die zwei größeren Zahlen des pythagoreischen Tripels. Ermittle die dritte Zahl!
a) 20; 25 b) 45; 51 c) 80; 82 d) 345; 377 e) 765; 867

907 In den Aufgaben 905 und 906 sind jeweils zwei Zahlen gegeben. Den Längen welcher Seiten eines rechtwinkligen Dreiecks könnten die gegebenen bzw. die gesuchten Zahlen entsprechen?

908 ⊞ Gibt es pythagoreische Tripel, bei denen alle drei Zahlen
1) nur gerade Zahlen,
2) nur ungerade Zahlen sind?
Begründe deine Antwort!

Hinweis Überlege, ob das Quadrat einer geraden (bzw. ungeraden) Zahl gerade oder ungerade ist!

Zusammenfassung

AH S. 65

Satz des Pythagoras: In einem **rechtwinkligen Dreieck** mit $\gamma = 90°$ gilt:

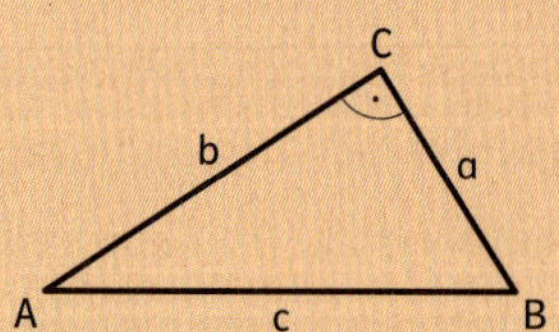

$$a^2 + b^2 = c^2 \Leftrightarrow \begin{cases} c = \sqrt{a^2 + b^2} \\ a = \sqrt{c^2 - b^2} \\ b = \sqrt{c^2 - a^2} \end{cases}$$

Umgekehrt ergeben die Zahlen a, b und c, die die Beziehung $a^2 + b^2 = c^2$ erfüllen, immer auch die Seitenlängen eines rechtwinkligen Dreiecks.
Die Umkehrung des **Quadrierens** ist das **(Quadrat-)Wurzelziehen.** Eine Zahl b heißt **Quadratwurzel** einer Zahl a, wenn $b^2 = a$ ist: $\mathbf{b = \sqrt{a}}$ (mit $a, b \geq 0$).

Wissensstraße

Lernziele: Ich kann ...

Z 1: mit dem Satz des Pythagoras überprüfen, ob ein Dreieck rechtwinklig ist.
Z 2: mit dem Satz des Pythagoras Seitenlängen in rechtwinkligen Dreiecken berechnen.
Z 3: Quadratwurzeln mit dem TR ziehen sowie Quadratzahlen und pythagoreische Tripel erkennen.
Z 4: Längen von Diagonalen in Rechteck und Quadrat berechnen.
Z 5: den Satz des Pythagoras in gleichschenkligen Dreiecken anwenden.

909 Kreuze alle rechtwinkligen Dreiecke an! Ermittle die richtigen Antworten ohne Konstruktion! **Z 1**

- ○ **A** $a = 3\,cm$, $b = 5\,cm$, $c = 7\,cm$
- ○ **C** $a = b = c = 36\,mm$
- ○ **B** $a = 27\,dm$, $b = 36\,dm$, $c = 45\,dm$
- ○ **D** $a = 12\,cm$, $b = 16\,cm$, $c = 20\,cm$

910 Von einem rechtwinkligen Dreieck kennt man die Länge einer Kathete $a = 5{,}6\,cm$ und die Länge der Hypotenuse $c = 10{,}6\,cm$. **Z 2**

1) Konstruiere das Dreieck und miss die Länge der zweiten Kathete b!
2) Berechne die Länge von b!
3) Wie groß ist der Flächeninhalt des Dreiecks?
4) Berechne die Länge der Höhe h_c und kontrolliere durch Messen!

911 Ein Maurer kauft eine Leiter mit einer Länge von 7 m. Den Fuß dieser Leiter muss er immer ca. 1,5 m weit weg (zB von einer Wand) stellen, damit sie sicher steht. **Z 2**

1) Fertige eine Skizze an!
2) Berechne, bis zu welcher Höhe die Leiter ungefähr reicht!

912 Eine Terrasse ist in Form eines rechtwinkligen Dreiecks angelegt. Der Flächeninhalt der Terrasse beträgt $A = 13{,}5\,m^2$ und eine Kathete ist $a = 4{,}5\,m$ lang. **Z 2**

1) Berechne die fehlenden Seitenlängen!
2) Welchen Radius muss ein runder (waagrecht aufgespannter) Sonnenschirm mindestens haben, damit er die gesamte Terrasse abdeckt?

913 Wie lautet die dritte Zahl des pythagoreischen Tripels? **Z 3**

a) 81 und 360 sind die beiden kleineren Zahlen.
b) 234 und 250 sind die beiden größeren Zahlen.

914 Eine quadratische Sandkiste hat eine Seitenlänge von 18 dm. Berechne die Länge der Diagonale der Sandkiste! **Z 4**

915 Ein Fußballfeld ist 90 m lang und 58 m breit. Wie lang ist die Diagonale 1) des ganzen Feldes, 2) einer Spielfeldhälfte? **Z 4**

916 Ein gleichschenkliges Dreieck mit $a = b$ hat die Seitenlängen $a = 7{,}4\,cm$ und $c = 4{,}8\,cm$. **Z 5**

1) Wie lang ist die Höhe h_c?
2) Wie groß ist der Flächeninhalt?
3) Wie lang ist die Höhe h_a?

Körper

Pyramiden von Gizeh bei Kairo, Ägypten

Die Pyramiden von Gizeh

Die Pyramiden von Gizeh am westlichen Ufer des Nil in Ägypten gehören zu den bekanntesten und ältesten erhaltenen Bauwerken der Menschheit. Sie sind das einzige verbliebene der sieben Weltwunder der Antike. Die größte der drei Pyramiden ist die Cheops-Pyramide, die auf dem Foto ganz rechts zu sehen ist. Sie ist die höchste Pyramide der Welt und wurde als Grabmal für den um 2580 vor Chr. verstorbenen ägyptischen Pharao Khufu (griechisch: Cheops) errichtet. Die im Bild mittlere Pyramide ist die Chephren-Pyramide, die zweithöchste ägyptische Pyramide. Sie wirkt auf dem Bild höher als die Cheops-Pyramide, weil sie auf einem ca. 10 m hohen Felsen steht. Ihre tatsächliche Höhe ist etwa 3 m niedriger als die der Cheops-Pyramide.

Die Cheops-Pyramide

Die Cheops-Pyramide wurde auf einem Basisquadrat errichtet, das außerordentlich genau nach den Himmelsrichtungen ausgerichtet ist. Das Quadrat besitzt eine Seitenlänge von etwas mehr als 230 m. Es wurde so genau konstruiert, dass die Seiten exakte rechte Winkel einschließen und sich in ihrer Länge um weniger als ein Tausendstel unterscheiden. Über diesem Basisquadrat wurden Schicht für Schicht mehr als 2 Millionen Quadersteine mit bis zu 7 Tonnen Masse aufgetürmt. Nach Fertigstellung wurde die außen noch stufenförmige Pyramide mit Kalkstein verkleidet, um glatte Seitenflächen zu erhalten. Viele dieser Steine wurden später herausgebrochen, wodurch die ursprünglich knapp 146,5 m hohe Cheops-Pyramide auf eine Höhe von etwa 139 m geschrumpft ist. Hinsichtlich Länge, Volumen und Masse ist die Cheops-Pyramide nach der Chinesischen Mauer das größte von Menschen geschaffene Bauwerk aller Zeiten. Erst in jüngster Vergangenheit wurden sehr viel höhere Türme („Wolkenkratzer") errichtet.

Auf diesem Bild der Cheops-Pyramide sind die herausgebrochenen Steine deutlich erkennbar.

Warum sind die Grabstätten der Pharaonen pyramidenförmig?

Auf diese Frage gibt es keine gesicherte Antwort. Bemerkenswert ist, dass zB auch die indianischen Hochkulturen Mittelamerikas Pyramiden als Bauwerke kannten, obwohl mit Sicherheit keinerlei Kontakt zwischen den alten Ägyptern und den Völkern Mittelamerikas bestand. Eine mögliche Erklärung beruht auf einem bekannten Himmelsphänomen: Wenn sich in Sonnennähe ein Wolkenloch öffnet, formen die durchkommenden Sonnenstrahlen ein scheinbares Dreieck, oft sogar eine räumlich erscheinende Pyramide. Ägyptische Priester deuteten wahrscheinlich eine solche strahlende Wolkenöffnung als göttliches Zeichen und schlugen daher vor, die sich durch die Sonnenstrahlen ergebende Pyramidenform nachzubauen. Die Pyramide wurde als Mittel auf dem Weg zum Göttlichen verstanden, die es dem verstorbenen Pharao ermöglichen sollte, zu seinem wahren Vater, dem Sonnengott Ra, zu gelangen.

Die bekannte Nischenpyramide ist in El Tajin in Mexiko zu finden. Sie ist 25 m hoch und hat insgesamt 365 Nischen. Findest du einen Grund, warum es genau 365 Nischen sind?

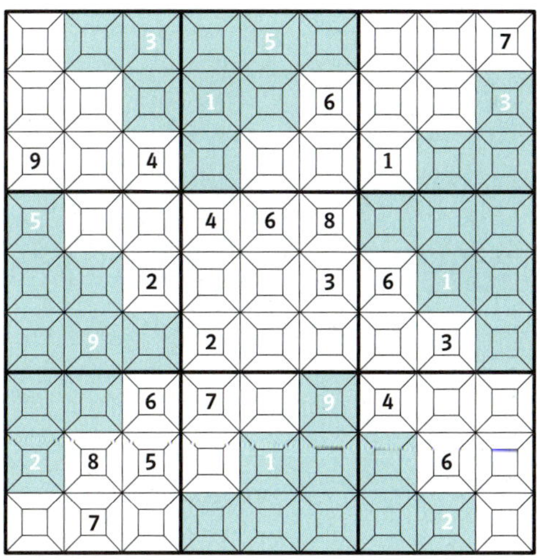

Hier wurde das klassische Sudoku mit Pyramiden kombiniert, die ähnlich wie die Nischenpyramide (oben) aussehen. In jedem markierten Quadrat, in jeder Zeile, in jeder Spalte und in jeder blauen Pyramide dürfen die Zahlen 1–9 jeweils nur einmal vorkommen. Findest du eine Lösung?

Worum geht es in diesem Abschnitt?

- **Prisma: Eigenschaften, Schrägriss, Netz, Schnittfiguren, Oberfläche und Volumen**
- **Pyramide: Eigenschaften, Schrägriss, Netz, Schnittfiguren, Oberfläche und Volumen**

1 Prisma

interaktive Vorübung 8iu9x3

AH S. 66

1.1 Wiederholung: Eigenschaften von Prismen

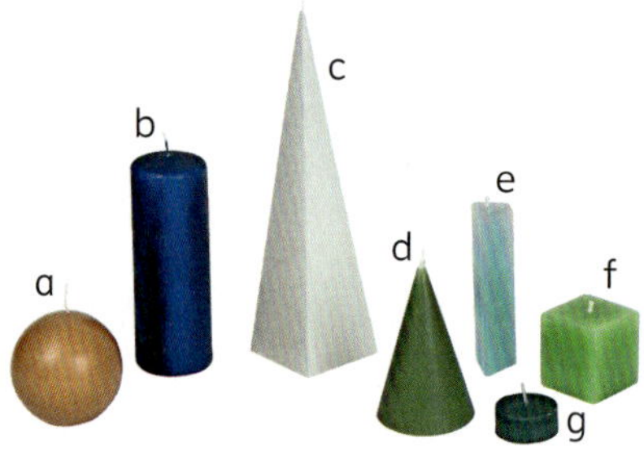

Viele Gegenstände des täglichen Lebens oder Bauwerke besitzen eine der **geometrischen Grundformen Prisma, Pyramide, Zylinder, Kegel oder Kugel.**

Ordne den Kerzen im Bild jeweils die richtige Grundform zu!

a: ______ c: ______ e: ______ g: ______

b: ______ d: ______ f: ______

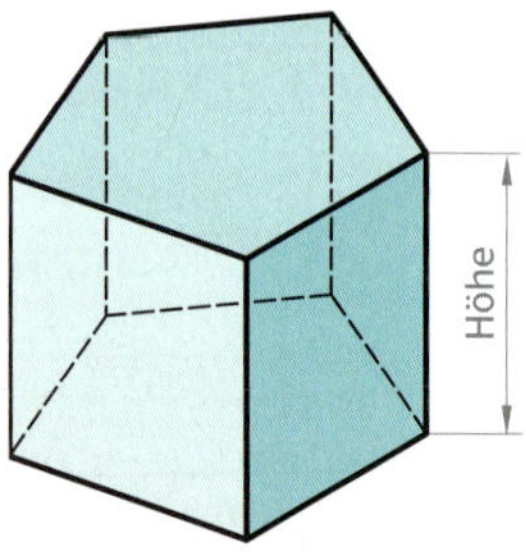

In diesem Abschnitt betrachten wir **Prismen** genauer. Die linke Figur zeigt ein gerades fünfseitiges Prisma. Die Figur rechts stellt ein schiefes vierseitiges Prisma dar. Sieh dir die Abbildungen genau an und nenne einige besondere Eigenschaften von Prismen, die du schon aus der zweiten Klasse kennst!

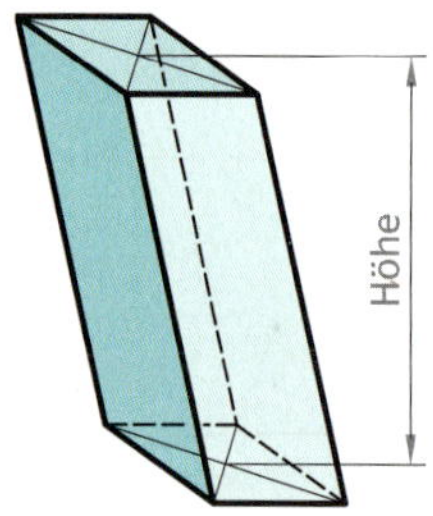

Eigenschaften von Prismen

Prismen werden von zwei **kongruenten Vielecken** begrenzt, die zueinander **parallel** liegen (Grundfläche und Deckfläche). Die **Seitenkanten** sind alle **gleich lang** und zueinander **parallel**; beim geraden Prisma stehen sie normal zur Grundfläche.

Wenn die Grundfläche eines geraden Prismas ein **regelmäßiges Vieleck** ist, wird es **regelmäßiges Prisma** genannt. **Quader** und **Würfel** sind regelmäßige Prismen.

Der **Abstand** zwischen Grund- und Deckfläche wird **Höhe des Prismas** genannt.

Hinweis In der Folge werden wir uns nur mit geraden Prismen beschäftigen.

917 Skizziere freihändig den Schrägriss des Prismas!
a) dreiseitiges Prisma mit rechtwinkliger Grundfläche
b) Prisma mit regelmäßiger sechseckiger Grundfläche
c) liegendes Prisma mit trapezförmiger Grundfläche
d) liegendes Prisma mit einem beliebigen, aber nicht rechteckigen Viereck als Grundfläche

918 Unter die Ansichten eines Würfels hat sich eine geschummelt, die nicht passt! Welche ist es? Begründe deine Antwort!

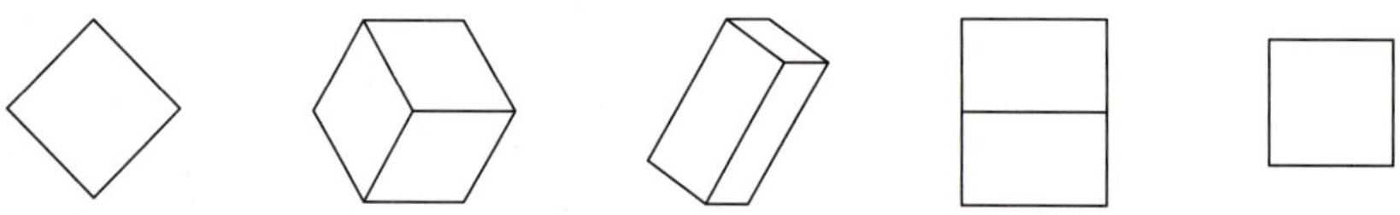

○ **A** ○ **B** ○ **C** ○ **D** ○ **E**

919 Welche gegenseitige Lage (schneidend, parallel oder windschief) haben folgende Kanten des rechts abgebildeten dreiseitigen Prismas?
a) AB, BE   b) CF, AD   c) EF, AC   d) DF, BE

920 a) Welche Kanten des rechts abgebildeten Prismas schneiden die Kante DE rechtwinklig?
b) Welche Begrenzungsflächen schneiden die Fläche ADFC rechtwinklig?

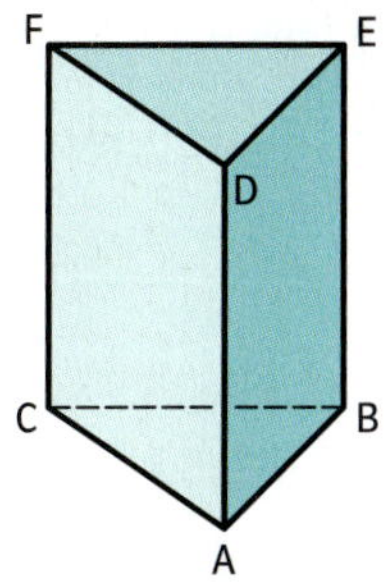

Schrägriss des Quaders

Rechts ist der Schrägriss eines Quaders mit quadratischer Grundfläche gezeichnet. Dabei wurde der Verzerrungswinkel $\alpha = 45°$ und der Verzerrungsfaktor $v = \frac{1}{2}$ gewählt.

Das heißt: Alle Prismenkanten, die zur Bildfläche (Bildebene) normal stehen, werden im Schrägriss um 45° geneigt und halb so lang wie in Wirklichkeit dargestellt.

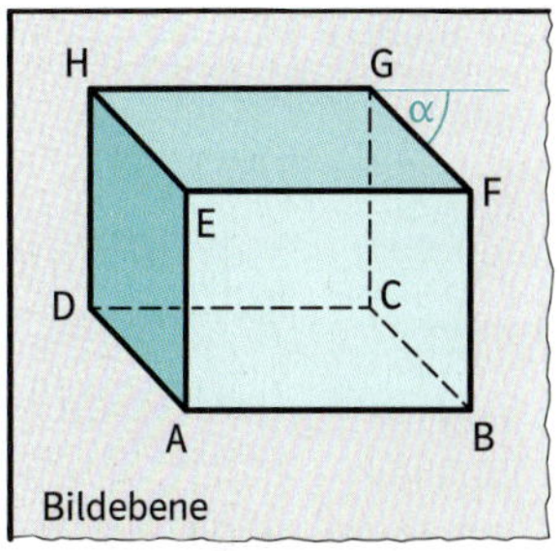

921 Schätze die Größe des Verzerrungswinkels α und beschreibe, welcher Eindruck bei verschiedenen Winkeln α entsteht! Der **Sprachbaustein** hilft dir dabei.

a)
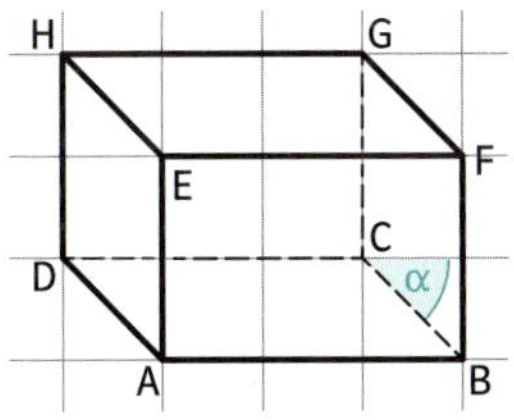

b)
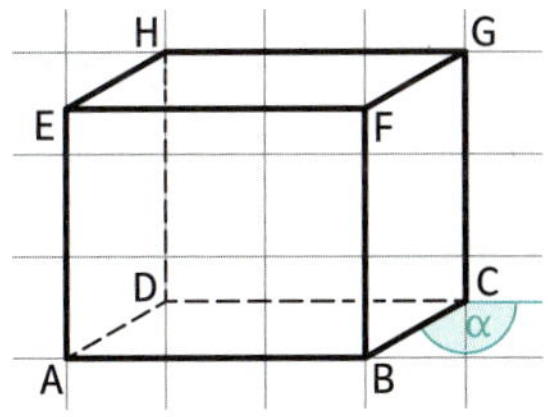

Sprachbaustein

Bei diesem Objekt (Prisma/Quader/…) wurde ein Verzerrungswinkel von circa ________ verwendet. Dadurch entsteht der Eindruck, dass man es von links oben/rechts oben betrachtet.

922 Skizziere einen Quader, den man
a) von rechts oben sieht!   b) von links oben sieht!

923 Markiere die Grundfläche des liegenden Prismas mit Farbe und fertige eine Schrägrissskizze an! Wähle die Ausmaße selbst!
a) Hütte   b) Keil   c) Trog   d) Profilstück

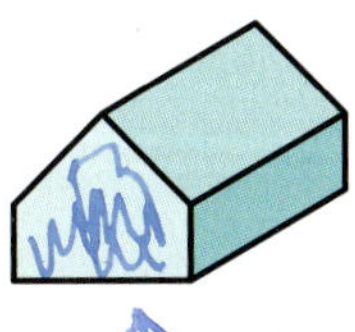

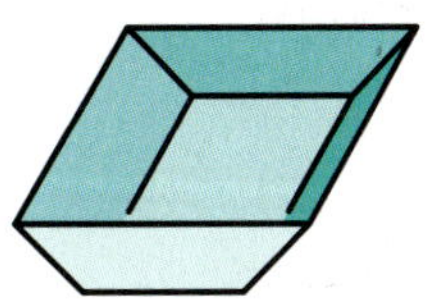

924 Vervollständige die Schrägrissdarstellung des Prismas! Beachte die Sichtbarkeit!

a) Quader

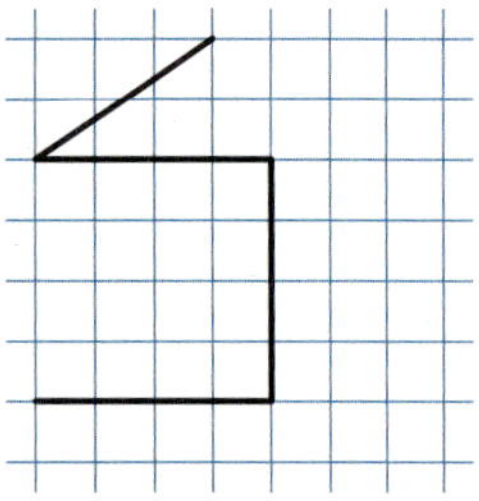

b) Dreiseitiges Prisma

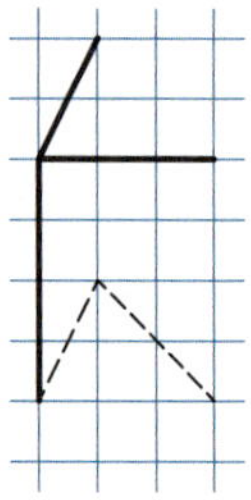

c) Trapezförmiges Prisma

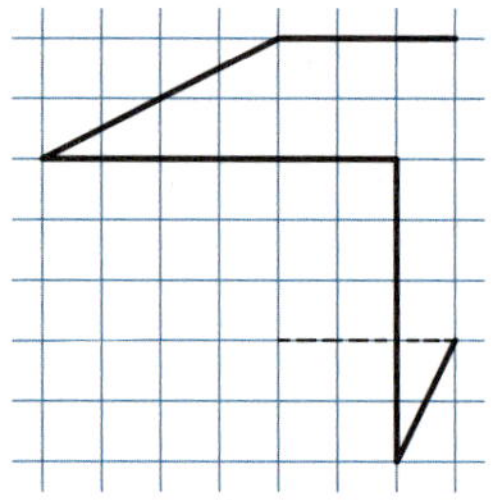

d) Sechsseitiges Prisma

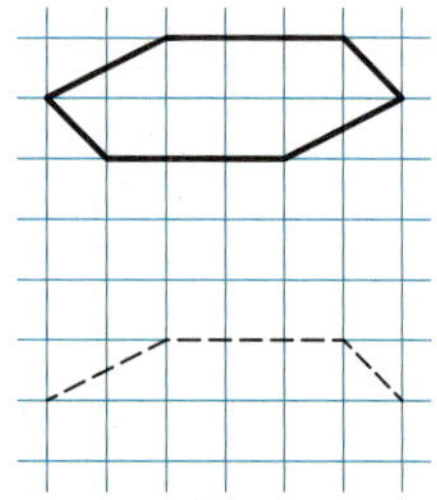

925 **1)** Fertige zuerst eine Freihandskizze des Prismas an!
2) Konstruiere dann den Schrägriss mit dem Verzerrungswinkel α und dem Verzerrungsfaktor v!

a) Quader: $a = 5\,cm$, $b = 4\,cm$, $c = 3\,cm$; $\alpha = 135°$, $v = \frac{1}{2}$
b) Quader: $a = c = 3{,}0\,cm$, $b = 4{,}5\,cm$; $\alpha = 120°$, $v = \frac{3}{4}$
c) Würfel: $a = 5\,cm$; $\alpha = 45°$, $v = \frac{3}{5}$
d) Würfel: $a = 6{,}4\,cm$; $\alpha = 135°$, $v = \frac{3}{4}$

Schrägriss des regelmäßigen dreiseitigen Prismas

Beim Schrägriss eines regelmäßigen dreiseitigen Prismas muss man sich überlegen:

- Welche Kante steht parallel zur Bildebene, wird also unverzerrt dargestellt?
- Welche Kante oder Strecke steht zur Bildebene normal? Diese wird im Verzerrungswinkel α zur Bildebene dargestellt und mit dem Verzerrungsfaktor v verzerrt.

Die Zeichnung zeigt, dass bei einem regelmäßigen dreiseitigen Prisma die Dreieckshöhe „gedreht" und verzerrt wird. Ihre Länge wird mit einer Hilfskonstruktion ermittelt.

1. Hilfskonstruktion:

Zeichne die Grundfläche unverzerrt und entnimm die Länge der Höhe h_1!

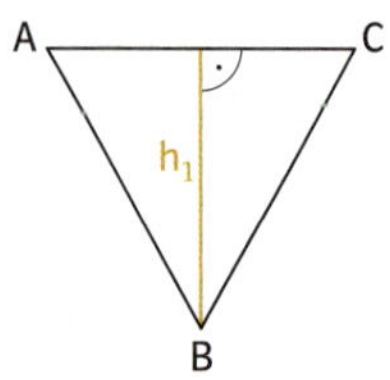

2. Zeichnung:

Zeichne die nun verzerrte Höhe h_1 im Verzerrungswinkel α vom Halbierungspunkt der Seite $\overline{AC}$ aus. Anschließend vervollständige das Prisma!

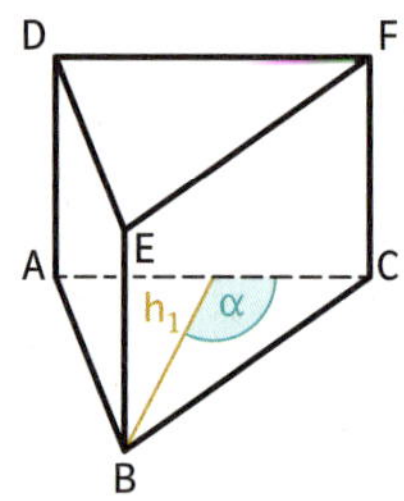

926 Zeichne den Schrägriss des regelmäßigen dreiseitigen Prismas!
Runde die Länge der verzerrten Höhe jeweils auf mm!

a) $a = 5\,cm$, $h = 4\,cm$, $\alpha = 60°$, $v = 0{,}5$
b) $a = 6\,cm$, $h = 7\,cm$, $\alpha = 135°$, $v = \frac{1}{4}$
c) $a = 4{,}5\,cm$, $h = 1{,}5\,cm$, $\alpha = 135°$, $v = \frac{1}{2}$
d) $a = 5{,}5\,cm$, $h = 3{,}5\,cm$, $\alpha = 100°$, $v = \frac{1}{2}$

Tipp
Entnimm die Höhe des gleichseitigen Dreiecks aus einer Hilfszeichnung!

1.2 Flächendiagonalen

Flächendiagonalen

Mario bastelt mit seinem Vater neue Tischkartenhalter und Reservierungsschilder für ihr Gasthaus. Die beiden sägen den Holzquader entlang der **Diagonale der Deckfläche** an. Die Schilder sollten genau in den entstehenden Schlitz passen. Wie breit müssen sie daher die Schilder machen?

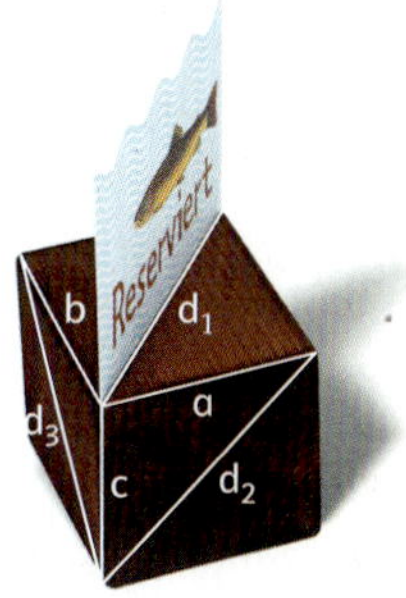

Überlege: Für die Grund- und Deckflächendiagonale d_1 eines Quaders mit den Seitenlängen a, b und c (Figur rechts) gilt nach dem Lehrsatz des Pythagoras: $d_1^2 = a^2 + b^2 \Rightarrow \mathbf{d_1 = \sqrt{a^2 + b^2}}$

Für die Flächendiagonale d_1 eines Holzstückes mit a = 8 cm, b = 6 cm und c = 15 cm folgt demnach:

$\sqrt{8^2 + 6^2} = \sqrt{\quad + \quad} = \sqrt{\quad} = \quad \Rightarrow d_1 = \quad$ cm

Die Schilder sollten also ______ cm breit werden.

Für die anderen Flächendiagonalen d_2 und d_3 kann man sich das in gleicher Weise überlegen.

Ergänze: $d_2 = \sqrt{a^2 + \quad^2}$ bzw. $d_3 = \sqrt{\quad^2 + \quad^2}$

Für alle **Flächendiagonalen des Würfels** gilt $d = \sqrt{a^2 + a^2} = \mathbf{\sqrt{2 \cdot a^2}}$.

Diagonalen im Quader und im Würfel

Flächendiagonalen

Quader: $\mathbf{d_1 = \sqrt{a^2 + b^2}, d_2 = \sqrt{a^2 + c^2}, d_3 = \sqrt{b^2 + c^2}}$ **Würfel:** $\mathbf{d = \sqrt{2 \cdot a^2} = \sqrt{2} \cdot a}$

927 Gegeben ist der Quader mit den Kantenlängen a, b und c.
Wie lang sind die drei Flächendiagonalen d_1, d_2 und d_3 des Quaders?

a) a = 30 cm, b = 16 cm, c = 72 cm
b) a = 9 dm, b = 12 dm, c = 15 dm
c) a = 4,5 cm, b = 2,8 cm, c = 9,6 cm
d) a = 1,5 m, b = 1,3 m, c = 2,8 m

928 Wie lang ist die Flächendiagonale eines Würfels mit der gegebenen Kantenlänge a?

a) a = 16 mm **b)** a = 4,3 cm **c)** a = 23,5 cm **d)** a = 1,04 m

929 Wie groß ist die Oberfläche eines Würfels mit einer **a)** 1 cm, **b)** 5 cm langen Flächendiagonale?

Beispiel

d = 3 cm

$d = \sqrt{2} \cdot a \Rightarrow 3 = \sqrt{2} \cdot a \Rightarrow a = \frac{3}{\sqrt{2}} \approx 2{,}12, \quad O = 6a^2 = 6 \cdot (2{,}12)^2 = 6 \cdot 4{,}5 = 27\,cm$

930 Ist die Aussage richtig oder falsch? Begründe deine Antwort mit einer Skizze!

a) „Aus dem Schrägriss eines Quaders kann man nicht alle Flächendiagonalen messen."
b) „Die Flächendiagonale der Grundfläche eines Quaders ist immer am längsten."
c) „Die Flächendiagonalen eines Würfels sind alle gleich lang."

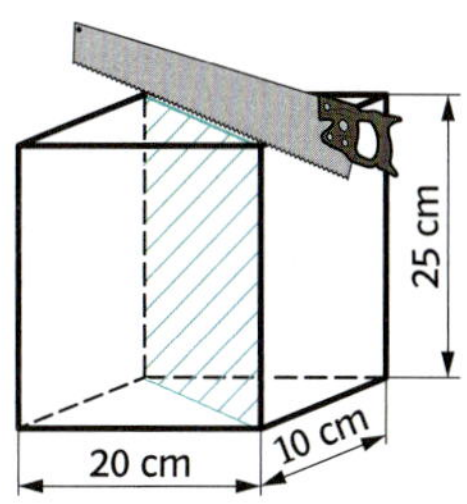

931 Ein Holzquader wird in der Mitte durchgeschnitten (→ Figur rechts).
Berechne den Flächeninhalt der blau markierten Fläche!

1.3 Schnittebenen

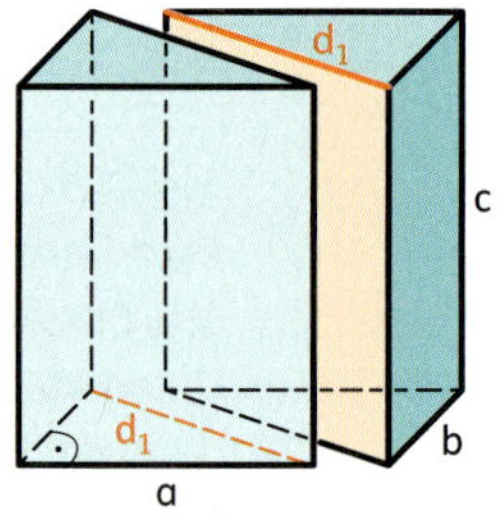

Schneidet man das Holzstück mit a = 8 cm, b = 6 cm und c = 15 cm wie im Bild rechts ganz durch, ergibt sich als **Diagonalschnittfläche** ein Rechteck. Eine Seite davon bildet die Diagonale d_1 und die andere Seite die Höhe c des Quaders. Für den Flächeninhalt A des Diagonalschnitts gilt:

$$A = d_1 \cdot c = \sqrt{a^2 + b^2} \cdot c = \sqrt{8^2 + 6^2} \cdot 15 = \_\_\_ \cdot \_\_\_ = \_\_\_ \rightarrow A = \_\_\_ \text{ cm}^2$$

932 In der Figur rechts sind zwei Schnittebenen E_1 und E_2 des regelmäßigen sechsseitigen Prismas dargestellt.

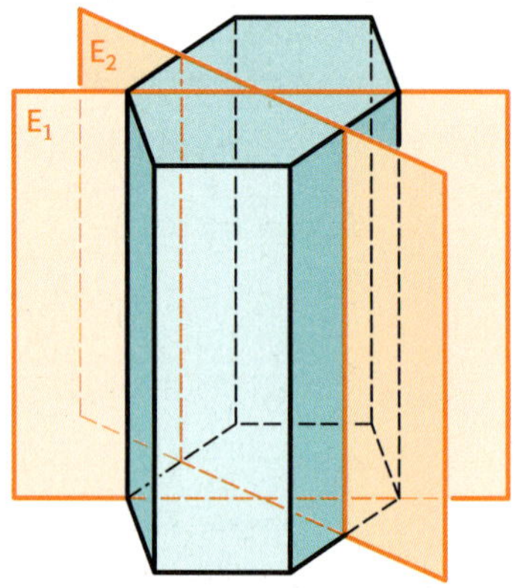

1) Welche geometrischen Figuren entstehen hier als Schnittflächen?
2) Beschreibe in Worten, wie lang ihre Begrenzungslinien sind!

1) Gib die Seitenlängen der Schnittflächen an!
2) Zeichne die Schnittflächen unverzerrt in wahrer Größe!

Grundfläche: Rechteck; a = 4 cm, b = 3 cm, Körperhöhe c = 6 cm

933

a)
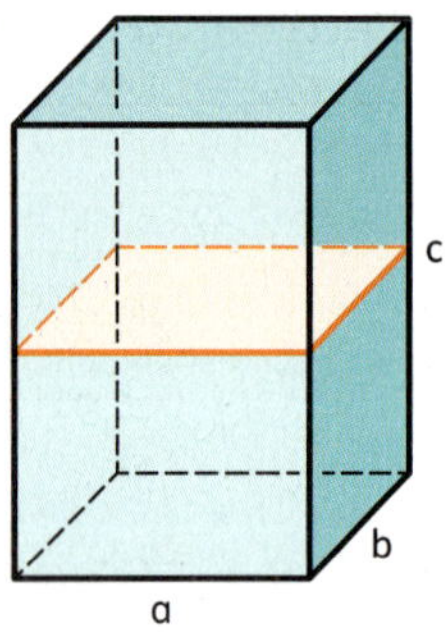

b)
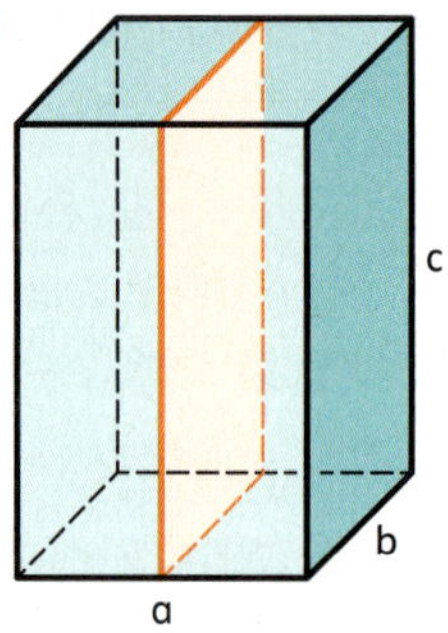

c)
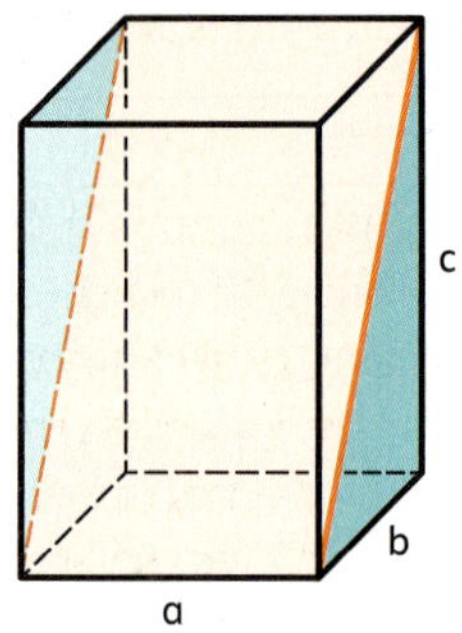

d)
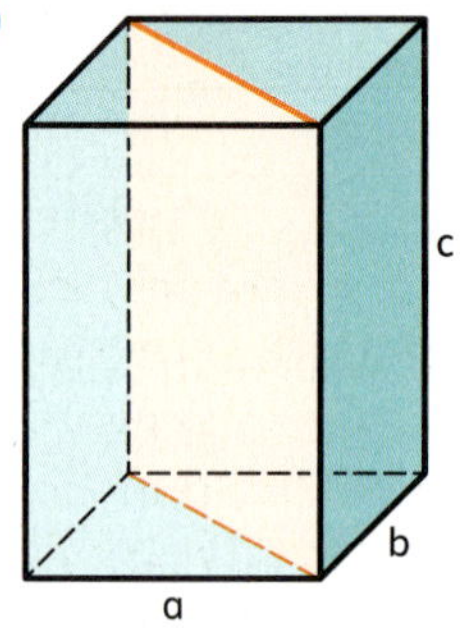

934 Grundfläche: gleichschenkliges Dreieck; a = 4 cm, b = c = 3 cm, Körperhöhe h = 5 cm

a)
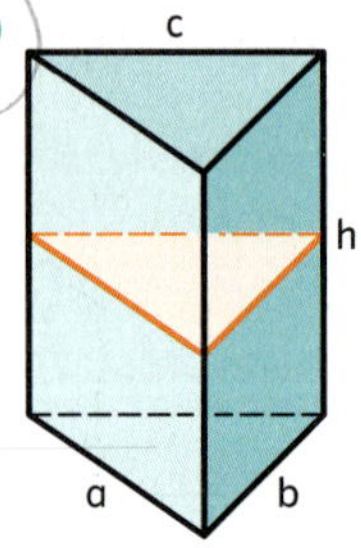

b)
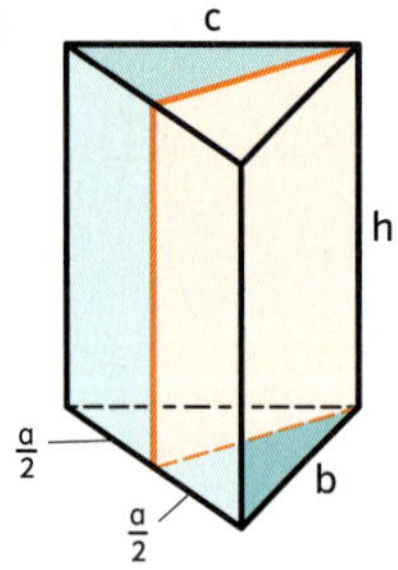

c)
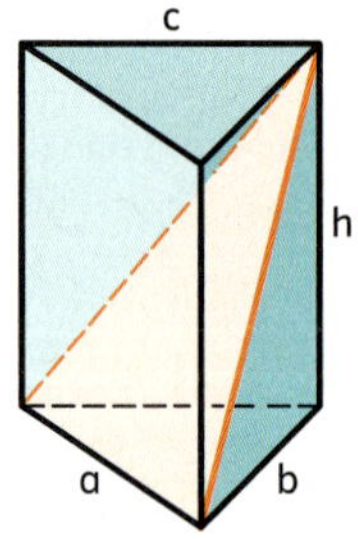

d)
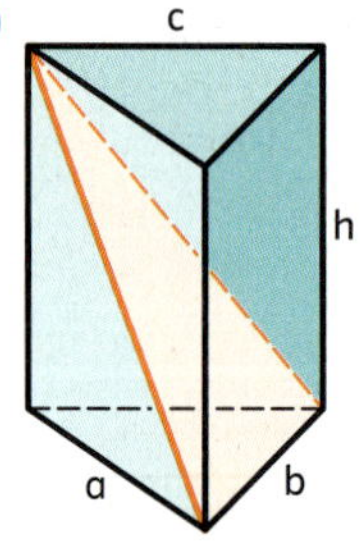

935
1) Wie viele Symmetrieebenen hat ein regelmäßiges dreiseitiges Prisma (→ Figur rechts)?
2) Welche Art von Schnittfläche würde beim Durchschneiden längs einer Symmetrieebene jeweils entstehen?

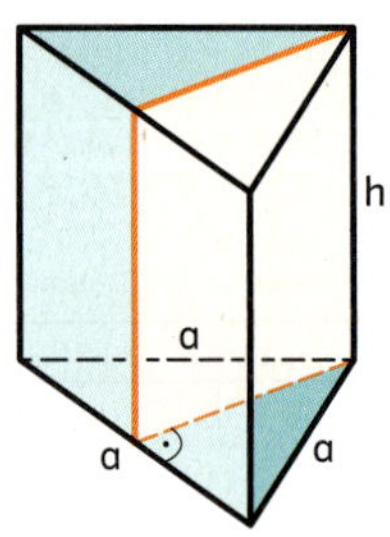

1.4 Oberfläche und Volumen

Oberfläche des Prismas

Die Oberfläche eines geraden Prismas besteht aus der **Grundfläche**, der **Deckfläche** und den **Seitenflächen** (dem Mantel) des Prismas. **Grund- und Deckfläche** eines Prismas sind kongruent. Aus wie vielen und welchen geometrischen Figuren besteht der **Mantel** eines drei-, vier-, …, n-seitigen geraden Prismas?

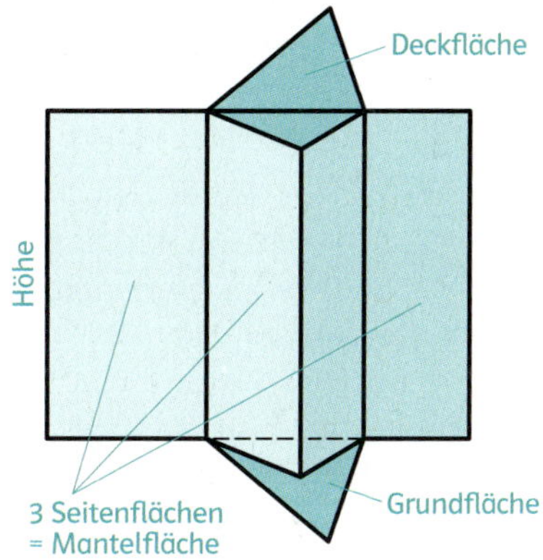

3-seitig: aus drei Rechtecken

4-seitig:

n-seitig:

Mit der Formel $\mathbf{M = u_G \cdot h}$ kann die **Mantelfläche** eines geraden Prismas berechnet werden.
Mit „u_G" ist der Umfang der Grundfläche des Prismas gemeint.
Die **Oberfläche** des Prismas ist dann: Doppelte Grundfläche plus Mantelfläche: $O = 2 \cdot$ ___ + ___

Hinweis Oberfläche, Grundfläche und Mantelfläche sind eigentlich geometrische Objekte (so wie Gerade, Strecke, etc.). Sie haben Flächeninhalte, bei denen man streng genommen von Oberflächeninhalt, Mantelflächeninhalt bzw. Grundflächeninhalt sprechen müsste. In manchen Fällen verwenden wir der Einfachheit halber auch für die jeweiligen Inhalte die Begriffe Oberfläche, Grundfläche, Mantelfläche.

Volumen (Rauminhalt) des Prismas

In der 2. Klasse hast du für alle geraden Prismen, deren Grundflächen sich aus Rechtecken oder rechtwinkligen Dreiecken (➞ Figur rechts) zusammensetzen, die **Volumenformel** $\mathbf{V = G \cdot h}$ (Volumen = Grundfläche mal Höhe) kennengelernt.
Das Prisma rechts darunter hat ein allgemeines Viereck als Grundfläche. Auch dieses Prisma kann man in solche Prismen zerlegen, die rechtwinklige Dreiecke als Grundflächen haben.

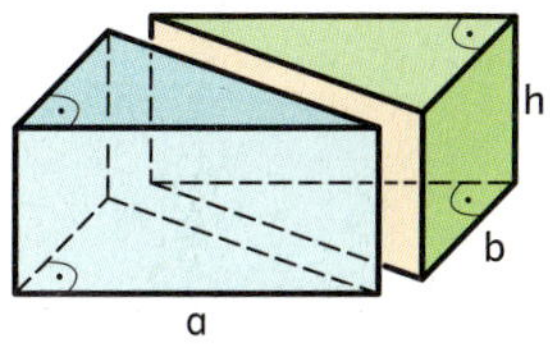

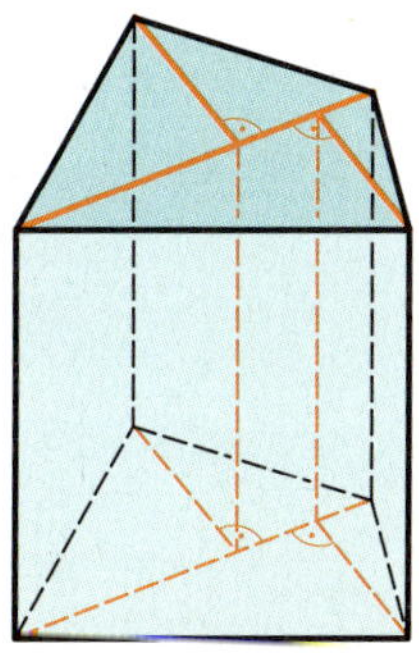

Beschreibe mit Hilfe der Figur rechts, wie man für das Volumen aller geraden Prismen schließen kann: $\mathbf{V = G \cdot h}$

Oberfläche und Volumen des Prismas

$\mathbf{O = 2 \cdot G + M}$ mit $\mathbf{M = u_G \cdot h}$

Kurzsprechweise: Oberfläche des Prismas = doppelte Grundfläche plus Mantelfläche
Mantelfläche des Prismas = Umfang der Grundfläche mal Höhe

$\mathbf{V = G \cdot h}$

Kurzsprechweise: Volumen des Prismas = Grundfläche mal Höhe

936 Wie groß sind im gegebenen Prisma **1)** das Volumen, **2)** die Oberfläche, **3)** die Längen der Flächendiagonalen? Fertige auch eine Schrägrissskizze an!

a) Zündholzschachtel: $a = 5{,}3\,cm$, $b = 3{,}4\,cm$, $c = 1{,}5\,cm$
b) Pfeiler mit quadratischer Grundfläche: $a = 62\,cm$, $h = 1{,}84\,m$
c) Würfelförmiger Baustein: $a = 7{,}4\,cm$

937 In ein leeres Schwimmbecken ($25\,m \times 15\,m \times 2\,m$) fließen pro Minute $6{,}5\,m^3$ Wasser.

1) Wie viel Hektoliter Wasser sind nach der gegebenen Zeit im Schwimmbecken?
2) Wie hoch steht dann das Wasser?

a) nach $\frac{1}{4}$ h **b)** nach 1 h **c)** nach $1\frac{3}{4}$ h

Tipp
$1\,dm^3 = 1\,l$
$100\,l = 1\,hl$

938 Wie groß ist das Volumen des Gebäudes (Maße in Meter)?

a) Lagerhalle

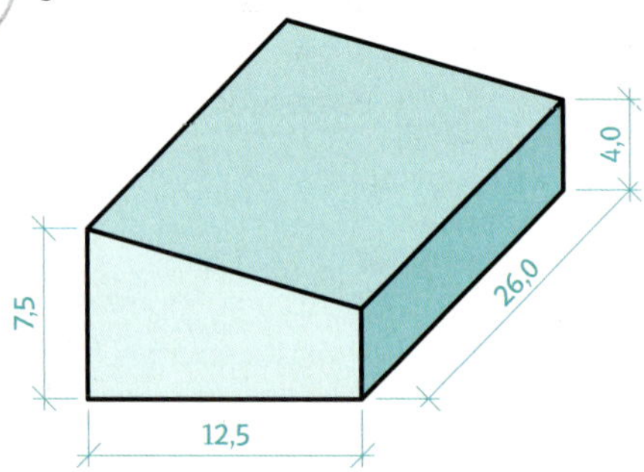

b) Glashaus

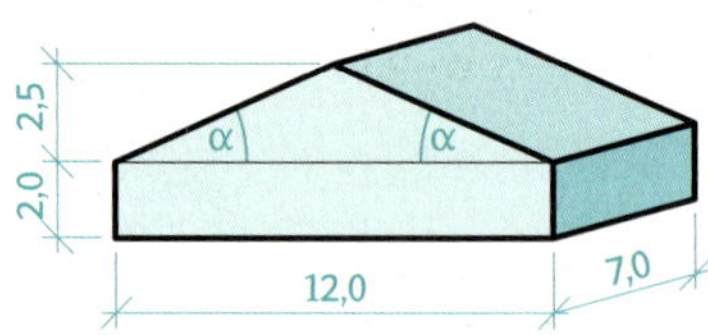

c) Alpengasthof

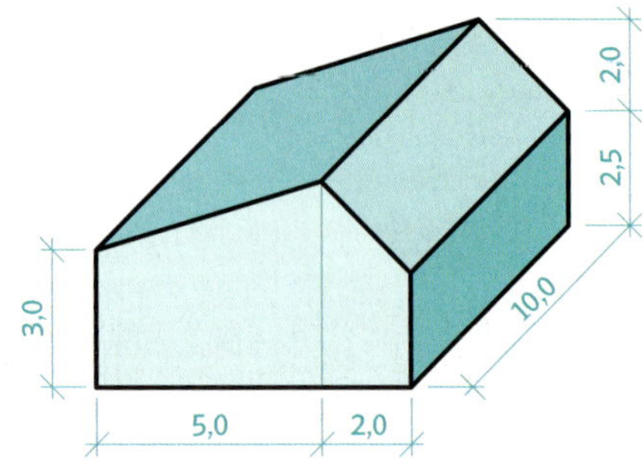

⊞ **d)** Gebäudekomplex

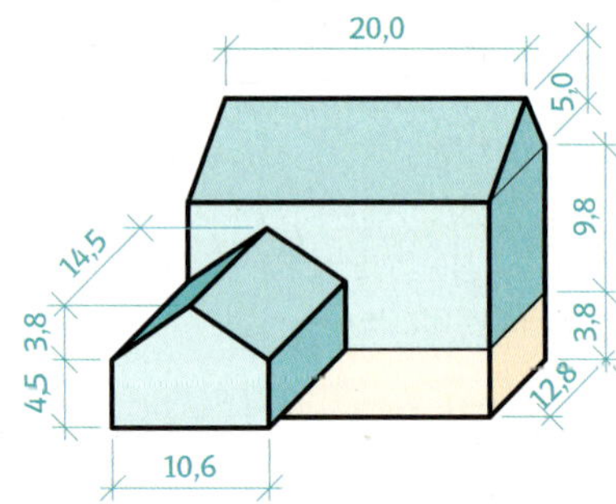

Tipp
Die Bodenfläche des Gebäudes ist nicht die Grundfläche des Prismas!

939 Ein 12,0 cm hohes gerades dreiseitiges Prisma hat als Grundfläche ein

a) rechtwinkliges Dreieck mit den Kathetenlängen 3,0 cm und 4,0 cm
b) gleichschenkliges Dreieck mit $a = b = 9{,}1\,cm$ und $c = 7{,}0\,cm$ (→ Figur rechts).

Wie groß ist **1)** die Oberfläche, **2)** der Rauminhalt des Prismas?

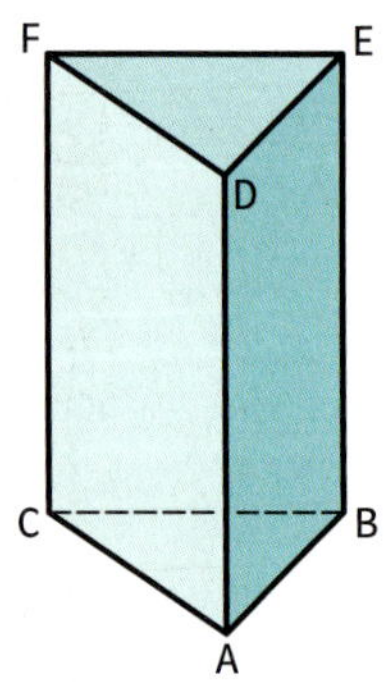

940 Die Grundkanten eines quaderförmigen Behälters sind 45 cm und 37 cm lang. Wie hoch muss der Behälter sein, wenn er $33\,300\,cm^3$ fassen soll?

941 ⊞ Die Mantelfläche eines 3 cm hohen, geraden quadratischen Prismas beträgt $18\,cm^2$. Wie groß ist **1)** die Länge der Grundkante, **2)** die Oberfläche, **3)** das Volumen des Prismas?

942 Ein Eisenbahndamm (→ Figur rechts) von 200 m Länge soll abgetragen werden. Wie viel Kubikmeter Erdreich müssen weggeschafft werden, wenn die Dammsohle 14,20 m, die Dammkrone 4,70 m breit ist und die Dammhöhe 3,20 m beträgt?
Hinweis Die „Grundfläche“ des zugehörigen Prismas ist ein gleichschenkliges Trapez.

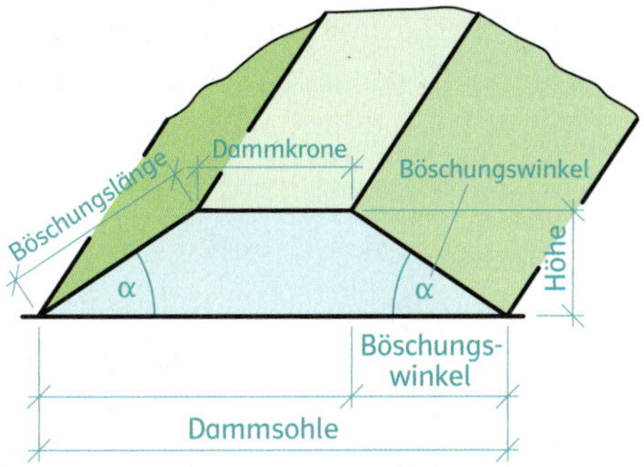

943 Ein gewöhnlicher Ziegelstein wiegt 3,5 kg. Wie viel Gramm wiegt ein Spielzeug-Ziegelstein, der aus dem gleichen Material besteht, dessen Abmessungen aber jeweils nur ein Fünftel des Bauziegels sind?

944 Die sechseckige Milchflasche (→ Bild rechts) wird bis zum Beginn des Halses (h = 20 cm) mit Milch gefüllt. Die Grundkantenlänge ist 4 cm. Wie viel Liter Milch sollte mindestens in den Hals der Flasche passen, damit insgesamt ein Liter Platz hat?

Tipp
Entnimm die für das Berechnen der Grundfläche nötigen Streckenlängen einer geeigneten Zeichnung!

945 Durch einen Kanal, dessen Querschnitt ein gleichschenkliges Trapez ist (→ Figur rechts), fließt Wasser mit einer gleichmäßigen Geschwindigkeit von 0,5 m/s. Wie viel Hektoliter Wasser fließen
a) in 1 min, **b)** in 1 h, **c)** in 1 Tag durch diesen Kanal?
Hinweis Die Durchflussgeschwindigkeit von 0,5 m/s bedeutet, dass in 1 s ein (Wasser-)Prisma von 0,5 m Höhe durch den Querschnitt des Kanals fließt.

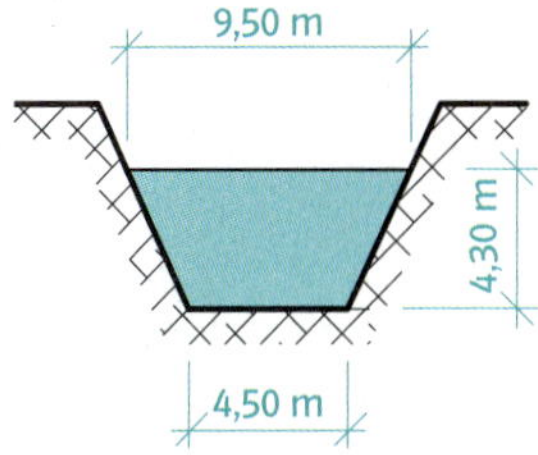

946 Die Kosten für einen Container werden nach seinem Fassungsvermögen berechnet. Wie groß ist das Volumen des Containers? Entnimm die Abmaße aus der Skizze rechts!

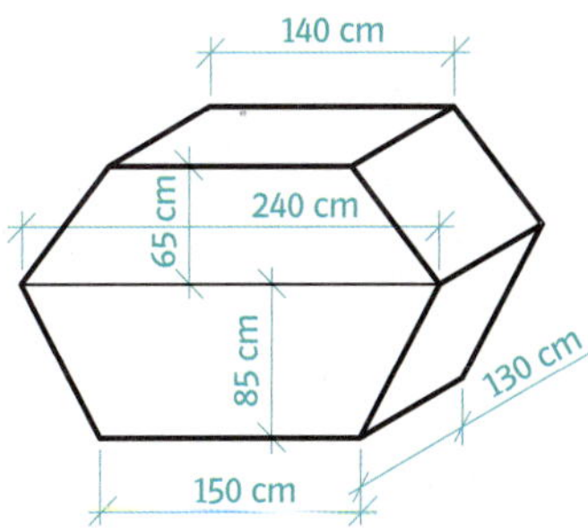

947 Der Rauminhalt ($V = a^3$) eines Würfels ist angegeben. Wie groß ist seine Kantenlänge ungefähr? Schätze oder experimentiere mit dem TR und fülle die Tabelle aus!

	Beispiel	**a)**	**b)**	**c)**
Rauminhalt V	64 dm^3	100 dm^3	200 dm^3	300 dm^3
Kantenlänge a	4 dm			

2 Masse und Dichte

interaktive Vorübung k49x4a

AH S. 68

Raphael hat im Physikunterricht schon gelernt, warum zwei gleich große Körper unterschiedlich schwer sein können. Es kommt auf die ______ des Materials an!
Zum Vergleich von Angaben „wie schwer" bzw. „wie dicht" ein bestimmtes Material ist, muss man natürlich jeweils gleiche Volumina betrachten. Man verwendet zu diesem **Vergleich** der Materialien die **Masse pro Volumeneinheit**, zB die Masse von 1 m^3 des Materials.

Man hat also die Masse m eines Körpers durch sein Volumen V zu dividieren. Der **Quotient** aus **Masse m** und **Volumen V** wird **Dichte** des Körpers genannt. Ergänze:

D = $\frac{M}{}$. Die Dichte wird mit dem griechischen Kleinbuchstaben **ϱ (rho)** bezeichnet.

Dichte von Körpern

$\varrho = \frac{m}{V}$ **Kurzsprechweise**: Dichte = Masse durch Volumen

Die Einheit der Dichte

Die Dichte wird üblicherweise in **kg/m^3** angegeben und ist eine so genannte **Materialkonstante**. Dieser Wert ist für alle Körper, die aus demselben Material sind, stets gleich. Betrachte die Tabelle mit der Dichte einiger ausgewählter Materialien:

Material	Platin	Eisen	Marmor	Wasser	Fichtenholz	Schnee
Dichte in kg/m^3	21 450	7870	2670	≈ 1000	≈ 500	≈ 60 – 200

Beispiel

Eine quaderförmige Betonplatte hat die Abmessungen a = 3,2 dm, b = 1,6 dm und c = 0,6 dm. Wie groß ist 1) der Rauminhalt, 2) die Masse der Platte, wenn der verwendete Beton eine Dichte $\varrho \approx 2000\,kg/m^3 = 2\,kg/dm^3$ hat?

Skizze:

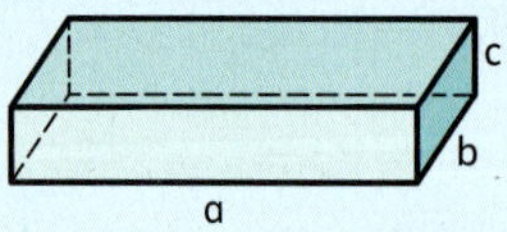

1) $V = a \cdot b \cdot c$ Ü: $3 \cdot 2 \cdot 0{,}5 = 3$
$3{,}2 \cdot 1{,}6 \cdot 0{,}6 = 3{,}072 \approx 3{,}1$

2) $\varrho = \frac{m}{V} \Rightarrow m = V \cdot \varrho$ Ü: $3 \cdot 2 = 6$
$3{,}072 \cdot 2 = 6{,}144 \approx 6{,}1$

Die Betonplatte hat ein Volumen von rund **3,1 dm^3** und eine Masse von rund **6,1 kg**.

948 Rechne die Dichte in kleinere Einheiten um!

1) Da 1 m^3 = ______ dm^3 und 1 kg = ______ g hat, gilt zB: 7870 kg/m^3 = ______ g/dm^3.

2) Begründe folgende weitere Zusammenhänge! 7870 kg/m^3 = 7,87 kg/dm^3 = 7,87 g/cm^3

949 Der unten dargestellte Körper besteht aus jeweils gleich großen Würfeln mit einer Kantenlänge von 1 dm. Wie groß ist **1)** der Rauminhalt, **2)** die Masse des Körpers, wenn er aus dem angegebenen Material hergestellt ist?

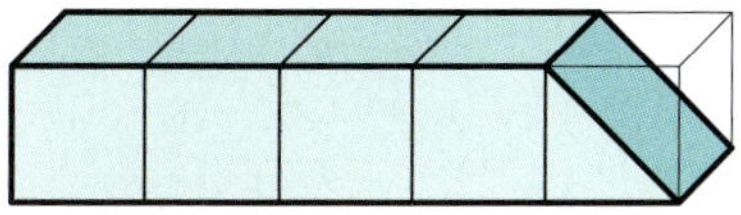

a) Glas ($\rho = 2500\,kg/m^3$)
b) Gold ($\rho = 19300\,kg/m^3$)
c) Eisen ($\rho = 7870\,kg/m^3$)
d) Kupfer ($\rho = 8960\,kg/m^3$)

950

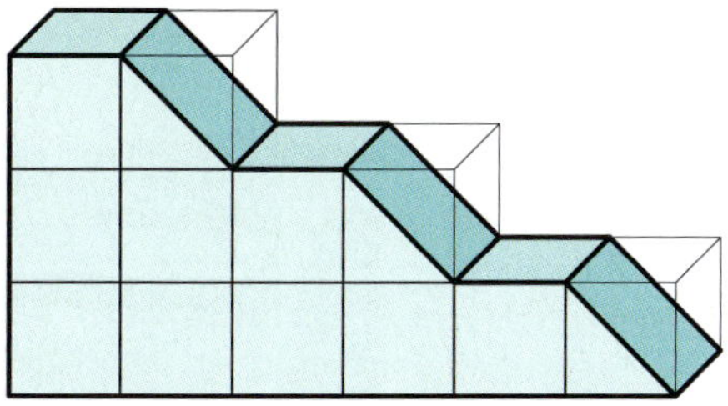

a) Glas ($\rho = 2500\,kg/m^3$)
b) Aluminium ($\rho = 2700\,kg/m^3$)
c) Eisen ($\rho = 7870\,kg/m^3$)
d) Kupfer ($\rho = 8960\,kg/m^3$)

951 20 Personen übernachten auf einer Almhütte. Die Hütte ist zweistöckig und die beiden Dachflächen der Hütte sind jeweils 8 m lang und 5 m breit. Pro Person verlangt der Bauer 9 € für eine Übernachtung. Für die Fahrt auf die Alm müssen noch einmal 20 € bezahlt werden. In dieser Nacht fallen 30 cm Neuschnee.

1) Wie groß ist die Masse des Schnees auf dem Dach? Entnimm für die Berechnung die geringste Dichte von Schnee aus der Tabelle der Seite 232!
2) Welche Angaben hast du nicht für **1)** verwendet?
3) Überlege dir eine weitere Aufgabenstellung!

952 Eine Verkehrstafel wurde aus 1 mm starkem Eisenblech ($\rho = 7870\,kg/m^3$) angefertigt. Sie hat die Form eines Quadrats mit 98 cm Kantenlänge.

a) Wie groß ist ihre Masse?
b) Welche Verkehrstafel könnte hier gemeint sein? Nenne drei Verkehrszeichen, die die Form von Quadraten haben!

953 In den Figuren unten sind Stahlträger (Profilstahl) abgebildet (Maße in cm).

1) Fertige eine Schrägrissskizze an!
2) Wie groß sind Volumen und Oberfläche des Stahlträgers? Nimm dabei an, dass jeder Träger 2 m lang und überall gleich stark (3 cm) ist! Entnimm die restlichen Maße der entsprechenden Figur!
3) Wie groß ist die Masse des Stahlträgers? Die Dichte ρ für Stahl beträgt 7800 kg/m³.

a) L-Träger **b)** T-Träger **c)** I-Träger **d)** U-Träger

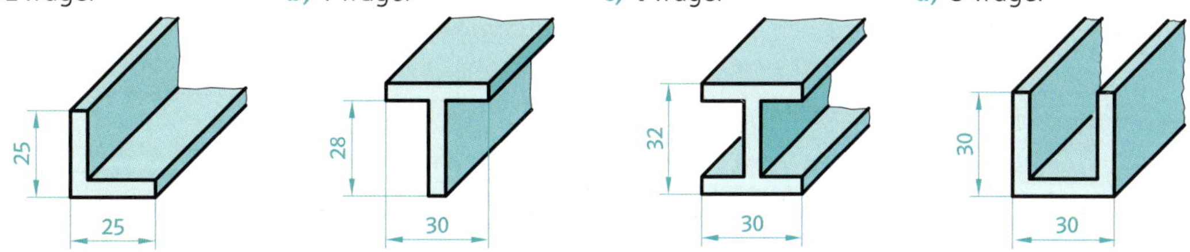

954 Wie groß ist die Masse einer quadratischen, 1 cm hohen Fliese aus Kork mit 10 cm Kantenlänge?
Die Dichte von Kork beträgt 240 kg/m³.

955 Die Bretter einer oben offenen quaderförmigen Kiste aus Fichtenholz (Tabelle auf S. 232) sind 12 mm dick. Die Kiste ist innen 75 cm lang, 50 cm breit und 30 cm hoch.
a) Wie groß ist das Volumen des Innenraumes der Kiste?
b) Wie groß sind das Volumen und die Masse der Bretter?

956 Eine Bildhauerin bestellt für verschiedene Skulpturen quaderförmige Blöcke von 2 m Höhe mit einer quadratischen Grundfläche von 1,5 m Seitenlänge. Wie groß ist die Masse eines solchen Blocks, wenn er aus dem angegebenen Material besteht? Verwende dafür die Tabelle auf S. 232!
a) Fichtenholz b) Marmor c) Eis ($\varrho = 920\,kg/m^3$)

957 Kreuze die beiden richtigen Aussagen über Oberfläche, Volumen und Masse von Prismen an!
- ○ A Bei einem Würfel ist die Oberfläche gleich $G \cdot 4$.
- ○ B Das Volumen eines dreiseitigen Prismas ist $G \cdot h$.
- ○ C Das Volumen eines dreiseitigen Prismas ist $G \cdot 3$.
- ○ D Die Masse eines regelmäßigen sechsseitigen Prismas mit Grundkantenlänge a und Höhe h ist doppelt so groß wie die Masse eines regelmäßigen dreiseitigen Prismas mit Grundkantenlänge a und Höhe h.
- ○ E Die Masse eines Prismas ist direkt proportional zu seinem Volumen.

Umkehraufgaben

958 ⊞ Ein 17,8 kg schwerer Messingstab ($\varrho = 8\,550\,kg/m^3$) hat die Form eines geraden dreiseitigen Prismas mit einem gleichschenkligen Dreieck als Basis ($c = 48\,mm$, $a = b = 51\,mm$).
a) Wie groß ist die Höhe des Basisdreiecks? Wie groß ist der Flächeninhalt des Basisdreiecks?
b) Wie lang ist der Messingstab? Runde auf Zentimeter!

959 Von einem Körper kennt man die Masse und das Material, aus dem er besteht. Wie groß ist sein Volumen?
a) $m = 12\,kg$, Beton ($\varrho = 2\,000\,kg/m^3$)
b) $m = 1{,}50\,kg$, Kork ($\varrho = 240\,kg/m^3$)
c) $m = 1\,kg$, Gold ($\varrho = 19\,300\,kg/m^3$)
d) $m = 0{,}7\,kg$, Glas ($\varrho = 2\,500\,kg/m^3$)

960 Ein Quader aus Aluminium ($\varrho = 2\,700\,kg/m^3$) mit der Masse $m = 9{,}45\,kg$ ist 35 cm lang und 5 cm breit. Wie hoch ist der Quader?

961 Eine Stahlschiene ($\varrho = 7\,800\,kg/m^3$) ist 5,00 m lang und hat eine Masse von 2 500 kg. Ihr Querschnitt ist ein gleichschenklig-rechtwinkliges Dreieck.
a) Wie groß ist der Flächeninhalt der Querschnittfläche? Runde auf Quadratzentimeter!
⊞ b) Wie lang sind die Seiten der dreieckigen Querschnittfläche?

962 ⊞ Ein gerades dreiseitiges Prisma aus Glas hat eine Masse von 4 kg. Das Prisma ist 25 cm hoch und hat eine 60 cm² große Querschnittfläche. Wie groß ist die Dichte des verwendeten Glases (in kg/m³)?

3 Pyramide

interaktive Vorübung 63q4dk

AH S. 69

3.1 Eigenschaften und Netze

Die berühmtesten Pyramiden wurden von den frühen Hochkulturen gebaut, von den Ägyptern in Gizeh und von den Maya und Azteken im heutigen Mexiko und Guatemala (vgl. Seite 222, 223).
Die Form der Pyramide wird auch heute noch in der Architektur eingesetzt. In San Francisco steht zB ein Hochhaus in Pyramidenform, die „Transamerica Pyramid" (Figur links). Dieses Gebäude wurde 1972 fertiggestellt und war für kurze Zeit der höchste Wolkenkratzer im Westen der USA.

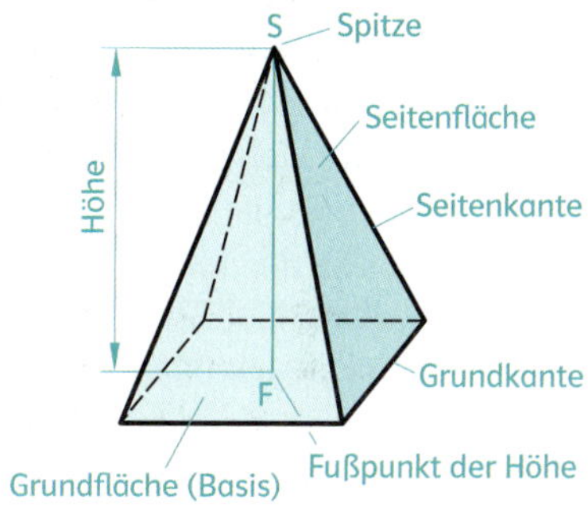

Bezeichnungen

Je nachdem, ob die Grundfläche der Pyramide ein Dreieck, Viereck, Fünfeck usw. ist, spricht man von einer **dreiseitigen, vierseitigen, fünfseitigen** usw. **Pyramide**. Die Figur oben zeigt das Modell einer ________________ Pyramide.

Die **Seitenflächen** der Pyramide sind **Dreiecke** und werden jeweils von zwei Seitenkanten und einer Grundkante begrenzt. Die Seitenflächen schneiden einander in einem gemeinsamen Punkt, der **Spitze S der Pyramide**.

Den Abstand der Pyramidenspitze S von der Grundfläche nennt man die **Höhe der Pyramide**. Der Punkt F wird **Fußpunkt der Höhe** genannt. Er ist der Schnittpunkt der Normalen auf die Grundfläche durch die Spitze S mit der Grundfläche (Abb. 1 und 2) bzw. mit der Ebene der Grundfläche (Abb. 3).

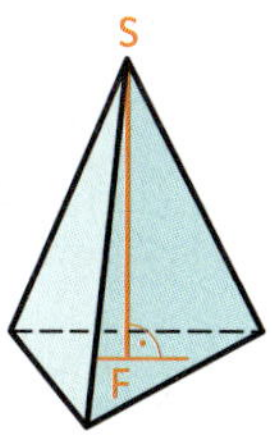

1

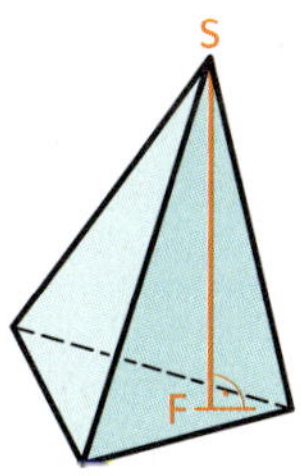

2

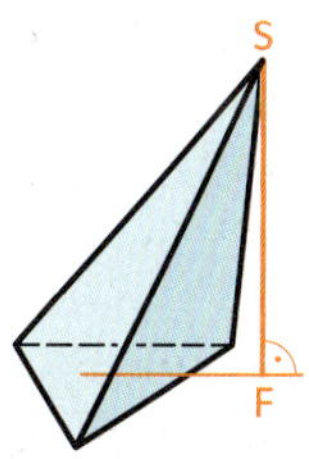

3

Bemerkung: Wenn der Fußpunkt der Höhe in der „Mitte" der Grundfläche liegt, spricht man von einer geraden Pyramide (Abb 1). Ansonsten handelt es sich um eine „schiefe" Pyramide (Abb. 2 und 3).

Pyramide

Die **Seitenflächen** einer Pyramide sind **Dreiecke**, die die **Spitze S** der Pyramide als einen Eckpunkt gemeinsam haben.
Die **Grundfläche** einer Pyramide ist ein **Vieleck**.
Die **Höhe der Pyramide** ist der **(Normal-)abstand** der **Spitze S** von der **Grundfläche.**

Regelmäßige Pyramiden

Man spricht von einer **regelmäßigen Pyramide**, wenn die Grundfläche der Pyramide ein **regelmäßiges Vieleck** ist (zB ein gleichseitiges Dreieck, ein Quadrat, ein regelmäßiges Fünf- oder Sechseck usw.) und der Fußpunkt der Höhe in den **Umkreismittelpunkt** der Basis fällt. Die Figur rechts zeigt eine regelmäßige sechsseitige Pyramide. Die antiken ägyptischen Pyramiden sind regelmäßige vierseitige (gerade quadratische) Pyramiden.

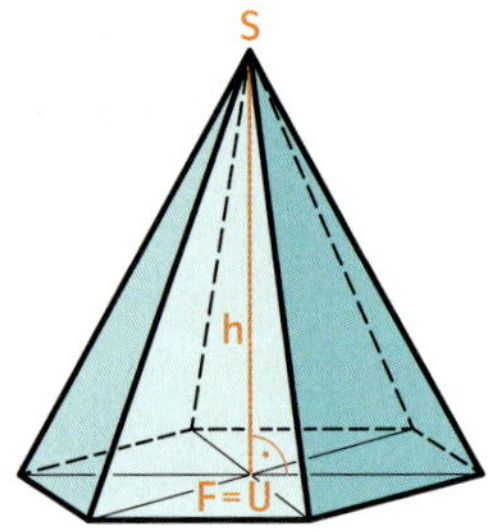

Pyramidennetze

Breitet man die Begrenzungsflächen einer Pyramide in der Ebene aus, so erhält man das **Netz der Pyramide**. Rechts ist eine regelmäßige vierseitige Pyramide sowie ihr Netz dargestellt. Die Grundfläche ist q ______.
Die vier Seitenflächen sind
g ______ Dreiecke.
Die vier Seitenflächen bilden die Mantelfläche der Pyramide. Vergleiche dazu auch das Pyramidenmodell im Anhang!

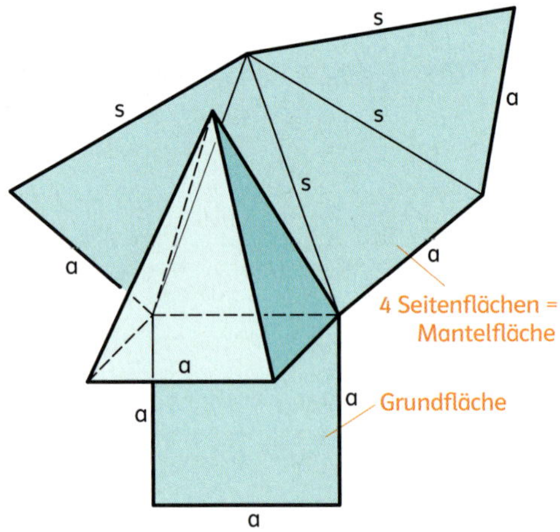

963 Kreuze die beiden richtigen Aussagen an!
- ○ **A** Das Netz einer 4-seitigen Pyramide hat 5 Flächen.
- ○ **B** Bei einer regelmäßigen Pyramide stehen die Seitenkanten im rechten Winkel zur Grundfläche.
- ○ **C** Die Mantelfläche einer 4-seitigen Pyramide besteht aus Vierecken.
- ○ **D** Bei einer Pyramide kann eine Seitenkante im rechten Winkel zur Grundfläche stehen.
- ○ **E** Die Dreiecke des Mantels einer regelmäßigen Pyramide können verschieden groß sein.

964 Wie viele Ecken, Kanten und Flächen hat eine **a)** dreiseitige, **b)** vierseitige, **c)** sechsseitige Pyramide?

965 Wovon hängt die Anzahl und die Art der Dreiecke ab, die die Mantelfläche einer Pyramide bilden?

966 Konstruiere das Netz der regelmäßigen vierseitigen Pyramide!
a) Grundkante $a = 3\,cm$, Seitenkante $s = 5\,cm$
b) Grundkante $a = 4\,cm$, Seitenkante $s = 4{,}5\,cm$
Hinweis Betrachte das oben abgebildete Netz!

Tipp
Zeichne zuerst die Grundfläche (zB. Quadrat, Dreieck, …)! Anschließend konstruiere an jede Seite ein gleichschenkliges Dreieck mit Schenkellänge s!

967 Konstruiere das Netz der regelmäßigen dreiseitigen Pyramide!
a) Grundkante $a = 3{,}5\,cm$, Seitenkante $s = 3\,cm$
b) Grundkante $a = 4{,}5\,cm$, Seitenkante $s = 5{,}5\,cm$

968 Kreuze diejenigen Abbildungen an, die Pyramidennetze sind und begründe deine Entscheidung!

○ **A**
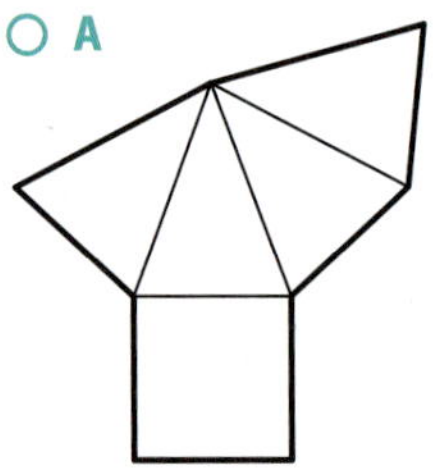
○ **B**
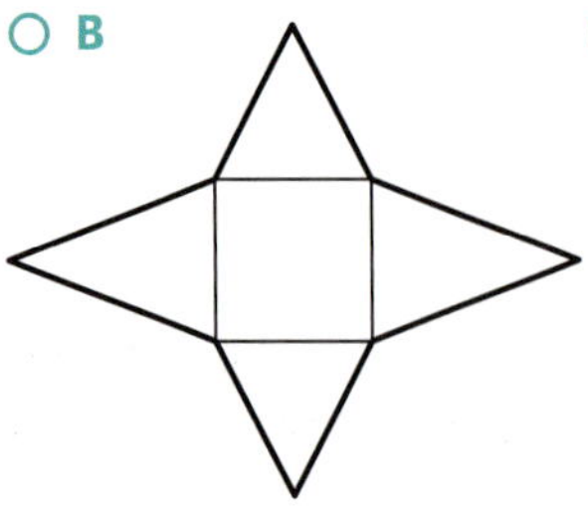
○ **C**
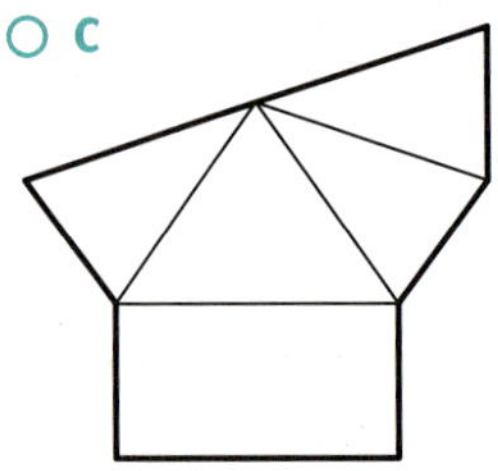
○ **D**
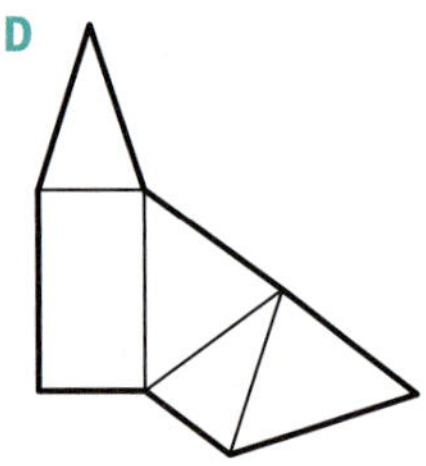

969 Vervollständige die Schrägrissdarstellung der Pyramide! Beachte die Sichtbarkeit!

a) Quadratische Pyramide

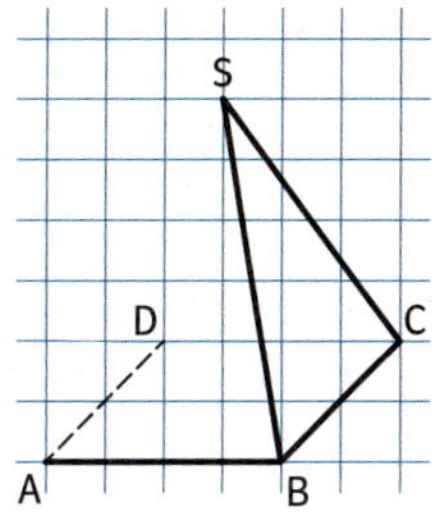

b) Dreiseitige Pyramide

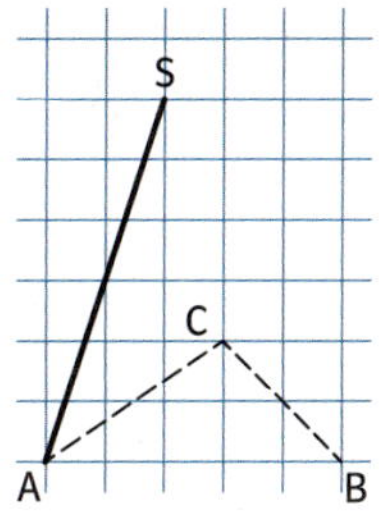

c) Rechteckige Pyramide

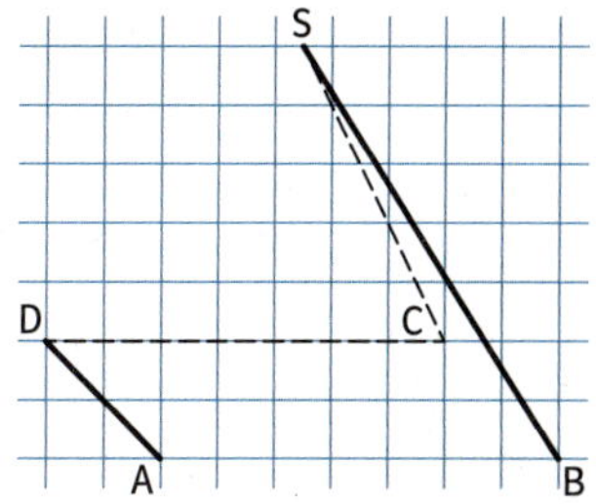

970 Ordne den Pyramidenschrägrissen jeweils das passende (verkleinerte) Netz zu!

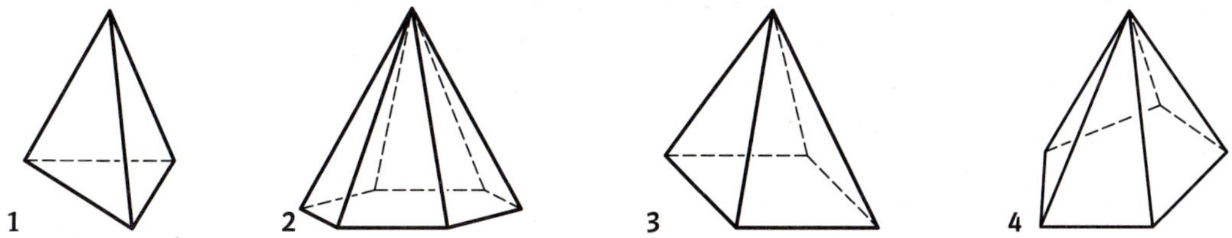

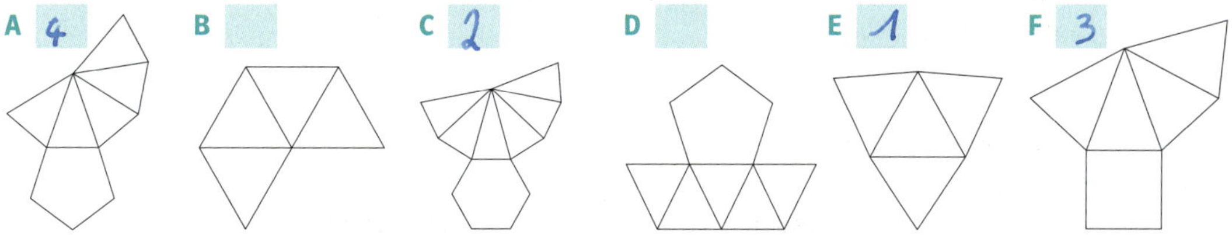

Schrägriss einer regelmäßigen dreiseitigen Pyramide

Beispiel

Zeichne eine regelmäßige dreiseitige Pyramide: $a = 3{,}0\,cm$, $h = 2{,}5\,cm$; $\alpha = 60°$, $v = \frac{1}{2}$

1. Fertige eine Skizze an!
2. Zeichne die Grundfläche (= gleichseitiges Dreieck mit Seitenlänge a) unverzerrt als Hilfskonstruktion, sowie deren Umkreismittelpunkt U! Miss aus der Konstruktion die Länge $\overline{AM_{BC}}$ (≈ 2,6 cm) und multipliziere sie mit dem Verzerrungsfaktor (≈ $2{,}6\,cm \cdot \frac{1}{2} = 1{,}3\,cm$)!
3. Zeichne von M_{BC} ausgehend den Winkel α ein und trage die verzerrte Höhe des gleichseitigen Dreiecks auf! Es entsteht das Dreieck $A^SB^SC^S$. Verbinde A mit A^S und verschiebe diese Linie parallel durch U (Strahlensatz!)! Du erhältst U^S.
4. Zeichne die Höhe h der Pyramide (= 2,5 cm) von U^S aus ein (normal zu CB) und vervollständige die Pyramide!

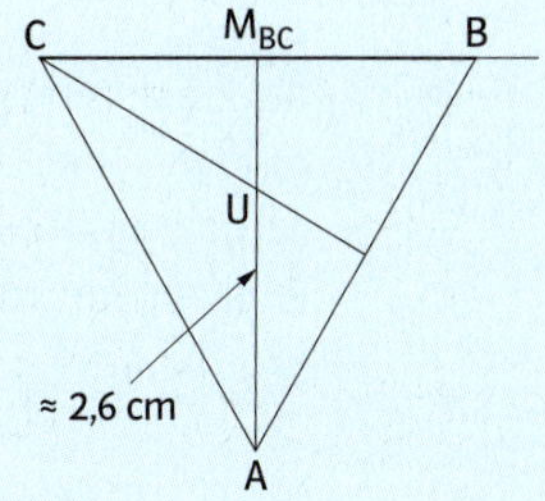

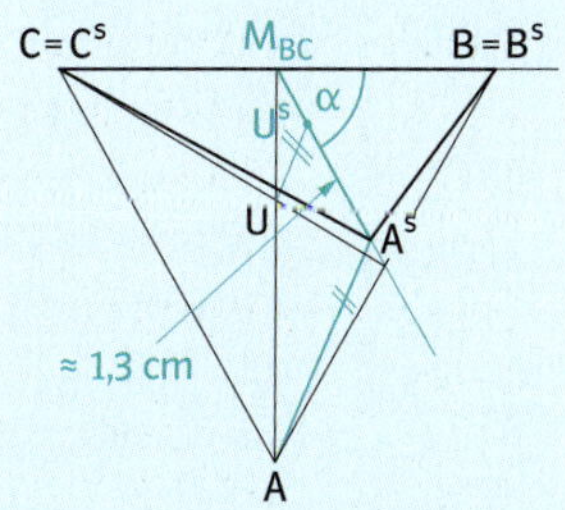

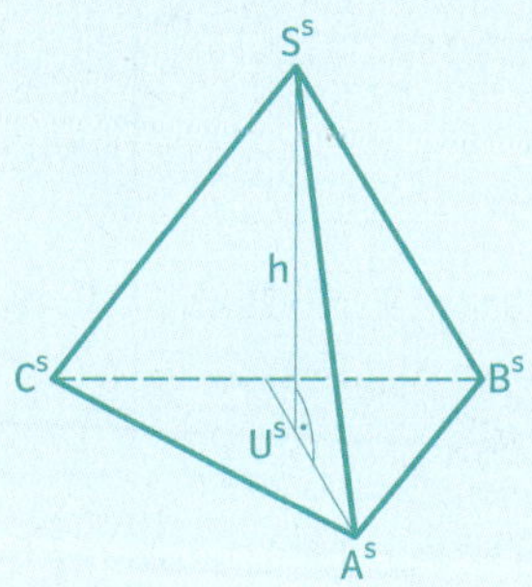

971 Konstruiere den Schrägriss einer regelmäßigen dreiseitigen Pyramide mit den Abmessungen
a) $a = 3{,}5\,cm$, $h = 4{,}7\,cm$, b) $a = 5{,}2\,cm$, $h = 3{,}8\,cm$, c) $a = 2{,}8\,cm$, $h = 6{,}6\,cm$!

3.2 Oberfläche und Volumen

Oberfläche der Pyramide

Die Oberfläche einer Pyramide setzt sich aus der **Grundfläche** und der **Mantelfläche** zusammen. **(O = G + M)**
Der Inhalt der Grundfläche muss je nach Form der Pyramide berechnet werden (Dreieck, Viereck, …, n-Eck).
Der **Mantel** regelmäßiger Pyramiden besteht aus deckungsgleichen **(kongruenten) gleichschenkligen Dreiecken**. Ihren Flächeninhalt kann man mit Hilfe der **Seitenflächenhöhe h_1** berechnen.
Die Pyramide rechts hat die Maße $a = 3\,cm$ und $h_1 = 4\,cm$. Der Inhalt der Mantelfläche ist daher:

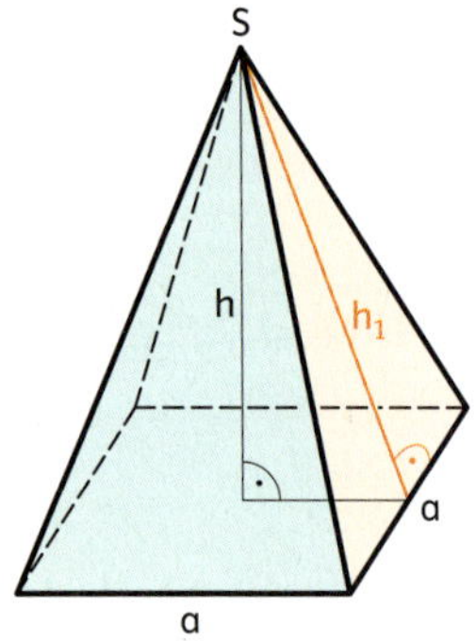

$M = \frac{a \cdot h_1}{2} \cdot 4 = 2 \cdot a \cdot h_1 = 2 \cdot$ ___ $\cdot$ ___ $=$ ___ $\rightarrow M =$ ___ cm^2

Man muss zwischen der **Seitenflächenhöhe h_1** und der **Höhe h der Pyramide** unterscheiden. Bei dieser regelmäßigen vierseitigen Pyramide kann man wegen des rechten Winkels den Satz des ___ zu Hilfe nehmen und die jeweils andere Höhe ausrechnen: $\mathbf{h^2 = h_1^2 - \left(\frac{a}{2}\right)^2}$

Oberfläche der Pyramide

O = G + M **Kurzsprechweise**: Oberfläche = Grundfläche plus Mantelfläche

Volumen der Pyramide

Eine Verpackungsfirma stellte früher Milchpäckchen in Pyramidenform her (→ Bild rechts). Durch einen Versuch kann man feststellen, dass in ein prismenförmiges Gefäß mit derselben Grundfläche und Höhe etwa dreimal so viel Milch passt wie in die Pyramide. Das Experiment lässt vermuten, dass für das Pyramidenvolumen gilt: $\mathbf{V = \frac{G \cdot h}{3}}$

Die Figur rechts unten zeigt dieses Ergebnis für spezielle Pyramiden. Wir zerlegen einen Würfel in sechs kleine (regelmäßige vierseitige) Pyramiden, deren Grundkanten (2h) doppelt so lang sind wie ihre Höhen (h). Jede Teilpyramide hat dieselbe Grundfläche G. Damit ergibt sich unmittelbar:

$V_{Pyramide} = \frac{1}{6} \cdot V_{Würfel} = \frac{1}{6} \cdot G \cdot 2h = \frac{1}{3} \cdot G \cdot h = \frac{G \cdot h}{3}$

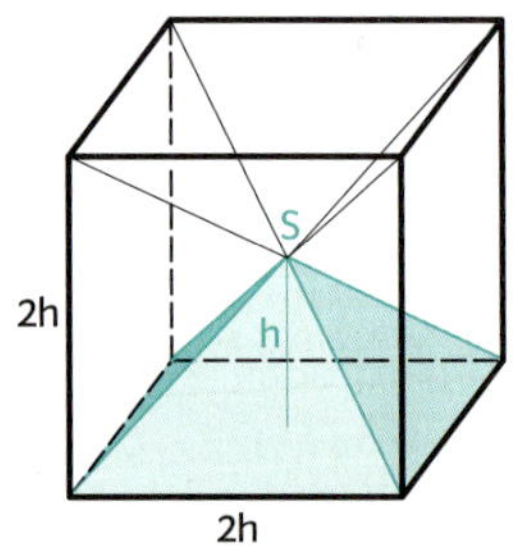

Man kann beweisen: Die gefundene Formel gilt für alle Pyramiden, gleichgültig welches Vieleck die Grundfläche ist und gleichgültig, wo der Fußpunkt F der Höhe liegt.

Rauminhalt (Volumen) der Pyramide

$\mathbf{V = \frac{1}{3} \cdot G \cdot h}$ **Kurzsprechweise**: Volumen = $\frac{1}{3}$ mal Grundfläche mal Höhe

972 Von einer regelmäßigen vierseitigen Pyramide kennt man die Länge der Grundkante a und die Seitenflächenhöhe h_1. Berechne die Oberfläche der Pyramide!

a) $a = 14\,cm$, $h_1 = 8{,}0\,cm$ **b)** $a = 19{,}8\,cm$, $h_1 = 14{,}5\,cm$ **c)** $a = 2{,}6\,m$, $h_1 = 5{,}6\,m$

973 Ein Turmdach hat die Form einer regelmäßigen vierseitigen Pyramide mit der Grundkantenlänge a und der Seitenflächenhöhe h_1.
Wie groß ist **1)** der Flächeninhalt des Daches, **2)** die Länge der schrägen Dachkante s?
a) $a = 6{,}60\,m$, $h_1 = 6{,}50\,m$ **b)** $a = 3{,}50\,m$, $h_1 = 6{,}40\,m$

974 Von einer regelmäßigen vierseitigen Pyramide kennt man die Länge der Grundkante a und die Körperhöhe h. Wie groß ist der Rauminhalt der Pyramide?
a) $a = 120\,mm$, $h = 80\,mm$ **b)** $a = 9{,}6\,cm$, $h = 5{,}5\,cm$ **c)** $a = 5{,}6\,m$, $h = 4{,}5\,m$

975 Kreuze für ① und ② so an, dass eine mathematisch korrekte Aussage entsteht!
① einer Pyramide wird mit ② berechnet.

	①
○	Die Oberfläche
○	Die Masse
○	Das Volumen

	②
○	$G \cdot \frac{h}{3}$
○	$\frac{G}{3} \cdot h_1$
○	$G \cdot h$

976 Ein Tipi (→ Bild rechts) hat die Form einer regelmäßigen sechsseitigen Pyramide mit der Grundkantenlänge a und der Seitenflächenhöhe h_1. Wie viel Quadratmeter Zeltplane sind für die Wände dieses Zeltes erforderlich? Der Eingang besteht ebenso aus Plane, die aufgerollt werden kann. Füge insgesamt 3% des errechneten Wertes für die Herstellung des Tipis hinzu!
a) $a = 9{,}50\,m$, $h_1 = 12{,}40\,m$ **b)** $a = 8{,}60\,m$, $h_1 = 10{,}50\,m$

977 Berechne die Oberfläche eines Milchpäckchens wie auf S. 238 abgebildet!
Die Grundfläche und die Seitenflächen sind deckungsgleiche, gleichseitige Dreiecke.
a) $a = 6\,cm$, $h_1 \approx 5{,}2\,cm$ **b)** $a = 10\,cm$, $h_1 \approx 8{,}7\,cm$
Hinweis Solche Pyramiden werden regelmäßige Tetraeder genannt, weil sie vier (griech. tetra) deckungsgleiche Flächen haben.

978 ⊞ Tee benötigt zum Ziehen Platz, daher werden neuerdings Teepyramiden statt der üblichen Teebeutel beworben (→ Bild rechts). Diese haben eine dreieckige Grundfläche. Alle Kanten dieser Pyramide haben dieselbe Länge a. Berechne die Oberfläche einer solchen Teepyramide! Entnimm die dazu benötigten Längen einer Hilfskonstruktion oder berechne sie mit dem Satz des Pythagoras!
a) $a = 4\,cm$ **b)** $a = 3{,}6\,cm$

979 Kreuze die beiden richtigen Aussagen über Prismen und Pyramiden an!
○ **A** Ein Prisma mit der Grundfläche G und der Höhe h hat das doppelte Volumen einer Pyramide mit derselben Grundfläche G und Höhe h.
○ **B** Ein Prisma mit der Grundfläche G und der Höhe h hat die doppelte Oberfläche einer Pyramide mit derselben Grundfläche G und Höhe h.
○ **C** Die Mantelflächen gerader Prismen bestehen aus Rechtecken.
○ **D** Die Mantelflächen von Pyramiden bestehen aus Rechtecken.
○ **E** In den Netzen jeder Art von Pyramiden kommen Dreiecke vor.

980 Eine regelmäßige vierseitige Pyramide mit der Grundkantenlänge a und der Höhe h hat das Volumen V. Wie ändert sich das Volumen, wenn folgende Veränderungen vorgenommen werden? Ordne zu, indem du den passenden Buchstaben ergänzt!

h verdreifacht	a verdreifacht	sowohl h als auch a verdreifacht
1	**2**	**3**

A	B	C	D	E
$2 \cdot V$	$3 \cdot V$	$4 \cdot V$	$9 \cdot V$	$27 \cdot V$

981 Gustav hat im Urlaub in einem besonderen Bett geschlafen (→ Bild rechts). Er möchte nun auch dasselbe zu Hause haben. An einem Haken an der Decke spannt er über die am Boden liegende quadratische Matratze das Netz mittig (gerade Pyramide). Wie viel Quadratmeter Netz braucht er (mindestens), wenn die Raumhöhe 2,40 m und die Bettgröße 200 cm × 200 cm beträgt?

Verwende die Angaben der Dichte auf S. 232!

982 Isabella bekommt einen schönen, pyramidenförmigen Stein aus Marmor geschenkt. Er hat eine quadratische Grundfläche. Berechne die Masse des Steins, wenn a = 9 cm und h = 12 cm ist!

983 Muhammed und viele seiner Freunde bauen eine große Schneepyramide. Am Schluss hat die Pyramide eine quadratische Grundfläche mit 1 m Seitenlänge und eine Höhe von 70 cm. Wie schwer ist die Pyramide? Rechne mit der größten Dichte für Schnee!

984 Lilli und Stephan besitzen beide aus Holz einen Körper (→ Bild rechts).

1) Begründe ohne zu rechnen und in eigenen Worten, welche Holzfigur schwerer ist!

2) Gib mit Hilfe von a das Volumen und die Oberfläche beider Körper an!

3) Gib das Verhältnis der beiden Volumina und Oberflächen an!

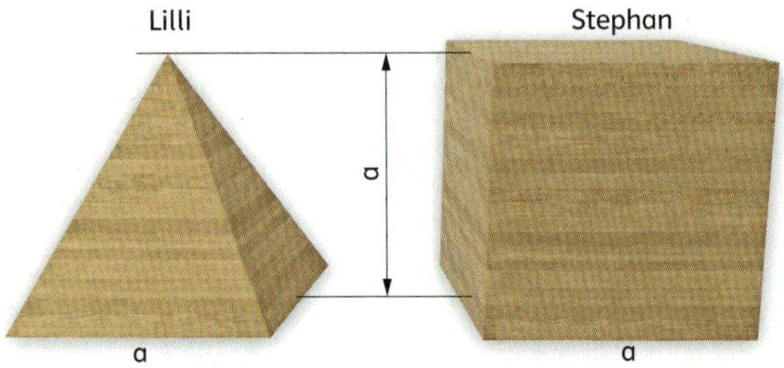

985 Von einer regelmäßigen vierseitigen Pyramide kennt man das Volumen und die Länge der Grundkante a. Berechne die Körperhöhe h!

a) $V = 400\,cm^3$, $a = 10\,cm$ **c)** $V = 54\,cm^3$, $a = 6{,}0\,cm$ **e)** $V = 7260\,m^3$, $a = 22\,m$

b) $V = 3\,cm^3$, $a = 3\,cm$ **d)** $V = 25\,l$, $a = 20\,cm$ ⊞ **f)** $V = x\,m^3$, $a = y\,m$

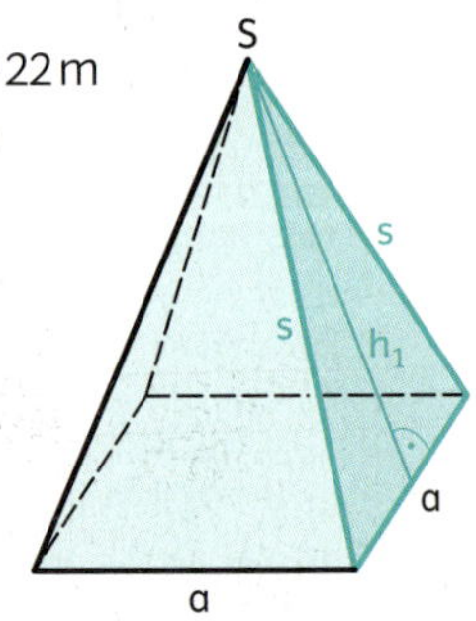

986 ⊞ Von einer regelmäßigen vierseitigen Pyramide kennt man die Oberfläche und die Länge der Grundkante a.
Berechne die Seitenflächenhöhe h_1!

a) $O = 112\,cm^2$, $a = 6\,cm$ **c)** $O = 47{,}25\,cm^2$, $a = 4{,}5\,cm$

b) $O = 136\,m^2$, $a = 8\,m$ **d)** $O = s\,m^2$, $a = r\,m$

Üben und Sichern

987 Ein Stahlträger ($\varrho = 7800\,kg/m^3$) hat die Form eines geraden dreiseitigen Prismas mit einem gleichschenklig-rechtwinkligen Dreieck als Grundfläche. Er ist 3,60 m lang und hat eine Masse von 2,4 t. Wie groß ist seine Grundfläche? Runde auf Quadratzentimeter!

988 Wie lang sind die Flächendiagonalen des Quaders?
a) $a = 3\,cm$, $b = 5\,cm$, $c = 6\,cm$
b) $a = b = 1{,}8\,cm$, $c = 4{,}5\,cm$
c) $a = 7\,cm$, $b = 11\,cm$, $c = 1\,dm$
d) $a = 21\,cm$, $b = c = 238\,mm$

989 Wie viele quaderförmige Bausteine, die 1 cm breit, 2 cm lang und 3 cm hoch sind, braucht man mindestens, um daraus einen Würfel zu bauen? Kreuze die richtige Antwort an!
○ **A** 12 ○ **B** 15 ○ **C** 32 ○ **D** 36 ○ **E** 54

990 Ein quaderförmiges Paket wird wie in der Abbildung verschnürt. Das Paket ist 25 cm lang, 18 cm breit und 9 cm hoch. Für die Masche werden zusätzlich 50 cm des Bandes benötigt.
a) Welche der folgenden Rechenanweisungen ermöglichen das Berechnen der Gesamtlänge G des benötigten Bandes?
○ **A** $G = (25 + 18 + 9) \cdot 4 + 50$
○ **B** $G = 25 \cdot 2 + 18 \cdot 2 + 9 \cdot 2 + 50$
○ **C** $G = 25 \cdot 2 + 18 \cdot 2 + 9 \cdot 4 + 50$
○ **D** $G = (25 + 18 + 9) \cdot 2 + 50$
○ **E** $G = (25 + 18 + 9) \cdot 2 + 9 \cdot 2 + 50$

b) Wie groß ist das benötigte Geschenkpapier, wenn man ca. 30 % für Überlappungen einrechnen muss?

991 ⊞ In der Figur rechts ist der Längsschnitt (Schnitt in Längsrichtung) eines 12,50 m breiten Schwimmbeckens dargestellt. Wie viel Hektoliter Wasser enthält das Schwimmbecken, wenn es bis 30 cm unter dem Beckenrand gefüllt ist (Maße in Meter)?

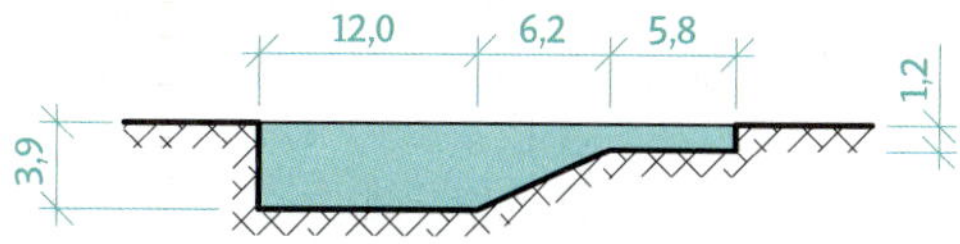

992 Ein Schmuckstück aus Gold ($\varrho = 19\,300\,kg/m^3$) hat die Form eines geraden dreiseitigen Prismas mit einem gleichschenklig-rechtwinkligen Dreieck als Querschnittfläche. Die Katheten dieser Dreiecksfläche sind 6 mm lang, das Prisma ist 15 mm hoch.
Wie groß ist die Masse des Schmuckstückes? Gib das Ergebnis in Gramm an!

993 ⊞ Von einer regelmäßigen vierseitigen Pyramide kennt man die Länge der Grundkante a und die Seitenflächenhöhe h_1 (→ Figur rechts). Berechne **1)** die Länge der Seitenkante s, **2)** die Mantelfläche M und **3)** die Oberfläche O der Pyramide!
a) $a = 2{,}6\,cm$, $h_1 = 8{,}4\,cm$
b) $a = 5{,}44\,m$, $h_1 = 5{,}10\,m$

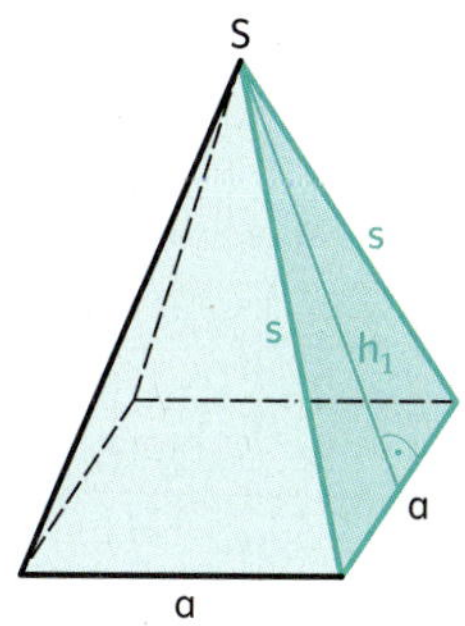

994 ⊞ Von einer regelmäßigen vierseitigen Pyramide kennt man die Längen der Grundkante a und der Seitenkante s (→ Figur rechts). Berechne **1)** die Seitenflächenhöhe h_1, **2)** die Mantelfläche M und **3)** die Oberfläche O!
a) $a = 30\,mm$, $s = 39\,mm$
b) $a = 22{,}8\,cm$, $s = 37{,}0\,cm$
c) $a = 12{,}8\,m$, $s = 26{,}0\,m$

995 Auf dem Bild siehst du den Eingang des Kunstmuseums „Louvre“ in Paris. Die regelmäßige, quadratische Pyramide ist 35 m breit und 21 m hoch. Sie besteht zum größten Teil aus rautenförmigen, $3\,m^2$ großen Glassegmenten. Schätze, wie viel Glassegmente verwendet wurden! Begründe deine Schätzung! Recherchiere anschließend im Internet!

996 Von einer regelmäßigen dreiseitigen Pyramide kennt man das Volumen und die Länge der Grundkante a. Berechne die Körperhöhe h!

a) $V = 400\,cm^3$, $a = 10\,cm$ b) $V = 54\,cm^3$, $a = 6\,cm$ c) $V = 7260\,m^3$, $a = 22\,m$

Hinweis Flächeninhalt eines gleichseitigen Dreiecks: $A = \frac{\sqrt{3}}{4} \cdot a^2$

997 a) Wie groß ist das Volumen des nebenstehend abgebildeten Lagerraumes (Maße in Meter)?
b) Die trapezförmigen Seitenwände sollen neu gestrichen werden. Wie viel Quadratmeter sind zu streichen?

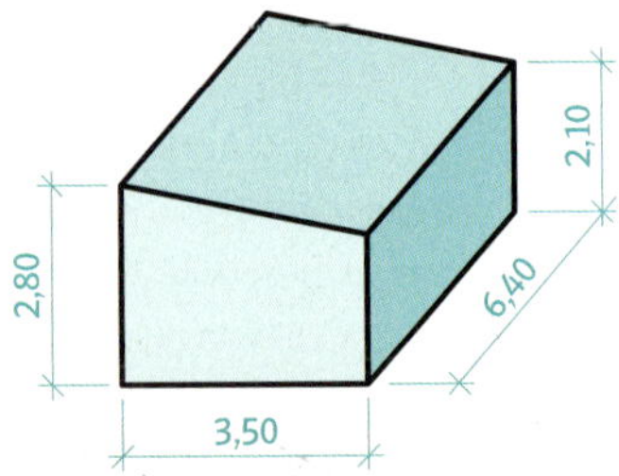

Zusammenfassung

AH S. 71

Flächendiagonale von Quader und Würfel
Quader: $d_1 = \sqrt{a^2 + b^2}$, $d_2 = \sqrt{a^2 + c^2}$, $d_3 = \sqrt{b^2 + c^2}$ **Würfel:** $d = \sqrt{2} \cdot a$

Dichte von Körpern: $\varrho = \frac{m}{V}$

Prisma
Prismen werden von **zwei kongruenten, parallelen Vielecken** begrenzt (Grundfläche und Deckfläche).

Die **Seitenkanten** sind **alle gleich lang** und **zueinander parallel**.
Wenn sie **senkrecht auf die Grundfläche** stehen, spricht man von einem **geraden Prisma**.
Die Seitenflächen bilden zusammen den Mantel des Prismas.

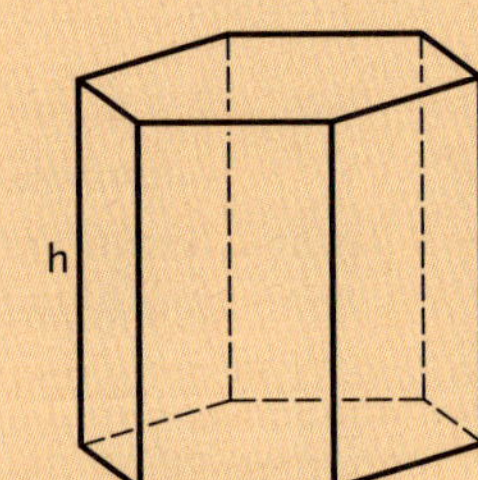

Ein **regelmäßiges Prisma** ist ein gerades Prisma mit einem **regelmäßigen Vieleck** (= gleichseitiges, gleichwinkliges Vieleck zB Quadrat) als Grundfläche.

Oberfläche: $O = 2 \cdot G + M$ **Volumen:** $V = G \cdot h$

Pyramide
Die Seitenflächen einer Pyramide sind **Dreiecke**, sie schneiden einander in der Spitze S der Pyramide und bilden zusammen den Mantel der Pyramide.

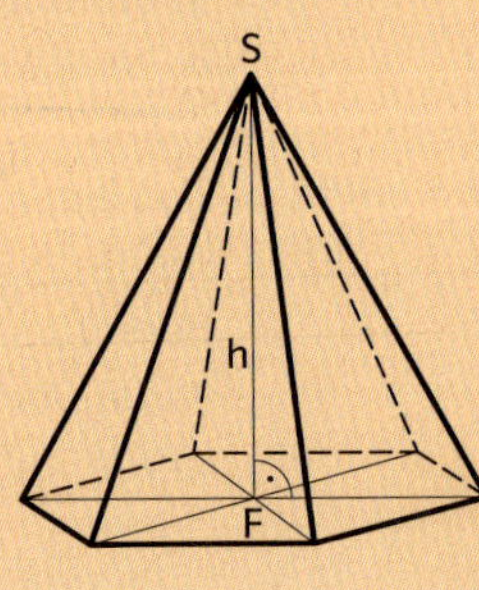

Die **regelmäßige Pyramide** hat ein regelmäßiges Vieleck als Grundfläche. Die Spitze liegt über dem Umkreismittelpunkt U der Grundfläche (U = Fußpunkt F der Höhe).

Oberfläche: $O = G + M$ **Volumen:** $V = \frac{1}{3} \cdot G \cdot h$

Wissensstraße

Lernziele: Ich kann ...

Z 1: von Prismen Schrägrisse erstellen, sowie Schnittebenen zeichnen und berechnen.
Z 2: das Netz von Prismen und Pyramiden zeichnen.
Z 3: bei Prisma und Pyramide verschiedene Längen mit dem Satz des Pythagoras, sowie die Oberfläche bzw. Mantelfläche berechnen.
Z 4: das Volumen von Prismen und Pyramiden berechnen.
Z 5: die Masse von Körpern berechnen.

---

998 Skizziere einen Schrägriss **a)** eines geraden dreiseitigen Prismas, **b)** eines geraden sechsseitigen Prismas mit selbstgewählten Maßen auf kariertes Papier! **Z 1**

---

999 Die Darstellung rechts zeigt ein gerades rechteckiges Prisma (= Quader) mit eingezeichneter Schnittfläche. **Z 1**

a) Um welche Art von Figur handelt es sich bei der Schnittfläche?
b) Zeichne die Schnittfläche in wahrer Größe, wenn die Kanten des Prismas die Längen a = 4,1 cm, b = 2,4 cm und c = 2,9 cm haben!

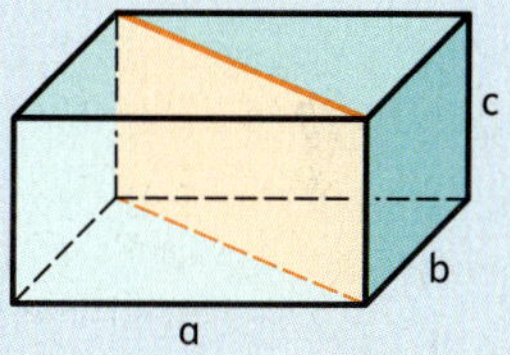

1000 **1)** Zeichne das Netz einer regelmäßigen vierseitigen Pyramide mit der Grundkantenlänge a = 8,0 cm und der Seitenflächenhöhe $h_1 = 7{,}5$ cm! **Z 2, Z 3**
Berechne **2)** die Mantelfläche, **3)** die Oberfläche, **4)** die Seitenkantenlänge s!

1001 Gegeben ist ein Quader mit den Kantenlängen a = 4 cm, b = 3 cm und c = 5 cm. **Z 1, Z 3, Z 4**

a) Zeichne einen Schrägriss (Verzerrungswinkel $\alpha = 135°$; Verzerrungsfaktor $v = \frac{1}{3}$)!
b) Berechne **1)** die Oberfläche, **2)** den Rauminhalt, **3)** die Längen der Flächendiagonalen!

1002 Wie groß ist **1)** das Volumen, **2)** die Oberfläche eines 25 cm hohen geraden dreiseitigen Prismas, dessen Grundfläche ein rechtwinkliges Dreieck mit den Kathetenlängen 36 cm und 15 cm ist? **Z 3, Z 4**

1003 Die Cheops-Pyramide, die größte der drei Pyramiden von Gizeh, war ursprünglich ca. 147 m hoch. Die Kanten ihrer quadratischen Grundfläche waren ziemlich genau 230 m lang, die Höhen der vier Seitenflächen waren etwa 187 m lang. **Z 3, Z 4**

1) Wie groß war das Volumen der Cheops-Pyramide ursprünglich?
2) Berechne die Masse an Kalkstein ($\varrho = 2750\,kg/m^3$), die verbaut wurde (ohne Berücksichtigung der Innenräume)!

1004 **Z 2, Z 4, Z 5**

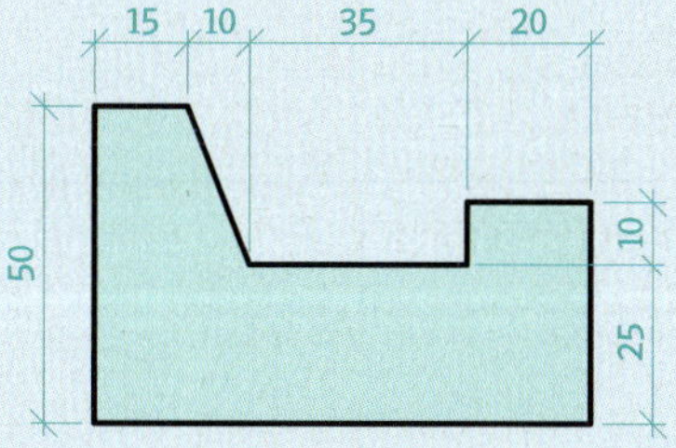

Die Figur links zeigt den Querschnitt eines Werkstückes aus Stahl (Maße in Millimeter).

1) Berechne den Flächeninhalt der Querschnittfläche!
2) Wie groß ist der Rauminhalt des Werkstückes, wenn es 52 cm lang ist?
3) Wie groß ist seine Masse (Dichte $\varrho = 7800\,kg/m^3$)?

Ähnlichkeit

Die Mondphasen

Der Mond umkreist die Erde rund einmal in einem Monat. Dabei beobachtet man, je nach Stellung von Sonne – Erde – Mond zueinander einen ständigen Wechsel der Gestalt der von der Sonne beschienenen Mondoberfläche.
Der Mond ist kein Stern, sondern er reflektiert das Sonnenlicht. Bei Vollmond ist die gesamte der Erde zugewandte Mondoberfläche von der Sonne ausgeleuchtet (Sonne, Erde, Mond in einer Linie). In dieser Stellung kann es vorkommen, dass der Mond in den Schatten der Erde tritt. Es kommt zu einer Mondfinsternis. Ist dabei der ganze Mond verdunkelt, spricht man von einer totalen Mondfinsternis. Bei einer partiellen (teilweisen) Mondfinsternis befindet sich nur ein Teil der Mondoberfläche im Schatten der Erde. Weil dieser Schatten immer kreisförmig ist, schloss schon Aristoteles (384–322 v. Chr.) scharfsinnig, dass die Erde Kugelgestalt hat. Denn nur die Kugel besitzt in jeder denkbaren Lage einen kreisförmigen Schatten.

„Blutmond" heißt der Mond bei totaler Mondfinsternis. Der Mond zeigt uns immer das gleiche „Gesicht". Heißt das, dass er sich bei jeder Erdumkreisung auch einmal um die eigene Achse dreht?

Der Abstand zwischen Erde und Mond

Mit dem Wissen des Monddurchmessers von 3 476 km ≈ 3 500 km ist es dir möglich, mit einem größeren Zündholzkopf bei Vollmond den ungefähren Abstand Erde – Mond zu ermitteln. Du brauchst diesen nur in einer Entfernung von rund 45 cm von deinem Auge in Richtung zum Mond zu halten, so bedeckt dieser ziemlich genau die Mondscheibe. In einer Zeichnung (unten) dargestellt, erhältst du zwei gleichschenklige Dreiecke, die die Eigenschaften ähnlicher Dreiecke (vgl. Seite 246) erfüllen: Das eine besitzt den Durchmesser des Zündholzkopfes (4 mm) als Basis und den Abstand des Zündholzkopfes vom Auge (ca. 45 cm = 450 mm) als Höhe. Das andere hat den Durchmesser des Mondes als Basis und die gesuchte Entfernung Erde – Mond als Höhe. Weil sich die Entfernung Erde – Mond zum Durchmesser des Mondes so verhält wie 450 zu 4 ≈ 110, ist der Mond ungefähr das 110-fache des Monddurchmessers von der Erde entfernt, also: ca. 3 500 km × 110 ≈ 385 000 km.

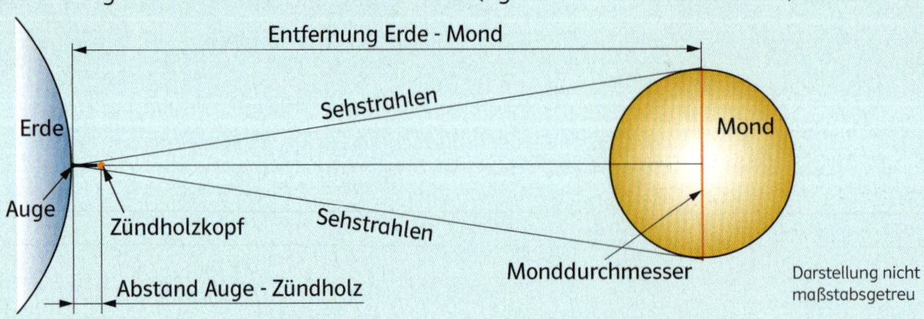

Der Abstand zwischen Erde und Sonne

Der griechische Astronom Aristarches von Samos hatte bereits im dritten Jahrhundert vor Chr. den Abstand der Erde von der Sonne zu ermitteln versucht. Seine Idee war: Wenn Halbmond herrscht, bilden die Geraden Sonne – Mond und die Gerade Erde – Mond einen rechten Winkel (Bild rechts).
Er meinte, man brauche daher nur mehr den Winkel α zu messen und ein ähnliches rechtwinkliges Dreieck zu zeichnen, um das Verhältnis der Entfernungen Erde – Mond und Erde – Sonne zu gewinnen. Tatsächlich zeigte sich bei der Messung ein großes Problem, weil der Winkel α kaum kleiner als 90° war. Aristarch rechnete mit $\alpha = 87°$; tatsächlich beträgt der Winkel ca. 89°51′. Dadurch wurde die gesuchte Entfernung Erde – Sonne sehr ungenau. Aristarch kam zu dem Ergebnis, dass die Sonne etwa 20-mal so weit von der Erde entfernt sei wie der Mond. Tatsächlich ist die Sonne aber rund 400-mal so weit entfernt wie der Mond. Trotzdem schloss er aus seinen Beobachtungen, dass die Sonne riesengroß sei und das Zentrum des Universums bilde. Viele Jahrhunderte vor Kopernikus haben also griechische Astronomen bereits das so genannte heliozentrische Weltbild mit der Sonne im Mittelpunkt des Planetensystems in Betracht gezogen.

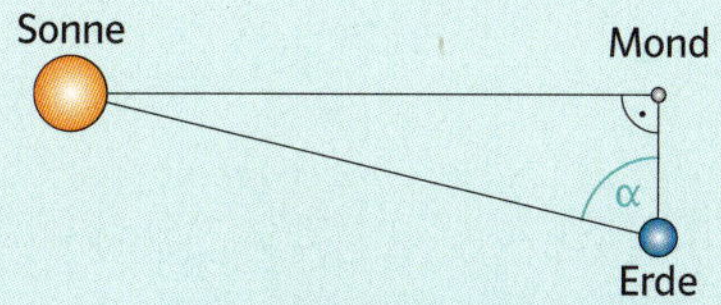

Aristarchos von Samos
(um 310–230 vor Chr.)

Du kennst schon die Kunst des Fotographen Michael Raziano aus der 1. Klasse. Hier siehst du wieder eine seiner künstlerischen Schöpfungen. Er stellt Postkartenbilder und die wirklichen Objekte einander in einem bestimmten Verhältnis gegenüber.

Worum geht es in diesem Abschnitt?

- Eigenschaften ähnlicher Dreiecke, Vier- und Vielecke
- Anwendung des Strahlensatzes
- Längen- und Flächenbeziehungen bei ähnlichen Figuren
- praktische Anwendungen der Ähnlichkeit

1 Ähnliche Figuren

interaktive Vorübung 9da6cd

AH S. 72

Modell und Wirklichkeit

Vor Beginn eines Neubaus erstellt ein Architekt ein **Modell**. Dieses soll dem Original möglichst ähnlich sein. Es ist zwar nicht gleich groß, hat aber die gleiche Gestalt.

Erinnere dich an das **maßstäbliche Zeichnen**! Wenn man den Plan eines Fußballfeldes zeichnen möchte, lässt man die vier rechten Winkel gleich und verkürzt die Seiten im gleichen Verhältnis. Vervollständige den Plan des Fußballfeldes, der im Maßstab 1:2 500 gezeichnet ist!

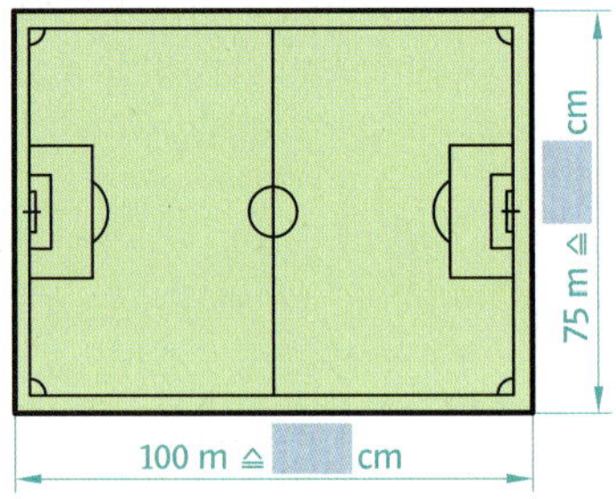

Ähnliche Vier- und Vielecke

Besonders deutlich wird die **Ähnlichkeit** bei der Projektion von Bildern auf eine Leinwand, wenn diese zum Bild parallel steht. Wenn eine Seite auf der Leinwand doppelt so lang ist wie die entsprechende Seite auf dem Bild, dann ist jede Seite auf der Leinwand doppelt so lang wie die entsprechende Seite auf dem Bild.

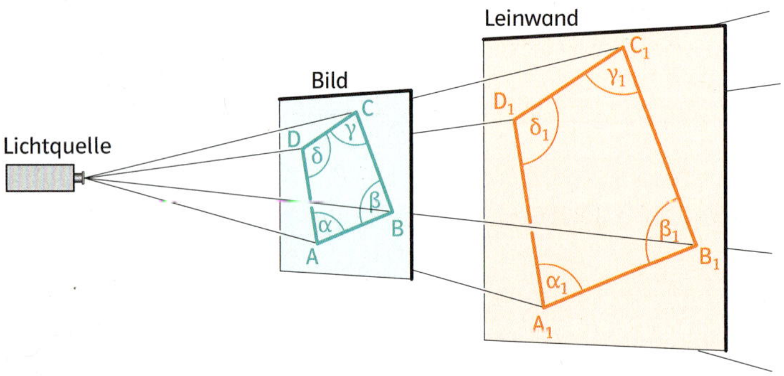

Ergänze die entsprechenden Seiten!

$\overline{AB} : \overline{A_1B_1} = \overline{BC} :$ ______ $=$ ______ $: \overline{C_1D_1} =$ ______ $:$ ______ $= 1:2$

Bei ähnlichen Figuren ändern sich die Winkel nicht! $\alpha = \alpha_1$, $\beta =$ ______, $\gamma =$ ______, ______ $= \delta_1$

Die Vierecke ABCD und $A_1B_1C_1D_1$ sind **ähnlich**. Man schreibt $ABCD \sim A_1B_1C_1D_1$

Ähnliche Vielecke

Zwei Vielecke V_1 und V_2 heißen **ähnlich** zueinander ($V_1 \sim V_2$), wenn

1) einander **entsprechende Winkel gleich groß** sind **und**

2) einander **entsprechende Längenstücke** zueinander **im gleichen Verhältnis** stehen.

Für die Ähnlichkeit zweier Figuren müssen im Allgemeinen beide Bedingungen erfüllt sein.

Ähnliche Dreiecke

Wenn bei Dreiecken eine der beiden Bedingungen erfüllt ist, dann ist zwangsläufig die andere auch erfüllt. Es genügt also, bei Dreiecken nur **eine der Bedingungen zu überprüfen**, wenn man **entscheiden** will, ob sie **ähnlich** sind.

Ähnliche Dreiecke

Zwei Dreiecke sind ähnlich $\Delta_1 \sim \Delta_2$, wenn
1) einander **entsprechende Winkel gleich groß** sind **oder**
2) einander **entsprechende Längenstücke** zueinander **im gleichen Verhältnis** stehen.

Hinweis Für einen (hier nicht erbrachten) Beweis dieses Satzes muss man sich genauer mit „zentrischen Streckungen" beschäftigen. Das sind geometrische Abbildungen, die ausgehend von einem „Zentrum" (zB die Lichtquelle) Figuren in einem gewissen Verhältnis vergrößern oder verkleinern.

1005 Beschreibe mit eigenen Worten, warum es sich hier nicht um ähnliche Figuren handelt, obwohl bei **1)** alle Winkel übereinstimmen und bei **2)** die Seitenlängen gleich sind!

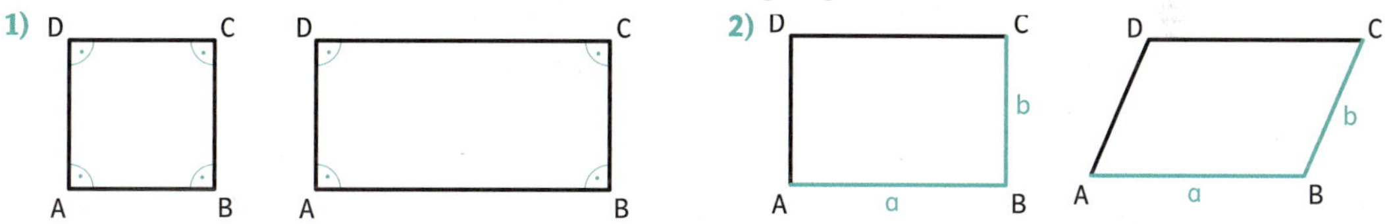

1006 Um welche Vierecke handelt es sich bei den rechts dargestellten Figuren?
Warum sind die beiden Vierecke nicht ähnlich?
Welche Beziehung für ähnliche Figuren ist erfüllt, welche ist nicht erfüllt?

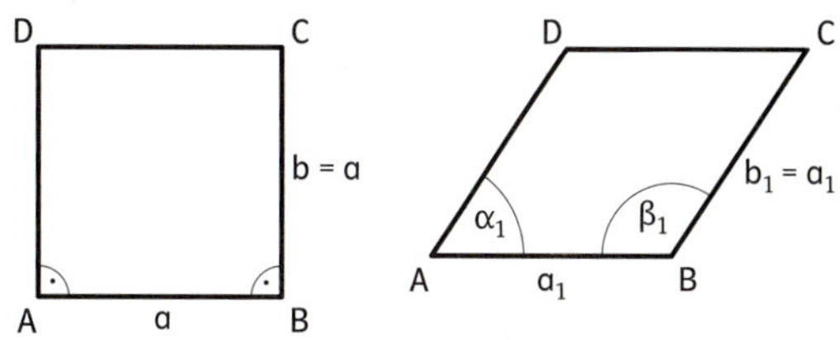

1007 Berechne die nicht bekannte Seitenlänge der ähnlichen Figur!

Beispiel

$\mathbf{x : x_1 = 5 : 7,\ x = 10\,cm}$
$10 : x_1 = 5 : 7 \Rightarrow 70 = 5\,x_1 \Rightarrow x_1 = 14\,\text{cm}$

a) $a_1 : a = 5 : 2,\ a = 8\,\text{cm}$
b) $b_1 : b = 3 : 4,\ b = 8\,\text{cm}$
c) $c : c_1 = 3 : 5,\ c = 18\,\text{cm}$
d) $d : d_1 = 2 : 3,\ d = 6\,\text{cm}$
e) $e : e_1 = 1 : 7,\ e = 4\,\text{cm}$
f) $f_1 : f = 1 : 10,\ f = 2{,}5\,\text{cm}$

Tipp
Bei Verhältnisgleichungen („Proportionen") gilt: „Außenglied mal Außenglied = Innenglied mal Innenglied"

1008 Gegeben ist ein Vieleck und gesucht ist das dazu ähnliche Vieleck.
1) Berechne alle Seitenlängen des ähnlichen Vielecks, wenn $a_1 : a = 2 : 3$ gilt!
2) Konstruiere die beiden Vielecke und miss alle Winkel, um deine Rechnung zu überprüfen!
a) Rechteck: $a = 9\,\text{cm},\ b = 6\,\text{cm}$
b) Rechteck: $a = 4{,}5\,\text{cm},\ b = 8{,}1\,\text{cm}$
c) Dreieck: $a = 3{,}6\,\text{cm},\ b = 6\,\text{cm},\ c = 9\,\text{cm}$
d) Dreieck: $a = 4{,}8\,\text{cm},\ b = 4{,}2\,\text{cm},\ c = 8{,}4\,\text{cm}$

1009 **1)** Konstruiere das Dreieck mit $a = 6\,\text{cm},\ c = 8\,\text{cm},\ \beta = 60°$!
2) Zeichne zu diesem Dreieck ein ähnliches mit $c_1 = 4\,\text{cm}$!

1010 1) Konstruiere das Viereck a = 3 cm, b = 4 cm, c = 5 cm, β = 75°, γ = 90°!
2) Zeichne ein zu diesem Viereck ähnliches Viereck mit a_1 = 6 cm!

Tipp

Berechne jeweils alle benötigten Seitenlängen, bevor du die ähnliche Figur konstruierst!

1011 Die beiden untenstehenden Figuren sind zueinander ähnlich (Maße in Zentimeter).
1) Wie lang sind b_1 und c_1?
2) Zeichne die beiden ähnlichen Figuren!

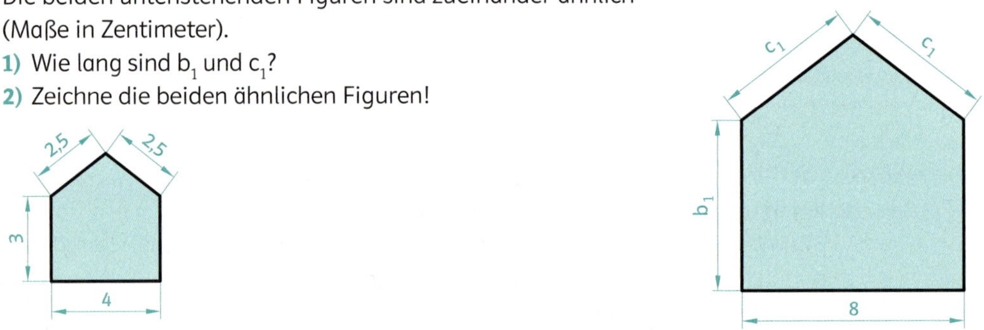

1012 Unter den folgenden 6 Dreiecken sind 3 Paare ähnlicher Dreiecke. Gib diese Paare an und beschreibe ihre Ähnlichkeit mit Hilfe des **Sprachbausteins**!

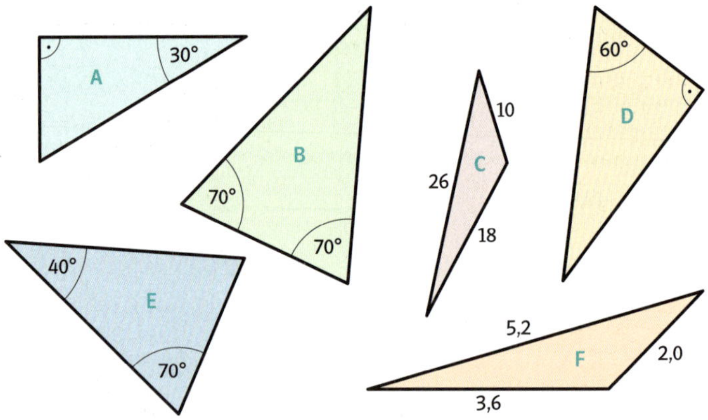

Sprachbaustein

Das Dreieck ☐ ist ähnlich zum Dreieck ☐, weil
… entsprechende Winkel gleich groß sind.
… entsprechende Seiten zueinander im selben Verhältnis stehen.

1013 Gib die Größe der blau gekennzeichneten Winkel an!

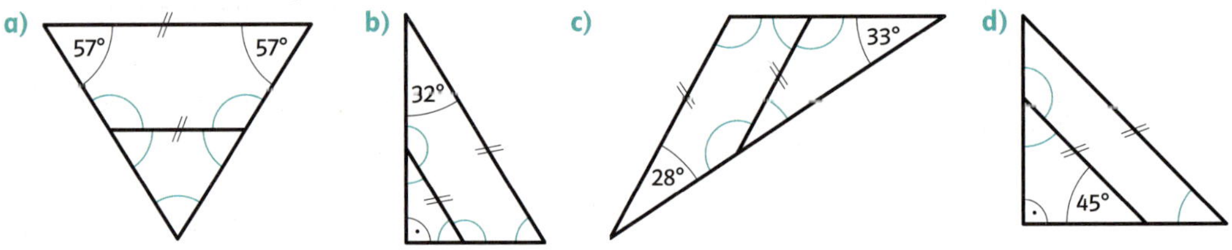

1014 Ein Farbbild im Format 10 × 15 (10 cm hoch, 15 cm breit) soll in einer Zeitung abgedruckt werden. Wie hoch ist das Bild (bei gleichem Seitenverhältnis), wenn die Bildbreite 12 cm sein soll?

1015 Ein Farbbild im Format 10 × 15 (10 cm hoch, 15 cm breit) soll als Poster entwickelt werden. Wie breit ist das Poster (bei gleichem Seitenverhältnis), wenn die Höhe 1,3 m betragen soll?

1016 Bei einem Computerbildschirm verhält sich die Breite zur Länge wie 16 : 9. Für die Größe eines bestimmten Bildschirms wird allerdings die Länge der Diagonalen von 42 cm angegeben. Probiere aus den Angaben die Länge und die Breite zu berechnen!

1017 Miss die Winkel im Dreieck ABC! Zeichne ein dazu ähnliches Dreieck $A_1B_1C_1$ mit $\overline{A_1B_1} = 5\,cm$!

a)

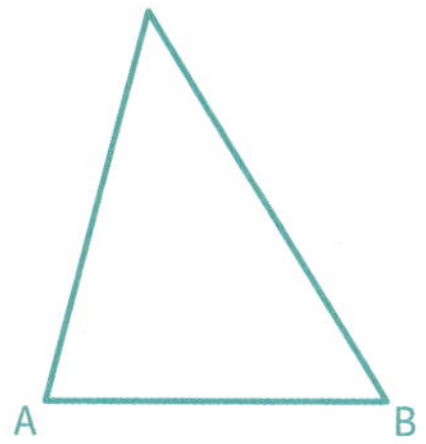

b)

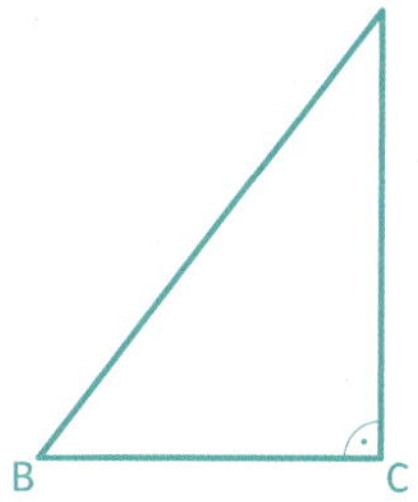

c)

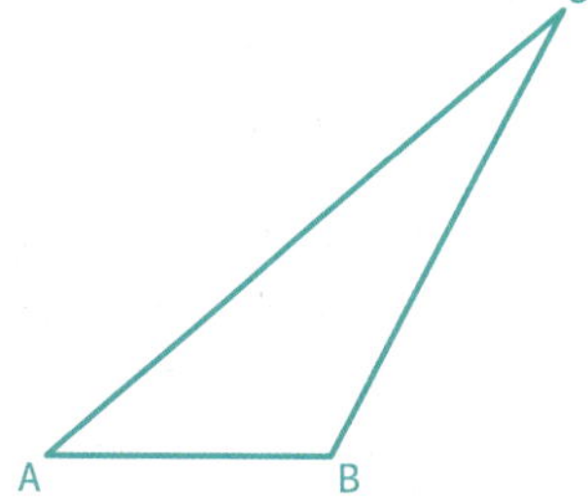

1018 Betrachte die Figur rechts und kreuze die beiden richtigen Antworten an!

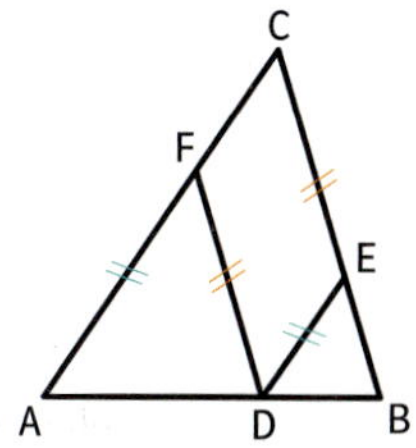

○ **A** AD entspricht AB in den ähnlichen Dreiecken ADF und ABC.

○ **B** ABC und DEF sind ähnliche Dreiecke, weil die Seiten von ABC im selben Verhältnis von den Eckpunkten von DEF geteilt werden.

○ **C** Es gibt drei ähnliche Dreiecke in dieser Figur.

○ **D** Im Dreieck ABC kann man feststellen, dass gilt: AB ~ BC und AD ~ BC.

○ **E** DBE ist zu klein, um ähnlich zu ABC zu sein.

1019 In der Figur rechts sind insgesamt 6 zueinander ähnliche Dreiecke dargestellt. Gib sie mit Hilfe der jeweiligen Eckpunkte an und begründe ihre Ähnlichkeit!

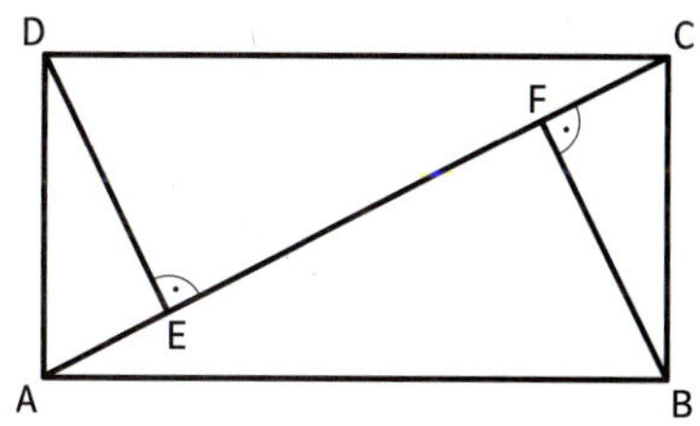

1.
2.
3.
4.
5.
6.

1020 **1)** Wie viele ähnliche Dreiecke sind in der rechten Figur dargestellt?
2) Schreibe die ähnlichen Dreiecke mit Hilfe ihrer Eckpunkte auf und begründe ihre Ähnlichkeit!

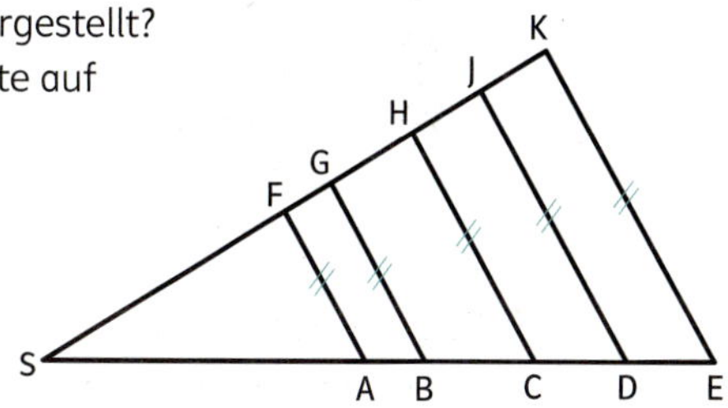

1021

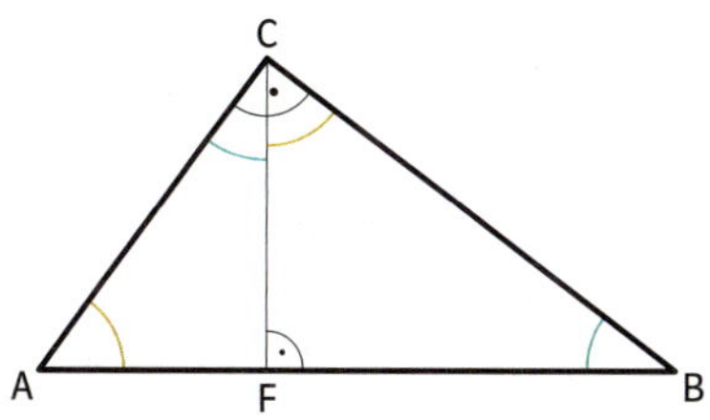

In der Figur links sind die Dreiecke ABC, AFC und CFB ähnlich. Begründe!

1022 ⊞ Zeichne das Dreieck ABC mit $a = 4\,cm$, $b = 5\,cm$ und $c = 6\,cm$! Ermittle den Punkt B_1, indem du die Seite c über B hinaus **a)** auf das Doppelte, **b)** um das Doppelte, **c)** auf das $1\frac{1}{2}$-fache verlängerst! Zeichne nun den Punkt C_1 so, dass das Dreieck $A_1B_1C_1$ zum ursprünglichen Dreieck ABC ähnlich ist ($A = A_1$)!

1023 Einem gleichschenkligen Dreieck ist ein Rechteck eingeschrieben. Welche Dreiecke in der Figur rechts sind zueinander ähnlich? Gib mehrere Lösungen an und begründe diese!

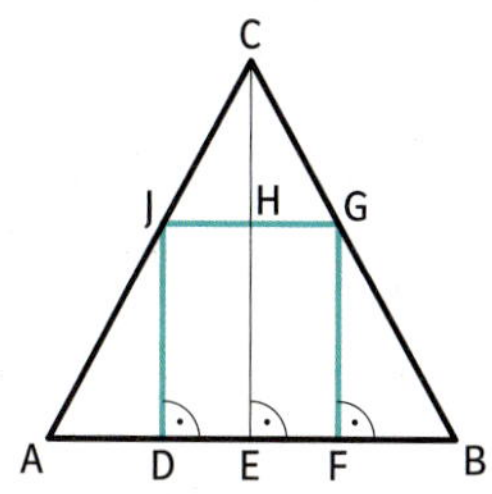

2 Strahlensatz

interaktive Vorübung 99i8na

AH S. 73

Die Strahlen g und h bilden einen Winkel mit dem Scheitel S. Sie werden von den beiden parallelen Geraden a und b geschnitten. Die Schnittpunkte bezeichnen wir mit A, B, C und D.

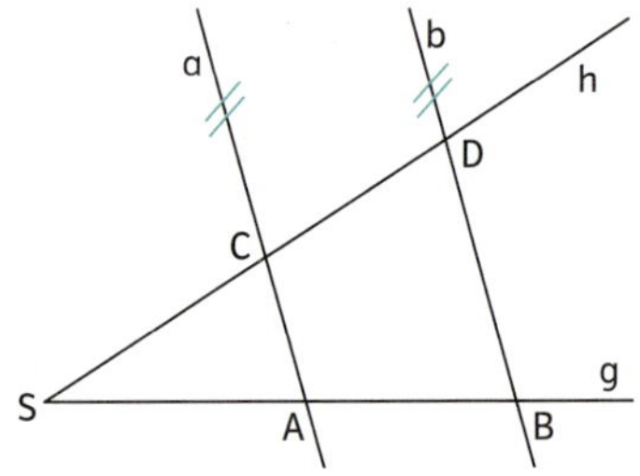

Überlege, wie das mit dem Bild des Baugerüsts zusammenhängt!

Weil a und b parallel sind und somit die **ähnlichen Dreiecke SAC** und **SBD** entstehen, können wir die folgenden Aussagen machen.

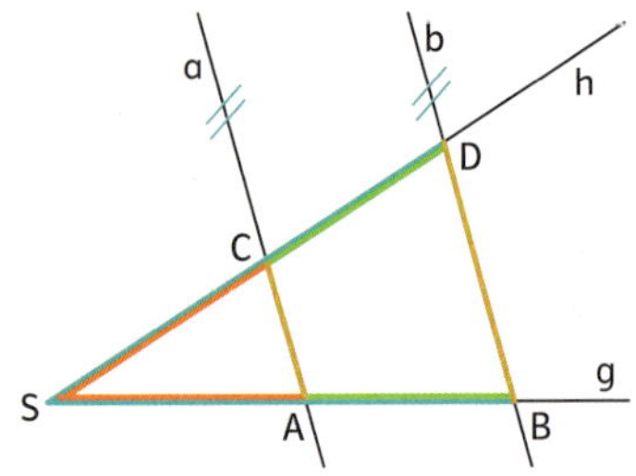

1. „$\overline{SA}$ verhält sich zu $\overline{SB}$ wie $\overline{SC}$ zu $\overline{SD}$." $\overline{SA} : \overline{SB} = \overline{SC} : \overline{SD}$
   Außerdem gilt: $\overline{SA} : \overline{AB} = \overline{SC} : \overline{CD}$
   „Die Längen zweier Strecken auf **dem einen Strahl** verhalten sich wie die Längen der entsprechenden Strecken auf **dem anderen Strahl**."

2. „$\overline{SA}$ verhält sich zu $\overline{SB}$ wie $\overline{AC}$ zu $\overline{BD}$." $\overline{SA} : \overline{SB} = \overline{AC} : \overline{BD}$
   Außerdem gilt: $\overline{SC} : \overline{SD} = \overline{AC} : \overline{BD}$
   „Die Längen der Strecken auf **einem Strahl** (vom Scheitel gemessen) verhalten sich wie die Längen der entsprechenden Strecken auf **den parallelen Geraden**."

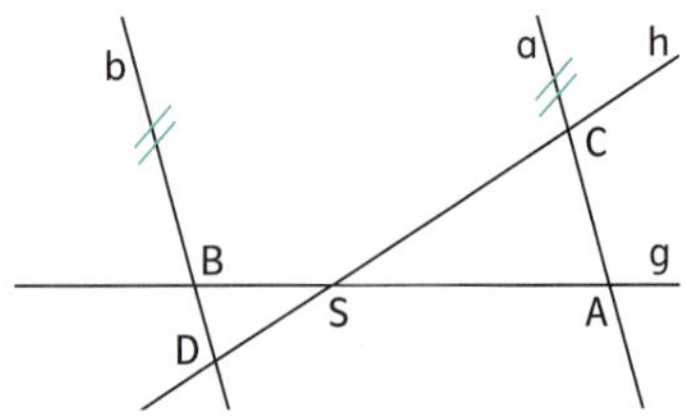

Die Zusammenhänge gelten auch in dem Fall, dass die parallelen Geraden nicht auf derselben „Seite" des Scheitels liegen (→ Figur rechts):

Strahlensatz

Werden **zwei Strahlen** g und h mit dem gemeinsamen Anfangspunkt S von **parallelen Geraden** a und b **geschnitten**, so gilt:

$\underbrace{\overline{SA} : \overline{SB}}_{\text{Strahl } g} = \underbrace{\overline{SC} : \overline{SD}}_{\text{Strahl } h}$ Die **Längen der Abschnitte auf dem Strahl g** verhalten sich wie die **entsprechenden Abschnittslängen auf dem Strahl h.**

$\underbrace{\overline{SA} : \overline{SB}}_{\text{Strahl } g} = \underbrace{\overline{AC} : \overline{BD}}_{\text{parallele Geraden}}$ **Die Längen der Scheitelabschnitte auf einem Strahl** verhalten sich wie die **entsprechenden Abschnittslängen auf den parallelen Geraden.**

1024

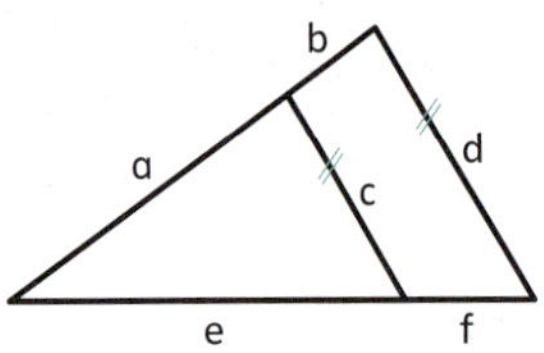

Die nebenstehende Figur zeigt zwei ähnliche Dreiecke.
1) Welche Seitenlängen entsprechen einander?
2) Gib möglichst viele Proportionen an, die aus dieser Figur abgelesen werden können!

 Arbeitsblatt Plus qm3aj4

1025 Ergänze durch Anwenden des Strahlensatzes!
Vielleicht findest du mehrere richtige Lösungen.

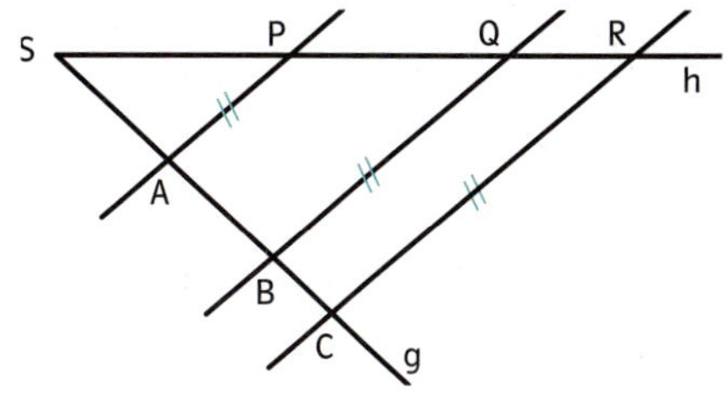

Beispiel

$\overline{SB}:\overline{SA}=\overline{SQ}:\overline{SP}$

a) $\overline{SP}:\overline{SR}=$ ___ : ___

b) $\overline{AB}:\overline{BC}=$ ___ : ___

⊞ **c)** $\overline{BC}:\overline{QR}=$ ___ : ___

1026 Berechne, ohne zu messen!
Wie lang sind die Strecken x und y in den untenstehenden Figuren (Maße in Zentimeter)?

a)

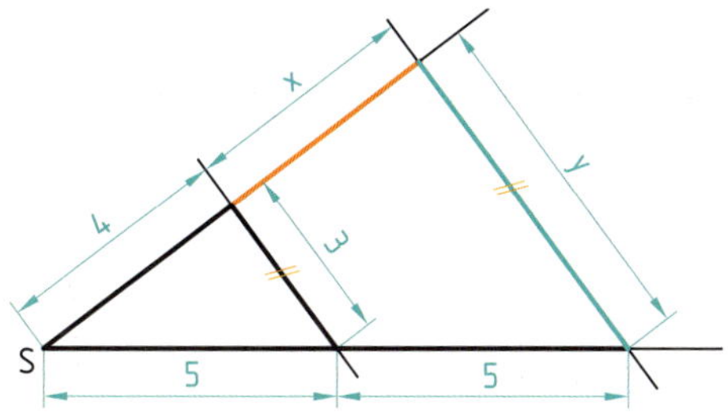

b)

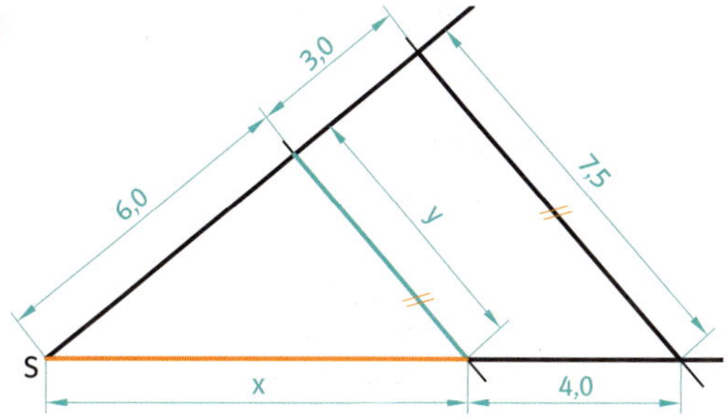

1027 Wie lang ist die Strecke x (Maße in Zentimeter)? Berechne, ohne zu messen!

a)

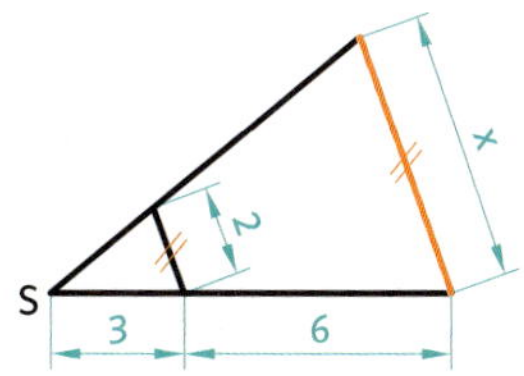

c)

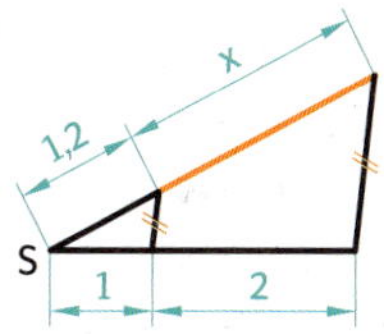

b)

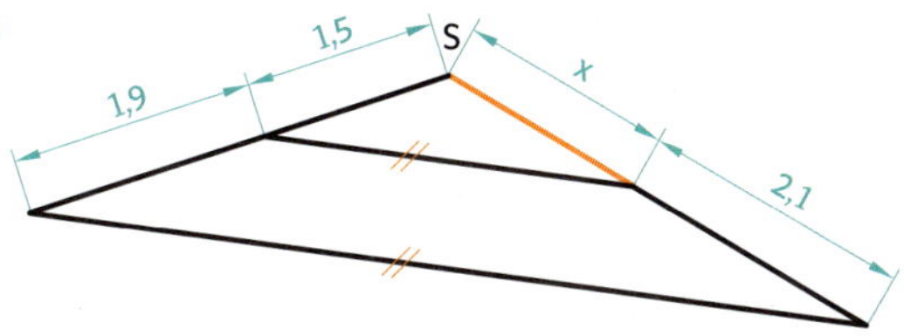

d)

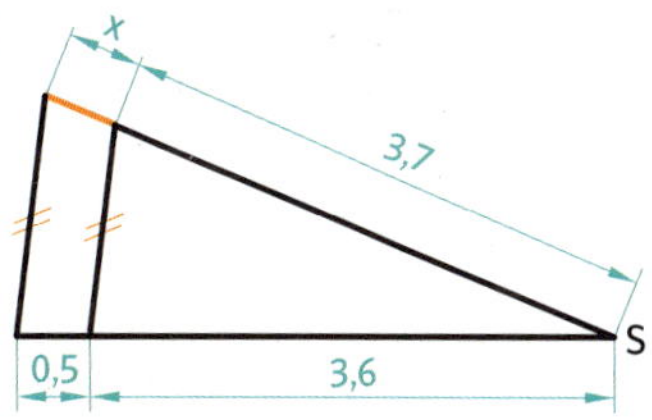

1028 Kreuze die beiden Aussagen an, die auf die Graphik rechts zutreffen und begründe, warum die übrigen falsch sind!

		Begründung
○ **A**	$\overline{SA}:\overline{SD}=\overline{AB}:\overline{DF}$	
○ **B**	$\overline{SA}:\overline{SB}=\overline{SD}:\overline{SE}$	
○ **C**	$\overline{SA}:\overline{SF}=\overline{SD}:\overline{SE}$	
○ **D**	$\overline{AB}:\overline{BC}=\overline{SA}:\overline{AD}$	
○ **E**	$\overline{SE}:\overline{SB}=\overline{DE}:\overline{AB}$	

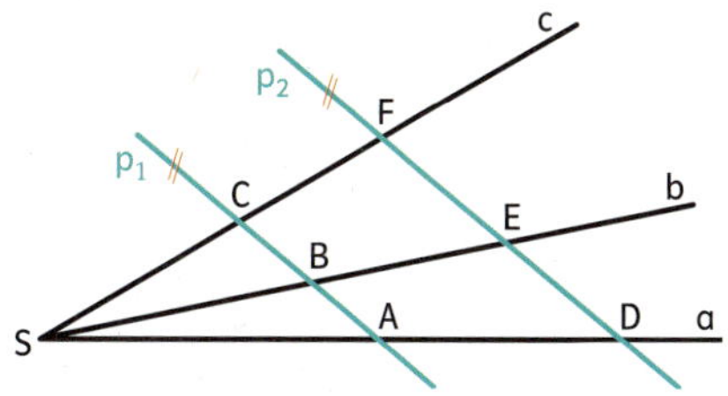

Teilungspunkt einer Strecke

1029 Begründe, warum im folgenden Beispiel die Strecke AB durch F und G in drei gleich lange Abschnitte unterteilt wird!

Beispiel

Teile eine Strecke AB mit $\overline{AB}$ = 56 mm mit Hilfe des Strahlensatzes in 3 gleich große Teile.

Da 56 nicht durch 3 teilbar und daher die Teilung nur ungenau mit dem Lineal möglich ist, nehmen wir den Strahlensatz zu Hilfe.

Konstruktionsanleitung:

1. Zeichne zuerst die Strecke AB und einen Hilfsstrahl s in einem beliebigen Winkel (zB 45°)!
2. Trage auf s drei gleich lange, mit dem Zirkel oder Lineal gut messbare Strecken auf (zB 1 cm)!
3. Verbinde E mit B und verschiebe EB parallel durch C bzw. D!
4. Die Schnittpunkte dieser Parallelen mit AB sind die gesuchten **Teilungspunkte F und G der Strecke AB**.

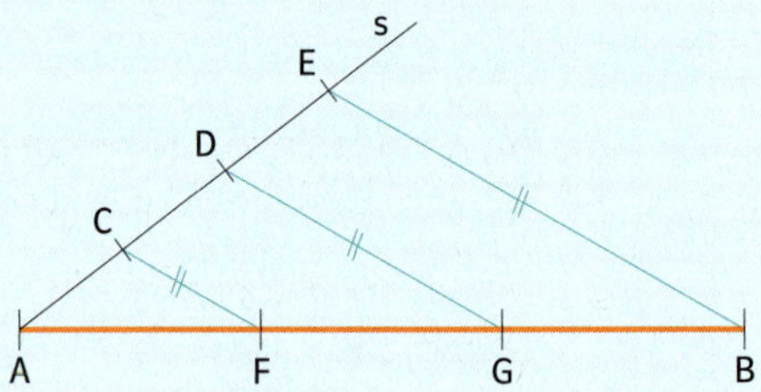

1030 Teile eine 7 cm lange Strecke AB mit Hilfe des Strahlensatzes **a)** in 3, **b)** in 4, **c)** in 6, **d)** in 8, **e)** in 11 gleich lange Teilstücke!

1031 Teile eine 10,2 cm lange Strecke in sechs gleich lange Teile! Wie lang sind fünf Teile?

Tipp

$\overline{AT}:\overline{TB} = 2:3$

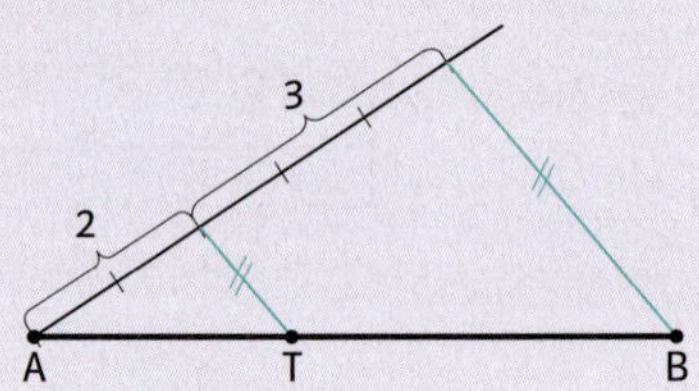

1032 Konstruiere den Teilungspunkt T der Strecke AB mit $\overline{AB} = 10$ cm so, dass die Gleichung stimmt!

a) $\overline{AT}:\overline{TB} = 5:2$

b) $\overline{AT}:\overline{TB} = 3:5$

c) $\overline{AT}:\overline{TB} = 9:4$

1033 Teile die Strecke AB im angegebenen Verhältnis!

a) $\overline{AB} = 8$ cm, 4:7

b) $\overline{AB} = 6$ cm, 3:1

c) $\overline{AB} = 9{,}6$ cm, 3:5

d) $\overline{AB} = 6{,}3$ cm, 5:2

e) $\overline{AB} = 9{,}8$ cm, 2:5

f) $\overline{AB} = 13{,}6$ cm, 10:7

1034 ⊞ Konstruiere den Teilungspunkt T der 7 cm langen Strecke AB so, dass die Gleichung stimmt!

a) $\overline{AT} = \frac{1}{2}\cdot\overline{TB}$

b) $\overline{AT} = \frac{1}{6}\cdot\overline{TB}$

c) $\overline{AT} = \frac{5}{8}\cdot\overline{TB}$

Tipp

$\overline{AT} = \frac{1}{2}\cdot\overline{TB} \quad |:\overline{TB}$

$\overline{AT}:\overline{TB} = \frac{1}{2}$

$\overline{AT}:\overline{TB} = 1:2$ → siehe Tipp oben

1035 Wie verhalten sich a und b im Bild rechts zueinander? Begründe mit eigenen Worten!

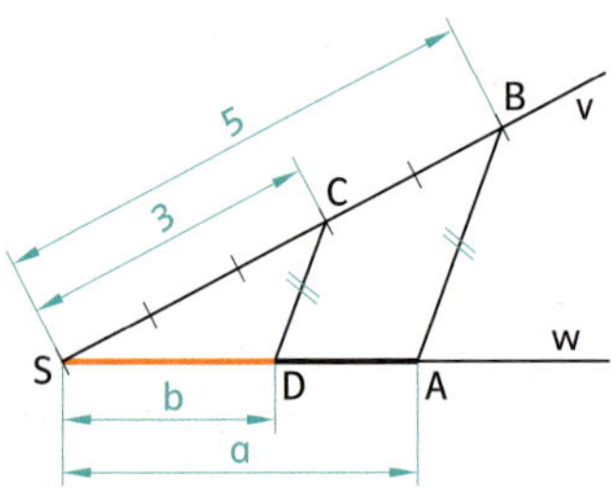

3 Längen- und Flächenbeziehungen bei ähnlichen Figuren (Körpern)

interaktive Vorübung 55nt46

AH S. 74

Streckfaktor

Betrachte die nebenstehende Abbildung! Du siehst drei ähnliche Dreiecke:

ABC ~ ______ ~ ______

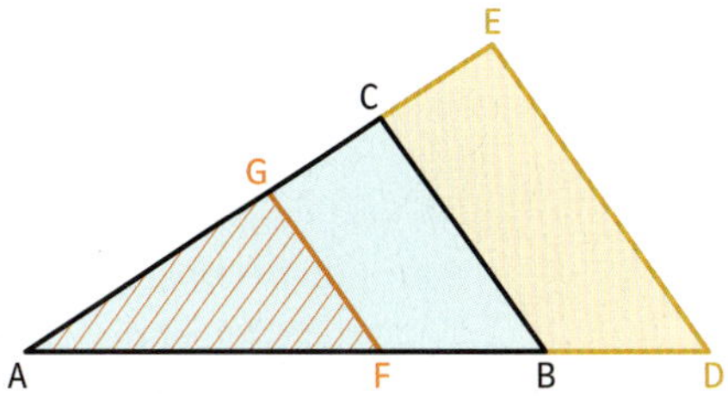

Werden die Seitenlängen des ursprünglichen Dreiecks ABC auf vier Drittel gestreckt, erhält man das gelbe Dreieck ADE.

$\overline{AB} \cdot \frac{4}{3} = \overline{AD}$

Werden die Seitenlängen von ABC auf zwei Drittel gestaucht, erhält man das orange schraffierte Dreieck AFG.

$\overline{AB} \cdot \frac{2}{3} = \overline{AF}$

Die Zahlen $\frac{4}{3}$ bzw. $\frac{2}{3}$ werden **Streckfaktoren** genannt:

- Ist der Streckfaktor >1, wird eine Figur **vergrößert**.
- Ist der Streckfaktor $=1$, bleibt die **Figur gleich (kongruent)**.
- Ist der Streckfaktor <1, wird eine Figur **verkleinert**.

In dieser Figur ist der gemeinsame Punkt A das **Streckzentrum**, dh. dieser Punkt ändert seine Position nicht. Man sagt: „Das Dreieck ADE geht durch **zentrische Streckung** aus dem Dreieck ABC hervor."

Längen- und Flächenbeziehungen ähnlicher Figuren

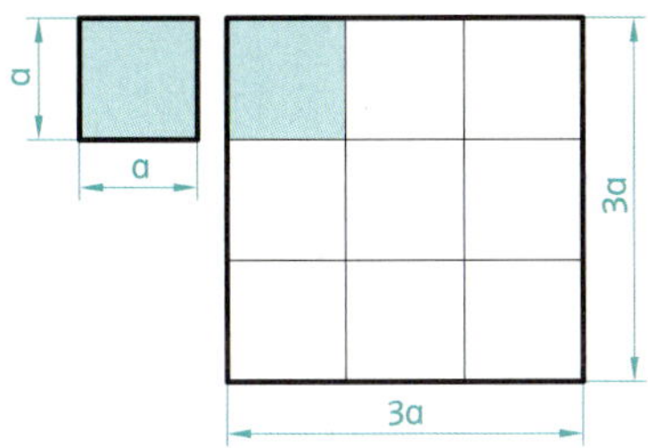

In welchem Verhältnis stehen die Umfänge und die Flächeninhalte der beiden abgebildeten Quadrate?

	kleines Quadrat	**großes Quadrat**	**Verhältnis**
Seite	a	$3a$	$1:3$
Umfang	$4a$	$12a$	$4:12=1:3$
Flächeninhalt	a^2	$9a^2$	$1:9=1:3^2$

Überlege, warum Quadrate immer zueinander ähnlich sind! ______

Ähnliche Figuren

Ein Quadrat mit 2-facher, 3-facher **... k-facher Seitenlänge** hat den 2-fachen, 3-fachen ... **k-fachen Umfang**, aber den 4-fachen, 9-fachen **... k^2-fachen Flächeninhalt.**

$u_1 : u_2 = a_1 : a_2$ $\qquad$ $A_1 : A_2 = a_1^2 : a_2^2$

Dasselbe gilt **allgemein** für ähnliche Figuren.

1036 Zeichne ein beliebiges Dreieck ABC!
a) Strecke, **b)** stauche das Dreieck um die Hälfte mit Streckzentrum A!

1037 Gegeben sind die Koordinaten der Eckpunkte eines Vierecks ABCD [A = (2|0), B = (3|1), C = (3|4), D = (1|2)]. Wähle als Streckzentrum A!

1) Konstruiere das ähnliche Viereck mit dem Eckpunkt $B_1 = (4|2)$!
2) Gib die Koordinaten der Eckpunkte des ähnlichen Vierecks an!

1038 Betrachte die Dreiecke unten und kreuze für ① und ② so an, dass mathematisch korrekte Aussagen entstehen!

a) Streckt man ein Dreieck ABC mit dem Faktor ①, so entsteht ein Dreieck ADE mit doppelt so langen Seiten und ② -fachem Flächeninhalt.
b) Streckt man ein Dreieck ABC mit dem Faktor ①, so entsteht ein Dreieck AFG mit ② Mal so langen Seiten und 9-fachem Flächeninhalt.

	①
○	2
○	3
○	6

	②
○	2
○	3
○	4

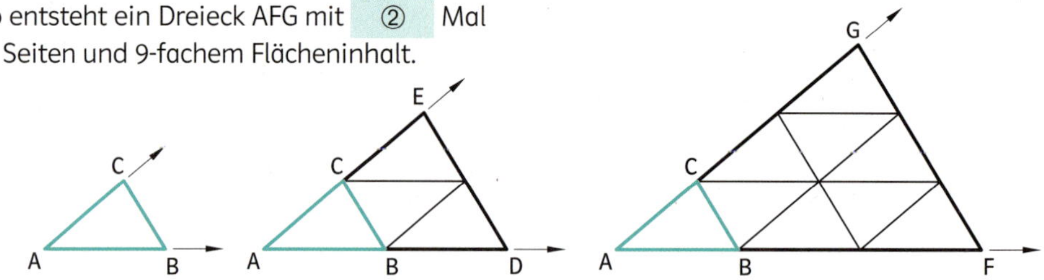

1039 1) Verbinde die zusammenpassenden Verhältnisse zweier (ähnlichen) gleichseitigen Dreiecken!

a)

1	$a_1 : a = 8 : 4$
2	$u_1 : u = 1 : 4$
3	$a_1 : a = 5 : 2$
4	$A_1 : A = 9 : 25$
5	$a_1 : a = 2 : 3$
6	$A_1 : A = 16 : 9$

A	$A_1 : A = 4 : 9$
B	$u_1 : u = 2 : 1$
C	$a_1 : a = 3 : 5$
D	$A_1 : A = 1 : 16$

b)

1	$a_1 : a = 3 : 9$
2	$u_1 : u = 1 : 5$
3	$a_1 : a = 1 : 6$
4	$a_1 : a = 6 : 3$
5	$a_1 : a = 6 : 7$
6	$A_1 : A = 9 : 1$

A	$A_1 : A = 36 : 49$
B	$u_1 : u = 3 : 1$
C	$a_1 : a = 1 : 5$
D	$A_1 : A = 4 : 1$

2) Was bleibt übrig bei 1)? Ergänze die fehlenden Verhältnisse (Seiten, Umfänge oder Flächeninhalte)!

1040 Ein Würfel mit der Kantenlänge a) 2 cm, ⊞ b) s cm wird im Verhältnis 1 : 3 vergrößert.

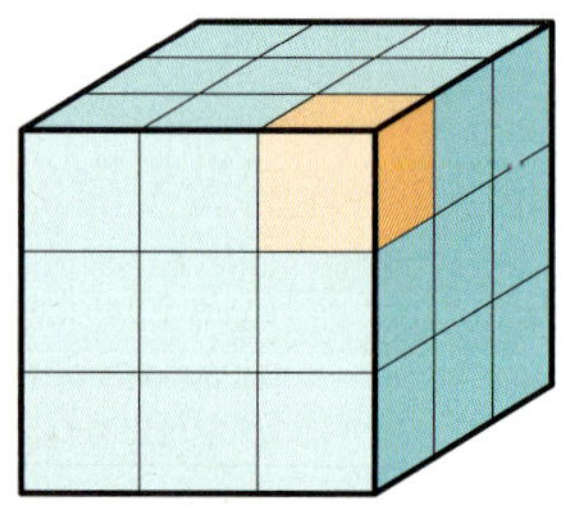

1) Wie groß ist die Kantenlänge des zweiten Würfels?
2) Berechne die Oberfläche beider Würfel und gib ihr Verhältnis an!
3) Berechne die Rauminhalte beider Würfel und gib ihr Verhältnis an!
4) Vergleiche die Verhältnisse der Oberflächen und Rauminhalte mit dem Verhältnis der Kantenlängen!
5) Ergänze den Text!
   Verhalten sich die Kantenlängen zweier Würfel (zweier geometrischer Körper) wie 1 : k, dann verhalten sich ihre Oberflächen wie 1 : ___ und ihre Rauminhalte wie 1 : ___.

1041 ⊞ Zwei Vierecke sind ähnlich. Von dem einen Viereck kennt man die Länge einer Seite und den Flächeninhalt. Vom ähnlichen Viereck kennt man die entsprechende Seitenlänge.
Berechne den Flächeninhalt des ähnlichen Vierecks!

a) $a = 5\,cm$, $A = 225\,cm^2$, $a_1 = 9\,cm$
b) $a = 3\,cm$, $A = 144\,cm^2$, $a_1 = 2\,cm$

Hinweis **zu a):** $A_1 : 225 = 81 : 25$

4 Anwendungen der Ähnlichkeit

interaktive Vorübung wf99ge

AH S. 74

Vergrößern bzw. Verkleinern von Figuren

Zwei beliebige Quadrate sind zueinander immer ähnlich. Mit Hilfe eines Quadratgitters kann man die Punkte, die für das Vergrößern oder Verkleinern wichtig sind, übertragen. So ist es möglich, zB Figuren, Bilder oder Landkarten zu vergrößern und zu verkleinern. Hier ist die Schattenburg in Feldkirch abgebildet.

Übertrage die Blume auf das Quadratgitter daneben!

Verlängern bzw. Verkürzen von Strecken

Eine Strecke AB **auf das 1,5-fache verlängern** heißt: Die Strecke AB zunächst in 2 gleich große Teile teilen und davon 3 Teile nehmen.

Man sagt auch: **„AB im Verhältnis 2 : 3 verlängern“**.

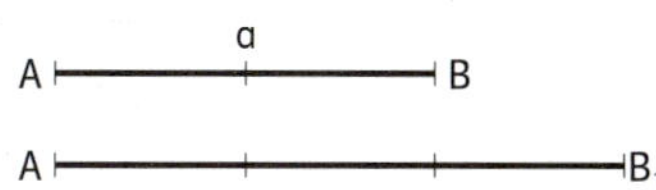

Eine Strecke AB **auf das 0,75-fache verkürzen** heißt: Die Strecke AB zunächst in vier gleich große Teile teilen und davon drei Teile nehmen.

Man sagt auch: **„AB im Verhältnis 4 : 3 verkürzen“**.

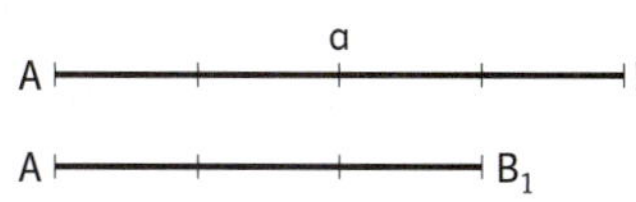

1042 Verkürze eine Strecke AB ($\overline{AB} = 96$ mm) im Verhältnis **a)** 2 : 1, **b)** 3 : 2, **c)** 8 : 3!

1043 Verlängere eine Strecke AB ($\overline{AB} = 36$ mm) im Verhältnis **a)** 1 : 3, **b)** 2 : 3, **c)** 3 : 5!

1044 Zeichne jeweils ein Quadratgitter mit 1 cm langen Quadratseiten! Übertrage und vergrößere damit die dargestellten Figuren so genau wie möglich!

a)

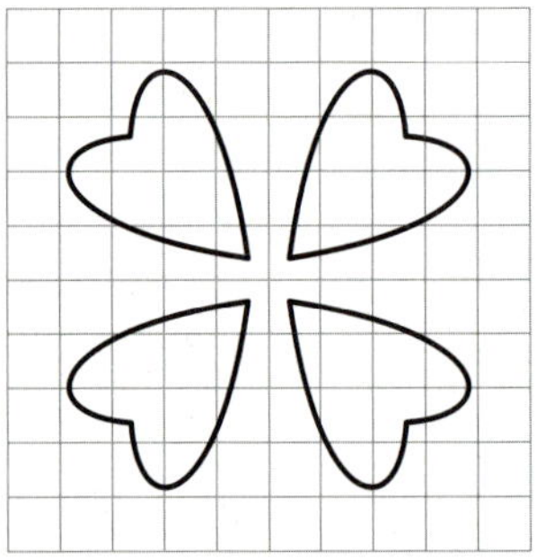

b)

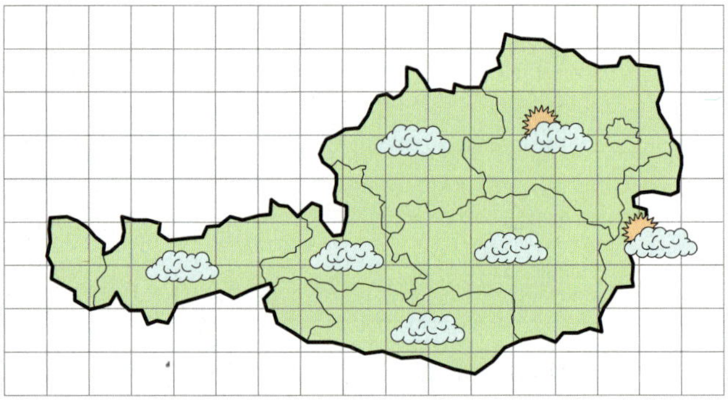

1045 Vergrößere das gegebene Dreieck ABC ($a = 4{,}2$ cm, $b = 5{,}3$ cm, $c = 5{,}9$ cm) im Verhältnis 2 : 3!
Hinweis Nimm einen Eckpunkt des Dreiecks als Streckzentrum an und vergrößere zunächst eine anliegende Seite im Verhältnis 2 : 3!

1046 Mit einem Messkeil kann der Innendurchmesser (die „lichte Weite") von engen Röhren, Öffnungen usw. gemessen werden. Wie breit ist die in dieser Figur dargestellte Öffnung?
Hinweis Suche zunächst ähnliche Dreiecke! Stelle dann eine Proportion zur Berechnung der gesuchten „lichten Weite" auf!

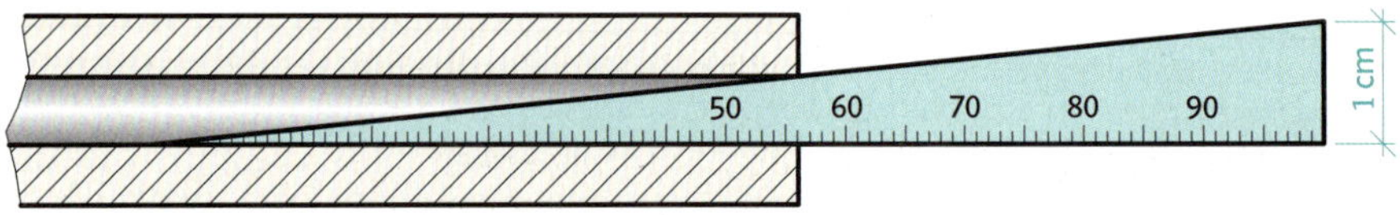

1047 Marliese befindet sich laut Landkarte 1200 m von einer Brücke entfernt (→ Figur rechts). Sie möchte wissen, wie breit die Brücke ungefähr ist.
Bei ausgestrecktem Arm deckt die Daumenbreite ($d = 2$ cm) gerade die Brücke zu, wenn Marliese ein Auge schließt und mit dem anderen visiert. Der Abstand zwischen Daumen und Auge ist $a = 48$ cm.
Ungefähr wie breit ist die Brücke wirklich?

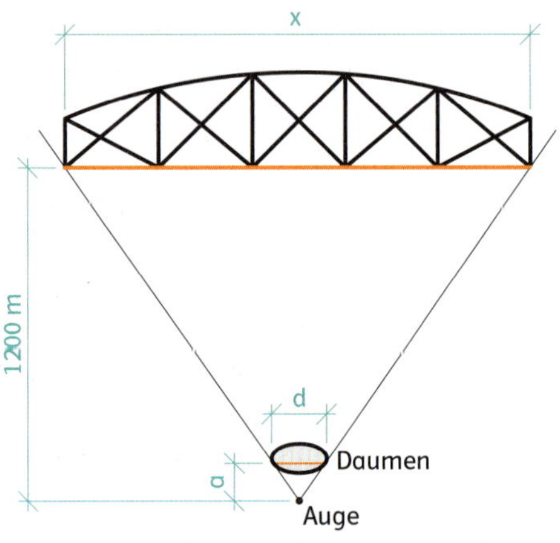

1048

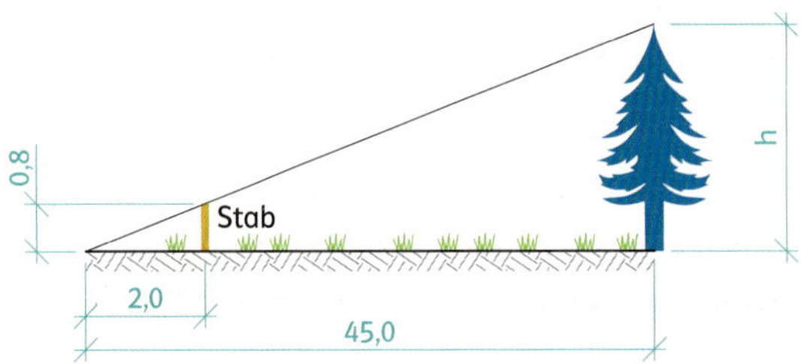

Höhenmessung mit Hilfe eines Stabes

a) Wie hoch ist der in der Figur links dargestellte Baum (Maße in Meter)? Suche zunächst ähnliche Dreiecke!

b) Wie hoch wäre der Baum, wenn die 2 m lange waagrechte Strecke in Wirklichkeit **1)** um 10 cm kürzer, **2)** um 10 cm länger wäre?

Üben und Sichern

Verwende folgende Figuren für die nächsten drei Aufgaben!

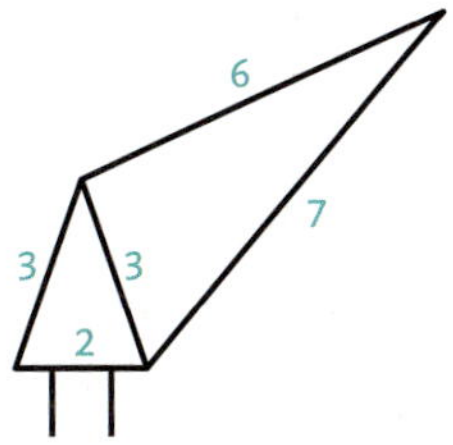

Drehkran

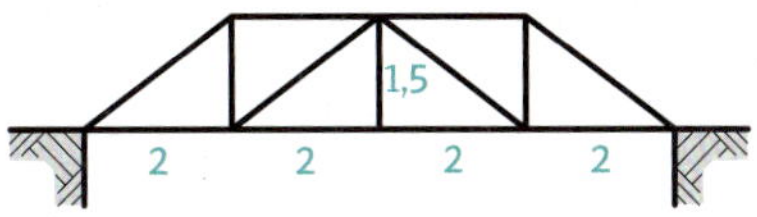

Brücke

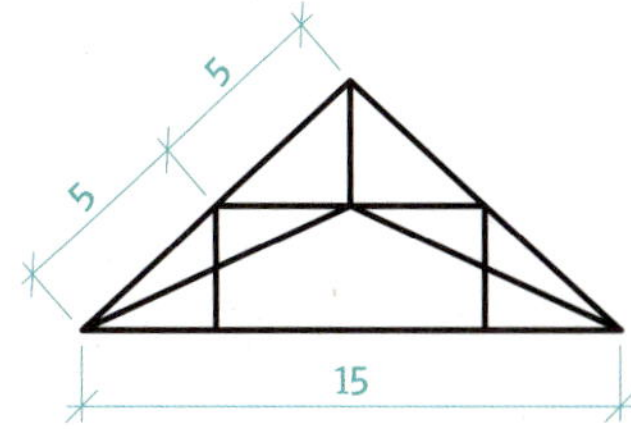

Fachwerk

1049 Zeichne das Bild des Drehkrans (Maße in cm) und vergrößere diese Figur im Verhältnis **a)** 4 : 5, **b)** 4 : 7, **c)** 2 : 3, **d)** 3 : 5!

1050 Zeichne **a)** die Brücke **b)** das Fachwerk (angegebene Maße in cm) und vergrößere sie dann im Verhältnis 4 : 5!

1051 Zeichne die angegebene Form (Maße in cm) und verkleinere sie dann im gegebenen Verhältnis **a)** Drehkran 2 : 1, **b)** Brücke 5 : 2, **c)** Fachwerk 7 : 3!

1052 Bei der Reflexion von Lichtstrahlen an einem ebenen Spiegel gilt das Reflexionsgesetz: Der einfallende Strahl und der reflektierte Strahl schließen mit dem Lot gleich große Winkel ein (Einfallswinkel = Ausfallswinkel). Die Strahlen und das Lot liegen in einer Ebene. Ein vom Punkt A ausgehender Lichtstrahl wird im Punkt E vom Spiegel CD zum Punkt B hin reflektiert. Zeige, dass die beiden rechtwinkligen Dreiecke ACE und EDB ähnlich sind!

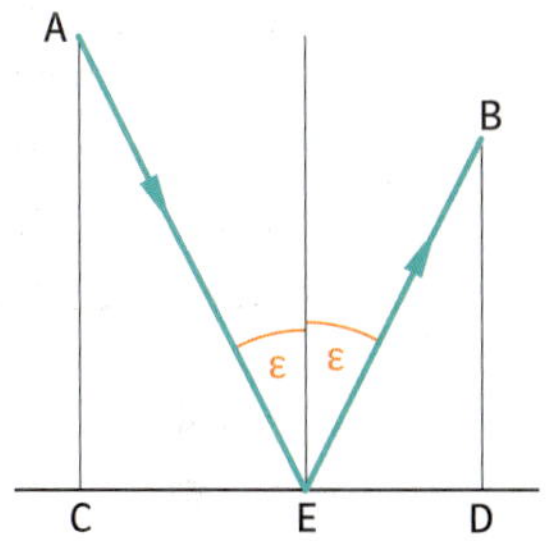

1053 Welche der unten angeführten Eigenschaften ähnlicher Figuren treffen zu, welche nicht? Gib bei den nicht zutreffenden Eigenschaften jeweils an, was daran falsch ist!

		trifft zu	trifft nicht zu
A	In ähnlichen Figuren sind einander entsprechende Winkel gleich groß.	○	○
B	In ähnlichen Figuren sind einander entsprechende Seiten gleich lang.	○	○
C	In ähnlichen Figuren stehen die Längen einander entsprechender Seiten im gleichen Verhältnis.	○	○
D	Wenn in zwei Figuren einander entsprechende Winkel gleich groß sind, dann stehen die Längen einander entsprechender Seiten immer im gleichen Verhältnis.	○	○
E	Die Umfänge ähnlicher Figuren verhalten sich wie ihre Flächeninhalte.	○	○
F	Die Flächeninhalte ähnlicher Figuren verhalten sich wie die Quadrate einander entsprechender Seitenlängen.	○	○

1054
1) Konstruiere das Dreieck ABC (a = 9,8 cm, b = 7,8 cm, c = 9,4 cm) und seinen Schwerpunkt S!
2) Nimm S als Streckzentrum an und verkleinere das Dreieck im Verhältnis 2 : 1!
3) Miss die Seitenlängen des Dreiecks $A_1B_1C_1$ ab! Überprüfe, ob die Seitenlängen im Verhältnis 2 : 1 zueinander stehen!

Der goldene Schnitt

1055 Die Zahlenfolge 1, 1, 2, 3, 5, 8, 13, 21, 34, 55, 89, 144, 233, … spielt in der Natur eine wichtige Rolle. Sie wurde nach dem italienischen Mathematiker Leonardo da Pisa (ca. 1170 – ca. 1250) „Fibonacci-Folge“ benannt (→ Seite 141).

1) Versuche zu erkennen, wie eine Zahl der Folge aus den vor ihr stehenden Zahlen entsteht! Wie lauten die nächsten drei Zahlen?
2) Berechne für je zwei aufeinander folgende Zahlen das Verhältnis der größeren zur kleineren Zahl! Du kannst erkennen: Je höher die Zahlen werden, desto mehr nähert sich dieses Verhältnis der Verhältniszahl 1,618… des **Goldenen Schnittes** (→ Infokasten).

1056 Das Verhältnis der Seiten eines Rechtecks soll dem **Goldenen Schnitt** (→ Infokasten) entsprechen.

a) Wie groß ist die Länge a dieses Rechtecks ungefähr, wenn die Breite b = 5 cm ist?
b) Rund welche Breite b hat das Rechteck, wenn die Länge a = 10 cm ist?

1057 Überprüfe die Behauptung durch Rechnen!

a) Die Vorderfront des Parthenons auf der Akropolis von Athen ist 30,6 m lang und 18,9 m hoch. Man sagt, diese Front ist nach dem Goldenen Schnitt gebaut worden.
b) Die Kuppel des Domes in Florenz ist 32,1 m hoch. Der Kuppelansatz befindet sich in 51,9 m Höhe. Man sagt, der Kuppelansatz teilt die Gesamthöhe nach dem **„Goldenen Schnitt“** (→ Infokasten).

Der goldene Schnitt

Der Goldene Schnitt

Ein Seitenverhältnis besonderer Art ist der so genannte „Goldene Schnitt“. Wenn in einem Rechteck die Beziehung $b : a = a : (a + b)$ gilt, hat das menschliche Auge die Empfindung besonderer Ausgewogenheit. Schon die großen Baumeister der Antike kannten dieses Ebenmaß. ZB wurde der Parthenon auf der Akropolis in Athen danach gebaut. Das Seitenverhältnis der Länge a zur Breite b eines Rechtecks im „Goldenen Schnitt“ ist ungefähr 1,618 : 1.

Zusammenfassung

AH S. 75

Zwei Vielecke (Dreiecke, Vierecke, …) heißen ähnlich, wenn gilt:

1) Entsprechende **Längen** stehen zueinander im **gleichen Verhältnis**.
2) Entsprechende **Winkel** sind **gleich groß**.

Bei Dreiecken gilt: Wenn eine dieser beiden Bedingungen erfüllt ist, so ist die andere automatisch auch erfüllt.

In allen ähnlichen Figuren gilt für die Flächeninhalte:
Die Flächeninhalte verhalten sich wie die Quadrate entsprechender Längen.

Strahlensatz:

1. $\overline{SA} : \overline{SB} = \overline{SC} : \overline{SD}$ bzw. $\overline{SA} : \overline{AB} = \overline{SC} : \overline{CD}$
   „Strahl-Strahl“
2. $\overline{SA} : \overline{SB} = \overline{AC} : \overline{BD}$ bzw. $\overline{SC} : \overline{SD} = \overline{AC} : \overline{BD}$
   „Scheitelstrecken auf Strahl – parallele Geraden“

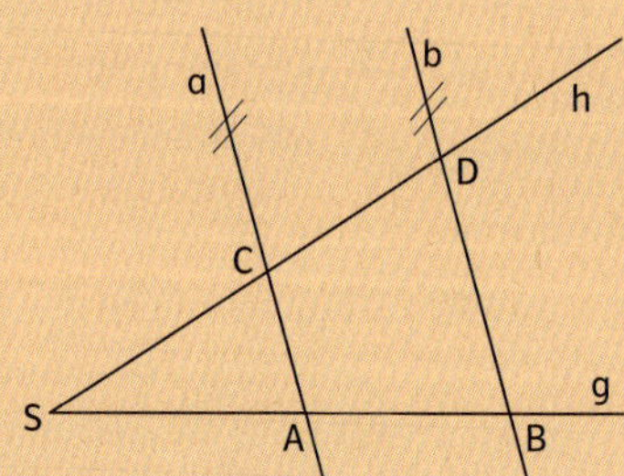

Wissensstraße

Lernziele: Ich kann ...

Z 1: ähnliche Figuren zeichnen.
Z 2: Proportionen und Verhältnisse in ähnlichen Figuren und Körpern erkennen und angeben.
Z 3: Seitenlängen in ähnlichen Figuren berechnen.
Z 4: Strecken in gleich große Teile bzw. in einem gegebenen Verhältnis teilen.

1058 a und a_1 sind einander entsprechende Seiten zweier ähnlicher Dreiecke ABC und $A_1B_1C_1$. **Z 1, Z 2**
Es gilt: $a : a_1 = 5 : 3$
1) Wie groß ist a_1, wenn $a = 10\,cm$ ist?
2) Zeichne die beiden ähnlichen Dreiecke, wenn $\alpha = 75°$ und $\beta = 60°$ ist!
Gib die Längen von c und c_1 auf Millimeter genau an!

1059 1) Konstruiere ein Trapez ABCD mit $a = 7{,}3\,cm$, $b = 4{,}8\,cm$, $\alpha = 45°$, $\beta = 90°$ und $c \parallel a$! **Z 1, Z 3**
2) Zeichne ein dazu ähnliches Trapez $A_1B_1C_1D_1$ mit $a_1 = 10{,}5\,cm$!
Nimm $A = A_1$ als Streckzentrum an! Gib die Längen von c und c_1 auf Millimeter genau an!

1060 **Z 2**

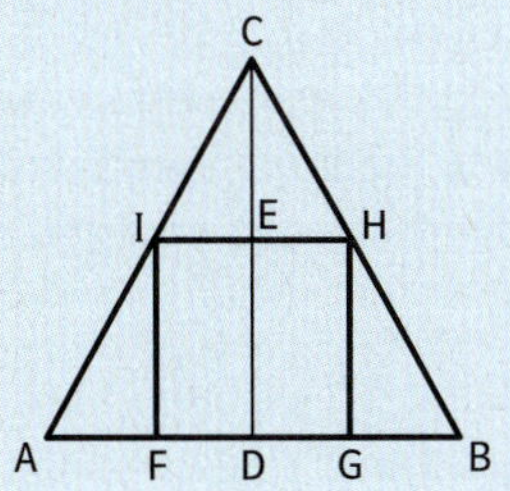

Einem gleichschenkligen Dreieck ABC mit der Höhe DC ist ein Quadrat FGHI eingeschrieben (→ Figur links).
1) Welches Dreieck ist zum Dreieck ABC ähnlich?
2) Gib zwei Dreiecke an, die zum Dreieck DBC ähnlich sind!
3) Begründe die Ähnlichkeit mit eigenen Worten!

1061 Die Seitenlängen eines Dreiecks sind: $a = 12\,cm$, $b = 10\,cm$, $c = 6\,cm$. Der Umfang eines dazu ähnlichen Dreiecks beträgt $u_1 = 42\,cm$. **Z 2, Z 3**
1) Berechne die Seitenlängen des ähnlichen Dreiecks!
2) In welchem Verhältnis stehen die Flächeninhalte der beiden Dreiecke?

1062 Die Seitenlängen zweier Quadrate verhalten sich wie 1) 3 : 5 2) 7 : 11. **Z 2**
Welches Verhältnis bilden die Umfänge und Flächeninhalte?

1063 Wie lang ist die Strecke x (Maße in Zentimeter)? **Z 3**

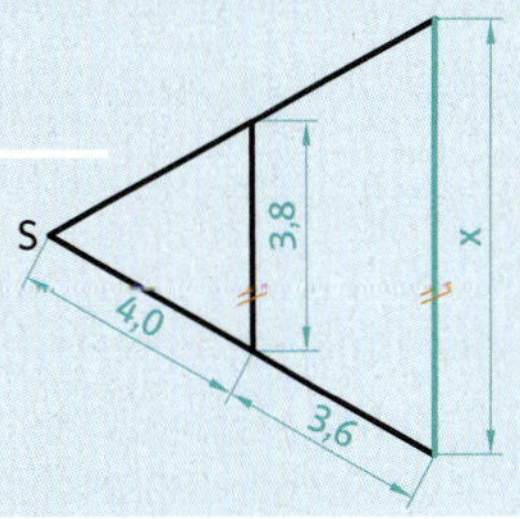

1064 Teile eine 8 cm lange Strecke mit Hilfe des Strahlensatzes in fünf gleich lange Teile! **Z 4**
Wie lang ist ein Teilstück? Überprüfe durch Rechnung!

1065 Gegeben ist eine Strecke AB mit der Länge $\overline{AB} = 12\,cm$. **Z4**
Konstruiere den Teilungspunkt T so, dass $\overline{AT} : \overline{TB} = 3 : 4$ gilt! Wie lang ist die Strecke AT?

Technologie

Der Einsatz des Computers ist für mathematische Berechnungen bzw. Darstellungen unentbehrlich geworden. In der ersten und zweiten Klasse haben wir bereits mit **Tabellenkalkulationen** (TK) und **GeoGebra** gearbeitet. Eine **Einführung in die Programme** findest du in *Das ist Mathematik 1* bzw. *Das ist Mathematik 2*.

GeoGebra

In *Das ist Mathematik 3* werden wir ausschließlich mit **GeoGebra 6** arbeiten.
GeoGebra ist ein **kostenfreies Programm**, das du unter www.geogebra.org herunterladen kannst. Es gibt Versionen für den PC, das Handy oder das Tablet. Diese Art von Programm wird als **dynamische Geometriesoftware** bezeichnet, da man mit Hilfe von GeoGebra nicht nur geometrische Objekte erstellen, sondern durch Befehle auch verändern kann.

GeoGebra enthält aber nicht nur **Geometrieansichten** (zwei- und dreidimensional), sondern neben der **Tabellenkalkulation**, die du schon aus der 1. und 2. Klasse kennst, auch ein **Computer-Algebra-System (CAS)**, ähnlich wie manche Taschenrechner.

Auf der Webseite www.geogebra.org findet man viele vorgefertigte Beispiele zu unterschiedlichen Themengebieten.

Die Anwendungen der 1. und 2. Klassen waren:
- Berechnung des Mittelwerts
- Darstellung direkter und indirekter Proportionalität mittels Punktdiagrammen
- Konstruktion von Quadrat und Rechteck
- Konstruktion von Dreiecken und deren merkwürdige Punkte
- Konstruktionen in Zusammenhang mit Kreisen

Beim Arbeiten mit CAS ist es sehr wichtig, dass du die Rechenschritte auch ohne Computer gut beherrschst und dann dem Programm „anvertraust“. Ansonsten kommt es häufig zu Fehlinterpretationen der Ergebnisse und falschen Ansätzen. Weiters kann GeoGebra zwar Gleichungen lösen, die richtigen Gleichungen musst du aber nach wie vor selbst aufstellen!

Wie in der ersten Klasse werden die Befehle, die du exakt eingeben musst (Syntax), in **dieser Farbe** dargestellt.
Die *kursive Schrift* zeigt die Eigennamen oder Befehlsnamen an.

Video 67m9zg

1 Arbeiten mit CAS

Ein Term ist ein sinnvoller mathematischer Ausdruck, in dem neben Zahlen, Rechenzeichen und Vorzeichen auch Variablen und damit Buchstaben vorkommen können. Der übliche Taschenrechner ist nicht zum Rechnen mit Buchstaben geeignet, man kann aber auf **Computer-Algebra-Systeme** (kurz CAS) zurückgreifen.

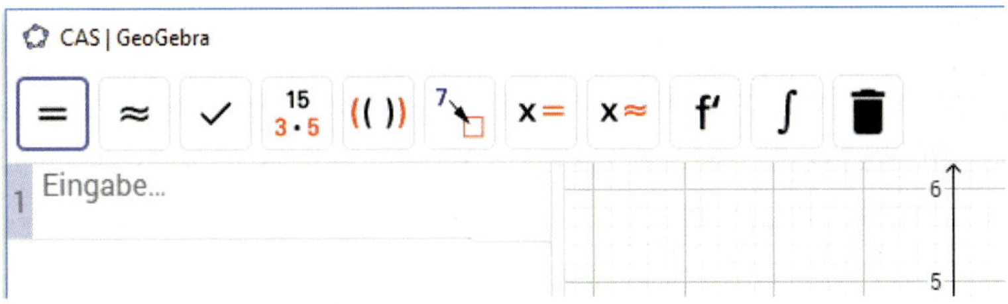

Starte dafür GeoGebra und klicke am Startfenster auf *CAS*!
Du kannst auch im Menüpunkt ☰/*Ansicht* auf *CAS* X= wechseln.

Symbolische und numerische Ausgabe, gerundetes Ergebnis

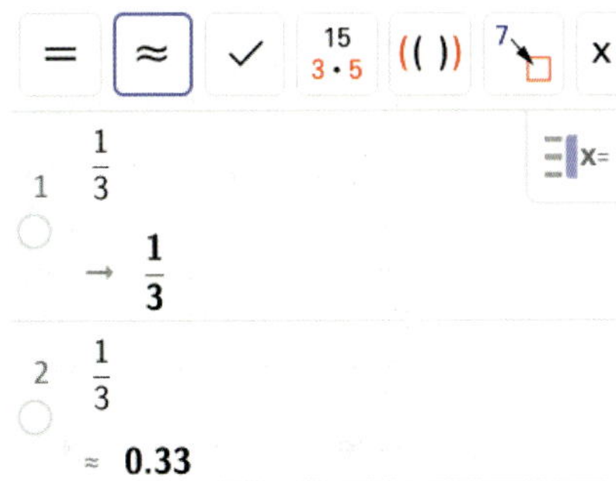

Zu Beginn fällt auf, dass es neben dem „normalen" Gleichheitszeichen = auch ein Ungefährzeichen ≈ gibt. Wenn man mit der Maus über die beiden Buttons fährt, kommen die Bezeichnungen „Berechne symbolisch" bzw. „Berechne numerisch".
Falls das Ergebnis einer Rechnung $\frac{1}{3}$ ist, schreibt das CAS $\frac{1}{3}$, wenn man auf = klickt. Als Ergebnis wird 0,33 angezeigt, wenn man auf ≈ klickt. Dabei rundet das Programm auf so viele Stellen, wie unter *Einstellungen/Runden* eingestellt wurde.
Die Enter-Taste führt jene Lösungsvariante aus, die gerade (oben) angeklickt wurde und demnach blau umrandet ist.

Eingabe von Rechenoperationen

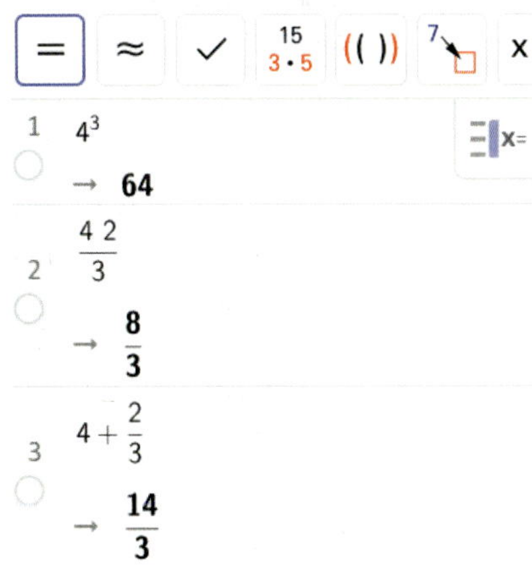

Man kann das CAS wie einen Taschenrechner benutzen, allerdings gibt es keine Druckknöpfe für wichtige Befehle, man muss sie als Text oder mit Symbolen eingeben. Potenzen sind mit einem „Dach" einzugeben, zB 4^3 mit 4^3.

Achtung: Ein Leerzeichen versteht das CAS automatisch als Malpunkt · (wie auch *), dh. die Eingabe **4 2/3** führt nicht zu vier Ganzen und zwei Drittel, sondern zu $\frac{4\cdot 2}{3}$. Gib daher für $4\frac{2}{3}$ die Summe **4+2/3** ein!

Auftrag **1)** Berechne mit dem CAS von GeoGebra!
a) 3^2+2^5-25 **b)** $23\cdot24\cdot25\cdot26$ **c)** $\frac{3}{2}\cdot\frac{4}{5}\cdot\frac{5}{6}$ **d)** $5\frac{2}{3}+6\frac{3}{2}-(3{,}4-1{,}2)$

Tipp
Das Komma ist in GeoGebra immer ein Punkt.

Video
k7di56

Eingabe von Termen

Gib den Term $2x+3$ in das CAS ein und berechne seinen Wert für $x=5$!

Schritt ❶ Öffne eine neue GeoGebra-Datei! Gib den Term 2x+3 ein und drücke die *Enter-Taste*!

Schritt ❷ Um den Wert des Terms bei $x=5$ auszurechnen, klicke auf die Zeile, in der der Term steht, in unserem Fall Zeile 1, und anschließend auf den Button *Ersetze* ! Das rechts abgebildete Fenster erscheint.

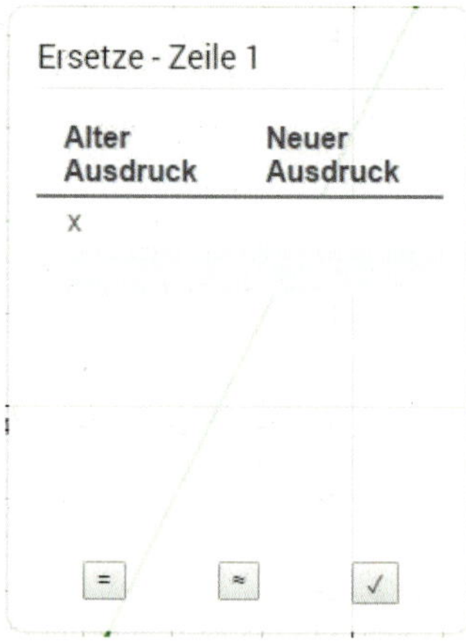

Schritt ❸ Schreibe nun in die Spalte Neuer Ausdruck 5 und klicke auf das = Zeichen!

GeoGebra ersetzt x durch 5 und berechnet den gewünschten Wert des Terms, nämlich $2\cdot5+3=13$:

1 $2x+3$
Ersetze, x=5: **13**

Auftrag **2)** Finde für den Term $2x+3$ den Wert für $x=17$, $x=-21$ und $x=99\,099{,}56$!

Terme benennen

Um einen Term zu benennen, zB mit T, muss man in GeoGebra vor das Gleichheitszeichen einen Doppelpunkt, also := schreiben, anstatt nur =. Nur dann erkennt das Programm die gewünschte Struktur.

Schritt ❶ Gib T(x):=2x+3 ein!

Schritt ❷ Berechne den Wert des Terms für $x=5$ durch die Eingabe von T(5)! Bestätige mit der *Enter-Taste*! GeoGebra gibt nun den passenden Wert des Terms an.

1 T(x) := 2x + 3
→ **T(x) := 2x + 3**
2 T(5)
→ **13**

Hinweis Anstatt der Variablen x kannst du jeden beliebigen Buchstaben verwenden, es muss nur auf beiden Seiten des := der gleiche Buchstabe sein!

Auftrag **3)** Gib den Term ein und berechne den Wert des Terms an den Stellen 1; 2; 5; 13; 17!

a) $D(x)=14x-23$
b) $H(t)=2t^2+t+6$
c) $F(u)=(u+3)(u-5)$
d) $K(i)=284i-15i^2$
e) $U(e)=\frac{6+e}{4}$
f) $V(w)=(w^2+1)(w^3-1)$

Tipp
Vergiss nicht auf den Doppelpunkt vor dem Gleichheitszeichen!

Video 96tg2d

2 Rechnen mit Termen

Die große Stärke des CAS liegt im Rechnen mit Buchstaben. Dabei werden Klammerausdrücke vereinfacht, binomische Terme berechnet oder Gleichungen gelöst.

Der Term $(2x-2)(x+3)$ soll ausmultipliziert werden. Die Eingabe des Terms und Bestätigung durch Klicken auf = liefert unmittelbar das gewünschte Ergebnis.

1 $(2x-2)(x+3)$
$\rightarrow\ \mathbf{2x^2+4x-6}$

Multiplizieren und Faktorisieren von Termen

Wenn zwei verschiedene Variablen vorkommen, wie im Term $(2x-2)(t+3)$, dann wird der Term beim Verwenden von = nur abgeschrieben. Mit dem Button *Multipliziere* (( )) wird er **ausmultipliziert**.

Schritt ❶ Gib (2x-2)(t+3) ein und bestätige mit der *Enter-Taste*!

Schritt ❷ Markiere die erste Zeile und damit den Term! Drücke auf den Button Multipliziere (( ))!

1 $(2x-2)(t+3)$
$\rightarrow\ \mathbf{(t+3)\ (2x-2)}$

2 $(2x-2)(t+3)$
Multipliziere: $\mathbf{2tx-2t+6x-6}$

Umgekehrt kann das CAS mit dem Befehl *Faktorisiere* $\frac{15}{3\cdot5}$ **Terme** wieder in **Produkte aufspalten**. Es sucht mögliche Zerlegungen in Faktoren, das beinhaltet auch das Herausheben gemeinsamer Faktoren. Aus einem ausmultiplizierten Term wird wieder ein Produkt, das muss aber **nicht dieselbe Zerlegung** sein wie zuvor.

Schritt ❸ Markiere die zweite Zeile! Drücke auf den Button $\frac{15}{3\cdot5}$! Der gemeinsame Faktor 2 wird herausgehoben.

1 $(2x-2)(t+3)$
$\rightarrow\ \mathbf{(t+3)\ (2x-2)}$

2 $(t+3)(2x-2)$
Multipliziere: $\mathbf{2tx-2t+6x-6}$

3 $2tx-2t+6x-6$
Faktorisiere: $\mathbf{2\ (t+3)\ (x-1)}$

Auftrag **4)** Multipliziere und stelle die Terme ohne Klammern dar!

a) $(c+d)(c+2)-(c-d)(d+1)$
b) $(2r+s)(5s-3)-(9r+4)(s-3r)$
c) $(3x^2-3x-22)(-2x+6)$

Auftrag **5)** Faktorisiere den Term!

a) $x^2-8x+16$
b) $9a^2+30a+25$
c) $d^5+4d^3-5d^2-20$
d) $20d^2+11d-3$
e) x^3-3x^2+2x-6
f) $12s^3+32s^2+15s-9$

Herausheben

Den Befehl *Faktorisiere* kann man auch zum Herausheben eines gemeinsamen Faktors oder mehrerer gemeinsamer Faktoren verwenden. Dabei muss man aufpassen, dass die Eingabe für das Programm „leserlich" ist. So liefert zB die Eingabe von $p(a+b)+q(a+b)$ nicht das gewünschte Ergebnis $(a+b)(p+q)$, weil p und q nicht als Faktoren erkannt wurden. Dafür muss man ein * dazwischen setzen oder einfach einen Abstand lassen.

1	$p(a+b)+q(a+b)$ → $\mathbf{p(a+b)+q(a+b)}$
2	$p\ (a+b)+q\ (a+b)$ Faktorisiere: $\mathbf{(b+a)\ (p+q)}$
3	$p\cdot(a+b)+q\cdot(a+b)$ Faktorisiere: $\mathbf{(b+a)\ (p+q)}$

Auftrag **6)** Hebe gemeinsame Faktoren heraus!

a) $2a(4x-3y)+4(4x-3y)$ **b)** $12s(f-g)+13t(f-g)$

⊞ Rechnen mit Bruchtermen

Auch mit Bruchtermen kann das CAS arbeiten. Die Eingabe erfordert einen exakten Umgang mit der Klammersetzung, weil die Angabe meist in Bruchschreibweise gegeben ist, der Computer aber nur in einer Zeile schreiben kann.

Daher muss man **Zähler und Nenner jeweils mit einer Klammer versehen**!

Gib die Terme $\frac{2+x}{3+x}$ und $\frac{25rs^2-10r^2}{5rs}$ ein!

Schritt **1** Gib den Term (2+x)/(3+x) ein und bestätige mit der *Enter-Taste*!

Schritt **2** Gib den Ausdruck (25r*s^2-10r^2)/(5r*s) ein und kontrolliere, ob der gewünschte Term angezeigt wird! Beim Bestätigen mit der *Enter-Taste* wird der Bruchterm automatisch so weit wie möglich **gekürzt** (also im Zähler herausgehoben und dann gekürzt).

1	$\frac{2+x}{(3+x)}$ → $\mathbf{\frac{x+2}{x+3}}$
2	$\frac{25r\cdot s^2-10r^2}{5r\cdot s}$ → $\mathbf{\frac{5s^2-2r}{s}}$

Hinweis In GeoGebra 6 wird nach Eingabe des Divisionszeichens automatisch in die Bruchdarstellung gewechselt.

Auftrag **7)** Faktorisiere und kürze den Bruchterm so weit wie möglich!

a) $\frac{ab^2x^2-3ab^2x}{abx}$ **d)** $\frac{g^3+gh^2}{g}$

b) $\frac{u^5v^2+2u^4v^3+u^3v^4}{u^2v^2}$ **e)** $\frac{x^2y^3z+2xy^3z+y^3z}{yz}$

c) $\frac{rs^5+2rs^3t+rst^2}{rs}$ **f)** $\frac{1-x}{1-2x+x^2}$

Tipp

Vergiss nicht auf einen Abstand oder ein * zwischen r und s, ansonsten rechnet GeoGebra mit einer Variablen namens „rs"!

Video c97m5f

3 Gleichungen lösen

Ein weiteres Anwendungsgebiet des CAS ist das **Lösen von Gleichungen**. Dabei führt der Computer sämtliche Äquivalenzumformungen im Hintergrund aus und liefert nur das Ergebnis, sofern es eines gibt.

Lösen von Gleichungen

Ermittle die Lösung der Gleichung $x + 2 = 5\frac{1}{2}$!

Schritt ❶ Der Befehl zum Gleichungslösen lautet *Löse*! Tippe diesen Befehl ein und es erscheinen mehrere Vorschläge!

Dabei wird mit *Löse(<Gleichung in x>)* eine Gleichung gelöst, in der nur eine Variable (egal welche) vorkommt. Ansonsten muss mit *Löse(<Gleichung>,<Variable>)* die richtige Variable nach einem Beistrich eingefügt werden. Das ist zB beim Umformen von Formeln entscheidend. Da in unserem Beispiel nur eine Variable vorkommt, ist der erste Befehl ausreichend.

Schritt ❷ Erinnere dich: $5\frac{1}{2}$ bedeutet in GeoGebra 5 mal $\frac{1}{2}$, nicht 5 Ganze + $\frac{1}{2}$. Man kann das durch Eingabe einer Summe umgehen! Daher musst du Löse(x+2=5+1/2) eingeben und mit der *Enter-Taste* bestätigen! Das Ergebnis $\frac{7}{2}$ wird angezeigt.

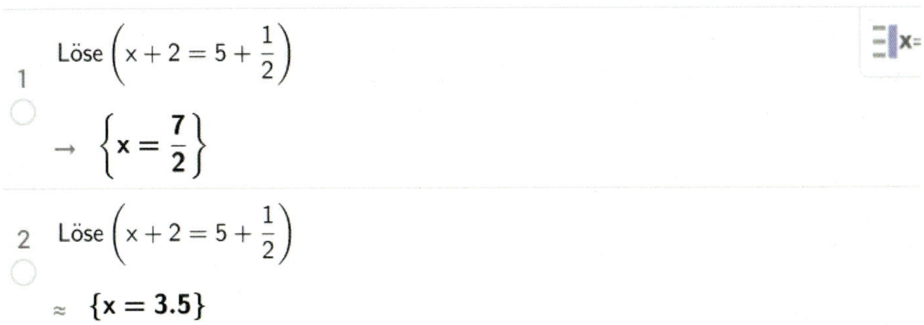

Hinweis In Zeile 1 wurde die Gleichung mit = , in Zeile 2 mit ≈ gelöst.

Auftrag 8) Löse die Gleichung!

a) $3a - 10 = 5a + 6$

b) $2{,}2b - 22 = 3{,}3b$

c) $(c + 2)^2 = c^2 + 4$

d) $\frac{x}{4} + \frac{x}{5} + \frac{x}{6} = 7$

Umformen von Formeln

Drücke die Größe t in der Formel $v = \frac{s}{t}$ explizit aus!

In diesem Fall kommen in der Gleichung drei Variablen vor, man muss dem CAS mitteilen, welche Variable ausgedrückt werden soll.

Schritt ❶ Wähle deshalb den zweiten Löse-Befehl *Löse(<Gleichung>,<Variable>)* und ersetze *<Gleichung>* durch v = s/t!

Schritt ❷ Ersetze *<Variable>* durch t und bestätige mit der *Enter-Taste*!

1 Löse $\left(v = \frac{s}{t}, t\right)$

$\rightarrow \left\{t = \frac{s}{v}\right\}$

Hinweis Die Eingabe wird dadurch erleichtert, dass nach Eingabe der Formel und einmaligem Drücken der Pfeiltaste nach rechts das Wort *<Variable>* vollständig markiert ist und man sofort zu schreiben beginnen kann.

Auftrag **9)** Drücke in der Formel a bzw. b explizit aus und überlege, ob es sich um eine bekannte Formel handelt bzw. um welche es sich handeln könnte!

a) $D = a \cdot b - c$
b) $A = \frac{a \cdot b}{2}$
c) $U = 2a + 2b$
d) $V = \frac{a \cdot b \cdot h}{3}$
e) $F = 2ab + \frac{ab}{2}$
f) $G = a + b + \frac{ab}{3}$

Gleichungen aus Texten

Wie schon eingangs erwähnt, ist das Lösen von Gleichungen oft nur ein Schritt innerhalb einer Aufgabenstellung. Zuerst muss der Text gelesen und interpretiert und dann in Form einer Gleichung aufgeschrieben werden. Bei diesen Schritten kann uns kein Computer helfen, das müssen wir selber machen. Von den 5 Schritten, die beim Lösen einer Textaufgabe nötig sind, kann der Computer somit leider nur einen übernehmen (vgl. S. 128):

Wir lösen die Textaufgabe von S. 128 oben.

1. Schritt: Wahl der Unbekannten: Wir wählen d für die Unbekannte.
2. Schritt: Aufstellen und Eingabe der Gleichung: Die Gleichung lautet $100 + 80d + 32d = 1200$.

3. Schritt: Lösen der Gleichung und Probe (Verwenden des CAS):

Schritt ❶ Gib die aufgestellte Gleichung ein und bestätige mit der *Enter-Taste*!

Schritt ❷ Gib **Löse($1)** ein! Das $-Zeichen kopiert den Eintrag einer anderen Zeile, hier der Zeile 1). Das Ergebnis ist ≈ 9,82.

Schritt ❸ Überprüfe die Lösung rechnerisch, indem du die Lösung für x einsetzt! Gib dazu **Ersetze($1, d, 275/28)** ein! Es ergibt sich eine wahre Aussage. Mit dem Einsatz von CAS ist es an dieser Stelle wichtig, zu überprüfen, ob das Ergebnis sinnvoll ist.

1 $100 + 80\,d + 32\,d = 1200$

$\rightarrow \mathbf{112\,d + 100 = 1200}$

2 Löse($1)

$\rightarrow \left\{d = \frac{275}{28}\right\}$

3 Ersetze $\left(\$1, d, \frac{275}{28}\right)$

$\rightarrow \mathbf{1200 = 1200}$

Schritt ❹ Überprüfen der Lösung: Es kann nur eine natürliche Zahl sein. 9 Tage kosten weniger als 1200 €.

Schritt ❺ Schritt: Beantwortung der Frage: Sie können **höchstens 9 Tage** bleiben.

Benennen und Weiterverwenden von Lösungen

Das CAS hat den Vorteil, dass Ergebnisse zur weiteren Verwendung nicht „abgetippt“ werden müssen, sondern mit Buchstaben benannt werden können. Hinter diesen Buchstaben verbirgt sich dann die Zahl und Tippfehler passieren nicht so leicht. Das Benennen funktioniert wieder mit dem Doppelpunkt-Gleichheitszeichen. Die Eingabe eines Beispiels könnte demnach so aussehen:

1 $8x + 12 = 18x$
→ $8x + 12 = 18x$

2 a := Löse ($1)
→ $a := \left\{x = \frac{6}{5}\right\}$

3 a
→ $\left\{x = \frac{6}{5}\right\}$

Der *Lösungen*-Befehl

Das Ergebnis des Löse-Befehls ist eine Gleichung $\left(x = \frac{6}{5}\right)$, hinter dem Buchstaben a verbirgt sich demnach auch eine Gleichung und keine Zahl. Um das zu ändern, gibt es den *Lösungen*-Befehl, dieser liefert nur eine Zahl statt einer Gleichung. Die Eingabe des Beispiels zuvor könnte mit dem *Lösungen*-Befehl so aussehen:

1 $8x + 12 = 18x$
→ $8x + 12 = 18x$

2 a := Lösungen ($1)
→ $a := \left\{\frac{6}{5}\right\}$

3 a
→ $\left\{\frac{6}{5}\right\}$

Hinweis Mit dem $-Befehl und der Benennung von Ergebnissen zur Weiterverwendung hat man zwei sehr wichtige Werkzeuge, die die Eingabe mathematischer Ausdrücke vereinfachen und verkürzen. Man **spart sich wiederholtes Abtippen einer Angabe** und verhindert damit auch Abschreibfehler.

Auftrag **10)** Subtrahiert man **a)** zum 3-fachen, **b)** zum 105-fachen, **c)** zum 150-fachen einer Zahl die Zahl 75, so ergibt sich 555. Löse die Gleichung!

Auftrag **11)** Die Zahl 1446 ist so in drei Summanden zu zerlegen, dass folgende Bedingung gilt:
a) Jeder Summand ist um 4 größer als der vorhergehende Summand.
b) Jeder Summand ist das 4-fache des vorhergehenden Summanden.
Stelle eine Gleichung auf und löse die Gleichung mit Technologie!

Auftrag **12)** Spezielle Manschettenknöpfe kosten samt Krawattennadel 150 €.
Der Preis für die Krawattennadel beträgt 25 % des Preises der Manschettenknöpfe.
Wie viel Euro kosten die Manschettenknöpfe bzw. die Krawattennadel?

Video 697xk9

4 Wachstums- und Abnahmeprozesse

Direkt proportionale Größen

Punktdiagramme von direkt proportionalen Größen haben wir schon in der 2. Klasse mit Hilfe von GeoGebra erstellt. Viele direkt proportionale Zusammenhänge können auch in Form von Geraden dargestellt werden, die durch den Ursprung gehen ($y = k \cdot x$). Bei manchen Größen macht jedoch die Darstellung als Gerade keinen Sinn, weil es zB nur „ganze“ Menschen gibt, usw.

Der Wechselkurs zwischen Euro und Dollar beträgt an einem bestimmten Tag 1,17. Für einen Euro bekommt man daher 1,17 Dollar. Stelle den Zusammenhang zwischen Euro und Dollar grafisch dar!

Schritt ❶ Öffne das *Grafik-Fenster*!

Schritt ❷ Gib in der Eingabezeile des Grafikfensters **1.17x** ein! (Falls die Eingabezeile nicht sichtbar ist, klicke auf ☰ und anschließend hake den Menüpunkt *Eingabezeile* an.) Nach Bestätigung durch *Enter* erscheint die gewünschte Gerade.

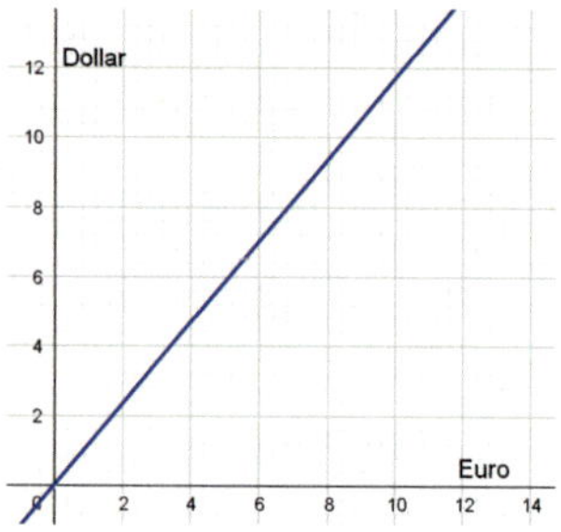

Hinweis Das „f(x) =“ fügt GeoGebra selbstständig ein, kann aber auch geschrieben werden. „x“ nimmt GeoGebra automatisch als Bezeichnung der 1. Achse an.

Auftrag **13)** Der Wechselkurs von Euro in tschechischer Krone beträgt 25,98 (1.7.2018). Stelle grafisch dar!

Schieberegler

Der Wechselkurs ändert sich laufend. Daher bietet es sich an, einen **Schieberegler** für den Wechselkurs k einzubauen.

Schritt ❶ Gib in die Eingabezeile des Grafikfensters **k x** (mit Abstand zwischen den zwei Buchstaben) ein! Die Variable k erkennt GeoGebra nicht und schlägt daher automatisch die Erstellung eines Schiebereglers vor.

Schritt ❷ Klicke auf *Erstelle Schieberegler*!

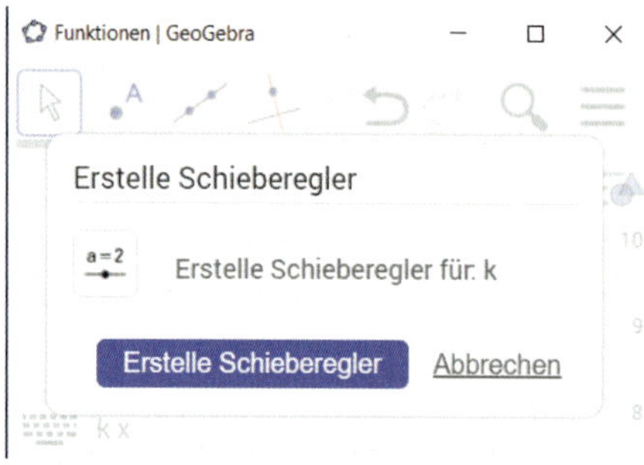

Schieberegler

Ein Schieberegler kann bei GeoGebra verwendet werden, wenn man Größen verändern möchte. Er kann direkt durch den Button a=2 erstellt werden. Dabei wird der Wert der Variable mit der Maus eingestellt.

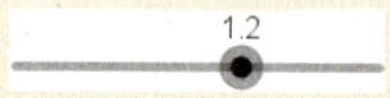

Wenn du mit der rechten Maustaste auf den Schieberegler klickst und Eigenschaften wählst, kannst du die obere und untere Grenze und die Schrittweite einstellen.
Bestätige jeden Wert, den du eingibst, mit Enter!
Mit der Schrittweite legt man fest, welche Werte die Variable annehmen kann.
Beispiel: untere Grenze: 1, Schrittweite: 1
Werte des Schiebereglers: 1; 2; 3; …

Stelle die gewünschten Grenzen des Schiebereglers ein! Hier bieten sich 1 und 2 als untere und obere Grenze, sowie 0,01 (in GeoGebra 0.01) als **Schrittweite** an.

Schritt ❸ Verändere mit der Maus den Schieberegler und beobachte die Auswirkung!

Video
75h663

Lineares Kostenmodell

Im folgenden Beispiel vergleichen wir zwei Handytarife:
Tarif 1: Grundgebühr 20 €, 1 Mb Daten 5 c
Tarif 2: Grundgebühr 15 €, 1 Mb Daten 10 c

Ab wie viel Mb Datendownload rentiert sich der Tarif 1? Stelle beide Tarife grafisch dar und ermittle so den Schnittpunkt!

Schritt ❶ Die Formel für dieses Kostenmodell lautet $K = G + k \cdot x$, wobei G die Grundgebühr ist, x die Datenmenge in Mb und k die Kosten für 1 Mb Datendownload. Demnach gib in die Eingabezeile des Grafikfensters **20+0.05x** ein!

Hinweis Bei vielen Anwendungsbeispielen muss man eventuell mit dem Mausrad „hinauszoomen“, damit man den relevanten Bereich sieht.

Schritt ❷ Wiederholung von Schritt ❶ mit Tarif 2!

Schritt ❸ Mit dem Befehl **Schneide(f,g)** setzt GeoGebra den Schnittpunkt der beiden Geraden.

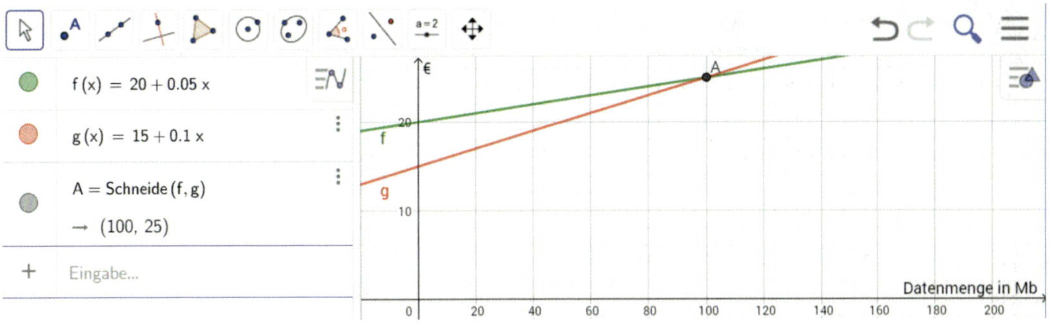

Beantwortung der Frage: Ab 100 Mb Datendownload im Monat rentiert sich Tarif 1.

Beschriftung der Achsen

Um die Achsen mit **Datenmenge in Mb** bzw. **€** zu beschriften, klicke mit der rechten Maustaste in das Grafikfenster und anschließend auf *Grafik*! In den Karteireitern *x-Achse* bzw. *y-Achse* kann man die Beschriftungen eingeben.

Auftrag **14)** Eine Firma möchte viele Seiten kopieren. Mit dem Kopierer in der Firma kostet dies 6 Cent pro Seite. Im Copy-Shop zahlt die Firma eine einmalige Gebühr von 8 € und zusätzlich 3 Cent pro Seite. Ab wie vielen Seiten zahlt es sich aus im Copy-Shop zu kopieren?

Auftrag **15)** Lisa möchte ihr Zimmer neu ausmalen. Ihre Freunde empfehlen ihr zwei Maler. Maler A verlangt 47 € pro Stunde, Maler B verlangt nur 39 €, aber 90 € für die Fahrt. Ab wie vielen Stunden ist Maler B günstiger? Überprüfe deine Lösung bevor du die Frage beantwortest!

Auftrag **16)** Ergänze für das Beispiel oben einen Tarif 3 mit $a + bx$, wobei a und b Schieberegler sind (Grundgebühr a mit Intervall 0 bis 30; Kosten b pro Mb mit Intervall 0 bis 0,5; Schrittweite 0,001)!

1) Erstelle durch Experimentieren drei verschiedene Tarife, die mit Tarif 1 bei 200 Mb einen Schnittpunkt haben!
2) Modelliere deinen eigenen Handytarif!

Video 72v6f7

Zinseszinsen

Ein Kapital $K_0 = 50\,000$ € soll mit vereinbarten 5 % p. a. verzinst werden. Nach wie vielen Jahren hat es sich verdoppelt?

Wir betrachten die Entwicklung auf zwei verschiedene Arten.

Variante 1: Rechnerisch mittels Tabellenkalkulation

Schritt ❶ Öffne unter *Ansicht/Tabelle* die Tabellenkalkulation und gib **50000** in die Zelle *A1* ein!

Schritt ❷ Klicke in die Zelle *A2* und gib die Formel für einmalige Verzinsung ein!
Verwende dabei *A1* statt 50 000: **=A1*(1+5*0.75/100)**!

Schritt ❸ Markiere die Zelle *A2* und ziehe das kleine blaue Quadrat am rechten unteren Eck der Markierung soweit nach unten, bis die Werte 100 000 übersteigen! Vorsicht, in der Zelle *A2* steht der Wert nach 1 Jahr, man muss also immer ein Jahr von der Zeilennummer abziehen, um die gesuchten Jahre zu bekommen!

Hinweis In der Formel wirkt *A1* als relativer Bezug und somit wird die Zinsformel in jeder Zelle auf den Wert in der Zelle darüber angewendet!

Antwort auf die Frage: Das Kapital hat sich nach 19 Jahren verdoppelt.

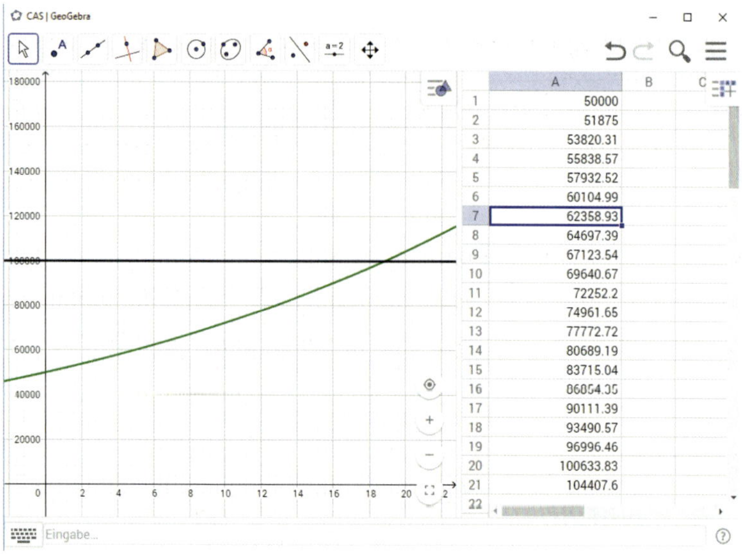

Variante 2: Grafisch mittels Geometriefenster

Schritt ❶ Wir haben die Zinseszinsformel in der Form $K_n = K_0 \cdot q^n$ kennengelernt.

Hier ist $q = 1 + \frac{5 \cdot 0{,}75}{100}$ und $n = x$. Gib demnach **50000*(1+5*0.75/100)^x** in die Eingabezeile ein!

Schritt ❷ Gib noch $y = 100\,000$ ein, damit die Grenze grafisch sichtbar wird!

Schritt ❸ Wähle den Doppelpfeil ✥! Nun kannst du die Skalierung der Achsen auch getrennt voneinander verändern. Hier muss die y-Achse sehr stark gestaucht werden, um den Effekt gut zu sehen. Fahre dazu mit der Maus über die y-Achse und stauche sie!

5 Statistik

Video 2746qc

Histogramm

35 Personen nehmen bei einem Film-Quiz mit 15 Fragen teil. Die Anzahl der richtig beantworteten Fragen ist hier aufgelistet: 0, 1, 1, 3, 3, 3, 3, 3, 3, 3, 4, 4, 4, 6, 6, 7, 7, 7, 8, 8, 8, 8, 9, 9, 9, 10, 10, 11, 11, 11, 12, 12, 12, 12, 14.

Stelle das Ergebnis in einem Histogramm dar!
Verwende dafür die Klasseneinteilung:

Loser	$0 \leq x < \mathbf{3}$
Beginner	$3 \leq x < \mathbf{6}$
Semi Pro	$6 \leq x < \mathbf{9}$
Pro	$9 \leq x < \mathbf{12}$
Expert	$12 \leq x < \mathbf{15}$

Schritt ❶ GeoGebra stellt im *Grafikfenster* eine „Histogrammfunktion" zu Verfügung. Schreibe dafür **Histogramm** in die Eingabezeile, und du erhältst mehrere Vorschläge! Wähle folgenden: *Histogramm (<Liste von Klassenbereichen>, <Liste von Rohdaten>, <Wahrheitswert Dichte>, <Skalierungsfaktor> (optional))*

Schritt ❷ Bei den ersten beiden Einträgen handelt es sich um Listen. Diese werden immer mit geschwungenen Klammern eingegeben. Ersetze:
- *<Liste von Klassenbereichen>* durch **{0, 3, 6, 9, 12, 15}**
  Die Ränder der Klassen werden automatisch zur nächsthöheren Klasse gezählt.
- *<Liste von Rohdaten>* durch **{0, 1, 1, 3, 3, 3, 3, 3, 3, 3, 4, 4, 4, 6, 6, 7, 7, 7, 8, 8, 8, 8, 9, 9, 9, 10, 10, 11, 11, 11, 12, 12, 12, 12, 14}**

Schritt ❸ Füge statt *<Wahrheitswert Dichte>* das Wort **false** ein!
Hinweis Durch diese Eingabe ist die Balkenhöhe gleich der Klassenhäufigkeit.

Schritt ❸ Lösche *<Skalierungsfaktor> (optional)* und bestätige mit der *Enter-Taste*! Das Histogramm erscheint im Grafikfenster.

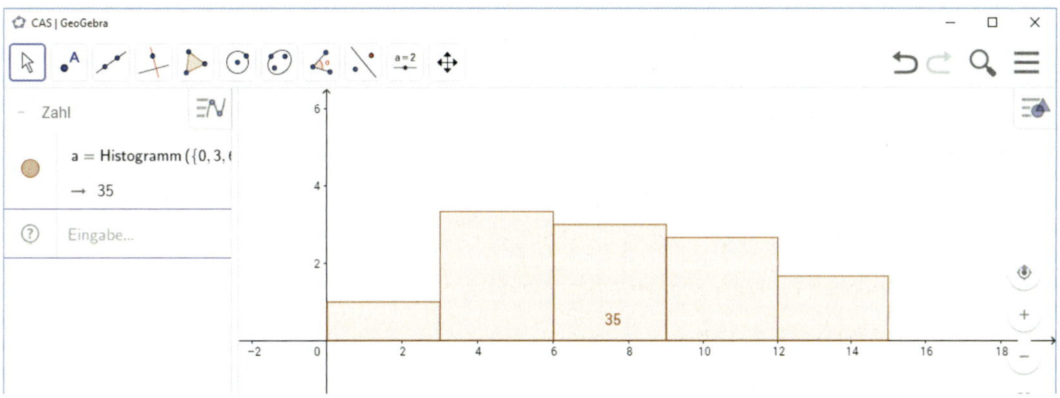

Auftrag **17)** Betrachte das Histogramm: Was bedeutet die Zahl „35"?

Auftrag **18)** Das Quiz wird ein weiteres Mal gespielt. Diesmal sieht das Ergebnis folgendermaßen aus: 0, 9, 4, 3, 10, 9, 7, 8, 6, 9, 8, 9, 10, 11, 11, 14, 5, 0, 14, 1, 5, 4, 3, 5, 6, 15, 7, 8, 9, 7, 12, 11, 1, 2, 13. Erstelle ein Histogramm!

Video
t5q2ea

Punktwolkendiagramm

Ein Punktwolkendiagramm verwendet man, wenn man den Zusammenhang zweier Merkmale grafisch darstellen und untersuchen möchte. Als Beispiel verwenden wir die Leistung eines Autos in kW und dessen Schadstoffausstoß in g CO_2/km (lt. Herstellerangaben).

Jedem Auto wird ein Punkt (kW | g CO_2/km) zugewiesen:
(40 | 45), (45 | 76), (55 | 60), (60 | 75), (80 | 85), (95 | 88), (100 | 89), (105 | 110), (111 | 101), (115 | 105), (118 | 189), (122 | 140), (128 | 155), (130 | 197), (135 | 166), (144 | 190), (150 | 210), (160 | 255), (210 | 217), (255 | 288)

Schritt ❶ Öffne das Tabellenfenster in GeoGebra und gib in die erste Spalte die Leistung und in die zweite Spalte den Schadstoffausstoß der Autos ein! Achte darauf, dass die richtigen Paare nebeneinander stehen!

Schritt ❷ Markiere die eingegebenen Daten (Zelle *A1* bis *B20*) und klicke auf das „Analysetool“ !

Schritt ❸ Klicke auf Analyse zweier Variablen, und du erhältst das Punktwolkendiagramm (Streudiagramm) in einem eigenen Fenster!

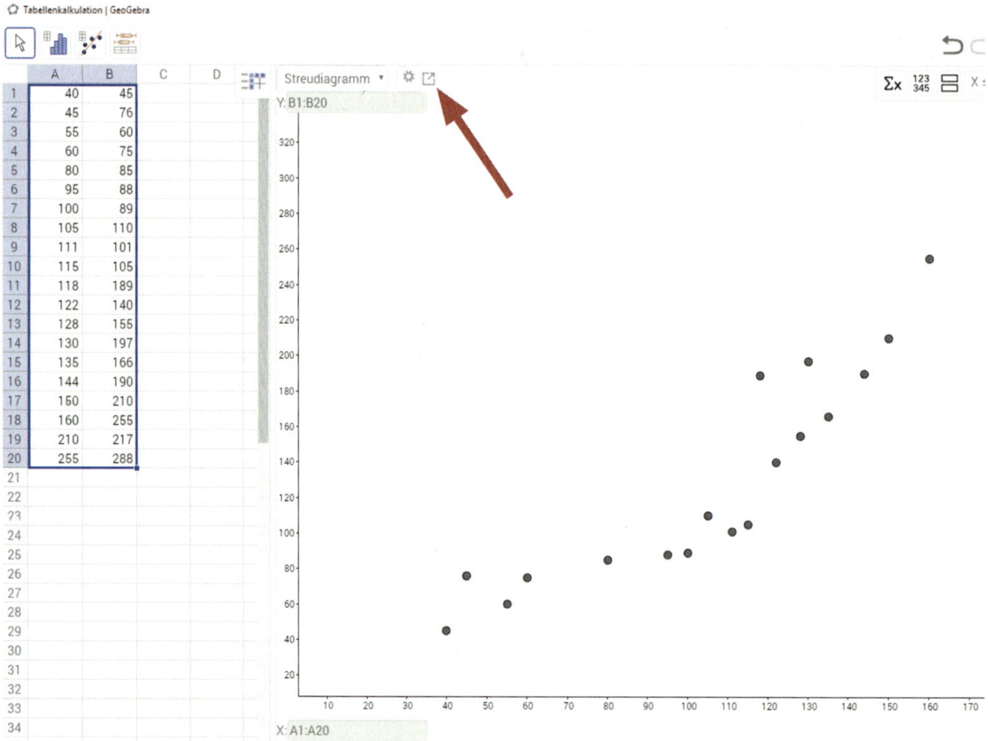

	A	B
1	40	45
2	45	76
3	55	60
4	60	75
5	80	85
6	95	88
7	100	89
8	105	110
9	111	101
10	115	105
11	118	189
12	122	140
13	128	155
14	130	197
15	135	166
16	144	190
17	150	210
18	160	255
19	210	217
20	255	288

Die Interpretation des Diagramms bleibt einem weiterhin selbst überlassen!

Hinweis Du kannst die Punkte in das Grafikfenster exportieren und dort die Achsen sinnvoll beschriften, indem du auf ↗ (→ roter Pfeil im Bild) klickst.

Video v68d7j

6 Geometrie

Flächeninhalt von Vierecken

In der zweiten Klasse haben wir uns mit der Konstruktion von Dreiecken beschäftigt. Darauf beruht auch die Konstruktion von Vier- bzw. Vielecken. Wenn man die Eckpunkte eines Vielecks hat, ist das Ermitteln des Flächeninhalts mit GeoGebra sehr einfach.

Konstruiere das Parallelogramm ABCD mit $a = 6{,}3\,\text{cm}$, $b = 4{,}6\,\text{cm}$, $\alpha = 63°$ und gib seinen Flächeninhalt an!

Schritt 1 Öffne das Grafikfenster von GeoGebra und zeichne eine *Strecke mit fester Länge*! Gib 6.3 als Länge ein!

Schritt 2 Gib einen *Winkel mit fester Größe* von 63° mit Scheitel *A* gegen den Uhrzeigersinn ein! (Erinnere dich: Der Scheitel des Winkels muss als zweites angeklickt werden!)

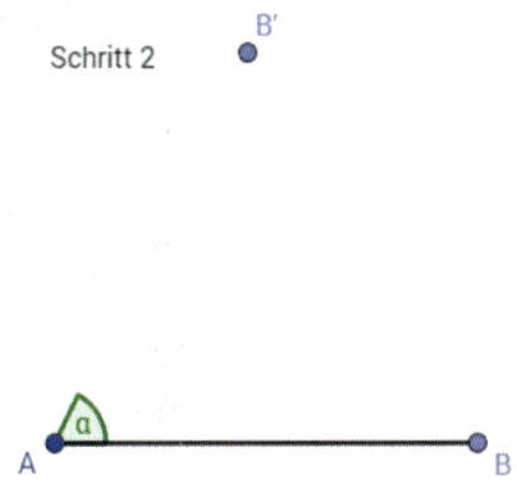

Schritt 3 Lege von *A* ausgehend durch *B'* einen Strahl und zeichne einen *Kreis mit Mittelpunkt und Radius* um *A* mit Radiuslänge 4.6! Schneide den Kreis mit dem Strahl! Der Schnittpunkt des Strahls mit dem Kreis ist der Eckpunkt D des Vierecks. Erstelle die Strecke *AD*!

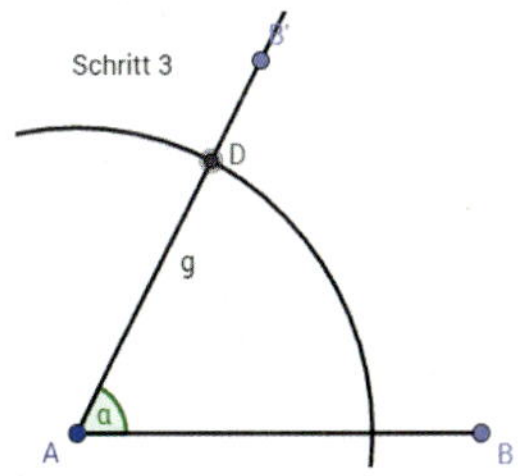

Schritt 4 Verschiebe *AB* sowie *AD* passend parallel mit dem Button! Mit dem Schneidewerkzeug erhältst du den Punkt C! Verbinde anschließend die vier Eckpunkte und blende alle Hilfslinien aus!

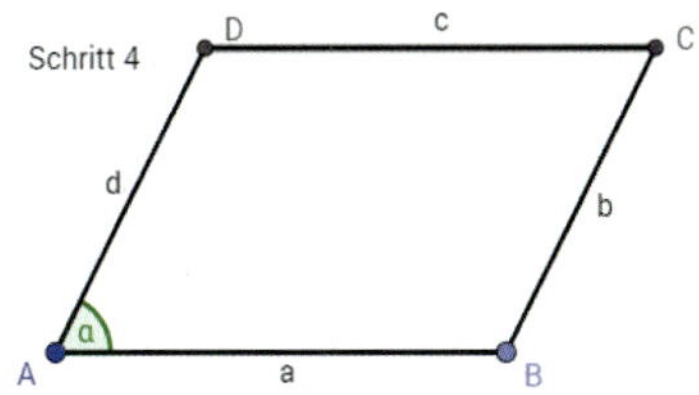

Schritt 5 Um den Flächeninhalt zu ermitteln, verwende das Tool „Vieleck“! Klicke der Reihe nach auf die Punkte *A* bis *D* und zum Abschluss wieder auf A! Im *Algebrafenster* erscheint der Eintrag:

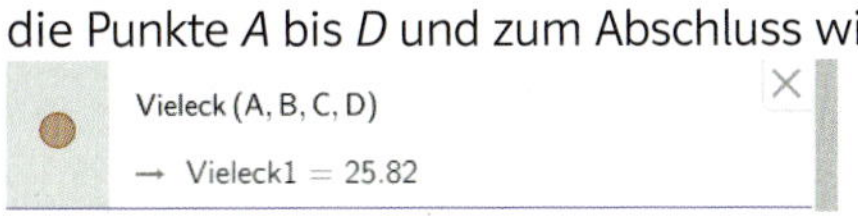

Dabei ist die Zahl 25,82 der gesuchte Flächeninhalt.

Auftrag **19)** Zeichne das Dreieck ABC und ermittle den Flächeninhalt!

a) A = (−5 | −1), B = (4 | −3), C = (1 | 7) **b)** A = (−27 | −13), B = (12 | −33), C = (65 | 105)

Hinweis Gib für A = (−5 | −1) den Ausdruck A=(-5,-1) ein!

Auftrag **20)** Zeichne das Viereck und gib seinen Flächeninhalt an!

a) Parallelogramm: $a = 13{,}7\,\text{cm}$, $b = 6{,}6\,\text{cm}$, $f = 9{,}0\,\text{cm}$

b) Drachen: $a = 5{,}3\,\text{cm}$, $b = 11{,}7\,\text{cm}$, $e = 14{,}5\,\text{cm}$

c) Trapez: $a = 83\,\text{mm}$, $d = 52\,\text{mm}$, $f = 77\,\text{mm}$, $\beta = 68°$

Video
9we8hf

Flächeninhalt von Vielecken

Konstruiere das Vieleck ABCDEF und ermittle seinen Flächeninhalt!

$\overline{AB} = 4{,}5$ cm, $\overline{AC} = 6{,}7$ cm, $\overline{BC} = 2{,}6$ cm, $\overline{CD} = 3{,}1$ cm, $\overline{AD} = 6.65$ cm, $\overline{AF} = 3{,}1$ cm, $\overline{BF} = 6{,}65$ cm, $\overline{BE} = 7{,}14$ cm, $\overline{EF} = 3{,}23$ cm

Tipp

Beginne mit einer Skizze auf Papier, damit du die gegebenen Seiten markieren kannst!

Schritt **1** Beginne mit der Strecke AB (Länge: 4.5)!

Schritt **2** Klicke auf *A* und anschließend auf den Button *Kreis mit festem Radius* ! Gib $\overline{AC}$ = 6.7 als Radius ein! Konstruiere einen weiteren Kreis mit $\overline{BC}$ = 2,6 cm!

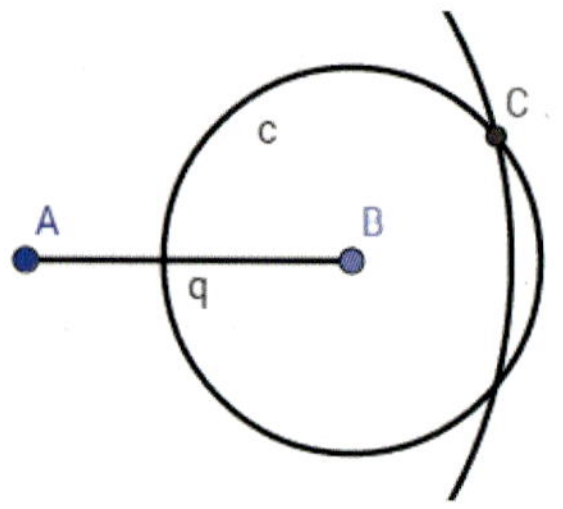

Schritt **3** Konstruiere die weiteren Eckpunkte, indem du Schritt 2 wiederholst!

Tipp

Blende nach jedem konstruierten Eckpunkt die Hilfslinien aus (*rechte Maustaste/Objekt anzeigen*)! So kannst du besser den Überblick bewahren.

Die Figur sollte dann so aussehen:

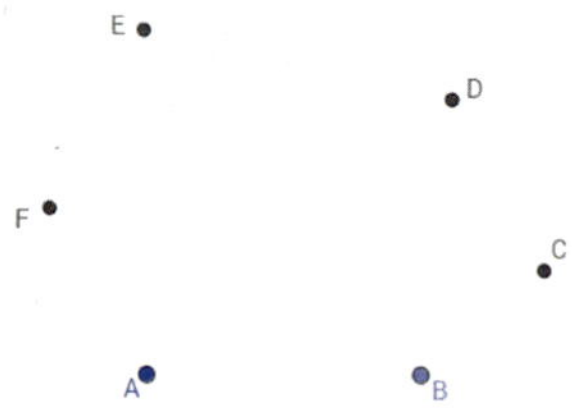

Schritt **4** Verbinde die Eckpunkte mit Strecken und benenne sie richtig! Verwende anschließend das Vieleck-Werkzeug , um den Flächeninhalt zu ermitteln!

Grafikfenster:

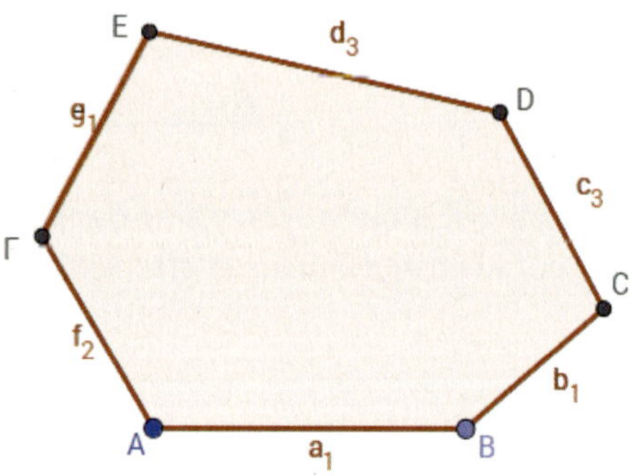

Algebrafenster:

Vieleck (A, B, C, D, E, F)

→ Vieleck1 = 31.99

Auftrag **21)** Konstruiere das Vieleck und gib seinen Flächeninhalt an!

a) $\overline{AB} = 5{,}0$ cm, $\overline{BC} = 3{,}0$ cm, $\overline{CD} = 2{,}4$ cm, $\overline{DE} = 4{,}0$ cm, $\overline{EF} = 4{,}4$ cm, $\overline{AF} = 3{,}8$ cm, $\overline{AC} = 7{,}8$ cm, $\overline{AD} = 7{,}2$ cm, $\overline{AE} = 6{,}0$ cm

b) $\overline{AB} = 7{,}4$ cm, $\overline{BC} = 5{,}8$ cm, $\overline{CD} = 4{,}6$ cm, $\overline{DE} = 7{,}8$ cm, $\overline{AE} = 4{,}8$ cm, $\overline{AC} = 10{,}2$ cm, $\overline{AD} = 9{,}2$ cm

Video
2cj6dk

Experiment 1: Satz des Pythagoras

Wir werden versuchen, bei einem Dreieck die Quadrate der Seiten grafisch darzustellen, die Flächeninhalte auszurechnen und dann den Satz des Pythagoras zu überprüfen.

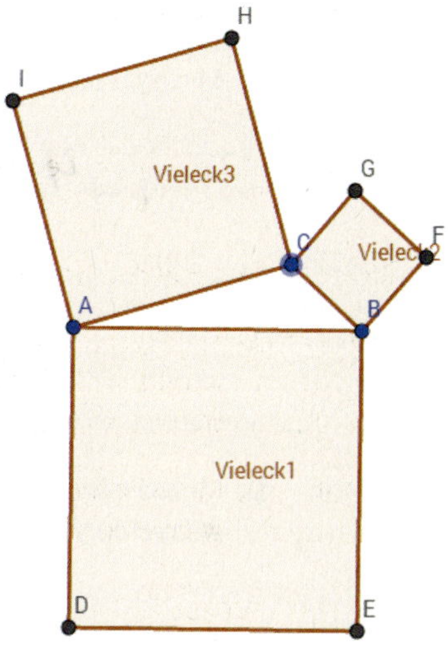

Schritt ❶ Zeichne ein beliebiges Dreieck *ABC*!

Schritt ❷ Wähle das Werkzeug *Regelmäßiges Vieleck* und klicke zuerst auf *B*, dann auf *A*! (Die Reihenfolge ist wichtig, damit das Quadrat richtig erscheint) Gib bei der Anzahl der Eckpunkte **4** ein!

Schritt ❸ Wiederhole Schritt ❷ mit den Punkten *C-B* und *A-C*!

Schritt ❹ Laut Satz des Pythagoras sollte der Flächeninhalt von Vieleck1 gleich groß sein wie der Flächeninhalt von *Vieleck2* und *Vieleck3* zusammen, wenn $\gamma = 90°$. Um γ zu messen, wähle das Winkelwerkzeug und klicke der Reihe nach auf die Punkte *A*, *C* und *B*!

Schritt ❺ Gib in die Eingabezeile ein: **Vieleck2+Vieleck3-Vieleck1**! Diese Rechnung sollte 0 ergeben, falls $\gamma = 90°$.

Schritt ❻ Markiere den Eckpunkt C nun mit der Maus und verändere seine Position mit den Pfeiltasten nach oben bzw. unten so lange, bis du mit γ beinahe 90° erreicht hast und beachte dabei das Ergebnis der Rechnung!

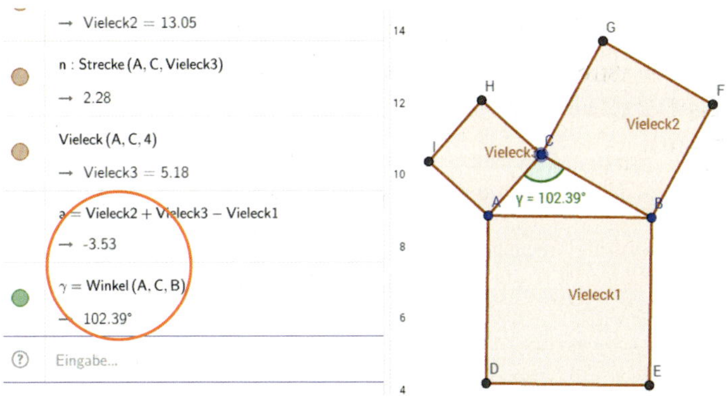

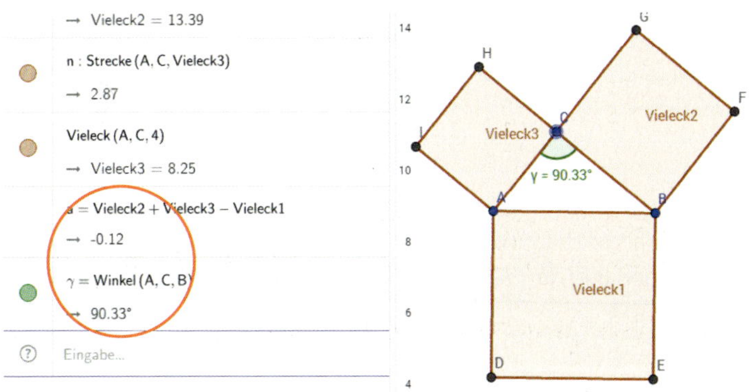

Experiment 2: Thaleskreis 1

Schritt ❶ Zeichne eine Strecke AB!

Schritt ❷ Zeichne den Mittelpunkt *M* der Strecke AB! Verwende dazu das Mittelpunkt-Werkzeug ( )!

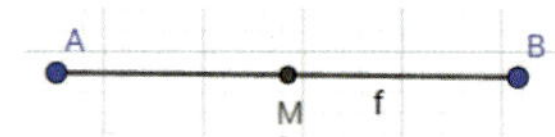

Schritt ❸ Zeichne einen Kreis durch A und B mit dem Mittelpunkt *M* (Thaleskreis) und markiere darauf beliebige 3 Punkte mit A !

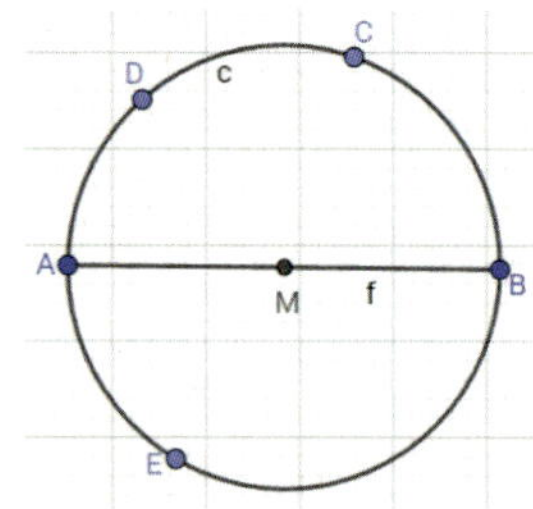

Schritt ❹ Miss die Winkel *BEA*, *ADB* bzw. *ACB* und vergewissere dich, dass sie rechte Winkel sind!

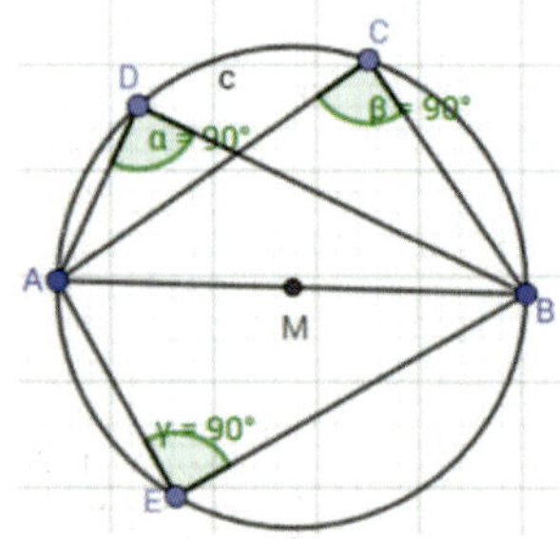

Experiment 3: Thaleskreis 2

Schritt ❶ Zeichne eine Strecke *AB* und deren Mittelpunkt *M* (vgl. Experiment 2, Schritt ❶ und ❷)!

Schritt ❷ Füge drei beliebige Strahlen mit Anfangspunkt *A* hinzu!

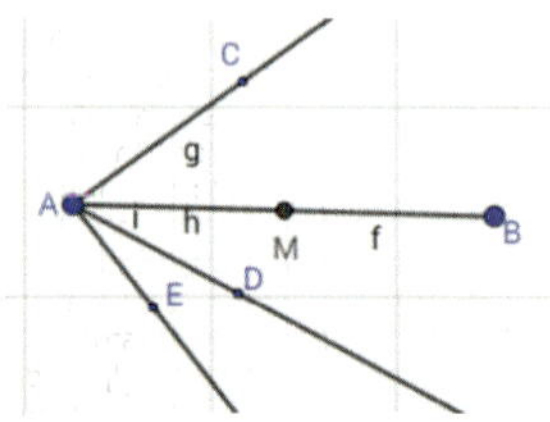

Schritt ❸ Ziehe von *B* aus eine Normale auf jeden der drei Strahlen und markiere jeweils den Schnittpunkt (hier *F*, *G* und *H*)!

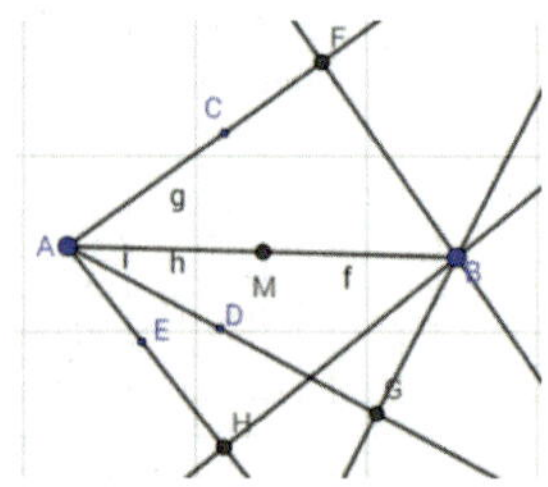

Schritt ❹ Wenn du jetzt einen Kreis mit Mittelpunkt *M* durch den Punkt *A* oder *B* legst (mit), liegen alle drei Schnittpunkte *F*, *G* und *H* darauf!

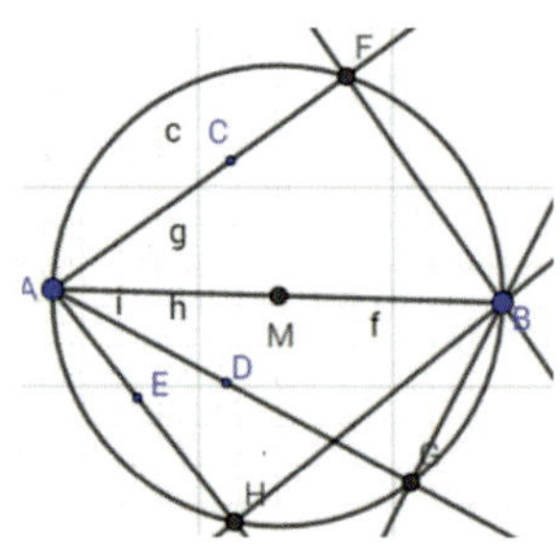

Materialien

Aufgaben aus dem Buch

In der nachfolgenden Tabelle sind die Aufgaben aus dem Buch aufgelistet, bei denen ein Einsatz von GeoGebra sinnvoll ist bzw. in diesem Abschnitt erklärt wurde.

Abschnitt	Nummern	Abschnitt	Nummern
C Potenzen	243, 244, 278	H Statistik	706–708, 742, 745
E Terme	372, 376, 378, 384, 427–434, 442, 443, 445, 449–453, 470–472	I Flächeninhalt ebener Vielecke	757–765, 770, 771, 788, 795, 799, 806, 815, 816, 822–826, 829, 830, 836, 839
F Gleichungen und Formeln	534, 536, 539, 540–542, 544–546, 549, 550–554, 556, 557–561, 563, 564, 566–573, 576, 578–583	J Satz des Pythagoras	858, 860, 863, 879
G Wachstums- und Abnahmeprozesse	643, 635, 638, 640, 642, 643, 648, 649, 654–657, 660–663	K Körper	925, 926, 971

Bildnachweis

S. 11: nullplus / iStockphoto.com; **S. 14:** vvvita / Thinkstock; **S. 15:** Mr. Sister / Fotolia; **S. 16.1:** MarianVejcik / Thinkstock; **S. 16.2:** monkeybusinessimages / Thinkstock; **S. 17.1:** Collection Abecasis / Science Photo Library / picturedesk.com; **S. 17.2:** Elke Ludewig / Sonnblick-Observatorium; **S. 21:** Byelikova Oksana / Fotolia; **S. 23:** Eugen Thome / Fotolia; **S. 25:** monkeybusinessimages / Thinkstock; **S. 27:** Krzysztof Nahlik / Thinkstock; **S. 28:** EstelleHood / Thinkstock; **S. 31:** Markus C. Hurek / dpa / picturedesk.com; **S. 32:** Science Photo Library / picturedesk.com; **S. 34:** sezer66 / Thinkstock; **S. 35:** CoreyFord / iStockphoto.com; **S. 38:** Tao_Shen / Thinkstock; **S. 39:** chris-stein / Thinkstock; **S. 42.1:** WELTBILD / Interfoto / picturedesk.com; **S. 42.2:** Catya_Shok / iStockphoto.com; **S. 42.3:** SSSCCC / iStockphoto.com; **S. 42.4:** Thomas M. Gerbeth, Wien; **S. 43:** macrovector / Thinkstock; **S. 44:** Model Foto / Colourbox.com; **S. 48:** FSTOPLIGHT / iStockphoto.com; **S. 50:** DGLimages / Thinkstock; **S. 51:** German-skydiver / Thinkstock; **S. 52:** Walter Isack (isiwal) / Wikimedia Commons – CC BY-SA 3.0; **S. 53.1:** Jonathan Larsen / Thinkstock; **S. 53.2:** yevgeniy11 / Fotolia; **S. 58.1:** snygo – aboutpixel.de; **S. 58.2:** Photodisc / Thinkstock; **S. 59.1:** Paul D. Stewart / Science Photo Library / picturedesk.com; **S. 59.2:** Nerthuz / Thinkstock; **S. 59.3:** DerSchmock / Fotolia; **S. 59.4:** NASA Goddard Space Flight Center; **S. 59.5:** niroworld / Fotolia; **S. 59.6:** kogytuk / Fotolia; **S. 59.7:** DanielPrudek / Thinkstock; **S. 59.8:** The Photos / Fotolia; **S. 62:** Meinzahn / Thinkstock; **S. 65:** Berthold Steinhilber / laif / picturedesk.com; **S. 70.1:** Watcha / Thinkstock; **S. 70.2:** Archiv Gerstenberg / Ullstein Bild / picturedesk.com; **S. 71.1:** hidesy / Getty Images – iStockphoto; **S. 71.2:** akg-images / picturedesk.com; **S. 72:** gradyreese / iStockphoto.com; **S. 75:** AlexBrylov / iStockphoto.com; **S. 76:** undrey / Thinkstock; **S. 77:** Oleksiy Mark / Thinkstock; **S. 78:** GeniusKp / Thinkstock; **S. 81:** hydrangea100 / iStockphoto.com; **S. 85:** Africa Studio / Fotolia; **S. 88.1:** Shutterstock / Eduard Kim; **S. 88.2:** Copyright Sheila Terry / Science Photo Library / picturedesk.com; **S. 89.1:** Saul Steinberg / The New Yorker Magazine, Inc.; **S. 89.2:** 4bPhoto / Thinkstock; **S. 90:** Mihai Simonia / Thinkstock; **S. 92:** ElenaNichizhenova / Getty Images – iStockphoto; **S. 94:** Paul / Getty Images – F1online RF; **S. 96.1:** Eva Coscubiela / iStockphoto.com; **S. 96.2:** Ekaterina Maximenko / Thinkstock; **S. 97.1:** Martina Draper Photography, Wödern; **S. 97.2:** Martina Draper Photography, Wödern; **S. 97.3:** Martina Draper Photography, Wödern; **S. 99:** funduck / Thinkstock; **S. 103:** Arthur Kwiatkowski / iStockphoto.com; **S. 107:** Kyle_Hittner / Getty Images – iStockphoto; **S. 110:** vadimguzhva / Getty Images – iStockphoto; **S. 112:** Andre Bonn / Fotolia; **S. 115:** Yury Kisialiou / Thinkstock; **S. 120:** http://www.museeprotestant.org / Wikimedia Commons – Public Domain; **S. 121:** Pia Moest / öbv; **S. 122:** Martina Draper / öbv; **S. 123:** Slavoljub Pantelic / iStockphoto.com; **S. 126.1:** anjajuli / Thinkstock; **S. 126.2:** Matton Images; **S. 127:** Evgeny Sergeev / Thinkstock; **S. 128:** Jan Beltz / Fotolia; **S. 131:** Vladimir Kokorin / Getty Images – iStockphoto; **S. 132.1:** Electrography / Getty Images – iStockphoto; **S. 132.2:** FelipeGoifman / Thinkstock; **S. 133:** Colourbox.com; **S. 134:** Martina Draper / öbv; **S. 135:** trumzz / Getty Images – iStockphoto; **S. 137:** apops / Fotolia; **S. 140:** Copyright 2014 Bloomberg Finance LP, All Rights Reserved; **S. 141.1:** Olha_stock / Getty Images – iStockphoto; **S. 141.2:** Voren1 / Getty Images – iStockphoto; **S. 141.3:** Aleksandra Antic / Getty Images – iStockphoto; **S. 141.4:** Sabine Hortebusch / Getty Images – iStockphoto; **S. 142:** oyaboya / Thinkstock; **S. 143:** middelveld / Getty Images – iStockphoto; **S. 144.1:** torwai / Getty Images – iStockphoto; **S. 144.2:** AGL_Photography / Thinkstock; **S. 144.3:** Eva Katalin Kondoros / iStockphoto.com; **S. 144.4:** rebius / Thinkstock; **S. 145.1:** johannes86 / iStockphoto.com; **S. 145.2:** William_Potter / Getty Images – iStockphoto; **S. 147:** DGLimages / Getty Images – iStockphoto; **S. 149:** thehague / Getty Images – iStockphoto; **S. 150:** DigtialStorm / Thinkstock; **S. 151:** Nikita Sobolkov / Thinkstock; **S. 154:** luchschen / Getty Images – iStockphoto; **S. 155:** Bobo / Fotolia; **S. 156:** Robert Herhold / Thinkstock; **S. 158.1:** Mary Evans Picture Library / Mary Evans / picturedesk.com; **S. 158.2:** Science Photo Library / picturedesk.com; **S. 159:** Herbert Neubauer / APA / picturedesk.com; **S. 162:** Imgorthand / Getty Images – iStockphoto; **S. 163:** Zero Creatives / Getty Images; **S. 165:** Martina Draper / öbv, **S. 167:** clu / Getty Images – iStockphoto; **S. 170:** dolgachov / Getty Images – iStockphoto; **S. 172:** AndreyPopov / Getty Images – iStockphoto; **S. 173:** unpict / Fotolia; **S. 174:** generalfmv / Fotolia; **S. 175:** FatCamera / Getty Images iStockphoto; **S. 181:** Deklofenak / Fotolia; **S. 184:** akg-images / picturedesk.com; **S. 185:** silviocastelli / iStockphoto.com; **S. 189:** euroluftbild.de / Hans Blossey; **S. 192:** leiana / Fotolia; **S. 194:** Franzfoto / Wikimedia Commons – CC BY-SA 3.0; **S. 197:** Martina Draper / öbv; **S. 199:** LianeM / Fotolia; **S. 200:** Matthew Warren / iStockphoto.com; **S. 201:** Pia Moest / öbv; **S. 204:** Valengilda / Thinkstock; **S. 208.1:** Roger-Viollet / Roger Viollet / picturedesk.com; **S. 208.2:** Griechische Post / z.V.g.v. Dr. Manfred Börgens; **S. 210:** Wavebreakmedia / Getty Images – iStockphoto; **S. 211:** AndreaAstes / Getty Images – iStockphoto; **S. 213:** Lisa F. Young / Thinkstock; **S. 216:** AVAVA / Thinkstock; **S. 217:** Edlits / Getty Images – iStockphoto; **S. 218.1:** loco75 / Getty Images – iStockphoto; **S. 218.2:** wjarek / Getty Images – iStockphoto; **S. 218.3:** brentmelissa / Getty Images – iStockphoto; **S. 222.1:** sculpies / Thinkstock; **S. 222.2:** Ingram Publishing / Thinkstock; **S. 223:** JoannElle / Thinkstock; **S. 224:** Reklame Kontor Peter Franc; **S. 226:** artpritsadee / Thinkstock; **S. 227:** Reklame Kontor Peter Franc / öbv; **S. 231.1:** DNY59 / Getty Images – iStockphoto; **S. 231.2:** Zerbor / Getty Images – iStockphoto; **S. 231.3:** Blade_kostas / Getty Images – iStockphoto; **S. 232.1:** Martina Draper / öbv; **S. 233:** swisshippo / Thinkstock; **S. 234.1:** andreygonchar / Getty Images – iStockphoto; **S. 234.2:** Baran Özdemir / Getty Images – iStockphoto; **S. 235:** Keith Binns / Getty Images – iStockphoto; **S. 238:** Tetra Pak – The first 100 ml Tetra Classic package for cream / Wikimedia Commons – CC BY-SA 2.0; **S. 239.1:** Christoph Ermel / iStockphoto.com; **S. 239.2:** ac_bnphotos / Getty Images – iStockphoto; **S. 240.1:** stephane106 / Thinkstock; **S. 240.2:** LVV / Getty Images – iStockphoto; **S. 240.3:** aon168 / Getty Images – iStockphoto; **S. 241:** Cagri Özgür / iStockphoto.com; **S. 242:** JLGutierrez / Getty Images – iStockphoto; **S. 244:** Erwin Scheriau / EXPA / picturedesk.com; **S. 245.1:** Paul Sippel / insel-samos.net; **S. 245.2:** Michael Raziano, San Rafael, Kalifornien; **S. 246:** Martin Barraud / Getty Images; **S. 250:** atipporn Soothiphan / Getty Images – iStockphoto; **S. 255.1:** Christa Eder / Fotolia; **S. 255.2:** Juliane Assies, Berlin / öbv; **S. 258:** Purestock / Thinkstock; **S. 260:** BraunS / Getty Images – iStockphoto; **S. 267:** AntonioGuillem / Thinkstock; **S. 272:** Stefan_Redel / Getty Images – iStockphoto

Lösungen zu den Wissensstraßen

A Ganze Zahlen

154 1) a) $(-23) - (+14) =$ c) $(-5) + (-31) + (+22) =$
b) $(+21) - (-22) - (+30) =$
2) a) $-23 - 14 = -37$ c) $-5 - 31 + 22 = -14$
b) $+21 + 22 - 30 = +13$

155 1) a) $-3 < -1 < +1 < +5 < +7$ b) $-12 < -10 < -9 < -8$
2) a) b)

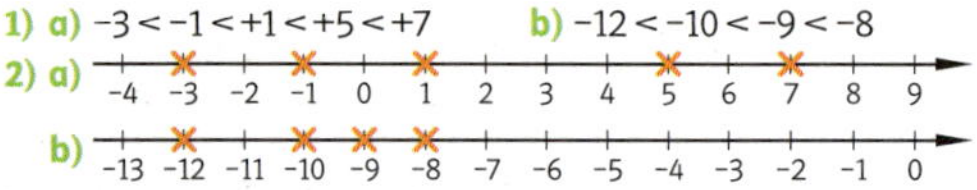

156 a) $-3 < x < +3$; $x \in \{-2, -1, 0, +1, +2\}$
b) $y < -5$ und $y > +5$; $y \in \{\ldots -7, -6, +6, +7, \ldots\}$
c) { }
d) $a \in \mathbb{Z}$ (alle ganzen Zahlen)

157 1) zB −4, −5, −6, …
2) Ja, alle Zahlen, die größer gleich 5 sind; $x \geq 5$
3) falsch, Gegenbeispiel: $a = -5$; $b = -1$

158

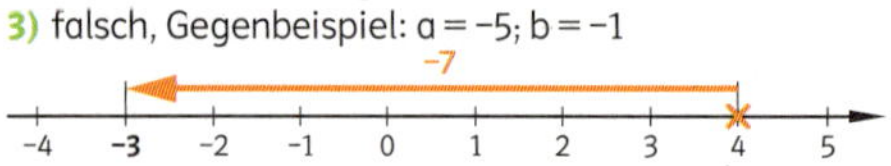

kein Unterschied

159 a) Die Multiplikation $4 \cdot (-3)$ ist dargestellt.
b) 1) negativ, da Minus · (Minus : Minus) = Minus · Plus = Minus
2) positiv, da (Minus · Plus) : (Minus) = Minus : Minus = Plus
3) positiv, da zwei negative Zahlen vorkommen.

160 a) −18 c) +24 e) −35
b) +20 d) +45 f) +5

161 1) Verlust 2) $(41 - 30 - 17) : 3 = -2$; 2 € Verlust pro Person

B Rationale Zahlen und Verhältnisse

233

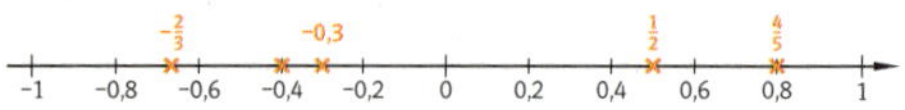

234 1) a) zB $-1\frac{1}{2}$; $-1\frac{3}{4}$; $-1\frac{3}{5}$ b) zB $0, +\frac{1}{4}, +\frac{1}{3}$ c) zB $-\frac{1}{5}$, 0; $+\frac{1}{5}$
2) a) $-1\frac{2}{3}$ b) 0 c) $\frac{1}{30}$

235 richtig: A, D, E
B: $+\frac{12}{5} = \left|-\frac{12}{5}\right|$; C: $\left|-\frac{2}{9}\right| > 0{,}2$; F: $+2\frac{1}{3} > \left|+2\frac{1}{9}\right|$

236 1) C, D
2) A: $+\frac{5}{8}$ B: $-\frac{7}{6}$ C: $-\frac{1}{2}$ D: $+\frac{1}{6}$ E: $-2\frac{1}{10}$ F: $-5\frac{5}{8}$

237 1) $-\frac{7}{12}$; $-\frac{7}{12}$ Kommutativgesetz der Multiplikation
2) $+\frac{1}{6}$; $+\frac{1}{6}$ Assoziativgesetz der Multiplikation
3) $-\frac{3}{4}$; $-\frac{4}{3}$ 4) -12; $-\frac{64}{147}$

238 1) $+\frac{5}{12}$ 2) $+\frac{3}{5}$ 3) $-2\frac{1}{4}$

239 a) −4,45 °C b) −8,2 °C c) −15,7 °C

240 a) 10 : 1 c) 10 000 : 1 e) 100 : 1 g) 1 000 000 : 1
b) 1000 : 1 d) 1000 : 1 f) 1000 : 1 h) 60 : 1

C Potenzen

291 a) $8 \neq 6$; Begründung: $2^3 = 2 \cdot 2 \cdot 2$; $3 \cdot 2 = 2 + 2 + 2$
b) $81 \neq 12$; Begründung: $3^4 = 3 \cdot 3 \cdot 3 \cdot 3$; $4 \cdot 3 = 3 + 3 + 3 + 3$
c) $25 \neq 10$; Begründung: $5^2 = 5 \cdot 5$; $2 \cdot 5 = 5 + 5$

292 B, C, E

293 1A, 2F, 3C, 4D, 5B, 6E

294 a) 5 b) 8 c) 4 d) 25 e) 16 f) 8 g) 35 h) 17

295 a) $3^4 \cdot 4^6$ b) $(-2)^9 \cdot 5^6$ c) $(-3)^0 \cdot (-2)^0 = 1$ d) $\frac{1}{2^4} \cdot \frac{3^2}{4^2}$

296 a) $9a^2$ b) $8a^3$ c) $16a^2$ d) $-16a^2$ e) $-4a^2$

297 a) 1) 4000 2) 2 000 000 000 3) 3 200 000
b) 1) $2{,}3 \cdot 10^6$ 2) $8 \cdot 10^2$ 3) $4{,}305 \cdot 10^{10} = 43{,}05 \cdot 10^9$

298 1) $200 = 2 \cdot 10^2$; $60 = 6 \cdot 10^1$; $1\,200 = 1{,}2 \cdot 10^3$
2) $200 \cdot 60 \cdot 1200 = 2 \cdot 10^2 \cdot 6 \cdot 10^1 \cdot 1{,}2 \cdot 10^3 = 14{,}4 \cdot 10^6$
→ 14,4 Mio Büroklammern

D Prozentrechnung und Zinsrechnung

362 687,50 €

363 1) 260 € 2) 52 €

364 Antonia ≈ 1874,15 €, Benedikt ≈ 1869,56 €

365 1) 87,75 € 2) 5287,75 € 3) 5294,25 €

366 1) 6 € 12 € 18 €
2)

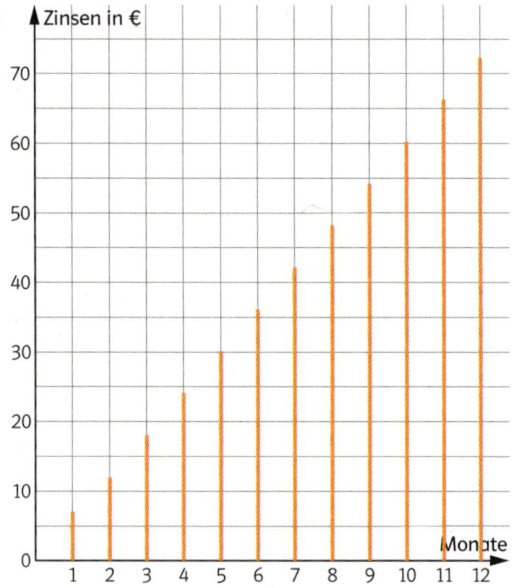

3) 4 %

E Terme

511 A, B, D

512 A, D

513 a) $5(a + b) = 5a + 5b$ c) $(y - 6) \cdot 2 = 2y - 12$
b) $(x + 8) \cdot 3 = 3x + 24$ d) $z \cdot (z + 1) = z^2 + z$

514 a) 1) $6n$ 2) $u = 9$ cm
b) 1) $\frac{8x}{3}$ 2) $\frac{56}{3}$ cm
c) 1) $2k + h$ 2) 12,3 cm

515 1) $T(-2) = -9$, $T(-1) = -7$, $T(0) = -5$, $T(1) = -3$, $T(2) = -1$;
2) $x = 10{,}5$

516 a) $5a + 3b - 2$ c) $5a - 3b + 2$
b) $5a - 2 + 3b$ d) $-3a - 3b$

517 a) $6x^2$ b) $8y^3$ c) $4x^2$ d) $6x + 2y^2$

518 1C, 2A, 3G, 4E, 5H, 7D, 8F

519 $-11a + 31b$; 51

520 a) $6b \cdot (a^2 - 1)$ b) $(x + y) \cdot (3x - 2y)$ c) $\frac{5s - 2r}{4s}$

521 a) $3(xy - c)$ c) $4x(2 - 3y)$ e) $-1(a + b)$
b) $6(3 - b)$ d) $-x(1 + 2y)$ f) $-a(b + 6)$

522 a) 1) $s^2 + 10sx + 25x^2$ 2) $s^2 - 10sx + 25x^2$
3) $s^2 - 25x^2$
b) 1) $49u^2 - 112uz + 64z^2$ 2) $49u^2 - 112uz + 64z^2$
3) $49z^2 - 64u^2$

523 a) $(3x+4)^2 = 9x^2 + 24x + 16$
b) $(4z-7)^2 = 16z^2 - 56z + 49$
c) $(5y+9)^2 = 25y^2 + 90y + 81$
d) $(7a-3b)^2 = 49a^2 - 42ab + 9b^2$

524 $-25a^2 - 16ab + 35b^2$; 119

525 a) Nein; $25y^2 + 80y + 64$
b) Ja; $\left(7a + \frac{1}{7}\right)^2$

526 $3x + 7u$: Summe, $7x(8+9i)$: Produkt, $\frac{x+1}{x}$: Quotient, $(a+b)\cdot(c-d)$: Produkt, $8u - 9m$: Differenz

F Gleichungen und Formeln

625 B, C, D

626 1) 2. Zeile: $5a - 9 = (a+1)$
2) $15a - 9 = 3(a+1) \quad | :3$
$5a - 3 = (a+1) \quad | -a$
$4a - 3 = 1 \quad | +3$
$4a = 4 \quad | :4$
$a = 1$
3) Probe: Linke Seite: $15 \cdot 1 - 9 = 6$
Rechte Seite: $3 \cdot (1+1) = 6$

627 a) $x = 3$ Probe: $385 = 385$
b) $z = -4$ Probe: $-16 = -16$
c) $a = 48$ Probe: $17 = 17$
d) { }

628 a) $m = \frac{K}{p}$; $p = \frac{K}{m}$
b) $e = \frac{2A}{f}$; $A = \frac{e \cdot f}{2}$
c) $a = m - s \cdot t$; $s = \frac{m-a}{t}$; $t = \frac{m-a}{s}$
d) $c = x(b-a)$; $x = \frac{c}{b-a}$ $a = (bx - c):x$; $b = (ax + c):x$

629 $h_c = 6{,}2\,\text{cm}$

630 1) $j + 23 + j = 53$ oder $m + m - 23 = 53$
2) $j = 15$, $m = 38$

631 a) $\alpha = 30°$, $\beta = 60°$ b) $\alpha = 18°$, $\beta = 72°$ c) $\alpha = 9°$, $\beta = 81°$

632 175 ml

633 A, D

G Wachstums- und Abnahmeprozesse

686 1)

Zeit	20 s	30 s	40 s	50 s	1 min	2 min	3 min
Weg	20 m	30 m	40 m	50 m	60 m	120 m	180 m

2)

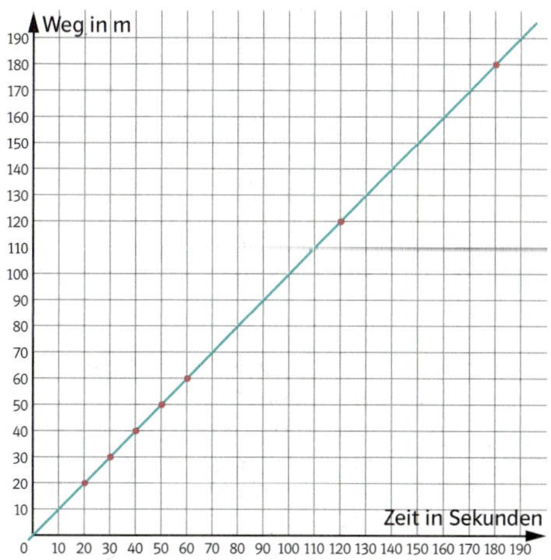

3) $y = x$ (y in Meter, x in Sekunden)
Ja, die Formel gilt auch für die anderen Zeiten, sofern Markus gleich schnell weiter schwimmen kann.

687 1)

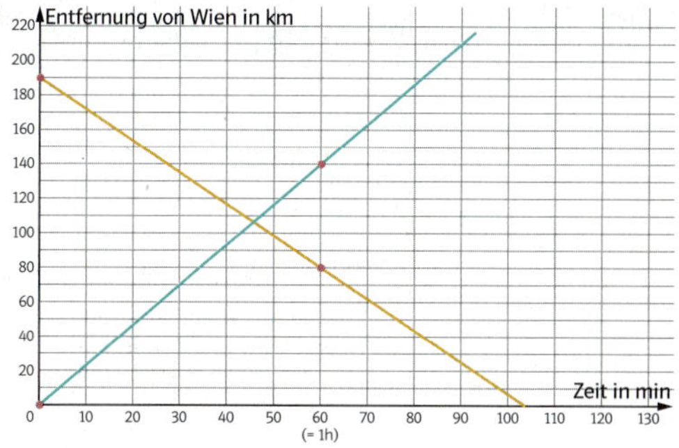

2) Zug 1 nach ca. 80 min, Zug 2 nach ca. 105 min
3) Nach ca. 45 min, 105 km von Wien entfernt
4) Es handelt sich um lineare Zusammenhänge.

688 1)

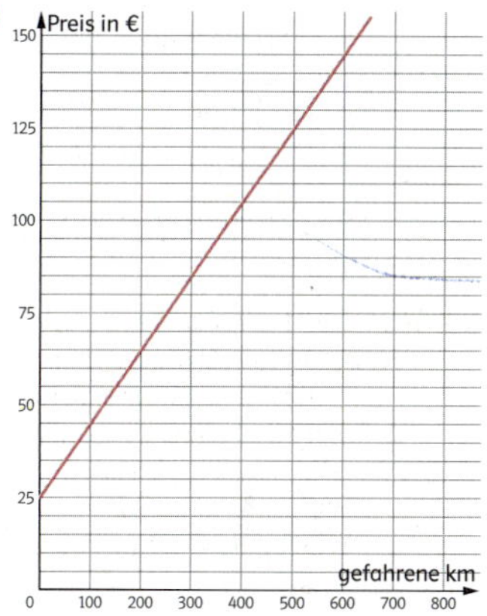

2) $y = 0{,}2x + 25$

689 1)

km/h	t in Stunden
10	30
20	15
30	10
90	$3\frac{1}{3}$
150	0,2

2)

km/h	t in Stunden
10	36
15	24
30	12
60	6
120	3

3) konstant ist jeweils die zurückgelegte Strecke, und zwar in 1) 300 km und in 2) 360 km.

690 1)

10 km/h	48 h
40 km/h	12 h
120 km/h	3 h

2)

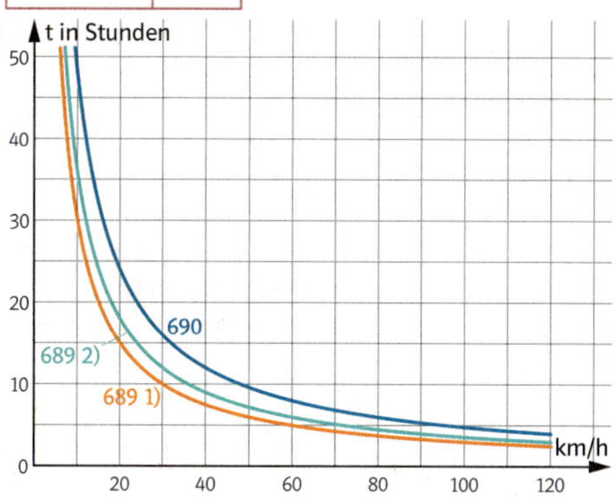

691 1) 5142,71 € 3) 214,24 €
2) 642,71 € 4) 8704,80 €

692 a) 1. Box: D; 2. Box: B
b) 1. Box: B, E; 2. Box: A, C
c) G, F

H Statistik

746

Merkmal	n	o	m	Merkmalsausprägung
Religionszugehörigkeit	x			Röm. kath., Evang., Islam., …
Geschwisteranzahl			x	0, 1, 2, 3, …
Hausnummern		x		444, 5, 13
Einkommen			x	2390 €, 1456,87 €, …
Lieblingsspeise	x			Pizza, Kebap, …
Platzierung in der Weltrangliste		x		1., 10., 304., …

747 a)
14 | 3, 4, 4, 4, 4, 6
15 | 0, 2, 2, 4, 5, 5, 6, 6, 7
16 | 0, 0, 1, 2

Max: 162, Min: 143, Median: 154

b)

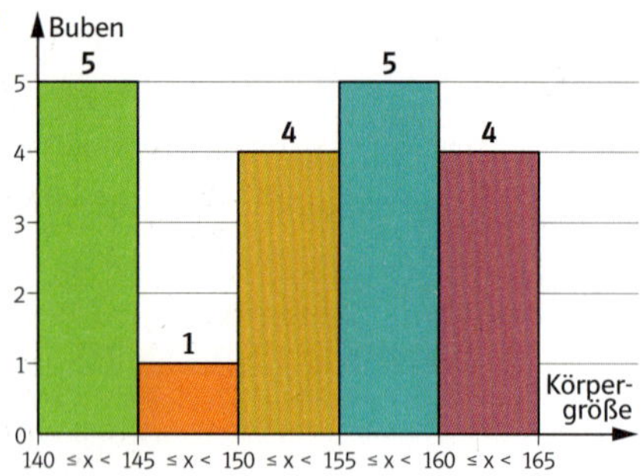

c) arithm. Mittel: 152,37
näherungsweises arithm. Mittel.: 153,03
d) Modus: 144

748 1)

Klasse	Absolute Häufigkeiten
wenig ($0 \le x < 60$ Min.)	9
mittel ($60 \le x < 120$ Min.)	7
viel ($120 \le x < 180$ Min.)	4

2) Median: 60 Min., Modus nicht sinnvoll: es kommen mehrere Werte doppelt vor arithm. Mittel: 76 Min.

3)

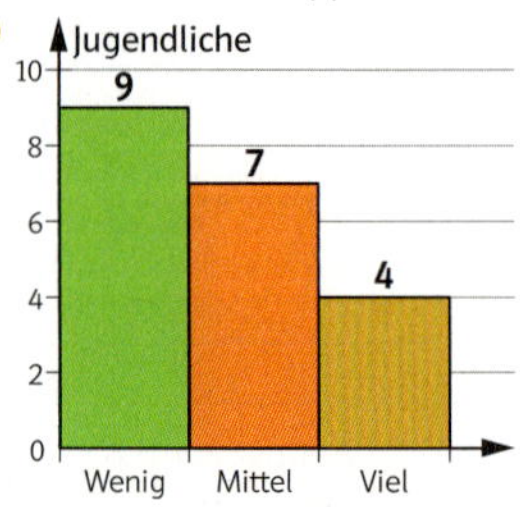

749

159,5–164,5	10	184,5–189,5	125
164,5–169,5	20	189,5–194,5	50
169,5–174,5	95	194,5–199,5	15
174,5–179,5	205	199,5–204,5	5
179,5–184,5	225		

Näherungsweiser Mittelwert: 180,63 cm

750 1) Stamm: Zehner
2) Max: 60 €, Min.: 20 €
3) Median: 39 €, Modus: 45 €, arithm. Mittel: 38,9 €
4) das arithm. Mittel

751 1) 9 Jugendliche
2) negativer Zusammenhang; je besser im Weitsprung desto besser im Lauf
3) 11,6 s bzw. 9,6 s 4) ≈ 4,7 m 5) ≈ 9,8 s

752 1) $1440 : (1440 + 1890) < 0{,}5$ und $3945 : (3945 + 3120) > 0{,}5$, die Zustimmung bei den älteren ist größer
2) $3945 > 1440$, also gibt es mehr ältere als jüngere Befürworterinnen und Befürworter
3) 5385 von 10395 (= 51,8 %) sind für die Kurzparkzone, also gibt es mehr Befürworterinnen und Befürworter.

I Flächeninhalt ebener Vielecke

846 1) A = (−11 | −5), B = (−8 | −5), C = (−6 | −1), D = (−2 | −1)
E = (0 | −5), F = (3 | −5), G = (−4 | 8), H = (−6 | 1), I = (−2 | 1)
J = (−4 | 5)

847 1D, 2B, 3F, 4E

848 a) H = (−1 | 3), S = (−0,3 | 4,3), U = (0 | 4,6), $A = 30\,cm^2$
b) H = (2 | 2), S = (0 | −0,7), U = (−1 | −2), $A = 75\,cm^2$
c) H = (0,5 | 4,5), S = (−1,2 | −2,2), U = (−2 | −5,5), $A = 12{,}5\,cm^2$
d) H = (1 | −1), S = (−2,3 | 1,7), U = (−4 | 3), $A = 21\,cm^2$

849 1) Zeichne zB die Höhe h_c ein und benenne ihren Fußpunkt mit F! Das Rechteck ABDE wird durch die Höhe in zwei Teilrechtecke zerlegt, in denen die Dreiecksseiten a und b die Diagonalen bilden.
Es gilt: $A_{AFC} = \frac{1}{2} \cdot A_{AFCE}$ und $A_{FBC} = \frac{1}{2} \cdot A_{FBDC}$ und somit $A_{ABC} = \frac{1}{2} \cdot A_{ABDE}$
2) $A_{ABDE} = c \cdot h_c \Rightarrow A_{ABC} = \frac{1}{2} \cdot c \cdot h_c$

850 2) $h_a \approx 5{,}1\,cm$, $h_b \approx 6{,}4\,cm$, $h_c \approx 3{,}5\,cm$
3) $A \approx 17{,}09\,cm^2$ bzw. $17{,}28\,cm^2$ bzw. $17{,}15\,cm^2$
4) $A \approx 17{,}2\,cm^2$

851 1) $e \approx 14{,}0\,cm$, $f \approx 11{,}7\,cm$, $h_a \approx 9\,cm$
2) $A \approx 81{,}9\,cm^2$

852 2) $A = 31{,}08\,cm^2$

853 0,8 m

854 1) 1,80 m ≙ 3,6 cm; 3,40 m ≙ 6,8 cm; 2,50 m ≙ 5 cm
2) $A = 5{,}31\,m^2$

855 $A \approx 60\,cm^2$

856 $A = 366\,m^2$ (365,75)

857 a) $A = 28\,cm^2$, b) $A = 86{,}5\,cm^2$

J Satz des Pythagoras

909 B, D

910 1) Verwende den SsW-Satz oder den Satz von Thales! K: $\alpha \approx 58°$
2) b = 9 cm
3) $A = 25{,}2\,cm^2$
4) $h_c \approx 4{,}75\,cm$

911 1)

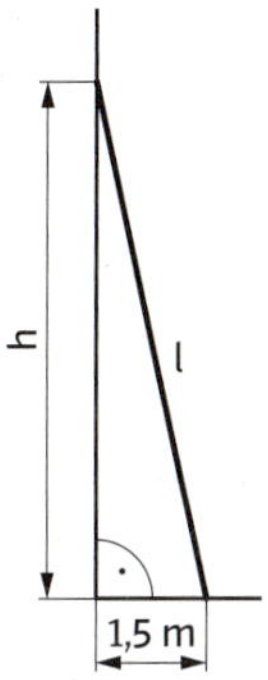

2) $h \approx 6{,}84\,m$

912 1) $b = 6\,m$; $c = 7{,}5\,m$ 2) $r = 3{,}75\,m$; auf der Seite c bei $\frac{c}{2}$

913 a) 369 b) 88

914 $d \approx 25{,}46\,dm$

915 1) $d \approx 107{,}1\,m$ 2) $d \approx 73{,}4\,m$

916 1) $h_c = 7\,cm$ 2) $A = 16{,}8\,cm^2$ 3) $h_a \approx 4{,}54\,cm$

K Körper

998

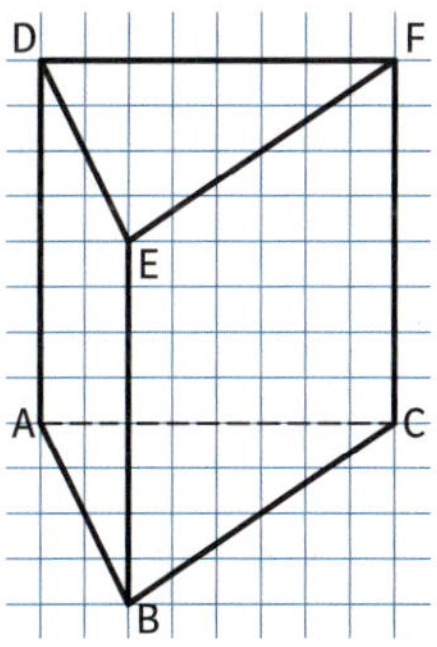

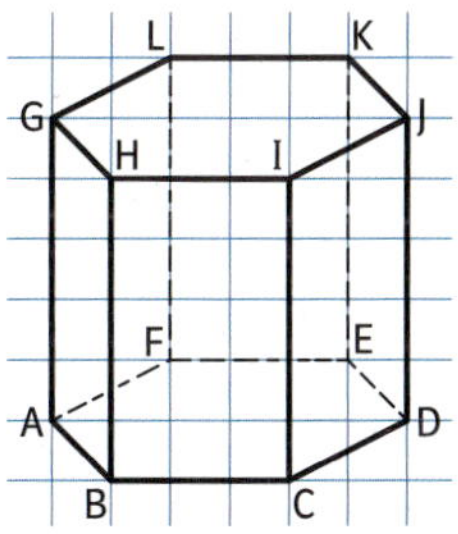

999 a) Rechteck

b) Rechteck mit Seitenlängen $\approx 4{,}8\,cm$ und $2{,}9\,cm$.

1000 1)

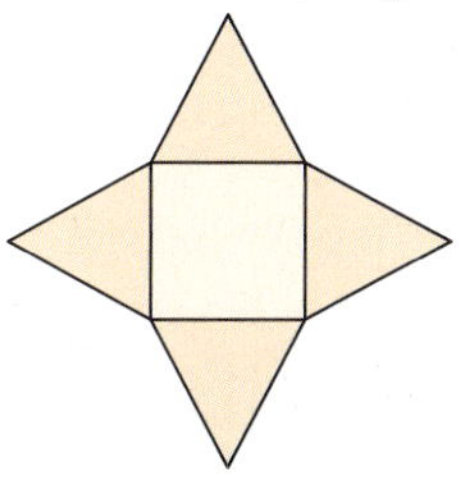

2) $120\,cm^2$

3) $184\,cm^2$

4) $8{,}5\,cm$

1001 a) verzerrte Seite b: 1 cm; Skizze:

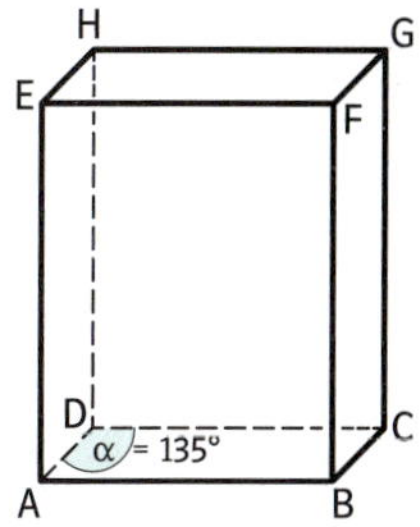

b) 1) $94\,cm^2$ 2) $60\,cm^3$

3) $d_1 = 5\,cm$; $d_2 = 6{,}4\,cm$; $d_3 = 5{,}8\,cm$

1002 1) $6750\,cm^3$ 2) $2790\,cm^2$

1003 1) $2\,592\,100\,m^3$ 2) $7\,128\,275\,t$

1004 1) $2700\,mm^2$ 2) $1404\,cm^3$ 3) $10{,}95\,kg$

L Ähnlichkeit

1058 1) $a_1 = 6\,cm$,

2) $c \approx 7{,}3\,cm$,

$c_1 \approx 4{,}4\,cm$

(→ Skizze rechts)

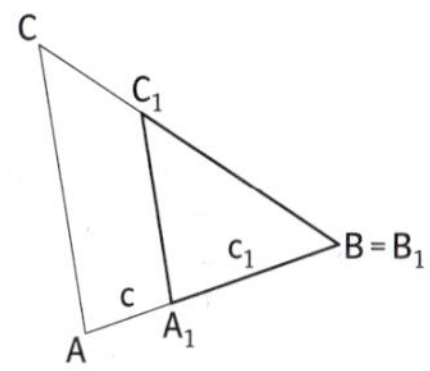

1059 K: $c \approx 2{,}5\,cm$, $c_1 \approx 3{,}6\,cm$ Skizze:

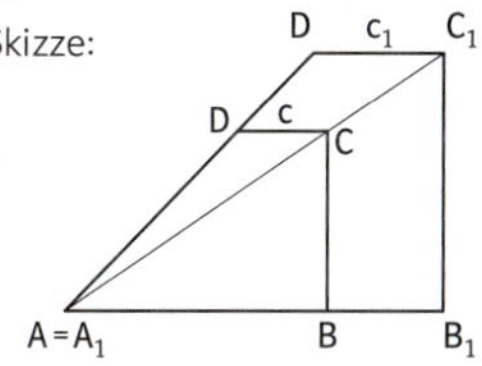

1060 1) Dreieck IHC, 2) Dreieck EHC, Dreieck GBH

3) Begründung: Entsprechende Winkel sind gleich groß

1061 1) $a_1 = 18\,cm$, $b_1 = 15\,cm$, $c_1 = 9\,cm$;

2) $A : A_1 = 4 : 9$

1062 1) $u_1 : u_2 = 3 : 5$, $A_1 : A_2 = 9 : 25$

2) $u_1 : u_2 = 7 : 11$, $A_1 : A_2 = 49 : 121$

1063 $x \approx 7{,}2\,cm$

1064 Länge einer Teilstrecke: 1,6 cm (→ Figur links unten)

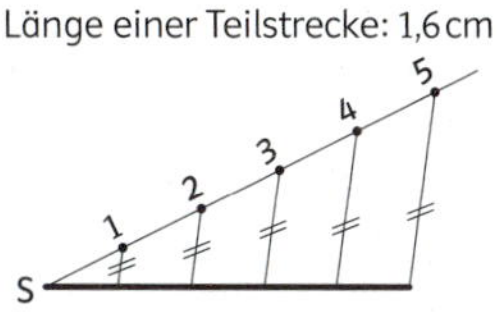

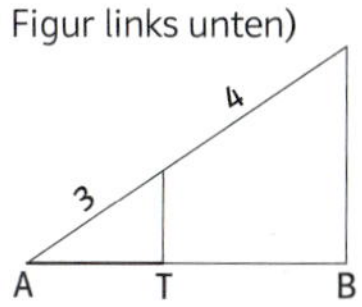

1065 $\overline{AT} \approx 5{,}1$ cm (→ Figur rechts)

Typische Aufgaben zum Kompetenzmodell Mathematik

Im Kompetenzmodell für Mathematik in der Sekundarstufe 1 („Standards M8") wird unterschieden nach Handlungs-, Inhalts- und Komplexitätsbereichen:

Handlungsbereiche:

H1: Darstellen, Modellbilden

H2: Rechnen, Operieren

H3: Interpretieren

H4: Argumentieren, Begründen

Inhaltsbereiche:

I1: Zahlen und Maße

I2: Variable, funktionale Abhängigkeiten

I3: Geometrische Figuren und Körper

I4: Statistische Darstellungen und Kenngrößen

Komplexitätsbereiche:

K1: Einsetzen von Grundkenntnissen und -fertigkeiten

K2: Herstellen von Verbindungen

K3: Einsetzen von Reflexionswissen, Reflektieren

Die Standards gliedern die Mathematikaufgaben in 48 verschiedene Bereiche, die du alle üben solltest. Die Trennung der Inhaltsbereiche ist im Schulbuch klar durch die vier unterschiedlichen Farben erkennbar. Der Kreis neben jeder Aufgabe zeigt die jeweiligen Handlungsbereiche an. Folgende Tabellen geben typische Aufgaben für die drei Komplexitätsbereiche an:

	K1				K2				K3			
H1	I1	I2	I3	I4	I1	I2	I3	I4	I1	I2	I3	I4
	32	385	755	706	146	404	788	707	289	457	827	736
	41	389	764	708	277	405	829	712	290	581	946	
	170	634	897	713	329	437	832	738		582	981	
	354	653	923	733		488	837					
			1014	745		489	874					
			1033			601	888					

	K1				K2				K3			
H2	I1	I2	I3	I4	I1	I2	I3	I4	I1	I2	I3	I4
	38	375	759	693	127	415,	760	701	213	461	763	728
	165	410	766	723	130	421	761	702	322	462	767	732
	172	479	773	738	138	432	762	729	332	593	770	
	173	534	819		188	445	795	735			898	
	177		902		302	451	820				946	
	217		972		307	458	887				992	

	K1				K2				K3			
H3	I1	I2	I3	I4	I1	I2	I3	I4	I1	I2	I3	I4
	31	473	754	696	61	391	758	715	179	444	957	739
	43	528	756	700	141	393	774	716	340	468	1053	
	49	529	796	709	224	508	811	718		484		
	74	634	805	721	300	547	834	719		495		
	141	641	859	725	308	555	840	741		496		
	169	645	918	695	338	589	979	744		565		

	K1				K2				K3			
H4	I1	I2	I3	I4	I1	I2	I3	I4	I1	I2	I3	I4
	142	603	768	694	108	462	864	720	20	400	797	704
	208	639	772	703	118	465	898	726	65	447	865	721
	221	656	844	735	209	575	908	731	191	454	896	730
	222	658	984		281	585	1019	732	208	469		736
	255		1005		309	588	1023		209	562		743
	310		1035		351	669	1052		209	623		743

Formelsammlung

I1 Zahlen und Maße

Runden von Zahlen
Ist die Ziffer, die rechts von der Rundungsstelle steht, 0, 1, 2, 3, 4 wird abgerundet. Bei 5, 6, 7, 8 9 wird aufgerundet.

Betrag einer Zahl
Eine Zahl a und ihre Gegenzahl haben denselben Betrag: $|+a| = |-a| \geq 0$.

Teiler und Vielfache
Eine natürliche Zahl t ist ein Teiler einer natürlichen Zahl a, wenn sich a durch t ohne Rest teilen lässt. a ist somit gleichzeitig ein Vielfaches der Zahl t. $t \mid a \Leftrightarrow a = t \cdot n$.

Rechenregeln
Additionen (+) und Subtraktionen (–) werden Rechnungsarten erster Stufe genannt.
Sie werden auch als „Strichrechnungen“ bezeichnet.
Multiplikationen (·) und Divisionen (:) werden Rechnungsarten zweiter Stufe genannt. Sie werden auch als „Punktrechnungen“ bezeichnet. (Dazu gehört auch das Potenzieren.)
Vorrangregel: Die Rechnungsarten zweiter Stufe haben Vorrang vor den Rechnungsarten erster Stufe.
Kurzsprechweise: „Punktrechnung vor Strichrechnung“.
Die Klammerregel gilt jedoch vor der Vorrangregel: Was in Klammern steht, ist zuerst zu berechnen.

Rechnen mit ganzen Zahlen

Addition und Subtraktion:	Multiplikation:	Division:
$a + (+b) = a + b$	$(+a) \cdot (+b) = +(a \cdot b)$	$(+a) : (+b) = +(a : b)$
$a + (-b) = a - b$	$(+a) \cdot (-b) = -(a \cdot b)$	$(+a) : (-b) = -(a : b)$
$a - (+b) = a - b$	$(-a) \cdot (+b) = -(a \cdot b)$	$(-a) : (+b) = -(a : b)$
$a - (-b) = a + b$	$(-a) \cdot (-b) = +(a \cdot b)$	$(-a) : (-b) = +(a : b)$
$(a \in \mathbb{Z}, b \in \mathbb{Z}^+)$	$(a, b \in \mathbb{Z}^+)$	$(a, b \in \mathbb{Z}^+), b \neq 0$

Brüche und Rechnen mit Bruchzahlen

$$\left.\begin{array}{l} \frac{a}{b} + \frac{c}{d} = \frac{ad+bc}{bd} \\ \frac{a}{b} - \frac{c}{d} = \frac{ad-bc}{bd} \\ \frac{a}{b} \cdot \frac{c}{d} = \frac{ac}{bd} \end{array}\right\} b, d \neq 0$$

$$\frac{a}{b} : \frac{c}{d} = \frac{ad}{bc} \quad b, c, d \neq 0$$

Prozentrechnung und Zinsenrechnung
1 Prozent (1 %) $= \frac{1}{100} = 0{,}01$

$W = G \cdot \frac{p}{100}$ W … Prozentwert G … Grundwert p % … Prozentsatz

p % … vereinbarter Zinssatz p. a. K_0 … Kapital Z … Zinsen

Nettozinssatz bei 25 % KESt.: $p_{netto}\% = p\% \cdot 0{,}75$

Zinsen für 1 Jahr: $Z_{netto} = K_0 \cdot \frac{p_{netto}}{100}$

Zinsen für m Monate: $Z_{netto} = K_0 \cdot \frac{p_{netto}}{100} \cdot \frac{m}{12}$ Zinsen für t Tage: $Z_{netto} = K_0 \cdot \frac{p_{netto}}{100} \cdot \frac{t}{360}$

Rechnen mit Potenzen ($m, n \in \mathbb{Z}^+$)

$a^m \cdot a^n = a^{m+n}$ $\frac{a^m}{a^n} = a^{m-n}$ $(a \neq 0, m > n)$

$(a \cdot b)^n = a^n \cdot b^n$ $\left(\frac{a}{b}\right)^n = \frac{a^n}{b^n}$ $(b \neq 0)$ $(a^n)^m = a^{n \cdot m}$

I2 Variable und funktionale Abhängigkeiten

Binomische Formeln

$(a+b)^2 = a^2 + 2ab + b^2$ $(a-b)^2 = a^2 - 2ab + b^2$ $(a+b)\cdot(a-b) = a^2 - b^2$

Lösen von Gleichungen

Äquivalente Gleichungen haben die gleiche Lösung.
Die Lösung einer Gleichung ändert sich nicht, wenn man auf beiden Seiten
1) dieselbe Zahl addiert, 2) dieselbe Zahl subtrahiert, 3) mit derselben Zahl ($\neq 0$) multipliziert,
4) durch dieselbe Zahl ($\neq 0$) dividiert oder 5) ein Vielfaches der Unbekannten addiert bzw. subtrahiert.
Die Unbekannte in Gleichungen kann berechnet werden:
1) durch sinnvolles Probieren
2) durch Rückgängigmachen von Rechenoperationen
3) durch Äquivalenzumformungen

Direkte Proportionalität

Eine Größe y heißt direkt proportional zu einer Größe x, wenn gilt: $y = k \cdot x \Leftrightarrow \frac{y}{x} = k$
Der Quotient direkt proportionaler Größen ist konstant.

Indirekte Proportionalität

Eine Größe y heißt indirekt proportional zu einer Größe x, wenn gilt: $y = \frac{k}{x} \Leftrightarrow x \cdot y = k$
Das Produkt indirekt proportionaler Größen ist konstant.

I4 Statistische Darstellungen und Kenngrößen

Daten

Datenliste: $x_1, x_2 \dots x_n$; mit n wird die Gesamtanzahl der Daten bezeichnet.

Häufigkeiten

absolute Häufigkeit h: Anzahl der Daten mit einer bestimmten Merkmalsausprägung
relative Häufigkeit r: $\frac{h}{n}$ prozentuelle Häufigkeit: $r \cdot 100\,\%$

Mittelwerte

arithmetisches Mittel: $\bar{x} = \frac{x_1 + x_2 + \dots + x_n}{n}$
Modus/Modalwert: häufigster Wert einer Datenliste
Median/Zentralwert: mittlerer Wert einer geordneten Datenliste mit ungerader Anzahl
arithmetisches Mittel der zwei mittleren Werte einer geordneten Datenliste mit gerader Anzahl

Klasseneinteilung

Eine Klasseneinteilung verwendet man dann, wenn die Anzahl der Originaldaten sehr groß ist und sehr viele verschiedene Werte vorliegen.
Es müssen alle Werte eindeutig in eine der Klassen eingeteilt werden können.
Faustregel: Bilde zwischen 3 und 10 Klassen, wobei möglichst keine Klasse leer sein soll!
Die Klassen sind idealerweise gleich breit.

Diagramme

Säulendiagramm:

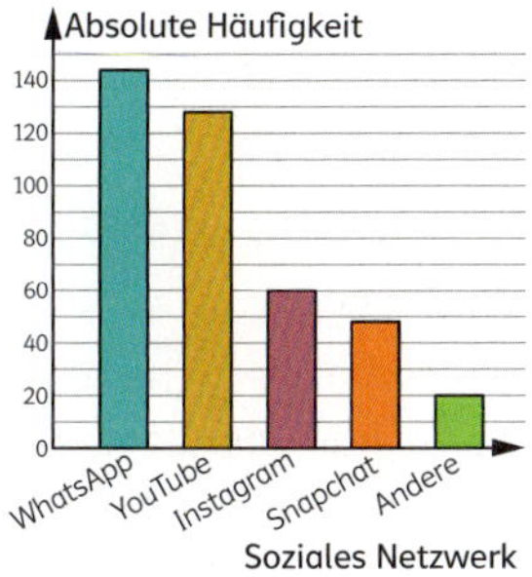

Balkendiagramm:

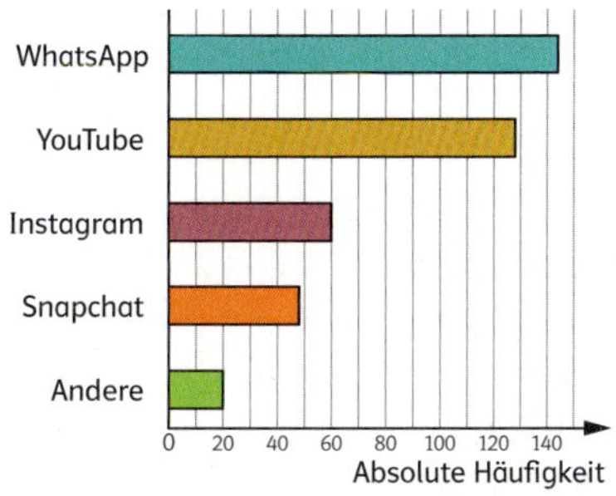

Streifendiagramm:

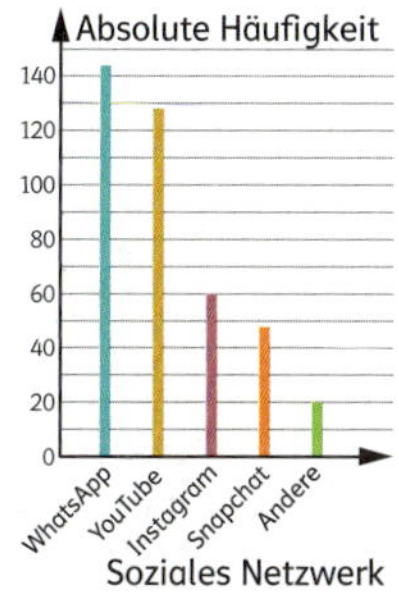

Kreisdiagramm:

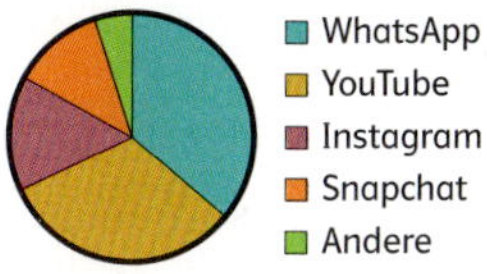

Prozentstreifen:

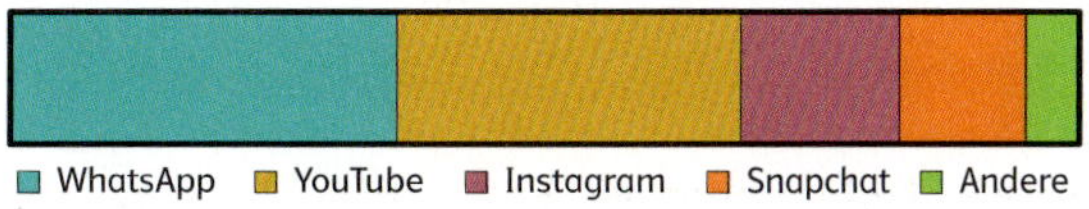

Piktogramm:

Histogramm:

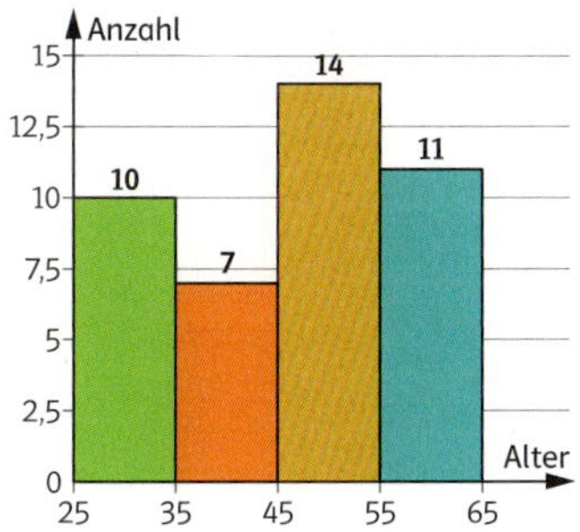

Stängel-Blatt-Diagramm:

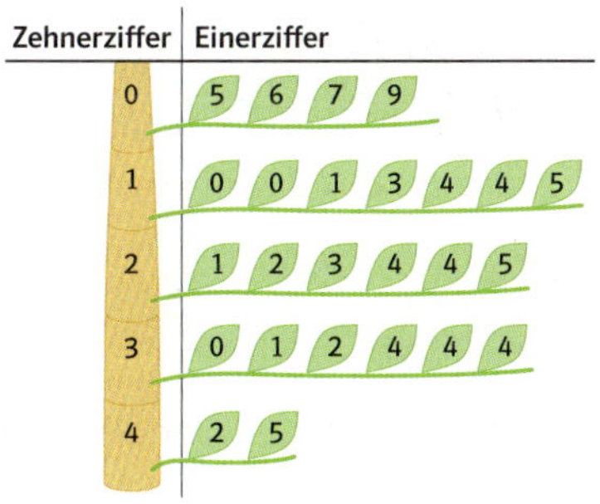

Punktwolkendiagramm:

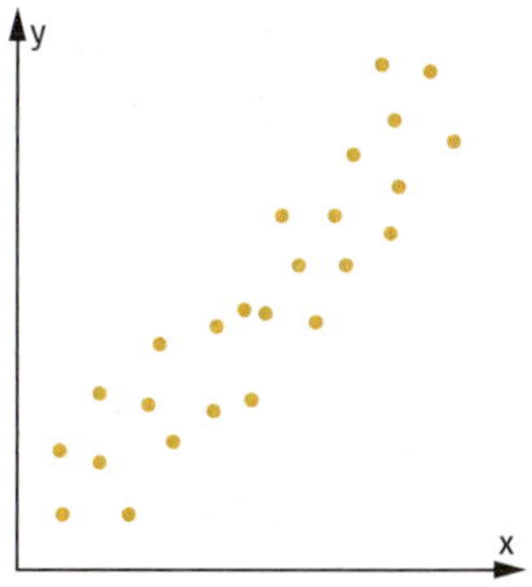

I3 Geometrische Figuren und Körper

Ähnlichkeit

Zwei Figuren (Dreiecke, Vierecke, Vielecke …) heißen ähnlich, wenn gilt:

1) Entsprechende Längen stehen im gleichen Verhältnis.
2) Entsprechende Winkel sind gleich groß.

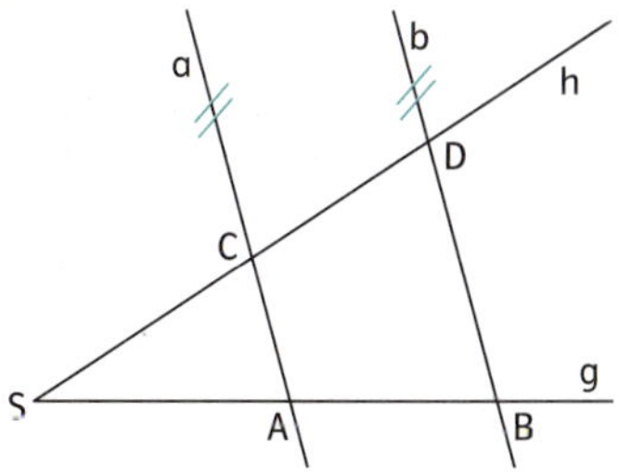

Strahlensatz:

1. $\overline{SA}:\overline{SB}=\overline{SC}:\overline{SD}$ bzw. $\overline{SA}:\overline{AB}=\overline{SC}:\overline{CD}$
   „Strahl-Strahl“
2. $\overline{SA}:\overline{SB}=\overline{AC}:\overline{BD}$
   „Scheitelstrecken auf Strahl-parallele Geraden“

Dreiecke

Allgemeines Dreieck

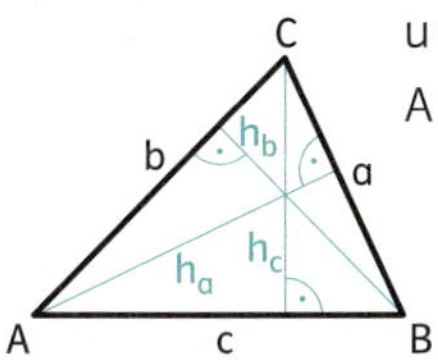

$u=a+b+c$

$A=\frac{1}{2}\cdot a\cdot h_a=\frac{1}{2}\cdot b\cdot h_b=$
$=\frac{1}{2}\cdot c\cdot h_c$

Rechtwinkliges Dreieck ($\gamma=90°$)

$A=\frac{a\cdot b}{2}=\frac{c\cdot h}{2}$

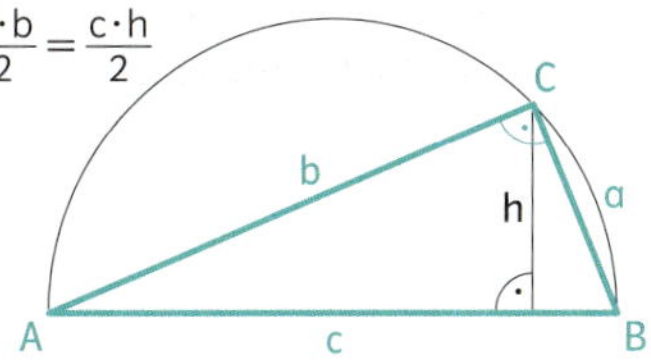

Pythagoreischer Lehrsatz

$a^2+b^2=c^2$

Umkreisradius: $\frac{c}{2}$
Umkreismittelpunkt: M_{AB}

Vier- und Vielecke

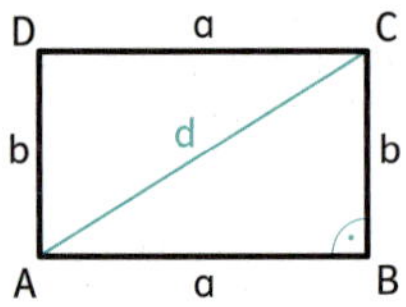

Rechteck

$A = a \cdot b$

$u = 2 \cdot a + 2 \cdot b$

$d = \sqrt{a^2 + b^2}$

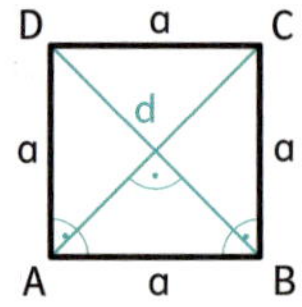

Quadrat

$A = a \cdot a = a^2$ oder

$A = \frac{1}{2} \cdot d \cdot d = \frac{1}{2} \cdot d^2$

$u = 4 \cdot a$

$d = \sqrt{2 \cdot a^2}$

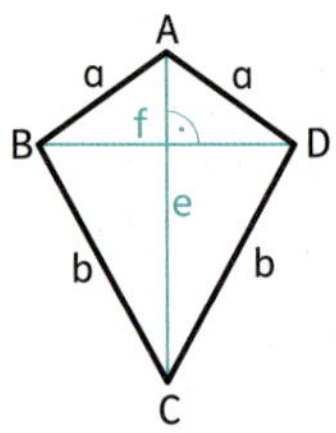

Drachen (Deltoid)

$A = \frac{1}{2} \cdot e \cdot f$

$u = 2 \cdot a + 2 \cdot b$

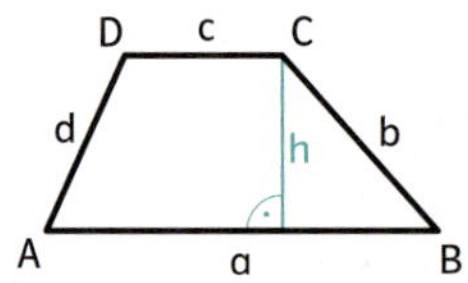

Trapez

$A = \frac{1}{2} \cdot (a + c) \cdot h$

$u = a + b + c + d$

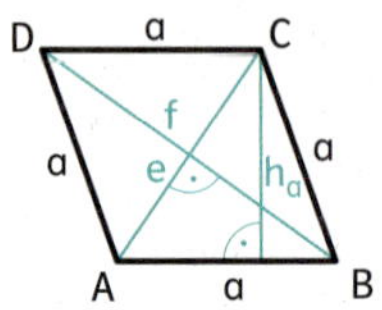

Raute (Rhombus)

$A = a \cdot h_a$ oder

$A = \frac{1}{2} \cdot e \cdot f$

$u = 4 \cdot a$

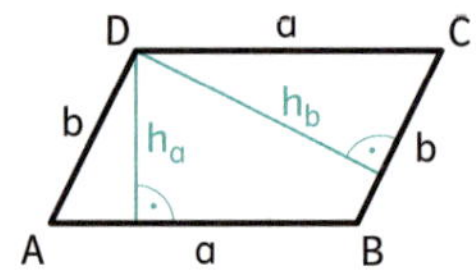

Parallelogramm

$A = a \cdot h_a = b \cdot h_b$

$u = 2 \cdot a + 2 \cdot b$

Den Flächeninhalt allgemeiner Vierecke und Vielecke ermittelt man durch Zerlegen in Teilfiguren, zB in Dreiecke und Trapeze, oder durch Umschreiben von Rechtecken und Abziehen passender Flächeninhalte.

Prismen

Quader

$O = 2 \cdot (a \cdot b + a \cdot c + b \cdot c)$

$V = a \cdot b \cdot c$

$d_1 = \sqrt{a^2 + b^2}$

$d_2 = \sqrt{a^2 + c^2}$

$d_3 = \sqrt{b^2 + c^2}$

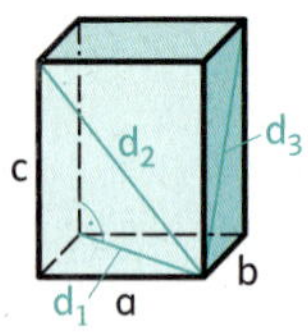

Würfel

$O = 6a^2$

$V = a^3$

$d_1 = \sqrt{2 \cdot a^2}$

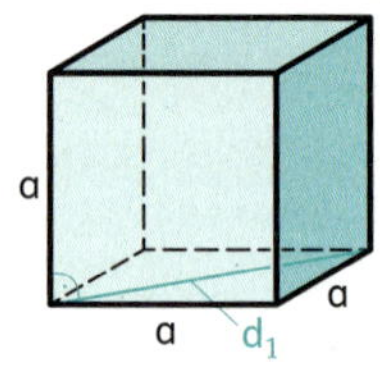

Prisma

$O = 2 \cdot G + M$

$M = u_G \cdot h$

$V = G \cdot h$

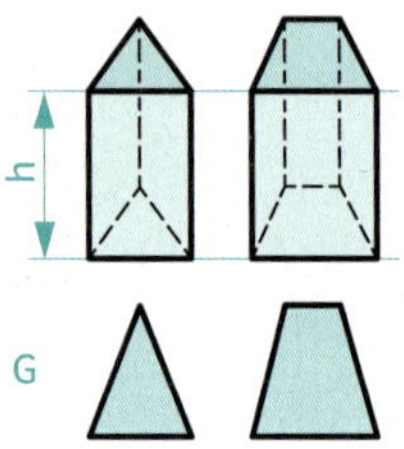

Pyramiden

$O = G + M$

$V = \frac{1}{3} \cdot G \cdot h$

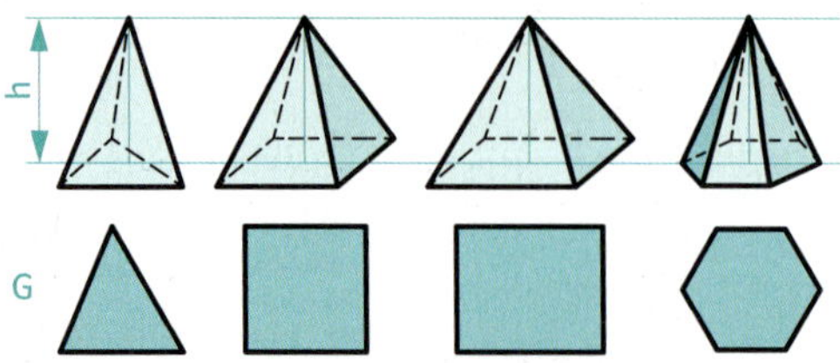

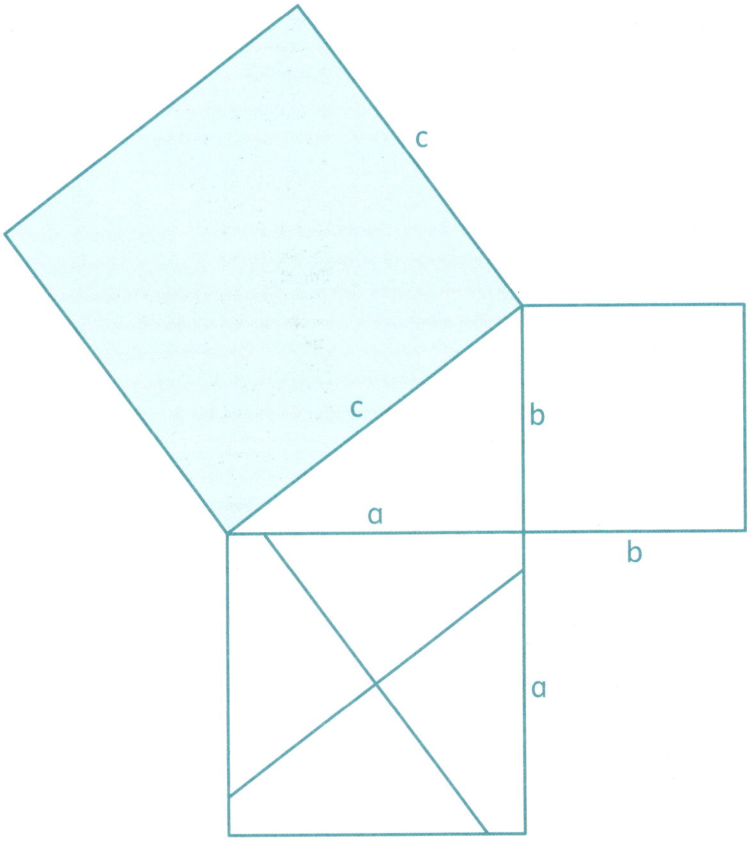

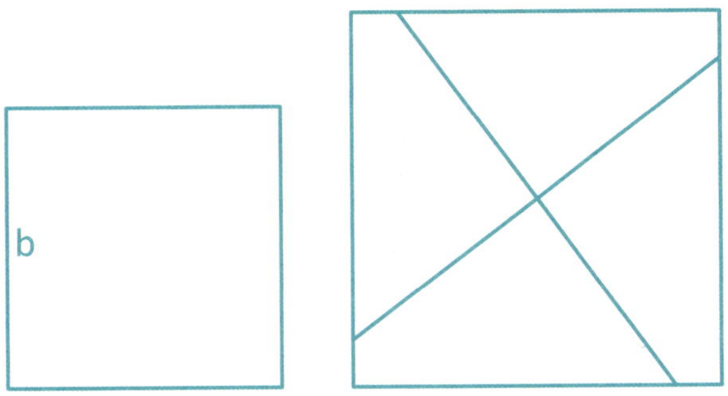

Anleitung für das Herstellen des Faltmodells eines Schaufelrades:

1. Schneide das Quadrat (links) und die vier Vierecke (rechts) in der zweiten Zeichnung unten aus!
2. Überzeuge dich, dass die vier Vierecke deckungsgleich mit a^2 und das Quadrat deckungsgleich mit b^2 ist!
3. Lege die vier ausgeschnittenen Vierecke (Flächeninhalt a^2) und das ausgeschnittene Quadrat (Flächeninhalt b^2) flächendeckend auf die hellblaue Fläche c^2!
4. Begründe damit den Lehrsatz von Pythagoras!

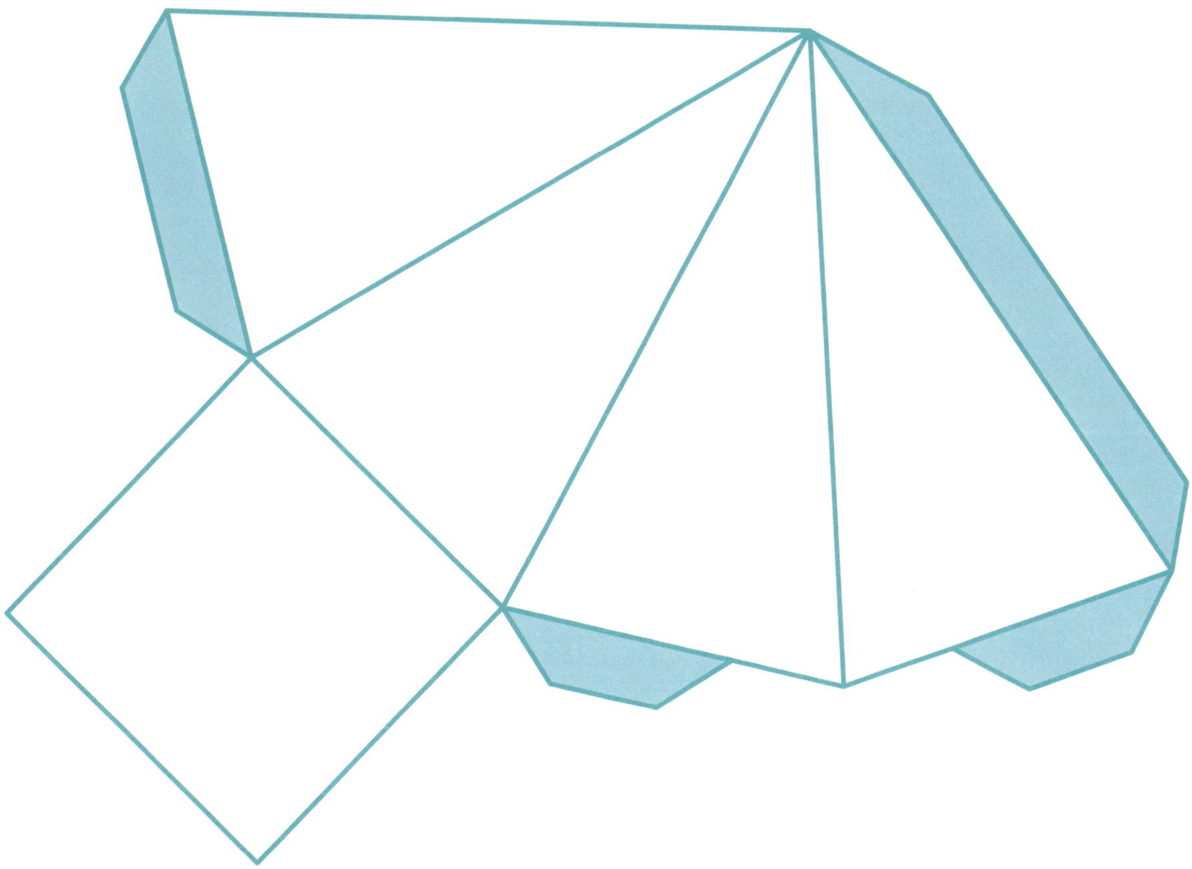

Anleitung für das Herstellen des Faltmodells der Pyramide:

1. Schneide das Faltmodell sorgfältig aus!
2. Ritze mit der Schere längs der Kanten!
3. Verwende die färbigen Flächen als Klebelaschen